# 涡旋光束的产生、传输、检测及应用

（第二版）

柯熙政　丁德强　著

科学出版社

北　京

## 内 容 简 介


本书主要围绕轨道角动量复用通信的关键技术，对涡旋光束的产生、传输、检测及应用进行介绍，对一系列产生涡旋光束的方法进行详细的描述和对比；以拉盖尔-高斯光束和贝塞尔-高斯光束为主，介绍涡旋光束在大气湍流中的传输特性；利用涡旋光束的叠加态、干涉、衍射及光栅，实现涡旋光束拓扑荷数的检测；介绍涡旋光束在光通信中的应用及部分相干涡旋光束在大气湍流中的传输特性；介绍涡旋光束信息交换及信道重构。

本书可作为高等院校通信、光学等相关专业高年级本科生、研究生的参考用书，也可作为相关专业研究人员和工程技术人员的参考用书。



**图书在版编目（CIP）数据**

涡旋光束的产生、传输、检测及应用/柯熙政,丁德强著. —2 版. —北京：科学出版社, 2023.9

ISBN 978-7-03-074521-7

I.①涡… II.①柯… ②丁… III.①光通信系统-研究 IV.①TN929.1

中国版本图书馆 CIP 数据核字 (2022) 第 253054 号

责任编辑：宋无汗 郑小羽 / 责任校对：崔向琳

责任印制：师艳茹 / 封面设计：陈 敬

科学出版社出版

北京东黄城根北街 16 号

邮政编码：100717

http://www.sciencep.com

中煤（北京）印务有限公司印刷

科学出版社发行 各地新华书店经销

*

2018 年 10 月第 一 版 开本：720×1000 1/16

2023 年 9 月第 二 版 印张：21 3/4

2024 年 6 月第十八次印刷 字数：438 000

**定价：210.00 元**

（如有印装质量问题，我社负责调换）

# 前　言

互联网产业的迅速发展对通信行业提出了更高的要求，高速率是未来通信行业发展的必然趋势。随着海量数据传输、云计算、人工智能等新兴领域的出现，传统的通信方式所提供的信道容量具有很大的局限性。为了提高通信系统的信道容量，携带轨道角动量的涡旋光束以一种新的复用方式出现，可从根源上解决复用通信中的速率和信道容量问题。为了实现轨道角动量复用通信，需要实现相应关键技术的突破：轨道角动量涡旋光束的产生、自由空间传输特性及接收端光束的分离和检测等。

本书对第一版第 5 章和第 6 章内容进行了部分修改，同时针对研究热点，增加了大气湍流中部分相干涡旋光束阵列、标量部分相干涡旋光束、矢量部分相干涡旋光束的传输特性和涡旋光束信息交换等研究内容，丰富了涡旋光束整体的研究体系。本书内容分为五部分。第一部分包括第 1 ~ 4 章，介绍携带轨道角动量涡旋光束的产生，对一系列产生涡旋光束的方法进行详细描述。第 1 章对现有产生涡旋光束的方法进行对比分析。第 2 章和第 3 章分别介绍涡旋光束的空间产生法和光纤产生法。第 4 章介绍高阶径向拉盖尔–高斯光束的叠加特性。第二部分包括第 5 ~ 7 章，对涡旋光束的传输特性进行介绍，以拉盖尔–高斯光束和贝塞尔–高斯光束为主。第 5 章介绍涡旋光束在大气湍流中的传输特性，分析大气湍流和光源参数对光束的光强分布及螺旋谱特性的影响。第 6 章利用自适应光学校正技术对涡旋光束的相位畸变进行研究。第 7 章介绍大气湍流环境下轨道角动量复用涡旋光束的串扰特性。第三部分包括第 8 ~ 10 章，介绍涡旋光束的检测方法。第 8 章介绍利用涡旋光束的叠加态，实现涡旋光束拓扑荷数的检测。第 9 章从干涉、衍射和光栅等方面介绍涡旋光束的检测特性。第 10 章介绍涡旋光束经光学系统的衍射特性，并研究发射效率提高问题。第四部分包括第 11 ~ 13 章，介绍部分相干涡旋光束在自由空间的传输特性。第 11 章介绍径向部分相干涡旋光束阵列在湍流中传输后的光强演化，讨论湍流参数对其传输特性的影响。第 12 章介绍大气湍流对拉盖尔–高斯–谢尔涡旋光束的光强分布和光束扩展的影响。第 13 章介绍矢量部分相干涡旋光束，分析大气湍流参数对电磁高斯–谢尔涡旋光束偏振度和偏振方向角的影响。第五部分包括第 14 章，介绍涡旋光束信息交换。

本书是西安理工大学光电工程技术研究中心集体研究的成果，王姣、胥俊宇、薛璞、王超珍、葛甜、王夏尧、宁川、石欣雨、赵杰、谢炎辰、陈云等多位研究生参与了有关课题的研究及本书的整理工作。此外，在撰写本书的过程中，作者参阅了大量文献和资料，谨向这些文献和资料的作者致以崇高的敬意，他们的工作为作者带来了启迪和帮助，感谢他们为科学研究付出的青春与热情！

本书的出版工作得到陕西省重点产业创新链项目 (2017ZDCXL-GY-06-01) 等的资助，在此一并表示感谢。

本书是作者涡旋光束相关研究工作的总结，限于作者的学识水平，书中难免存在不足之处，敬请读者批评指正。

作　者

2023 年 2 月

# 目　录

前言
第 1 章　绪论 ······ 1
1.1　光学涡旋 ······ 1
1.2　轨道角动量复用通信系统 ······ 2
1.2.1　背景与意义 ······ 2
1.2.2　轨道角动量复用技术原理 ······ 6
1.2.3　轨道角动量复用通信系统模型 ······ 7
1.3　涡旋光束的产生 ······ 7
1.3.1　空间产生法 ······ 7
1.3.2　光纤产生法 ······ 12
1.3.3　涡旋光束产生方法的对比 ······ 15
1.4　涡旋光束的影响因素 ······ 15
1.4.1　大气湍流效应 ······ 15
1.4.2　光束传输特性研究方法 ······ 16
1.4.3　涡旋光束的传输特性研究进展 ······ 17
1.5　相位恢复 ······ 19
1.5.1　传统自适应光学校正技术 ······ 19
1.5.2　无波前传感器的 AO 校正 ······ 20
1.5.3　涡旋光束相位畸变校正 ······ 21
1.6　涡旋光束的分离与检测 ······ 22
1.6.1　叉形光栅 ······ 23
1.6.2　干涉特性 ······ 23
1.6.3　衍射特性 ······ 25
1.6.4　重构波前 ······ 27
参考文献 ······ 29
第 2 章　涡旋光束的空间产生法 ······ 36
2.1　涡旋光束的基本原理 ······ 36
2.2　几种典型的涡旋光束 ······ 37
2.2.1　拉盖尔–高斯光束 ······ 37
2.2.2　贝塞尔光束 ······ 39
2.2.3　厄米–高斯光束 ······ 39

2.3 涡旋光束的产生方法 ······ 40
2.3.1 计算全息法 ······ 40
2.3.2 几何模式转换法 ······ 42
2.3.3 螺旋相位板法 ······ 43
2.3.4 空间光调制器法 ······ 45
2.3.5 光波导器件转化法 ······ 45
2.4 高阶径向 LG 光束 ······ 46
2.5 分数阶涡旋光束的产生 ······ 48
2.5.1 计算全息法制备 LG 光束的原理 ······ 48
2.5.2 分数阶拉盖尔–高斯光束轨道角动量的实验研究 ······ 50
参考文献 ······ 53
**第 3 章 涡旋光束的光纤产生法** ······ 55
3.1 引言 ······ 55
3.2 光纤模式理论 ······ 55
3.2.1 波动方程 ······ 55
3.2.2 光纤中的矢量模式 ······ 56
3.2.3 导模截止与远离截止 ······ 60
3.2.4 弱导近似下的标量模 ······ 63
3.2.5 光纤产生涡旋光原理分析 ······ 65
3.3 光纤产生涡旋光的影响因素分析 ······ 67
3.3.1 入射波长对涡旋光产生的影响 ······ 67
3.3.2 光纤内外折射率差对涡旋光产生的影响 ······ 68
3.3.3 光纤纤芯半径对涡旋光产生的影响 ······ 69
3.3.4 入射角度对涡旋光激发效率的影响 ······ 70
3.3.5 离轴入射光纤对涡旋光产生的影响 ······ 71
3.4 利用少模光纤产生涡旋光的实验 ······ 72
3.4.1 利用少模光纤产生涡旋光的原理 ······ 72
3.4.2 涡旋光的激发效率分析 ······ 73
3.4.3 实验研究 ······ 74
3.4.4 相位验证 ······ 78
3.5 改变光纤结构产生涡旋光 ······ 78
3.5.1 结构设计 ······ 78
3.5.2 低折射率层对 OAM 模式的影响 ······ 80
参考文献 ······ 82
**第 4 章 高阶径向拉盖尔–高斯光束的叠加特性** ······ 84
4.1 引言 ······ 84

4.2　径向指数对高阶径向 LG 光束叠加态的影响 ······ 84
4.2.1　拓扑荷数相同的 LG 光束干涉叠加 ······ 85
4.2.2　径向指数相同的 LG 光束干涉叠加 ······ 86
4.2.3　任意径向指数、拓扑荷数的 LG 光束干涉叠加 ······ 90
4.3　传输距离对高阶径向 LG 光束叠加态的影响 ······ 91
4.4　束腰半径对高阶径向 LG 光束叠加态的影响 ······ 93
4.5　离轴参数对高阶径向 LG 光束叠加态的影响 ······ 94
4.6　高阶径向 LG 光束叠加态的实验 ······ 96
4.6.1　实验装置 ······ 96
4.6.2　全息图的产生 ······ 96
4.6.3　实验结果分析 ······ 98
参考文献 ······ 102
**第 5 章　涡旋光束的传输特性** ······ 104
5.1　引言 ······ 104
5.2　LG 光束在大气湍流中的传输 ······ 104
5.2.1　理论分析 ······ 104
5.2.2　LG 光束经大气湍流斜程信道时的传输特性 ······ 108
5.3　BG 光束在大气湍流中的传输 ······ 114
5.3.1　BG 光束在湍流中的传输理论 ······ 114
5.3.2　BG 光束经大气湍流信道时的特性 ······ 116
5.4　涡旋光束斜程传输时轨道角动量的稳定性研究 ······ 119
5.4.1　涡旋光束的光强分布对比 ······ 119
5.4.2　涡旋光束的各谐波分量对比 ······ 121
参考文献 ······ 126
**第 6 章　自适应光学校正技术** ······ 127
6.1　引言 ······ 127
6.2　自适应光学基本原理 ······ 127
6.2.1　自适应光学校正系统 ······ 127
6.2.2　夏克-哈特曼算法 ······ 129
6.2.3　相位恢复算法 ······ 130
6.2.4　随机并行梯度下降算法 ······ 132
6.2.5　相位差算法 ······ 134
6.3　OAM 光束通过大气湍流后的波前校正 ······ 137
6.3.1　相位恢复算法 ······ 137
6.3.2　随机并行梯度下降算法 ······ 140
6.3.3　相位差算法 ······ 143

6.4 实验研究 ········ 147
6.4.1 相位恢复算法 ········ 147
6.4.2 随机并行梯度下降算法 ········ 149
6.4.3 相位差算法 ········ 153
参考文献 ········ 158
**第 7 章 大气湍流下轨道角动量复用系统串扰分析** ········ 159
7.1 引言 ········ 159
7.2 轨道角动量光束在大气湍流中的传输理论 ········ 161
7.2.1 多相位屏传输法 ········ 161
7.2.2 随机相位屏的产生 ········ 161
7.2.3 大气湍流下轨道角动量复用光束串扰的产生 ········ 162
7.3 大气湍流中轨道角动量复用光束光强相位分析 ········ 163
7.3.1 轨道角动量复用光束的形成 ········ 163
7.3.2 不同传输条件下的光强和相位影响 ········ 165
7.4 大气湍流下轨道角动量复用光束螺旋谱特性 ········ 167
7.4.1 轨道角动量复用光束螺旋谱理论 ········ 167
7.4.2 不同传输条件下的螺旋谱分析 ········ 168
7.5 大气湍流下轨道角动量复用光束误码率分析 ········ 170
7.5.1 轨道角动量复用光束误码率理论 ········ 171
7.5.2 不同传输条件下的误码率分析 ········ 172
7.6 大气湍流对轨道角动量复用光束影响的实验 ········ 173
7.6.1 实验原理 ········ 173
7.6.2 实验结果分析 ········ 174
参考文献 ········ 176
**第 8 章 涡旋光束叠加态的特性** ········ 178
8.1 引言 ········ 178
8.2 光栅法制备涡旋光束叠加态 ········ 179
8.2.1 理论分析 ········ 179
8.2.2 光栅叠加 ········ 179
8.3 相位法叠加制备双 OAM 光 ········ 181
8.3.1 理论分析 ········ 181
8.3.2 不同拓扑荷数的叠加涡旋光束特性分析 ········ 183
8.4 涡旋光束叠加干涉实验 ········ 185
8.4.1 实验设计 ········ 185
8.4.2 光栅法叠加的实验 ········ 186
8.4.3 光栅法叠加的结果与分析 ········ 189

8.4.4 相位法叠加的实验 ······ 189
8.4.5 相位法叠加的结果与分析 ······ 191
参考文献 ······ 193
**第 9 章 涡旋光束的检测** ······ 194
9.1 引言 ······ 194
9.2 利用坐标转换法分离检测 OAM 态 ······ 195
9.2.1 理论基础 ······ 195
9.2.2 不同拓扑荷数的叠加光场分布 ······ 196
9.2.3 基于坐标转换法的 OAM 态复用系统 ······ 198
9.3 利用光栅检测涡旋光轨道角动量 ······ 199
9.3.1 光栅的传输函数及其表示 ······ 199
9.3.2 涡旋光光场及其衍射 ······ 200
9.3.3 相位校正与 fan-out 技术 ······ 201
9.3.4 周期渐变光栅 ······ 202
9.4 干涉法检测涡旋光相位 ······ 205
9.4.1 涡旋光自身干涉检测法 ······ 205
9.4.2 双缝干涉检测法 ······ 207
9.5 衍射法检测涡旋光相位 ······ 208
9.5.1 三角形衍射检测法 ······ 208
9.5.2 方孔衍射检测法 ······ 209
9.5.3 单缝衍射检测法 ······ 211
9.5.4 圆孔衍射检测法 ······ 212
参考文献 ······ 214
**第 10 章 涡旋光束经光学系统的衍射特性** ······ 216
10.1 涡旋光束经马卡天线的衍射模型 ······ 216
10.1.1 马卡天线结构 ······ 216
10.1.2 马卡天线衍射模型 ······ 217
10.2 涡旋光束经马卡天线光学系统的衍射特性分析 ······ 219
10.2.1 衍射光场模型 ······ 219
10.2.2 衍射光斑和相位分布 ······ 220
10.2.3 螺旋谱分布 ······ 224
10.2.4 马卡天线的发射效率 ······ 226
10.3 涡旋光束经孔径光阑的衍射特性分析 ······ 227
10.3.1 孔径光阑衍射理论模型 ······ 227
10.3.2 涡旋光束经孔径光阑的理论衍射分析 ······ 229
10.3.3 涡旋光束经孔径光阑的实验衍射图样分析 ······ 232

10.3.4 孔径光阑检测效果对比 ······ 234
参考文献 ······ 235
第 11 章 大气湍流中部分相干涡旋光束阵列的传输特性 ······ 236
11.1 光束阵列的概述 ······ 236
11.2 大气湍流中径向部分相干涡旋光束阵列的光强分布 ······ 238
11.2.1 径向部分相干涡旋光束阵列的数学模型 ······ 238
11.2.2 观测平面上的交叉谱密度函数 ······ 239
11.2.3 观测平面上的光强表达式 ······ 246
11.3 Non-Kolmogorov 湍流中光源参数对光强特性的影响 ······ 248
11.3.1 径向阵列参数影响分析 ······ 248
11.3.2 单个部分相干涡旋光束参数影响分析 ······ 252
11.4 Non-Kolmogorov 湍流参数对光强特性的影响 ······ 257
11.4.1 Non-Kolmogorov 湍流强度影响分析 ······ 257
11.4.2 Non-Kolmogorov 湍流内外尺度影响分析 ······ 260
参考文献 ······ 263
第 12 章 大气湍流中标量部分相干涡旋光束的传输特性 ······ 264
12.1 拉盖尔–高斯–谢尔涡旋光束基本理论 ······ 264
12.1.1 拉盖尔–高斯–谢尔光束 ······ 265
12.1.2 拉盖尔–高斯–谢尔涡旋光束模型 ······ 267
12.1.3 大气湍流中拉盖尔–高斯–谢尔涡旋光束传输理论 ······ 267
12.2 远场拉盖尔–高斯–谢尔涡旋光束相位奇点演化 ······ 271
12.2.1 相位奇点与拓扑荷数的关系 ······ 271
12.2.2 传输距离对相位奇点演化的影响 ······ 273
12.2.3 相关长度对相位奇点演化的影响 ······ 274
12.3 大气湍流中拉盖尔–高斯–谢尔涡旋光束的光强分布 ······ 276
12.3.1 大气湍流强度对光强分布的影响 ······ 276
12.3.2 大气湍流内外尺度对光强分布的影响 ······ 278
12.4 大气湍流中拉盖尔–高斯–谢尔涡旋光束的光束扩展 ······ 279
12.4.1 光束扩展随光源参数变化分析 ······ 279
12.4.2 光束扩展随大气湍流强度变化分析 ······ 283
参考文献 ······ 284
第 13 章 大气湍流中矢量部分相干涡旋光束的传输特性 ······ 285
13.1 矢量部分相干涡旋光束的偏振理论 ······ 285
13.2 大气湍流中矢量部分相干涡旋光束的交叉谱密度矩阵 ······ 286
13.2.1 强度和偏振度 ······ 288
13.2.2 偏振方向角 ······ 289

13.3 大气湍流中矢量部分相干涡旋光束的偏振度分布 …… 290
13.3.1 光源参数对偏振度的影响 …… 290
13.3.2 大气湍流对偏振度的影响 …… 294
13.3.3 偏振度随传输距离的变化 …… 295
13.4 大气湍流中矢量部分相干涡旋光束的偏振方向角分布 …… 297
13.4.1 大气湍流对偏振方向角的影响 …… 297
13.4.2 传输距离对偏振方向角的影响 …… 298
13.5 偏振方向角检测拓扑荷数 …… 299
13.5.1 远场衍射光场的偏振方向角模型 …… 299
13.5.2 偏振方向角检测拓扑荷数的结果 …… 300
13.5.3 光源参数对检测效果影响分析 …… 301
参考文献 …… 305
**第 14 章 涡旋光束信息交换 …… 306**
14.1 OAM 涡旋光束拓扑荷数的灵活性 …… 306
14.1.1 单束 OAM 光束的转换 …… 306
14.1.2 OAM 复用光束的转换 …… 307
14.2 OAM 涡旋光束信道重构原理 …… 308
14.2.1 OAM 光束信息交换 …… 308
14.2.2 OAM 光束模式切换 …… 310
14.3 OAM 复用涡旋光束解复用 …… 322
14.4 OAM 涡旋光束信道重构实验研究 …… 324
14.4.1 OAM 信息交换实验研究 …… 324
14.4.2 三束 OAM 复用光束中两束信息交换实验研究 …… 327
14.4.3 多束 OAM 复用光束中一束模式切换实验研究 …… 328
14.4.4 交换两路多束 OAM 复用光束中一束模式相同信息不同的 OAM 光束实验研究 …… 330
14.4.5 多束 OAM 复用光束中一束模式删除/添加实验研究 …… 332
参考文献 …… 333

# 第 1 章　绪　　论

## 1.1　光学涡旋

涡旋是自然界最常见的现象之一，它普遍存在于水、云及气旋等经典宏观系统中，也存在于超流体、超导体及波色–爱因斯坦凝聚等量子微观系统中，被认为是波的一种固有形态特征 [1]。

人们在研究潮汐运动时，发现在潮汐的漩涡 (图 1.1) 中存在一种特殊的点。当潮汐与等潮线接触时，潮汐峰就会消失，通过这一现象就可以看出在潮汐波中存在奇点，即存在光学涡旋 [2]。Richaeds 等 [3] 和 Boivin 等 [4] 发现在消球差透镜的焦平面处会形成一种奇异环，并通过实验发现在该焦平面处存在一个由于线旋转而产生的光学涡旋，证实光波场中也存在光学涡旋。1973 年，Carter[5] 利用计算机对奇异环的特性进行模拟研究，结果发现光束受到轻微扰动就可以使得奇异环产生或者消失。1974 年，Nye 等 [6] 在散斑场的研究中发现在海水声波中存在相位奇点，并首次将奇点的概念推广到电磁波领域。1981 年、1982 年，Baranova 等 [7,8] 发现在激光光斑上存在随机分布的光学涡旋，并通过实验发现在散斑光场中产生光学涡旋的概率在一定条件下是可以测定的，但是不会产生高阶拓扑荷数的光学涡旋场。1992 年，Swartzlander 等 [9] 通过理论和实验研究发现在自聚焦介质中存在光学涡旋孤子，且光学涡旋弧子在传输过程中与非线性介质会产生相互作用，这一发现对光学涡旋的传播具有很大的贡献。1998 年，Voitsekhovich 等 [10] 在一定起伏条件下，详细研究了相位奇点数目密度的特性，结果表明相位奇点数目密度具有一定的统计分布，并不是一个特定的值，并且该统计分布与振幅空间导数的概率分布有关。

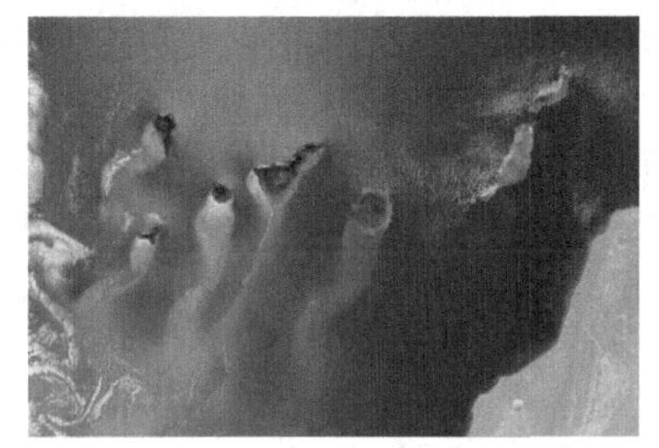

图 1.1　潮汐中的漩涡现象 [11]

到了 21 世纪，由于光学涡旋所涉及的研究领域进一步拓展，人们对光学涡旋的认识达到了新的高度。涡旋光作为波动的一种形式，不仅具有自旋角动量，而且具有由于螺旋形的相位结构而产生的轨道角动量 (orbital angular momentum, OAM)。这种携带 OAM 的光束被称为“光学涡旋 (optical vortice)”。光学涡旋是一种独特的光场，它的特殊性主要表现在其特殊的波前结构和确定的光子 OAM 上，图 1.2 所示为光学涡旋场的螺旋相位、光强分布和相位分布。光学涡旋场中光子 OAM 对原子、分子、胶体颗粒等物质的传递，可实现对微观粒子的亚接触、无损伤的操纵；同时，涡旋光束因其具有的拓扑荷数，在射频及量子保密通信等领域也具有重要的潜在应用价值 [12]。

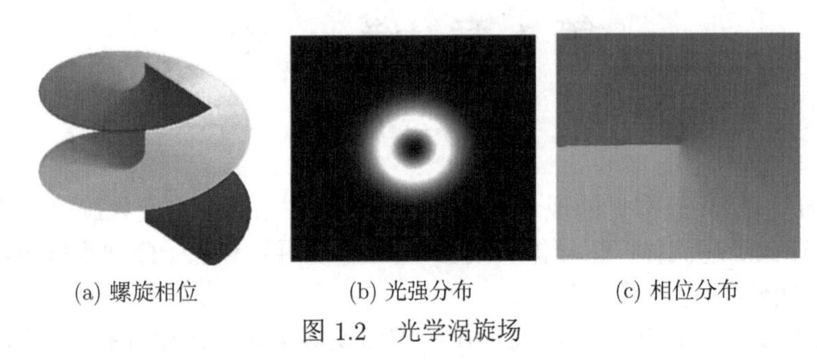

(a) 螺旋相位　(b) 光强分布　(c) 相位分布

图 1.2　光学涡旋场

## 1.2　轨道角动量复用通信系统

与传统光通信相比，携带轨道角动量的光束具有新的自由度，使得轨道角动量复用技术在提高系统的信道容量和频谱利用率方面具有独特的优势，通过对 OAM 光束复用特性的研究可以更加直观地了解 OAM 复用光束。

### 1.2.1　背景与意义

无线光通信，即自由空间光 (free-space optical, FSO) 通信，是一种以激光为载体，可进行数据、语音及图像等信息传递的技术。由于大气对光信号的吸收和散射，空间中传输的光束产生衰减；大气湍流效应引起激光光斑的漂移、闪烁及扩展现象，造成较大的误码率甚至通信中断 [13]。传统的信道编码方式虽然可以抑制湍流，但是在强湍流和浓雾等情况下，传统的通信方式并不能满足复用通信的需求。人们需要一种新技术以提高信道容量和频谱利用率。在现有的复用技术中，频率、时间、码型、空间等资源的利用都已被发挥到了极致，受波在自由空间和光纤中信息调制格式的限制，信息在自由空间和多模光纤 (multimode fiber, MMF) 网络间不能互操作，因此难以完全满足网络容量和通信安全需求。为了增加信息传输容量、提高频谱效率，并建立一个可靠性高、安全性好的通信网络，OAM 复用技术被广泛关注。

基于轨道角动量的复用通信具有以下优点 [14]。

(1) 安全性：归因于 OAM 的拓扑荷数 $l$ 和方位角 $\theta$ 之间的不确定关系。只有正对完全接收 OAM 光束时，才能准确检测其 OAM 态，角度倾斜和部分接收都会导致发送模态的功率扩散到其他模态上，降低对发送 OAM 态的正确检测概率，因此基于 OAM 的复用通信可有效地防窃听。

(2) 正交性：不同轨道角动量模式的涡旋光束具有固有的正交性，为在不同涡旋光束上调制信息提供了可能，且不同轨道角动量信道上传输的信息互不干扰，提高了信息传输的可靠性。

(3) 多维性：携带 OAM 涡旋光束本征态数目的无穷性可以实现多路信息在同一空间路径上传输，从而提高复用通信的维度。

(4) 频谱利用率高：涡旋光束复用通信由于采用 OAM 进行复用信息的传输，所以频谱利用率远远高于长期演进 (long term evolution, LTE)、802.11n 和地面数字视频广播 (digital video broadcasting-terrestrial, DVB-T)。

(5) 传输速率高：OAM 复用通信的传输速率高于 LTE、802.11n 和 DVB-T，实验研究表明可以达到太比特数量级。

随着对 OAM 研究的不断深入，携带 OAM 的涡旋光束复用技术作为新的复用维度，在信息传输领域引起了人们的广泛关注。为了提高信息传输速率、满足信息传输的安全性，采用携带 OAM 的涡旋光束复用技术就是解决途径之一。这种复用技术利用 OAM 量子数 (或模式数) 取值的无穷性进行信息的多信道传输，利用不同轨道角动量模式间的正交性实现信息的调制，最后将信息加载到具有轨道角动量的两种或两种以上的涡旋光束实现信息的复用传输，并可以与现有技术，如波分复用 (wavelength division multiplexing, WDM)、空分复用 (space division multiplexing, SDM)、偏振复用 (polarization division multiplexing, PDM) 等相结合来搭建通信系统进行信息交换，以提高通信网络容量和频谱效率，同时辅以多输入多输出 (multiple input multiple output, MIMO) 均衡技术、信道编码技术等来降低大气湍流导致的串扰。以下主要从光通信的三个方面来介绍涡旋光束在其中的通信，按场景可分为在自由空间中的涡旋光 OAM 复用通信，在光纤中的涡旋光 OAM 复用通信，水下涡旋光 OAM 复用通信。

OAM 无线光通信发展十分迅速。2007 年，OAM 复用技术由 Lin 等 [15] 首次应用到光通信中，他们在实验中利用不同的 OAM 态实现自由空间的多路光信号复用通信，复用/解复用通过在空间光调制器 (spatial light modulator, SLM)上加载计算机生成全息图 (computer generating hologram, CGH) 实现。2010 年，Awaji 等 [16] 通过实验进行了 2 路携带 10Gbit/s 信号 OAM 光束的复用传输，这项工作便是 OAM 复用通信的开端，为之后一系列工作奠定了基础。2011 年，Fazal 等 [17] 将拉盖尔–高斯 (Laguerre-Gauss, LG) 光束作为光载波，使用两个正交的 OAM 模式结合 25 个波分复用信道实现了一个 2Tbit/s 的数据链路。2012 年，Wang 等 [18] 提出并演示了利用空间光调制器加载螺旋相位图实现 4 路 OAM 新型复用高速通信，并结合 PDM 实现了自由空间光通信系统容量达到 1369.6Gbit/s，频谱利用率达到 25.6(bit/s)/Hz。同时，Wang 等的突破在于利用光子的空间状态可扩展性来提高传输的频谱效率，即用两组 8 个偏振复用的 OAM 光束叠加的同心圆环，每路加载 80Gbit/s 的 16 正交幅度调制 (quadrature amplitude modulation, QAM) 信号，最终实现了 2560Gbit/s 的通信容量及 95.7(bit/s)/Hz 的频谱利用率，极大地提升了系统的传输速率。图 1.3 所示是加载信息的 OAM 光子空间态偏振复用通信链路。2013 年、2014 年，Huang 等 [19,20] 进一步将 OAM 复用与现有维度资源进行结合，在通信系统容量和频谱效率方面不断突破，利用 OAM 对 1008 个数据通道进行多路复用/解复用，将 24 个 OAM 模式或者 12 个 OAM 模式结合 2 个偏振态，每个模式携带 42 个波长，每个波长传输一个 100Gbit/s 的正交相移键控 (quadrature phase shift keyin, QPSK) 信号进行复用，最终实现 100.8Tbit/s 的通信容量。

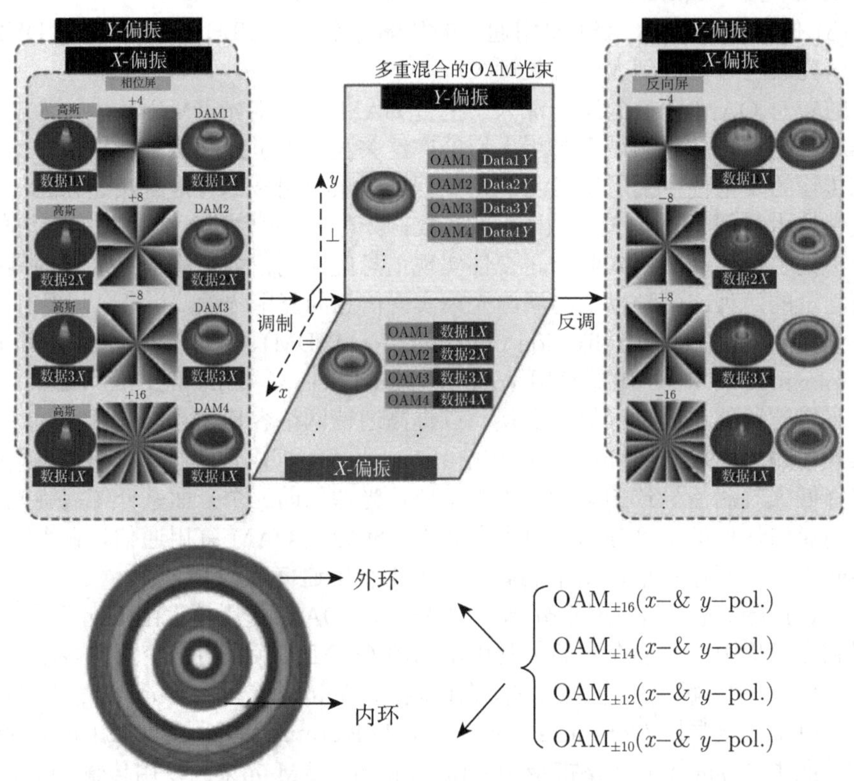


图 1.3　加载信息的 OAM 光子空间态偏振复用通信链路 [18]

Wang 等 [21] 利用双偏振 26 个 OAM 信道并覆盖 C+L 波段的 368 个波长下的 54.139Gbit/s 的正交频分复用–8 正交幅度调制 (orthogonal frequency division multiplexing-8 quadrature amplitude modulation, OFDM-8QAM) 信号调制实验，实现了一种自由空间数据链路，其总传输容量为 1.036Pbit/s，同时频谱利用率高达 112.6(bit/s)/Hz。Tamagnone 等 [22] 在威尼斯市利用无线光链路 OAM 模式复用进行了 442m 的传输实验。Dashti 等 [23] 在维也纳市中心强大气干扰环境下利用 OAM 光束实现了 3km 的无线光通信。Xu 等 [24] 利用 MIMO 自适应均衡方法降低大气湍流导致的 OAM 复用系统信号间的串扰。Huang 等 [25,26] 利用 4×4MIMO 技术和外差检测实现了自由空间 4 路 OAM 模式复用技术，其中每路 OAM 光束携带 20Gbit/s 速率的信息，有效地降低了系统的误码率。2016 年，Ren 等 [27] 通过实验研究了 MIMO 技术在 OAM 复用系统中的应用，发现利用空间分集和 MIMO 均衡可以有效地减缓大气湍流对 OAM 光通信的影响。2017 年，Shi 等 [28] 提出了一种基于有源换能器阵列的声学 OAM 通信技术，其原理是通过一个由 64 个声源辐射出用复合涡旋态编码的信号组成的相控阵产生含 8 个拓扑荷数的声涡旋场，并在接收端用另一个声学相控阵进行接收和解调。

2013 年，Bozinovic 等 [29] 利用可实现简并矢量模式高度分离的涡旋光纤，将 OAM 光束作为光纤通信系统的一个新自由度，搭建了 OAM 光纤通信系统，在 1.1km 长的涡旋光纤中实现了 1.6Tbit/s 的信息传输，该研究工作为 OAM 光束用于长距离、大容量光纤通信提供了实验基础。Wang 等 [30] 提出一种更低计算复杂度的基于传统多模光纤的 OAM 模式复用通信方案。基于多模光纤模群内部模式有效折射率差较小，但模群之间具有大的有效折射率差的特性，采用模群间无干扰复用和模群内小规模 MIMO 辅助复用相结合的复用方式来大大降低系统复杂度与算法复杂度，仅通过 $2\times2$ 和 $4\times4$ 多输入多输出–数字信号处理 (multiple input multiple output-digital signal process, MIMO-DSP) 实验实现了 6 个 OAM 模式的 10Gbit/s QPSK 信号在 8.8km MMF 中的复用传输，总传输容量为 120Gbit/s，6 个 OAM 模式在 7%前向纠错码 (forward error correction, FEC) 门限下的光信噪比 (optical signal to noise ratiol, OSNR) 代价都小于 2.5dB。

2015 年以来，Baghday 等 [31] 针对水下信道对基于轨道角动量复用 (orbital angular momentum-division multiplexing, OAM-DM) 的水下光通信进行了深入研究，包括纯净水、纯净海水和近海岸海水等 3 种信道环境。除此之外，该团队还基于 OAM-DM 联合偏振复用等提升了通信速率。Joshua 等 [32] 采用 GaN 激光二极管输出 2 路激光，研究了水下 OAM-DM($l=\pm8$) 光通信系统，实验结果表明链路传输速率越高，误码率上升越明显。随后，他们又通过光纤尾纤激光二极管产生激光，采用非归零开关键控调制，研究了信道衰减系数从 $0.00875\text{m}^{-1}$(纯净海水) 到 $0.4128\text{m}^{-1}$(近海岸海水) 的 OAM-DM($l=\pm8$) 水下光通信系统，其速率达 3Gbit/s，平均误码率为 $2.073\times10^{-4}$。最后，他们又利用 GaN 激光二极管产生激光，研究了纯净海水 (衰减系数为 $0.0425\text{m}^{-1}$) 到近海岸海水 (衰减系数为 $0.3853\text{m}^{-1}$) 信道下的 OAM-DM($l=\pm8$) 光通信系统，通信速率可达 2.5Gbit/s，平均误码率为 $2.13\times10^{-4}$。2017 年，Miller 等 [33] 采用 GaN 激光二极管产生激光，研究了基于双偏振复用联合 OAM-DM($l=\pm4$，$\pm8$) 的水下多维度融合调制可见光通信系统，系统总传输速率高达 12Gbit/s，误码率为 $2.06\times10^{-4}$。Zhao 等 [34] 首次在水下实现了 4 路轨道角动量模式 ($l=\pm3,\pm6$) 组播通信，每路通道携带 1.5Gbit/s 8-QAM-OFDM 信号。同时，在实验中验证了更高调制格式的可能性。该方案具有可拓展性，轨道角动量模式数可以进一步提高。图 1.4 是基于 OAM 的水下无线光组播链路实验原理图，由任意波形发生器 (arbitrary waveform generator，AWG) 产生 1.5Gbit/s 的信号，经过电放大器放大后，应用一个 520nm 的单模尾纤激光二极管直接调制，输出的绿光信号打到加载叉型组播相位图的 SLM-1 上，接着利用一个 200cm×40cm×40cm 的矩形水箱来模拟水下环境。在接收端，组播光束经过加载了特定可调节叉型组播相位图的 SLM-2 进行解调，然后传输到高灵敏度硅雪崩光电二极管探测器进行光电转换，最终发送到示波器进行结果测量，同时用摄像机记录光强度图。

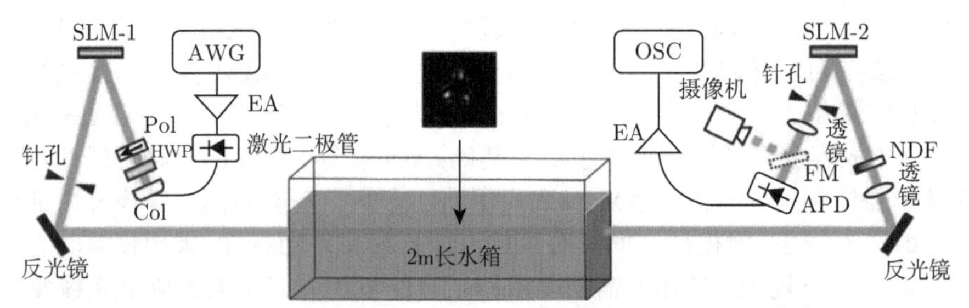


图 1.4　基于 OAM 的水下无线光组播链路实验原理图 [34]

OSC：示波器；APD：雪崩光电二极管；FM：调频；NDF：非定向转发；EA：执行代理；Pol：池化；Col：汇聚

### 1.2.2　轨道角动量复用技术原理

现有的复用技术包括频分复用、时分复用、码分复用和空分复用等多种复用技术。这些复用技术在其研究领域均取得了突破性发展：1G 技术的发展与频分复用密不可分；2G 技术引用了时分复用技术和码分复用技术，进而开启了数字通信时代；3G 技术应用了空分复用技术，使得同一载频能够在不同方向上得到重复利用；4G 技术结合了正交频分复用技术和 MIMO 等技术，在通信系统容量和频谱利用率等方面有了极大的改观。

OAM 复用技术本质上是利用 OAM 光束之间的正交特性，将多路需要传输的信号加载到具有不同拓扑荷数的 OAM 光束上进行传输。在接收端利用拓扑荷数的不同来区分不同的传输信道，这种复用方式可以实现在相同载频上同时得到多个相互独立的 OAM 光束信道。人们研究发现，携带 OAM 的涡旋光束能够张成无穷维的希尔伯特空间，所以在同一载频上采用 OAM 复用技术可使得系统获得更好的传输性能 [35]。这项特性为频谱的高效利用提供了一个新的自由度。

表 1.1 比较了常用通信类型 LTE、802.11n、DVB-T 和 OAM 复用的传输速率和频谱利用率。由表 1.1 可以明显看出，OAM 复用技术的频谱利用率和系统传输速率要明显优于其他三种通信类型。OAM 复用技术具备如此高的传输速率和频谱利用率的原因在于，与以前常规的复用技术相比，OAM 复用技术在复用过程中是将载波所携带的 OAM 模式作为调制参数来进行复用的。

表 1.1 传输速率与频谱利用率比较

| 通信类型 | OAM 复用 | LTE | 802.11n | DVB-T |
|---|---|---|---|---|
| 频谱利用率 | 95.5(bit/s)/Hz | 16.32(bit/s)/Hz | 2.4(bit/s)/Hz | 0.55(bit/s)/Hz |
| 传输速率 | 2.56Tbit/s | 326.4Mbit/s | 144.4Mbit/s | 31.668Mbit/s |

### 1.2.3 轨道角动量复用通信系统模型

大气湍流传输中轨道角动量复用通信系统模型如图 1.5 所示。这里以四路复用为例，首先，对输入原始比特流进行 QPSK 调制，在固体激光器产生的高斯光束上通过光调制技术加载上调制好的传输信号，此时电信号转换成了光信号。将携带调制信息的高斯光束利用空间相位掩模转换成对应拓扑荷数的 OAM 光束，将产生的四路不同拓扑荷数的涡旋光束进行复用，产生的 OAM 复用态经过大气湍流传输后，在接收端对 OAM 复用态光束进行解复用得到四路 OAM 光束，然后将涡旋光束转换为高斯光束。最后，提取出高斯光束上加载的 QPSK 信号进行解调恢复原始比特流，即将光信号转换为原始电信号。

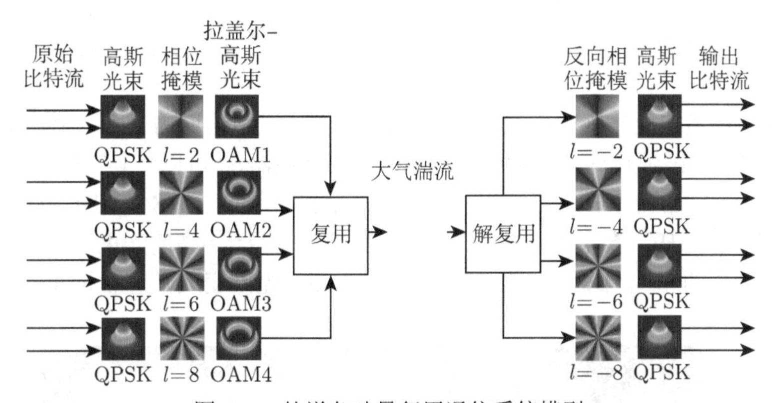


图 1.5 轨道角动量复用通信系统模型

## 1.3 涡旋光束的产生

实现轨道角动量复用通信，面临的首要问题是产生具有轨道角动量的涡旋光束。常见的产生涡旋光束的方法：空间产生法和光纤产生法。

### 1.3.1 空间产生法

利用空间结构产生涡旋光束的方法主要包括腔内产生法、几何模式转换法、螺旋相位板法、计算全息法、光子筛法、超表面法。

1) 腔内产生法

腔内产生法是通过激光谐振腔直接产生涡旋光束 [36]。在实验中该方法对谐振腔的轴对称性具有严格的要求，较难得到稳定的光束输出。1989 年，Coullet 等 [36]

利用激光谐振腔直接产生涡旋光束，但腔内损耗较大，难以产生高质量涡旋光束。随后出现了环形光束泵浦法 [37]、中央受损腔镜法 [38]、热诱导膜孔径法 [39] 等提高光束质量的方法。

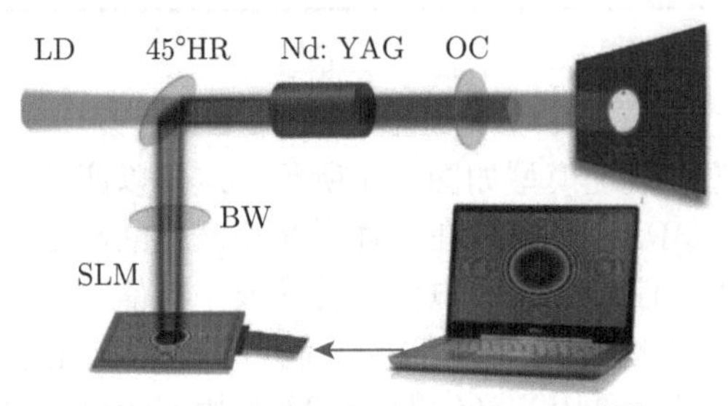


图 1.6　数字激光器的工作原理图 [40]
LD：激光器；OC：光载波；45°HR：45° 分色镜；BW：带宽

以上传统的涡旋光束激光器只能在不改变谐振腔参数的情况下产生单模涡旋光束。为了在不改变谐振腔结构的情况下满足任意激光模式的输出需求，数字激光器被提出。这种激光器将 SLM 应用到激光谐振腔内充当一个谐振镜，空间光调制器和另一个镜子组成激光谐振腔，实现激光输出，同时通过控制计算机可以灵活产生各种性质的涡旋光束。图 1.6 所示为数字激光器的工作原理图。该激光器虽然简单易操作，但是很难同时产生高功率、多模态、高质量的涡旋光束 [40]。综上所述，OAM 光束在腔内产生存在很多问题，因此通常采用腔外转换法来产生涡旋光束。

2) 几何模式转换法

由柱面透镜构成非轴对称光学系统，输入不含轨道角动量的厄米–高斯 (Hermite-Gauss, HG) 光束，通过两个柱面透镜构成的模式转换器，就可以将其转换为拉盖尔–高斯 (LG) 光束，如图 1.7 所示。此方法最早是 Allen 等在 1993 年提出的。同理，将 LG 光束转换成 HG 光束也是成立的 [41]，只需要在厄米–高斯光束基础上引入一个随方位角变化的相位因子 $\exp(\mathrm{i}l\theta)$，就可以将 HG 光束变成具有轨道角动量的涡旋光束 [42]。

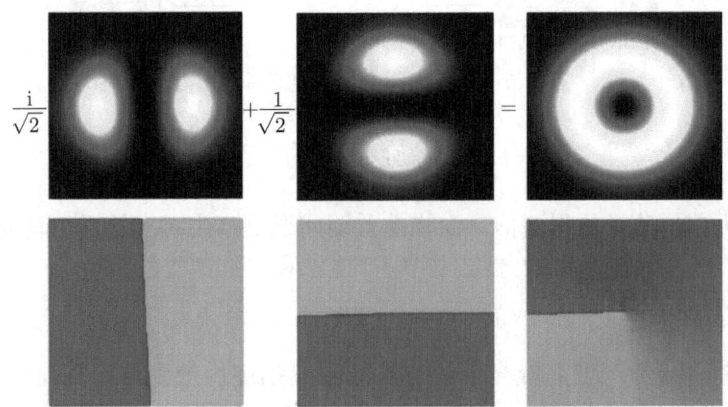


图 1.7　HG($HG_{01}$ 和 $HG_{10}$) 光束与 $LG_{01}$ 光束的模式转换 [42]

几何模式转换法的转换效率高，但是转换过程中的光学系统结构相对比较复杂，系统中用到的关键光学器件加工制备比较困难，而且也不易控制所产生的涡旋光束种类和参数，这使得其应用场合受到了限制。

3) 螺旋相位板法

螺旋相位板 (spiral phase plate, SPP)[43] 是一种厚度与相对于板中心的旋转方位角成正比的透明板，表面结构类似于一个旋转台。当光束通过螺旋相位板时，相位板的螺旋形表面使透射光束光程的改变不同，使透射光束相位的改变量也不同，继而能够产生一个具有螺旋特征的相位因子。

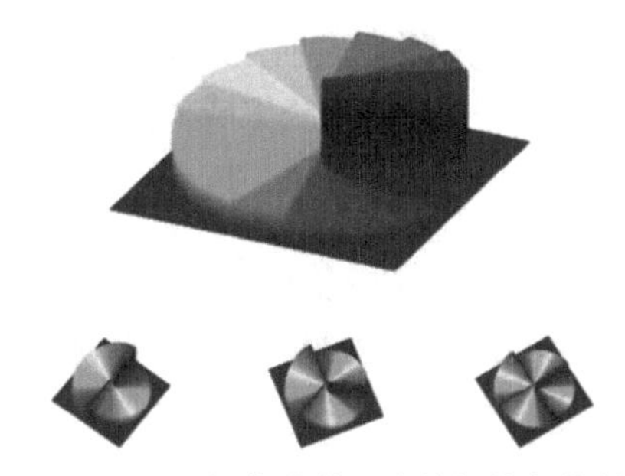

图 1.8　不同拓扑荷数对应的螺旋相位板

SPP 法产生涡旋光束的转换效率较高，但该方法产生的光学涡旋的拓扑荷数，对于某一相位板，使用特定模式的激光只能是特定唯一的输出，不能灵活控制涡旋光束的种类和具体参数，而且高质量的相位板制备也比较困难。图 1.8 所示为不同拓扑荷数对应的螺旋相位板。2019 年，Wu 等 [44] 设计出一种平板式 SPP 来产生涡旋光束，这种装置可以根据介质材料的折射率灵活调整所生成涡旋光束的 OAM 量子数及 SPP 的高度，且生成光束的精度随相位阶数的增加而增加。为了弥补之前 SPP 法的短板，可将此平板式 SPP 多层叠加同时翻转相位板来直接调控出射涡旋光束的角量子数大小及符号。这无疑为在实际生产与应用中便捷地调节光学 OAM 特性提供了潜在的解决方案。

4) 计算全息法

计算全息法是依据光的干涉和衍射原理，利用计算机编程实现目标光与参考光的干涉图样，得到涡旋光束。利用计算全息法产生涡旋光束是一种快速灵活、应用范围广泛的方法。其主要可以利用计算全息图和空间光调制器来实现。计算全息图就是将叉形光栅制成底片，直接让高斯平面波通过此叉形光栅。1992 年，Heckenberg 等 [45] 提出采用计算机生成全息图 (CGH) 的方法生成需要的衍射光栅图样，实现涡旋光束的生成；2012 年，Li 等 [46] 设计了一种基于叉形奇点的偏振光栅 (forked singularities polarization grating, FSPG)，这种光栅由液晶材料组成，可以有效产生 OAM 光束并在模式之间进行光转换，模式间的相对功率也可以通过偏振态来控制。该团队还成功制作了可切换型 FPG，可以在 OAM 的产生/转换和传输状态之间进行电切换。这种方法的衍射效率高于 90%，而且全息制作元件结构紧凑、重量轻，易于优化，适用于除紫外线、红外线外的任何波长，较大范围的 OAM 量子数及透明孔径。

另一种产生涡旋光束的二元 CGH 是螺旋波带片 (spiral zone plate,SZP)，最早用于可见光和软 X 射线。与叉形光栅及螺旋相位板不同的地方在于，SZP 是将涡旋波与球面波进行叠加而生成涡旋光束的，SZP 比光栅更适合应用于扫描透射电子显微镜方面，球面波会在光轴的不同位置聚焦或发散，这样不同阶的衍射光束永远不能同时聚焦在样品上。2012 年，Saitoh 等 [47] 利用微加工技术的 SZP 生成了一系列汇聚的 OAM 电子波束，最高可产生拓扑荷数为 90 的涡旋光束。图 1.9 是用不同方法生成涡旋光束的原理图。

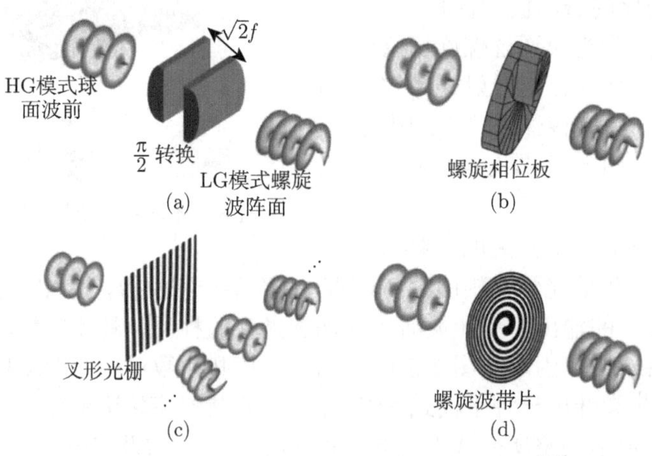


图 1.9　用不同方法生成涡旋光束的原理图 [48]

数字微镜装置 (digital micromirror device,DMD) 法 [49] 是通过动态加载 CGH 来对入射光束进行振幅和相位编码，从而动态生成 OAM 光束，DMD 由数百万个微镜阵列组成，每个镜子可通过倾斜 $-12°$ 或 $+12°$ 分别转换为“关闭”或“打开”状态，处于“打开”状态的镜子会向所需方向反射光，从而控制光束的产生。DMD 成本低廉，且可在高速率下切换产生 OAM 模式，但衍射效率不理想；2022 年，Hu 等 [50] 利用 DMD 生成和表征复杂矢量模式涡旋光束，并使用基于随机空间复用的二进制编码方案产生了 LG、Ince-Gaussian、Mathieu-Gaussian 及 Parabolic-Gaussian 等矢量涡旋光束。

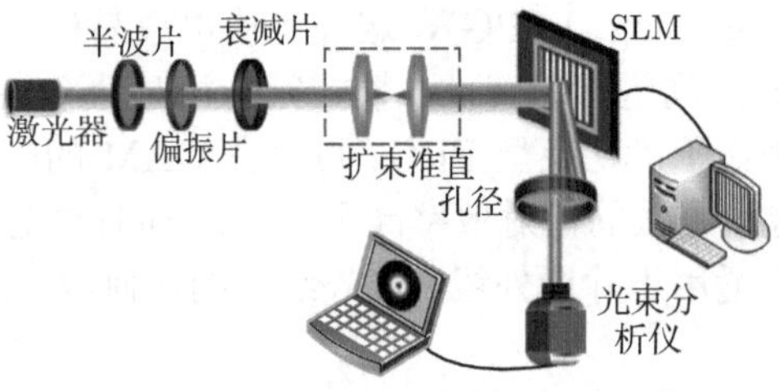

空间光调制器 (SLM) 法是将叉形光栅加载到 SLM 上，让高斯平面波直接入射到 SLM 上即可。薄斌等 [51] 利用反射式 SLM 产生某种光束，并将产生的光束与平面光等进行干涉实验研究，结果验证了产生的是拓扑荷数存在差异的涡旋光束，并且涡旋光束产生的能量转换效率较高。2016 年，Forbes 等 [52] 结合 SLM 对 OAM 光束进行生成，通过实时对数字全息图进行修改和写入来控制 SLM 调制生成不同种类、形态 OAM 光束。图 1.10 为利用 SLM 法

半波片　衰减片　SLM　激光器　偏振片　扩束准直　孔径　光束分析仪

图 1.10　利用 SLM 法生成涡旋光束

生成涡旋光束实验示意图，通过计算机控制显示在 SLM 上的全息图，就能够灵活控制产生光学涡旋的位置、大小及拓扑荷数，还能够动态实时地调整光学涡旋位置，而 DMD 法则将图中 SLM 换成 DMD 即可实现。

5) 光子筛法

2015 年，Liu 等 [53] 设计出一种广义光子筛来生成 OAM 光束，光子筛是一种针孔阵列，可在焦点处形成任意结构的复场。与原来的光子筛相比，广义光子筛针孔数由几千个降为几百个，可以对入射光进行紧聚焦，而且可以产生不同径向指数、角向指数及叠加态的 LG 光束、艾里光束、贝塞尔 (Bessel) 光束、厄米–高斯光束，同时演示了像差校正和对衍射阶的控制。广义光子筛简易而又抗干扰，有助于形成短、长波长的辐射光。图 1.11 是利用光子筛法生成涡旋光束的示意图。

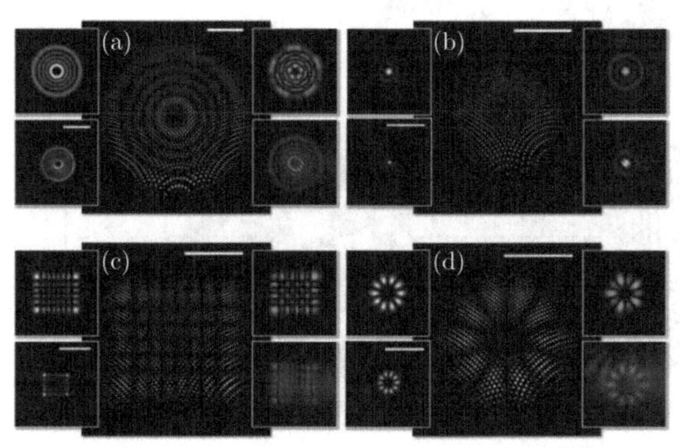


图 1.11　利用光子筛法生成涡旋光束 [53]

6) 超表面法

传统的 OAM 光束生成方法大多基于标准的光学设备，如 SPP、SLM 等，这些设备适用于实验室的实验，但存在体积大、工作距离长、光学控制精度较低等不足，与现代集成型、超微型、多功能型平板光学的光学系统不兼容。近些年，基于等离子激元超表面的微尺寸平面光学元件的实现已成为现实。纳米尺度结构的超表面已经被证明能够有效地控制光在线性光学区域的振幅、相位和偏振态，并可以重构光束的波前。超表面可以使入射光通过可伸缩的人工原子发生突然的相位变化，从而产生携带 OAM 的光束。图 1.12 为超表面法中利用 J 板将入射左右旋偏振光转换为 OAM 光束示意图。2017 年，Devlin 等 [54] 使用由动态相位和几何相位组成的二维超表面来产生 OAM 光束。这种超表面是由不同尺寸的矩形纳米天线构成的 J 板，相比于之前的 Q 板，可以实现任何正交偏振态到独立 OAM 模式的转换，且可以和大功率激光束一起使用，克服了 SLM 的限制。2021 年，Dorrah 等 [55] 设计出一种可信平台模块 (trusted platform module, TPM) 板，可实现两大类功能。一类为偏振可切换装置，通过改变入射的正交偏振态在产生的两个涡旋光束间切换；另一类则对任何入射偏振态有效，可沿传播方向实现对光 OAM、自旋角动量 (spin angular momentum, SAM) 及偏振振幅、相位的灵活控制。

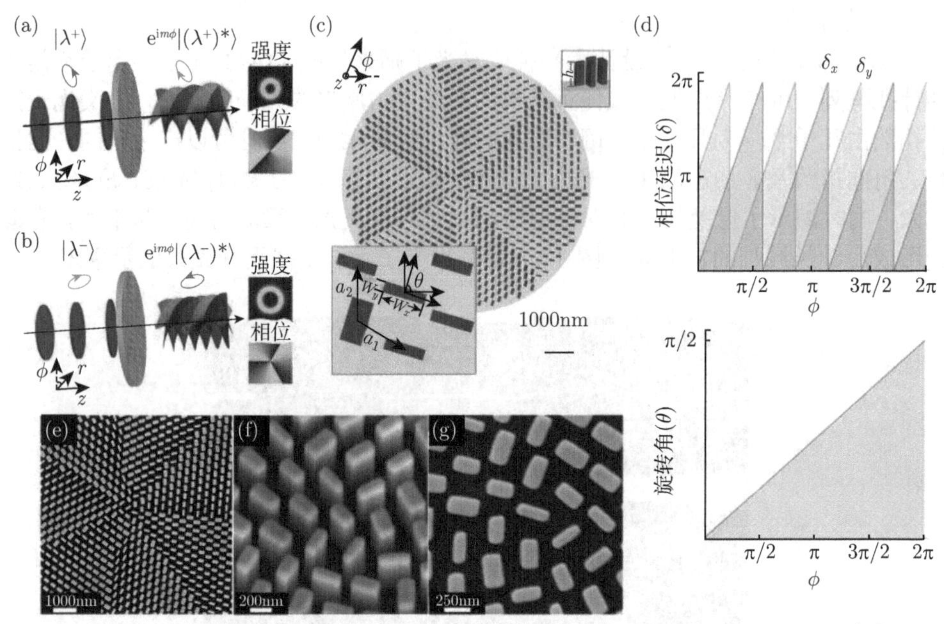


图 1.12 超表面法中利用 J 板将入射左右旋偏振光转换为 OAM 光束示意图 [54]

### 1.3.2 光纤产生法

为了适应 OAM 光通信系统的发展和应用要求，有学者提出了利用光纤产生涡旋光束的方法，主要包括三种方法：①光纤耦合器转换法 [56−60]；②光子晶体光纤转换法 [61−63]；③光波导器件转换法 [64−68]。

2011 年，Yan 等 [58] 对 4 根微光纤输入的厄米–高斯光束，通过模式叠加实现了 OAM 光束。后来，该研究小组经过改进，将微光纤换成核心为方形的光纤置于环形光纤内部。这种改进型产生 OAM 的耦合器，在结构上输入光纤只需要 1 根即可，减小了加工复杂度。这种产生 OAM 的方法与传统 OAM 产生方法相比，最大的优点是结构简单，对未来光纤中 OAM 信息的传输技术有很大的推广意义。但其不足是波导色散大，目前产生的 OAM 模式纯度不高，使高阶 OAM 模式对波长的变化敏感且不稳定。2014 年，Brunet 等 [59] 使用金属化学气相沉积 (metal chemical vapor deposition, MCVD) 工艺制作了具有空气芯和环形折射率剖面的光纤，在环形光纤的环形区域添加了比包层折射率低的材料以获得更好的耦合效率，利用这种新型光纤实验产生了 36 个 OAM 模式的稳定传输。2017 年，Pidishety 等 [60] 利用由单模光纤和环形光纤组成的全光纤模式选择耦合器，通过直接相位匹配耦合实现 OAM 光束的激发，最终激发模式纯度高达 75%。图 1.13 为由单模光纤和环形光纤组成的全光纤模式选择耦合器产生 OAM 光束实验原理图，实线代表在光纤中传输，虚线代表在自由空间传输。

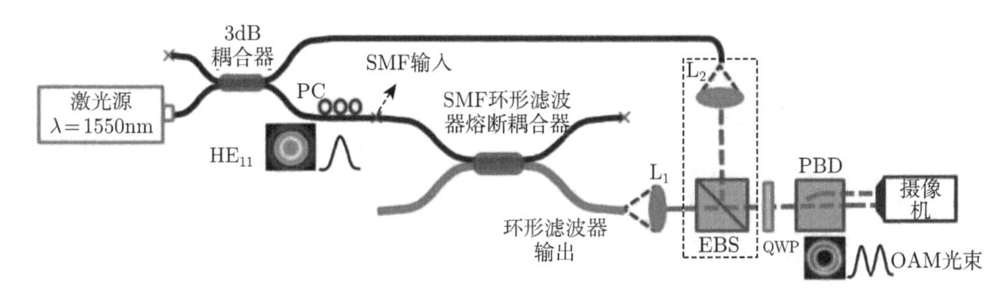


图 1.13　全光纤模式选择耦合器产生 OAM 光束实验原理图 [60]

SMF：会话管理功能 (session management function)；PC：个人通信 (personal communications)；PBD：逆向接通双极闸流管；EBS：超出突发尺寸 (excess burst size)；QWP：四分之一波片 (quarter-wave plate)

2012 年，Willner 运用光子晶体光纤 (photonic crystal fiber，PCF) 设计了一套新的产生 OAM 的转换器 [61]，这种光纤的包层空气孔为正六边形排列，但是产生的色散和模式损耗较大。其基本原理是对输入的厄米–高斯光束进行模式转换，转换后产生了一系列涡旋本征模，只要选取合适的涡旋本征模进行组合叠加，就可以产生期望的 OAM 模式。可以根据不同的实际需要，通过调整 PCF 包层的空气孔排列方式、大小及间距等参数来提升 PCF 在实际应用中的性能。随后，Willner 改进了之前空气孔排列方式的缺陷，改进后可产生并支持 10 个 OAM 模式传输 [62]。同年，Wong 等 [69] 在 *Science* 报道了螺旋 PCF 模式转换器，这种转换器可以产生更多的 OAM 模式。激光器向 PCF 中输入线性偏振的超连续光时，这种转换器对输入光进行方位角向调制，使输入光相位发生改变，产生了 OAM 涡旋光束。2020 年，Israk 等 [63] 设计出一种三层环绕的线圈型大带宽 PCF，其中有一个由三薄层围绕着的较大的空气芯，其最多支持 56 个色散平缓变化的 OAM 模式传输，大部分模式的限制损耗小于 $10^{-8}$dB/m，非线性系数和数值孔径分别小于 $4\text{W}^{-1}\text{km}^{-1}$ 和 $0.17\text{W}^{-1}\text{km}^{-1}$，带宽达到 1900nm，这些出色的光学特性保证了该光纤的优良性能。图 1.14 为三层环绕的线圈型 PCF 的横截面示意图。螺旋 PCF 除上述的优点外，同时具有低限制损耗、较为平坦的色散及较小的非线性系数。此外，产生的 OAM 拓扑荷数随着光纤结构参数的变化而有规律地变化，这对于产生更多种类及纯度较高的 OAM 模式有很大的优势。

2012 年，Cai 等 [64] 在 *Science* 上报道已经实现了硅集成 OAM 涡旋光束发射器，该发射器将厄米–高斯光束在硅波导中传输，然后耦合到环形波导中，通过环形波导后产生回音壁模式。图 1.15 所示为该紧凑型硅集成 OAM 涡旋光束发射器。由于波导内壁周期锯齿状突起的存在，厄米–高斯光束在环形波导中传输时会产生相位差，相位差的存在使得光波矢发生变化，最后环形波导上方产生了不同 OAM 模式的涡旋光束。这种发射器不仅体积小，而且产生的涡旋光束相位敏感度低、轨道角动量模式稳定，并且可以大规模集成，同时产生多个拓扑荷数可控的 OAM 光束。

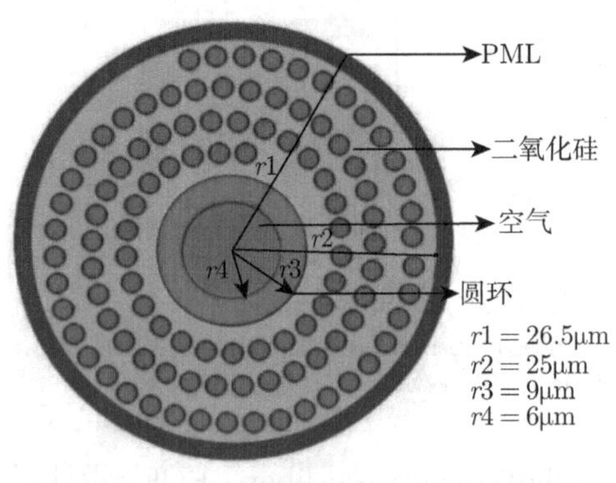


图 1.14　三层环绕的线圈型 PCF 的横截面示意图 [63]

PML：物理媒体层 (physical media layer)

图 1.15　紧凑型硅集成 OAM 涡旋光束发射器 [64]

2020 年，Cognée 等 [68] 证明了通过波导寻址的等离子光子谐振微盘腔可以产生可控制的 OAM 和 SAM 的相关光束。这种方法由氮化硅磁盘和铝纳米棒天线来实现。这种良好的偏振和 OAM 纯度可作为单器件上偏振分辨干涉傅里叶显微镜的基准。

2022 年，Zeng 等 [70] 利用螺旋 PCF 中的拓扑选择性受激布里渊散射效应，在模分复用的情况下对拓扑荷数为 0、1 和 2 的涡旋光束实现了光学隔离。在 200m 长的三重和六重旋转对称螺旋 PCF 实现了，当光功率动态变化 35dB 时，隔离度均能保持在 22dB 以上且变化不超过 1dB。未来为了进一步提高涡旋光隔离度，可以在降低光纤长度的同时制造软玻璃螺旋 PCF，这种方法产生的布里渊增益比普通硅玻璃产生的布里渊增益要高 100 倍以上，与此同时可以生成更多核的螺旋 PCF，以提升模式容量。图 1.16 为拓扑选择性受激布里渊散射示意图，当受激布里渊散射中的泵浦光和斯托克斯光拥有相反且等绝对值的拓扑荷数和自旋数时，前向传播的泵浦光信号将会受到受激布里渊散射而耗散，后向传播的信号没有任何改变，这就实现了信号光的单向传输且减少了反向损耗。

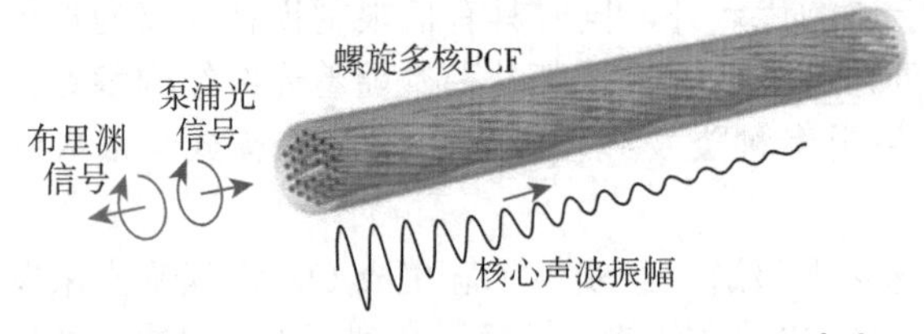


图 1.16　拓扑选择性受激布里渊散射示意图 [70]

### 1.3.3　涡旋光束产生方法的对比

涡旋光束特有的相位结构及独特的 OAM 特征，使其在量子信息的传输、微粒操纵、分子光学等方面都具有良好的应用价值。但这些应用都必须依赖于高质量涡旋光束的产生，以上产生方法各有优缺点。表 1.2 为现有产生涡旋光束的方法对比分析。所以，在现有条件和技术的基础上，寻求产生更高质量涡旋光束的有效方法也成了该领域亟待解决的问题。

**表 1.2　产生涡旋光束的方法对比分析**

| 方法 | 优点 | 缺点 |
| --- | --- | --- |
| 腔内产生法 | 直接在激光谐振腔内产生 | 很难得到稳定高质量的涡旋光束；很难实现高阶涡旋光束的产生 |
| 几何模式转换法 | 转换效率高 | 光学结构相对复杂，器件制备困难；不易控制涡旋光束的种类和参数 |
| 螺旋相位板法 | 转换效率高 | 不易控制涡旋光束的种类和参数；高质量的相位板制备困难 |
| 计算全息法 | 对涡旋光束的位置、大小及参数可控；制作成本低 | 光路对准要求严格；衍射效率偏低 |
| DMD 法 | 成本低；高切换速率 | 衍射效率不理想 |
| SLM 法 | 方便调节参数；衍射效率较高 | 有能量阈值的限制 |
| 光子筛法 | 可用波段较宽、空间分辨率较高 | 衍射效率不高 |
| 超表面法 | 系统集成性高、转换效率较高 | 操作难度大，设备制备不易 |
| 光纤产生法 | 便于在光通信系统中推广；产生的涡旋光束比较稳定 | 实验上目前仅能实现低阶涡旋光束；光纤不易制备 |

## 1.4　涡旋光束的影响因素

### 1.4.1　大气湍流效应

大气湍流是一种具有随机性的混沌介质。当光经过大气湍流时，其随机运动会造成折射率起伏，导致光束发生畸变、相干性减弱、光强衰减等一系列湍流效应。这些变化在强湍流或长距离传输时尤为明显，从而严重制约了自由空间光通信的发展。大气湍流是一种杂乱无章的运动，具有以下特性。

(1) 湍流运动具有不规则的随机特性。

大气湍流是在外力作用下产生的一种运动方式，随外力增加，流体运动状态由层流变为湍流，运动逐渐失去稳定性，变成不规则的、杂乱无章的非线性运动。

(2) 湍流参数具有统计规律特性。

虽然湍流运动是一种不规则运动，但其相邻空间点上的运动参数具有一定的相关特性。因此，可以采用统计平均法等统计规律对湍流进行估算和预测。

(3) 湍流对初始条件敏感依赖性。

洛伦茨最早推断出大气对初始条件敏感这一特性，随后贝里以精确的数值计算结果作为对洛伦茨推断的证明，发现大气湍流对其初始条件同样具有敏感依赖性 [71]。

大气湍流会导致光折射率随机起伏，光波在大气湍流中传输时将会产生波前畸变及振幅起伏，因此，将引起光强闪烁、光束扩展、光斑漂移、到达角起伏及光束相干性降低等大气湍流效应。一般情况下，对光束传输特性的研究主要从两方面出发，即光束特性和传输路径，如图 1.17 所示。

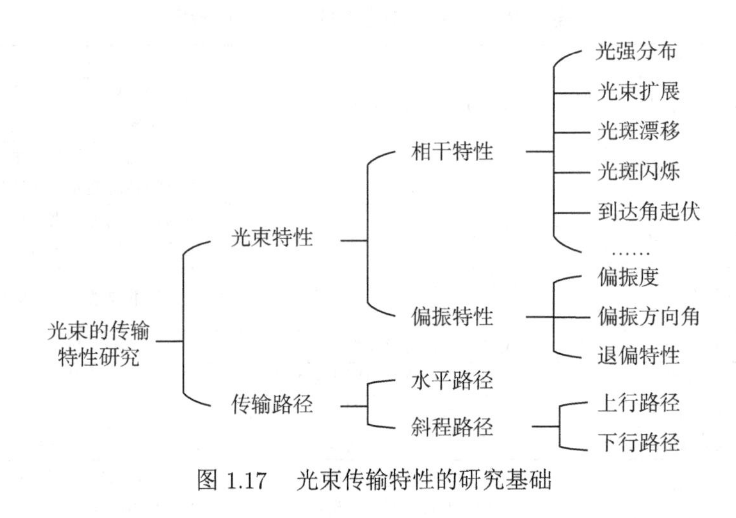


图 1.17　光束传输特性的研究基础

### 1.4.2　光束传输特性研究方法

光束传输特性的研究主要以光场的统计特性为理论基础。广义惠更斯–菲涅耳原理 (extended Huygens-Fresnel principle) 是最常用的一种研究方法，它是波动光学的基本原理，是处理衍射问题的理论基础。其主要内容 [72]：波前上任何一个未受阻挡的点都可以看成是一个频率 (或波长) 与入射波相同的子波源；在其后任何地方的光振动，就是这些子波相干叠加的结果。其中，波前表示光源在某一时刻发出的光波所形成的波面；次级扰动中心是一个点光源，又称为子波源。广义惠更斯–菲涅耳原理示意图如图 1.18 所示。

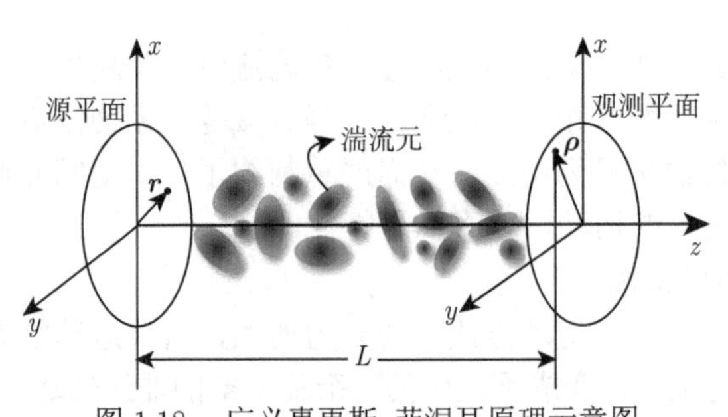


图 1.18　广义惠更斯–菲涅耳原理示意图

假设发射端 $z=0$ 处光波的光场表示为 $u_0(\boldsymbol{r};0)$，当光波沿着 $z$ 轴方向传播

距离 $L$ 之后，观测平面上光波的光场可以表示为

$$u(\boldsymbol{\rho};L)=\iint \mathrm{d}^2\boldsymbol{r}u_0(\boldsymbol{r};0)\,\xi(\boldsymbol{\rho},\boldsymbol{r}) \tag{1.1}$$

式 (1.1) 可看成是传播系统的脉冲响应。其中，$\xi(\boldsymbol{\rho},\boldsymbol{r})$ 在大气湍流中具有互易性，可表示为

$$\xi(\boldsymbol{\rho},\boldsymbol{r})=-\frac{\mathrm{i}k}{2\pi L}\exp(\mathrm{i}kL)\cdot\exp\left[\frac{\mathrm{i}k\left|\boldsymbol{\rho}-\boldsymbol{r}\right|^2}{2L}+\psi(\boldsymbol{\rho},\boldsymbol{r})\right] \tag{1.2}$$

其中，$\psi(\boldsymbol{\rho},\boldsymbol{r})$ 称为湍流介质的复随机扰动，可写成振幅 $\chi$ 和相位 $\zeta$ 的随机扰动，即

$$\psi(\boldsymbol{\rho},\boldsymbol{r})=\chi+\mathrm{i}\zeta \tag{1.3}$$

将式 (1.2) 代入式 (1.1) 中，即可得到：

$$u(\boldsymbol{\rho};L)=\frac{k}{2\pi\mathrm{i}L}\exp(\mathrm{i}kL)\int\mathrm{d}\boldsymbol{r}u_0(\boldsymbol{r};0)\exp\left[\frac{\mathrm{i}k\left|\boldsymbol{\rho}-\boldsymbol{r}\right|^2}{2L}+\psi(\boldsymbol{\rho},\boldsymbol{r})\right] \tag{1.4}$$

式 (1.4) 被称为“广义惠更斯–菲涅耳原理”，其在随机介质中的波传播与散射、光学成像及差外式激光雷达信噪比分析等领域有着广泛的应用 [73]。

### 1.4.3 涡旋光束的传输特性研究进展

采用 OAM 光束实现信息传输时，受到大气湍流的影响较小 [74]。Lukin 等 [75] 利用数值模拟方法也证实了涡旋光束在大气湍流中传输时引起的扩展要小于高斯光束。虽然涡旋光束在自由空间光通信方面具有一些优势，但实际中大气湍流不可避免地会引起光束强度和相位的改变，导致误码率增加及通信容量降低 [76]。

研究大气湍流对涡旋光束的影响，除了对涡旋光束在大气湍流中传输时的湍流效应 (光强起伏、相位起伏、螺旋谱弥散、光斑闪烁、光束扩展、光斑漂移、$M^2$ 因子、聚焦特性、复相干度、偏振质量等) 进行分析，也对光子的 OAM 本征态的变化情况进行分析，以及对涡旋光束的相位奇点进行相应的评估 [77]。一般对于涡旋光束传输特性的研究，主要从以下两方面来入手。

1) 不同涡旋光束的传输特性研究

空间结构的不同使得涡旋光束的种类众多，近年来人们感兴趣的涡旋光束有贝塞尔–高斯矢量光束 [78]、拉盖尔–高斯光束 [79−81]、椭圆涡旋光束 [82]、多阶高斯–谢尔涡旋光束 [83,84]、部分相干拉盖尔–高斯–谢尔光束 [85]、平顶涡旋光束 [86]、部分相干厄米–高斯–谢尔光束 [87]、离轴涡旋光束 [88]、标准与简化涡旋光束 [89]、超高斯涡旋光束 [90]、阵列涡旋光束 [91]、涡旋余弦双曲高斯光束 (vortex cosine hyperbolic-Gaussian beam,VCHGB)[92] 等。

2019 年，骆传凯等 [91] 利用广义惠更斯–菲涅耳原理和 Rytov 近似，推导了任意阶涡旋光束及其阵列在湍流中的传输强度表达式，并数值模拟了光束的扩展和演化，得到了不同光束和湍流参数变化下的均方光束宽度，最终得出涡旋光束阵列比单模涡旋光束受湍流的影响小，且径向涡旋光束阵列最后会演化为高斯光束。2020 年，闫家伟等 [90] 利用菲涅耳衍射原理和多层相位屏法建立了涡旋光束在大气湍流中的传输模型，分析了超高斯和高斯涡旋光束在湍流中的远场光强分布，得到了不同参数下两种光束畸变离散程度的变化，即光束质量，其中传输距离对超高斯涡旋光束的质量影响更大，而拓扑荷数则对高斯涡旋光束的质量影响更大。

2021 年,Hyde[93] 提出了扭曲时空涡旋 (spatiotemporal optical vortex,STOV) 光束，该光束具有相干光学涡旋和耦合空时维度的随机扭曲。Hyde 推导了互相干函数、线性动量密度和角动量密度，仿真了 STOV 光束在物理上的合成及不同相干程度下在自由空间中的传播，发现相干程度越大，扭曲涡旋奇点个数越少，光束衰减越慢；菲涅耳数越小，光束越容易分裂成低阶涡旋的组合。2022 年，Hricha 等 [94] 研究了部分相干涡旋余弦双曲高斯光束 (PCVCHGB) 通过透镜系统时的聚焦特性和焦移，根据扩展的柯林斯公式，推导了 PCVCHGB 通过薄透镜传输的解析式，得出空间相干长度、菲涅耳数和光束参数对光束聚焦区域的平均强度分布和焦移有较大影响。

2018 年，Tang 等 [95] 引入了一种新的径向偏振光束——径向偏振多余弦高斯–谢尔 (multi cosine Gaussian-Schell, MCGS) 光束，研究了 MCGS 光束在各向同性 Non-Kolomogorov 湍流中的统计特性，对光强、谱密度、相干度、偏振度及偏振态进行了分析，也推导出了径向偏振 MCGS 光束的交叉谱密度矩阵元公式，发现其偏振态存在自分裂特性，每个光束都演化为径向偏振结构。2023 年，Arora 等 [96] 从理论和实验两方面论证了均匀线性偏振光束对矢量奇点的扰动，这种扰动引起的光束质心径向位移量可以反映扰动的强度。

2) 涡旋光束在不同路径上的传输特性研究

早期研究者一般考虑光束在大气湍流中水平传输的情形，自 2001 年国际电信联盟提出了随高度变化的大气结构常数模型之后，人们逐渐关注光束在大气湍流中斜程传输的情形。Roux[97] 分析了近地面强湍流对轨道角动量纠缠光子相干性的影响，研究表明中强湍流对纠缠光子对的影响是非常明显的。蒲继雄等 [98−100] 对涡旋光束具有的特殊性质 (光束扩展、闪烁因子和奇点变化) 进行了系统的研究。张逸新等 [101] 也对涡旋光束在大气湍流中传输时的相关特性进行了研究。除了在湍流中的传输，在其他介质中的传输也陆续展开研究。2017 年，Porfirev 等 [102] 通过惠更斯–菲涅耳衍射原理及快速傅里叶变换，研究了涡旋光束在随机气溶胶介质中的传播特性，实验是利用气溶胶发生器、特性尺寸定义的水溶液和介质有效折射率变化进行的。随着拓扑荷数的增加，涡旋光束稳定性降低，同时发现在短距离下涡旋光束的稳定性大多低于高斯光束，然而在长距离情况下，涡旋光束更加稳定，可能是由于它们通过障碍物后能够自我修复。

近些年，研究者逐渐将关注度放在了海洋湍流的传输特性研究上。2022 年，Lazrek 等 [103] 基于扩展的惠更斯–菲涅耳衍射原理和 Rytov 方法，推导了涡旋余弦双曲高斯光束在海洋湍流中平均强度的分布和光束扩展情况。结果表明，通过增加均方温度、温度与盐度波动比的耗散率、单位质量海水湍流动能耗散率，VCHGB 可以在弱海洋湍流中较短距离传播，并在远场转化为类高斯光束。同时，VCHGB 在海洋湍流中的演变特性受到光束初始参数，如离心参数 $b$、拓扑荷数 $l$、光束束腰半径 $\omega_0$ 和波长 $\lambda$ 的影响。该研究结果可以为水下光通信和遥感成像领域提供参考。图 1.19 所示为拓扑荷数为 1 时 VCHGB 在海洋湍流中传输 0.1km、0.3km、0.6km、0.9km、1.2km 后的归一化光强分布，第一行和第二行分别是离心参数 $b = 0.1$ 和 $b = 4$ 时的分布。可以看出，离心参数 $b$ 的不同会导致光束形态的不同，最终随着传输距离的增加，$b = 0.1$ 时的光束演变为类高斯分布，$b = 4$ 时的光束转变为类平顶分布。

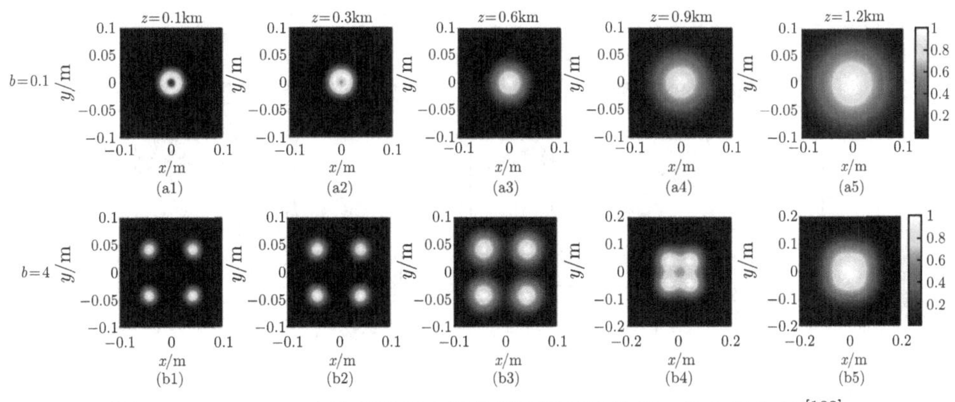


图 1.19　VCHGB 在海洋湍流中传输不同距离后的归一化光强分布 [103]

## 1.5　相位恢复

对于整个 OAM 复用系统来说，光束在大气中传输时会受到多种线性和非线性效应的影响，其中最主要的失真来自于大气湍流。OAM 态是一种空间模式分布，因此其波前在传播时不可避免地受到大气湍流的影响而发生波前畸变 [104]。大气湍流不仅仅影响单路 OAM 态，而且导致不同路 OAM 态之间也会产生模式串扰 [105]。

### 1.5.1　传统自适应光学校正技术

自适应光学 (adaptive optics, AO) 理论最早由 Babcock 在 1953 年提出，指出应用波前传感器测量波前并利用波前校正器实时对畸变波前加以补偿，理想条件下可以把畸变的波前恢复到平面波 [106]。最初自适应光学系统主要应用在天文学高分辨率成像领域中。在 20 世纪 80 年代末期，天文学家研制了一套全新的自适应光学系统，取名为“COME-ON”，该系统用在新西兰智利欧洲南方天文台直径约为 3.6m 的望远镜上，其中使用的变形镜有 19 个单元 [107]。在自由空间光通信系统中，为了解决大气湍流引起的波前畸变，人们提出使用自适应光学系统实现畸变波前的补偿 [108−110]。

对于涡旋光束在大气湍流中传输产生的波前畸变，可通过 AO 系统进行校正和补偿。传统 AO 技术是一种电子学和光学相结合的技术，能够实时探测畸变波前并予以实时校正，使光学系统具有适应自身和外界条件变化的能量，从而保持最佳工作状态，以此提高光束的质量和改善通信系统的性能。

如图 1.20 所示，传统自适应光学校正系统通常由三个基本单元构成 [111]，分别是波前探测单元、波前控制单元和波前校正单元。波前传感器实时探测到由大气湍流等引起的波前畸变信息，由计算机控制系统计算出需要加载到波前校正器上的控制电压，波前校正器用来实时补偿大气湍流引起的误差。

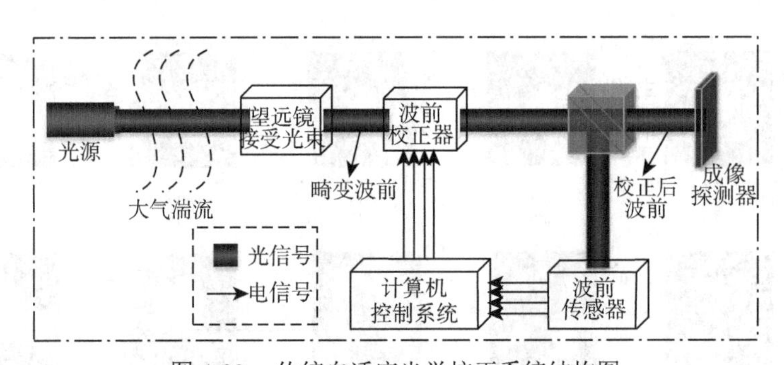


图 1.20　传统自适应光学校正系统结构图

### 1.5.2　无波前传感器的 AO 校正

大多数自适应光学系统是用波前传感器探测波前相位畸变量，由波前控制器根据探测到的畸变量产生相应的控制信号驱动波前校正器 (变形镜) 对畸变相位进行校正。2010 年，夏利军等 [112] 开展大气光通信畸变波前校正实验，实验结果表明经自适应光学系统校正后，用更小的初始光功率就能得到更好的通信质量。2014 年，Hashmi 等 [113] 在实验室进行了星间自适应光学通信数值模拟实验，实验表明经过自适应光学系统闭环校正后，系统的斯特列尔比可以从 0.30 提高到 0.75。但有波前传感器的校正系统结构复杂，且波前传感器会分流系统部分光强，所以人们开始致力于对不依赖于波前传感器的无波前传感器自适应光学校正系统进行研究。

如图 1.21 所示，无波前传感器的自适应光学校正系统根据电荷耦合器件 (charge coupled device, CCD) 获得的像质信息建立系统性能评价函数，用优化算法对评价函数进行优化以实现畸变波前的校正。无波前传感器的自适应光学校正系统主要由波前控制器、波前校正器和电荷耦合器件三部分组成。光源发出的平行光经大气湍流传输后产生带有像差的畸变光束。畸变光束入射到波前校正器，波前校正器对畸变光束进行初次校正并反射出残余畸变波前到 CCD，波前控制器根据 CCD 采集的系统性能指标值驱动优化算法重新产生波前校正器的控制信号，实现对畸变光束进行多次闭环校正。

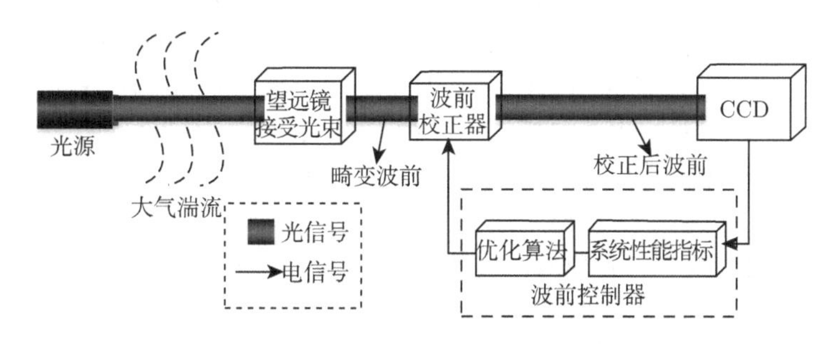


图 1.21 无波前传感器的自适应光学校正系统结构图

早期的优化算法有爬山法和多元高频振动法，由于此类算法存在耗时长和高带宽需求而受到限制。因此，需要寻找实现容易且有控制参数并行计算能力的智能算法，其中使用较多的算法是遗传算法、模拟退火算法和随机并行梯度下降 (stochastic parallel gradient descent, SPGD) 算法。2011 年，Yang 等 [114] 研究了随机并行梯度下降算法、遗传算法和模拟退火算法等优化算法对系统校正效果的影响，结果发现模拟退火算法所需的校正时间最短。2012 年，王卫兵等 [115] 研究了遗传算法在激光整形中的应用，仿真结果表明基于遗传算法的无波前传感器校正系统可以使系统的斯特列尔比由 0.3771 提高到 0.9049。2016 年，Anzuola 等 [116] 研究了随机并行梯度下降算法及其模态版本 M-SPGD 对自适应光学系统的校正能力，结果表明 M-SPGD 相比于 SPGD 有更快的收敛速度。

### 1.5.3 涡旋光束相位畸变校正

涡旋光束具有的最重要的特性之一便是携带轨道角动量。理论上讲，涡旋光束拓扑荷数的取值可以为任意数值，通常取整数，也可以为分数阶。由于轨道角动量的正交性质，只需要选取不同拓扑荷数的涡旋光束，其携带的轨道角动量的大小便各不相同，就可以获得无限维度的涡旋光束，从而实现涡旋光束的叠加复用。在自由空间光通信系统中，先将涡旋光束作为载波，将信息先分别加载在载波上并进行复用，然后在信道中进行传输，从而实现 OAM 复用通信，这种轨道角动量复用模式的光通信对于信道容量的提升作用是巨大的。

涡旋光束在光通信领域获得应用面临的问题包括：第一，涡旋光束应用于光通信时，主要采用 OAM 复用技术实现信息的复用传输。对于 OAM 复用传输相关问题的研究也尤为重要，如对多路涡旋光束实现复用，OAM 多路复用的光束经湍流信道传输后 OAM 模式的变化情况，各光束之间由于复用所产生的模式串扰问题。第二，涡旋光束经大气信道后的光场特性及 OAM 模式的变化特点。目前，多数是采用数值仿真方法或者在实验室内进行短距离模拟，但是实际光通信须在真实的大气湍流环境中实现，因此需要研究涡旋光束在实际大气环境中传输后的光场特性及 OAM 模式的变化特点。第三，采用自适应光学校正技术抑制大气湍流效应及降低复用涡旋光束的串扰效应。涡旋光束的波前畸变校正中，按照系统中有无波前传感器来划分，可将自适应校正技术分为两类：有波前传感器和无波前传感器。经典的有波前传感器的方法为夏克–哈特曼 (Shack-Hartmann, SH) 算法 [117]，无波前传感器法主要包括以下几种：GS(Gerchberg-Saxton) 算法 [118]、随机并行梯度下降算法 [119]、相位差 (phase diversity,PD) 算法。

2015 年，Xie 等 [120] 提出采用基于 Zernike 多项式的 SPGD 算法对多路畸变 OAM 光束进行校正，各模式间串扰可降低 5dB，并且从反馈回路得到修正模式的 Zernike 多项式系数。2017 年，Baránek 等 [121] 通过引入优化的螺旋相位调制与 GS 算法相结合，将其与 SLM 组合成自适应校正系统来对涡旋光束光学像差进行校正，结果表明在迭代过程中利用涡旋像斑作为目标强度模式，可以显著提高 GS 算法像差校正的精度和效率。2018 年，徐梓浩 [122] 研究了将液晶 AO 技术和 PD 算法相结合的双校正法，首先利用 AO 校正技术对湍流扰动造成的畸变进行第一次校正补偿，接着使用 PD 算法对残余波前畸变进行二次校正。图 1.22 为液晶–空间光调制器 (liquid crystal-spatial light modulator, LC-SLM) 和 PD 算法相结合的双校正 AO 系统结构图。

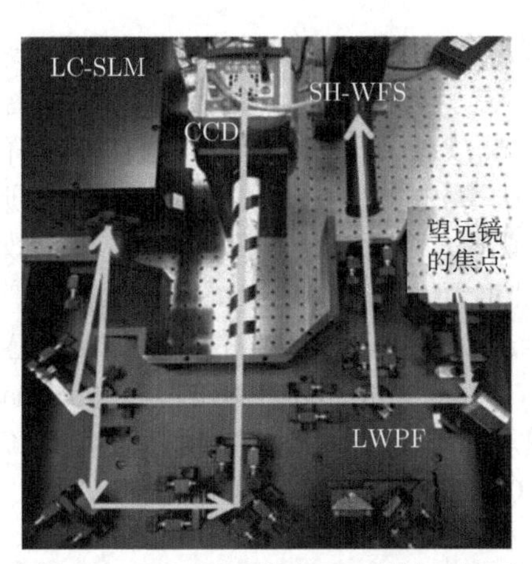


图 1.22 LC-SLM 结合 PD 算法双校正 AO 系统结构图 [122]

LWPF：全波段低损耗单模光纤；SH-WFS：SH 波前传感器

相比于有波前传感器的自适应光学校正技术，无波前传感器的自适应光学校正技术具有硬件实现简单、对光强闪烁等复杂环境的良好适应性等优点，因此受到了越来越广泛的关注。

## 1.6 涡旋光束的分离与检测

OAM 态存在着多种检测方法，主要可分为四种：①利用叉形衍射光栅将特定 OAM 光在衍射方向上转换为高斯光束；②让 OAM 光与高斯光束进行干涉，通过干涉图样来区分不同模式；③让 OAM 光经过狭缝或者小孔等产生衍射图样来区分不同模式；④利用光学元件重构 OAM 光的波前使之易于区别。

### 1.6.1 叉形光栅

一束高斯光束经过叉形光栅可以产生涡旋光束，相反，一束涡旋光束经过相应的叉形光栅也可转换为高斯光束，因此可以根据对应的衍射关系检测出涡旋光束的拓扑荷数，如图 1.23 所示。

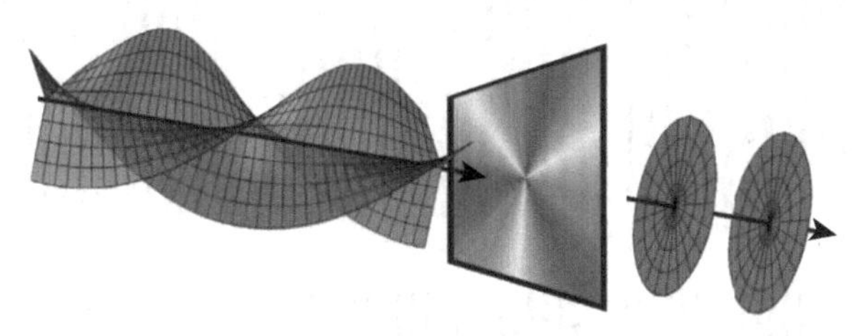

图 1.23 利用叉形光栅检测涡旋光束

### 1.6.2 干涉特性

可利用两束不同拓扑荷数的涡旋光束叠加干涉来研究相位等特性。这些研究实现的基础就是平面波与涡旋光，以及球面波与涡旋光的干涉。

平面波的电场与磁场均在一个平面，传播过程中所占的空间称为波场 [123]。在波场内，也存在多种振动方式，正弦函数形式是比较常见的一种振动方式，其在传播时任一点都存在波面，在传播方向前面的波面称为波前或者波阵面。

平面波的电场表达式为 $E_1 = A_1 \exp(-\mathrm{i}kx)$，涡旋光束的电场表达式为 $E_2 = A_2 \exp(\mathrm{i}l\theta)$，其中 $k$ 为平面波波数，$k = 2\pi/\lambda$，$l$ 为涡旋光束的拓扑荷数，$\theta$ 为相位角。令 $A_1 = A_2 = A_0$，$A_0$、$A_1$、$A_2$ 为常数，则叠加后的振幅为

$$E = E_1 + E_2 = A_0 \exp(\mathrm{i}2\pi x/\lambda) + A_0 \exp(\mathrm{i}l\theta) \tag{1.5}$$

根据光强计算公式 $I = EE^*$，可得

$$I = A_0^2 \left[2 + 2\cos(2\pi x/\lambda - l\theta)\right] \tag{1.6}$$

由式 (1.6) 就可以得出平面波与涡旋光束的干涉图像，如图 1.24 所示，图中表示拓扑荷数 $l$ 分别为 0、−1、1、2、0.5、1.5 时平面波与涡旋光束的干涉图像。图 1.24(a) 是拓扑荷数 $l = 0$ 时的图，呈现直条纹状的图样，而其他光栅图都有不同程度的叉状错位，拓扑荷数为 0 时可以认为是普通高斯光束；由图 1.24(c)、(d)、(e) 可以看出，当拓扑荷数取不同的数值时，干涉图像中心点的分叉条数也不尽相同，分叉条数与拓扑荷数相同；由图 1.24(b) 与 (c) 可得到，若拓扑荷数正负不同，则图像开口方向相反。当然，理论上拓扑荷数不但可取整数值，也可以取分数，分数阶的干涉图像如图 1.24(e) 和 (f) 所示，图中一半的条纹出现了横向

错位现象，黑白条纹出现位置错位，这说明平面波与涡旋光束的干涉图像是由直条纹错位产生的。结合整数阶图像与分数阶图像可以得到，分叉条数等于拓扑荷数，即干涉条纹的错位数与拓扑荷数相同。因此，干涉图像又称作直条纹错位光栅，或叉形光栅。

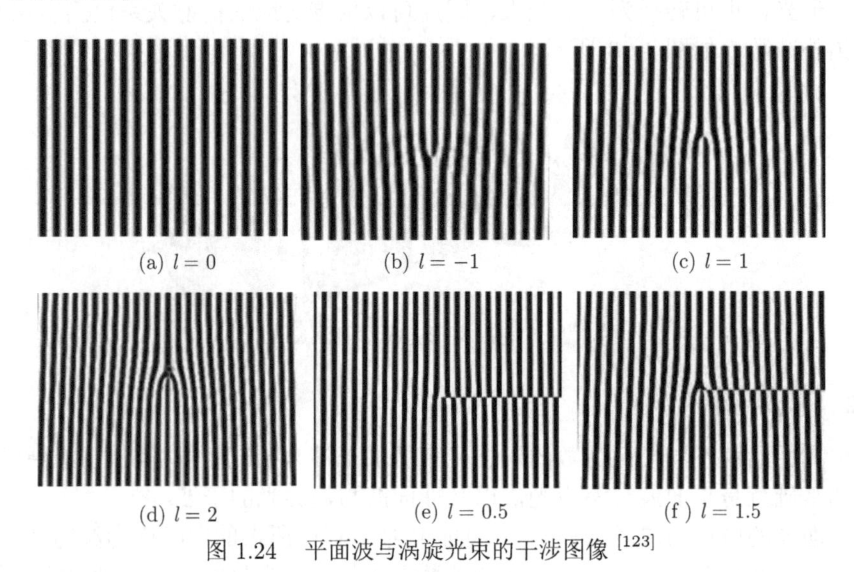

(a) $l = 0$　(b) $l = -1$　(c) $l = 1$

(d) $l = 2$　(e) $l = 0.5$　(f) $l = 1.5$

图 1.24　平面波与涡旋光束的干涉图像 [123]

球面波是一种具有等相位球面且振幅都相等的光波。在理想情况下，普通点光源发出的光就是理想的球面光。可以利用球坐标方程式来探讨球面波与涡旋光束的干涉 [124]。

球面波利用在球坐标系下的公式，表示为 $E_1 = A_1/r\exp(\mathrm{i}kr)$，涡旋光束可以简化为 $E_2 = A_2\exp(\mathrm{i}l\theta)$。为方便计算，令 $A_1 = A_2 = A_0$，则两束光束的叠加干涉振幅为

$$E = E_1 + E_2 = \frac{A_0}{r}\exp(\mathrm{i}2\pi r/\lambda) + A_0\exp(\mathrm{i}l\theta) \tag{1.7}$$

如果两束光束分别是球面波和涡旋光束，干涉叠加的光强可以表示为

$$I = EE^* = A_0^2\left[1 + \frac{1}{r^2} + \frac{2}{r}\cos(kr - l\theta)\right] \tag{1.8}$$

同样，通过对式 (1.8) 进行计算机数值模拟，即对理想的涡旋光束与球面波进行模拟计算，可以得到相对应的干涉图像，如图 1.25 所示。从图中可以直观地看出，球面波与涡旋光束的干涉和平面波与涡旋光束的干涉不同，它是以中心为一点，明暗条纹螺旋状旋转，而不再是明暗相间的直条纹。当拓扑荷数取不同数值时，干涉条纹的分布特性与拓扑荷数的取值也有关系，取值不同，螺旋状也会发生相应的变化，中心位置处的旋转条纹数与拓扑荷数保持一致。如图 1.25(a) 所

示，拓扑荷数为 1 时，螺旋状条纹由中心点产生 1 条旋转条纹；如图 1.25(c) 所示，当拓扑荷数取值为 2 时，螺旋状条纹在奇点位置处产生了 2 条旋转条纹，且旋转方向相反。以此类推，可以得到拓扑荷数与螺旋条纹数的关系，与叉形光栅类似，拓扑荷数与螺旋条纹数相同。同时，拓扑荷数不仅可以取整数，也可取分数，与平面波干涉情况类似，拓扑荷数为分数时，会产生错位现象。如图 1.25(e) 所示，拓扑荷数为 0.5 时，涡旋光束与球面波的干涉图像条纹向右侧移动 0.5 个条纹，这说明拓扑荷数无论取整数，还是取分数，都是条纹错位产生的干涉图样。

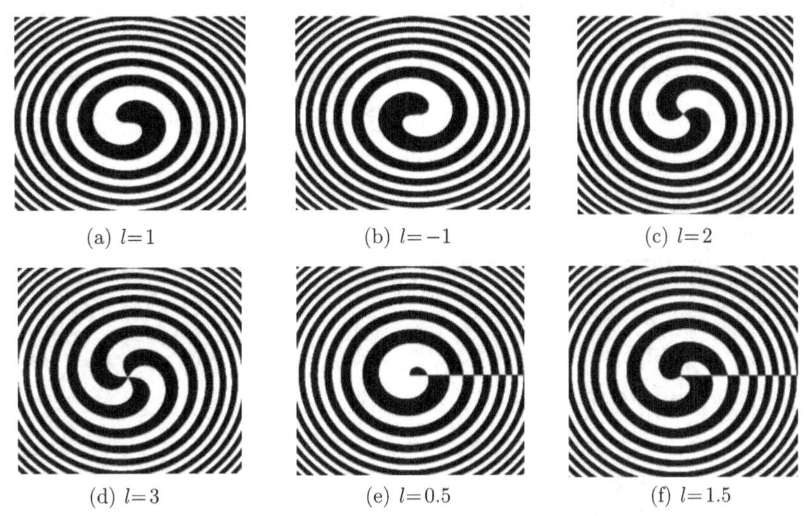

(a) $l$=1　(b) $l$=−1　(c) $l$=2

(d) $l$=3　(e) $l$=0.5　(f) $l$=1.5

图 1.25　球面波与涡旋光束的干涉图像 [123]

### 1.6.3　衍射特性

由于涡旋光束具有 OAM 和螺旋相位结构，因此对涡旋光束通过光阑的衍射现象研究也显得尤为重要。2006 年，Sztul 等 [125] 利用涡旋光束进行了双缝干涉实验，利用涡旋光束的双缝干涉条纹可实现对涡旋光束 OAM 的测量。2008 年，Soares 等 [126] 演示了一种新的现象测量携带轨道角动量涡旋光束的拓扑荷数，即三角形光阑的衍射现象。2009 年，Ghai 等 [127] 研究了拉盖尔–高斯光束经过单缝衍射后的光强分布。拉盖尔–高斯光束经过单缝后衍射条纹会发生断层和弯曲，弯曲的方向和程度跟拓扑荷数紧密相关。2011 年，高福海等 [99] 利用光学涡旋进行了双缝干涉实验，并对光学涡旋轨道角动量进行了测量，对 LG 光束在经过单缝衍射后的光强分布和螺旋谱进行了研究，研究发现 LG 光束经过单缝后螺旋谱变宽，此现象可用于对光学涡旋的轨道角动量进行测量。2014 年，Zhou 等 [128] 利用不透明屏上的双狭缝旋转制成一种动态双缝干涉系统，光束通过扫描双狭缝输出光功率在高低之间起伏变化，利用这一特性可以对 OAM 态进行检测。该方法可以测量高阶 OAM，且鲁棒性较强。图 1.26 所示为该动态双缝干涉系统

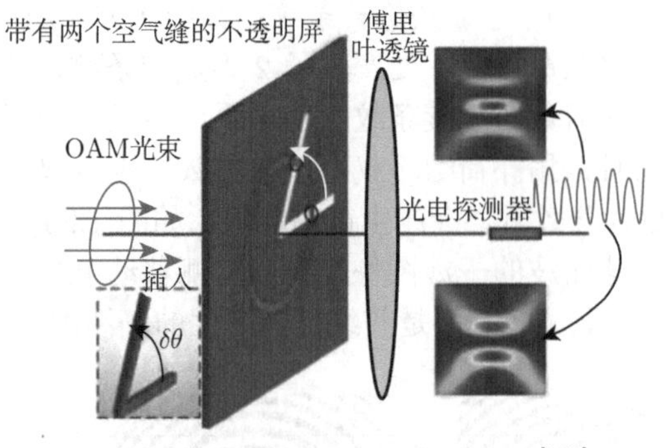


图 1.26　动态双缝干涉系统原理图 [128]

原理图，该系统由带有两个空气缝的不透明屏、一个傅里叶透镜、一个光电探测器组成。图 1.26 中的黑圈将入射的 OAM 光束透射，透镜将双缝干涉图样移到中心，然后光电探测器将光强度转换为电压值。当干涉相消时，电压最小，相干时电压最大。由图 1.27 可知，根据两个相消条纹间的波峰值个数可得到入射 OAM 光束的拓扑荷数大小。2018 年，Acevedo 等 [129] 通过仿真和实验利用矩形光阑和五边形光阑对 OAM 进行检测，发现非等边五边形可以检测拓扑荷数大小及正负，最高达 20，但是矩形光阑只能检测拓扑荷数大小。

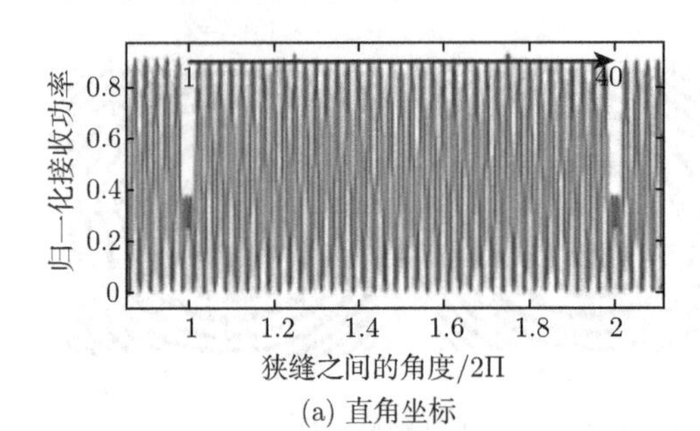


(a) 直角坐标

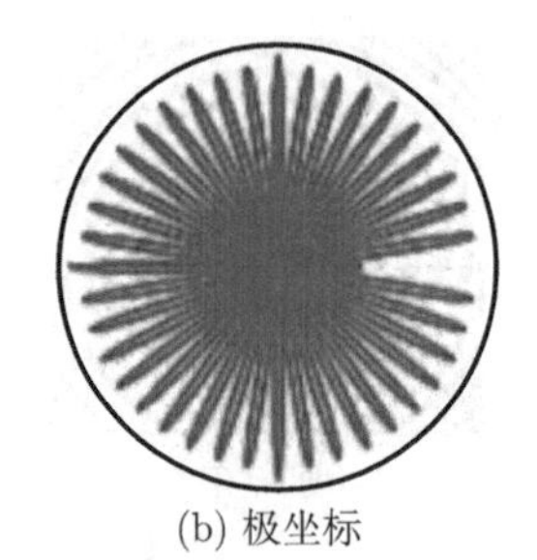

(b) 极坐标

图 1.27　拓扑荷数为 ±40 时的归一化接收功率曲线图 [128]

2016 年，Fu 等 [130] 通过将 $5\times5$ 达曼涡旋光栅与 $-12\sim+12$ 阶螺旋相位图结合，将达曼涡旋光栅的检测范围从 $-12\sim+12$ 扩大到 $-24\sim+24$，同时通过远场衍射图中出现的实心亮斑来检测单模或叠加态 OAM[121]。图 1.28 所示是合成 $5\times5$ 达曼涡旋光栅对应的远场衍射图，根据光束阵列中出现的实心亮斑可以检测叠加态 OAM 光束。

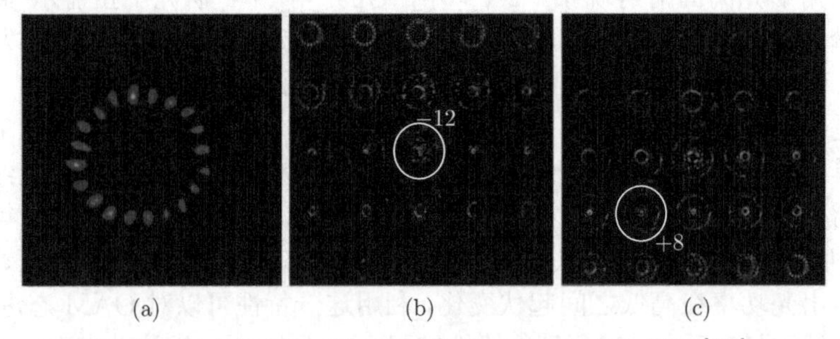


(a)　(b)　(c)

图 1.28　合成 $5\times5$ 达曼涡旋光栅对应的远场衍射图 [130]

前述研究所能检测的 OAM 模式都处于低阶状态。2020 年，Li 等 [131] 设计出一种周期渐变螺旋辐条光栅 (grating-coupled periodic slow-wave structure with spiral groove, GCPSSG)，将螺旋相位图和轴棱锥全息图及周期渐变相位光栅相结合，最高可检测拓扑荷数达 160。这些方法检测的都是涡旋光束 OAM 的角向指数，也就是拓扑荷数。同年，Li 等 [132] 又设计出螺旋相位光栅，通过判断远场光斑的分布规律在检测角向指数的同时，也能检测径向指数。图 1.29 所示是径向指数不为零时 LG 光束入射到螺旋相位光栅后的远场衍射仿真结果，可以看到光场从原来的类厄米–高斯光斑变为多个类厄米–高斯光斑的组合，亮光斑的总个数为 $(p+1)\times(p+|l|+1)$，即 $l+p$ 的大小等于单个类厄米–高斯光斑暗条纹数量，而 $p+1$ 的大小等于类厄米–高斯光斑的数量；光场的朝向就对应了拓扑荷数的符号。这样就可以同时对 LG 光束的径向指数和拓扑荷数进行检测。这些都是对常规的单模式轨道角动量检测的一些研究成果。2011 年，Araujo 等 [133] 利用三角形光阑衍射数值模拟了飞秒涡旋和非整数拓扑荷数的涡旋光束。2016 年，Brando 等 [134] 分析了部分相干涡旋光束通过三角形光阑的衍射图样，继而可以检测涡旋光束的拓扑荷数，证明了这种方法对于部分相干光束也是适用的。

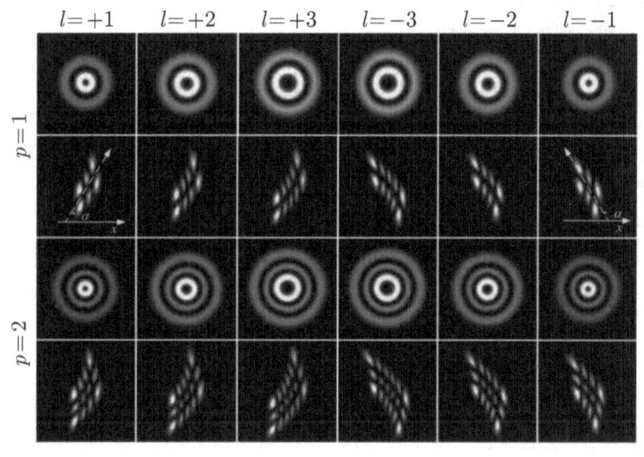


图 1.29　径向指数不为零时入射 LG 光束经过螺旋相位光栅衍射后的远场仿真结果 [132]

### 1.6.4　重构波前

2010 年，Berkhout 等 [135] 提出了一种高效 OAM 态分离方法，其检测过程如图 1.30 和图 1.31(a) 所示。它是基于静态光学原理，运用坐标变换将螺旋相位的光束转换为横向的具有相位梯度的光束，再通过透镜将不同 OAM 态聚焦在不同的横向位置上，从而通过横向位置区分出不同的 OAM 态。然而，由于每个 OAM 态在横向位置都存在一定宽度，这将导致相邻横向位置的光斑出现叠加，当叠加区域较大时，将区分不出 OAM 态。2013 年，Mirhosseini 等 [136] 在 Berkhout 等研究的基础上加以改进，结合了光束的“复制技术 (fan-out 技术)”，使分离后的光斑变得更加精细，将分离效率从原来的 77%提高到 92%。2019 年，Ruffato 等 [137] 在前人基础上，将坐标转换法关键的两个光学元件光束展开器和相位校正器集成在透明石英板的同一面来实现一种紧凑型 OAM 模式分类器。如图 1.31(b) 所示，采用高分辨率电子束光刻技术在薄阻层上刻蚀相位图，以纯相位衍射光学的形式制备了两种相位图。这种方法能实现 $-10 \sim +10$ 的 OAM 模式分离检测，包括在非傍轴状况下的单模态和叠加态。这显著提高了系统的集成性，同时降低了对准难度。最后通过快速批量生产技术 (纳米压印光刻技术) 来复制合成光学器件，在实现高吞吐量、低成本的同时，能集成应用到 OAM 模分复用光学平台中。齐晓庆等 [138] 研究了叠加态的产生、马赫–曾德尔 (Mach-Zehnder, M-Z) 干涉仪对叠加态的分离和测量等。利用一个两臂上带有达夫棱镜的 M-Z 干涉仪分离出了角量子数为奇数和偶数的 OAM 态，实现了涡旋光束 OAM 态测量，并给出了相应的实验结果。利用两臂带有达夫棱镜的 M-Z 干涉仪能够分离出携带不同 OAM 的螺旋光束。

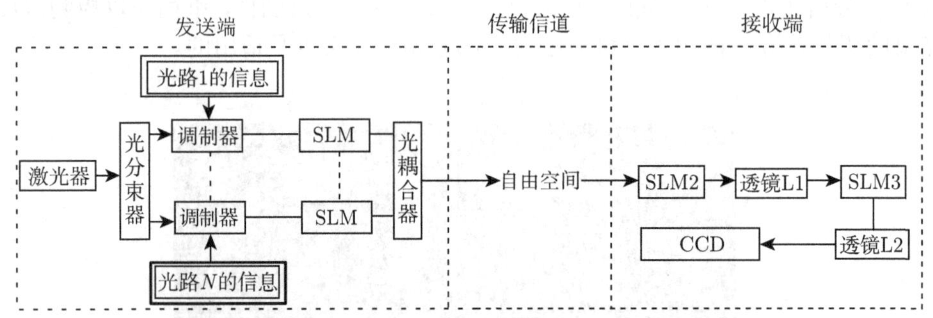


图 1.30 基于高效 OAM 态分离方法的 OAM 态复用方案示意图

SLM 表示空间光调制器，用来产生不同值的 LG 光束；空间光调制器 SLM2 用来对光场坐标进行变换；空间光调制器 SLM3 用来对光场相位进行纠正；L1 表示傅里叶变换透镜；L2 用来对光进行聚焦；CCD 能够把光学影像转化为数字信号

除了以上常规的坐标转换法，还有一些非常规的几何变换方法，它们在原有的基础上进行了些许改进，提高了系统性能。2017 年，Li 等 [139] 提出了一种径向变相位的分离 OAM 模式的坐标转换法，OAM 拓扑荷数和径向变化相位决定了水平和垂直位置。仿真和实验结果表明，该方法可以分离 2~3 种 OAM 叠加模态，相比于文献 [135] 和文献 [136] 提出的方法，分离效率得到提高。2018 年，Wen 等 [140] 对 OAM 光束进行螺旋变换，将 OAM 光束对应的相位图用螺旋线表示，再将采集的螺旋线转换为平行线，实现了 $n$ 倍光斑的展宽。仿真和实验结果表明，该方法与对数极坐标转换法相比可将光学精细度提高近 3 倍，最终分离出高分辨率 OAM 模式。

利用不同 OAM 态的复用通信系统可大大增加系统的信息容量，但是在已有的 OAM 态复用系统中，每个 OAM 态的检测需要一个独立的检测支路来完成，这样限制了高速数据的传输，有效检测与分离复用系统中 OAM 态信息成为急需要解决的问题。因此，为了更好地检测和分离 OAM 态，还需要进一步提高 OAM 态分离的效率，继而可以有效地提高整个通信系统的性能。

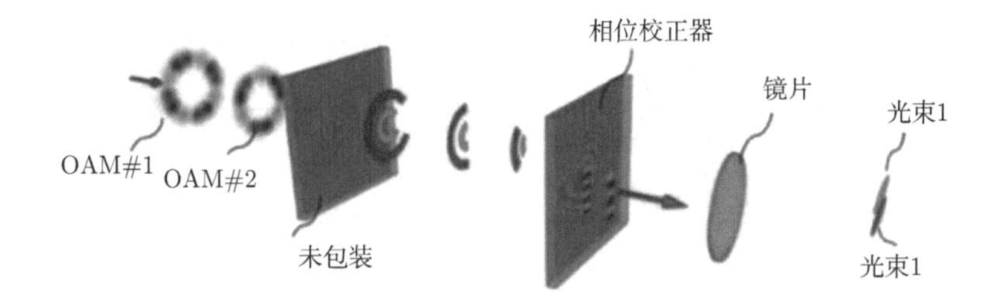


(a) 传统对数极坐标分类系统

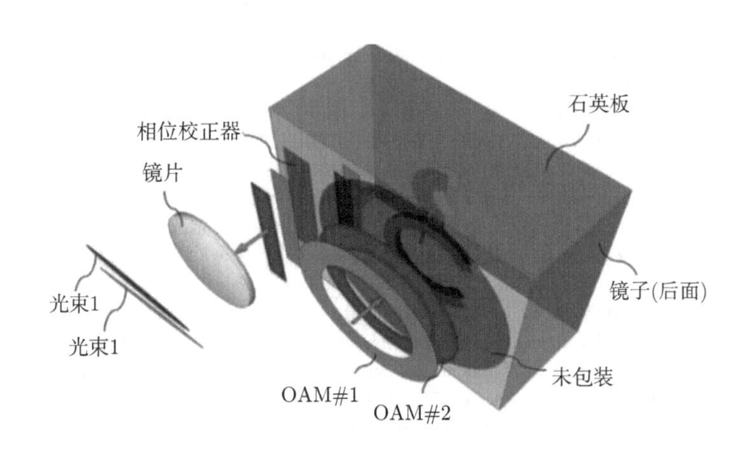


(b) 非傍轴紧凑系统

图 1.31　两种 OAM 态对数极坐标分离系统工作原理

(a) 传统对数极坐标分类系统：分离同轴的光束展开器和相位校正器；(b) 非傍轴紧凑系统：两个元件集成在具有反射背面的透明石英板的同一面上 [137]

## 参 考 文 献

[1] 袁小聪, 贾平, 雷霆, 等. 光学旋涡与轨道角动量光通信 [J]. 深圳大学学报理工版, 2014, 31(4): 331-346.

[2] WHEWELL W. Essay towards a first approximation to a map of cotidal lines[J]. Proceedings of the Royal Society of London, 1833, 3(1): 188-190.

[3] RICHAEDS B , WOLF E. Electromagnetic diffraction in optical systems. II. structure of the image field in an aplanatic system[J]. Proceedings of the Royal Society of London A, 1959, 253(1274): 358-379.

[4] BOIVIN A , WOLF E. Electromagnetic field in the neighborhood of the focus of a coherent beam[J]. Physical Review Letters, 1965, 138(6B): 1561-1565.

[5] CARTER W H. Anomalies in the field of a Gaussian beam near focus[J]. Optics Communications, 1973, 7(3): 211-218.

[6] NYE J F, BERRY M V. Dislocations in wave trains[J]. Proceedings of the Royal Society of London A, 1974, 336(1605): 165-190.

[7] BARANOVA N B, ZELDOVICH B Y, MAMEV A V, et al. Dislocations of the wavefront of a speckle inhomogeneous field[J]. Jetp Letters, 1981, 33(4): 206-210.

[8] BARANOVA N B , ZELDOVICH B I , MAMAEV A V, et al. An investigation of the dislocation density of a wave front in light fields having a speckle structure[J]. Zhurnal Eksperimentalnoi I Teroreticheskoi Fiziki, 1982, 83(52): 1702-1710.

[9] SWARTZLANDER G A , LAW C T. Optical vortex solitons observed in kerr nonlinear media[J]. Physical Review Letters, 1992, 69(17): 2503-2506.

[10] VOITSEKHOVICH V V , KOUZNETSOV D , MORONOV D K. Density of turbulence induced phase dislocations[J]. Applied Optics, 1998, 37(21): 4525-4535.

[11] 科苑. 西班牙小岛潮汐图获封最佳卫星照 [J]. 今日科苑, 2014, 294(4): 36.

[12] BOUCHAL Z, CELECHOVSKY R. Mixed vortex states of light as information carriers[J]. New Journal of Physics, 2004, 6(6): 1-15.

[13] 吕宏. 涡旋光场轨道角动量用于空间光量子通信研究 [D]. 西安: 西安理工大学, 2011.

[14] 陆璇辉, 黄慧琴, 赵承良, 等. 涡旋光束和光学涡旋 [J]. 激光与光电子学进展, 2008, 45(1):50-56.

[15] LIN J, YUAN X C, TAO S H, et al. Multiplexing free-space optical signals using superimposed collinear orbital angular momentum states[J]. Applied Optics, 2007, 46 (21): 4680-4685.

[16] AWAJI Y, WADA N, TODA Y. Demonstration of spatial mode division multiplexing using Laguerre-Gaussian mode beam in telecom-wavelength[C]. 2010 23rd Annual Meeting of the IEEE Photonics Society, Denver, USA, 2010: 551-552.

[17] FAZAL I M, WANG J, YANG J Y, et al. Demonstration of 2-Tbit/s data link using orthogonal orbital-angular-momentum modes and WDM[C]. Frontiers in Optics 2011, San Jose, USA, 2011:9-12.

[18] WANG J, YANG J Y, FAZAL I M, et al. Terabit free-space data transmission employing orbital angular momentum multiplexing[J]. Nature Photonics, 2012, 6(7): 488-496.

[19] HUANG H, XIE G D, YAN Y, et al. 100 Tbit/s free-space data link using orbital angular momentum mode division multiplexing combined with wavelength division multiplexing[C]. 2013 Optical Fiber Communication Conference and Exposition and the National Fiber Optic Engineers Conference, Anaheim, USA, 2013: 1-3.

[20] HUANG H, XIE G D, YAN Y, et al. 100 Tbit/s free-space data link enabled by three-dimensional multiplexing of orbital angular momentum, polarization, and wavelength[J]. Optics Letters, 2014, 39(2): 197-200.

[21] WANG J, LI S H, LUO M, et al. N-dimentional multiplexing link with 1.036-Pbit/s transmission capacity and 112.6-bit/s/Hz spectral efficiency using OFDM-8QAM signals over 368 WDM pol-muxed 26 OAM modes[C]. 2014 the European Conference on Optical Communication, Cannes, France, 2014: 1-3.

[22] TAMAGNONE M , CRAEYE C , PERRUISSEAU-CARRIER J. Further comment on encoding many channels on the same frequency through radio vorticity: First experimental test[J]. New Journal of Physics, 2013, 14(3): 811-815.

[23] DASHTI P Z , ALHASSEN F , LEE H P. Observation of orbital angular momentum transfer between acoustic and optical vortices in optical fiber[J]. Physical Review Letters, 2006, 96(4): 043604.

[24] XU Z D, CUI C C, LI S H, et al. Fractional orbital angular momentum free-space optical communications with atmospheric turbulence assisted by MIMO equalization[C]. Integrated Photonics Research, Silicon and Nanophotonics, Cardiff, UK, 2014:3-9.

[25] HUANG H, CAO Y W, XIE G D, et al. Crosstalk mitigation in a free-space orbital angular momentum multiplexed communication link using 4×4 MIMO equalization[J]. Optics Letters, 2014, 39(15): 4360-4363.

[26] HUANG H , XIE G , REN Y, et al. 4×4 MIMO equalization to mitigate crosstalk degradation in a four-channel free-space orbital-angular-momentum-multiplexed system using heterodyne detection[C]. European Conference and Exhibition on Optical Communication, Cardiff, UK, 2013: 708-710.

[27] REN Y , ZHE W , XIE G, et al. Demonstration of OAM-based MIMO FSO link using spatial diversity and MIMO equalization for turbulence mitigation[C]. OCEANS Optical Fiber Communications Conference and Exhibition, Cardiff , UK, 2016:2-8.

[28] SHI C Z, DUBOIS M, WANG Y, et al. High-speed acoustic communication by multiplexing orbital angular momentum[J]. Proceedings of the National Academy of Sciences of the United States of America, 2017, 114(28): 7250-7253.

[29] BOZINOVIC N, YUE Y, REN Y, et al. Terabit-scale orbital angular momentum mode division multiplexing in fibers[J]. Science, 2013, 340(6140): 1545-1548.

[30] WANG A D, ZHU L, WANG L L, et al. Directly using 88-km conventional multi-mode fiber for 6-mode orbital angular momentum multiplexing transmission[J]. Optics Express, 2018, 26(8):100381-100384.

[31] BAGHDAY J, BYRD M, LI W Z, et al. Spatial multiplexing for blue lasers for undersea communications: Proceedings of SPIE[C]. OCEANS Anchor Age, Cardiff, UK, 2015.

[32] JOSHUA B, KEITH M, KAITLYN M, et al. Underwater optical communication link using orbital angular momentum space division multiplexing[C]. OCEANS 2016-MTS/IEEE, Monterey, USA, 2016: 19-23.

[33] MILLER J K, MORGAN K S, LI W, et al. Underwater optical communication link using polarization division multiplexing and orbital angular momentum multiplexing[C]. OCEANS Anchor Age, Anchorage, USA, 2017: 18-21.

[34] ZHAO Y F, XU J, WANG A D, et al. Demonstration of data-carrying orbital angular momentum-based underwater wireless optical multicasting link[J]. Optics Express. 2017, 25(23): 28743-28751.

[35] LEACh J , JACK B , ROMERO J, et al. Quantum correlations in optical angle-orbital angular momentum variables[J]. Science, 2010, 329(6): 662-665.

[36] COULLET P, GIL L, ROCCA F. Optical vortices[J]. Optics Communication, 1989, 73(89): 403-408.

[37] OMATSU T, MIYAMOTO K, LEE A J. Wavelength-versatile optical vortex lasers[J]. Journal of Optics, 2017, 19(12): 123002-123006.

[38] KANO K, KOZAWA Y, SATO S. Generation of purely single transverse mode vortex beam from a He-Ne laser cavity with a spot-defect mirror[J]. International Journal of Optics, 2012, 3(9):359141-359146.

[39] THOMAS G M, MINASSIAN A, SHENG X, et al. Diode-pumped alexandrite lasers in Q-switched and cavity-dumped Q-switched operation[J]. Optical Express, 2016, 24(24): 12-24.

[40] FORBES A. Controlling light's helicity at the source: Orbital angular momentum states from lasers[J]. Journal of Optics, 2017, 375(2087): 36-39.

[41] BEIJERSBERGEN M W , ALLEN L , VAN DER VEEN H E L O, et al. Astigmatic laser mode converters and transfer of orbital angular momentum[J]. Optics Communication, 1993, 96(3): 123-132.

[42] MCGLOIN D, SIMPSON N B, PADGETT M J. Transfer of orbital angular momentum from a stressed fiber-optic waveguide to a light beam.[J]. Applied Optics, 1998, 37(3): 469-472.

[43] YAO A M, PADGETT M J. Orbital angular momentum: Origins, behavior and applications[J]. Advances in Optics and Photonics, 2011, 3(2): 161-204.

[44] WU W, SHENG Z AND WU H. Design and application of flat spiral phase plate[J]. Journal of Optical, 2019, 68(5):1-6.

[45] HECKENBERG N R, MCHUFF R, SMITH C P, et al. Generation of optical phase singularities by computer-generated holograms[J]. Optics Letters, 1992, 17(3): 221-223.

[46] LI Y M, KIM J, ESCUTI M J. Orbital angular momentum generation and mode transformation with high efficiency using forked polarization gratings[J]. Applied Optics, 2012, 51(34):8236-8245.

[47] SAITOH K, HASEGAWA T, TANAKA N, et al. Production of electron vortex beams carrying large orbital angular momentum using spiral zone plates[J]. Journal of Electron Microscopy, 2012, 61(3): 171-177.

[48] BAI Y H, LV H R, FU X, et al. Vortex beam: Generation and detection of orbital angular momentum [Invited][J]. Chinese Optics Letters, 2022, 20(1): 133-147.

[49] MIRHOSSEINI M, LOAIZA O S M, CHEN C, et al. Rapid generation of light beams carrying orbital angular momentum[J]. Optical Express, 2013, 21(25):30196-30203.

[50] HU X B, ROSALES G C. Generation and characterization of complex vector modes with digital micromirror devices: A tutorial[J]. Journal of Optical, 2022, 24(45): 034001-034006.

[51] 薄斌, 门克内木乐, 赵建林, 等. 用反射式纯相位液晶空间光调制器产生涡旋光束 [J]. 光电子 · 激光, 2012, 23(1):74-78.

[52] FORBES A, DUDLEY A MCLAREN M. Creation and detection of optical modes with spatial light modulators[J]. Advances in Optics and Photonics, 2016, 8(9): 200-227.

[53] LIU R, LI F, PADGETT M J, et al. Generalized photon sieves: Fine control of complex fields with simple pinhole arrays[J]. Optica, 2015, 2 (20): 1028-1029.

[54] DEVLIN R C, AMBROSIO A, RUBIN N A, et al. Arbitrary spin-to-otbital angular momentum conversion of light[J]. Science, 2017, 358(17):896-901.

[55] DORRAH A H, RUBIN N A, et al. Structuring total angular momentum of light along the propagation direction with polarization-controlled meta-optics[J]. Nature Communication, 2021, 12(5): 6249-6252.

[56] WANG J, YANG J Y, FAZAL I M, et al.25.6-bit/s/Hz spectral efficiency using 16-QAM signal over pol-muxed multiple orbital-angular-monmentum modes[C]. IEEE Photonics Conference, Arlington, 2011(33): 587-588.

[57] YAN Y, YUE Y, HUANG H, et al. Efficient generation and multiplexing of optical orbital angular momentum modes in a ring fiber by using multiple coherent inputs[J]. Optics Letters, 2012, 37(17): 3645-3647.

[58] YAN Y, WANG J, ZHANG L, et al. Fiber coupler for generating orbital angular momentum modes[J]. Optics Letters, 2011, 36(21): 4269-4271.

[59] BRUNET C, VAITY P, MESSADDEQ Y, et al. Design, fabrication and validation of an OAM fiber supporting 36 states[J]. Optics Express, 2014, 22(21): 26117-26127.

[60] PIDISHETY S, PACHAVA S, GREGG P, et al. Orbital angular momentum beam excitation using an all-fiber weakly fused mode selective coupler[J]. Optics Letters, 2017, 42(21): 4347-4350.

[61] YUE Y , LIN Z , YAN Y, et al. Octave-spanning supercontinuum generation of vortices in an As2S3 ring photonic crystal fiber[J]. Optics Letters, 2012, 37(11): 1889-1891.

[62] YUE Y, YAN Y, AHMED N, et al. Mode properties and propagation effects of optical orbital angular momentum modes in a ring fiber[J]. IEEE Photonics Journal, 2012, 4(2): 535-543.

[63] ISRAK M F, RAZZAK M A, AHMED K, et al. Ring-based coil structure photonic crystal fiber for transmission of orbital angular momentum with large bandwidth: Outline, investigation and analysis[J]. Optics Communications, 2020, 473(15): 126003-126007.

[64] CAI X L, WANG J W, STRAIN M J, et al. Integrated compact optical vortex beam emitters[J]. Science, 2012, 338(19): 363-366.

[65] MARKIN D M, SOLNTSEV A S, SUKHORUKOV A A. Generation of orbital-angular-momentum-entangled biphotons in triangular quadratic waveguide arrays[J]. Physical Review A, 2013, 87(6): 063815.

[66] GUAN B , SCOTT R P , FONTAINE N K, et al. Integrated optical orbital angular momentum mulplexing device using 3-D waveguides and a silica PLC[C]. Conference on Lasers and Electro-Optics, San Jose, USA, 2013:1-4.

[67] ZHANG D , XUE F , CUI K, et al. Generating in-plane optical orbital angular momentum beams with silicon waveguides [J]. IEEE Photonics Journal, 2013, 5(2): 2201206-2201209.

[68] COGNÉE K G, DOELEMAN H M, PALAIVNE P, et al. Generation of pure OAM beams with a single state of polarization by antenna-decorated microdisk resonators[J]. ACS Photonics, 2020, 7(89): 43-46.

[69] WONG G K L, KANG M S, LEE H W, et al. Excitation of orbital angular momentum resonances in helically twisted photonic crystal fiber[J]. Science, 2012, 337(27):446-449.

[70] ZENG X L, RUSSELL P S J, WOLFF C. Nonreciprocal vortex isolator via topology-selective stimulated Brillouin scattering[J]. Science Advances, 2022,8(42): 60-64.

[71] 黄莎. 部分相干阵列光束的斜程传输特性研究 [D]. 北京: 北京邮电大学, 2013.

[72] 韩军, 刘钧. 工程光学 [M]. 西安: 西安电子科技大学出版社, 2007.

[73] 韦宏艳. 斜程湍流大气中激光波束传输特性研究 [D]. 西安: 西安电子科技大学, 2006.

[74] MOLINA T G, TORRES J P , TORNER L. Management of the angular momentum of light: Preparation of photons in multidimensional vector states of angular momentum[J]. Physical Review Letters, 2002, 88(1): 013601.

[75] LUKIN V P, KONYAEV P A , SENNIKOV V A. Beam spreading of vortex beams propagating in turbulent atmosphere[J]. Applied Optics, 2012, 51(10): 84-87.

[76] GRAHAM, GIBSON, JOHANNES, et al. Free-space information transfer using light beams carrying orbital angular momentum[J]. Optics Express, 2004, 12(22): 5448-5456.

[77] GE X L, WANG B Y , GUO C S. Evolution of phase singularities of vortex beams propagating in atmospheric turbulence[J]. Journal of the Optical Society of America A, 2015, 32(5): 837-842.

[78] ZHOU G , TANG H , ZHU K, et al. Propagation of Bessel-Gaussian beams with optical vortices in turbulent atmosphere[J]. Optics Express, 2008, 16(26): 21315-21320.
[79] 王涛, 蒲继雄, 饶连周. 部分相干涡旋光束在湍流大气中的传输特性 [J]. 光学技术, 2007, 33(1):4-6.
[80] WANG T, PU J, CHEN Z Y. Beam-spreading and topological charge of vortex beams propagating in a turbulent atmosphere[J]. Optics Communications, 2009, 282(7): 1255-1259.
[81] JIANG Y S , WANG S H , ZHANG J H, et al. Spiral spectrum of Laguerre-Gaussian beam propagation in non-Kolmogorov turbulence[J]. Optics Communications, 2013, 303(16): 38-41.
[82] LIU X, PU J. Investigation on the scintillation reduction of elliptical vortex beams propagating in atmospheric turbulence[J]. Optics Express, 2011, 19(27):26444-26450.
[83] WANG F, LIANG C H, YUAN Y S, et al. Generalized multi-Gaussian correlated Schell-model beam: From theory to experiment[J]. Optics Express, 2014, 22(19):23456-23464.
[84] TANG M, ZHAO D. Propagation of multi-Gaussian Schell-model vortex beams in isotropic random media[J]. Optics Express, 2015, 23(25):32766-32776.
[85] RONG C, LIN L, ZHU S, et al. Statistical properties of a Laguerre-Gaussian Schell-model beam in turbulent atmosphere[J]. Optics Express, 2014, 22(2):1871-1883.
[86] LIU H L, LÜ Y F, XIA J, et al. Radial phased-locked partially coherent flat-topped vortex beam array in non-Kolmogorov medium[J]. Optics Express, 2016, 24(17):19695-19712.
[87] CHEN Y, WANG F, YU J, et al. Vector Hermite-Gaussian correlated Schell-model beam[J]. Optics Express, 2016, 24(14):15232-15250.
[88] 丁攀峰, 蒲继雄. 离轴拉盖尔–高斯涡旋光束传输中的光斑演变 [J]. 物理学报, 2012, 61(6): 198-203.
[89] XU Y, TIAN H, FENG H, et al. Propagation factors of standard and elegant Laguerre-Gaussian beams in non-Kolmogorov turbulence[J]. Optik, 2016, 127(22): 10999-11008.
[90] 闫家伟, 雍康乐, 唐善发, 等. 大气中超高斯和高斯涡旋光束传输特性比较 [J]. 光学学报, 2020, 40(2):17-22.
[91] 骆传凯, 卢芳, 苗志芳, 等. 径向阵列涡旋光束在大气中的传输与扩展 [J]. 光学学报, 2019, 39(6):28-33.
[92] HRICHA Z , LAZREK M , YAALOU M , et al. Propagation of vortex cosine-hyperbolic-Gaussian beams in atmospheric turbulence[J]. Optical and Quantum Electronics, 2021, 53(7):1-15.
[93] HYDE M. Twisted spatiotemporal optical vortex random fields[J]. IEEE Photonics Journal, 2021, 13(2): 1-16.
[94] HRICHA Z, HALBA E M, LAZREK M, et al. Focusing properties and focal shift of partially coherent vortex cosine-hyperbolic-Gaussian beams[J]. Journal of Modern Optics, 2022, 69(14): 779-790.
[95] TANG M, ZHAO D, LI X, et al. Propagation of radially polarized multi-cosine Gaussian Schell-model beams in non-Kolmogorov turbulence[J]. Optics Communications, 2018, 407(21): 392-397.
[96] ARORA G, JOSHI S, SINGH H, et al. Perturbation of V-point polarization singular vector beams[J]. Optics and Laser Technology, 2023, 158(A):108840-108842.
[97] ROUX F S. Decoherence of orbital angular momentum entanglement in a turbulent atmosphere[J]. Physics, 2010, 10(9): 1-4.
[98] 陈子阳, 张国文, 蒲继雄, 等. 杨氏双缝干涉实验测量涡旋光束的轨道角动量 [J]. 中国激光, 2008, 35(7): 1063-1067.
[99] 高福海, 陈宝算, 蒲继雄, 等. 拉盖尔–高斯光束经单缝后的光强分布和螺旋谱 [J]. 激光与光电子学进展, 2011, 48(9): 1-7.
[100] 刘辉, 陈子阳, 蒲继雄. 分数阶涡旋光束的轨道角动量的测量 [J]. 光电子 · 激光, 2009, 20(11): 1478-1482.
[101] 张逸新, 齐文辉, 王建宇, 等. 斜程湍流大气光通信信道的单光子轨道角动量 [J]. 激光杂志, 2009, 30 (5): 63-65.
[102] PORFIREV A, KIRILENKO M, KHONINA S N, et al. Study of propagation of vortex beams in aerosol optical medium[J]. Applied Optics, 2017, 56(22): 5-15.
[103] LAZREK M, HRICHA Z, BELAFHAL A. Propagation properties of vortex cosine-hyperbolic-Gaussian beams through oceanic turbulence[J]. Optical and Quantum Electronics, 2022, 54(66):171-172.
[104] 邹丽, 赵生妹, 王乐. 大气湍流对轨道角动量态复用系统通信性能的影响 [J]. 光子学报, 2014, 43(9): 52-57.
[105] 张磊, 宿晓飞, 张霞, 等. 基于 Kolmogorov 模型的大气湍流对于空间光通信轨道角动量模式间串扰影响的研究 [J]. 光学学报, 2014, 34(Z2):20-25.
[106] 周仁忠, 阎吉祥, 俞信. 自适应光学 [M]. 北京：国防工业出版社, 1996.

[107] TYSON R. Principlcs of Adaptive Optics[M]. New York: CRC Press, 2011.

[108] FENG F , WHITE I H , WILKINSON T D. Aberration correction for free space optical communications using rectangular Zernike modal wavefront sensing[J]. Journal of Lightwave Technology, 2014, 32(6): 1239-1245.

[109] SODNIK Z , ARMENGOL J P , CZICHY R H, et al. Adaptive optics and ESA's optical ground station [C]. Proceedings of Spie the International Society for Optics Engineering,Xiamen, China, 2009: 746404-746406.

[110] BERKEFELD T , SOLTAU D , CZICHY R, et al. Adaptive optics for satellite-toground laser communication at the 1m telescope of the ESA optical ground station, Tenerife, Spain[C]. Proceedings of Spie the International Society for Optics Engineering, Chengdu, China, 2010:77361-77364.

[111] 姜文汉. 自适应光学技术 [J]. 自然杂志, 2006, 28(1): 7-13.

[112] 夏利军, 李晓峰. 基于自适应光学的大气光通信波前校正实验 [J]. 太赫兹科学与电子信息学报, 2010, 8(3): 331-335.

[113] HASHMI A J, EFTEKHAR A A, ADIBI A, et al. Analysis of adaptive optics-based telescope arrays in a deep-space inter-planetary optical communications link between earth and mars[J]. Optics Communications, 2014, 333(4): 120-128.

[114] YANG H, LI X. Comparison of several stochastic parallel optimization algorithms for adaptive optics system without a wavefront sensor[J]. Optics and Laser Technology, 2011, 43(3): 630-635.

[115] 王卫兵, 赵帅, 郭劲, 等. 遗传算法在激光整形中的应用 [J]. 激光与红外, 2012, 42(10): 1115-1119.

[116] ANZUOLA E , SEGEL M , GLADYSZ S. Performance of wavefront-sensorless adaptive optics using modal and zonal correction[C]. SPIE Remote Sensing, Thirteenth International Conference on Correlation Optics, Xiamen, China, 2016:100020-100021.

[117] 段海峰, 李恩得, 王海英, 等. 模式正交性对哈特曼–夏克传感器波前测量等的影响 [J]. 光学学报, 2003, 23(9): 1143-1148.

[118] POLAND S P , KRSTAJIC N , KNIGHT R D, et al. Development of a doubly weighted Gerchberg-Saxton algorithm for use in multibeam imaging applications[J]. Optics Letters, 2014, 39(8): 2431-2434.

[119] VORONTSOV M A, SIVOKON V P. Stochastic parallel-gradient-descent technique for high-resolution wavefront phase-distortion correction[J]. Journal of the Optical Society of America A, 1998, 15(10): 2745-2758.

[120] XIE G, REN Y, HUANG H, et al. Phase correction for a distorted orbital angular momentum beam using a Zernike polynomials-based stochastic-parallel-gradient-descent algorithm[J]. Optics Letters, 2015, 40(7):1197-1200.

[121] BARÁNEK M, BEHAL J, BOUCHAL Z. Optimal spiral phase modulation in Gerchberg-Saxton algorithm for wavefront reconstruction and correction[C]. Thirteenth International Conference on Correlation Optics, Chernivtsi, Ukraine, 2017:106120B-1-106120B-8.

[122] 徐梓浩. 基于相位差法的高分辨率液晶自适应光学技术研究 [D]. 长春：中国科学院长春光学精密机械与物理研究所, 2018.

[123] 胥俊宇. OAM 光的产生与控制关键技术研究 [D]. 西安: 西安理工大学, 2017.

[124] 王鹏鹏. 基于达曼光栅的点阵照明成像激光雷达系统的研究 [D]. 杭州: 浙江大学, 2013.

[125] SZTUL H I , ALFANO R R. Double slit interference with Laguerre-Gaussian beams[J]. Optics Letters, 2006, 31(7): 999-1001.

[126] SOARES W C, CAETANO D P, FONSECA E, et al. Direct determination of light beams' topological charges using diffraction[C]. 2008 Conference on Lasers and Electro-Optics and Quantum Electronics and Laser Science Conference, San Jose, USA, 2008:1-2.

[127] GHAI D P, SENTHILKUMARAN P , SIROHI R S. Single-slit diffraction of an optical beam with phase singularity[J]. Optics and Lasers in Engineering, 2009, 35(23): 123-126.

[128] ZHOU H, SHI L, ZHANG X, et al. Dynamic interferometry measurement of orbital angular momentum of light[J]. Optics Letters, 2014, 39(20):6058-6061.

[129] ACEVEDO C, MORENO Y T, GUZMÁN Á, et al. Far-field diffraction pattern of an optical light beam with orbital angular momentum through of a rectangular and pentagonal aperture[J]. Optik, 2018, 164(2): 479-487.

[130] FU S, WANG T, ZHANG S, et al. Integrating 5×5 Dammann gratings to detect orbital angular momentum states of beams with the range of −24 to +24[J]. Applied Optics, 2016, 55(7):1514-1517.

[131] LI Y X, HAN Y P, CUI Z W, et al. Measuring the topological charge of vortex beams with gradually changing-period spiral spoke grating[J]. IEEE Photonics Technology Letters, 2020, 32(2): 101-104.

[132] LI Y X, HAN Y P, CUI Z W, et al. Simultaneous identification of the azimuthal and radial mode indices of Laguerre-Gaussian beams using a spiral phase grating[J]. Journal of Physics, D. Applied Physics, 2020, 53(8):085106-085111.

[133] ARAUJO L, ANDERSON M E. Measuring vortex charge with a triangular aperture[J]. Optics Letters, 2011,36(6): 787-789.

[134] BRANDO P A, CAVALCANTI S B. Topological charge identification of partially coherent light diffracted by a triangular aperture[J]. Physical Letters A, 2016, 380(47): 4013-4017.

[135] BERKHOUT G, LAVERY R P J, COURTIAL R, et al. Efficient sorting of orbital angular momentum states of light[J]. Physical Review Letters, 2010, 105(15): 153601-153606.

[136] MIRHOSSEINI M, MALIK M, SHI Z, et al. Efficient separation of the orbital angular momentum eigenstates of light[J]. Nature Communications, 2013, 4(1):1-6.

[137] RUFFATO G, MASSARI M, GIRARDI M, et al. Non-paraxial design and fabrication of a compact OAM sorter in the telecom infrared [J]. Optics Express, 2019, 27(17): 24123-24134.

[138] 齐晓庆, 高春清. 螺旋相位光束轨道角动量态测量的实验研究 [J]. 物理学报, 2011, 60(1): 275-279.

[139] LI C, ZHAO S. Efficient separating orbital angular momentum mode with radial varying phase [J]. Photonics Research, 2017, 5(4): 267-270.

[140] WEN Y, CHREMMOS I, CHEN Y, et al. Spiral transformation for high-resolution and efficient sorting of optical vortex modes [J]. Physical Review Letters, 2018, 120(19): 193904-193908.

# 第 2 章　涡旋光束的空间产生法

涡旋光束在理论上具有无限维度，拓扑荷数取值可由负无穷到正无穷，且可取整数或分数，轨道角动量 (OAM) 这种特性为其应用于轨道角动量复用和高维量子通信提供了理论依据。本章首先对涡旋光束的基本原理进行简单的介绍，然后介绍几种典型的涡旋光束。

## 2.1　涡旋光束的基本原理

涡旋光束是一种具有特殊空间相位的光束，其相位是连续的。涡旋光束在传播方向上的中心强度或轴向强度为零，因此又被称为暗中空光束或空心光束。涡旋光束不同于普通光束的平面波，也不是特殊光束的球面波，而是呈现螺旋形，随着传播方向及距离的变化，涡旋光束的相位是螺旋式分布的，因而也被称为螺旋光束。人们从理论上验证了涡旋光束具有轨道角动量，并且轨道角动量中的拓扑荷数可以为任意整数或分数。

涡旋光束与普通的光束相比，具有连续螺旋形波前，在光束传播的方向上相位具有不确定性，该处即为相位奇点。涡旋光束的光场表达式中含有相位因子 $\exp(\mathrm{i}l\theta)$，其中 $l$ 是拓扑荷数，光场表达式可以表示为 [1]

$$E(x,y)=u(r,z)\exp(\mathrm{i}l\theta)\exp(-\mathrm{i}kz) \tag{2.1}$$

式中，$u(r,z)$ 为光场振幅表达式；$\exp(\mathrm{i}l\theta)$ 为相位因子；$k$ 为波数。从式 (2.1) 中可以发现，涡旋光束的特殊性质都是由相位因子引起的，相位分布由 $\exp(\mathrm{i}l\theta)$ 决定，与平面光相比，当涡旋光束进行旋转时，相位则会发生 $2\pi l$ 的变化，相位分布可以表示为 [2]

$$\phi(r,\theta,z)=l\theta+kz \tag{2.2}$$

由式 (2.2) 可得出，相位波前是螺旋形，中心强度为零且形成了一个暗核，为相位奇点，聚焦后是一个环形光强图。涡旋光束在传播过程中的相位模拟图如图 2.1 所示 [1]。

采用振幅、频率、相位及偏振进行调制是传统光束可以利用的性质。涡旋光束作为一种不同于其他传统光束的激光，有传统光束没有的特性，这些特性可以作为载波携带信息进行数据传输及通信的重要性质。涡旋光束具有在传统通信方式中普通载波没有的特性，它具有一种全新的自由度，称之为轨道角动量。

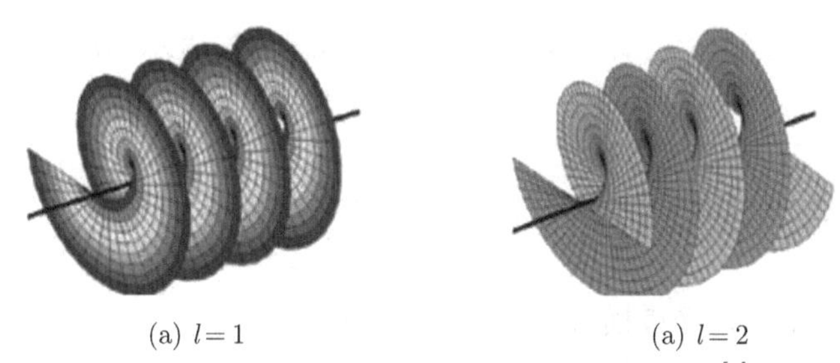

(a) $l=1$　　(a) $l=2$

图 2.1　涡旋光束在传播过程中的相位模拟图 [1]

图 2.2 表示阶数分别为 1~4 的涡旋光束在传输方向上横截面处的光强分布及相位分布。从图 2.2 可以看出，涡旋光束的中心光强均为零，并且阶数越大，其中心暗斑越大。涡旋光束的相位分布则是连续变化的，变化的范围是 $[0, 2\pi l]$，$l$ 为拓扑荷数。在图 2.2 中，由于拓扑荷数的大小为 1~4，则相位变化范围依次是 $[0, 2\pi]$、$[0, 4\pi]$ 、$[0, 6\pi]$ 、$[0, 8\pi]$。

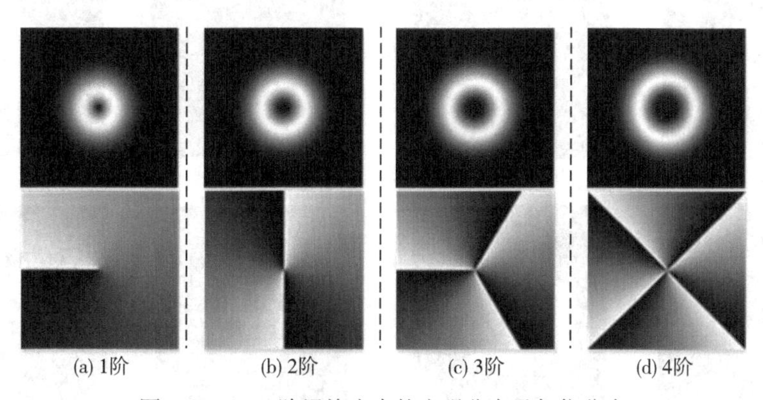

(a) 1阶　(b) 2阶　(c) 3阶　(d) 4阶

图 2.2　1~4 阶涡旋光束的光强分布及相位分布

## 2.2　几种典型的涡旋光束

为了研究涡旋光束，研究者建立了许多物理模型，常见的涡旋光束有拉盖尔–高斯光束 [3]、$TEM_{01}{}^*$ 光束 [4]、贝塞尔 (Bessel) 光束 [5,6]、厄米–高斯光束 [7]。

### 2.2.1　拉盖尔–高斯光束

拉盖尔–高斯光束是实验室中具有代表性的一种涡旋光束。在近轴近似下，亥姆霍兹方程可以表示为 [8]

$$\frac{1}{\rho}\frac{\partial}{\partial r}\left(\rho\frac{\partial E}{\partial r}\right)+\frac{1}{\rho^2}\frac{\partial^2 E}{\partial\varphi^2}+2\mathrm{i}k\frac{\partial E}{\partial z}=0 \tag{2.3}$$

式中，$z$、$r$、$\varphi$ 为光场的坐标轴参数；$\rho$ 为拉盖尔多项式的参数；$E$ 为拉盖尔–高斯光束的光场表达式。

对式 (2.3) 进行求解计算，就可以得到它的解为拉盖尔–高斯模，其光场表达式为 [1,4]

$$E(r,z)=\sqrt{\frac{2p!}{\pi(p+|l|)}\frac{P_0}{\omega^2(z)}}\exp\left[-\frac{r^2}{\omega^2(z)}\right]\left[\frac{2r^2}{\omega^2(z)}\right]^{\frac{|l|}{2}}\left\{\mathrm{L}_p^{|l|}\left[\frac{2r^2}{\omega^2(z)}\right]\right\}\exp(\mathrm{i}l\theta) \tag{2.4}$$

式中，$p$ 为径向指数，光束横截面上空心圆环的数目为 $p+1$；$\mathrm{L}_p^{|l|}$ 为拉盖尔多项式；$l$ 为拓扑荷数；$P_0$ 为激光器的发射功率；$\omega\ (z)$ 为光束束腰半径。对于拉盖尔–高斯光束，能够利用几何模式转换法，通过厄米–高斯光束转换而成，也能够将高斯光束利用计算全息法衍射生成拉盖尔–高斯光束。

LG 光束的光强分布图如图 2.3 和图 2.4 所示。其中，图 2.3 为不同 $l$ 值的光强分布图，图 2.4 为不同 $p$ 值的光强分布图。

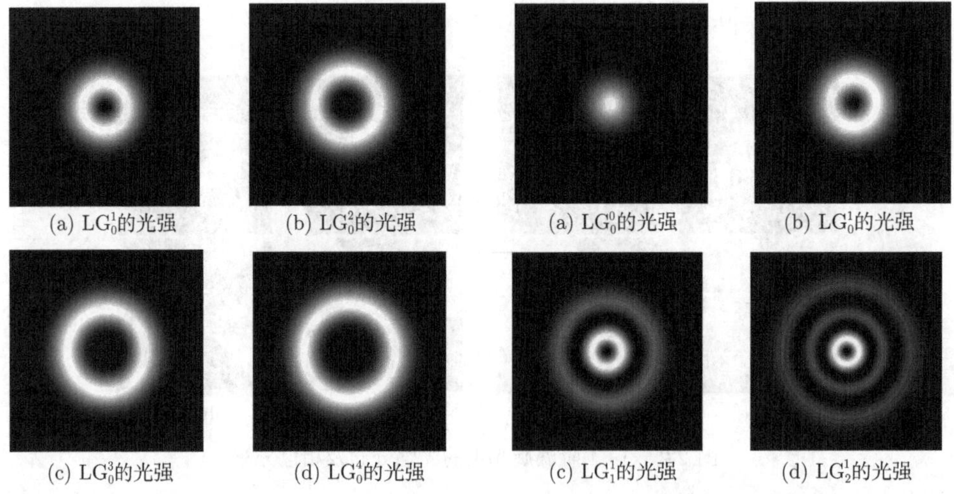

(a) $\mathrm{LG}_0^1$的光强　(b) $\mathrm{LG}_0^2$的光强　(c) $\mathrm{LG}_0^3$的光强　(d) $\mathrm{LG}_0^4$的光强

图 2.3　不同 $l$ 值的 LG 光束的光强分布图

(a) $\mathrm{LG}_0^0$的光强　(b) $\mathrm{LG}_0^1$的光强　(c) $\mathrm{LG}_1^1$的光强　(d) $\mathrm{LG}_2^1$的光强

图 2.4　不同 $p$ 值的 LG 光束的光强分布图

从图 2.3 中看出，在 $p=0$ 的条件下，$|l|$ 越大，光斑分布的中心暗斑越大，LG 光束光强最大的位置离光束中心越远。由于 $p+1$ 表示径向波节数，因此图 2.4 中 LG 光束的光强分布的光环随 $p$ 的增大而增多，$\mathrm{LG}_1^1$ 的光环比 $\mathrm{LG}_0^1$ 的光环多了一个；$\mathrm{LG}_2^1$ 的光环比 $\mathrm{LG}_1^1$ 的光环多了一个，比 $\mathrm{LG}_0^1$ 的光环多了两个。从图 2.3 和图 2.4 可以看出：当拓扑荷数 $l$ 相同时，随着径向指数 $p$ 的增大，LG 光束的整体光斑直径逐渐增大，但中心亮环直径逐渐减小；当径向指数 $p$ 相同时，随着拓扑荷数 $l$ 的增大，LG 光束的整体光斑直径逐渐增大，中心亮环直径也逐渐增大。

在式 (2.4) 中，当满足条件 $p=0$，$l\neq 0$ 时，拉盖尔–高斯光束又称为 $\mathrm{TEM}_{01}^*$ 光束，其光场表达式可以表示为 [4]

$$E(r,\theta,z)=E_0 r\exp(\mathrm{i}l\theta)\exp\left[F_2(z)-r^2/F_1(z)\right] \tag{2.5}$$

式中，$E_0$ 为实数，表示光束实际振幅的大小；$\exp(\mathrm{i}l\theta)$ 为相位因子；$F_1(z)$ 和 $F_2(z)$ 分别为光束在空间的发散函数和相位移动函数。

在极坐标系下，$\mathrm{TEM}_{01}^*$ 光束的光场表达式可以表示为 [4]

$$E(r,\theta,z)=E_0 r\exp(\mathrm{i}l\theta)\exp\left[2\ln\frac{kA/2}{z+\mathrm{i}kA/2}+\mathrm{i}\pi-\frac{r^2}{A+2z/(\mathrm{i}k)}\right] \tag{2.6}$$

式中，$A$ 为常数，其值与初始束腰半径的大小有关。

### 2.2.2　贝塞尔光束

高阶贝塞尔光束在垂直于光传播方向的横截面内不发生扩散。1987 年，Durnin 等 [9] 在研究波动方程在自由空间中的解时，发现波动方程在自由空间中存在一个“特殊”的解，这个“特殊”的解表征的光束可以利用贝塞尔函数的表达式来描述，所以称为贝塞尔光束。

当光束在自由空间中沿 $z$ 轴直线传播时，其光场表达式即为亥姆霍兹方程的一个特解，可以表示为 [1,4]

$$E(r,\theta,z,t)=\frac{A}{\omega(z)}\mathrm{J}_l(k_r r)\exp(\mathrm{i}l\theta)\exp(\mathrm{i}k_z z) \tag{2.7}$$

式中，$\omega(z)$ 为传输距离为 $z$ 处的束腰半径；$A$ 为归一化常数；$\mathrm{J}_l(k_r r)$ 为 $l$ 阶贝塞尔函数；$l$ 为涡旋光束的阶数或拓扑荷数；$k_r$、$k_z$ 分别为光束在径向和传播方向上波矢量的分量。

当 $\alpha$ 满足条件 $0<\alpha<\omega/c$ 时，贝塞尔光束在其传播方向横截面处的光强分布表达式为 [4]

$$I(r,\theta,z)=\left|E_0\mathrm{J}_l(\alpha r)\right|^2 \tag{2.8}$$

根据式 (2.8) 可以看出，贝塞尔光束的横向光强大小和传输距离无关，几乎保持不变。换句话说，贝塞尔光束在传播方向上不会发散，这验证了贝塞尔光束的无衍射特性。从理论上说明贝塞尔光束可以携带无限多的能量，这违背了能量守恒定律 [1]。为了解决这一问题，Gori 等 [10] 以理想的贝塞尔光束为基础，通过实验制得一种无衍射的贝塞尔光束，为研究贝塞尔光束的特性及应用奠定了基础。

### 2.2.3　厄米–高斯光束

高阶厄米–高斯光束和基模高斯光束满足一定的关系，即厄米–高斯光束可由基模高斯光束方程微分得到。厄米–高斯光束的电磁表达式为 [11]

$$Ep(\boldsymbol{r})=E_0\exp\left(-\frac{\mathrm{i}k}{2}\vec{r}Q_e^{-1}\vec{r}\right)\mathrm{H}_p\cdot\sqrt{\mathrm{i}k\vec{r}Q_h^{-1}\vec{r}} \tag{2.9}$$

式中，$E_0$ 为振幅常数；$Q_e^{-1}$ 为 $2\times2$ 矩阵的复曲率张量；$k$ 为波数，其值等于 $2\pi/\lambda$；$\mathrm{H}_p$ 为 $p$ 阶厄米多项式；$\boldsymbol{r}$ 为光束横截面上的位置矢量，其能量密度为 [11]

$$w = |x\varepsilon_0 \langle E \times B \rangle| = |u(x,y)|^2 \tag{2.10}$$

式中，$E$ 为光束的电场强度；$B$ 为磁感应强度；$u(x,y)$ 为高阶厄米–高斯光束的振幅表达式 [11]，即

$$u(x,y) = \exp(\mathrm{i}\beta)\exp(\eta)\mathrm{H}_p(\zeta) \tag{2.11}$$

式中，$\beta$、$\eta$、$\zeta$ 都是实数，厄米–高斯光束的轨道角动量密度表达式为 [11]

$$j_z = \frac{\mathrm{i}\omega\varepsilon_0}{2}\left[x\left(u\frac{\partial u^*}{\partial y} - u^*\frac{\partial u}{\partial y}\right)\right] - y\left(u\frac{\partial u^*}{\partial x} - u^*\frac{\partial u}{\partial x}\right) \tag{2.12}$$

式中，$\omega$ 表示光束的角频率；* 表示复共轭，则可得到 [11]

$$j_z = w_0\varepsilon_0\left(x\frac{\delta\alpha}{\delta y} - y\frac{\delta\alpha}{\delta x}\right)|u_p|^2 \tag{2.13}$$

式中，$|u_p|^2 = \exp\left\{k\left[ax^2 + (b+c)xy + \mathrm{d}y^2\right]\right\}, \alpha = -\dfrac{k}{2}\left[ax^2 + (b+c)xy + \mathrm{d}y^2\right]$，则可以得到涡旋光束的单个光子所携带的平均轨道角动量为 [11]

$$J_z = \frac{\hbar\omega \iiint j_z r \mathrm{d}\phi \mathrm{d}r \mathrm{d}z}{\iiint w r \mathrm{d}\phi \mathrm{d}r \mathrm{d}z} \tag{2.14}$$

式中，$\hbar\omega$ 为光子能量，$\hbar$ 为普朗克常量。通过式 (2.14) 可以看出，厄米–高斯光束与拉盖尔–高斯光束相比具有更高的轨道角动量。

## 2.3 涡旋光束的产生方法

涡旋光束的产生方法有很多种，常见的包括计算全息法、几何模式转换法、螺旋相位板法、空间光调制器 (spatial light modulator，SLM) 法、光波导器件转化法。下面依次介绍这几种主要的方法。

### 2.3.1 计算全息法

1992 年，Heckenberg 等 [2] 通过主光波和参考光波之间的干涉条纹来实现相位编码，利用计算机产生的全息图来获取涡旋光束，该方法可以对生成的涡旋光束的拓扑荷数大小进行控制，如图 2.5 所示。

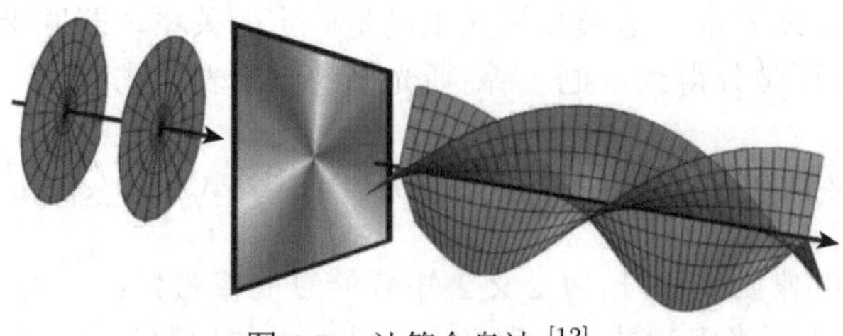

图 2.5 计算全息法 [12]

通过计算全息法生成涡旋光束的过程通常可大致分为以下两步：第一步，根据实际情况建立计算全息函数，制作实验中所需的计算全息图；第二步，搭建实验光路让参考光束照射到已经制作好的全息图上，获得所需的目标光束。

1) 制作全息图

假设目标光束的振幅为 $E(r,z)$，参考光束的振幅为 $R(r,z)$，两种光束的振幅表达式分别可以表示为 [4]

$$E(r,\theta,z)=|E_O(r,z)|\exp\left[\mathrm{i}\varphi(r)\right] \tag{2.15}$$

$$R(r,\theta,z)=|R_O(r,z)|\exp\left[\mathrm{i}\psi(r)\right] \tag{2.16}$$

当两束光在相同的方向传输，并在传输距离为 $z$ 时发生干涉后，光强分布的表达式为 [4]

$$\begin{aligned}I(r,\theta,z)&=|E(r,\theta,z)+R(r,\theta,z)|^2\\&=|E(r,\theta,z)|^2+|R(r,\theta,z)|^2+E(r,\theta,z)R^*(r,\theta,z)+E^*(r,\theta,z)R(r,\theta,z)\end{aligned} \tag{2.17}$$

从式 (2.17) 可以看出，式中第 2 个等号右边的前两项与目标光束和参考光束的光强大小无关，后两项则与相应光束的振幅和相位信息有关。两束光的干涉使得物光波的相位含有位错结构，产生干涉条纹，然后用特殊介质记录光束的干涉条纹，就可以获取所需的全息图，此全息图可以看成是涡旋光束的叉形光栅。

2) 获得目标光束

当激光束照射到制作好的全息图上时，全息图所记录的干涉条纹就可以对激光束的波面进行调制，使得衍射光束中含有光学涡旋信息，得到两个共轭相位的衍射光束。当用参考光束作为目标光束时，衍射光束中有用的一项为 [4]

$$E'(r,\theta,z)\propto|R(r,\theta,z)|^2E(r,\theta,z) \tag{2.18}$$

相当于产生了一个物光波的虚像。当用参考光束的共轭光束作为目标光束时，衍射光束中有用的一项为 [4]

$$E'(r,\theta,z)\propto|R(r,\theta,z)|^2E^*(r,\theta,z) \tag{2.19}$$

相当于产生了一个物光波的实像。

计算全息法产生涡旋光束的装置图如图 2.6 所示 [4]。首先由 He-Ne 激光器发射高斯光束，照射到全息图上，经过透镜的聚焦作用，垂直入射到滤光片，最后利用 CCD 相机接收实验结果图。

计算全息法具有操作方便、应用灵活、转换速率快、应用领域广等优点。在理论上，该方法可以准确地产生任意阶数的涡旋光束。根据研究需求，利用计算机制作特殊的全息图，产生所需要的光束。但这种方法对全息图成像仪器的分辨率、计算机的配置等要求较高，只能产生阶数比较低的涡旋光束。如果高斯光束经过全息图后的衍射效果不佳，则由其产生的 OAM 光束的质量会很差。

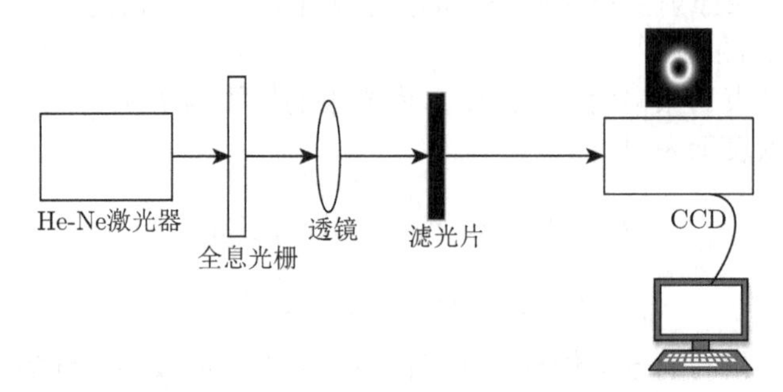


图 2.6　计算全息法产生涡旋光束的装置图

### 2.3.2　几何模式转换法

几何模式转换法可利用一种光学器件改变激光光束的模式，然后产生不同模式的出射光，这种光学器件可称为模式转换器。1991 年，Abramochkin 等 [13] 通过实验，成功地利用一个柱面透镜将厄米–高斯光束转换为拉盖尔–高斯光束。1993 年，Beijersbergen 等 [14] 利用两个柱面透镜，采用 $\pi/2$ 模式转化器，进一步完成了高阶厄米–高斯光束与拉盖尔–高斯光束的相互转换。对于几种常见的涡旋光束，几乎都可以利用几何模式转换法生成。

在光纤中传输时将研究对象表示为 HG 光束，携带 OAM 的涡旋光束通常以 LG 光束形式来表示。HG 光束 $A(r)$ 和 LG 光束 $U(r,\theta)$ 两者之间的关系为 [14]

$$U(r,\theta)=A(r)\exp(\mathrm{i}l\theta) \tag{2.20}$$

式中，$r$ 为距高斯光束中心轴的径向距离；$\theta$ 为方位角；$l$ 为拓扑荷数。从式 (2.20) 能够明显看出，HG 光束引入一个随机相位因子 $\exp(\mathrm{i}l\theta)$，就可以转换为 LG 光束。由这种转换法得到的 OAM 光束纯度较高，但是其装置体积比较大。

利用几何模式转换法生成涡旋光束一般有两种方式：一种是利用两个柱面透镜构成的模式转换器，使得 HG 光束和 LG 光束相互转换；另一种是通过锥形棱镜将高阶的 LG 光束生成相应的高阶 Bessel 光束。

在这里主要简单介绍利用两个柱面透镜产生涡旋光束的方法，如图 2.7 所示 [1]。两个柱面透镜的焦距均为 $f$，且相互对称。如图 2.7(a) 所示，两个透镜之间的距离为 $\sqrt{2}f$，任意阶的光束通过此装置后，相位就会改变 $\pi/2$，即 HG 光束通过该模式转换器后转化为相应的 LG 光束。如图 2.7(b) 所示，两个透镜之间的距离为 $2f$，光束通过这个装置后，可以实现相位差为 $\pi$ 的光束之间的转换，由于相位的变化大小为 $\pi$，又被称为“$\pi$ 转换器”。

几何模式转换法的光束转换效率相对较高，通过该方法可以制作很纯的涡旋光束。该方法的缺点是，由于实验室的激光器在一般情况下只能输出一种模式的 HG 光束，而且 HG 光束本身就很难得到，所以较难生成不同模式的 LG 光束；转换系统结构较为复杂，对器件的制作和精度要求较高，在实际运用中不够方便、灵活。

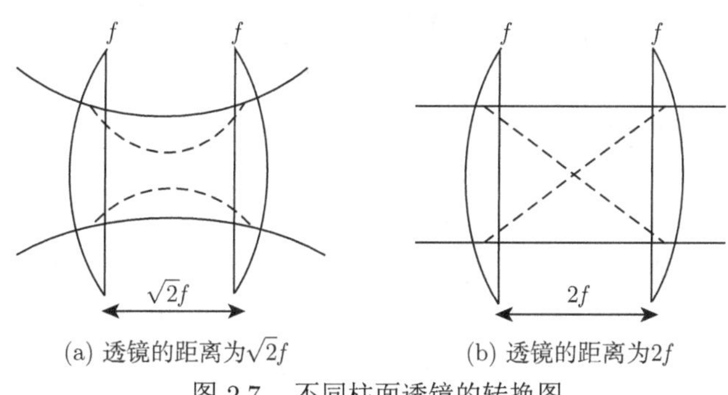


(a) 透镜的距离为$\sqrt{2}f$　(b) 透镜的距离为$2f$

图 2.7　不同柱面透镜的转换图

### 2.3.3　螺旋相位板法

螺旋相位板 (spiral phase plate，SPP) 是一种透明的光学衍射型元件，如图 2.8 所示 [15]，其外表结构如同一个旋转的台阶。当光束经过 SPP 后，由于 SPP 的厚度不同，出射光束的光程变化也不同，这样出射光束的相位就会叠加一个螺旋相位因子 $\exp(\mathrm{i}l\theta)$，其中 $l$ 为 SPP 的拓扑荷数，$\theta$ 为旋转方位角，从而在光场中产生光学涡旋，出射光束的中心就会出现相位奇点，波前结构为螺旋形。

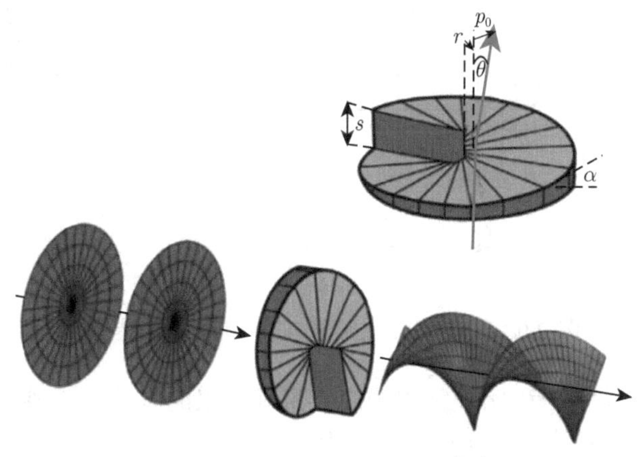


图 2.8　理想型螺旋相位板 [15]

SPP 的厚度 $h$ 与旋转方位角 $\theta$ 成正比关系，可以表示为 [1]

$$h = h_0 + h_s \frac{\theta}{2\pi} \tag{2.21}$$

式中，$h_0$ 为相位板底座厚度；$h_s$ 为台阶厚度。假设 SPP 的厚度 $h$ 变化很小，SPP 对出射光束的光强基本可以忽略，可以认为激光光束通过 SPP 后，只对出射光束的相位进行调制。入射光束通过 SPP 后形成的有关相位延迟的表达式为 [1]

$$\Delta\theta(\phi, \lambda) = \frac{2\pi}{\lambda}\left[\frac{(n-n_0)h_s\theta}{2\pi} + nh_0\right] \tag{2.22}$$

式中，$\phi$ 为旋转方位角的变化量参数；$\lambda$ 为入射光束的波长；$n$ 和 $n_0$ 分别为 SPP 所用材料折射率和空气中介质的折射率，SPP 的拓扑荷数 $l = h_s(n-n_0)/\lambda$。可以看出，$\Delta\theta$ 的大小由旋转方位角 $\theta$ 来决定，当 $\theta$ 由 0 增加到 $2\pi$ 时，$\Delta\theta$ 由 0 增加到 $2l\pi$。理想型螺旋相位板的厚度随着旋转方位角的增加呈线性增加，但在实际制作过程中，常常使用的是阶梯形螺旋相位板 (multi-level step spiral phase, ML-SPP)，与理想的 SPP 相比，ML-SPP 的厚度不再呈线性变化，而是一个个分立的相位阶梯，如果 ML-SPP 由 $N$ 个相位阶梯组成，则相邻两阶的相位差为 $2l\pi/N$。

利用 SPP 产生部分相干涡旋光束的装置图如图 2.9 所示 [16]。

He-Ne 激光器发出的高斯光束经过旋转毛玻璃片后，就可以得到部分相干光束，两个透镜的作用是将光束进行扩束和准直，使得激光光束垂直地入射到螺旋相位板，然后形成部分相干涡旋光束，利用 CCD 相机采集涡旋光束的结果图。

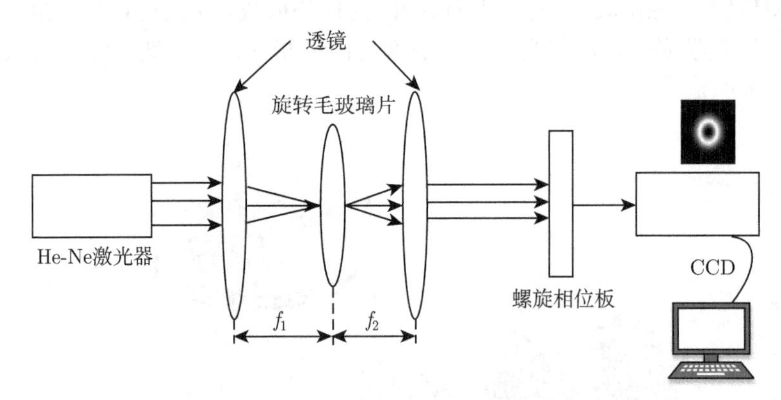


图 2.9 SPP 法产生部分相干涡旋光束的装置图

螺旋相位板法是一种比较常用的产生涡旋光束的方法，这种方法转换效率较高，也可以对高功率的激光光束进行转换。但其缺点是，对于一个螺旋相位板，在理论上只能生成一种阶数的涡旋光束，螺旋相位板不能灵活地控制 OAM 光束的种类和具体参数；此外，螺旋相位板对制作工艺和加工技术要求比较严格，成本比较高。

### 2.3.4　空间光调制器法

空间光调制器工作原理：首先根据初始光束和目标光束的相位信息，在计算机上模拟出相位全息图；其次经过透镜的傅里叶变换，将全息图的信息加载到计算机上，形成一个反射模式的全息光栅；最后将入射光束通过具有相位信息的空间光调制器后，得到的出射光束即为所需要的光束。图 2.10[1] 为在实验室中利用空间光调制器法产生涡旋光束的装置图。He-Ne 激光器发射的光束，经过透镜组成的扩束系统的准直作用，变为平面光束，然后进入空间光调制器，利用 CCD 相机采集实验结果图，得到的就是涡旋光束。

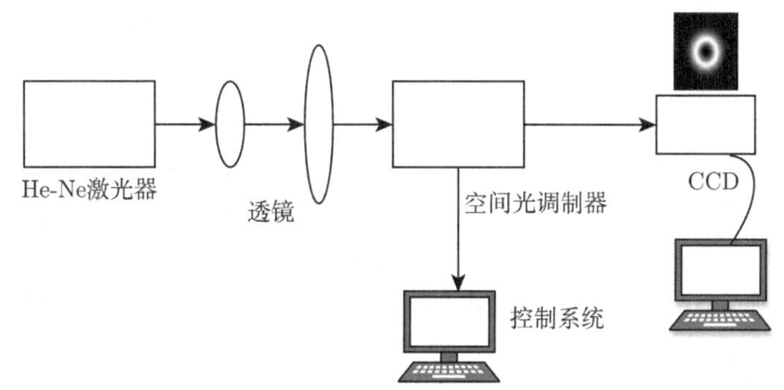


图 2.10　利用空间光调制器法产生涡旋光束的装置图

与计算全息法相比，利用 SLM 法产生涡旋光束具有能量转化效率高、衍射效率高、实验装置和技术简单、便于集成到光学系统中等优点；缺点则是使用 SLM 不能处理高功率的激光束。

### 2.3.5　光波导器件转化法

2012 年，Cai 等 [17] 研制了硅集成 OAM 涡旋光束发射器，该发射器将厄米–高斯光束在硅波导中传输后耦合到环形波导中，通过环形波导产生回音壁模式。在环形波导上方产生不同 OAM 模式的涡旋光束。厄米–高斯光束在环形波导中传输时产生相位差是由于波导内壁存在周期锯齿状的突起，相位差导致光波矢发生变化。光波导器件转化法可同时产生多个拓扑荷数可控的 OAM 光束。微型硅基涡旋光束发射器示意图如图 2.11 所示。

图 2.11　微型硅基涡旋光束发射器示意图 [18]

光波导器件性能稳定、成本低、体积小和易于集成，采用光波导器件实现 OAM 模式有很大的发展潜力。

## 2.4　高阶径向 LG 光束

LG 光束是具有代表性的涡旋光束，其在柱坐标下的光场表达式如下 [19]：

$$
\begin{aligned}
u_p^l =& \frac{(-1)^p}{\omega}\sqrt{\frac{2p!}{\pi(p+|l|)!}}\left(\frac{\sqrt{2}r}{\omega}\right)^{|l|}\exp\left(-\frac{r^2}{\omega^2}\right)\\
&\mathrm{L}_p^l\left(\frac{2r^2}{\omega^2}\right)\exp(-\mathrm{i}l\phi)\exp\left(-\mathrm{i}\frac{zr^2}{z_\mathrm{R}\omega^2}\right)\exp(\mathrm{i}\varphi)
\end{aligned}
\tag{2.23}
$$

式中，$r$、$\phi$ 和 $z$ 为柱坐标参数；$z_\mathrm{R}$ 为瑞利距离，$z_\mathrm{R}=k\omega_0^2/2$，$k$ 为波常数；$\varphi$ 为 Gouy 相位，$\varphi=(2p+|l|+1)\arctan(z/z_\mathrm{R})$；$\omega$ 为距离 $z$ 处的光束半径，$\omega=\omega_0\left[1+(z/z_\mathrm{R})^2\right]^{1/2}$，$\omega_0$ 为光束的束腰半径；$l$ 为拓扑荷数；$p$ 为径向指数。$p=0$ 时，光束光强分布为单环状；$p>0$ 时，光束光强分布为多环状。

LG 光束可以直接通过激光器产生，但更常见的方式是通过几何模式转换法和 SLM 法来产生。几何模式转换法是将厄米–高斯光束利用柱面透镜通过模式转换产生 LG 光束。SLM 法利用 SLM 加载叉形光栅对基模高斯光束或平面波进行相位调制产生 LG 光束。

二进制叉形光栅在柱坐标下的形式为 [19]

$$
l\frac{\phi}{\pi}=n+\frac{2r}{\varLambda}\cos\phi \tag{2.24}
$$

式中，$n=0,\pm1,\pm2,\cdots$；$\varLambda$ 为叉形光栅的周期。通过调节参数 $\varLambda$ 使相位全息图至最优，继而可以提高叉形光栅的衍射效率。当然，通过在叉形光栅中引入闪耀光栅，也可以提高获得的 LG 光束的质量 [20]。

全息图的传输函数公式为 [19]

$$
T(r,\phi)=\exp\left[\mathrm{i}\delta H(r,\phi)\right] \tag{2.25}
$$

式中，$\delta$ 表示相位调制的振幅；全息图的模式 $H(r,\phi)$ 的公式为 [19]

$$
H(r,\phi)=\frac{1}{2\pi}\bmod\left(l\phi-\frac{2\pi}{\varLambda}r\cos\phi,2\pi\right) \tag{2.26}
$$

式中，$\bmod(a,b)=a-b\mathrm{int}(a/b)$ 为 $a/b$ 取余数。当 $p=0$ 时，其相位全息图的叉形开口方向取决于拓扑荷数的正负，分叉数取决于拓扑荷数的大小；当 $p>0$ 时，其相位全息图和 $p=0$ 时的相位全息图类似，但会出现一个或多个环状位错。

利用空间光调制器对平面波进行相位调制可以得到高阶径向 LG 光束，即

$$
\varphi(r,\phi)=-l\phi+\pi\theta\left(-\mathrm{L}_p^l(2r^2/\omega_0^2)\right) \tag{2.27}
$$

式中，$\theta(x)$ 是单位阶跃函数；$\omega_0$ 是出射光在 SLM 平面上的束腰半径。

图 2.12 为产生单个高阶径向 LG 光束所需的计算机全息图。图 2.12(a) 是产生 $\mathrm{LG}_3^3$ 光束所需要的叉形光栅；图 2.12(b) 是产生 $\mathrm{LG}_2^{-5}$ 光束所需要的叉形光栅。图 2.12 采用的相位调制函数为 $\varphi(r,\phi)=-l\phi+\pi\theta(-\mathrm{L}_p^l(2r^2/\omega_0^2))$，其中的束腰半径均为 $\omega_0=1.0\mathrm{mm}$。从图 2.12 中可以看出，$p>0$ 时，LG 光束的叉形光栅会出现一个或多个环状位错。

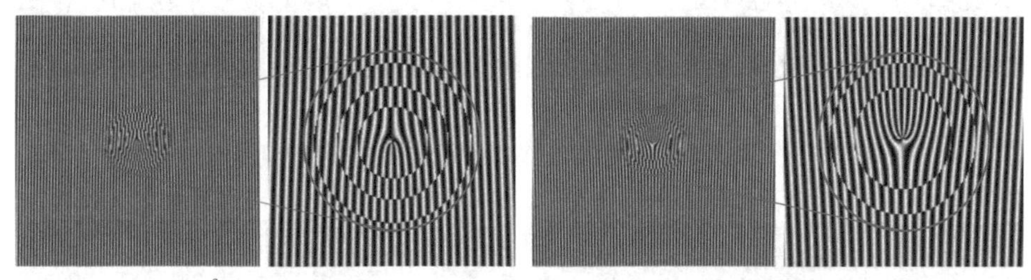

(a) $\mathrm{LG}_3^3$光束的叉形光栅　　(b) $\mathrm{LG}_2^{-5}$光束的叉形光栅

图 2.12　产生单个高阶径向 LG 光束所需的计算机全息图

为了探究束腰半径对高阶径向 LG 光束叉形光栅结构的影响，给出了不同束腰半径下 $\mathrm{LG}_1^1$ 光束的叉形光栅。图 2.13(a) 和 (b) 分别是束腰半径 $\omega_0$ 为 2.0 mm 和 2.5 mm 时 $\mathrm{LG}_1^1$ 光束所对应的叉形光栅。

对比图 2.13(a)、图 2.13(b) 易知，束腰半径不同的高阶径向 LG 光束所对应的叉形光栅图是不同的，这是因为高阶径向 LG 光束的总相位由 $\exp(-\mathrm{i}l\phi)$ 和拉盖尔多项式 $\mathrm{L}_p^l(2r^2/\omega_0{}^2)$ 决定 [20]，而 $p\neq 0$ 时，拉盖尔多项式与 $\omega_0$ 有关。另外，高阶径向 LG 光束和零阶径向 LG 光束相比，前者的叉形光栅有环状位错，而后者的叉形光栅没有环状位错。从图 2.13 可以看出，产生 $\mathrm{LG}_1^1$ 光束的叉形光栅图有 1 个环状错位，中心条纹错位开口方向朝下且条纹错位处有 1 个条纹，但当束腰半径越大时，环状位错的半径越大。

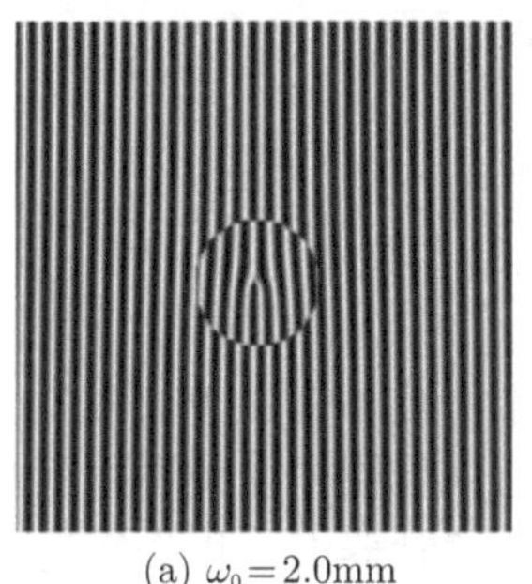

(a) $\omega_0=2.0\mathrm{mm}$　　(b) $\omega_0=2.5\mathrm{mm}$

图 2.13　$\mathrm{LG}_1^1$ 光束的叉形光栅

图 2.14(a)~(d) 和图 2.15(a)~(d) 分别是 $\mathrm{LG}_0^1$ 光束、$\mathrm{LG}_0^3$ 光束、$\mathrm{LG}_1^1$ 光束、

$LG_1^3$ 光束的理论和实验光强分布图，仿真和实验参数设置：波长 $\lambda = 632.8\text{mm}$，传输距离 $z = 1.5\text{m}$，束腰半径 $\omega_0 = 1.0\text{mm}$。

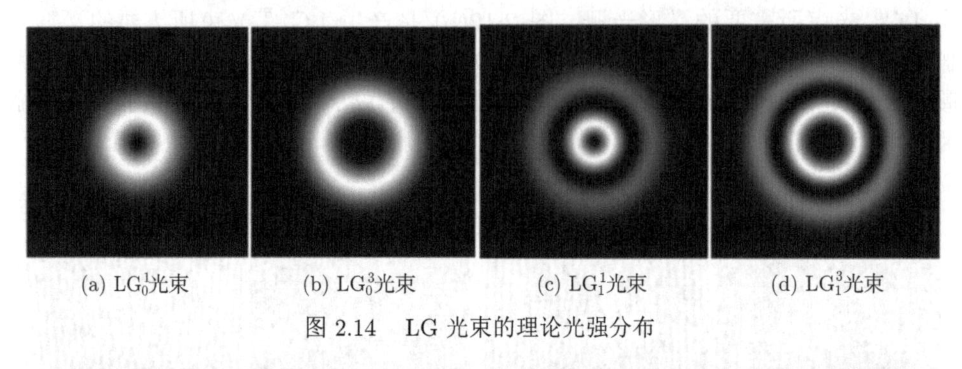

(a) $LG_0^1$光束　(b) $LG_0^3$光束　(c) $LG_1^1$光束　(d) $LG_1^3$光束

图 2.14　LG 光束的理论光强分布

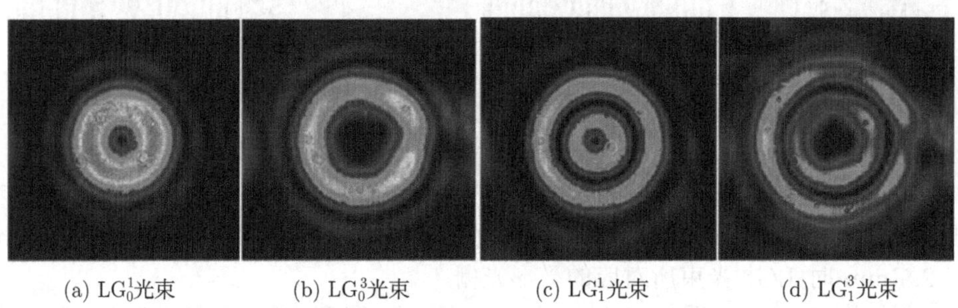

(a) $LG_0^1$光束　(b) $LG_0^3$光束　(c) $LG_1^1$光束　(d) $LG_1^3$光束

图 2.15　LG 光束的实验光强分布

从图 2.14、图 2.15 中可以看出，当 $p = 0$ 时，LG 光束光强分布为单环状；当 $p > 0$ 时，LG 光束光强分布为多环状，亮环个数为 $p + 1$。对比图 2.14(a)、(b) 和图 2.15(c)、(d) 可知，当径向指数 $p$ 固定时，随着拓扑荷数 $l$ 的增大，LG 光束每个亮环的直径均增大。对比图 2.14(a)、(c) 和 (b)、(d) 可知，当拓扑荷数 $l$ 固定时，随着径向指数 $p$ 的增大，LG 光束整体光斑直径增大，而中心亮环的直径减小。实验结果和理论仿真结果基本一致。

## 2.5　分数阶涡旋光束的产生

### 2.5.1　计算全息法制备 LG 光束的原理

利用全息法制备 LG 光束：通过模拟平面波与涡旋光束发生干涉，利用计算机对光强分布的计算绘制全息图，将产生的干涉图样加载在空间光调制器上，激光器通过扩束系统将光束准直入射到空间光调制器上，根据衍射方程得出入射光束的衍射场分布函数，进行分数阶拉盖尔–高斯光束光强分布仿真，并在实验中通过改变拓扑荷数得到分数阶干涉光栅加载在空间光调制器上，获取拉盖尔–高斯光束。

1) 全息图制备

现假设有一沿 $z$ 轴传播的涡旋光束 [21]：

$$E_1(r,\rho,z=0)=\exp\left[-\frac{\mathrm{i}kr^2}{2R}-\frac{r^2}{w^2}-\mathrm{i}(2p+l+1)\psi\right]\times\exp(\mathrm{i}l\varphi)(-1)^p\left(\frac{2r^2}{w^2}\right)^{\frac{l}{2}}\mathrm{L}_p^l\left(\frac{2r^2}{w^2}\right) \tag{2.28}$$

式中，$w$ 为光斑半径；$R$ 为参考光束的振幅；$\psi$ 为波函数；$l$ 为该涡旋光束的阶数；$\varphi$ 为方位角；$p$ 为径向指数；$r$ 为径向距离。

另一束平面波传播方向与 $z$ 轴夹角为 $\alpha$，则平面波函数可分别写为 $E_2=\exp(\mathrm{i}kx\sin\alpha+\mathrm{i}kz\cos\alpha)$、$E_3=\exp(\mathrm{i}ky\sin\alpha+\mathrm{i}kz\cos\alpha)$，假设两束光的光腰在 $z=0$ 上，且令 $\alpha=\pi/3$。当两束光在该平面发生干涉时，干涉光强分布分别为 [22]

$$I_1=|E_1+E_2|^2=E_1^2+E_2^2+2E_1E_2\cos(l\theta-kx\sin\alpha) \tag{2.29}$$

$$I_2=|E_1+E_3|^2=E_1^2+E_3^2+2E_1E_3\cos(l\theta-kx\sin\alpha) \tag{2.30}$$

令 $E_1$ 和 $E_2$ 均为单位振幅。根据式 (2.29)、式 (2.30)，得到拓扑荷数 $l$ 为 0.5、1.5 时的干涉图样，如图 2.16 所示。

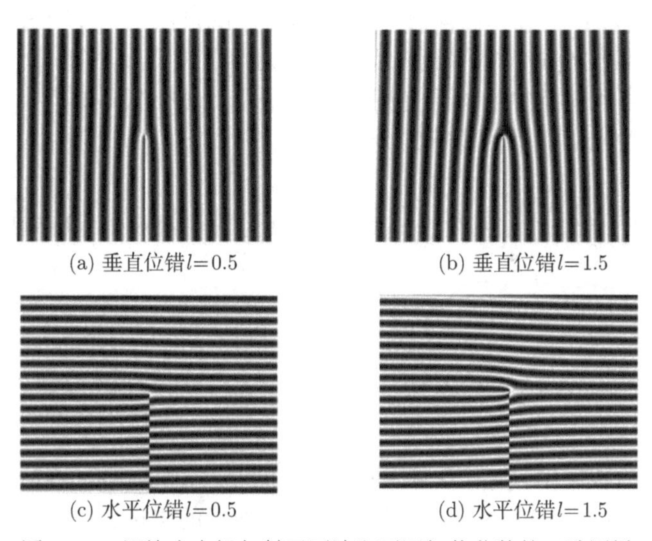


图 2.16　涡旋光电场与斜平面波取不同拓扑荷数的干涉图样

2) 分数阶涡旋光束阵列的复合全息光栅制备原理

利用水平复相位振幅光栅与垂直复相位振幅光栅叠加，制备出涡旋光束分数阶与分数阶叠加的干涉图样，如图 2.17 所示。

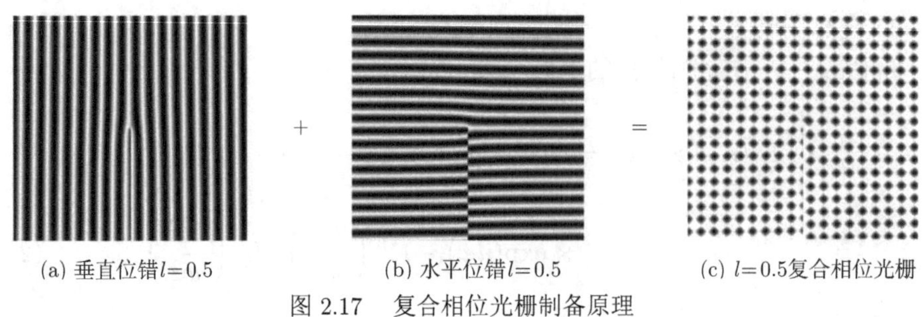


(a) 垂直位错$l=0.5$　(b) 水平位错$l=0.5$　(c) $l=0.5$复合相位光栅

图 2.17　复合相位光栅制备原理

采用复合叉形光栅产生具有位置离散相位的光束阵列，离散相位用式 (2.30) 中 $l\theta - kx\sin\alpha$ 表示。图 2.17 展示了叠加光栅的制备过程，即将垂直位错光栅与水平位错光栅叠加得到复合相位光栅。图 2.17(a)~(c) 干涉光栅的相位表达式分别为

$$(L_x\theta - kx\sin\alpha) \bmod 2\pi \tag{2.31}$$

$$(L_y\theta - ky\sin\alpha) \bmod 2\pi \tag{2.32}$$

$$(L_x\theta - kx\sin\alpha) \bmod 2\pi + (L_y\theta - ky\sin\alpha) \bmod 2\pi \tag{2.33}$$

式 (2.31)、式 (2.32) 中，$L_x$ 是 $x$ 方向上的中心位错数；$L_y$ 是 $y$ 方向上的中心位错数；$\theta$ 是角分布；$\alpha$ 是光栅偏离 $x$ 轴的角度；mod2π 表示以 2π 为周期。

3) 获取复相位叠加光栅涡旋光束及其阵列

激光器准直入射叠加的叉形光栅时，通过式 (2.32) 制备的叠加光栅将改变光束的相位，出射光束在衍射场中的分布为

$$u_{\text{单个 far}}(\rho',\theta') = \sum_{n=-\infty}^{+\infty} A_n F\left[u_{00}(\rho,\theta)\exp(\mathrm{i}nl\theta)\right] \cdot F\left[\exp(-\mathrm{i}nkx\sin\alpha)\right] \tag{2.34}$$

$$\begin{aligned} &u_{\text{叠加 far}}(\rho',\theta') \\ &= \sum_{n=-\infty}^{+\infty} A_n F\left[u_{00}(\rho,\theta)\exp(\mathrm{i}nl\theta)\right] \cdot F\left[\exp(-\mathrm{i}nkx\sin\alpha)\exp(-\mathrm{i}nky\sin\alpha)\right] \end{aligned} \tag{2.35}$$

式 (2.34)、式 (2.35) 中，$A_n$ 为傅里叶系数；$F$ 为二维傅里叶变换；$(\rho,\theta)$ 为傅里叶变换前的坐标；$(\rho',\theta')$ 为经过二维傅里叶变换后的坐标。

### 2.5.2　分数阶拉盖尔–高斯光束轨道角动量的实验研究

实验装置示意图如图 2.18 所示，由 He-Ne 激光器 ($\lambda = 632.8\text{mm}$) 发出的激光，经过透镜组成的扩束准直系统后，入射到反射式空间光调制器 (RL-SLM-R2)，通过改变加载在空间光调制器上的能产生不同涡旋光束阵列的叠加光栅，得到拓扑荷数相

同整数阶、不同整数阶、相同分数阶、不同分数阶叠加的涡旋光束阵列，经过滤镜滤除杂光，不同阶数涡旋光束及其叠加的光强分布由 CCD 采集显示在白屏上。

在实验过程中发现，除中心位错的对准程度影响光束的光强分布外，平面波与 $z$ 轴的夹角 $\alpha$ 的取值同样会影响光束衍射效率。当 $\alpha$ 取 $\pi/14$ 时，激光很容易就能对准中心叉形位错，但衍射出的一级光斑几乎看不到“暗中空”现象；当 $\alpha$ 取 $\pi/3$ 时，能明显看到干涉光栅中各栅之间的距离缩小，想要将激光准确打到中心叉形位错，需要很多次微调，但更容易捕捉光束光强分布。

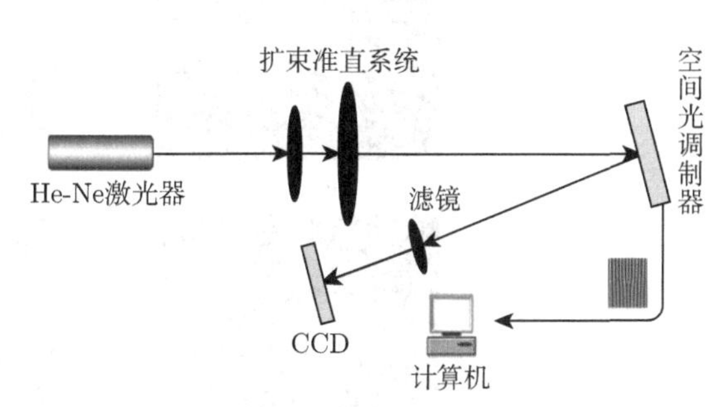


图 2.18　实验装置示意图

在激光器波长 $\lambda = 632.8\text{mm}$，传输距离 $z = 10\text{m}$，光斑半径 $w = 0.002\text{m}$，平面波与传输方向夹角 $\theta = \pi$ 条件下，根据通过式 (2.29) 和式 (2.30) 得出的干涉图样，对拓扑荷数为 1、0.5、1.5 光栅衍射光斑进行仿真，并将拓扑荷数为 1、0.5、1.5 的干涉光栅分别加载在空间光调制器上，可获取整数阶、分数阶涡旋光束的衍射光斑，如图 2.19 所示。

将图 2.19 中 (a) 与 (b)、(c) 与 (d)、(e) 与 (f) 分别比较可见，实验结果与仿真结果基本吻合。同时可以看出，当拓扑荷数取整数时，图像的光强分布呈圆对称分布；当拓扑荷数取分数时，图像明显已不是圆对称分布，呈现出“缺口”分布，而且随着拓扑荷数分数值的增大，“缺口”分布数量增加，这种特别的分布在粒子囚禁等领域有特殊应用。

图 2.20(a) 和 (b) 分别是激光器通过水平位错为 0.5 和垂直位错为 0.5 的叉形光栅衍射图。随后，将这两种光栅叠加，采用同样的方法得到 $3\times3$ 的光束阵列，如图 2.20 (c) 所示，其中 8 个态携带轨道角动量用于加载信息，1 个态 (位于正中心) 用于对准。

运用上述原理，对整数阶与整数阶、分数阶与分数阶叠加的干涉光栅，分别将其复相位二元振幅叠加光栅加载到空间光调制器中，实验得到的光斑如图 2.21 和图 2.22 所示。

图 2.21(a) 表示相同整数阶拓扑荷数叠加的光斑图，即当水平和垂直的拓扑荷数为 2 时，经过空间光调制器后产生的光束阵列的拓扑荷数为 $-4, -2, -2, 0, 0, 0, +2, +2, +4$。图 2.21(b) 同样是整数阶拓扑荷数叠加的光斑图。对比图 2.21(a) 和 (b) 发现，$l$ 越大，叠加光束阵列的光斑越散。图 2.21(c) 是不同整数阶拓扑荷数叠加的光斑图，其水平拓扑荷数为 2，垂直拓扑荷数为 3，经过空间光调制器后产生的光束阵列的拓扑荷数为 $-5, -3, -2, -1, 0, +1, +2, +3, +5$。对

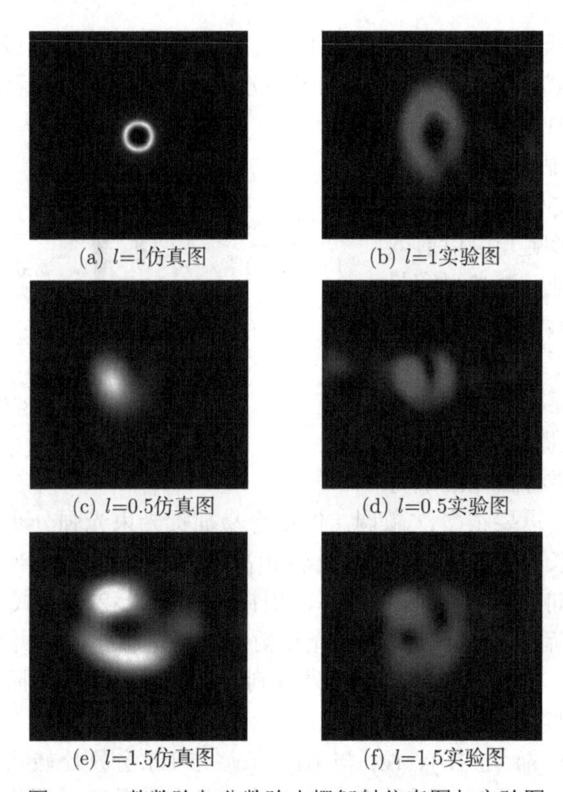


图 2.19　整数阶与分数阶光栅衍射仿真图与实验图

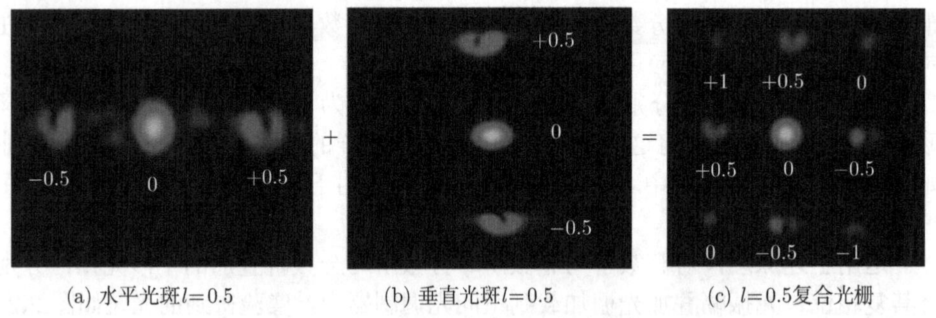


图 2.20　分数阶涡旋光束阵列拓扑荷数变化原理

比图 2.21(a) 和 (c) 中的光斑阵列拓扑荷数发现，同样条件下传输具有信息的光束时，图 2.21(c) 所示光斑阵列可传输更多的信息相位，利用率较高。

图 2.22(a) 表示相同分数阶拓扑荷数叠加的光斑图，即当水平和垂直的拓扑荷数为 0.5 时，通过空间光调制器产生的光束阵列的拓扑荷数依次为 −1, −0.5, −0.5, 0, 0, 0, +0.5, +0.5, +1。对比图 2.22(a) 和图 2.21(a) 发现，传输的八个相位信息中，有效信息相位个数都为六个，但图 2.22(a) 的光斑比图 2.21(a) 的光斑

更完整、更亮。图 2.22(b) 表示不同分数阶拓扑荷数叠加的光斑图，水平拓扑荷数为 1.5，垂直拓扑荷数为 0.5，经调制后的光束阵列拓扑荷数为 −2, −1.5, −1, −0.5, 0, +0.5, +1, +1.5, +2，等间隔地传输相位信息，与图 2.21(c) 相比，更具有连续性。图 2.22(c) 表示分数阶与整数阶拓扑荷数相叠加的光斑图，经调制后的光束阵列拓扑荷数为 −2.5, −2, −1.5, −0.5, 0, +0.5, +1.5, +2, +2.5。

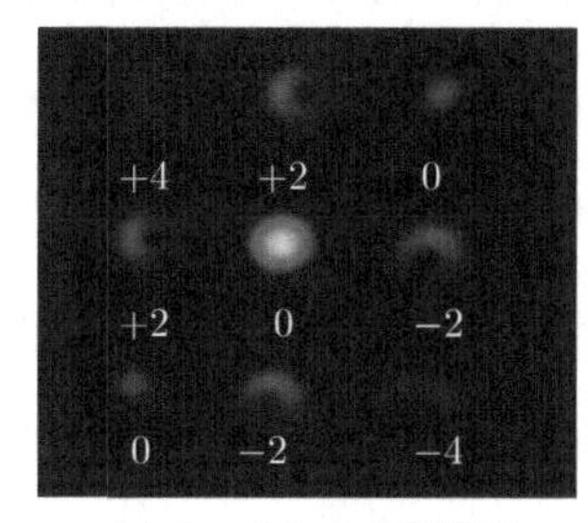


(a) $l=2$和$l=2$光斑阵列

(b) $l=3$和$l=3$光斑阵列

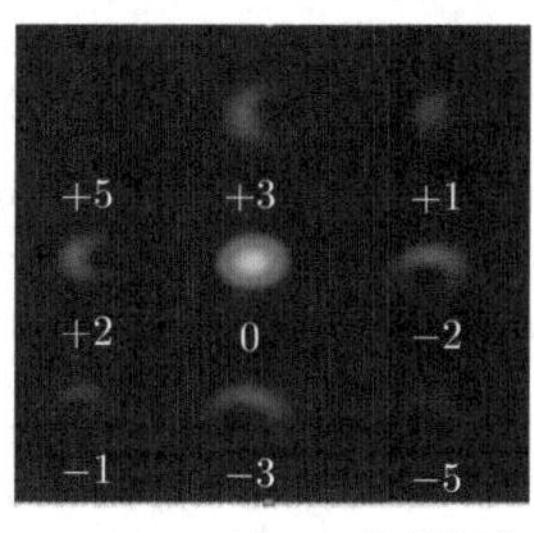


(c) $l=2$和$l=3$光斑阵列

图 2.21　加载不同整数阶叠加光栅后得到的涡旋光束阵列

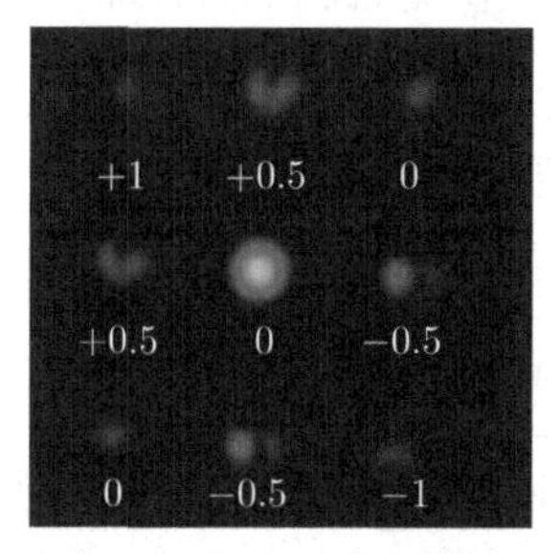


(a) $l=0.5$和$l=0.5$光斑阵列

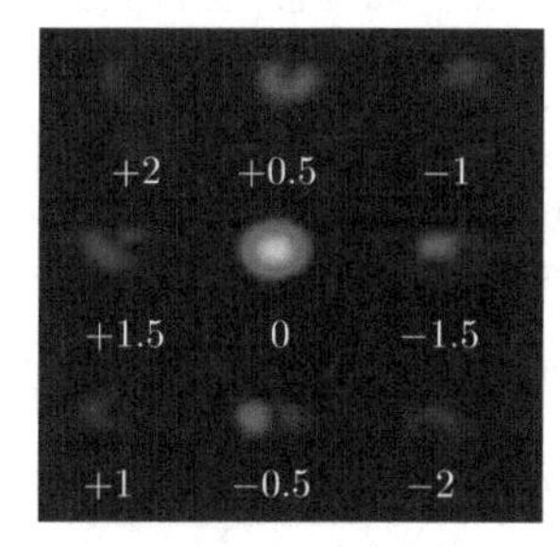


(b) $l=0.5$和$l=1.5$光斑阵列

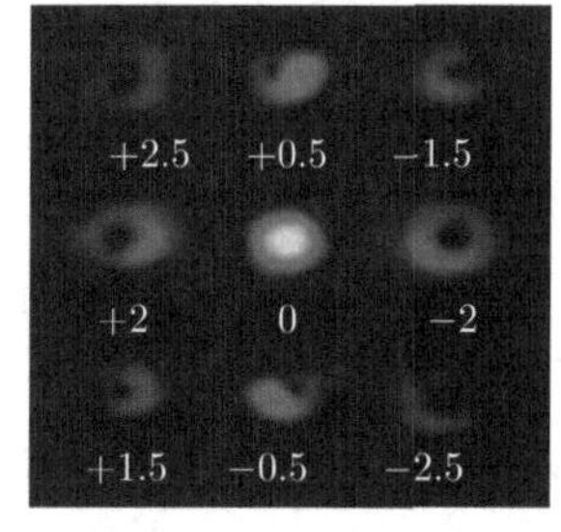


(c) $l=2$和$l=0.5$光斑阵列

图 2.22　加载不同分数阶叠加光栅后得到的涡旋光束阵列

通过比较发现，分数阶涡旋光束与整数阶涡旋光束一样能充当载体，运载信息时，随着调制光栅叠加方式的改变，得到的光斑阵列携带的拓扑荷数也会改变。结果显示，经不同分数阶叠加光栅调制得到的光束载体阵列，在传递信息时，对其信息相位分解的效率最高，且等间隔分解，有利于接收端回复信息，在相同实验设备和路径下，较整数阶及其他光斑阵列光强较强，有利于远距离传输。

## 参考文献

[1] 陈志婷. 涡旋光束的特性研究 [D]. 秦皇岛: 燕山大学, 2013.

[2] HECKENBERG N, MCDUFF R, SMITH C P, et al. Generation of optical phase singularities by computer-generated holograms[J]. Optics Letters, 1992, 17(3):221-223.

[3] 程明建, 郭立新, 张逸新. 拉盖尔–高斯波束在弱湍流海洋中轨道角动量传输特性变化 [J]. 电波科学学报, 2016, 31(4):737-742.

[4] 李云涛. 计算全息法产生涡旋光束的理论和实验研究 [D]. 秦皇岛: 燕山大学, 2012.
[5] INDEBETOUW G, KORWAN D. Model of vortices nucleation in a photo refractive phase-conjugate resonator[J]. Optics Letters, 1994, 41(5):941-950.
[6] LUTHER-DAVIES B, POWLES R, TIKHONENKO V. Nonlinear rotation of three-dimen- sional dark spatial solitons in a Gaussian laser beam[J]. Optics Letters, 1994, 19(22):1816-1818.
[7] 何德, 闫红卫, 吕百达. 厄米–高斯涡旋光束形成的合成光涡旋及演化 [J]. 中国激光, 2009, 36(8):2023-2029.
[8] 张明明. 离轴涡旋光束的传输特性研究 [D]. 南京: 南京理工大学, 2014.
[9] DURNIN J, MICELI J J, EBERLY J H. Diffraction-free beams[J].Physical Review Letters, 1987, 58(15):1499-1501.
[10] GORI F, GUATTARI G, PADAVANI C. Bessel-Gauass beams[J]. Optics Communications, 1987, 64(6):491-495.
[11] 徐灿. 基于涡旋光束的自由空间光通信系统传输性能研究 [D]. 北京: 北京邮电大学, 2015.
[12] 黄素娟, 谷婷婷, 缪庄, 等. 多环涡旋光束的实验研究 [J]. 物理学报, 2014, (24):198-206.
[13] ABRAMOCHKIN E, VOLOSTNIKOV V. Beam transformations and non-transformed beams[J]. Optics Communications, 1991, 83(1):123-135.
[14] BEIJERSBERGEN M W, ALLEN L, VAN D V , et al. Astigmatic laser mode converters and transfer of orbital angular momentum[J].Optics Communications, 1993, 96(1):123-132.
[15] 陆璇辉, 黄惠琴, 赵承良, 等. 涡旋光束与光学涡旋 [J]. 激光与光电子学进展, 2008, 45(1):50-56.
[16] 华黎闽, 陈子阳, 蒲继雄. 部分相干涡旋光束的实验研究 [J]. 光学学报, 2011, 31(s1): 100403.
[17] CAI X L,WANG J W,STRAIN M, et al. Integrated compact optical vortex beam emitters[J]. Science, 2012, 338(19):363-366.
[18] ZHANG D, FENG X, CUI K, et al. Generating in-plane optical orbital angular momentum beams with silicon waveguides[J]. IEEE Photonics Journal, 2013, 5(2): 2201206.
[19] ARLT J, DHOLAKIA K, ALLEN L, et al. The production of multiringed Laguerrea Gaussian modes by computer-generated holograms[J]. Optica Acta International Journal of Optics, 1998, 45(6):1231-1237.
[20] MATSUMOTO N, ANDO T, INOUE T, et al. Generation of high-quality higher-order Laguerre-Gaussian beams using liquid-crystal-on-silicon spatial light modulators[J]. Journal of the Optical Society of America, A. Optics, Image Science, and Vision, 2008, 25(7):1642-1651.
[21] 李云涛, 朱艳英, 沈军峰, 等. 计算全息法产生涡旋光束的实验研究 [C]. 全国光电技术学术交流会, 北京, 中国, 2012:3907-3911.
[22] 李丰, 高春清, 刘义东, 等. 利用振幅光栅生成拉盖尔–高斯光束的实验研究 [J]. 物理学报, 2008, 57(2):860-866.

# 第 3 章　涡旋光束的光纤产生法

利用光纤产生法产生的涡旋光束由光纤中的矢量模式组成，对光纤中矢量模式的分析也是对涡旋光束产生条件的分析。光纤模式理论给出光纤中矢量模式的电磁场解，而光纤产生的涡旋光束是将涡旋光束与矢量模解联系起来。

## 3.1　引　　言

涡旋光由于在光束横截面上不均匀的偏振和在光轴上存在相位奇点，因此在原子捕获、光镊和光子纠缠中有潜在的应用价值 [1]。另外，涡旋光束具有螺旋相位波前 [2]，其波前方位角发生 $2l\pi$ 相位变化，且不同拓扑荷数的涡旋光束在空间上彼此正交。因此，不同的正交模式可以承载独立数据流 [3]，这个特点使得涡旋光束在信道编码和解码方面有广阔的应用前景 [4,5]。

涡旋光束的产生方法最常用的空间结构性器件包括螺旋相位板 [6]、空间光调制器 [7]、计算机全息图 [8] 等。相比于利用空间结构性器件产生涡旋光束，由于涡旋光束本身就是光纤的一个本征解 [9]，所以利用光纤产生涡旋光束纯度会更高。Inavalli 等 [10] 将线偏光倾斜入射到单模光纤产生矢量光束。Fang 等 [11] 发现改变偏振方向能够检测光纤中的不同模式。Zhang 等 [12] 对少模光纤折射率使用声波调制产生二阶矢量光束。国内外学者也尝试使用特殊结构的光纤来产生涡旋光束。Li 等 [13] 提出一种有 19 个环纤芯的光纤结构，仿真证明该光纤可以传输高阶模式。Zhang 等 [14] 提出一种使用布拉格光纤光栅产生涡旋光束的方法。Zhang 等 [15] 设计了一种螺旋扭转光子晶体光纤来激发涡旋模式，通过改变光纤结构产生涡旋光束。由于光纤的制作工艺复杂，大多研究停留在理论阶段，并未进行实验验证。

## 3.2　光纤模式理论

### 3.2.1　波动方程

麦克斯韦方程表示为 [16]

$$\nabla \times \boldsymbol{E} = -\frac{\partial \boldsymbol{B}}{\partial t} \tag{3.1}$$

$$\nabla \times \boldsymbol{H} = \frac{\partial \boldsymbol{D}}{\partial t} + \boldsymbol{J} \tag{3.2}$$

$$\nabla \cdot \boldsymbol{D} = \rho \tag{3.3}$$

$$\nabla \cdot \boldsymbol{B} = 0 \tag{3.4}$$

式 (3.1)~式 (3.4) 中，$\boldsymbol{E}$ 为电场强度；$\boldsymbol{H}$ 为磁场强度；$\boldsymbol{D}$ 为电位移矢量；$\boldsymbol{B}$ 为磁感应强度；$\boldsymbol{J}$ 为电流强度；$\rho$ 为电荷密度；$\nabla\times$ 为旋度；$\nabla\cdot$ 为散度。对于光波导来说，传输物质为介质而非导体，同时介质又无电荷与电流，因此 $\rho=0$，$\boldsymbol{J}=0$[17]。

根据麦克斯韦方程及 $\boldsymbol{D}$ 和 $\boldsymbol{E}$、$\boldsymbol{B}$ 和 $\boldsymbol{H}$ 之间的关系，波动方程可表示为 [18]

$$\nabla^2 \boldsymbol{E} = \varepsilon\mu_0 \frac{\partial^2 \boldsymbol{E}}{\partial t^2} \tag{3.5}$$

$$\nabla^2 \boldsymbol{H} = \varepsilon\mu_0 \frac{\partial^2 \boldsymbol{H}}{\partial t^2} \tag{3.6}$$

式 (3.5) 和式 (3.6) 中，$\varepsilon$ 为电导率；$\mu_0$ 为磁导率。当光的角频率为 $\omega$ 时，则有 $\partial/\partial t = \mathrm{j}\omega, \partial^2/\partial t^2 = -\omega^2$。波动方程可以写成 [19]：

$$\nabla^2 \boldsymbol{E} + k^2 \boldsymbol{E} = 0 \tag{3.7}$$

$$\nabla^2 \boldsymbol{H} + k^2 \boldsymbol{H} = 0 \tag{3.8}$$

式 (3.7) 和式 (3.8) 中，$k=\omega\sqrt{\mu_0\varepsilon}=nk_0$，$k_0$ 为自由空间的波数，$n$ 为介质的折射率。$k_0=\omega\sqrt{\mu_0\varepsilon_0}=2\pi/\lambda$，$n=\sqrt{\varepsilon/\varepsilon_0}=\sqrt{\varepsilon_r}$。式 (3.7) 和式 (3.8) 为矢量亥姆霍兹方程，给定边界条件可解出 $\boldsymbol{E}$ 和 $\boldsymbol{H}$ 的各个分量。

### 3.2.2　光纤中的矢量模式

用直角坐标系表示圆柱形光纤中的电场与磁场不能直接反映光纤中矢量模式的变化，在这里采用圆柱坐标系。圆柱坐标系下的拉普拉斯算子为 [19]

$$\nabla^2 = \frac{1}{r}\frac{\partial}{\partial r}\left(r\frac{\partial}{\partial r}\right) + \frac{1}{r^2}\frac{\partial^2}{\partial \theta^2} + \frac{\partial^2}{\partial z^2} \tag{3.9}$$

将式 (3.9) 及圆柱坐标系下的 $\boldsymbol{E}$、$\boldsymbol{H}$ 分量代入式 (3.7) 和式 (3.8)，可得到圆柱坐标系下光纤中 $E_r$、$E_\theta$、$E_z$、$H_r$、$H_\theta$、$H_z$ 的关系为 [20]

$$\frac{\partial^2}{\partial r^2}\begin{bmatrix} E_z \\ H_z \end{bmatrix} + \frac{1}{r}\frac{\partial}{\partial r}\begin{bmatrix} E_z \\ H_z \end{bmatrix} + \frac{1}{r^2}\frac{\partial}{\partial \theta}\begin{bmatrix} E_z \\ H_z \end{bmatrix} + \left(k^2-\beta^2\right)\begin{bmatrix} E_z \\ H_z \end{bmatrix} = 0 \tag{3.10}$$

$$\frac{1}{r}\frac{\partial}{\partial r}\left(r\frac{\partial E_r}{\partial r}\right) + \frac{1}{r^2}\frac{\partial^2 E_r}{\partial \theta^2} + \frac{2}{r^2}\frac{\partial E_\theta}{\partial \theta} - \frac{E_\theta}{r^2} - \left(\beta^2 - k^2 n^2\right) E_r = 0 \tag{3.11}$$

$$\frac{1}{r}\frac{\partial}{\partial r}\left(r\frac{\partial E_\theta}{\partial r}\right)+\frac{1}{r^2}\frac{\partial^2 E_\theta}{\partial \theta^2}+\frac{2}{r^2}\frac{\partial E_r}{\partial \theta}-\frac{E_\theta}{r^2}-\left(\beta^2-k^2n^2\right)E_\theta=0 \tag{3.12}$$

式中，$n$ 为纤芯折射率；$\beta$ 为纵向传播常数。这里只写出 $\boldsymbol{E}$ 分量，对 $\boldsymbol{H}$ 分量同样成立。对式 (3.10) 求解，得出光纤中矢量模式在 $z$ 方向上的分量 [21]：

$$E_z\left(r,\theta,z\right)=\exp\left[-\mathrm{i}\left(\beta z\mp\mu\theta\right)\right]\begin{cases}\dfrac{A}{\mathrm{J}_\mu\left(u\right)}\mathrm{J}_\mu\left(\dfrac{u}{a}r\right), & r<a\\ \dfrac{A}{\mathrm{K}_\mu\left(u\right)}\mathrm{K}_\mu\left(\dfrac{u}{a}r\right), & r\geqslant a\end{cases} \tag{3.13}$$

$$H_z\left(r,\theta,z\right)=\exp\left[-\mathrm{i}\left(\beta z\mp\mu\theta\right)\right]\begin{cases}\dfrac{B}{\mathrm{J}_\mu\left(u\right)}\mathrm{J}_\mu\left(\dfrac{u}{a}r\right), & r<a\\ \dfrac{B}{\mathrm{K}_\mu\left(u\right)}\mathrm{K}_\mu\left(\dfrac{u}{a}r\right), & r\geqslant a\end{cases} \tag{3.14}$$

式中，$u$ 为横向归一化常数；$A$ 为电场常数；$B$ 为磁场常数；$a$ 为光纤纤芯半径；$\mu$ 为圆周模阶数；$\mathrm{J}_\mu(u)$ 为横向归一化常数为 $u$ 时的贝塞尔方程；$\mathrm{K}_\mu(u)$ 为横向归一化常数为 $u$ 时的变质贝塞尔方程。

利用旋度在圆柱坐标系下的表达形式，可将麦克斯韦方程写成圆柱坐标系的表达形式。令左右两边的 $r$、$\theta$、$z$ 分量分别相等，可得到 $E_z$、$H_z$ 表示的 $r$、$\theta$ 方向的分量形式 [20]：

$$\begin{aligned}E_r&=\frac{-\mathrm{i}}{k^2n^2-\beta^2}\left(\beta\frac{\partial E_z}{\partial r}+\frac{\omega\mu_0}{r}\frac{\partial H_z}{\partial \theta}\right)\exp\left[-\mathrm{i}\left(\beta z\mp\mu\theta\right)\right]\\&=\frac{-\mathrm{i}}{k^2n^2-\beta^2}\left(\beta\frac{\partial E_z}{\partial r}+\mathrm{i}\omega\mu_0\frac{\mu}{r}H_z\right)\exp\left[-\mathrm{i}\left(\beta z\mp\mu\theta\right)\right]\end{aligned} \tag{3.15}$$

$$\begin{aligned}E_\theta&=\frac{-\mathrm{i}}{k^2n^2-\beta^2}\left(\beta\frac{\partial E_z}{\partial r}-\omega\mu_0\frac{\partial H_z}{\partial \theta}\right)\exp\left[-\mathrm{i}\left(\beta z\mp\mu\theta\right)\right]\\&=\frac{-\mathrm{i}}{k^2n^2-\beta^2}\left(\mathrm{i}\beta\frac{\mu}{r}\partial E_z-\omega\mu_0\frac{\partial H_z}{\partial r}\right)\exp\left[-\mathrm{i}\left(\beta z\mp\mu\theta\right)\right]\end{aligned} \tag{3.16}$$

$$\begin{aligned}H_r&=\frac{-\mathrm{i}}{k^2n^2-\beta^2}\left(\beta\frac{\partial H_z}{\partial r}-\frac{\omega\varepsilon_0n^2}{r}\frac{\partial E_z}{\partial \theta}\right)\exp\left[-\mathrm{i}\left(\beta z\mp\mu\theta\right)\right]\\&=\frac{-\mathrm{i}}{k^2n^2-\beta^2}\left(\beta\frac{\partial H_z}{\partial r}-\mathrm{i}\omega\varepsilon_0n^2\frac{\mu}{r}E_z\right)\exp\left[-\mathrm{i}\left(\beta z\mp\mu\theta\right)\right]\end{aligned} \tag{3.17}$$

$$\begin{aligned}H_\theta&=\frac{-\mathrm{i}}{k^2n^2-\beta^2}\left(\frac{\beta}{r}\frac{\partial H_z}{\partial \theta}+\omega\varepsilon_0n^2\frac{\partial E_z}{\partial \theta}\right)\exp\left[-\mathrm{i}\left(\beta z\mp\mu\theta\right)\right]\\&=\frac{-\mathrm{i}}{k^2n^2-\beta^2}\left(\mathrm{i}\beta\frac{\mu}{r}H_z+\omega\varepsilon_0n^2\frac{\partial E_z}{\partial r}\right)\exp\left[-\mathrm{i}\left(\beta z\mp\mu\theta\right)\right]\end{aligned} \tag{3.18}$$

将式 (3.11) 和式 (3.12) 代入式 (3.15)～式 (3.18) 可以求出 $E_r$、$E_\theta$、$H_r$、$H_\theta$ 的表达式 [20]:

$$E_r=\begin{cases}-\mathrm{i}\dfrac{a^2}{u^2}\left[A\beta\dfrac{\mu}{a}\dfrac{\mathrm{J}_\mu'\left(\dfrac{u}{a}r\right)}{\mathrm{J}_\mu(u)}-B\omega\mu_0\dfrac{\mu}{r}\dfrac{\mathrm{J}_\mu\left(\dfrac{u}{a}r\right)}{\mathrm{J}_\mu(u)}\right]\exp[-\mathrm{i}(\beta z\mp\mu\theta)], & r<a\\ -\mathrm{i}\dfrac{a^2}{\omega^2}\left[A\beta\dfrac{\omega}{a}\dfrac{\mathrm{K}_\mu'\left(\dfrac{\omega}{a}r\right)}{\mathrm{K}_\mu(\omega)}-B\omega\mu_0\dfrac{\mu}{r}\dfrac{\mathrm{K}_\mu\left(\dfrac{\omega}{a}r\right)}{\mathrm{K}_\mu(\omega)}\right]\exp[-\mathrm{i}(\beta z\mp\mu\theta)], & r\geqslant a\end{cases}\tag{3.19}$$

$$E_\theta=\begin{cases}-\mathrm{i}\dfrac{a^2}{u^2}\left[A\beta\dfrac{\mu}{r}\dfrac{\mathrm{J}_\mu\left(\dfrac{u}{a}r\right)}{\mathrm{J}_\mu(u)}-B\omega\mu_0\dfrac{\mu}{a}\dfrac{\mathrm{J}_\mu'\left(\dfrac{u}{a}r\right)}{\mathrm{J}_\mu(u)}\right]\exp[-\mathrm{i}(\beta z\mp\mu\theta)], & r<a\\ -\mathrm{i}\dfrac{a^2}{\omega^2}\left[A\beta\dfrac{\omega}{r}\dfrac{\mathrm{K}_\mu\left(\dfrac{\omega}{a}r\right)}{\mathrm{K}_\mu(\omega)}-B\omega\mu_0\dfrac{\mu}{a}\dfrac{\mathrm{K}_\mu'\left(\dfrac{\omega}{a}r\right)}{\mathrm{K}_\mu(\omega)}\right]\exp[-\mathrm{i}(\beta z\mp\mu\theta)], & r\geqslant a\end{cases}\tag{3.20}$$

$$H_r=\begin{cases}-\mathrm{i}\dfrac{a^2}{u^2}\left[-A\omega\varepsilon_0 n_1^2\dfrac{\mu}{r}\dfrac{\mathrm{J}_\mu\left(\dfrac{u}{a}r\right)}{\mathrm{J}_\mu(u)}+B\beta\dfrac{\mu}{a}\dfrac{\mathrm{J}_\mu'\left(\dfrac{u}{a}r\right)}{\mathrm{J}_\mu(u)}\right]\exp[-\mathrm{i}(\beta z\mp\mu\theta)], & r<a\\ -\mathrm{i}\dfrac{a^2}{\omega^2}\left[-A\omega\varepsilon_0 n_1^2\dfrac{\mu}{r}\dfrac{\mathrm{K}_\mu\left(\dfrac{\omega}{a}r\right)}{\mathrm{K}_\mu(\omega)}+B\beta\dfrac{\omega}{a}\dfrac{\mathrm{K}_\mu'\left(\dfrac{\omega}{a}r\right)}{\mathrm{K}_\mu(\omega)}\right]\exp[-\mathrm{i}(\beta z\mp\mu\theta)], & r\geqslant a\end{cases}\tag{3.21}$$

$$H_\theta=\begin{cases}-\mathrm{i}\dfrac{a^2}{u^2}\left[A\omega\varepsilon_0 n_1^2\dfrac{\mu}{a}\dfrac{\mathrm{J}_\mu'\left(\dfrac{u}{a}r\right)}{\mathrm{J}_\mu(u)}+B\beta\dfrac{\mu}{r}\dfrac{\mathrm{J}_\mu\left(\dfrac{u}{a}r\right)}{J_\mu(u)}\right]\exp[-\mathrm{i}(\beta z\mp\mu\theta)], & r<a\\ -\mathrm{i}\dfrac{a^2}{\omega^2}\left[A\omega\varepsilon_0 n_1^2\dfrac{\mu}{a}\dfrac{\mathrm{K}_\mu'\left(\dfrac{\omega}{a}r\right)}{\mathrm{K}_\mu(\omega)}+B\beta\dfrac{\omega}{r}\dfrac{\mathrm{K}_\mu\left(\dfrac{\omega}{a}r\right)}{\mathrm{K}_\mu(\omega)}\right]\exp[-\mathrm{i}(\beta z\mp\mu\theta)], & r\geqslant a\end{cases}\tag{3.22}$$

式中，$\varepsilon_0$ 为电导率；$\mu_0$ 为磁导率。在光纤的 $r=a$ 处，切向电场与切向磁场连续，将式 (3.19)～式 (3.22) 代入边界条件可得 [21]

$$A\frac{\mathrm{i}\mu\beta}{a}\left(\frac{1}{u^2}+\frac{1}{\omega^2}\right)-B\frac{\omega\mu_0}{a}\left[\frac{1}{u}\frac{\mathrm{J}_\mu'(u)}{\mathrm{J}_u(u)}+\frac{1}{\omega}\frac{\mathrm{K}_\mu'(\omega)}{\mathrm{K}_u(\omega)}\right]=0\tag{3.23}$$

$$A\frac{\omega\varepsilon_0}{a}\left[\frac{n_1^2}{u}\frac{\mathrm{J}_\mu'(u)}{\mathrm{J}_u(u)}+\frac{n_2^2}{\omega}\frac{\mathrm{K}_\mu'(\omega)}{\mathrm{K}_u(\omega)}\right]+B\frac{\mathrm{i}\mu\beta}{a}\left(\frac{1}{u^2}+\frac{1}{\omega^2}\right)=0\tag{3.24}$$

对于式 (3.23) 和式 (3.24) 组成的齐次方程，若 $A$、$B$ 有非零解，则它们的系数行列式应为零，可导出特征方程 [21]：

$$\begin{aligned}&\left[\frac{1}{u}\frac{\mathrm{J}'_{\mu}(u)}{\mathrm{J}_{\mu}(u)}+\frac{1}{\omega}\frac{\mathrm{K}'_{\mu}(\omega)}{\mathrm{K}_{\mu}(\omega)}\right]\left[\frac{n_1^2}{un_2^2}\frac{\mathrm{J}'_{\mu}(u)}{\mathrm{J}_{\mu}(u)}+\frac{n_2^2}{\omega}\frac{\mathrm{K}'_{\mu}(\omega)}{\mathrm{K}_{\mu}(\omega)}\right]\\&=\mu^2\left(\frac{n_1^2}{n_2^2}\frac{1}{u^2}+\frac{1}{\omega^2}\right)\left(\frac{1}{u^2}+\frac{1}{\omega^2}\right)\end{aligned}\tag{3.25}$$

式 (3.25) 即为光纤矢量模的特征方程，或者称为色散方程。利用色散方程可以确定 $\mu$ 阶模式的 $\beta$ 值或者 $u$ 值。

光纤中存在四种矢量模式，分别是径向矢量光束 $\mathrm{TE}_{0\nu}$、角向矢量光束 $\mathrm{TM}_{0\nu}$、混合矢量偏振光束 $\mathrm{HE}_{\mu\nu}$ 和混合矢量偏振光束 $\mathrm{EH}_{\mu\nu}$，$\mu$ 表示圆周模阶数，$\nu$ 表示径向模阶数。在式 (3.25) 中，当 $\mu=0$，$E_z=E_r=H_\theta=0$ 时，为 $\mathrm{TE}_{0\nu}$ 模；当 $\mu=0$，$E_\theta=H_r=H_z$ 时，为 $\mathrm{TM}_{0\nu}$ 模。当 $\mu$ 取正值时，定义为 $\mathrm{HE}_{\mu\nu}$ 模；当 $\mu$ 取负值时，定义为 $\mathrm{EH}_{\mu\nu}$ 模。相位因子 $\exp(-\mathrm{j}(\beta z\mp\mu\theta))$ 中，取 “+” 时，$z$ 增大，$\theta$ 减小，顺时针旋转表示右旋偏振；取 “−” 时，$z$ 增大，$\theta$ 增大，逆时针旋转表示左旋偏振。HE 和 EH 具有奇模与偶模的状态，分别用 $\mathrm{HE}_{\mu\nu}^{\mathrm{odd}}$、$\mathrm{HE}_{\mu\nu}^{\mathrm{even}}$ 和 $\mathrm{EH}_{\mu\nu}^{\mathrm{odd}}$、$\mathrm{EH}_{\mu\nu}^{\mathrm{even}}$ 表示。图 3.1 为光纤中矢量模式的光强及偏振分布。

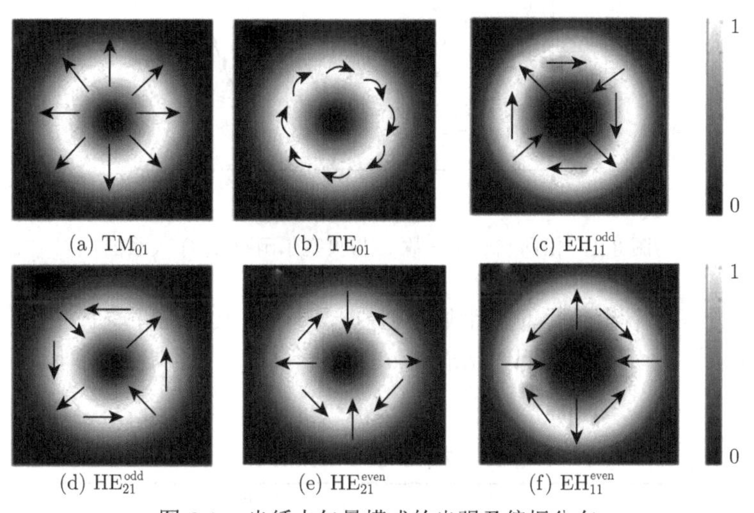


图 3.1　光纤中矢量模式的光强及偏振分布

由图 3.1 可以看出，光纤中的模式同一种光强分布所对应的矢量模式有可能是不同的。图 3.1(a)、(b)、(d)、(e) 属于光纤中的一阶模式，在光强分布上没有差异，而在偏振上有一定的差异。图 3.1(a) 表示 TE 模的偏振为径向分布。图 3.1(b) 表示 TM 模的偏振为角向分布。图 3.1(d) 和 (e) 中，$\mathrm{HE}_{\mu\nu}^{\mathrm{odd}}$ 与 $\mathrm{HE}_{\mu\nu}^{\mathrm{even}}$ 偏振相差

π/2。分别比较图 3.1 中 (d) 与 (e)、(c) 与 (f)，HE 模的奇模与偶模和 EH 模的奇模与偶模的偏振分布方向相反，光强的分布也是不同的。

### 3.2.3　导模截止与远离截止

当 $\mu=0$ 时，式 (3.25) 等号右边为 0，两个解分别为 $\mathrm{TE}_{0\nu}$ 和 $\mathrm{TM}_{0\nu}$ 的特征方程，分别可以表示为 [22]

$$\frac{1}{u}\frac{\mathrm{J}_\mu'(u)}{\mathrm{J}_\mu(u)}+\frac{1}{\omega}\frac{\mathrm{K}_\mu'(\omega)}{\mathrm{K}_\mu(\omega)}=0 \tag{3.26}$$

$$\frac{n_1^2}{un_2^2}\frac{\mathrm{J}_\mu'(u)}{\mathrm{J}_\mu(u)}+\frac{n_2^2}{\omega}\frac{\mathrm{K}_\mu'(\omega)}{\mathrm{K}_\mu(\omega)}=0 \tag{3.27}$$

当 $\omega\to 0$ 时，导模截止，由变质贝塞尔函数的递推式和渐近线可得出 $\mathrm{J}_0(u)=0$。贝塞尔函数曲线如图 3.2 所示。

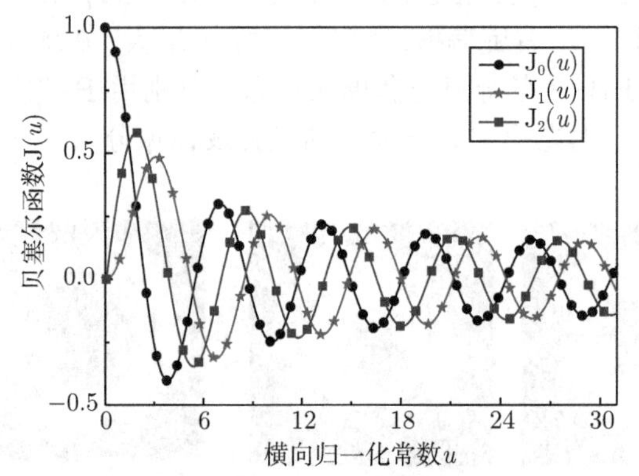


图 3.2　横向归一化常数 $u$ 与贝塞尔函数 $\mathrm{J}(u)$ 关系图

由图 3.2 可以看出，贝塞尔函数曲线呈振荡形式，其根也有多个。在贝塞尔函数的阶数确定后，一定的横向归一化常数 $u$ 只有一个根，在表 3.1 中列出了贝塞尔函数的根。

**表 3.1　贝塞尔函数的根**

| 贝塞尔函数 | $\mathrm{J}_0(u)$ | $\mathrm{J}_1(u)$ | $\mathrm{J}_2(u)$ |
|---|---|---|---|
| 第一个根 | 2.4084 | 0 | 5.1356 |
| 第二个根 | 5.52021 | 3.8317 | 7.0156 |
| 第三个根 | 8.6537 | 7.0160 | 10.1735 |

$\mathrm{J}_0(u)$ 的前两个根为 2.4084, 5.52021, 分别对应 $\mathrm{TE}_{01}$ 和 $\mathrm{TM}_{01}$、$\mathrm{TE}_{02}$ 和 $\mathrm{TM}_{02}$ 截止时的 $u$ 值。由于截止时 $u=\nu$，因此归一化频率为

$$V=\frac{2\pi a}{\lambda}\sqrt{n_1^2-n_2^2}>2.4084 \tag{3.28}$$

由式 (3.25) 可写出 $HE_{\mu\nu}$ 模的特征方程 [20]：

$$\frac{J'_\mu(u)}{uJ_\mu(u)}+\frac{K'_\mu(\omega)}{\omega K_\mu(\omega)}=-\frac{\mu}{u^2}-\frac{\mu}{\omega^2} \tag{3.29}$$

利用贝塞尔函数的递推式将式 (3.29) 化简为 [21]

$$\frac{J_{\mu-1}(u)}{uJ_\mu(u)}+\frac{K_{\mu-1}(\omega)}{\omega K_\mu(\omega)}=0 \tag{3.30}$$

当 $\mu=1$ 时，式 (3.30) 表示为 [20]

$$\frac{J_0(u)}{uJ_1(u)}+\frac{K_0(\omega)}{\omega K_1(\omega)}=0 \tag{3.31}$$

由图 3.2 可知，$J_1(u)$ 的前几个根为 $0, 3.8317, 7.0160, \cdots$，分别对应 $HE_{11}$、$HE_{12}$、$HE_{13}$ 的截止频率。远离截止条件 $(\omega\to\infty)$ 时，$J_0(\mu)$ 的前几个根为 $2.4084, 5.52021, 8.6537, \cdots$，分别对应 $HE_{11}$、$HE_{12}$、$HE_{13}$ 的远离截止频率。在光纤中的所有矢量模式中，$HE_{11}$ 的截止频率为 0，也就是说，$HE_{11}$ 在任何光纤中，任何波长下都会传输，也称为光纤中的主模或者基模。当 $\mu>1$ 时，式 (3.31) 表示为 [22]

$$\frac{J_{\mu-1}(u)}{J_\mu(u)}=\frac{u}{2(\mu-1)} \tag{3.32}$$

式 (3.32) 的解对应光纤中 $HE_{\mu\nu}$ 模的截止频率。将 $\mu$、$\nu$ 代入式 (3.13) 中，$\mu$、$\nu$ 不同时矢量 HE 模式光强分布如图 3.3 所示。

由图 3.3 可以看出，图 3.3(c) 的光环比图 3.3(b) 细，图 3.3(b) 的光环比图 3.3(a) 细。因此，$\mu$ 决定了矢量模式能量环的粗细程度和环中间奇点部分的面积，$\mu$ 越大，矢量模式的环越细，环中间奇点部分的面积越大，能量将随着 $\mu$ 的增大越来越集中。图 3.3(d) 比图 3.3(a) 多了一个光环，可以看出 $\nu$ 决定了矢量模式径向分布，$\nu$ 越大，径向方向的环数越多，能量随着 $\nu$ 的增大扩散到其他环上。

由式 (3.25) 得出 $EH_{\mu\nu}$ 模的特征方程 [22]：

$$\frac{J'_\mu(u)}{uJ_\mu(u)}+\frac{K'_\mu(\omega)}{\omega K_\mu(\omega)}=\frac{\mu}{u^2}+\frac{\mu}{\omega^2} \tag{3.33}$$

式 (3.33) 的解同 HE 模。将通过远离截止条件得到的 $u$ 值代入电场式 (3.18) 中，光纤中矢量模式的偏振与图 3.3 相同，这里不再赘述。

对于光纤中的所有模式，当光纤的归一化频率 $V<2.4084$ 时，TE、TM 和 HE 模都还没出现，光纤中只传输一个 $HE_{11}$ 模式，因此有

$$V=\frac{2\pi a}{\lambda}\sqrt{n_1^2-n_2^2}<2.4084 \tag{3.34}$$

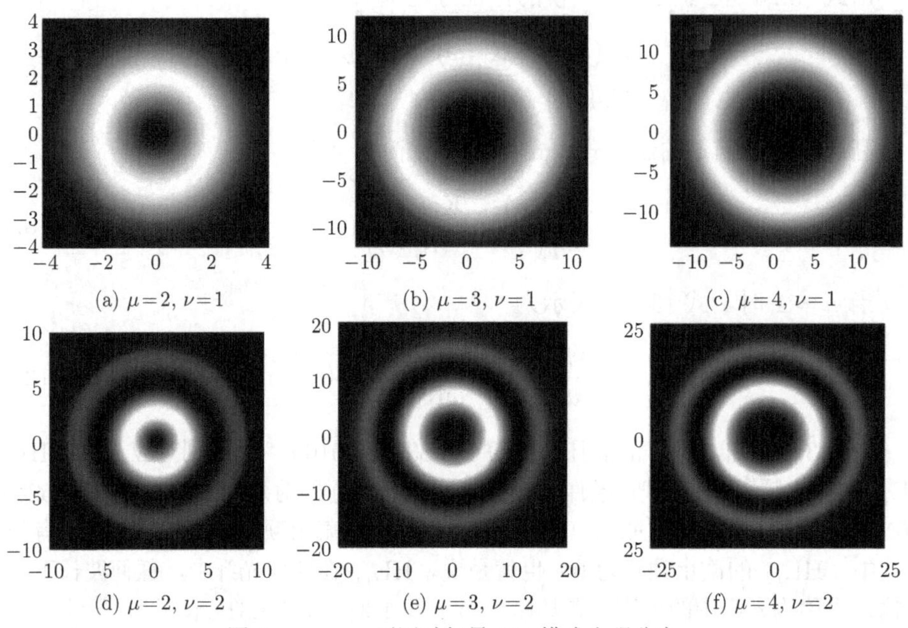

(a) $\mu=2,\ \nu=1$　(b) $\mu=3,\ \nu=1$　(c) $\mu=4,\ \nu=1$

(d) $\mu=2,\ \nu=2$　(e) $\mu=3,\ \nu=2$　(f) $\mu=4,\ \nu=2$

图 3.3　$\mu$、$\nu$ 不同时矢量 HE 模式光强分布

式 (3.34) 是阶跃折射率单模光纤的传输条件。当光纤的 $V$ 值小于 2.4084 时，光纤中只有一种模式。光纤的有效折射率 $N=\beta/k_0$，反映光纤中纵向传播常数的变化，$\beta$ 表示纵向传播常数，$k_0$ 为波数。光纤的有效折射率 $N$、特征方程中解出的归一化常数 $u$、归一化衰减系数 $\omega$ 及归一化频率 $V$ 之间的关系表示为 [20]

$$u^2=\left(k_0^2n_1^2-N^2\right)a^2 \tag{3.35}$$

$$\omega^2=\left(N^2-k_0^2n_2^2\right)a^2 \tag{3.36}$$

$$V^2=u^2+\omega^2 \tag{3.37}$$

利用矢量模式的特征方程解出 $u$ 与 $\omega$，代入式 (3.35) 和式 (3.36) 可以解出光纤中矢量模式的有效折射率。光纤的有效折射率可以表示光纤在纵向传播时光纤的模式变化。图 3.4 所示为光纤中模式的有效折射率随归一化频率的变化曲线。

由图 3.4 可知，光纤中的模式数量随着归一化频率 $V$ 值的增加逐渐增多。在光纤中 $HE_{11}$ 模式最先出现。结合表 3.1 可发现，当 $V>2.4084$ 时，$HE_{21}$、$TE_{01}$、$TM_{01}$ 出现，此时光纤中可以容纳的模式数量为 4 种；当 $V>3.8317$ 时，光纤中出现 $EH_{11}$、$HE_{31}$、$HE_{12}$，此时光纤中可以容纳的模式数量为 7 种。

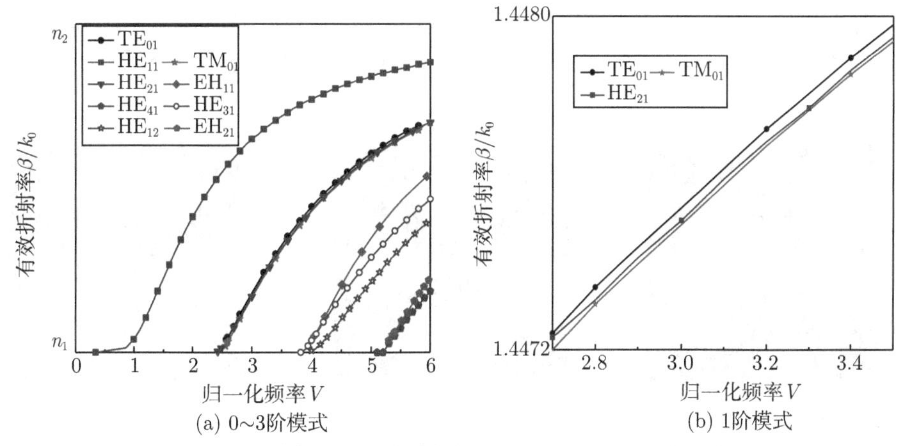


(a) 0~3阶模式　　(b) 1阶模式

图 3.4　光纤中模式的有效折射率随归一化频率的变化曲线

### 3.2.4 弱导近似下的标量模

对于一对 $\mu$、$\nu$ 值，每一个 $u$ 值对应一个模式，该模式表示其电场在横截面上的分布规律和空间的传输特性，称为 $\mathrm{LP}_{\mu,\nu}$ 模。$\mathrm{LP}_{\mu,\nu}$ 模在光纤芯区的横向电磁场沿圆周和半径的分布分别为 [22]

$$\Theta = \exp(\pm \mathrm{i}\mu\theta) \tag{3.38}$$

$$R(r) = A\mathrm{J}_\mu\left(\frac{u}{a}r\right) \tag{3.39}$$

式 (3.38) 和式 (3.39) 中，$\mu$ 是贝塞尔函数的阶数，所以 $\mu$ 是从 0 开始的，它与电磁场圆周方向和半径方向都有关。用欧拉公式将式 (3.38) 分解。$\exp(\mathrm{j}\mu\theta) = \cos(\mu\theta) + \mathrm{j}\sin(\mu\theta)$ 从物理意义上来说，电磁场沿圆周的分布由两个线偏振模组成。在标量近似下，不区分偏振态，认为它们是各处偏振态相同的线偏振，$\mu$ 对标量模式圆周上极大值的影响如图 3.5 所示。

如图 3.5(a) 和 (d) 所示，若 $\mu = 1, \cos(\mu\theta) = \cos\theta$，说明 $\theta$ 沿圆周方向变化 2π，沿圆周方向出现一对极大值。如图 3.5(b) 和 (e) 所示，若 $\mu = 2, \cos(\mu\theta) = \cos(2\theta)$，说明 $\theta$ 沿圆周方向变化 4π，沿圆周方向出现两对极大值。如图 3.5(c) 和 (f) 所示，若 $\mu = 3$，$\cos(\mu\theta)=\cos(3\theta)$，说明 $\theta$ 沿圆周方向变化 6π，沿圆周方向出现三对极大值。可以看出，$\mu$ 越大，在圆周方向上极大值的个数越多，并且极大值的对数与 $\mu$ 相等。

图 3.6 表明，在标量近似下，沿半径方向电磁场的变化与 $\nu$ 有关。如图 3.6(a) 和 (d) 所示，对于 $\mathrm{LP}_{11}$ 模，远离截止时有 $R(r) = A\mathrm{J}_\mu(2.4084r/a)$，电磁场沿半径方向只有一对最大值；如图 3.6(b) 和 (e) 所示，对于 $\mathrm{LP}_{12}$ 模，远离截止时有 $R(r) = A\mathrm{J}_\mu(5.52021r/a)$，电磁场沿半径方向有两对极值；如图 3.6(c) 和 (f) 所

示，对于 $LP_{13}$ 模，远离截止时有 $R(r) = AJ_\mu(8.6537r/a)$，在 $r = 0.6381a$ 时，$u_{13} = 8.6537$，在 $r = 0$ 时，$R(r) = 1$，电磁场沿半径方向有三对极值。

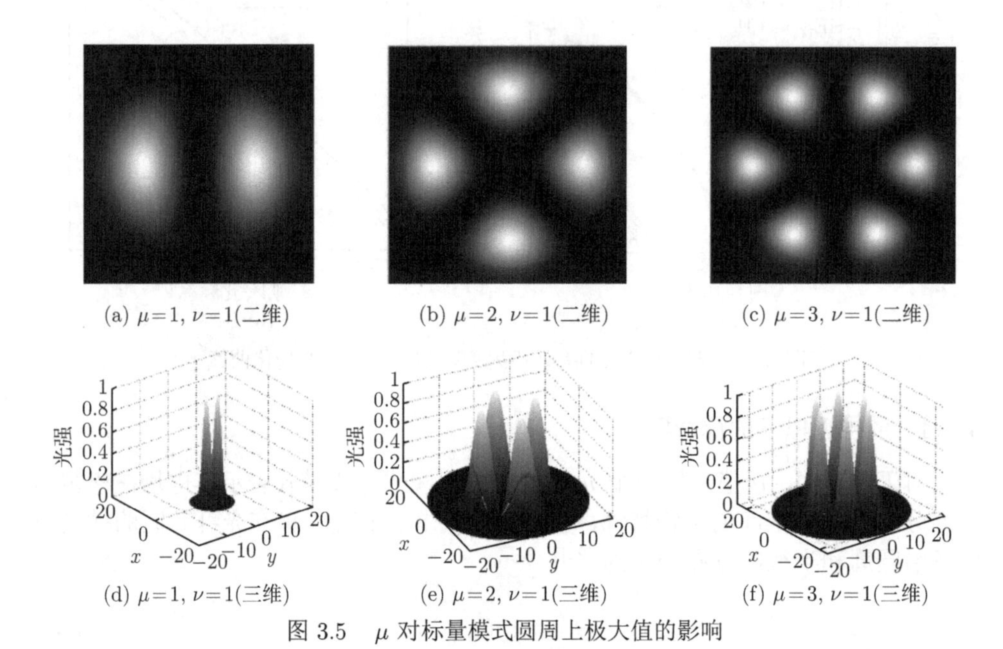

(a) $\mu=1$, $\nu=1$(二维)　(b) $\mu=2$, $\nu=1$(二维)　(c) $\mu=3$, $\nu=1$(二维)

(d) $\mu=1$, $\nu=1$(三维)　(e) $\mu=2$, $\nu=1$(三维)　(f) $\mu=3$, $\nu=1$(三维)

图 3.5　$\mu$ 对标量模式圆周上极大值的影响

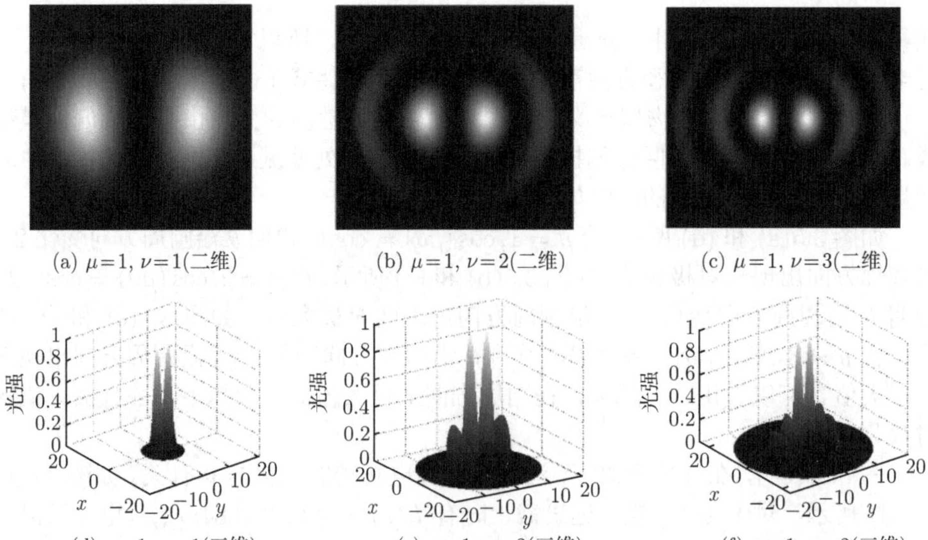

(a) $\mu=1$, $\nu=1$(二维)　(b) $\mu=1$, $\nu=2$(二维)　(c) $\mu=1$, $\nu=3$(二维)

(d) $\mu=1$, $\nu=1$(三维)　(e) $\mu=1$, $\nu=2$(三维)　(f) $\mu=1$, $\nu=3$(三维)

图 3.6　$\nu$ 对标量模式半径方向极大值的影响

### 3.2.5　光纤产生涡旋光原理分析

光纤中的基模包括径向矢量光束 TM、角向矢量光束 TE、混合矢量偏振光束 HE 和混合矢量偏振光束 EH 模式。光纤中的轨道角动量由光纤的基模组成 [23]。在圆柱形光纤中，电磁场可以分解为径向传输和角向偏振两部分：

$$\boldsymbol{E}(r,\phi,z,t)=\boldsymbol{e}(r)\left\{\begin{array}{c}f_{\nu}(\phi)\\ g_{\nu}(\phi)\\ f_{\nu}(\phi)\end{array}\right\}\exp(\mathrm{i}\beta z-\mathrm{i}\omega t) \tag{3.40}$$

$$\boldsymbol{H}(r,\phi,z,t)=\boldsymbol{h}(r)\left\{\begin{array}{c}f_{\nu}(\phi)\\ g_{\nu}(\phi)\\ f_{\nu}(\phi)\end{array}\right\}\exp(\mathrm{i}\beta z-\mathrm{i}\omega t) \tag{3.41}$$

式 (3.40) 和式 (3.41) 中，

$$f_{\nu}(\phi)=\begin{cases}\cos(\nu\phi), & \text{偶模 (even mode)}\\ \sin(\nu\phi), & \text{奇模 (odd mode)}\end{cases} \tag{3.42}$$

$$g_{\nu}(\phi)=\begin{cases}-\sin(\nu\phi), & \text{偶模 (even mode)}\\ \cos(\nu\phi), & \text{奇模 (odd mode)}\end{cases} \tag{3.43}$$

光纤中的奇模中含有正弦分量，偶模中含有余弦分量，因此偶模与奇模有 $\pi/2$ 的相位差。另外，$\mathrm{i}\boldsymbol{E}(r,\phi,z,t)$ 与 $\boldsymbol{E}(r,\phi,z,t)$ 有 $\pi/2$ 的相位差，将偶模矢量电场与具有 $\pi/2$ 相位差的偶模矢量电场叠加，$f_{\nu}(\phi)$ 与 $g_{\nu}(\phi)$ 方程变成复数形式，电场强度可以表示为 [24]

$$\boldsymbol{E}(r,\phi,z,t)=\boldsymbol{e}\left\{\begin{array}{c}\exp(\mathrm{i}\sigma\phi)\exp(\mathrm{i}l\phi)\\ -\exp(\mathrm{i}\sigma\phi)\exp(\mathrm{i}l\phi)\\ \exp(\mathrm{i}\nu\phi)\end{array}\right\}\exp(\mathrm{i}\beta z-\mathrm{i}\omega t) \tag{3.44}$$

$$\boldsymbol{H}(r,\phi,z,t)=\boldsymbol{h}\left\{\begin{array}{c}\exp(\mathrm{i}\sigma\phi)\exp(\mathrm{i}l\phi)\\ -\exp(\mathrm{i}\sigma\phi)\exp(\mathrm{i}l\phi)\\ \exp(\mathrm{i}\nu\phi)\end{array}\right\}\exp(\mathrm{i}\beta z-\mathrm{i}\omega t) \tag{3.45}$$

式中，$\sigma=\pm1$ 表示左旋或者右旋的圆偏振光；$l$ 表示拓扑荷数；$\nu=l+\sigma$ 表示总角动量数目；$\exp(\mathrm{i}l\phi)$ 表示光纤中的光具有轨道角动量；$\exp(\mathrm{i}\sigma\phi)$ 表示光纤中的光具有圆极化特性。首先，式 (3.44) 和式 (3.45) 表明 OAM 模式可以存在于光纤中，这是因为 OAM 模式可以由具有以下关系的本征模式组成 [25]：

$$\mathrm{OAM}_{\pm l,m}^{\pm}=\mathrm{HE}_{l+1,m}^{\mathrm{even}}\pm\mathrm{iHE}_{l+1,m}^{\mathrm{odd}} \tag{3.46}$$

$$\mathrm{OAM}_{\pm l,m}^{\mp} = \mathrm{EH}_{l-1,m}^{\mathrm{even}} \pm \mathrm{iEH}_{l-1,m}^{\mathrm{odd}} \tag{3.47}$$

式中，$\mathrm{OAM}_{\pm l,m}^{\pm}$ 的上标表示 OAM 的自旋状态，“+”代表右旋圆偏振，“−”代表左旋圆偏振。由式 (3.46) 和式 (3.47) 可以看出，光纤中的轨道角动量模式呈现圆偏振，HE 模式自旋角动量的方向与轨道角动量方向一致，EH 模式自旋角动量方向与轨道角动量方向相反 [26]。

当光纤中只存在基模 $\mathrm{HE}_{11}$ 时，式 (3.46) 可以表示为 [27]

$$\mathrm{OAM}_{\pm 0,1}^{\pm} = \mathrm{HE}_{11}^{\mathrm{even}} \pm \mathrm{iHE}_{11}^{\mathrm{odd}} \tag{3.48}$$

由式 (3.48) 可以看出，基模 $\mathrm{HE}_{11}$ 拓扑荷数为 0，表明基模 $\mathrm{HE}_{11}$ 只是圆偏振的贝塞尔光束。光纤中除了矢量模式，还存在 LP 模式。LP 模式是由不同矢量模式叠加形成的。LP 模式的表示类似于 OAM 模式：

$$\mathrm{LP}_{l,m} = \mathrm{HE}_{l+1,m} \pm \mathrm{EH}_{l-1,m} \tag{3.49}$$

$$\mathrm{LP}_{l,m} = \mathrm{HE}_{l+1,m} \pm \mathrm{TM}_{l-1,m} \tag{3.50}$$

$$\mathrm{LP}_{l,m} = \mathrm{HE}_{l+1,m} \pm \mathrm{TE}_{l-1,m} \tag{3.51}$$

由式 (3.49)～式 (3.51) 可见，$\mathrm{LP}_{l,m}$ 由 $\mathrm{HE}_{l+1,m}$、$\mathrm{EH}_{l-1,m}$、$\mathrm{TE}_{l-1,m}$ 和 $\mathrm{TM}_{l-1,m}$ 合成。图 3.7 给出了 $\mathrm{LP}_{11}$ 模式的光强及偏振分布图。其中，第一行代表光纤中基模，第二行代表合成的 $\mathrm{LP}_{11}$ 模式的光强及偏振分布。

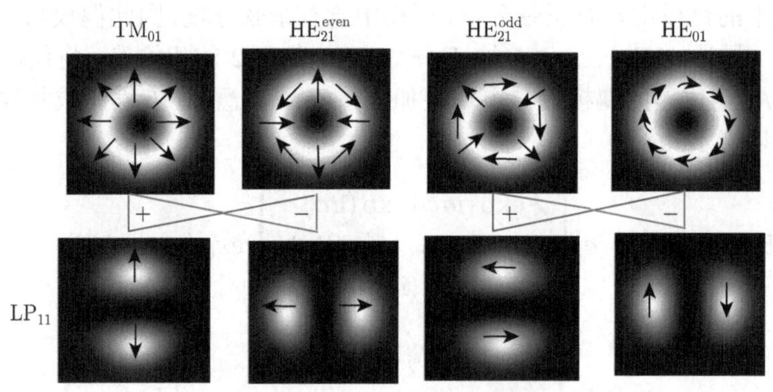


图 3.7 $\mathrm{LP}_{11}$ 模式的光强及偏振分布

由于 HE 模式与其他模式的纵向传播常数 $\beta$ 不同，所以 LP 模式会随着传输距离而发生模式走离。光纤中的 OAM 模式也可以用 TE 和 TM 本征解组成 [28]：

$$\mathrm{OAM}_{\pm 1,m}^{\mp} = \mathrm{TM}_{0,m} \pm \mathrm{iTE}_{0,m} \tag{3.52}$$

光纤中的 TE 与 TM 模式是两种不同的模式，由图 3.4 可以看出，TE 和 TM 模式的有效折射率不同，因此这两种模式的纵向传播常数也不一致。在传播相同的距离时，TE 模式比 TM 模式传播得快。因此，随着传播距离的增加，这两种模式形成的轨道角动量发生模式走离。在光纤中能够稳定产生涡旋光的模式为 HE 和 EH 模式。

## 3.3　光纤产生涡旋光的影响因素分析

### 3.3.1　入射波长对涡旋光产生的影响

光纤的纤芯折射率取值为 1.4677，包层折射率取值为 1.4628。为了研究光纤中的前四种 HE 模式，将光纤的纤芯半径取值为 10.1μm，当入射波长为 500~2000nm 时，$V$ 值的变化为 $1\sim6$，光纤中的 HE 模式由 $HE_{11}$ 增加到 $HE_{41}$。根据式 (3.35) 和式 (3.36)，光纤的入射波长与光纤的有效折射率存在一定的关系，将式 (3.35) 和式 (3.36) 代入式 (3.29)，可以得到光纤 HE 模式入射波长与有效折射率之间的关系。图 3.8 所示为 HE 模式有效折射率与入射波长之间的关系。

由图 3.8 可知，入射波长为 1550nm 时，光纤中只存在基模，也就是 $HE_{11}$ 模式；入射波长为 850nm 时，光纤中存在 $HE_{11}$ 和 $HE_{21}$ 两种模式；当入射波长为 632.8nm 时，光纤中存在 $HE_{11}$、$HE_{21}$ 和 $HE_{31}$ 三种模式；当入射波长为 532nm 时，光纤中存在 $HE_{11}$、$HE_{21}$、$HE_{31}$ 和 $HE_{41}$ 四种模式。

将光纤的纤芯折射率取值为 1.4677，包层折射率取值为 1.4628；光纤的纤芯半径取值为 10.1μm。根据图 3.4(a)，当入射波长为 500~1200nm 时，在光纤中 EH 模式可以由 $EH_{11}$ 增加到 $EH_{21}$。根据式 (3.35) 和式 (3.36)，光纤的入射波长与光纤的有效折射率存在一定的关系，将式 (3.35) 和式 (3.36) 代入式 (3.33)，可以得到 EH 模式入射波长与有效折射率之间的关系。图 3.9 所示为光纤中 EH 模式有效折射率与入射波长之间的关系。

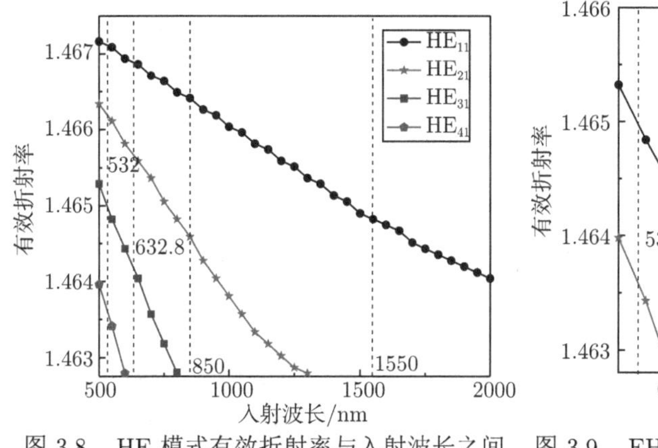


图 3.8　HE 模式有效折射率与入射波长之间的关系

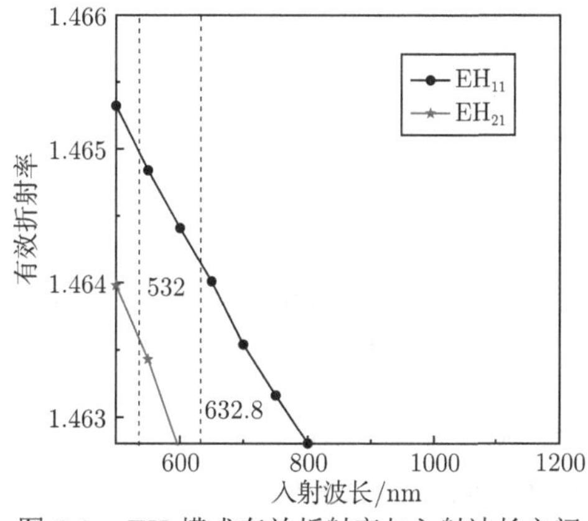


图 3.9　EH 模式有效折射率与入射波长之间的关系

由图 3.9 可知，当入射波长为 1550nm 和 850nm 时，光纤中不存在 EH 模式；当入射波长为 632.8nm 时，光纤中存在 $EH_{11}$ 模式；当入射波长为 532nm 时，光纤中存在 $EH_{11}$ 模式和 $EH_{21}$ 模式。光纤中入射波波长越小，产生的 EH 模式越多。

### 3.3.2　光纤内外折射率差对涡旋光产生的影响

将式 (3.35) 和式 (3.36) 代入式 (3.29)，可以得到光纤内外折射率差与有效折射率之间的关系。为了研究前三种 HE 模式与内外折射率差的关系，将光纤的入射波长取值为 1550nm，光纤的纤芯半径取值为 10.1μm，包层半径取值为 62.5μm，光纤的外层折射率为 1.4628，当光纤的内外折射率差由小到大时，光纤中的 HE 模式有效折射率变化如图 3.10 所示。

由图 3.10 可以看出，光纤中的 HE 模式随着内外折射率差的增大，有效折射率也在增大。其中，$HE_{11}$ 模式在内外折射率差大于 $2.2\times10^{-4}$ 时在光纤中就可以存在；$HE_{21}$ 模式在光纤的内外折射率差大于 $1.31\times10^{-3}$ 时，光纤的有效折射率才开始从 1.4628 增加，此时光纤中才可以存在 $HE_{21}$ 模式；$HE_{31}$ 模式在光纤的内外折射率差大于 $3.09\times10^{-3}$ 时，光纤的有效折射率开始从 1.4628 增加，此时光纤中可以存在 $HE_{31}$ 模式。随着光纤内外折射率差的增大，光纤中可容纳的 HE 模式数也越来越多。但是光纤中的内外折射率差不宜超过 $3.6\times10^{-3}$，若光纤中内外折射率差太大，会破坏光纤的弱导结构。

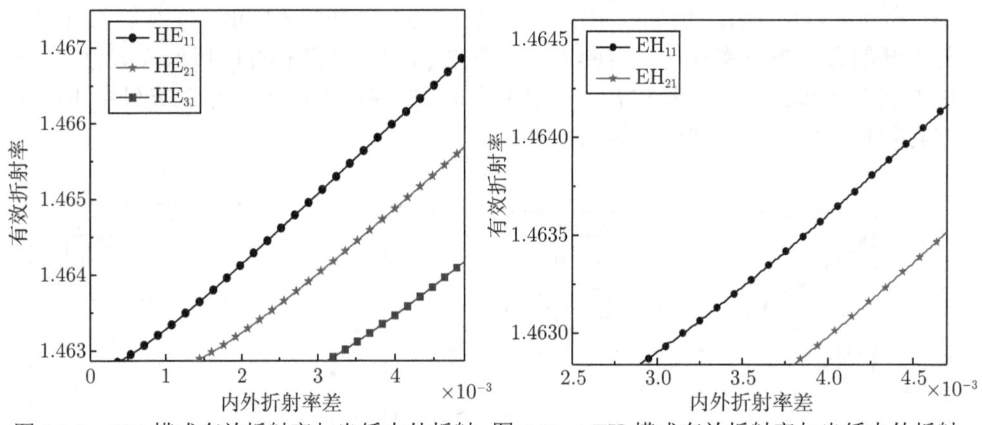


图 3.10　HE 模式有效折射率与光纤内外折射率差之间的关系

图 3.11　EH 模式有效折射率与光纤内外折射率差之间的关系

光纤中除了 HE 模式可产生涡旋光，EH 模式也可产生涡旋光。根据式 (3.35) 和式 (3.36)，光纤的内外折射率差与光纤的有效折射率存在一定的关系，将式 (3.35) 和式 (3.36) 代入式 (3.33)，可以得到内外折射率差与有效折射率之间的关系。将光纤的入射波长取值为 1550nm，光纤的纤芯半径取值为 12.1μm，光纤的外层折射率为 1.4628，当光纤的内外折射率差由小到大时，光纤中的 EH 模式有效折射率变化如图 3.11 所示。

由图 3.11 可以看出，光纤中的 EH 模式随着内外折射率差的增大，有效折射率也在增大。其中，$EH_{11}$ 模式在内外折射率差大于 $2.89\times10^{-3}$ 时在光纤中就可以存在；在光纤的内外折射率差大于 $3.79\times10^{-3}$ 时，光纤的有效折射率才开始从 1.4628 增加，此时光纤中才可以存在 $EH_{21}$ 模式。随着光纤内外折射率差的增大，光纤中可容纳的 EH 模式数也越来越多。

### 3.3.3　光纤纤芯半径对涡旋光产生的影响

根据式 (3.35) 和式 (3.36)，光纤的纤芯半径与光纤的有效折射率之间存在一定的关系，将式 (3.35) 和式 (3.36) 代入式 (3.29)，可以得到光纤纤芯半径与有效折射率之间的关系。在这里，将光纤的纤芯折射率取值为 1.4677，包层折射率取值为 1.4628，入射光的波长取值为 1550nm，图 3.12 所示为光纤中 HE 模式有效折射率与光纤纤芯半径之间的关系。

由图 3.12 可知，光纤中的 HE 模式，在光纤的纤芯半径为 4.1μm 时，光纤中只存在 $HE_{11}$ 模式；当光纤的纤芯半径大于 4.89μm 时，光纤中才可以存在 $HE_{11}$ 和 $HE_{21}$ 模式；当光纤纤芯大于 7.98μm 时，光纤中才可以存在 $HE_{11}$、$HE_{21}$ 和 $HE_{31}$ 三种模式。随着光纤纤芯半径的增大，光纤中可存在的 HE 模式数也越来越多。

对于 EH 模式，根据式 (3.35) 和式 (3.36)，光纤的纤芯半径与光纤的有效折射率存在一定的关系，将式 (3.35) 和式 (3.36) 代入式 (3.33)，可以得到光纤纤芯半径与有效折射率之间的关系。将光纤的纤芯折射率取值为 1.4677，包层折射率取值为 1.4628，入射光的波长取值为 1550nm，图 3.13 所示为光纤中 EH 模式有效折射率与光纤纤芯半径之间的关系。

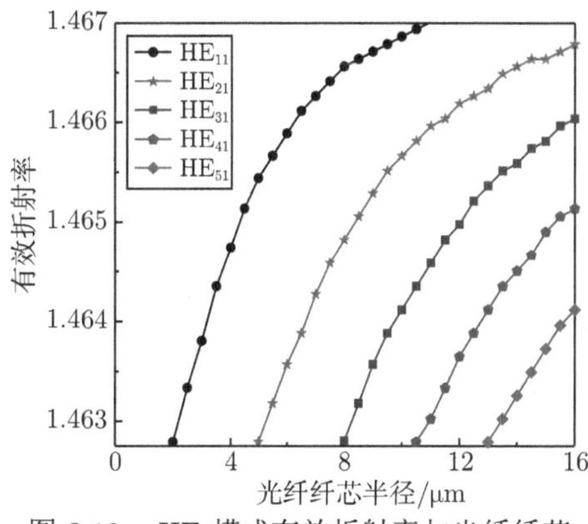

图 3.12　HE 模式有效折射率与光纤纤芯半径之间的关系

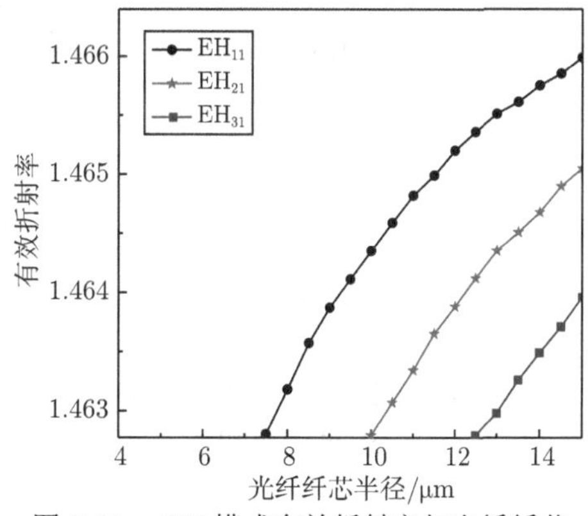

图 3.13　EH 模式有效折射率与光纤纤芯半径之间的关系

由图 3.13 可知，当光纤的纤芯半径为 4.1μm 时，光纤中不存在 EH 模式；当光纤的纤芯半径大于 7.51μm 时，光纤中才可以存在 $EH_{11}$ 模式；当光纤纤芯半径大于 10.02μm 时，光纤中才可以存在 $EH_{11}$ 和 $EH_{21}$ 两种模式。随着光纤纤芯半径的增大，光纤中可存在的 EH 模式也越来越多。可以选择合适的光纤纤芯半径来容纳高阶的矢量模式。

### 3.3.4　入射角度对涡旋光激发效率的影响

入射角度不同，光在光纤中走过的路径不同，因而到达光纤出射端所用时间也不同。由平面波导理论可知 [16]，不同 $\theta$ 角的光线，代表了不同的模式。假设入射光为光斑半径为 $\omega_\mathrm{s}$ 的高斯光束，激发模场的总功率为各阶模场功率之和 [29]：

$$P=\sum_j P_j=\frac{n_1}{2}\left(\frac{\varepsilon_0}{\mu_0}\right)^{\frac{1}{2}}\sum_j |a_i|^2 \tag{3.53}$$

式中，$a_i$ 为各阶模场的场强系数；$n_1$ 为纤芯折射率；$\varepsilon_0$ 为介电常数；$\mu_0$ 为导磁率。各阶模场的激发功率为 [30]

$$P_l=\frac{a^2 n_1}{4\pi}\left(\frac{\varepsilon_0}{\mu_0}\right)^{\frac{1}{2}}\frac{\left|\int_0^{\infty}\int_0^{2\pi}E_x\boldsymbol{\psi}_l R\mathrm{d}R\mathrm{d}\phi\right|^2}{\int_0^{\infty}\boldsymbol{e}_l^2(R)\,R\mathrm{d}R} \tag{3.54}$$

$$\psi_l=\begin{cases}\boldsymbol{e}_l(R)\cos(l\phi)\\ \boldsymbol{e}_l(R)\sin(l\phi)\\ \boldsymbol{e}_l(R)\end{cases} \tag{3.55}$$

式 (3.54) 和式 (3.55) 中，$R=r/a$，$a$ 表示光纤半径。用 Bessel 函数将式 (3.48) 在柱坐标系下展开，消元后各阶模场的激发效率为 [21]

$$\frac{P_l}{P}=4\frac{(k_0 n\theta\omega_\mathrm{s})^{2l}}{l!}\left(\frac{\omega_\mathrm{s}r_0}{\omega_\mathrm{s}^2+r_0^2}\right)^{2l+2}\exp\left[-\frac{(k_0 n\theta\omega_\mathrm{s}r_0)^2}{\omega_\mathrm{s}^2+r_0^2}\right] \tag{3.56}$$

式中，$P$ 为入射光功率；$n$ 为入射介质的折射率；$r_0$ 为光纤的模场半径。入射光为波长为 632.8nm 的高斯光，光纤参数选取康宁 SMF-28e 的各参数。光纤中形成涡旋光的各阶模式的入射角度与涡旋光激发效率的关系如图 3.14 所示。对式 (3.56) 进行求导，可以得到利用光纤形成涡旋光的 $l$ 阶模式在激发效率最大时的入射角度 [21]：

$$\theta=l^{\frac{1}{2}}\left(\omega_\mathrm{s}^2+r_0^2\right)/k_0 n\omega_\mathrm{s}r_0 \tag{3.57}$$

由图 3.14 可以看出，在入射角度为 0° 时，也就是垂直入射光纤时，光纤中只存在基模 $HE_{11}$，光纤中其他模式的激发效率为 0。随着入射角度的增大，光纤中基模激发效率下降，其他模式激发效率增加。图 3.14 和式 (3.57) 都可以反映出，当光纤中入射角度达到 2.607° 时，一阶模式的激发效率最大；当光纤中入射角度达到 3.465° 时，二阶模式的激发效率最大。入射角度为 3.466° ~ 6.333° 时，基模的激发效率低于其他模式。当入射角度大于 6.333° 时，光耦合进光纤的能量太低，光不能在光纤中传输。产生这种现象的原因是，光在垂直入射时，光线在光纤中呈现子午线，光纤中只有 $HE_{11}$ 模式；当光倾斜入射时，光线在光纤中形成空间光线，不同的入射角度，对应着光纤产生的涡旋光的不同模式。

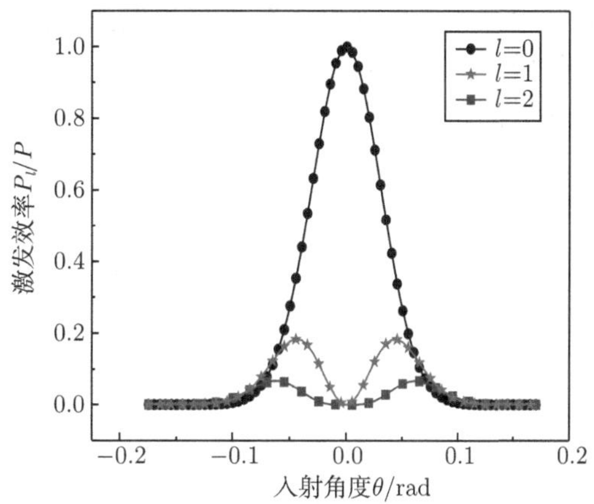


图 3.14　入射角度 $\theta$ 与涡旋光激发效率 $P_l/P$ 的关系

1rad=57.2958°

### 3.3.5　离轴入射光纤对涡旋光产生的影响

光纤中能不能存在特定的模式由入射波长、光纤的内外折射率差与光纤的纤芯半径决定。光纤中各个模式的激发效率与离轴量有关。当光垂直入射时，光纤中只存在子午光线。当光偏移入射时，光在光纤中走过的路径不同，因而到达光纤出射端所用时间也不同，形成光纤中的空间光线，不同偏移量对应涡旋光的不同模式阶数。

当光离轴照射进光纤时，光纤中的光受到不均匀的照射，光线在光纤中形成空间光线，产生高阶模式。在柱坐标系下激发效率表达式为 [29]

$$\frac{P_l}{P}=\frac{4}{\Gamma[l+1]}\left(\frac{r_d}{\omega_{\mathrm{s}}}\right)^{2l}\left(\frac{\omega_{\mathrm{s}}r_0}{\omega_{\mathrm{s}}^2+r_0^2}\right)^{2l+2}\exp\left(-\frac{r_d^2}{\omega_{\mathrm{s}}^2+r_0^2}\right) \tag{3.58}$$

对式 (3.58) 求导，则 $l$ 阶模式的最大激发效率与离轴偏移量之间的关系表示为 [21]

$$r_d=l^{1/2}\left(\omega_{\mathrm{s}}^2+r_0^2\right)^{1/2} \tag{3.59}$$

入射光取高斯光，光纤参数选取康宁 SMF-28e 的各参数。图 3.15 为各阶模式的激发效率与离轴偏移量的关系图。

由图 3.15 可以看出，在离轴偏移量为 0nm 时，也就是垂直入射光纤时，光纤中只存在基模 $HE_{11}$，光纤中其他模式的激发效率为 0。随着离轴偏移量的增大，光纤中基模激发效率下降，其他模式激发效率增加。当离轴偏移量达到 4nm 时，一阶模式的激发效率最高为 18.38%；当离轴偏移量为 6nm 时，二阶模式的激发效率最高为 6.77%；当离轴偏移量为 5.6 ~ 10nm 时，基模的激发效率低于其他模式；当离轴偏移量大于 10nm 时，光耦合进光纤的能量太低。

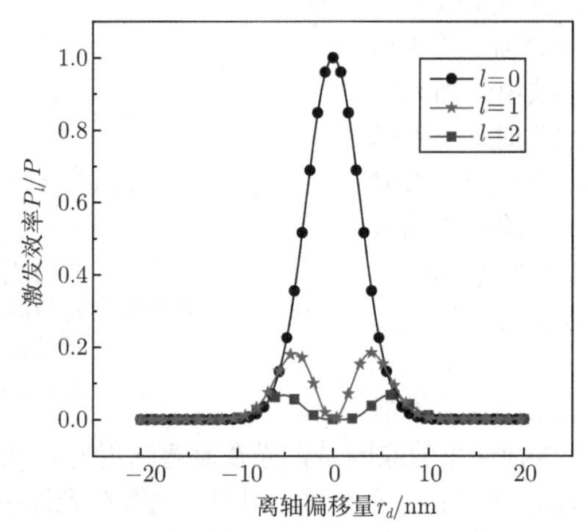


图 3.15 各阶模式的激发效率与离轴偏移量的关系图

## 3.4 利用少模光纤产生涡旋光的实验

### 3.4.1 利用少模光纤产生涡旋光的原理

少模光纤是一种只存在基模与低阶模式的光纤，实验中少模光纤的参数取值如表 3.2 所示。

**表 3.2 实验中少模光纤的参数取值**

| 光纤类型 | $n_1$ | $n_2$ | 长度/m | 纤芯直径/μm | 模场直径/μm |
|---|---|---|---|---|---|
| Corning® HI 1060 | 1.4628 | 1.4677 | 1 | 5.3 | 5.9 ± 0.3 (波长为 980nm 时) |

在 632.8nm 的波长条件下，由式 (3.34) 可计算出该少模光纤的归一化频率为 3.591。根据图 3.4(a)，此时归一化频率的范围为 $2.4048<V<3.8317$，光纤可存在的模式为基模 ($HE_{11}$) 和一阶模式 ($TE_{01}$、$TM_{01}$ 和 $HE_{21}$)。

根据光纤产生涡旋光的理论 (3.2.5 小节)，光纤中的一阶涡旋光的基模形成一阶涡旋光。根据式 (3.46)，可以将光纤中的一阶基模进行叠加形成涡旋光：

$$\mathrm{OAM}_{11}^{+} = \mathrm{HE}_{21}^{\mathrm{even}} \pm \mathrm{i}\mathrm{HE}_{21}^{\mathrm{odd}} \tag{3.60}$$

$$\mathrm{OAM}_{11}^{-} = \mathrm{TE}_{01} \pm \mathrm{i}\mathrm{TM}_{01} \tag{3.61}$$

少模光纤中的 $TE_{01}$ 和 $TM_{01}$ 模式可以叠加形成涡旋光。由图 3.4(b) 可以看出，由于 $TE_{01}$ 与 $TM_{01}$ 具有不同的传播常数，传播相同的距离时，这两种模式相位变化不一致，会造成模式走离。$HE_{21}$ 模的奇模与偶模的有效折射率相等，也就是说，这两种模式的传播常数相等，因此可以形成稳定的涡旋光，不会因为传输距离增大而发生模式走离。在实验中采用 $HE_{21}$ 奇模与偶模的叠加形成涡旋光。

根据光纤产生涡旋光的原理，光纤中 $HE_{21}$ 的奇模与偶模有 $\pi/2$ 的相位差，通过将光纤中 $HE_{21}^{even}$ 经过 $\lambda/4$ 波片可以实现相位差的转换与叠加，如图 3.16 所示。

图 3.16(a) 表示叠加过程中偏振的变化情况，可以看出 $HE_{21}^{even}$ 与 $HE_{21}^{odd}$ 叠加后，利用少模光纤产生的涡旋光是圆偏振的。图 3.16(b) 表示叠加过程中相位的变化，可以看出在叠加之前 $HE_{21}^{even}$ 与 $HE_{21}^{odd}$ 无螺旋相位波前，在叠加之后有螺旋相位波前。在叠加前后，$HE_{21}$ 模式的光强分布并没有明显的变化。涡旋光与普通空心光束的区别在于相位的螺旋变化，$HE_{21}$ 模式的光强并不能反映是否为涡旋光，要进一步验证是否有螺旋相位波前的产生才能确定利用少模光纤产生的光束是否为涡旋光。

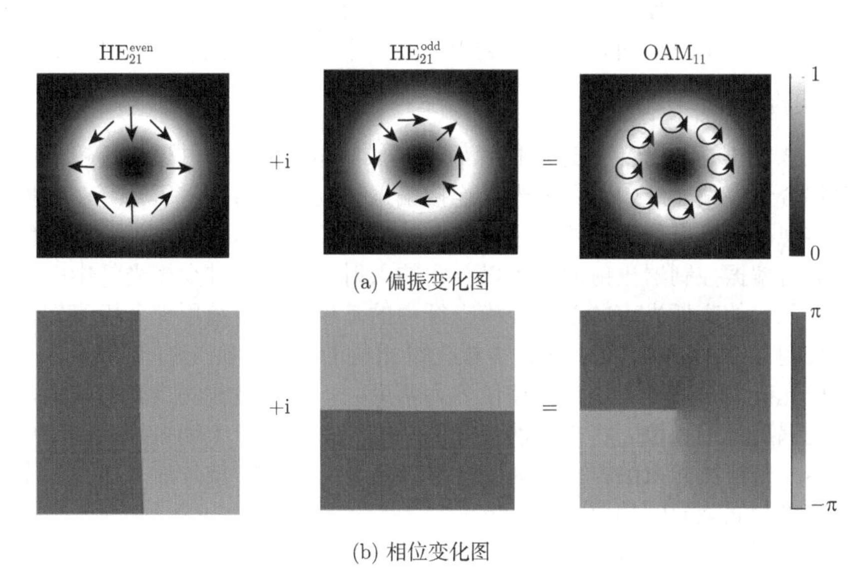


图 3.16　$HE_{21}^{even}$ 与 $HE_{21}^{odd}$ 叠加时光的偏振与相位变化

### 3.4.2　涡旋光的激发效率分析

本实验中少模光纤产生的模式只有基模与一阶模式，所以实验中可以采用改变入射角度将基模的能量减小，将一阶模式能量增大的方式来获得一阶模式。光纤的参数取 HI1060 的参数，根据入射角度与光纤中涡旋光的激光效率式 (3.56)，少模光纤中入射角度与涡旋光激发效率的关系如图 3.17 所示。

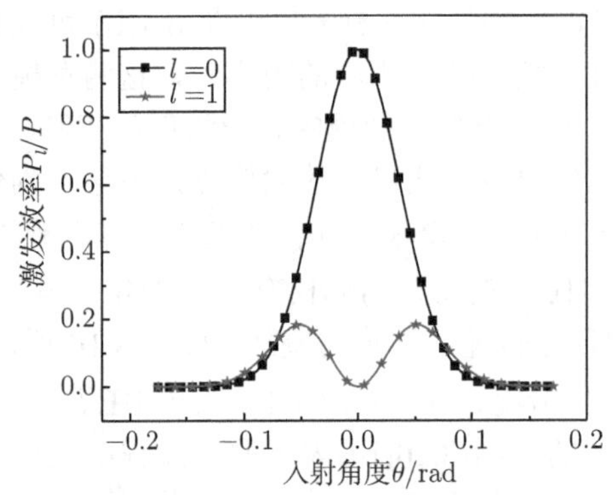

图 3.17　HI1060 少模光纤中入射角度与涡旋光激发效率的关系

由图 3.17 可以看出，在入射角度为 0° 时，也就是垂直入射光纤时，光纤中只存在基模 $HE_{11}$，光纤中其他模式的激发效率为 0。随着入射角度的增大，一阶模式激发效率先上升再下降。产生这种现象的原因是，光在垂直入射时，光线在光纤中呈现为子午线，光纤中的模式只有 $HE_{11}$ 模式；当光倾斜入射时，光线在光纤中形成空间光线，不同的入射角度，对应着利用光纤产生的涡旋光的不同模式。

根据图 3.17 和式 (3.57) 可得，少模光纤在入射角度为 2.895° 时，一阶涡旋光的激发效率最大为 18.39%。当少模光纤的入射角度达到 5.729° 时，入射在光纤中光的能量衰减，使得涡旋光的激发效率为 0。因此，在实验中，将入射角度控制在 2.895° ~5.729° 时，可以得到少模光纤中形成一阶涡旋光的基模。

### 3.4.3　实验研究

如图 3.18 所示，光束经过偏振片后转换成线偏振光。通过聚焦透镜可以将高斯光束耦合进保偏光纤中，保偏光纤连接偏振控制器。通过挤压光纤，偏振控制器可以实现高斯光束偏振态的连续变化。从偏振控制器出射的光束可以为任意偏振。接着将偏振控制器出射的光束以一定的入射角度耦合进少模光纤中。少模光纤可以将入射的高斯光束转换为少模光纤中的基模。从实验原理分析可知，当入射角度控制在 2.895°~5.729° 时，少模光纤出射的光为涡旋光的一阶模式。

少模光纤出射的光经过分光棱镜分为两束：一束光检测涡旋光的偏振，另一束光检测涡旋光的相位。将检测涡旋光偏振的光束通过一个偏振片，调整偏振片的偏振角度来检测光束的偏振。将被检测的光束经过 $\lambda/4$ 波片后入射在一个三角形孔内，检测涡旋光的相位。

本实验通过调整保偏光纤与少模光纤之间的夹角 (入射角度) 来激发一阶矢量光。少模光纤在入射角度为 2.895° 时一阶涡旋光的激发效率最大，为 18.39%。在入射角度微调的情况下，在 CCD 上观测到的光强分布如图 3.19 所示。

图 3.19(a) 和 (c) 为光纤中出现的一阶模式的光斑仿真图，图 3.19(b) 和 (d) 是实验中观察到一阶模式的光斑图。图 3.19(b) 中的光斑可能是 $TM_{01}$、$TE_{01}$ 或者 $HE_{21}^{even}$，这三种光束光斑形状相同，但是偏振状态是不同的。图 3.19(d) 是实验中形成的 $LP_{11}$ 模式，$LP_{11}$ 模式形成的原因是多个矢量模式之间的简并。

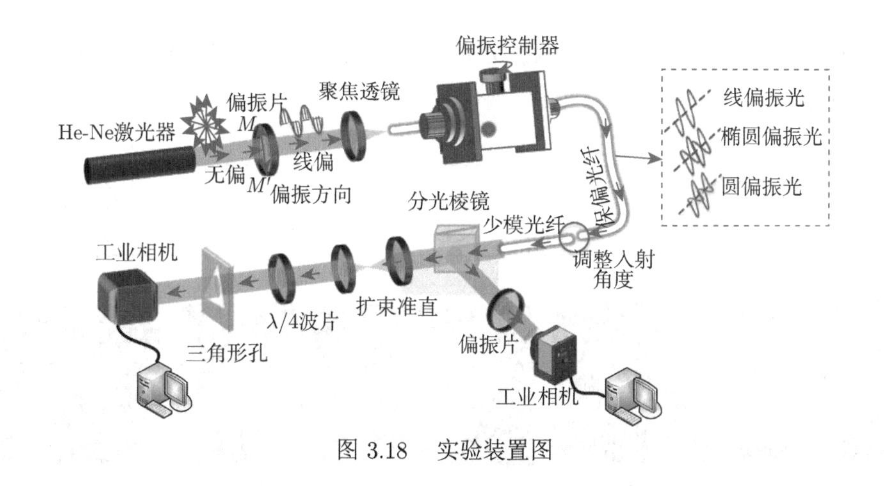


图 3.18　实验装置图

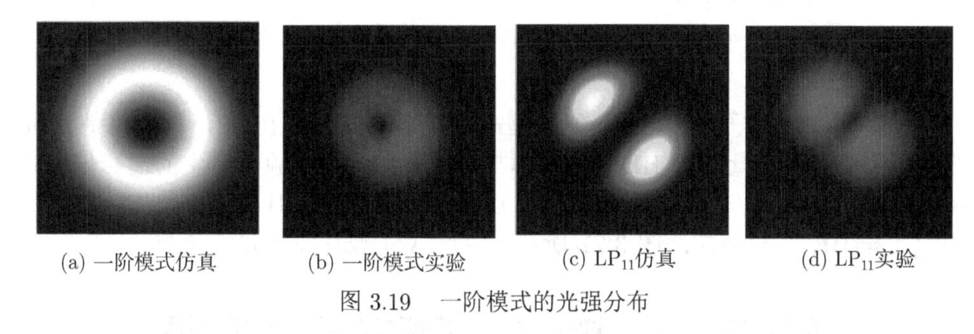


图 3.19　一阶模式的光强分布

由实验结果来看，在光纤中一阶模式的几种矢量光束光强分布是一致的。根据在光纤中激发的矢量模式产生原理，沿着光纤长度偏振模式随空间周期性变化，在入射偏振为圆偏振时，光纤中可以产生 $HE_{21}^{even}$[30]。本实验利用偏振控制器调整入射光的偏振为圆偏振，采用偏振片检测少模光纤出射光的偏振方向。鉴别出射光的偏振状态可以通过偏振片的旋转来实现。在改变偏振方向时，光强分布如图 3.20 所示。

由图 3.20(a) 与图 3.20(b) 可以看出，无偏振 $HE_{21}^{even}$ 实验图与 $HE_{21}^{even}$ 光强仿真图分布相似。当偏振为 90° 时，$HE_{21}^{even}$ 中只能通过垂直方向偏振的光，其他偏振方向的光不能通过偏振片。偏振为 90° 时的光强分布如图 3.20(c) 所示，由 90° 偏振检测结果来看，被检测的光斑中有垂直方向的偏振。当偏振为 135° 时，$HE_{21}^{even}$ 中只能通过 135° 偏振的光，其他偏振方向的光不能通过偏振片。偏振为 135° 时的光强分布如图 3.20(d) 所示，此时光强分布与偏振方向垂直。由 135° 偏振检测结果来看，被检测的光斑中有 135° 偏振的光，且光强分布在与 135° 垂直的位置。偏振为 180° 时，$HE_{21}^{even}$ 中只能通过 180° 偏振的光，其他偏振方向的光不能通过偏振片。偏振为 180° 时的光强分布如图 3.20(e) 所示，此时光强分布与偏振方向一致。由 180° 偏振检测结果来看，被检测的光斑中有 180° 偏振的光，且光强分布在 180° 的位置。由偏振分布可以确定被检测的光 (图 3.20(b)) 为一阶模式 $HE_{21}^{even}$。

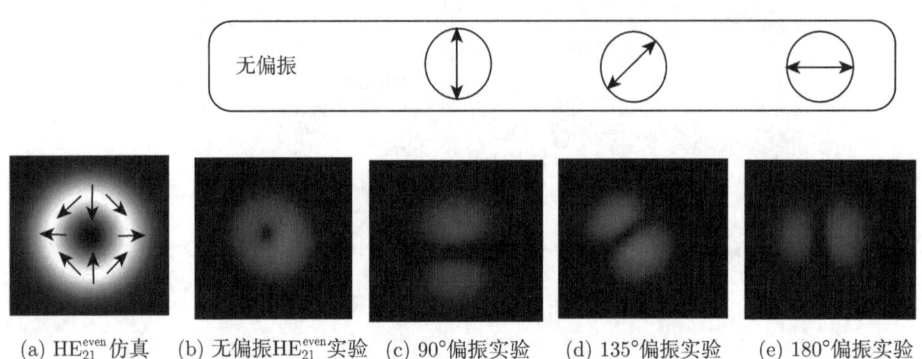


(a) $HE_{21}^{even}$ 仿真　(b) 无偏振$HE_{21}^{even}$实验　(c) 90°偏振实验　(d) 135°偏振实验　(e) 180°偏振实验

图 3.20　$HE_{21}^{even}$ 模式经过偏振片后的光强分布

实验可以从光纤中产生一阶矢量模式 $HE_{21}^{even}$，根据式 (3.60)，光纤中涡旋光的产生需要一阶矢量光束 $HE_{21}$ 的偶模与奇模叠加。本实验将产生的混合偏振光 $HE_{21}^{even}$ 经过一个 $\lambda/4$ 波片，$HE_{21}^{even}$ 与延迟 $\pi/2$ 相位的 $HE_{21}^{even}$ 相叠加，也就是 $HE_{21}^{even}$ 与 $HE_{21}^{odd}$ 相叠加。图 3.21 所示为经过 $\lambda/4$ 波片前光强的分布。

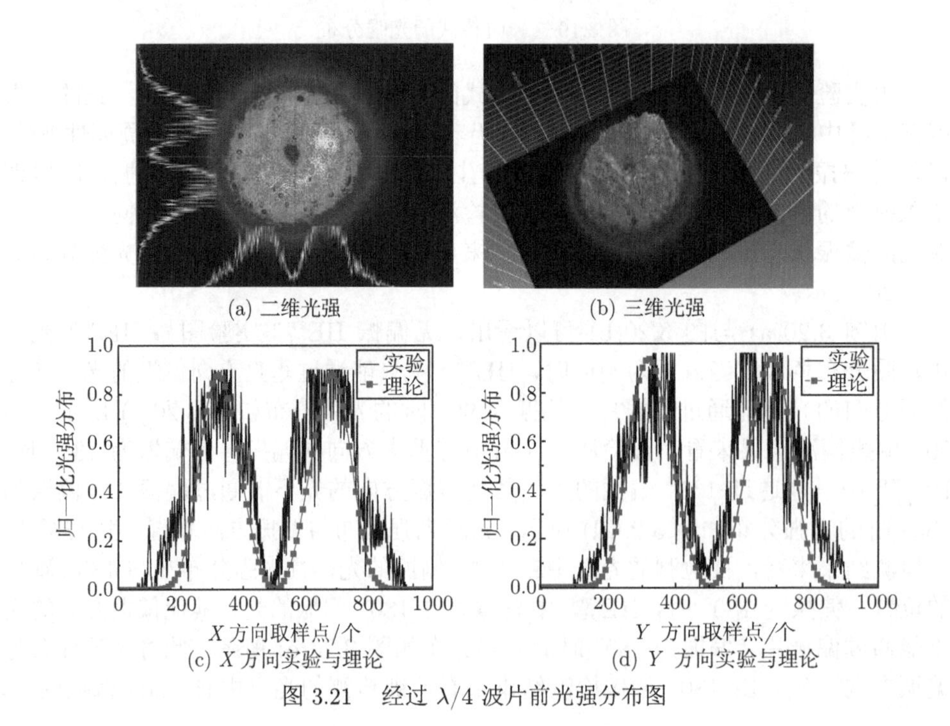


(a) 二维光强　(b) 三维光强

(c) X 方向实验与理论　(d) Y 方向实验与理论

图 3.21　经过 $\lambda/4$ 波片前光强分布图

图 3.21(a) 为经过 $\lambda/4$ 波片前光强二维分布图，图 3.21(b) 为光强的三维分布图。图 3.21(c) 表示经过 $\lambda/4$ 波片前 $X$ 方向实验光强与理论光强，图 3.21(d) 表示经过 $\lambda/4$ 波片前 $Y$ 方向实验光强与理论光强。由图 3.21(c) 和图 3.21(d) 来看，每幅图中理论与实验数据具有一定的误差，误差的主要来源：①背景光噪声；②相机的曝光。

图 3.22 所示为经过 $\lambda/4$ 波片后光强的分布。图 3.22(a) 为经过 $\lambda/4$ 波片后光强二维分布图，图 3.22(b) 为光强的三维分布。图 3.22(c) 表示经过 $\lambda/4$ 波片后 $X$ 方向实验光强与理论光强，图 3.22(d) 表示经过 $\lambda/4$ 波片后 $Y$ 方向实验光强与理论光强。

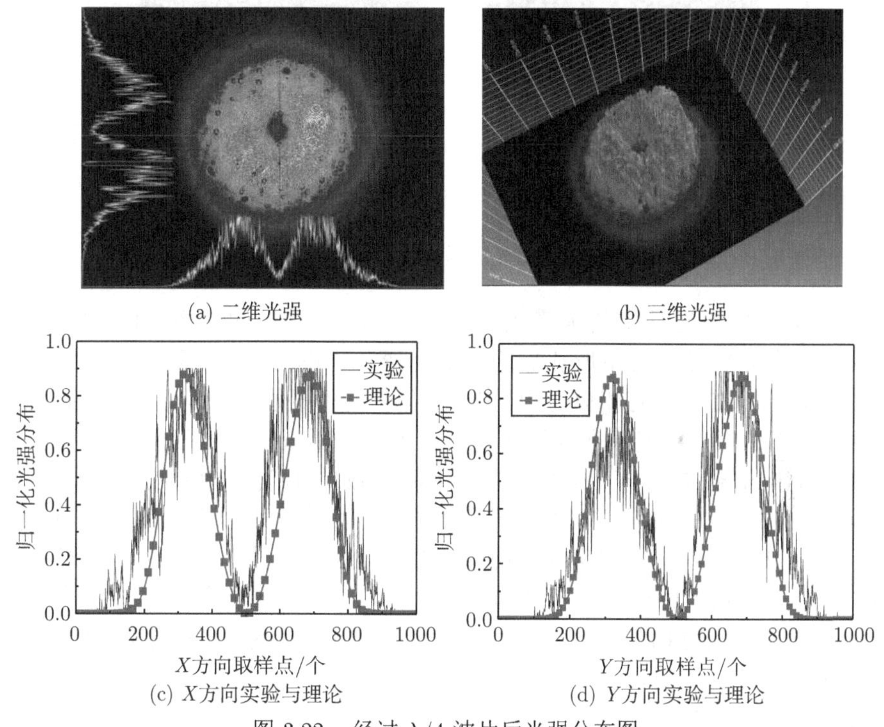


图 3.22　经过 $\lambda/4$ 波片后光强分布图

由图 3.21(c) 和 (d) 与图 3.22(c) 和 (d) 对比来看，在经过 $\lambda/4$ 波片前后光强并没有明显的变化，只是经过 $\lambda/4$ 波片后有能量的轻微衰减。用相关性来表示少模光纤产生的光束与一阶涡旋光的关系。图 3.22(c) 中，$X$ 方向与一阶涡旋光 $X$ 方向的相关性为 88.02%，$Y$ 方向与一阶涡旋光 $Y$ 方向的相关性为 83.46%。

由实验结果可以看出，少模光纤产生的涡旋光光强符合一阶涡旋光的分布。涡旋光与普通光束的区别在于涡旋光具有螺旋相位波前，在对涡旋光的光强进行检测的同时，也需要进行涡旋光的相位检测才能确定少模光纤产生的光束的拓扑荷数大小与方向。

### 3.4.4　相位验证

涡旋光与矢量光束的区别在于涡旋光具有螺旋相位波前。在上述实验中，少模光纤中产生的光强符合一阶涡旋光光强分布，但是没有经过涡旋光的相位检测，不能说明光纤中产生的是涡旋光。在对涡旋光的相位检测方法进行对比之后，选择三角形衍射法作为涡旋光的相位检测方法。图 3.23(a) 中的光斑进行三角形衍射后如图 3.23(b) 所示。

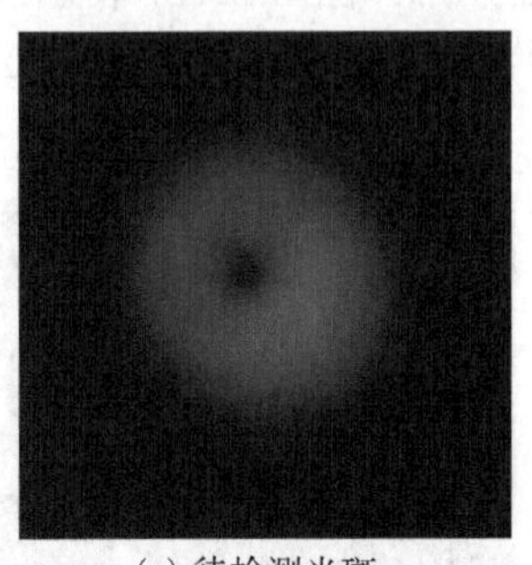

(a) 待检测光斑

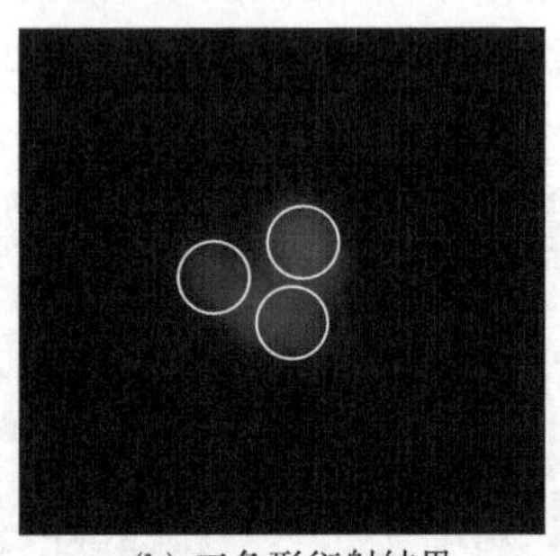

(b) 三角形衍射结果

图 3.23　待检测光斑通过三角形孔的衍射结果

图 3.23(a) 为光纤中的矢量模式经过 $\lambda/4$ 波片后的光斑，图 3.23(b) 为图 3.23(a) 中光斑经过三角形孔后的衍射光斑。由图 3.23(b) 可知，衍射光斑的分布为三角形分布。没有相位奇点的光束经过三角形孔后会形成一个呈高斯分布的光斑，有相位奇点的光束在经过三角形衍射后会形成一个呈三角形分布的光斑。三角形衍射中衍射图样的三角形边上光斑的个数减 1 为涡旋光的拓扑荷数大小，由三角形的顶点方向确定涡旋光拓扑荷数的正负 [31]。可以看到图 3.23(b) 中三角形的边由 2 个光斑组成，涡旋光的拓扑荷数大小是组成三角形边的光斑数减 1，可以推出图 3.23(a) 中光斑的拓扑荷数大小为 1。三角形衍射光斑由竖直边与顶点组成，顶点在左时拓扑荷数为正，顶点在右时拓扑荷数为负。图 3.23(b) 中三角形的顶点在左，所以图 3.23(a) 中光斑的拓扑荷数为正值。通过三角形衍射可以确定图 3.23(a) 中光斑的拓扑荷数 $l$=+1。

本实验利用少模光纤产生混合偏振的矢量光束 $\mathrm{HE}_{21}^{\mathrm{even}}$，并将 $\mathrm{HE}_{21}^{\mathrm{even}}$ 与 $\mathrm{HE}_{21}^{\mathrm{odd}}$ 叠加产生涡旋光。结果表明，少模光纤能够产生一阶的矢量模式，在经过叠加之后，一阶矢量模式转换成具有螺旋相位波前的一阶涡旋光束。

## 3.5　改变光纤结构产生涡旋光

### 3.5.1　结构设计

为了能够有效地使矢量模式简并分离，光纤结构需要满足高折射率梯度与高模场梯度。这可以在具有高折射率差和尖锐折射率分布的光纤结构中实现，综合考虑，将纤芯为倒抛物线折射率渐变分布的光纤结构进行改进，在纤芯与包层之间添加了一层低折射率层，这样增大了折射率差，使其容纳的模式数量更多，其折射率分布的一般表示为

$$n(r)=\begin{cases} n_1\sqrt{1-2N\Delta\left(r^2/a^2\right)}, & 0\leqslant r\leqslant r_{\text{core}} \\ n_2, & r_{\text{core}}<r\leqslant r_2 \\ n_3, & r>r_2 \end{cases} \tag{3.62}$$

图 3.24 中，实线为改进后纤芯倒抛物线折射率渐变分布光纤结构的折射率分布，虚线为改进前光纤结构折射率分布。

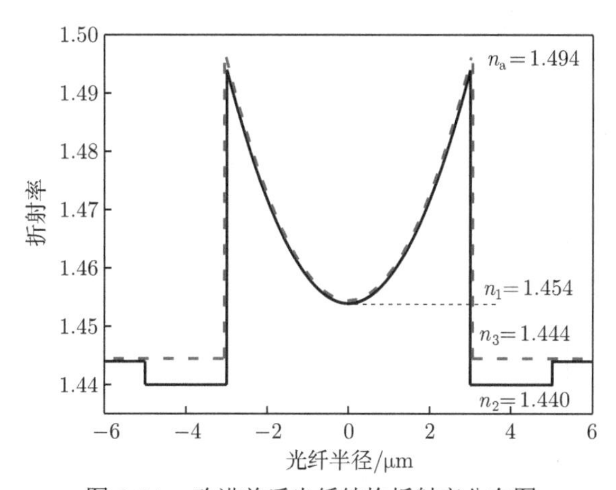


图 3.24　改进前后光纤结构折射率分布图

由图 3.24 可知，$n_1$ 和 $n_2$ 分别是纤芯中心和低折射率层时的折射率，$r_{\text{core}}=3\mu\text{m}, n_1=1.454, n_2=1.440, n_3=1.444$。$N$ 为倒抛物线的曲率参数，令 $N=-4$；相对折射率差 $\Delta=\left(n_1^2-n_2^2\right)/(2n_1^2)$，低折射率层与包层之间的折射率差 $\Delta n_2=n_2-n_3$。最大折射率差出现在纤芯和低折射率层的分界处: $n_{\text{a}}=n_1-(n_1-n_2)N$, $\Delta n_{\max}=n_{\text{a}}-n_2$。特殊情况：$N=0$ 时是常规的阶跃折射率分布光纤结构。

光纤的纤芯结构是折射率渐变型结构，其倒抛物线纤芯的工作截止频率 $V$ 也是随函数变化的，公式为

$$V(r)=\frac{2\pi r\sqrt{n(r)^2-n_2^2}}{\lambda} \tag{3.63}$$

设定 $\lambda=1550\text{nm}$，光纤中的模式数量随着归一化频率 $V$ 值的增加逐渐增多。光纤在纤芯半径为 $r_2$ 的范围内传输涡旋光，由计算可知此光纤结构 $V=5.421$，根据归一化频率值对应的 Bessel 函数曲线的根，设计的光纤中可以容纳的模式数量为 12 种，最高可传输拓扑荷数为 3 的涡旋光束。由式 (3.25) 可知光纤中可容纳模式的有效折射率与波长的关系。

从图 3.25 可看出，在波长范围内，随着波长的增加，光纤中可容纳模式的有效折射率减少。通过计算可知，$LP_{11}$ 模式组 $\{TE_{01}$、$HE_{21}$、$TM_{01}\}$ 在波长范围内有效折射率差均为 $2.1\times10^{-4}$，$LP_{21}$ 模式组 $\{HE_{31}$、$EH_{11}$、$EH_{12}\}$ 在波长范围内有效折射率差能大于 $3.6\times10^{-4}$，$LP_{31}$ 模式组 $\{EH_{21}$、$HE_{41}\}$ 在波长范围内有效折射率差最大能大于 $1.1\times10^{-3}$。加了低折射率层的光纤结构的 $LP_{21}$ 模式组比原始光纤结构的 $LP_{21}$ 模式组的有效折射率差提高了至少 $1\times10^{-4}$，有效折射率差的提高避免了 HE 模和 EH 模耦合为 LP 模，减少了模间耦合，保证了每个模式可以独立稳定的传输，证明其结构有很好的模式分离效果。

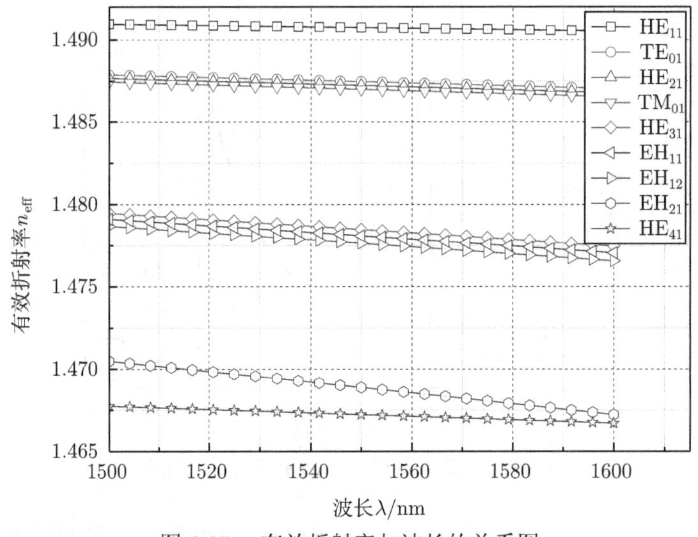


图 3.25　有效折射率与波长的关系图

### 3.5.2　低折射率层对 OAM 模式的影响

由于 $EH_{l-1,m}$ 和 $HE_{l+1,m}$ 的模都是由特征方程决定的，其强度与相位分布都是一样的，它们对应于拓扑荷数为 $l$ 的 OAM 模式。假设波长 $\lambda=1550\text{nm}$, 由图 3.26 可看出高阶贝塞尔光束的强度分布，相位在一个周期内跳变 $l$ 次，可传输 $l$ 阶涡旋光束。光纤可容纳的模式与模式叠加可生成拓扑荷数为 $l$ 的 OAM 模式的对应关系，如图 3.26 所示。

光纤中的模式数目并不是单纯依赖于某一个结构参数，而是取决于光纤的归一化工作频率。可传输 OAM 模式阶数随纤芯内径 $r_1$ 和低折射率层的折射率 $n_2$ 的变化趋势分别如图 3.27 和图 3.28 所示。图 3.27 表示当光纤的折射率与外径 $r_2$ 的值不变时，光纤可传输涡旋光的阶数随内径 $r_1$ 的增大而逐渐减小，随着 $r_1$ 的增大，可传输 OAM 模式阶数减小，阶数减小的趋势随 $r_1$ 的增大趋于缓和。

在内径 $r_1$ 和外径 $r_2$ 不变的情况下，改变低折射率层的折射率 $n_2$ 得到图 3.28，反映了光纤可传输 OAM 模式阶数与 $n_2$ 的对应关系。随着 $n_2$ 的减小，可传输涡旋光的模式阶数增大。

在原有纤芯为倒抛物线渐变折射率分布的光纤结构上设计了一种新型光纤结构，计算仿真得出了此光纤存在的 OAM 模式的强度分布图和相位分布图，理论证明了这种改进的新型结构能够容纳高阶 OAM 模式。

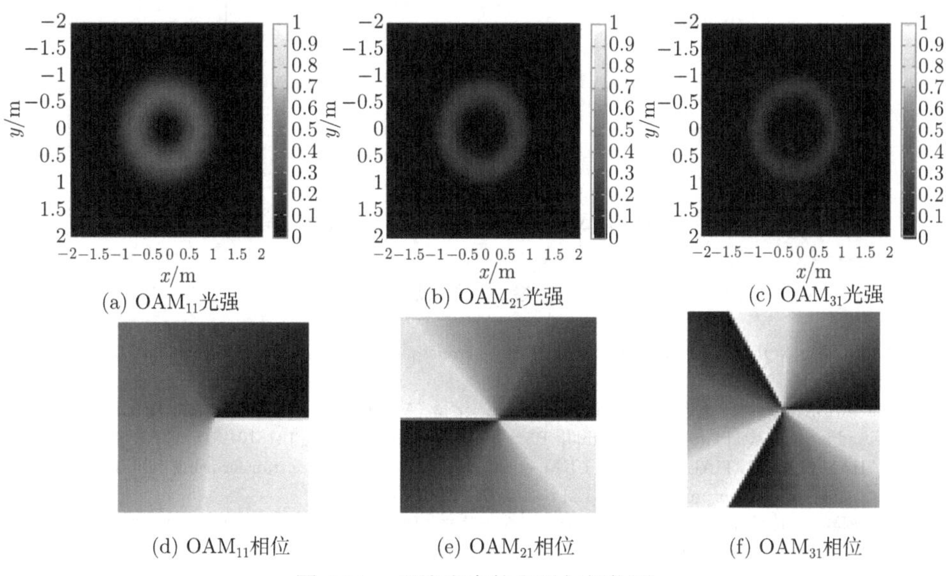


图 3.26　涡旋光束的光强与相位图

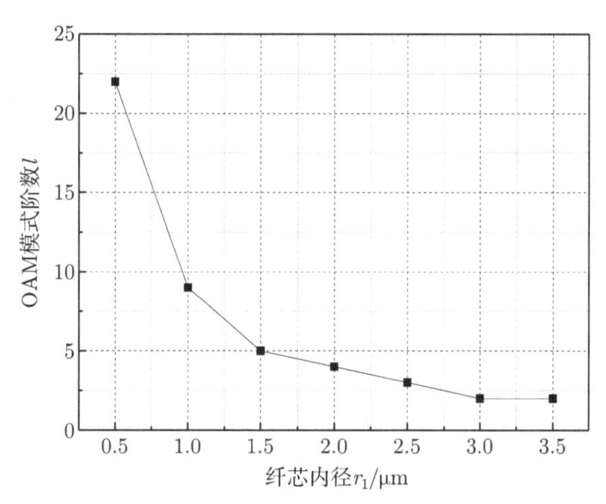


图 3.27　可传输 OAM 模式阶数与纤芯内径 $r_1$ 的关系

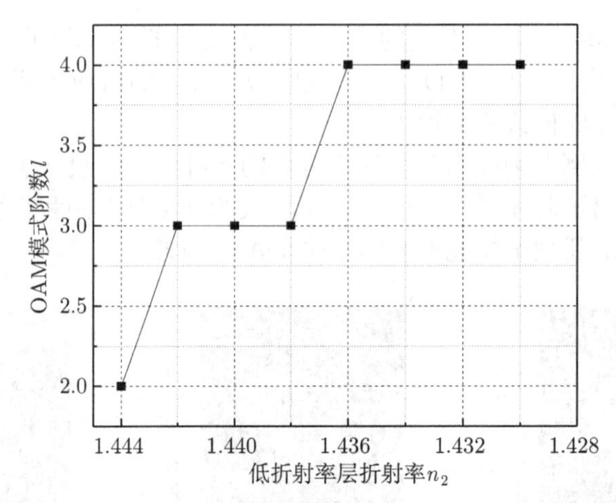

图 3.28 可传输 OAM 模式阶数与低折射率层折射率 $n_2$ 的关系

## 参 考 文 献

[1] FRANKE-ARNOLD S, ALLEN LPADGETT M. Advances in optical angular momentum[J]. Laser and Photonics Reviews, 2010, 2(4):299-313.

[2] BEIJERSBERGEN M, SPREEUW R, ALLEN L, et al. Multiphoton resonances and Bloch-Siegert shifts observed in a classical two-level system[J]. Physical Review A, 1992, 45(3):1810-1815.

[3] GRAHAM G, COURTIAL J, PADGETT M, et al. Free-space information transfer using light beams carrying orbital angular momentum[J]. Optics Express, 2004, 12(22):5448-5456.

[4] 吕宏, 柯熙政. 具有轨道角动量光束用于光通信编码及解码研究 [J]. 光学学报, 2009, 29(2): 331-335.

[5] 柯熙政, 郭新龙. 用光束轨道角动量实现相位信息编码 [J]. 量子电子学报, 2015, 32(1): 69-76.

[6] 郭苗军, 曾军, 李晋红. 基于螺旋相位板的涡旋光束的产生与干涉 [J]. 激光与光电子学进展, 2016(9): 230-236.

[7] CURTIS J, GRIER D D. Modulated optical vortices[J]. Optics Letters, 2003, 28(11): 872-874.

[8] 张玉虹. 计算机制作产生涡旋光束的振幅全息图 [J]. 内江科技, 2010, 31(8): 20-21.

[9] ALEXEYEV A, FADEYEVA T, VOLYAR A, et al. Optical vortices and the flow of their angular momentum in a multimode fiber[J]. Semiconductor Physics, 1998, 1: 29-34.

[10] INAVALLI V V G K, VISWANATHAN N K. Switchable vector vortex beam generation using an optical fiber[J]. Optics Communications, 2010, 283(6): 861-864.

[11] FANG Z Q, YAO Y, XIA K G, et al. Vector mode excitation in few-mode fiber by controlling incident polarization[J]. Optics Communications, 2013, 294: 177-181.

[12] ZHANG W D, HUANG L G, WEI K Y, et al. High-order optical vortex generation in a few-mode fiber via cascaded acoustically driven vector mode conversion[J]. Optics Letters, 2016, 41(21): 5082-5087.

[13] LI S H, WANG J . A compact trench-assisted multi-orbital- angular-momentum multi-ring fiber for ultrahigh-density space-division multiplexing(19 rings×22 modes)[J]. Scientific Reports, 2014, 4: 3853-3857.

[14] ZHANG X Q, WANG A T, CHEN R S, et al. Generation and conversion of higher order optical vortices in optical fiber with helical fiber bragg gratings[J]. Journal of Lightwave Technology, 2016, 34(10): 2413-2418.

[15] ZHANG L X, WEI W, ZHANG Z M, et al. Propagation properties of vortex beams in a ring photonic crystal fiber[J]. Acta Physica Sinica, 2017, 66(1): 106-111.

[16] OKAMOTO K. Fundamentals of Optical Waveguides[M]. 2nd ed. New York: Academic Press, 2006.

[17] 陈俊华. 关于麦克斯韦方程组的讨论 [J]. 物理与工程, 2002, 12(4): 1820.

[18] 乔海亮, 王玥, 陈再高, 等. 全矢量有限差分法分析任意截面波导模式 [J]. 物理学报, 2013, 62(7): 2431.

[19] 张晓强. 光纤中涡旋光束的产生与调控研究 [D]. 合肥: 中国科学技术大学, 2016.

[20] 孙培敬. 光纤中矢量涡旋光束的产生 [D]. 哈尔滨: 哈尔滨理工大学, 2016.

[21] 孙雨南. 光纤技术: 理论基础与应用 [M]. 北京: 北京理工大学出版社, 2006.
[22] 卫俊超. 涡旋光纤的理论研究与设计 [D]. 北京: 北京交通大学, 2017.
[23] BRUNET C, UNG B, BÉLANGER P, et al. Vector mode analysis of ring-core fibers: Design tools for spatial division multiplexing[J]. Journal of Lightwave Technology, 2014, 32(23): 4648-4659.
[24] BRUNET C, RUSCH L. Optical fibers for the transmission of orbital angular momentum modes[J]. Optical Fiber Technology, 2016, 31: 172-177.
[25] DASHTI P, ALHASSEN F, LEE H. Observation of orbital angular momentum transfer between acoustic and optical vortices in optical fiber[J]. Physical Review Letters, 2006, 96(4): 043604.
[26] RAMACHANDRAN S, KRISTENSEN P. Optical vortices in fiber[J]. Nanophotonics, 2013, 2(5-6): 455-474.
[27] BOZINOVIC N, GOLOWICH S, KRISTENSEN P, et al. Control of orbital angular momentum of light with optical fibers[J]. Optics Letters, 2012, 37(13): 2451-2457.
[28] RAMACHANDRAN S, KRISTENSEN P, YAN M. Generation and propagation of radially polarized beams in optical fibers[J]. Optics Letters, 2009, 34(16): 2525-2527.
[29] MOLINA-TERRIZA G, TORRES J, TORNER L. Management of the angular momentum of light: Preparation of photons in multidimensional vector states of angular momentum[J]. Physical Review Letters, 2002, 88(1): 013601.
[30] VISWANATHAN N K, INAVALLI V V G K. Generation of switchable vector beam with two-mode optical fiber and its characteristics[C]. International Conference on Optics and Photonics. Ühandigarh, India, 2009: 861-864.
[31] ARAUJO L D, ANDERSON M. Measuring vortex charge with a triangular aperture[J]. Optics Letters, 2011, 36(6): 787-789.

# 第 4 章　高阶径向拉盖尔–高斯光束的叠加特性

拉盖尔–高斯 (LG) 光束被广泛应用于轨道角动量 (OAM) 复用通信系统 [1]，但目前局限于对零阶径向 LG 光束 (径向指数 $p$ 为零) 的研究 [2]。径向指数 $p$ 大于零的高阶径向 LG 光束同样可以应用于 OAM 复用通信系统，进而成倍提高信道容量、通信速率和频带利用率。在接收孔径的限制下，高阶径向 LG 光束比零阶径向 LG 光束具有更高的接收功率。对高阶径向 LG 光束叠加态的研究主要从两方面入手，一是研究径向指数对 LG 光束叠加态的影响；二是研究传输距离、束腰半径对高阶径向 LG 光束叠加态的影响。

## 4.1　引　　言

LG 光束共轴叠加时可形成具有不同特征分布、传播特性及特殊应用的复合涡旋光束。Naidoo 等 [3] 采用腔内选模法，在固体激光器中将两束拓扑电荷数互为相反数的零阶径向 LG 光束相干叠加。Huang 等 [4] 则采用腔外转换法，通过改进计算全息图，对多束 LG 光束共轴叠加。Vaity 等 [5] 研究了 LG 光束共轴叠加形成的光环晶格结构的自修复特性。Li 等 [6] 和柯熙政等 [7] 通过 LG 光束叠加实现了拓扑荷数的测量，但他们的工作局限在径向指数 $p$=0 的情况，对于高阶径向 LG 光束叠加态并未研究。Ando 等 [8] 根据拓扑荷数、径向指数不同, 分类讨论了 LG 光束叠加态在源平面处的相位奇点结构特征，给出了 LG 光束叠加态光强分布和相位分布的一般表达式，但没有进一步探讨传播距离和束腰半径对 LG 光束叠加态的影响。

## 4.2　径向指数对高阶径向 LG 光束叠加态的影响

当 LG 光束的径向指数 $p$ 不为 0 时，假设 LG 光束带有的相位因子为 $\exp(-\mathrm{i}l\theta)$，则该光束在源平面处的复振幅表达式为 [8]

$$u_p^l(r,\theta)=\sqrt{\frac{2}{\pi}\frac{p!}{(P+|l|)!}}\cdot\frac{(-1)^p}{\omega_0}\left(\frac{\sqrt{2}r}{\omega_0}\right)^{|l|}\exp\left(-\frac{r^2}{\omega_0^2}\right)\mathrm{L}_p^{|l|}\left(\frac{2r^2}{\omega_0^2}\right)\exp(-\mathrm{i}l\theta) \tag{4.1}$$

式中，$\omega_0$ 为束腰半径；$l$ 为拓扑荷数，其取值范围为 $(-\infty,+\infty)$，可以是整数，也可以是分数；$p$ 为径向指数，是整数，其取值范围为 $(0,+\infty)$；$\mathrm{L}_p^l(x)$ 为拉盖尔多项式。

为了方便表示 $u_p^l(r,\theta)$，令 [9]

$$A_p^{|l|}(\omega_0)=\sqrt{\frac{2}{\pi}\frac{p!}{(P+|l|)!}}\left(\frac{\sqrt{2}r}{\omega_0}\right)^{|l|}\exp\left(-\frac{r^2}{\omega_0^2}\right)\mathrm{L}_p^{|l|}\left(\frac{2r^2}{\omega_0^2}\right)\frac{(-1)^p}{\omega_0} \tag{4.2}$$

式中，$A_p^{|l|}(\omega_0)$ 为无量纲径向振幅，和 $p$、$|l|$、$\omega_0$ 有关。

将式 (4.2) 代入式 (4.1) 可得

$$u_p^l(r,\theta)=A_p^{|l|}(\omega_0)\exp(-\mathrm{i}l\theta) \tag{4.3}$$

当相位因子分别为 $\exp(-\mathrm{i}l_1\theta)$、$\exp(-\mathrm{i}l_2\theta)$，径向指数分别为 $p_1$、$p_2$，束腰半径分别为 $\omega_{01}$、$\omega_{02}$ 时，两束 LG 光束在源平面处相干叠加得到的双 LG 光束叠加态的电场分布为

$$u_{\mathrm{two}}(r,\theta)=A_{p_1}^{|l_1|}(\omega_{01})\exp(-\mathrm{i}l_1\theta)+A_{p_2}^{|l_2|}(\omega_{02})\exp(-\mathrm{i}l_2\theta) \tag{4.4}$$

从式 (4.4) 可以看出，$u_{\mathrm{two}}(r,\theta)$ 和 $p$、$|l|$、$\omega_0$ 有关，所以分别考虑了拓扑荷数、径向指数及束腰半径对双 LG 光束叠加态的影响。

### 4.2.1 拓扑荷数相同的 LG 光束干涉叠加

当拓扑荷数相同的两束 LG 光束共轴叠加时，所形成的叠加态的复振幅表达式为

$$u(r,\theta)=u_{p_1}^l(r,\theta)+u_{p_2}^l(r,\theta)=\left[A_{p_1}^{|l_1|}(\omega_0)+A_{p_2}^{|l_2|}(\omega_0)\right]\exp(-\mathrm{i}l\theta) \tag{4.5}$$

对比式 (4.5) 和式 (4.3) 可以看出，拓扑荷数相同、径向指数不同的两束 LG 光束叠加所形成的复合涡旋光束，其光强分布类似于单个高阶径向 LG 光束的光强分布。

当拓扑荷数相同的两束 LG 光束共轴叠加时，为了研究径向指数对其光强分布和相位分布特性的影响，保持其中一束 LG 光束的径向指数不变，逐渐增大另一束光的径向指数。图 4.1 为相同拓扑荷数、不同径向指数的两束 LG 光束共轴叠加时其光强分布图。仿真参数：两束 LG 光束的拓扑荷数 $l_1=l_2$=3，束腰半径 $\omega_{01}=\omega_{02}=1.0\mathrm{mm}$。

从图 4.1 中可以看出，径向指数不同且相差较大、拓扑荷数相同的两束 LG 光束共轴叠加时，其光强分布呈多亮环状。从图 4.1(a) 中可以看出，$\mathrm{LG}_0^3$ 和 $\mathrm{LG}_1^3$ 光束叠加，其光强分布有 2 个亮环；从图 4.1(b) 中可以看出，$\mathrm{LG}_0^3$ 和 $\mathrm{LG}_2^3$ 光束叠加，其光强分布有 3 个亮环；从图 4.1(c) 中可以看出，$\mathrm{LG}_0^3$ 和 $\mathrm{LG}_3^3$ 光束叠加，其光强分布有 4 个亮环；从图 4.1(d) 中可以看出，$\mathrm{LG}_1^3$ 和 $\mathrm{LG}_1^3$ 光束叠加，其光强分布有 2 个亮环；从图 4.1(e) 中可以看出，$\mathrm{LG}_1^3$ 和 $\mathrm{LG}_2^3$ 光束叠加，其光强分布有 3 个亮环；从图 4.1(f) 中可以看出，$\mathrm{LG}_1^3$ 和 $\mathrm{LG}_3^3$ 光束叠加，其光强分布有 4

个亮环。综上可知，拓扑荷数相同的两束 LG 光束共轴叠加时，其光强分布呈多亮环状。亮环的数目 $\sigma$ 取决于径向指数最大的 LG 光束的径向指数，即 $\max\{p_1，p_2\}$，满足 $\sigma=\max\{p_1，p_2\}+1$。

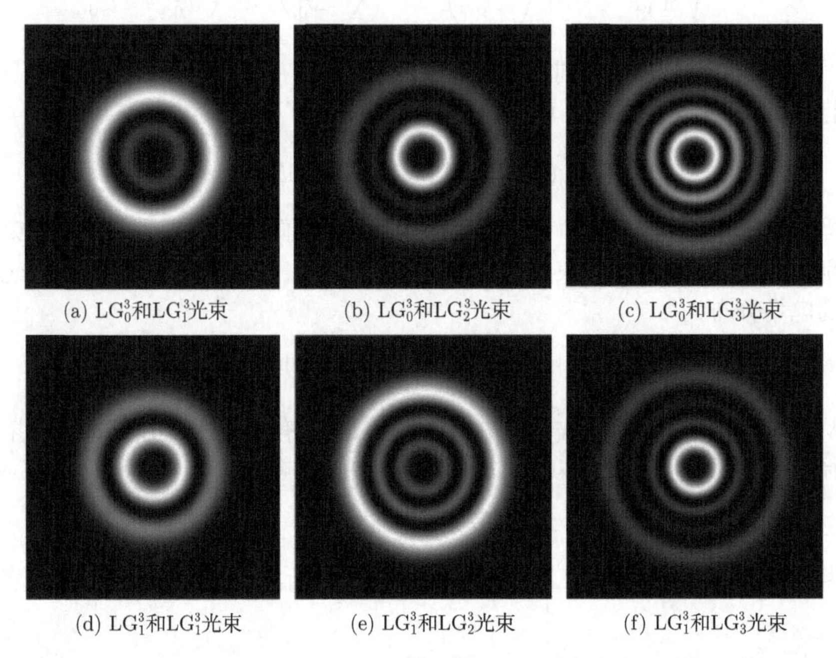

(a) $LG_0^3$和$LG_1^3$光束　(b) $LG_0^3$和$LG_2^3$光束　(c) $LG_0^3$和$LG_3^3$光束

(d) $LG_1^3$和$LG_1^3$光束　(e) $LG_1^3$和$LG_2^3$光束　(f) $LG_1^3$和$LG_3^3$光束

图 4.1　相同拓扑荷数、不同径向指数 LG 光束叠加态的光强分布

图 4.2 为拓扑荷数相同、径向指数不同的双 LG 光束叠加态的相位分布图，和图 4.1 中的叠加态相对应，仿真参数：两束 LG 光束的拓扑荷数 $l_1 = l_2=3$，束腰半径 $\omega_{01} = \omega_{02} = 1.0\text{mm}$。从图 4.2 中可以看出，图 4.2(a) 和图 4.2(d) 具有相似的相位分布，均有 2 层分叉，每层的分叉数均为 3，这是因为参与叠加的 LG 光束径向指数最大值均为 1；图 4.2(b) 和图 4.2(e) 具有相似的相位分布，均有 3 层分叉，每层的分叉数均为 3，这是因为参与叠加的 LG 光束径向指数最大值均为 2；图 4.2(c) 和图 4.2(f) 具有相似的相位分布，均有 4 层分叉，每层的分叉数均为 3，这是因为参与叠加的 LG 光束径向指数最大值均为 3。以此类推，只要一组双 LG 光束叠加态的径向指数最大值相同，同时拓扑荷数相同且保持不变，那么这样的一组双 LG 光束叠加态具有结构类似的相位分布图，分叉层数 $\eta$ 取决于径向指数最大值 $\max\{p_1，p_2\}$，满足 $\eta=\max\{p_1，p_2\}+1$，每层的分叉数 $\varepsilon$ 取决于拓扑荷数 $l$，满足 $\varepsilon = l$。

### 4.2.2　径向指数相同的 LG 光束干涉叠加

当径向指数相同、拓扑荷数不同的两束 LG 光束共轴叠加时，所形成叠加态的光场表达式为

$$u(r,\theta) = u_p^{l_1}(r,\theta) + u_p^{l_2}(r,\theta) = A_p^{|l_1|}(\omega_0)\exp(-\mathrm{i}l_1\theta) + A_p^{|l_2|}(\omega_0)\exp(-\mathrm{i}l_2\theta) \quad (4.6)$$

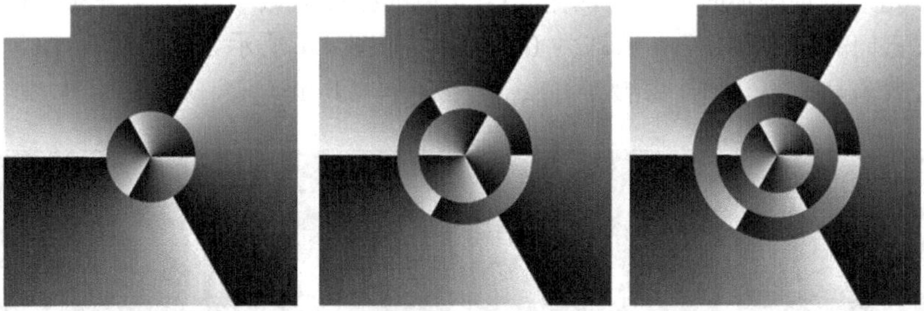

(a) $LG_0^3$和$LG_1^3$光束　(b) $LG_0^3$和$LG_2^3$光束　(c) $LG_0^3$和$LG_3^3$光束

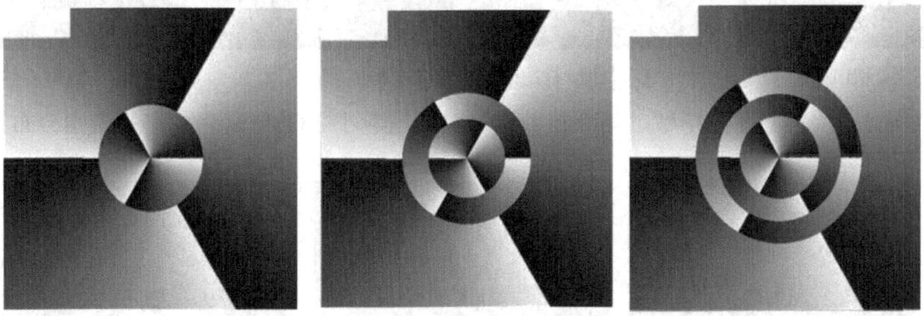

(d) $LG_1^3$和$LG_1^3$光束　(e) $LG_1^3$和$LG_2^3$光束　(f) $LG_1^3$和$LG_3^3$光束

图 4.2　相同拓扑荷数、不同径向指数 LG 光束叠加态的相位分布

当拓扑荷数同号且相差较小的两束零阶径向 LG 光束共轴叠加时，其光强分布为暗“花瓣”状；当拓扑荷数同号且相差较大的两束零阶径向 LG 光束共轴叠加时，其光强分布为双亮环状；当拓扑荷数互为相反数的两束零阶径向 LG 光束共轴叠加时，其光强分布为亮“花瓣”状。因此，在研究径向指数相同的两束 LG 光束共轴叠加时，考虑以下 3 种情况：①拓扑荷数同号且相差较小；②拓扑荷数同号且相差较大；③拓扑荷数互为相反数。

考虑第 1 种情况，即拓扑荷数同号且相差较小的情况。当径向指数相同的两束 LG 光束共轴叠加时，保持两束 LG 光束的拓扑荷数 ($l_1$=1、$l_2$=3) 不变，逐渐增大它们的径向指数，$p$ 依次为 0、1、2、3，如图 4.3 所示。选取 LG 光束的拓扑荷数分别为 $l_1$=1、$l_2$=3，束腰半径 $\omega_{01} = \omega_{02} = 1.0\text{mm}$。

从图 4.3 中可以看出，径向指数相同、拓扑荷数同号且相差较小的两束 LG 光束共轴叠加时，其光强分布和零阶 LG 光束叠加态不同，不再是暗“花瓣”状，而是接近多亮环状。从图 4.3 中可以看出，随着径向指数的增大，光强分布的亮环数逐渐增大。光强分布中心处光斑图案由暗“花瓣”状过渡成亮环状，而且中心亮环的半径随径向指数的增大而减小。当两束高阶径向 LG 光束的拓扑荷数相差较小、径向指数均为 $p$ 时，其叠加态光强分布的“花瓣”层数和亮环个数之和为 $\sigma = p + 1$。

考虑第 2 种情况，即拓扑荷数同号且相差较大的情况。当径向指数相同的两束 LG 光束共轴叠加时，保持两束 LG 光束的拓扑荷数 ($l_1$=1、$l_2$=30) 不变，逐渐增大它们的径向指数，$p$ 依次为 0、1、2，如图 4.4 所示。选取两束 LG 光束的拓扑荷数 $l_1$=1、$l_2$=30，束腰半径 $\omega_{01}=\omega_{02}=1.0$mm。

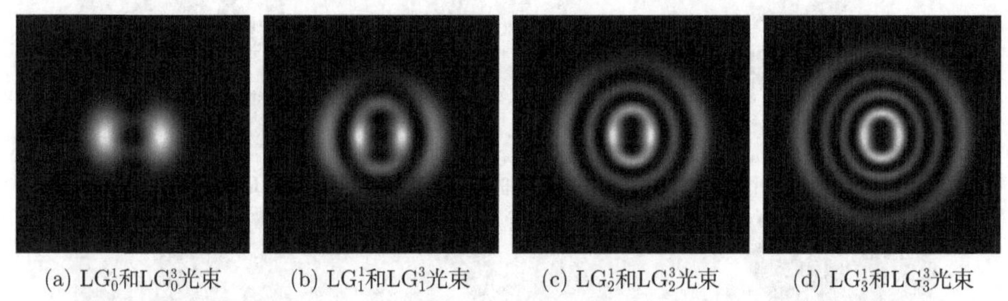

(a) $LG_0^1$和$LG_0^3$光束 (b) $LG_1^1$和$LG_1^3$光束 (c) $LG_2^1$和$LG_2^3$光束 (d) $LG_3^1$和$LG_3^3$光束

图 4.3 相同径向指数、拓扑荷数同号且相差较小 LG 光束叠加态的光强分布

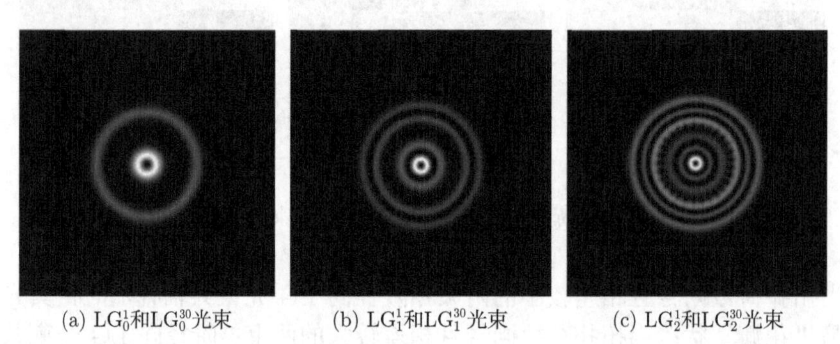

(a) $LG_0^1$和$LG_0^{30}$光束 (b) $LG_1^1$和$LG_1^{30}$光束 (c) $LG_2^1$和$LG_2^{30}$光束

图 4.4 相同径向指数、拓扑荷数同号且相差较大 LG 光束叠加态的光强分布

从图 4.4 中可以看出，径向指数相同、拓扑荷数同号且相差较大的两束 LG 光束共轴叠加时，其光强分布呈多亮环状，即独立的多环结构，光束中心光强为零，从而形成中空暗斑。从图 4.4(a) 中可以看出，$LG_0^1$ 和 $LG_0^{30}$ 光束叠加，其光强分布有 2 个亮环；从图 4.4(b) 中可以看出，$LG_1^1$ 和 $LG_1^{30}$ 光束叠加，其光强分布有 4 个亮环；从图 4.4(c) 中可以看出，$LG_2^1$ 和 $LG_2^{30}$ 光束叠加，其光强分布有 6 个亮环。从以上的分析中可以得出，在图 4.4 中，亮环的数目 $\sigma$ 取决于 LG 光束的径向指数 $p$，满足 $\sigma=2(p+1)$。以此类推，径向指数均为 $p$ 时，LG 光束叠加态光强分布会出现 $2(p+1)$ 个亮环。出现这种现象的原因有两个，其一是径向指数为 $p$ 的单束 LG 光束的光强分布有 $p$+1 个亮环；其二是当拓扑荷数相差较大时，两束 LG 光束会保持单束时的亮环状。因此，当拓扑荷数相差较大的两束高阶径向 LG 光束共轴叠加时，其光强分布有 $2(p+1)$ 个亮环。继而可推广到多束 LG 光束 (假定数目为 $n$) 共轴叠加的情况，其光强分布有 $n(p+1)$ 个亮环。

考虑第 3 种情况，即拓扑荷数互为相反数的情况。当径向指数相同、拓扑荷数互为相反数的两束 LG 光束共轴叠加时，所形成叠加态的光场表达式为

$$\begin{aligned}u_{\text{two}}(r,\theta)&=u_p^l(r,\theta)+u_p^{-l}(r,\theta)\\&=A_p^{|l|}(\omega_0)\exp(-\mathrm{i}l\theta)+A_p^{|-l|}(\omega_0)\exp(\mathrm{i}l\theta)\\&=2A_p^{|l|}(\omega_0)\cos(l\theta)\end{aligned}\tag{4.7}$$

光强分布可以表示为 [10]

$$I=u_{\text{two}}(r,\theta)\times u_{\text{two}}^*(r,\theta)=|u_{\text{two}}(r,\theta)|^2\tag{4.8}$$

结合式 (4.1)、式 (4.7) 和式 (4.8)，当径向指数相同、拓扑荷数互为相反数、束腰半径相同的两束 LG 光束共轴叠加时，其光强分布为

$$I=2\left|A_{p,l}\right|^2[1+\cos(2l\theta)]\tag{4.9}$$

为了得到光强最大值的角向位置 $\theta_\nu$，令

$$\frac{\partial l}{\partial\theta}=0\tag{4.10}$$

解得

$$\theta_\nu=\frac{k\pi}{l},\quad k=0,1,\cdots,2|l|-1\tag{4.11}$$

当径向指数相同的两束 LG 光束共轴叠加时，保持两束 LG 光束的拓扑荷数 ($l_1$=3、$l_2$=−3) 不变，逐渐增大它们的径向指数，$p$ 依次为 0、1、2、3，如图 4.5 所示。取两束 LG 光束的拓扑荷数 $l_1$=3、$l_2$=−3，束腰半径 $\omega_{01}=\omega_{02}=1.0\text{mm}$。

图 4.5(a)~(d) 依次是 $\text{LG}_0^3$ 和 $\text{LG}_0^{-3}$ 光束、$\text{LG}_1^3$ 和 $\text{LG}_1^{-3}$ 光束、$\text{LG}_2^3$ 和 $\text{LG}_2^{-3}$ 光束、$\text{LG}_3^3$ 和 $\text{LG}_3^{-3}$ 光束共轴叠加而成的复合涡旋光束的理论光强分布图。图 4.5(b) 是 $\text{LG}_1^3$ 和 $\text{LG}_1^{-3}$ 光束共轴叠加而成的复合涡旋光束的光强分布图，可以看出外围有 2 层亮“花瓣”，每层 6 个，角向位置分别为 0、1/3π、2/3π、π、4/3π、5/3π，亮“花瓣”共 12 个；图 4.5(c) 是 $\text{LG}_2^3$ 和 $\text{LG}_2^{-3}$ 光束共轴叠加而成的复合涡旋光束的光强分布图，可以看出外围有 3 层亮“花瓣”，每层 6 个，角向位置分别为 0、1/3π、2/3π、π、4/3π、5/3π，亮“花瓣”共 18 个。其余情况不再赘述。

以此类推，当径向指数相同、拓扑荷数互为相反数的两束高阶径向 LG 光束共轴叠加时，产生的复合涡旋光束的光强分布具有多层亮“花瓣”分布的特点，且呈现圆对称分布。其光强分布为 $p$+1 层亮“花瓣”，每层 $|l_2-l_1|$ 个，角向位置为 $\phi_\nu=k\pi/l(k=0,1,\cdots,|l_2-l_1|)$，亮“花瓣”数目共计 $(p+1)|l_2-l_1|$ 个。此外，随着 $p$ 的增大，高阶径向 LG 光束叠加态的整体光斑半径逐渐增大，而最内层的亮“花瓣”半径逐渐减小。

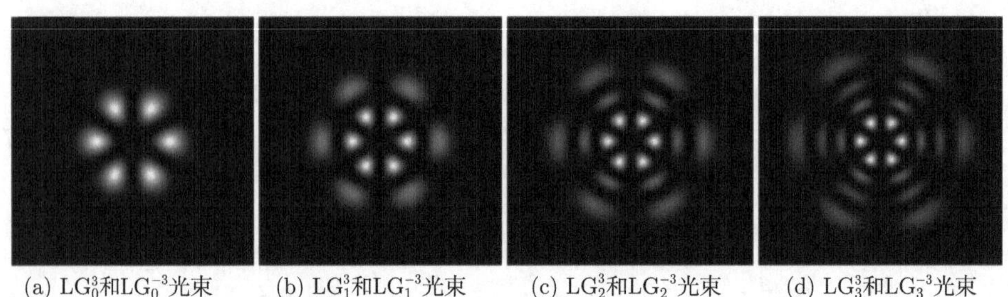

(a) $LG_0^3$和$LG_0^{-3}$光束　(b) $LG_1^3$和$LG_1^{-3}$光束　(c) $LG_2^3$和$LG_2^{-3}$光束　(d) $LG_3^3$和$LG_3^{-3}$光束

图 4.5　拓扑荷数互为相反数的 LG 光束叠加态的光强分布

图 4.6(a)~(d) 依次是 $LG_0^3$ 和 $LG_0^{-3}$ 光束、$LG_1^3$ 和 $LG_1^{-3}$ 光束、$LG_2^3$ 和 $LG_2^{-3}$ 光束、$LG_3^3$ 和 $LG_3^{-3}$ 光束共轴叠加而成的复合涡旋光束的理论相位分布图。图 4.6(a) 是 $LG_0^3$ 和 $LG_0^{-3}$ 光束叠加态的相位分布图，从圆心出发有 6 条发射状等相位线；图 4.6(b) 是 $LG_1^3$ 和 $LG_1^{-3}$ 光束叠加态的相位分布图，有 1 条圆截线，即有 2 层相位突变，每层相位突变 6 次 (有 6 条等相位线)。图 4.6(c) 是 $LG_2^3$ 和 $LG_2^{-3}$ 光束叠加态的相位分布图，有 1 条圆截线，即有 3 层相位突变，每层相位突变 6 次 (有 6 条等相位线)，其余情况不再赘述。以此类推，当 $p$ 相同、$l$ 互为相反数的两束高阶径向 LG 光束共轴叠加时，产生的复合涡旋光束的相位分布有 $p$+1 层相位突变，每层相位突变 $2l$ 次 (有 $2l$ 条等相位线)。

(a) $LG_0^3$和$LG_0^{-3}$光束　(b) $LG_1^3$和$LG_1^{-3}$光束　(c) $LG_2^3$和$LG_2^{-3}$光束　(d) $LG_3^3$和$LG_3^{-3}$光束

图 4.6　拓扑荷数互为相反数的 LG 光束叠加态的相位分布

### 4.2.3　任意径向指数、拓扑荷数的 LG 光束干涉叠加

当任意径向指数、拓扑荷数的两束 LG 光束共轴叠加时，所形成的叠加态的复振幅表达式为

$$u_{\text{two}}(r,\phi)=u_{p_1}^{l_1}(r,\phi)+u_{p_2}^{l_2}(r,\phi) \tag{4.12}$$

其光强和相位分布表达式为

$$I_{p(\text{two})}^{l}=u_{\text{two}}(r,\theta)\times u_{\text{two}}^{*}(r,\theta) \tag{4.13}$$

$$\phi_{p(\text{two})}^{l} = \arg[u_{\text{two}}(r,\theta)] \tag{4.14}$$

图 4.7 为任意径向指数、任意拓扑荷数的双 LG 光束叠加态的光强分布图。观察图 4.7 可知，双 LG 光束叠加态的光强分布无论是出现亮环状还是“花瓣”状，均为 4 层，产生此现象的原因是共轴叠加 LG 光束的径向指数的最大值均为 3。

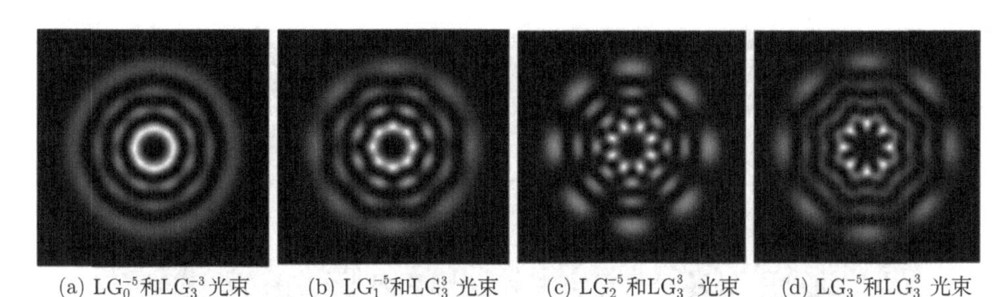

(a) $\mathrm{LG}_0^{-5}$和$\mathrm{LG}_3^{-3}$ 光束　(b) $\mathrm{LG}_1^{-5}$和$\mathrm{LG}_3^{3}$ 光束　(c) $\mathrm{LG}_2^{-5}$和$\mathrm{LG}_3^{3}$ 光束　(d) $\mathrm{LG}_3^{-5}$和$\mathrm{LG}_3^{3}$ 光束

图 4.7　任意径向指数、任意拓扑荷数的双 LG 光束叠加态的光强分布

## 4.3　传输距离对高阶径向 LG 光束叠加态的影响

为了研究两束高阶径向 LG 光束共轴叠加形成的复合涡旋光束的传输特性，理论仿真了不同距离处复合涡旋光束的光强分布特性。为了方便探讨，假定高阶径向 LG 光束共轴叠加时径向指数是相同的。

考虑第 1 种情况，选择 $\mathrm{LG}_1^1$ 和 $\mathrm{LG}_1^5$ 光束为研究对象，研究传输距离对“花瓣”状复合涡旋光束的影响。图 4.8 为拓扑荷数相差较小的高阶径向 LG 光束叠加态的光强分布图。观察图 4.8 可知，随着传输距离的增大，$\mathrm{LG}_1^1$ 和 $\mathrm{LG}_1^5$ 光束叠加态的光强分布有衍射展宽现象，并且沿逆时针方向旋转。

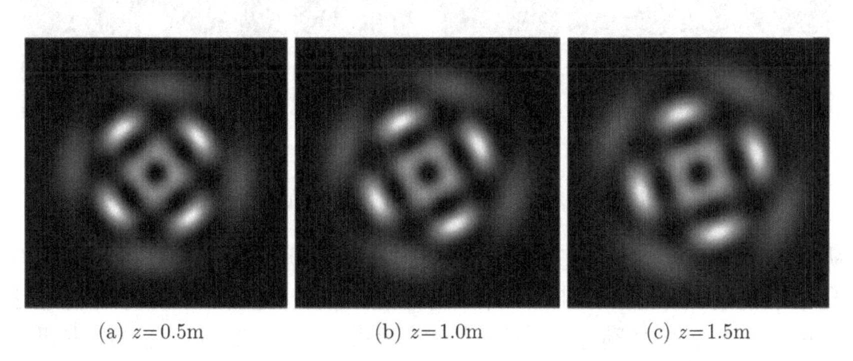

(a) $z$=0.5m　(b) $z$=1.0m　(c) $z$=1.5m

图 4.8　拓扑荷数相差较小的高阶径向 LG 光束叠加态的光强分布

考虑第 2 种情况，选择 $\mathrm{LG}_1^1$ 和 $\mathrm{LG}_1^{20}$ 光束为研究对象，研究传输距离对多环状复合涡旋光束的影响。图 4.9 为拓扑荷数相差较大的高阶径向 LG 光束叠加

态的光强分布图。观察图 4.9 可知，随着传输距离的增大，$LG_1^1$ 和 $LG_1^{20}$ 光束叠加态的光强分布有衍射展宽现象且不发生旋转。多环状复合涡旋光束在传输过程中依旧能够保留完整的光环且不会影响轨道角动量，这种光束具有稳定性。这是因为，当 LG 光束的拓扑荷数相差较大时，这两束 LG 光束的拓扑荷数保持不变，且各自独立传输互不影响。

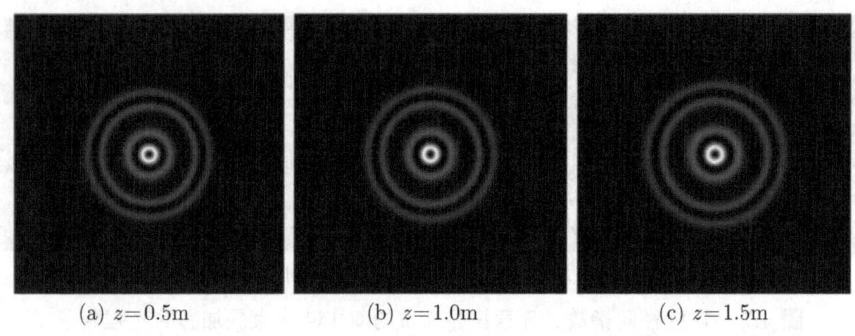

(a) $z=0.5$m　(b) $z=1.0$m　(c) $z=1.5$m

图 4.9　拓扑荷数相差较大的高阶径向 LG 光束叠加态的光强分布

考虑第 3 种情况，选择 $LG_1^2$ 和 $LG_1^{-2}$ 光束为研究对象，研究传输距离对多环状复合涡旋光束的影响。计算参数设置：束腰半径 $\omega_{01}=\omega_{02}=1.0$mm，波长 $\lambda=632.8$nm。图 4.10 是不同传输距离下，拓扑荷数互为相反数的高阶径向 $LG_1^2$ 和 $LG_1^{-2}$ 光束共轴叠加而成的复合涡旋光束的光强分布图。

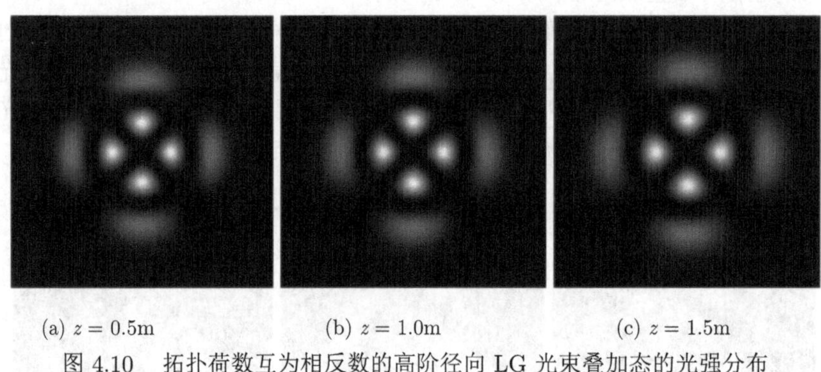

(a) $z=0.5$m　(b) $z=1.0$m　(c) $z=1.5$m

图 4.10　拓扑荷数互为相反数的高阶径向 LG 光束叠加态的光强分布

从图 4.10 可以看出，随传输距离增加，复合涡旋光束的光斑逐渐展宽，这是由光束的衍射造成的。此时，复合涡旋光束的光强分布不发生旋转，这是因为径向指数相同、拓扑荷数互为相反数的两束高阶径向 LG 光束的古伊相位刚好相反，共轴叠加时会相互抵消为零，没有产生额外相位，所以并不会发生角向旋转。

## 4.4 束腰半径对高阶径向 LG 光束叠加态的影响

为了研究不同束腰半径对高阶径向 LG 光束叠加态光强分布的影响，以 $LG_1^2$ 和 $LG_1^{-2}$ 光束共轴叠加而成的复合涡旋光束为研究对象。设定传输距离 $z$=1.5m，波长 $\lambda$=632.8nm。

图 4.11 为保持 $LG_1^2$ 光束的束腰半径 $\omega_{01}=1.0$mm 不变，逐渐增大 $LG_1^{-2}$ 光束的束腰半径 $\omega_{02}$ 时，该复合涡旋光束的光强分布特性 (此时 $\omega_{01}\leqslant\omega_{02}$)。观察图 4.11 易知，当 $\omega_{01}=\omega_{02}$ 时，复合涡旋光束的光强分布左右对称，没有旋转“拖尾”现象；当 $\omega_{01}<\omega_{02}$ 时，复合涡旋光束的光强分布顺时针旋转且出现了“拖尾”现象。两束 LG 光束的束腰半径差距越大，它们干涉叠加而成的复合涡旋光束旋转越明显。这是因为 LG 光束的古伊相位与束腰半径有关，束腰半径不同的两束 LG 光束叠加会产生额外相位，引发角向旋转。

图 4.12 为保持 $LG_1^{-2}$ 光束的束腰半径 $\omega_{02}=1.0$mm 不变，逐渐增大 $LG_1^2$ 光束的束腰半径 $\omega_{01}$ 时，该复合涡旋光束的光强分布特性 (此时 $\omega_{01}\geqslant\omega_{02}$)。观察图 4.12 易知，当 $\omega_{01}=\omega_{02}$ 时，复合涡旋光束的光强分布左右对称，没有旋转“拖尾”现象；当 $\omega_{01}>\omega_{02}$ 时，复合涡旋光束的光强分布逆时针旋转且出现了顺时针旋转的“拖尾”现象。两束 LG 光束的束腰半径差距越大，它们干涉叠加而成的复合涡旋光束旋转越明显。

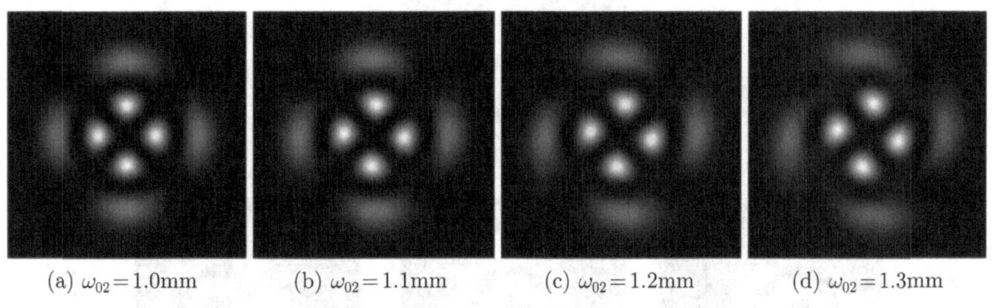

(a) $\omega_{02}=1.0$mm (b) $\omega_{02}=1.1$mm (c) $\omega_{02}=1.2$mm (d) $\omega_{02}=1.3$mm

图 4.11 不同束腰半径 $\omega_{02}$ 下复合涡旋光束的光强分布

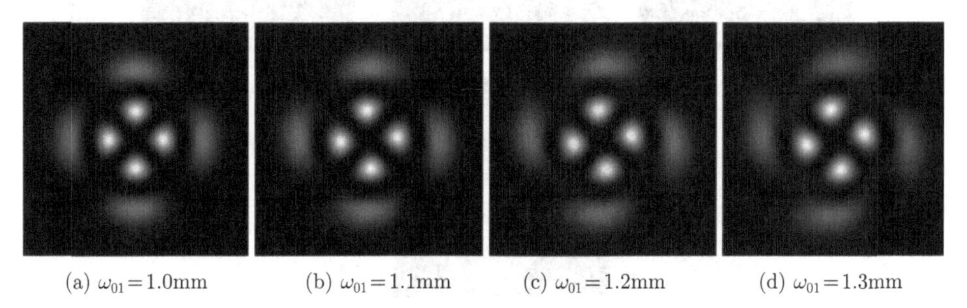

(a) $\omega_{01}=1.0$mm (b) $\omega_{01}=1.1$mm (c) $\omega_{01}=1.2$mm (d) $\omega_{01}=1.3$mm

图 4.12 不同束腰半径 $\omega_{01}$ 下复合涡旋光束的光强分布

对比图 4.11 和图 4.12 的仿真结果，可以得到一种判别高阶径向 LG 光束拓扑荷数符号的新方法。当观察到复合涡旋光束的光强分布呈顺时针旋转且“拖尾”方向逆时针旋转的现象时，可以判定束腰半径较大的光束拓扑荷数为负，而另一光束的拓扑荷数为正；当观察到复合涡旋光束的光强分布呈逆时针旋转且“拖尾”方向顺时针旋转的现象时，可以判定束腰半径较大的光束拓扑荷数为正，而另一光束的拓扑荷数为负。

## 4.5 离轴参数对高阶径向 LG 光束叠加态的影响

在研究两束高阶径向 LG 光束离轴叠加时，只需要考虑两束光的相对位移即可。假设其中一束光的中心相位奇点位于原点处，另一束光的中心相位奇点位于偏离原点处，偏离 $x$ 轴和 $y$ 轴的位移分别为 $\Delta x$ 和 $\Delta y$，则这样的两束高阶径向 LG 光束离轴叠加后的光场表达式为

$$u_{\text{two}}(x,y)=u_{p_1}^{l_1}(x+\Delta x,y+\Delta y)+u_{p2}^{-l_2}(x,y) \tag{4.15}$$

根据 $\Delta x$ 和 $\Delta y$ 符号不同，LG 光束位置可分为五种情况，如图 4.13 所示。

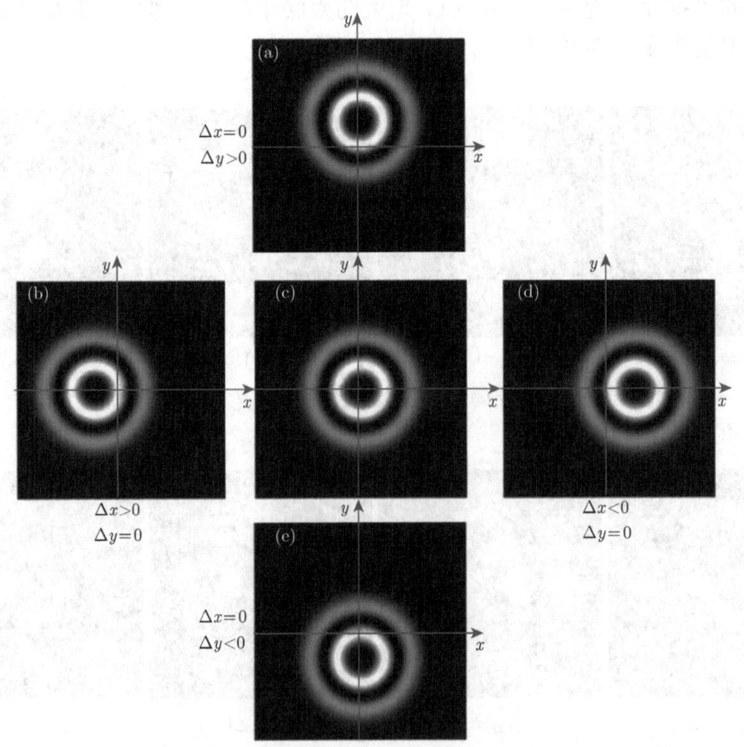


图 4.13 不同位置处的 LG 光束光强分布

观察图 4.13(c) 和 (e) 可知，当 $\Delta y < 0$ 时，LG 光束的中心相位奇点向下移动；观察图 4.13(a) 和 (c) 可知，当 $\Delta y > 0$ 时，LG 光束的中心相位奇点向上移动；观察图 4.13(b) 和 (c) 可知，当 $\Delta x > 0$ 时，LG 光束的中心相位奇点向左移动；观察图 4.13(c) 和 (d) 可知，当 $\Delta x < 0$ 时，LG 光束的中心相位奇点向右移动。

为了研究离轴参数 $\Delta x$ 和 $\Delta y$ 对高阶径向 LG 光束叠加态光强分布的影响，以 $\mathrm{LG}_1^1$ 和 $\mathrm{LG}_1^{-1}$ 光束、$\mathrm{LG}_1^3$ 和 $\mathrm{LG}_1^{-3}$ 光束共轴叠加而成的复合涡旋光束为研究对象。

图 4.14 为不同纵向偏移量 $\Delta y$ 下高阶径向 LG 光束叠加态光强分布。从图中可以看出，纵向偏移量 $\Delta y=0$ 时，高阶径向 LG 光束叠加态的光强分布关于原点对称；纵向偏移量 $\Delta y \neq 0$ 时，高阶径向 LG 光束叠加态的光强分布不再关于原点对称。当 $\Delta y < 0$ 时，随着 $|\Delta y|$ 的增大，叠加态的中心相位奇点从中心位置逐渐向下移动；当 $\Delta y > 0$ 时，随着 $|\Delta y|$ 的增大，叠加态的中心相位奇点从中心位置逐渐向上移动。

图 4.15 为不同横向偏移量 $\Delta x$ 下高阶径向 LG 光束叠加态光强分布。从图

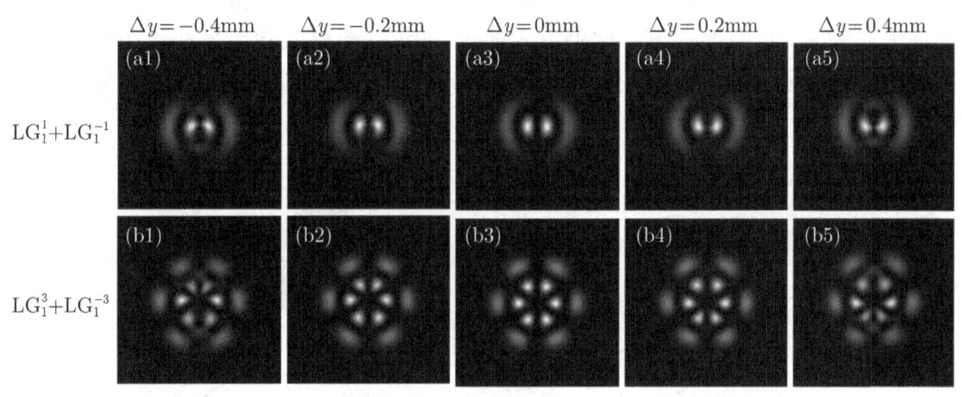


图 4.14　不同纵向偏移量 $\Delta y$ 下复合涡旋光束的光强分布

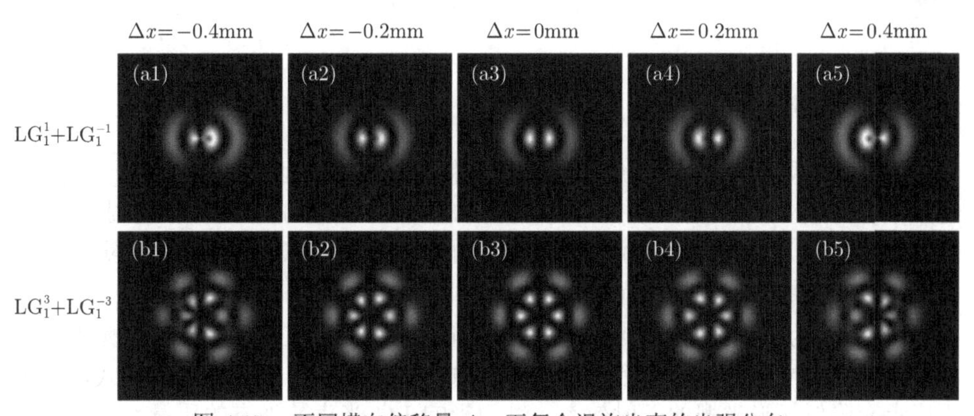


图 4.15　不同横向偏移量 $\Delta x$ 下复合涡旋光束的光强分布

中可以看出，横向偏移量 $\Delta x=0$ 时，高阶径向 LG 光束叠加态的光强分布关于原点对称；横向偏移量 $\Delta x \neq 0$ 时，高阶径向 LG 光束叠加态的光强分布不再关于原点对称。当 $\Delta x<0$ 时，随着 $|\Delta x|$ 的增大，叠加态的中心相位奇点从中心位置逐渐向右移动；当 $\Delta x>0$ 时，随着 $|\Delta x|$ 的增大，叠加态的中心相位奇点从中心位置逐渐向左移动。

## 4.6 高阶径向 LG 光束叠加态的实验

### 4.6.1 实验装置

利用 SLM 对平面波进行相位调制，可以产生高阶径向 LG 光束及其叠加态。图 4.16 是实现高阶径向 LG 光束共轴叠加形成新型复合涡旋光束的实验装置图。实验选择的光源是波长 $\lambda = 632.8\text{nm}$ 的 He-Ne 激光器，渐变密度滤光片 (gradient density filter，GDF) 可以降低激光器的发射功率，偏振片可以滤除其他偏振方向的光，从而得到单一偏振方向的光。此外，也可以利用半波片调整入射光的偏振方向。利用双透镜实现光源的扩束准直，使光束宽度与 SLM 的有效区域相匹配。

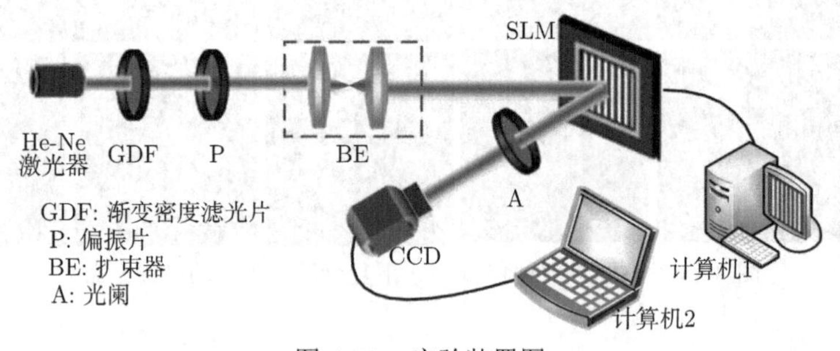


图 4.16　实验装置图

### 4.6.2 全息图的产生

本小节主要实现两路高阶径向 LG 光束的叠加态，因此将两路高阶径向 LG 光束的共轴叠加等效为其对应叉形光栅的叠加 [5]，叠加全息图的形成过程如图 4.17 所示。将平面波入射到加载了叠加全息图的 SLM 上进行干涉实验，从而得到干涉叠加的复合涡旋光束。

图 4.18 为 $\text{LG}_3^3$ 和 $\text{LG}_2^{-5}$ 光束的叠加全息图，由于 $\text{LG}_3^3$ 和 $\text{LG}_2^{-5}$ 光束的环状位错半径不同，所以当两个叉形图叠加时，全息图会出现更复杂的形式，一定程度上会降低叉形光栅的衍射效率，继而影响 LG 光束叠加态的质量。

图 4.17 叠加全息图的形成过程

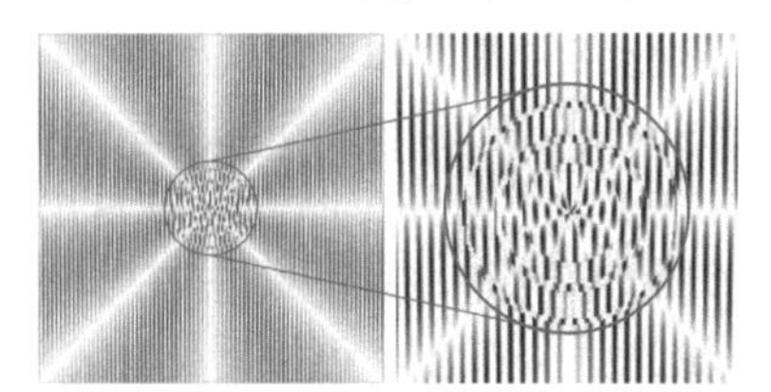

图 4.18 $\mathrm{LG}_3^3$ 和 $\mathrm{LG}_2^{-5}$ 光束的叠加全息图

图 4.19 为不同束腰半径下 $\mathrm{LG}_1^1$ 和 $\mathrm{LG}_1^{-1}$ 光束叠加所对应的叠加全息图。

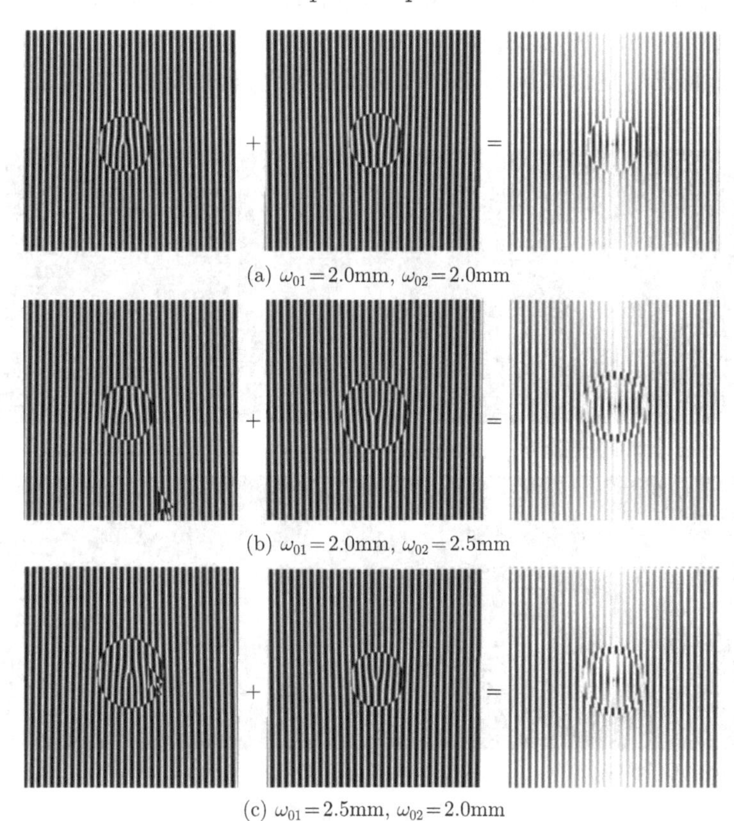

(a) $\omega_{01}=2.0\mathrm{mm}$, $\omega_{02}=2.0\mathrm{mm}$

(b) $\omega_{01}=2.0\mathrm{mm}$, $\omega_{02}=2.5\mathrm{mm}$

(c) $\omega_{01}=2.5\mathrm{mm}$, $\omega_{02}=2.0\mathrm{mm}$

图 4.19 不同束腰半径下 $\mathrm{LG}_1^1$ 和 $\mathrm{LG}_1^{-1}$ 光束叠加所对应的叠加全息图

从图 4.19 可以发现，当束腰半径相等时，叠加全息图中只有一个环状位错；当束腰半径不相等时，叠加全息图的环状位错呈现更复杂的结构。这是因为束腰半径会影响高阶径向 LG 光束的相位函数，继而影响叠加全息图的结构。

### 4.6.3　实验结果分析

图 4.20(a)~(f)、图 4.21(a)~(f) 分别是 $LG_0^1$ 和 $LG_0^{-1}$ 光束、$LG_1^1$ 和 $LG_1^{-1}$ 光束、$LG_2^1$ 和 $LG_2^{-1}$ 光束、$LG_0^3$ 和 $LG_0^{-3}$ 光束、$LG_1^3$ 和 $LG_1^{-3}$ 光束、$LG_2^3$ 和 $LG_2^{-3}$ 光束共轴叠加而成的复合涡旋光束的理论和实验光强分布图，仿真和实验参数：波长 $\lambda$=632.8nm，传输距离 $z$=1.5m，束腰半径 $\omega_{01}=\omega_{02}=1.0\text{mm}$。图 4.20(b) 为 $LG_1^1$ 和 $LG_1^{-1}$ 光束叠加态的理论光强分布图，可以看出中心强度为 0，里层有 2 个亮“花瓣”，外层有 2 个亮“花瓣”，且呈现左右对称分布；图 4.20(e) 为 $LG_1^3$ 和 $LG_1^{-3}$ 光束叠加态的理论光强分布图，可以看出中心强度为 0，里层有 6 个亮“花瓣”，外层有 6 个亮“花瓣”，且呈现左右对称分布，其余情况不再赘述。观察图 4.20 知，随着 $p$ 的增大，亮“花瓣”层数逐渐增大，整体光斑直径逐渐增大，但中心亮“花瓣”直径逐渐减小。实验结果和理论分析结果吻合。

图 4.22(a)~(c)、图 4.23(a)~(c) 分别是不同传输距离下，$LG_1^1$ 和 $LG_1^{-1}$ 光束共轴叠加而成的复合涡旋光束的理论和实验光强分布图；图 4.22 (d)~(f)、

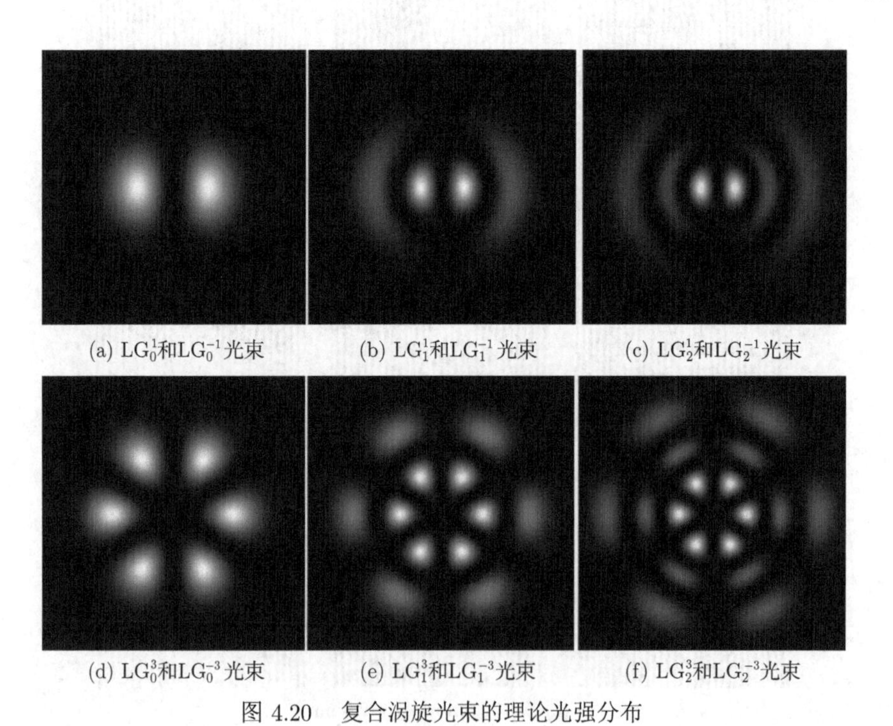

(a) $LG_0^1$和$LG_0^{-1}$光束　(b) $LG_1^1$和$LG_1^{-1}$光束　(c) $LG_2^1$和$LG_2^{-1}$光束

(d) $LG_0^3$和$LG_0^{-3}$光束　(e) $LG_1^3$和$LG_1^{-3}$光束　(f) $LG_2^3$和$LG_2^{-3}$光束

图 4.20　复合涡旋光束的理论光强分布

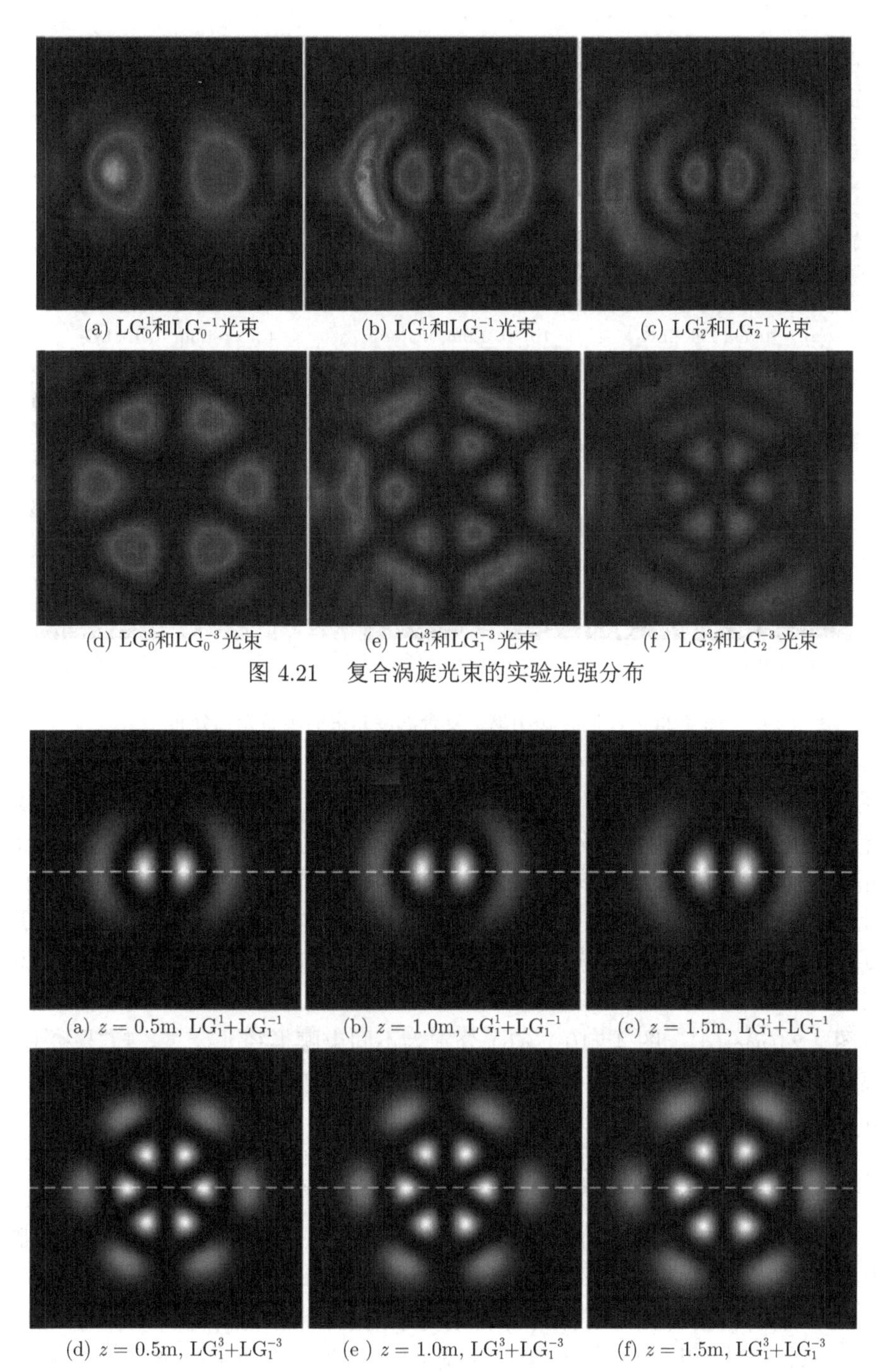

(a) $LG_0^1$和$LG_0^{-1}$光束　(b) $LG_1^1$和$LG_1^{-1}$光束　(c) $LG_2^1$和$LG_2^{-1}$光束

(d) $LG_0^3$和$LG_0^{-3}$光束　(e) $LG_1^3$和$LG_1^{-3}$光束　(f) $LG_2^3$和$LG_2^{-3}$光束

图 4.21　复合涡旋光束的实验光强分布

(a) $z=0.5\text{m}$, $LG_1^1+LG_1^{-1}$　(b) $z=1.0\text{m}$, $LG_1^1+LG_1^{-1}$　(c) $z=1.5\text{m}$, $LG_1^1+LG_1^{-1}$

(d) $z=0.5\text{m}$, $LG_1^3+LG_1^{-3}$　(e) $z=1.0\text{m}$, $LG_1^3+LG_1^{-3}$　(f) $z=1.5\text{m}$, $LG_1^3+LG_1^{-3}$

图 4.22　不同传输距离下复合涡旋光束的理论光强分布

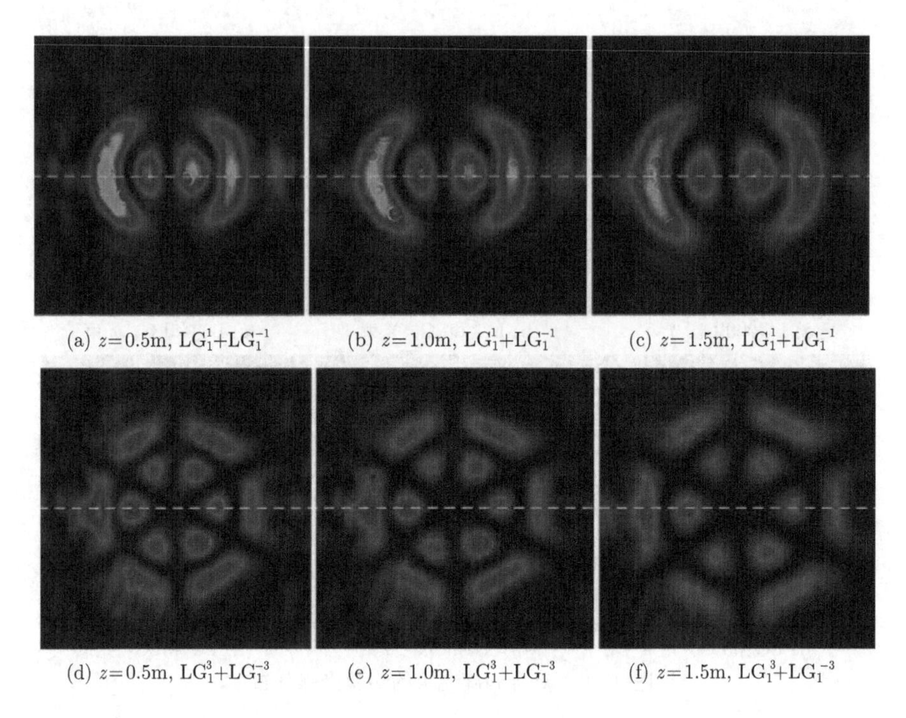


图 4.23　不同传输距离下复合涡旋光束的实验光强分布

图 4.23(d)~(f) 分别是不同传输距离下，$LG_1^3$ 和 $LG_1^{-3}$ 光束共轴叠加而成的复合涡旋光束的理论和实验光强分布图。仿真和实验参数：传输距离 $z$=0.5m、1.0m、1.5m，束腰半径 $\omega_{01}=\omega_{02}=1.0$mm，波长 λ=632.8nm。从图 4.22 和图 4.23 可以看出，复合涡旋光束在自由空间传输时，随着传输距离的增加，共轴叠加形成的复合涡旋光束光强分布不发生旋转，有一定程度的衍射展宽现象，且光强逐渐变弱。实验结果和理论分析结果基本一致。

图 4.24(a)~(d)、图 4.24(e)~(h) 分别为不同束腰半径 $\omega_{02}$ 下，$LG_1^1$ 和 $LG_1^{-1}$ 光束叠加态、$LG_1^3$ 和 $LG_1^{-3}$ 光束叠加态的理论光强分布图。图 4.25(a)~(d)、图 4.25(e)~(h) 分别为不同束腰半径 $\omega_{02}$ 下，$LG_1^1$ 和 $LG_1^{-1}$ 光束叠加态、$LG_1^3$ 和 $LG_1^{-3}$ 光束叠加态的实验光强分布图。观察图 4.24 和图 4.25 易知，当 $\omega_{01}=\omega_{02}$ 时，复合涡旋光束的光强分布呈左右对称且没有旋转“拖尾”现象；当 $\omega_{01}<\omega_{02}$ 时，复合涡旋光束的光强分布顺时针旋转并伴有逆时针旋转的“拖尾”，且束腰半径差距越大，旋转越明显。实验结果和理论分析结果基本一致。

图 4.26(a)~(d)、图 4.26(e)~(h) 分别为不同束腰半径 $\omega_{01}$ 下，$LG_1^1$ 和 $LG_1^{-1}$ 光束叠加态、$LG_1^3$ 和 $LG_1^{-3}$ 光束叠加态的理论光强分布图；图 4.27(a)~(d)、图 4.27(e)~(h) 分别为不同束腰半径 $\omega_{01}$ 下，$LG_1^1$ 和 $LG_1^{-1}$ 光束叠加态、$LG_1^3$ 和 $LG_1^{-3}$ 光束叠加态的实验光强分布图。观察图 4.26 和图 4.27 易知，当 $\omega_{01}=\omega_{02}$

时，复合涡旋光束的光强分布呈左右对称，没有旋转“拖尾”现象；当 $\omega_{01} > \omega_{02}$ 时，复合涡旋光束的光强分布逆时针旋转并伴有顺时针旋转的“拖尾”，且束腰半径差距越大，旋转越明显。实验结果和理论分析结果基本吻合。

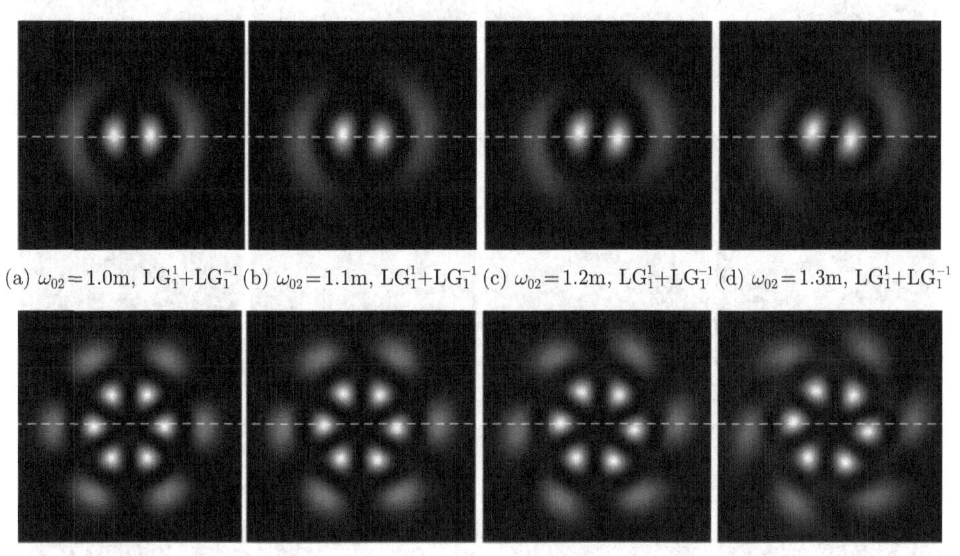

(a) $\omega_{02}=1.0\text{m}$, $\text{LG}_1^1+\text{LG}_1^{-1}$ (b) $\omega_{02}=1.1\text{m}$, $\text{LG}_1^1+\text{LG}_1^{-1}$ (c) $\omega_{02}=1.2\text{m}$, $\text{LG}_1^1+\text{LG}_1^{-1}$ (d) $\omega_{02}=1.3\text{m}$, $\text{LG}_1^1+\text{LG}_1^{-1}$

(e) $\omega_{02}=1.0\text{m}$, $\text{LG}_1^3+\text{LG}_1^{-3}$ (f) $\omega_{02}=1.1\text{m}$, $\text{LG}_1^3+\text{LG}_1^{-3}$ (g) $\omega_{02}=1.2\text{m}$, $\text{LG}_1^3+\text{LG}_1^{-3}$ (h) $\omega_{02}=1.3\text{m}$, $\text{LG}_1^3+\text{LG}_1^{-3}$

图 4.24　不同束腰半径 $\omega_{02}$ 下复合涡旋光束的理论光强分布

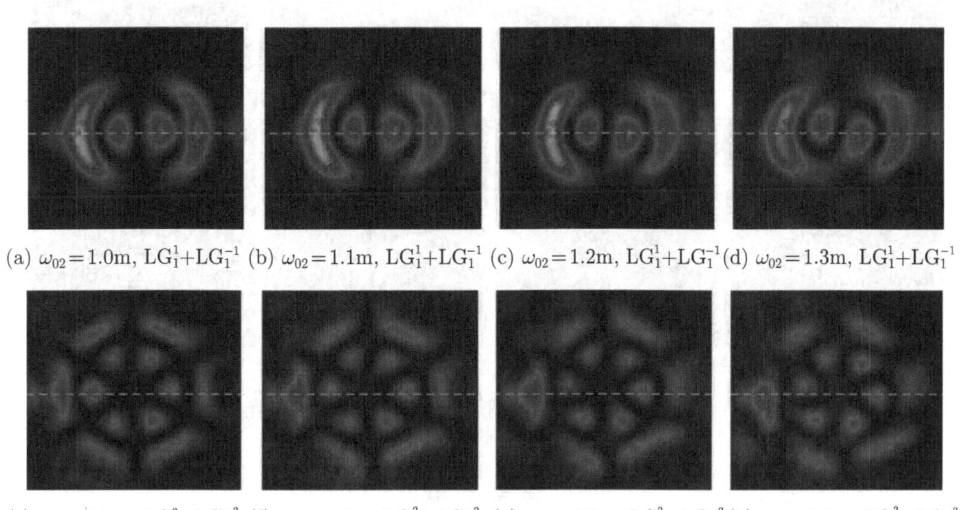

(a) $\omega_{02}=1.0\text{m}$, $\text{LG}_1^1+\text{LG}_1^{-1}$ (b) $\omega_{02}=1.1\text{m}$, $\text{LG}_1^1+\text{LG}_1^{-1}$ (c) $\omega_{02}=1.2\text{m}$, $\text{LG}_1^1+\text{LG}_1^{-1}$ (d) $\omega_{02}=1.3\text{m}$, $\text{LG}_1^1+\text{LG}_1^{-1}$

(e) $\omega_{02}=1.0\text{m}$, $\text{LG}_1^3+\text{LG}_1^{-3}$ (f) $\omega_{02}=1.1\text{m}$, $\text{LG}_1^3+\text{LG}_1^{-3}$ (g) $\omega_{02}=1.2\text{m}$, $\text{LG}_1^3+\text{LG}_1^{-3}$ (h) $\omega_{02}=1.3\text{m}$, $\text{LG}_1^3+\text{LG}_1^{-3}$

图 4.25　不同束腰半径 $\omega_{02}$ 下复合涡旋光束的实验光强分布

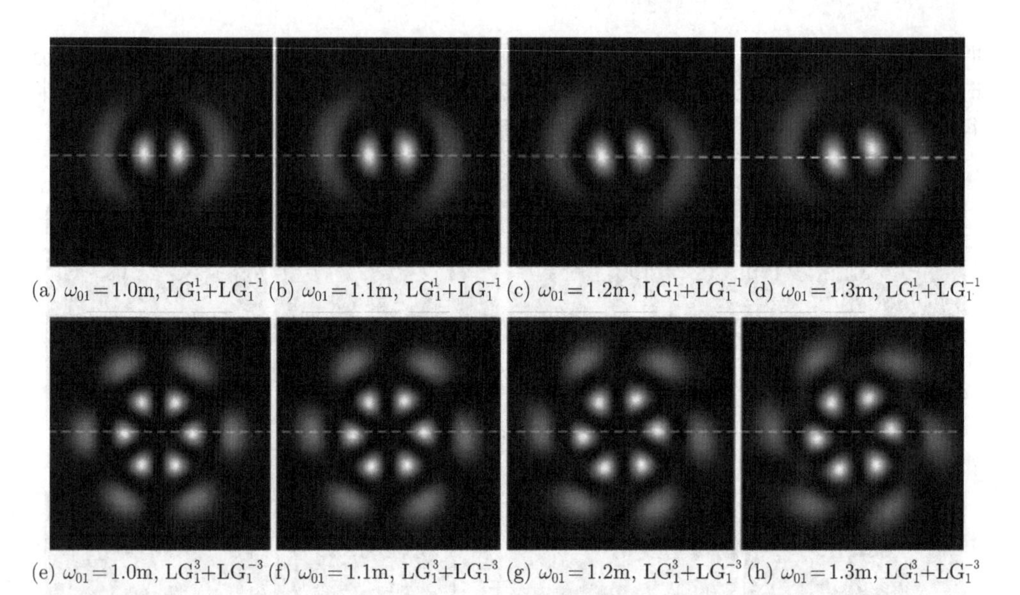

(a) $\omega_{01}=1.0$m, $LG_1^1+LG_1^{-1}$ (b) $\omega_{01}=1.1$m, $LG_1^1+LG_1^{-1}$ (c) $\omega_{01}=1.2$m, $LG_1^1+LG_1^{-1}$ (d) $\omega_{01}=1.3$m, $LG_1^1+LG_1^{-1}$

(e) $\omega_{01}=1.0$m, $LG_1^3+LG_1^{-3}$ (f) $\omega_{01}=1.1$m, $LG_1^3+LG_1^{-3}$ (g) $\omega_{01}=1.2$m, $LG_1^3+LG_1^{-3}$ (h) $\omega_{01}=1.3$m, $LG_1^3+LG_1^{-3}$

图 4.26 不同束腰半径 $\omega_{01}$ 下复合涡旋光束的理论光强分布

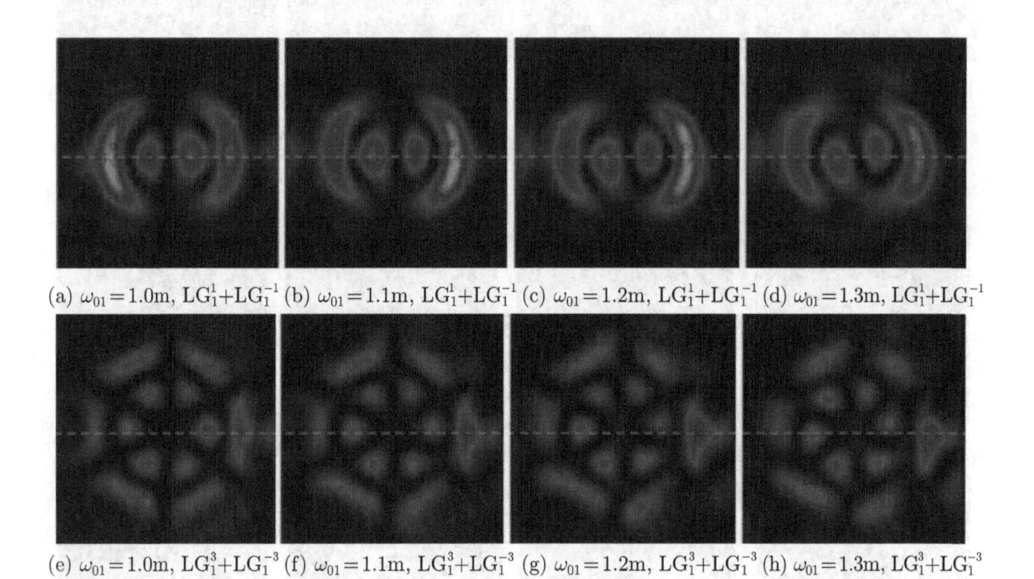

(a) $\omega_{01}=1.0$m, $LG_1^1+LG_1^{-1}$ (b) $\omega_{01}=1.1$m, $LG_1^1+LG_1^{-1}$ (c) $\omega_{01}=1.2$m, $LG_1^1+LG_1^{-1}$ (d) $\omega_{01}=1.3$m, $LG_1^1+LG_1^{-1}$

(e) $\omega_{01}=1.0$m, $LG_1^3+LG_1^{-3}$ (f) $\omega_{01}=1.1$m, $LG_1^3+LG_1^{-3}$ (g) $\omega_{01}=1.2$m, $LG_1^3+LG_1^{-3}$ (h) $\omega_{01}=1.3$m, $LG_1^3+LG_1^{-3}$

图 4.27 不同束腰半径 $\omega_{01}$ 下复合涡旋光束的实验光强分布

## 参 考 文 献

[1] 贺蕊, 吕宏, 闫丽凝, 等. 部分相干径向偏振涡旋光焦场轨道角动量特性 [J]. 激光与红外, 2022, 52(5): 678-685.

[2] 林雅益, 江春勇, 陈志文, 等. 球面波干涉法测量拉盖尔–高斯光的轨道角动量 [J]. 物理实验, 2019, 39(7): 22-26.

[3] NAIDOO D, AIT-AMEURK, BRUNEL M, et al. Intra-cavity generation of superpositions of Laguerre-Gaussian beams[J]. Applied Physics B, 2012, 106(3):683-690.
[4] HUANG S J, MIAO Z, HE C, et al. Composite vortex beams by coaxial superposition of Laguerre-Gaussian beams[J]. Optics and Lasers in Engineering, 2016, 78:132-139.
[5] VAITY P, SINGH R P. Self-healing property of optical ring lattice[J]. Optics Letters, 2011, 36(15):2994-2996.
[6] LI X Z, TAI Y P, LV F J, et al. Measuring the fractional topological charge of LG beams by using interference intensity analysis[J]. Optics Communications, 2015, 334(1):235-239.
[7] 柯熙政, 胥俊宇. 涡旋光束轨道角动量干涉及检测的研究 [J]. 中国激光, 2016(9):192-197.
[8] ANDO T, MATSUMOTO N, OHTAKE Y, et al. Structure of optical singularities in coaxial superpositions of Laguerre-Gaussian modes[J]. Journal of the Optical Society of America A Optics Image Science and Vision, 2010, 27(12):2602-2612.
[9] 向延英, 罗海陆, 文双春. 光束在左手材料中的强度和相位旋转特性 [J]. 强激光与粒子束, 2010, 22(8):1834-1838.
[10] ANGUITA J A, HERRERORS J, DJORDJEVIC I B. Coherent multimode OAM superpositions for multi-dimensional modulation[J]. IEEE Photonics Journal, 2014, 6(2):1-11.

# 第 5 章　涡旋光束的传输特性

本章介绍拉盖尔–高斯 (LG) 光束、贝塞尔–高斯 (BG) 光束在大气湍流中水平及斜程传输理论，并分析其轨道角动量变化特性；研究对比拉盖尔–高斯光束及贝塞尔–高斯光束在大气斜程传输中轨道角动量稳定性；分析大气折射率结构常数、光束波长、天顶角、OAM 指数、光斑大小等参数随传输距离对两类光束各谐波分量的影响。

## 5.1　引　　言

LG 光束在大气湍流中传输时，空间不均匀性会使光子波函数改变，即引起 LG 模的变化，导致轨道角动量指数 $m$ 变化。OAM 在理论上可以构成无穷维希尔伯特空间，利用此特点通过携带多种不同 OAM 的涡旋光传输信息，可以实现高维通信。OAM 在大气传输中的变化会影响通信质量，分析 OAM 的变化规律尤为重要 [1]。

自由空间中存在的大气湍流引起涡旋光束相位起伏和涡旋光束轨道角动量的弥散，给通信带来了码间串扰，所以研究涡旋光束在自由空间中传输时轨道角动量的变化规律变得尤为重要。本章主要通过大气折射率结构常数和天顶角因素的影响来分析拉盖尔–高斯光束和高阶贝塞尔–高斯光束在大气湍流中传输时螺旋谱的变化规律。

## 5.2　LG 光束在大气湍流中的传输

### 5.2.1　理论分析

1. LG 光束在大气中水平传输

光源发出的 LG 光束在近轴近似条件下在大气湍流中传输，假定 LG 光束的发射孔径为 $R$，在入射面 $z=0$ 处, LG 光束的振幅为 [2]

$$u_p^m(\rho,\varphi)=\frac{A}{w_0}\left(\frac{\sqrt{2}\rho}{w_0}\right)^{|m|}(-1)^p\mathrm{L}_p^{|m|}\left(\frac{2\rho^2}{w_0^2}\right)\exp\left(\frac{-\rho^2}{w_0^2}\right)\exp(-\mathrm{i}m\varphi) \tag{5.1}$$

在 Rytov 近似下，LG 光束在湍流介质中 $z$ 处的光场可表示为 [3]

$$u(r,\theta,z) = -\frac{\mathrm{i}}{\lambda z}\exp(\mathrm{i}kz)\iint u_p^m(\rho,\varphi)\exp[\psi(\rho,\varphi,r,\theta,z)] \times \exp\left[\frac{\mathrm{i}k}{2z}(r-\rho)^2\right]\rho\mathrm{d}\rho\mathrm{d}\varphi \tag{5.2}$$

式中，$\psi(\rho,\varphi,r,\theta,z)$ 为大气湍流引入的复相位。

大气湍流引起的空间不均匀性会使光子波函数改变，导致 LG 模变化。为了分析 LG 光束经过大气湍流后 OAM 的成分，可以利用螺旋谱定义计算螺旋谐波各分量所占光束总能量的权重，进而可以分析 LG 光束在湍流介质中 OAM 的变化规律和影响因素。

LG 光束在湍流介质中 $z$ 处光场的复振幅 $u(r,\theta,z)$ 可以用螺旋谐波函数 $\exp(\mathrm{i}l\theta)$ 展开，得到 $u(r,\theta,z)=\frac{1}{\sqrt{2\pi}}\sum_{l=-\infty}^{+\infty}a_l(r,z)\exp(\mathrm{i}l\theta)$，其中 [4]

$$a_l(r,z) = \frac{1}{\sqrt{2\pi}}\int_0^{2\pi}u(r,\theta,z)\exp(-\mathrm{i}l\theta)\mathrm{d}\theta \tag{5.3}$$

由式 (5.2) 和式 (5.3) 可得

$$\begin{aligned}|a_l(r,z)|^2 =& \frac{1}{2\pi}\int_0^{2\pi}\int_0^{2\pi}u(r,\theta_1,z)\exp(-\mathrm{i}l\theta_1)\times u^*(r,\theta_2,z)\exp(\mathrm{i}l\theta_2)\mathrm{d}\theta_1\mathrm{d}\theta_2\\ =& \frac{1}{2\pi}\frac{A^2}{w^2(z)}\left(\frac{\sqrt{2}r}{w(z)}\right)^{2|m|}\left[\mathrm{L}_p^{|m|}\left(\frac{2r^2}{w(z)^2}\right)\right]^2\exp\left(\frac{-2r^2}{w(z)^2}\right)\\ &\times\int_0^{2\pi}\int_0^{2\pi}\langle\exp[\psi(r_1,\theta_1,z)+\psi^*(r_2,\theta_2,z)]\rangle\\ &\times\exp[\mathrm{i}(m-l)\times(\theta_1-\theta_2)]\mathrm{d}\theta_1\mathrm{d}\theta_2\end{aligned} \tag{5.4}$$

采用 Rytov 相位结构函数的二次近似后，$\langle\exp[\psi(r_1,\theta_1,z)+\psi^*(r_2,\theta_2,z)]\rangle$ 可以写为 [5]

$$\begin{aligned}\langle\exp[\psi(r_1,\theta_1,z)+\psi^*(r_2,\theta_2,z)]\rangle &= \exp\left[-\frac{1}{2}D_\Psi(r_1-r_2)\right]\\ &= \exp\left[-\frac{r_1^2+r_2^2-2|r_1||r_2|\cos(\theta_1-\theta_2)}{r_0^2}\right]\end{aligned} \tag{5.5}$$

式中，$D_\Psi$ 为相位结构函数；$r_0=(0.545C_n^2k^2z)^{-3/5}$ 为湍流介质中球面波的相干长度，$C_n^2$ 为大气折射率结构常数。

利用积分公式 [3]：

$$\int_0^{2\pi} \exp[-\mathrm{i}n\theta_1 + \eta\cos(\theta_1 - \theta_2)]\mathrm{d}\theta_1 = 2\pi \exp(-\mathrm{i}n\theta_2)\mathrm{I}_n(\eta) \tag{5.6}$$

式中，$\mathrm{I}_n(\eta)$ 为修正的 $n$ 阶贝塞尔函数。

由式 (5.4)~ 式 (5.6) 可得湍流中光束含径向指数为 $p$、OAM 指数为 $m$ 的螺旋谐波 $C_l$ 为 [6]

$$\begin{aligned}C_l =& \int_0^R |a_l(r,z)|^2 r\mathrm{d}r \\ =& \frac{2\pi A^2}{w^2(z)}\int_0^R \left(\frac{\sqrt{2}r}{w(z)}\right)^{2|m|}\left[\mathrm{L}_p^{|m|}\left(\frac{2r^2}{w(z)^2}\right)\right]^2 \\ & \times \exp\left(\frac{-2r^2}{w(z)^2} - \frac{2r^2}{r_0^2}\right) \times \mathrm{I}_{l-m}\left(\frac{2r^2}{r_0^2}\right) r\mathrm{d}r\end{aligned} \tag{5.7}$$

不同 OAM 的螺旋谐波所占光束总能量的权重为 $P_l = \dfrac{C_l}{\sum\limits_{n=-\infty}^{+\infty} C_n}$。

入射光经过大气湍流后轨道角动量发生弥散，而且以原 OAM 为中心，光束的 OAM 向两侧扩散的分量相等，可以通过螺旋谱定义公式来推导这个结论：

$$\begin{aligned}C_{m+n\Delta l} =& \frac{2\pi A^2}{w^2(z)}\int_0^R \left(\frac{\sqrt{2}r}{w(z)}\right)^{2|m|}\left[\mathrm{L}_p^{|m|}\left(\frac{2r^2}{w(z)^2}\right)\right]^2 \\ & \times \exp\left(\frac{-2r^2}{w(z)^2} - \frac{2r^2}{r_0^2}\right) \times \mathrm{I}_{n\Delta l}\left(\frac{2r^2}{r_0^2}\right) r\mathrm{d}r\end{aligned} \tag{5.8}$$

$$\begin{aligned}C_{m-n\Delta l} =& \frac{2\pi A^2}{w^2(z)}\int_0^R \left(\frac{\sqrt{2}r}{w(z)}\right)^{2|m|}\left[\mathrm{L}_p^{|m|}\left(\frac{2r^2}{w(z)^2}\right)\right]^2 \\ & \times \exp\left(\frac{-2r^2}{w(z)^2} - \frac{2r^2}{r_0^2}\right) \times \mathrm{I}_{-n\Delta l}\left(\frac{2r^2}{r_0^2}\right) r\mathrm{d}r\end{aligned} \tag{5.9}$$

式中，$n$ 取正整数；$\Delta l$=1；$m+n\Delta l$ 与 $m-n\Delta l$ 分别为分布在 OAM 指数为 $l=m$ 的螺旋谐波分量两侧的螺旋谐波分量的 OAM 指数。对比 $C_{m+n\Delta l}$ 和 $C_{m-n\Delta l}$ 发现，只有 $\mathrm{I}_{n\Delta l}\left(\dfrac{2r^2}{r_0^2}\right)$ 和 $\mathrm{I}_{-n\Delta l}\left(\dfrac{2r^2}{r_0^2}\right)$ 不同，$\mathrm{I}_{n\Delta l}\left(\dfrac{2r^2}{r_0^2}\right)$ 和 $\mathrm{I}_{-n\Delta l}\left(\dfrac{2r^2}{r_0^2}\right)$ 分别是 $n\Delta l$ 阶第一类修正贝塞尔函数和 $-n\Delta l$ 阶第一类修正贝塞尔函数。

$$\mathrm{I}_\alpha(x) = \mathrm{i}^{-\alpha}\mathrm{J}_\alpha(\mathrm{i}x), \quad \mathrm{J}_{-\alpha}(x) = (-1)^\alpha \mathrm{J}_\alpha(x) \tag{5.10}$$

式中，$\mathrm{J}_\alpha(x)$ 是第一类贝塞尔函数。由式 (5.7) 和式 (5.8) 可得

$$\mathrm{I}_{-\alpha}(x) = \mathrm{i}^\alpha \mathrm{J}_{-\alpha}(\mathrm{i}x) = (-1)^\alpha \mathrm{i}^\alpha \mathrm{J}_{-\alpha}(\mathrm{i}x) = (-1)^\alpha \mathrm{i}^{2\alpha}\mathrm{I}_\alpha(x) = \mathrm{I}_\alpha(x)$$

推出 $\mathrm{I}_{n\Delta l}\left(\dfrac{2r^2}{r_0^2}\right)=\mathrm{I}_{-n\Delta l}\left(\dfrac{2r^2}{r_0^2}\right)$，所以 [7]：

$$C_{m+n\Delta l}=C_{m-n\Delta l} \tag{5.11}$$

2. 拉盖尔–高斯光束在大气中斜程传输

LG 光束在湍流介质中 $z$ 处光场的复振幅 $u(r,\theta,z)$ 可以用螺旋谐波函数 $\exp(\mathrm{i}l\theta)$ 展开，得到 $a_l(r,z)=\dfrac{1}{\sqrt{2\pi}}\displaystyle\int_0^{2\pi}a_l(r,\theta,z)\exp(-\mathrm{i}l\theta)$，其中 $a_l(r,\theta,z)=\dfrac{1}{\sqrt{2\pi}}\displaystyle\int_0^{2\pi}u(r,\theta,z)\exp(-\mathrm{i}l\theta)\mathrm{d}\theta$，可得 [8]

$$\begin{aligned}|a_l(r,\theta,z)|^2=&\frac{1}{2\pi}\int_0^{2\pi}\int_0^{2\pi}u(r,\theta_1,z)\exp(-\mathrm{i}l\theta_1)\times u^*(r,\theta_2,z)\exp(\mathrm{i}l\theta_2)\mathrm{d}\theta_1\mathrm{d}\theta_2\\=&\frac{1}{2\pi}\frac{A^2}{w^2(z)}\left(\frac{\sqrt{2}r}{w(z)}\right)^{2|m|}\left[\mathrm{L}_p^{|m|}\left(\frac{2r^2}{w(z)^2}\right)\right]^2\exp\left(\frac{-2r^2}{w(z)^2}\right)\\&\times\int_0^{2\pi}\int_0^{2\pi}\langle\exp[\psi(r_1,z)+\psi^*(r_2,z)]\rangle\\&\times\exp[\mathrm{i}(m-l)\times(\theta_1-\theta_2)]\mathrm{d}\theta_1\mathrm{d}\theta_2\end{aligned} \tag{5.12}$$

采用 Rytov 相位结构函数的二次近似后，$\langle\exp[\psi(r_1,z)+\psi^*(r_2,z)]\rangle$ 可以写为 [9]

$$\begin{aligned}\langle\exp[\psi(r_1,z)+\psi^*(r_2,z)]\rangle&=\exp\left[-\frac{1}{2}D_\Psi(r_1-r_2)\right]\\&=\exp\left[-\frac{r_1^2+r_2^2-2|r_1||r_2|\cos(\theta_1-\theta_2)}{r_0^2}\right]\end{aligned} \tag{5.13}$$

式中，$D_\Psi$ 为相位结构函数；斜程大气路径湍流介质中球面波的相干长度 $r_0$ 为 [10]

$$r_0=\left[1.46k^2\int_0^z C_n^2(z)\left(1-\frac{z'}{z}\right)^{5/3}\mathrm{d}z'\right]^{-3/5} \tag{5.14}$$

式中，$C_n^2(z)$ 为大气斜程路径上的折射率结构常数，本书采用 2001 年国际电信联盟提出的随高度变化的 ITU-R 大气结构常数模型 [11]，即

$$\begin{aligned}C_n^2(z\cos\alpha)=&8.148\times10^{-56}v^2(z\cos\alpha)^{10}\exp(-z\cos\alpha/1000)\\&+2.7\times10^{-16}\exp(-z\cos\alpha/1500)+C_n^2(0)\exp(-z\cos\alpha/100)\end{aligned} \tag{5.15}$$

式中，$v = 2.1\mathrm{m/s}$ 是均方根风速；$C_n^2(0)$ 是近地面大气折射率结构常数；$\alpha$ 是斜程信道的天顶角。

利用公式 $\int_0^{2\pi} \exp[-\mathrm{i}n\theta + \eta\cos(\theta_1 - \theta_2)]\mathrm{d}\theta_1 = 2\pi\exp(-\mathrm{i}n\theta_2)\mathrm{I}_n(\eta)$，其中 $\mathrm{I}_n(\eta)$ 为修正的 $n$ 阶贝塞尔函数。利用式 (5.10)~ 式 (5.13) 可得，湍流中光束含径向指数为 $p$、OAM 指数为 $m$ 的螺旋谐波的 $C_l$ 为

$$\begin{aligned} C_l &= \int_0^R |a_l(r,z)|^2 r\mathrm{d}r \\ &= \frac{2\pi A^2}{w^2(z)} \int_0^R \left(\frac{\sqrt{2}r}{w(z)}\right)^{2|m|} \left[\mathrm{L}_p^{|m|}\left(\frac{2r^2}{w(z)^2}\right)\right]^2 \\ &\quad \times \exp\left(\frac{-2r^2}{w(z)^2} - \frac{2r^2}{r_0^2}\right) \times \mathrm{I}_{l-m}\left(\frac{2r^2}{r_0^2}\right) r\mathrm{d}r \end{aligned} \tag{5.16}$$

### 5.2.2　LG 光束经大气湍流斜程信道时的传输特性

取光波波长$\lambda = 632.8\mathrm{nm}$，束腰半径 $w_0$=1cm，接收孔径 $R$=3cm，传输距离 $z$=4000m，大气折射率结构常数 $C_n^2$=$5.4\times10^{-16}\mathrm{m}^{-2/3}$，入射光的 OAM 指数 $m$=3，径向指数 $p = 0$。图 5.1(b) 中，横坐标表示光束经过大气湍流后每份螺旋谐波的 OAM 指数 $m$，纵坐标表示螺旋谐波分量所占能量的权重 $P$，入射光的 OAM 指数 $m$=3，弥散后光束的 OAM 成分主要分布在 OAM 指数 $m$=1、2、3、4、5 的螺旋谐波分量，入射光经过大气湍流后轨道角动量发生了弥散，并且以原 OAM 为中心，光束的 OAM 向两侧扩散的分量相等。图 5.1(a) 中，三条曲线分别表示 $l = m$、$l = m+1$、$l = m+2$ 的螺旋谱分量，$m$ 为入射光的 OAM 指数，已证明 $C_{m+n\Delta l} = C_{m-n\Delta l}$，所以 $l = m+1$ 的螺旋谱分量和 $l = m - 1$ 的螺旋谱

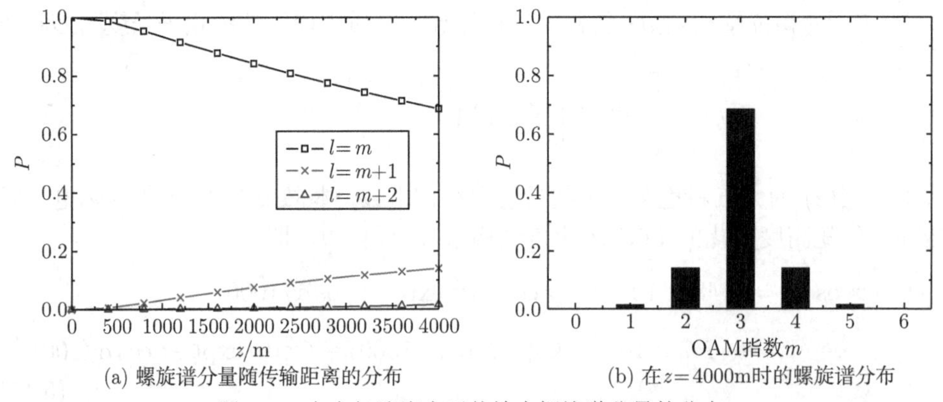


(a) 螺旋谱分量随传输距离的分布　(b) 在z=4000m时的螺旋谱分布

图 5.1　在大气湍流水平传输中螺旋谱分量的分布

分量相等，$l=m+2$ 的螺旋谱分量和 $l=m-2$ 的螺旋谱分量相等，因此只需表示 $l=m+1$、$l=m+2$ 的螺旋谱分量，即可知道 $l=m-2$ 的螺旋谱分量。$l=m$ 的螺旋谱分量随着传输距离 $z$ 的增加逐渐变小，$l=m+1$、$l=m+2$ 的螺旋谱分量随着传输距离 $z$ 的增加逐渐变大，可知 OAM 指数为 $m$ 的入射光经过大气湍流传输后 OAM 已经发生了弥散，而且传输距离 $z$ 越大，OAM 发散得越强烈。

大气湍流近地面折射率结构常数 $C_n^2(0)=8.1\times10^{-15}\mathrm{m}^{-2/3}$，光波波长 $\lambda=632\mathrm{nm}$，束腰半径 $w_0$=1cm，接收孔径 $R$=3cm，天顶角 $\alpha=\pi/3$，传输距离 $z$=4000m，入射光的 OAM 指数 $m=4$ 和径向指数 $p$=0。图 5.2 中，横坐标表示光束经过大气湍流后每份螺旋谐波分量的 OAM 指数 $m$，纵坐标表示螺旋谐波分量所占能量的权重 $P$，入射光的 OAM 指数 $m$=4，弥散后光束的 OAM 成分主要分布在 OAM 指数 $m$=1、2、3、4、5、6、7 的螺旋谐波分量。入射光经过大气湍流后轨道角动量发生了弥散，并且以原 OAM 为中心，光束的 OAM 向两侧扩散的分量相等，这个结论在大气湍流斜程传输的情况下也成立。

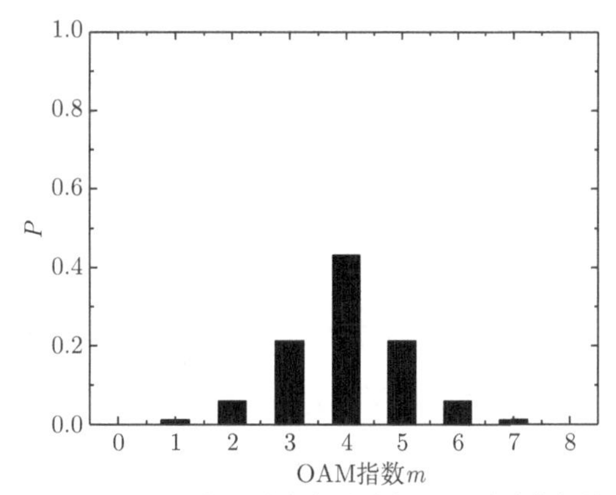

图 5.2　LG 光束经过大气湍流斜程信道时的螺旋谱分布

分析大气湍流近地面折射率结构常数 $C_n^2(0)$ 和传输距离 $z$ 对螺旋谱的影响，取光波波长$\lambda$=632nm，束腰半径 $w_0$=1cm，接收孔径 $R$=2cm，天顶角 $\alpha=\pi/3$，传输距离 $z$ 为 0~4000m，入射光的 OAM 指数 $m$=4。

图 5.3(a) 中，三条曲线分别表示 $l=m$、$l=m+1$、$l=m+2$ 的螺旋谱分量，$m$ 为入射光的 OAM 指数。从整体上来看，$l=m$ 的螺旋谱分量随着传输距离 $z$ 的增加逐渐变小，$l=m+1$、$l=m+2$ 的螺旋谱分量随着传输距离 $z$ 的增加逐渐变大，可知 OAM 指数为 $m$ 的入射光经过大气湍流传输后 OAM 已经发生了弥散，而且传输的距离 $z$ 越大，OAM 发散得越强烈。

由图 5.3(a)~(c) 的对比中可以看出，近地面大气折射率结构常数 $C_n^2(0)$ 越大，OAM 发散得越强烈。由 $l=m$ 的螺旋谱分量随传输距离 $z$ 变化的曲线可以看出，函数曲线在最开始的时候曲率最大，然后曲率渐渐变小，曲线趋向平缓，说明在大气湍流斜程传输过程中，最开始的时候 OAM 发散速度最快，之后 OAM 的发散速度渐渐变缓。这是因为大气折射率结构常数受高度影响，根据式 (5.15)，近地面大气折射率结构常数最大，越往高处，大气折射率结构常数越小，所以对涡旋光的 OAM 影响越小，OAM 发散速度变缓。

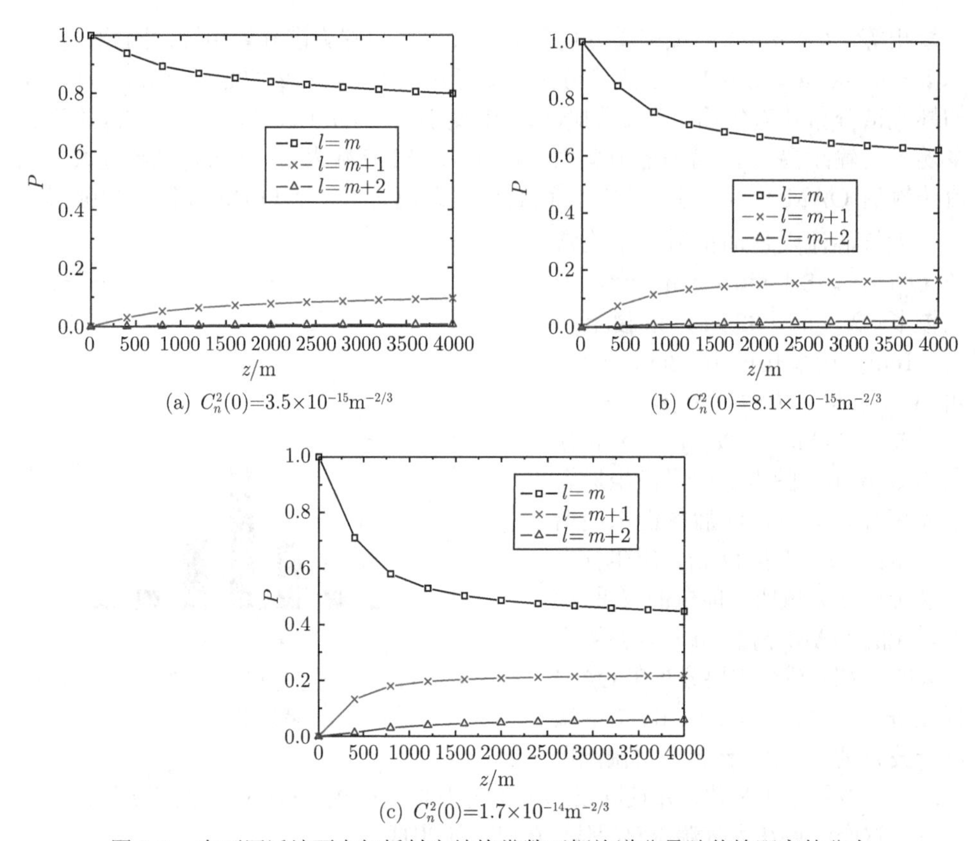


(a) $C_n^2(0)=3.5\times10^{-15}\mathrm{m}^{-2/3}$

(b) $C_n^2(0)=8.1\times10^{-15}\mathrm{m}^{-2/3}$

(c) $C_n^2(0)=1.7\times10^{-14}\mathrm{m}^{-2/3}$

图 5.3 在不同近地面大气折射率结构常数下螺旋谱分量随传输距离的分布

分析光波波长 $\lambda$ 随传输距离 $z$ 变化对螺旋谱的影响，取束腰半径 $w_0$=1cm，接收孔径 $R$=3cm，近地面大气折射率结构常数 $C_n^2(0)=8.1\times10^{-15}\mathrm{m}^{-2/3}$，天顶角 $\alpha=\pi/3$，传输距离 $z$ 为 0~4000m，入射光的 OAM 指数 $m$=3。

由图 5.4 看出，光波波长对螺旋谱的影响很明显，光波波长越短，OAM 发散得越强烈，光波波长越长，在大气湍流中携带的 OAM 信息越稳定，在利用 OAM 进行大气通信时，为了减小 OAM 弥散的程度，应当选取波长较长的光。

分析接收孔径 $R$ 随传输距离 $z$ 变化对螺旋谱的影响，取光波波长$\lambda$=632nm，束腰半径 $w_0$=1cm，近地面大气折射率结构常数 $C_n^2(0)=8.1\times10^{-15}\mathrm{m}^{-2/3}$，天顶角 $\alpha=\pi/3$，传输距离 $z$ 为 0~4000m，入射光的 OAM 指数 $m$=5。

由图 5.5 看出，随着接收孔径 $R$ 的增加，OAM 弥散增强。这是由于光束的相位波动受束腰半径和 Fried 参数的比值的影响，相位结构函数理论值为 $D_r(r)=6.88(r/r_0)^{5/3}$，$r_0$ 为 Fried 参数。接收孔径 $R$ 的增加会导致光束束腰半径和 Fried 参数的比值增加，引起相位波动增加，光束受到的湍流干扰增大，OAM 弥散增强。

分析天顶角$\alpha$ 和传输距离 $z$ 对螺旋谱的影响，取光波波长$\lambda$=632nm，束腰

半径 $w_0$=1cm，接收孔径 $R$=3cm，近地面大气折射率结构常数 $C_n^2(0) = 8.1 \times 10^{-15}\ \mathrm{m}^{-2/3}$，传输距离 $z$ 为 0~4000m，入射光的 OAM 指数 $m$=3。

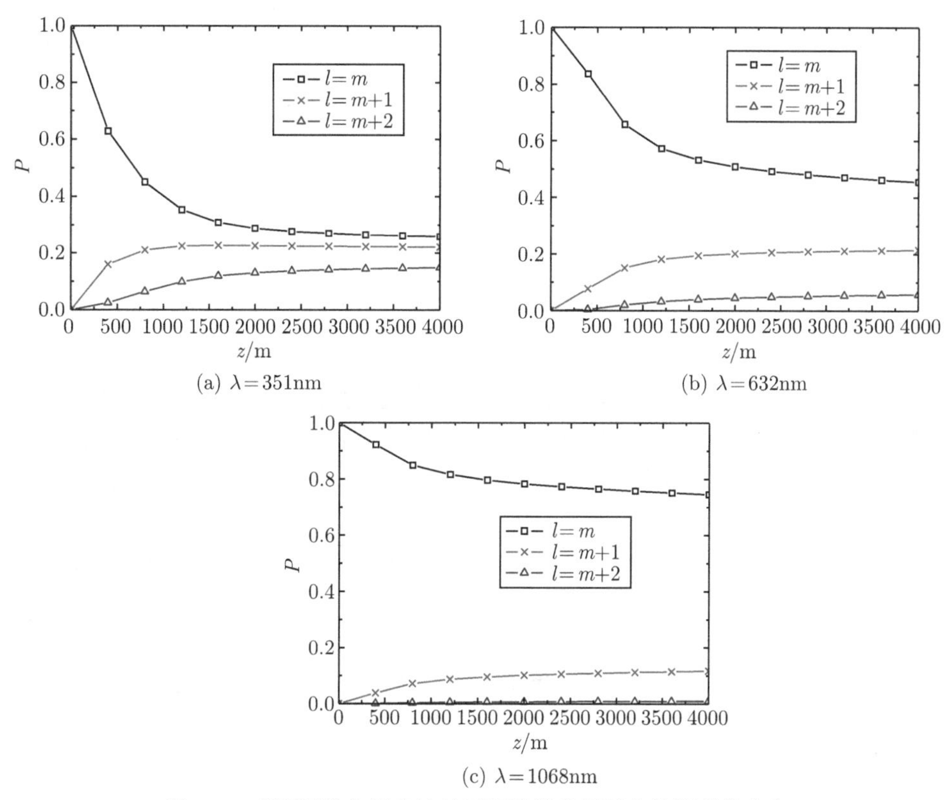


(a) $\lambda$=351nm　(b) $\lambda$=632nm　(c) $\lambda$=1068nm

图 5.4　在不同的入射光波长下螺旋谱分量随传输距离的分布

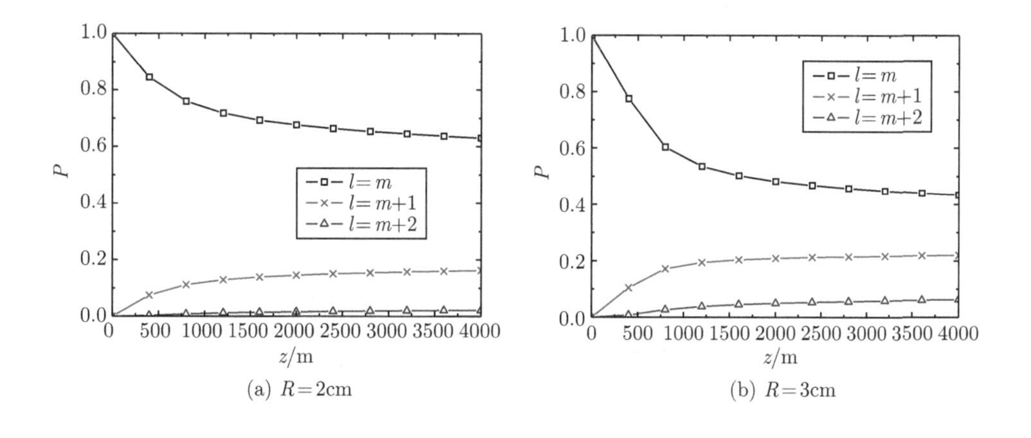


(a) $R$=2cm　(b) $R$=3cm

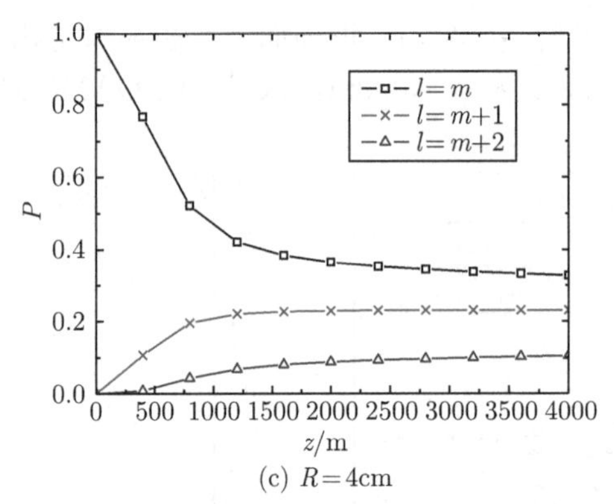


(c) $R=4\text{cm}$

图 5.5 在不同的接收孔径下螺旋谱分量随传输距离的分布

比较图 5.6(a)~(c)，天顶角在 0~π/2，天顶角越大，OAM 弥散得越强烈。这是因为天顶角越大，大气信道越趋向水平地面。由随高度变化的 ITU-R 大气结构常数模型可知，大气折射率结构常数随高度变化的过程中，位置越低，大气折射率结构常数越大，所以大气信道越趋向水平地面，大气折射率结构常数越大，OAM

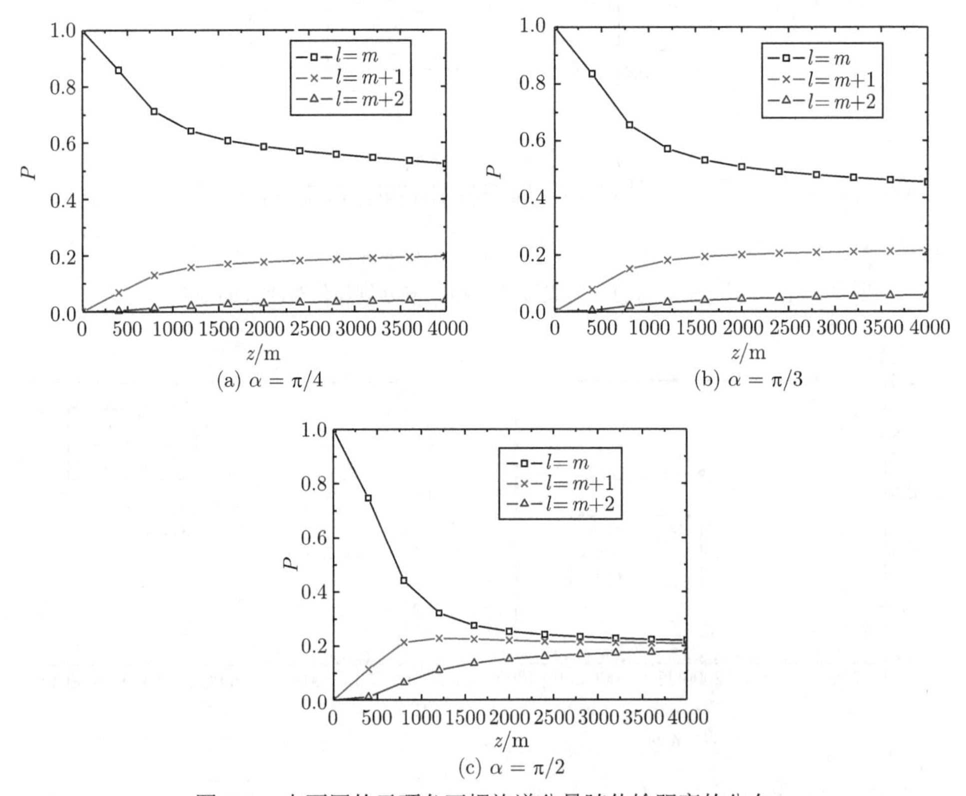


(a) $\alpha=\pi/4$

(b) $\alpha=\pi/3$

(c) $\alpha=\pi/2$

图 5.6 在不同的天顶角下螺旋谱分量随传输距离的分布

弥散得越强烈。图 5.6(c) 所示是天顶角 $\alpha=\pi/2$ 的情况，即光束在大气信道中水平传输，随着传输距离增加，OAM 弥散得越来越强烈，$l=m$ 的螺旋谱分量随传输距离 $z$ 变化的曲线与 $l=m+1$ 的螺旋谱分量随传输距离 $z$ 变化的曲线逐渐趋向逼近，说明 $l=m$ 的螺旋谱分量已经弥散到与 $l=m+1$ 的螺旋谱分量近似，螺旋谱分量逐渐趋于相等。

分析入射光 OAM 指数 $m$ 和传输距离 $z$ 对螺旋谱的影响，取光波波长$\lambda$=632nm，束腰半径 $w_0$=1cm，接收孔径 $R$=3cm，近地面大气折射率结构常数 $C_n^2(0)=8.1\times10^{-15}\text{m}^{-2/3}$，传输距离 $z$ 为 0~4000m，天顶角 $\alpha=\pi/3$。

从图 5.7 中看出，随着入射光 OAM 指数增大，OAM 弥散变强烈。由图中曲线看出，在 $m$=3 至 $m$=10 这个范围，OAM 弥散的程度差别比较明显；在 $m$=10 至 $m$=20 这个范围，OAM 弥散的程度差别很小，说明在入射光 OAM 指数逐渐增大的过程中，大气湍流对其 OAM 的影响趋向稳定。

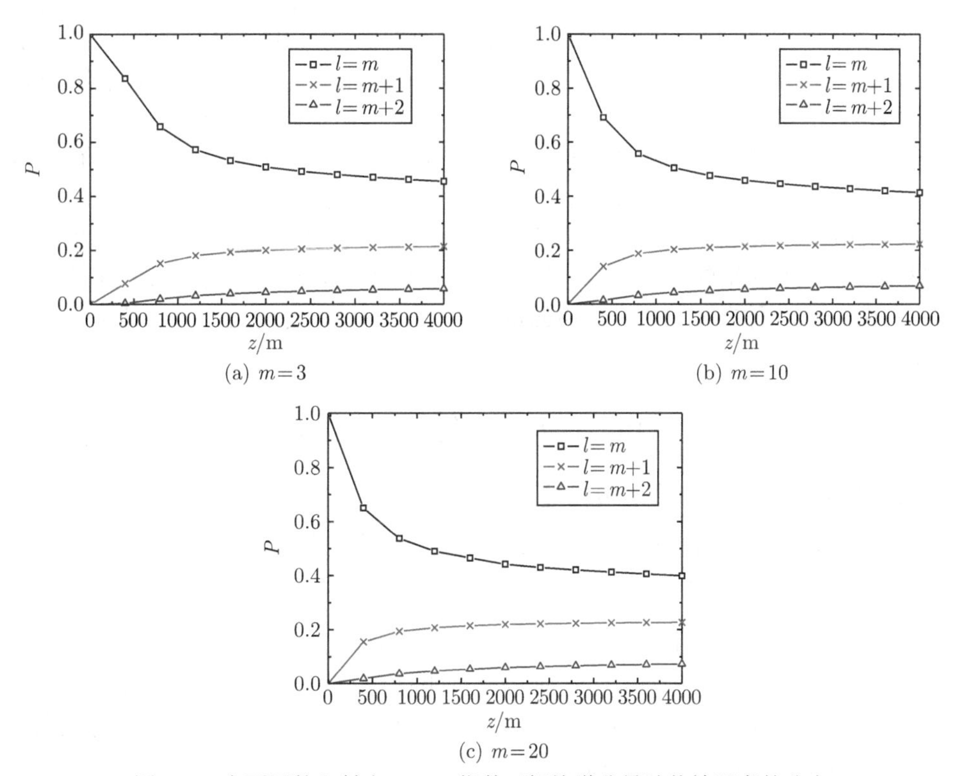

(a) $m$=3　(b) $m$=10　(c) $m$=20

图 5.7　在不同的入射光 OAM 指数下螺旋谱分量随传输距离的分布

分析在大气湍流中束腰半径 $w_0$ 对螺旋谱的影响，取光波波长 $\lambda$=632nm，接收孔径 $R$=3cm，近地面大气折射率结构常数 $C_n^2(0)=8.1\times10^{-15}\text{m}^{-2/3}$，传输距离 $z$=4000，天顶角 $\alpha=\pi/3$，入射光的 OAM 指数 $m$=4。

在入射光束束腰半径 $w_0$=1cm、3cm、5cm 的情况下，螺旋谱各分量大致相当，如图 5.8 所示，说明束腰半径 $w_0$ 对螺旋谱影响非常小。

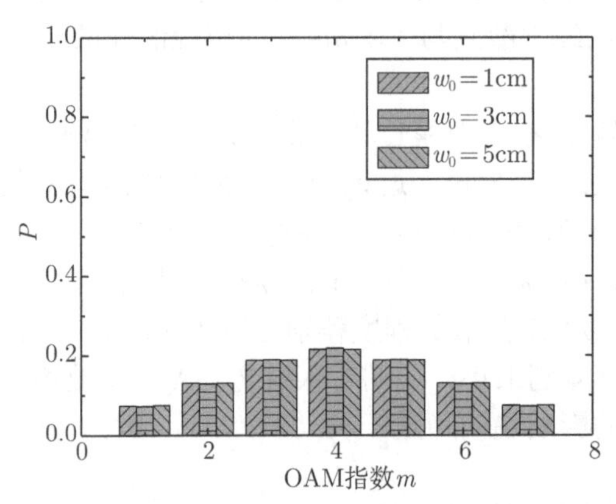


图 5.8　在不同的束腰半径下螺旋谱分量的分布

从以上分析可以看出：

(1) 近地面大气折射率结构常数越大，OAM 弥散得越强烈，在大气湍流斜程信道的整个传输过程中，最开始 OAM 弥散速度最快，之后 OAM 的弥散速度变缓。

(2) 光波波长越短，OAM 弥散得越强烈；光波波长越长，在大气湍流中携带的 OAM 信息越稳定。

(3) 接收孔径 $R$ 的增加，会导致光束束腰半径和 Fried 参数的比值增加，引起相位波动增加，光束受到的湍流干扰增大，OAM 弥散增强。

(4) 在 0 到 π/2 的范围内，天顶角越大，大气信道越偏向水平地面，导致信道中大气折射率结构常数越大，OAM 弥散得越强烈。在天顶角 $\alpha = \pi/2$ 的情况下，即光束在大气信道中水平传输，OAM 弥散最强烈。

(5) 由于大气水平传输 (此情况下天顶角 $\alpha = \pi/2$) 是大气斜程传输的一种特殊情况，以上总结的规律同样适用于大气水平传输的情况。通过以上分析可知，LG 光束在近地面的大气水平传输的情况相比大气斜程传输的情况，其 OAM 弥散更强烈。

## 5.3　BG 光束在大气湍流中的传输

### 5.3.1　BG 光束在湍流中的传输理论

理想的沿 $z$ 轴传播相干无衍射光束的复振幅可以描述为如下形式 [12]：

$$U(x,y,z,t) = u(x,y)\exp[\mathrm{i}(\omega t - \beta z)] \tag{5.17}$$

式中，$u(x,y)$ 是横向幅值分布；$\omega$ 是角频率；$\beta$ 是角波数。幅值变化 $\Delta u$ 与 $z$ 坐标无关，因此与传播方向垂直的平面的横向电场分布是不变的。式 (5.17) 中的光场是在光学材料中传输的波导模或空间孤子，在自由空间中传播时无衍射光束沿 $z$ 轴传播的光场与时间无关，即

$$a(x,y,z) = u(x,y)\exp(-\mathrm{i}\beta z) \tag{5.18}$$

必须满足 Helmholtz 方程：

$$(\nabla^2 + k^2)a(x,y,z) = 0 \tag{5.19}$$

式中，$k=\omega/c$，$c$ 是真空中的光速。无衍射光束可以很容易分解为具有相位因子 $\exp(\mathrm{i}l\theta)$ 的 LG 光束或 BG 光束的形式，角向相位函数 $\varPhi(\varphi)=l\varphi$，因此每光子角动量为 $lh$。经过准直的 $n$ 阶 BG 光束在光源处的横向光强分布可以表示为

$$u(r,\theta,z)=\mathrm{J}_n(\beta r)\exp(-\mathrm{i}n\theta)\exp\left(-\frac{r^2}{w_0^2}\right) \tag{5.20}$$

式中，$\mathrm{J}_n(\cdot)$ 为 $n$ 阶贝塞尔函数；$\beta$ 为波矢的横向分量；$n$ 为阶数。$n$ 阶 BG 光束在大气湍流中传输，在 Rytov 近似下，复振幅可描述为 [13]

$$u(r,\theta,z)=\mathrm{J}_n(\beta r)\exp(-\mathrm{i}n\theta)\exp(-\mathrm{i}\beta z)\exp[\psi(r,\theta,z)] \tag{5.21}$$

式中，$\psi(r,\theta,z)$ 为大气湍流引入的复相位。在湍流介质中的 $n$ 阶 BG 光束的复振幅 $u(r,\theta,z)$ 用螺旋谐波函数 $\exp(\mathrm{i}l\theta)$ 展开，得

$$u(r,\theta,z)=\frac{1}{\sqrt{2\pi}}\sum_{-\infty}^{+\infty}a_l(r,z)\exp(\mathrm{i}l\theta) \tag{5.22}$$

式中，$a_l(r,z)=\dfrac{1}{\sqrt{2\pi}}\displaystyle\int_0^{2\pi}u(r,\theta,z)\exp(-\mathrm{i}l\theta)\mathrm{d}\theta$，$l$ 表示螺旋谐波的拓扑荷数。

光束的能量 $U=2\varepsilon_0\displaystyle\sum_{-\infty}^{+\infty}C_l$，其中 $C_l=\displaystyle\int_0^{\infty}|a_l(r,z)|^2r\mathrm{d}r$，$\varepsilon_0$ 为真空介电常数。采用 Rytov 相位结构函数的二次近似后，$\langle\exp[\psi(r_1,z)+\psi^*(r_2,z)]\rangle$ 可以写为

$$\begin{aligned}\langle\exp[\psi(r_1,z)+\psi^*(r_2,z)]\rangle&=\exp\left[-\frac{1}{2}D_\varPsi(r_1-r_2)\right]\\&=\exp\left[-\frac{r_1^2+r_2^2-2|r_1||r_2|-2|r_1||r_2|\cos(\theta_1-\theta_2)}{r_0^2}\right]\end{aligned} \tag{5.23}$$

式中，$D_\varPsi$ 为相位结构函数；球面波在大气湍流斜程传输时的相干长度 $r_0$ 为

$$r_0=\left[1.46k^2\int_0^l C_n^2(z)\left(1-\frac{z}{L}\right)^{5/3}\mathrm{d}z\right]^{-3/5} \tag{5.24}$$

式中，$C_n^2(z)$ 为大气斜程路径上的折射率结构常数，由 2001 年国际电信联盟颁布

的 ITU-R 大气结构常数模型 [13] 可知，大气折射率结构常数如式 (5.25) 所示：

$$C_n^2(z\cos\alpha) = 8.148\times10^{-56}v^2(z\cos\alpha)^{10}\exp(-z\cos\alpha/1000) + 2.7\times10^{-16}\exp(-z\cos\alpha/1500) + C_n^2(0)\exp(-z\cos\alpha/100) \tag{5.25}$$

式中，$v=2.1\text{m/s}$ 是均方根风速；$C_n^2(0)$ 是近地面大气折射率结构常数；$\alpha$ 是天顶角。

利用积分公式：

$$\int_0^{2\pi}\exp[-\mathrm{i}n\theta_1+\eta\cos(\theta_1-\theta_2)]\mathrm{d}\theta_1 = 2\pi\exp(-\mathrm{i}n\theta_2)\mathrm{I}_n(\eta) \tag{5.26}$$

式中，$\mathrm{I}_n(\eta)$ 为修正的 $n$ 阶贝塞尔函数。由式 (5.24)~ 式 (5.26) 可得，OAM 指数为 $m$ 的螺旋谐波的 $C_l$ 为

$$\begin{aligned} C_l &= \int_0^R |a_l(r,z)|^2 r\mathrm{d}r \\ &= \frac{1}{2\pi}\int_0^R\int_0^{2\pi}\int_0^{2\pi}\langle u(r,\theta_1,z),u^*(r,\theta_2,z)\rangle\exp(-\mathrm{i}l\theta_1)\exp(\mathrm{i}l\theta_2)\mathrm{d}\theta_1\mathrm{d}\theta_2 r\mathrm{d}r \\ &= \int_0^R\int_0^{2\pi}\mathrm{J}_m(\beta r)\mathrm{J}_m(\beta r)^*\exp\left[-\frac{2r^2}{\omega(z)^2}-\frac{2r^2}{\rho_0^2}-(m+l)\theta_2+\mathrm{i}(m+l)\theta_2\right] \end{aligned} \tag{5.27}$$

式中，$R$ 为光束的接收孔径。螺旋谱为 $P=C_l/\sum C_l$，它表示光束展为不同 OAM 的各螺旋谐波的能量占光束总能量的权重。

### 5.3.2 BG 光束经大气湍流信道时的特性

通过研究近地面大气折射率结构常数 $C_n^2(0)$、入射光的 OAM 指数 $m$、光波波长λ、束腰半径 $w_0$、接收孔径 $R$、天顶角 $\alpha$ 和传输距离 $z$ 对螺旋谐波中 $l=m$ 对应的谱值的影响，来分析轨道角动量的弥散问题。分析大气湍流近地面大气折射率结构常数 $C_n^2(0)$ 和传输距离 $z$ 对螺旋谱的影响，取光波波长λ=632nm，束腰半径 $w_0$=1cm，接收孔径 $R$=0.105m，天顶角 $\alpha=\pi/3$，传输距离 $z$ 为 0~10000m，入射光的 OAM 指数 $m$=4。

由图 5.9 中 $l=m$ 的螺旋谱随着传输距离 $z$ 的增加逐渐减小可知，OAM 指数为 $m$ 的入射光经过大气湍流传输后 OAM 已经发生了弥散，而且传输距离 $z$ 越大，OAM 弥散得越强烈。由图 5.9 可以看出，近地面高阶 BG 光束传输相同距离，大气折射率结构常数 $C_n^2(0)$ 越大，OAM 弥散得越强烈。此外，由 $l=m$ 的螺

旋谱分量随传输距离 $z$ 变化的曲线可以看出，函数曲线在最开始时曲率最大，然后曲率渐渐变小，曲线趋向平缓，说明在大气斜程传输过程中，最开始时 OAM 弥散速度最快，之后 OAM 的弥散速度渐渐变缓。这是因为大气折射率结构常数受海拔高度影响，近地面大气折射率结构常数最大，越往高处，大气折射率结构常数越小，所以对高阶 BG 光束的 OAM 影响越小，OAM 弥散速度变缓。

分析光波波长$\lambda$ 随传输距离 $z$ 变化对螺旋谱的影响，取束腰半径 $w_0$=1cm，接收孔径 $R$=0.105m，近地面大气折射率结构常数 $C_n^2(0)$ =1.7×$10^{-14}$m$^{-2/3}$，天顶角 $\alpha=\pi/3$，传输距离 $z$ 为 0~10000m，入射光的 OAM 指数 $m$=4。

在图 5.10 中，当波长$\lambda$=351nm、632nm、1310nm 时，同样传输距离下，随着光波波长的变长，$l=m$ 螺旋谱变大，高阶 BG 光束的 OAM 弥散减弱。光波波长越短，OAM 弥散得越强烈；光波波长越长，在大气湍流中携带的 OAM 信息越稳定，OAM 多路复用时引起的码间串扰越小。因此，在利用 OAM 进行大气通信时，为了减小 OAM 弥散的程度，应当选取波长较长的入射光。

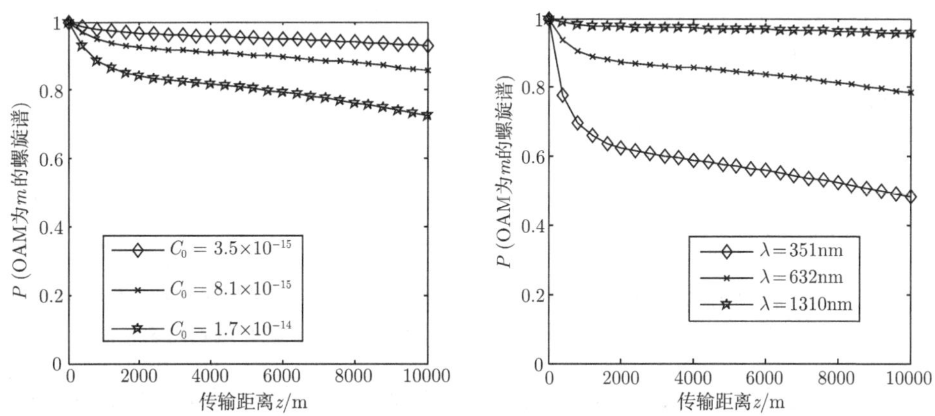


图 5.9　在不同的大气折射率结构常数下螺旋谐波主分量谱随传输距离的分布

图 5.10　在不同波长下螺旋谐波主分量谱随传输距离的分布

分析天顶角 $\alpha$ 和传输距离 $z$ 对螺旋谱的影响, 取光波波长 $\lambda$=632nm，束腰半径 $w_0$=1cm，接收孔径 $R$=0.105m，近地面大气折射率结构常数 $C_n^2(0)$ = 1.7×$10^{-14}$m$^{-2/3}$，传输距离 $z$ 为 0~10000m，入射光的 OAM 指数 $m$=4。

由图 5.11 可以看出，天顶角为 0~$\pi/2$，天顶角越大，OAM 弥散得越强烈。这是因为天顶角越大，通信信道越接近于水平传输。由国际电信联盟颁布的 ITU-R 大气结构常数模型可知，大气折射率结构常数随高度变化的过程中，位置越低，大气折射率结构常数越大。因此，大气信道越偏向水平地面，大气折射率结构常数越大，OAM 弥散得越强烈。当天顶角 $\alpha=\pi/2$ 时，即光束在大气信道中水平传输，随着传输距离增加，OAM 弥散得越强烈。

分析入射光 OAM 指数 $m$ 和传输距离 $z$ 对螺旋谱的影响，取光波波长 $\lambda$ =

632nm，束腰半径 $w_0$=1cm，接收孔径 $R$=0.105m，近地面大气折射率结构常数 $C_n^2(0) = 1.7\times10^{-14}\text{m}^{-2/3}$，传输距离 $z$ 为 0~10000m，天顶角 $\alpha = \pi/3$。

图 5.12 中，在不同的 OAM 指数下，$l = m$ 的螺旋谱随着传输距离的增大开始不同程度地减小，OAM 发生弥散。在 BG 光束阶数，即入射光 OAM 指数 $m$=4、12、20 时，相同传输距离下，BG 光束的阶数越大，即入射光 OAM 指数越大，$l = m$ 螺旋谱 OAM 弥散越弱。在 $m$=4 至 $m$=12 这个区间，OAM 弥散的程度差别很大，从 $m$=12 至 $m$=20 这个区间，随着阶数的变化，OAM 弥散变化很小，最后不同阶数的 BG 光束的 OAM 弥散随着传输距离的变大而趋向稳定。这有助于选取合适的 BG 光束的阶数，让 OAM 弥散程度较小，实现 OAM 信道信息的可靠传输。

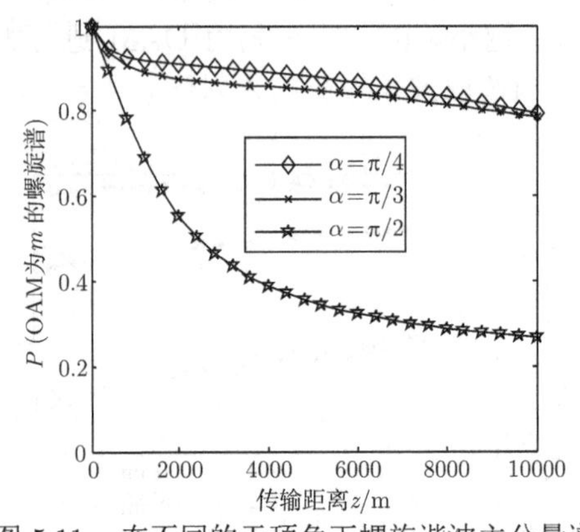


图 5.11 在不同的天顶角下螺旋谐波主分量谱随传输距离的分布

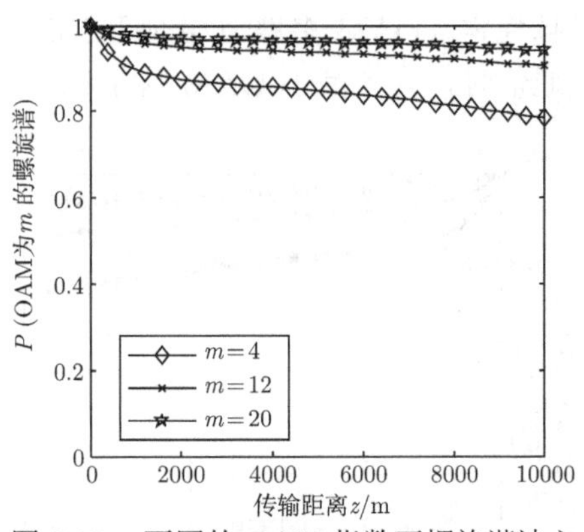


图 5.12 不同的 OAM 指数下螺旋谐波主分量谱随传输距离的分布

分析在大气湍流中入射光束腰半径 $w_0$ 对螺旋谱的影响，取光波波长 $\lambda$=632nm，接收孔径 $R$=0.105m，近地面大气折射率结构常数 $C_n^2(0)$= $1.7\times10^{-14}\text{m}^{-2/3}$，传输距离 $z$ 为 0~10000m，天顶角 $\alpha = \pi/3$，高阶 BG 入射光的 OAM 指数 $m$=4。

图 5.13 显示，在入射光束腰半径 $w_0$ 分别为 1cm、3cm 和 5cm 的三种情况下，$l = m$ 的螺旋谱随着束腰半径的增大而减小，OAM 弥散增强。从整体来看，束腰半径对 OAM 弥散的影响不是很明显。

分析接收孔径 $R$ 随传输距离 $z$ 变化对螺旋谱的影响，取光波波长 $\lambda$=632nm, 束腰半径 $w_0$=1cm，近地面大气折射率结构常数 $C_n^2 = 1.7\times10^{-14}\text{m}^{-2/3}$，天顶角 $\alpha = \pi/3$，传输距离 $z$ 为 0~10000m, 入射光的 OAM 指数 $m = 4$。

图 5.14 显示，不同接收孔径下螺旋谱随传输距离的变化几乎相同，这是由于有限孔径近似可显现出理想无衍射光束的主要特性，光束强度随传播距离的增大变化比较缓慢，所以接收孔径的不同对高阶 BG 光束 OAM 的弥散程度影响较小。因此，在 OAM 多路信息传输中，可以忽略接收孔径对 OAM 弥散的影响。

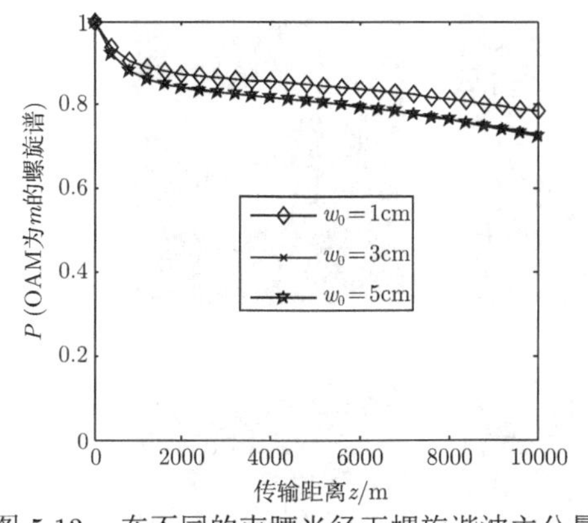


图 5.13　在不同的束腰半径下螺旋谐波主分量谱随传输距离的分布

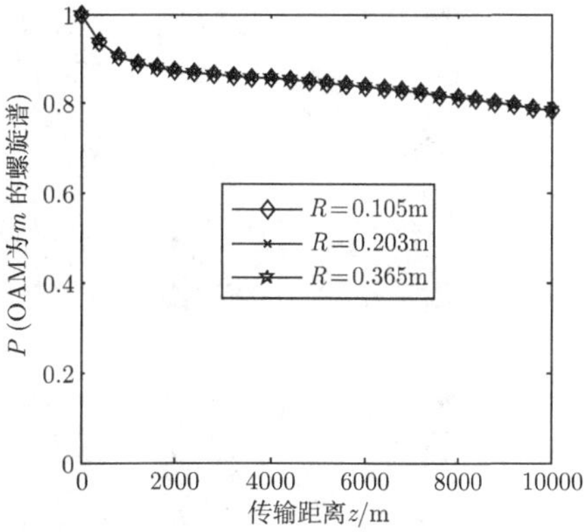

图 5.14　在不同的接收孔径下螺旋谐波主分量谱随传输距离的分布

## 5.4　涡旋光束斜程传输时轨道角动量的稳定性研究

### 5.4.1　涡旋光束的光强分布对比

直角坐标下 LG 光束和 BG 光束传播方向上的光强分布 [14] 如下：

$$u_{\mathrm{LG}}(x_1,y_1,z)=\frac{A}{w_0}\left[\frac{\sqrt{2}(x_1^2+y_1^2)^{1/2}}{w_0}\right]^{|l|}\times\exp\left(-\frac{x_1^2+y_1^2}{w_0}\right)\exp\left[\mathrm{i}l\varphi(x_1,y_1)\right] \tag{5.28}$$

$$u_{\mathrm{BG}}(x_2,y_2,z)=E_0\mathrm{J}_n\left[\alpha(x_1^2+y_1^2)^2\right]\times\exp\left(-\frac{x_2^2+y_2^2}{w_0}\right)\exp\left[\mathrm{i}l\varphi(x_2,y_2)\right] \tag{5.29}$$

$$I_{\mathrm{LG}}=u_{\mathrm{LG}}(x_1,y_1,z)u_{\mathrm{LG}}^*(x_1,y_1,z) \tag{5.30}$$

$$I_{\mathrm{BG}}=u_{\mathrm{BG}}(x_2,y_2,z)u_{\mathrm{BG}}^*(x_2,y_2,z) \tag{5.31}$$

根据推导出的光强分布公式，对比 LG 光束和高阶 BG 光束在相同条件下经过全息光栅后的衍射图。取光波波长 $\lambda$=632nm，束腰半径 $w_0$=1cm，OAM 指数 $m$=1，传输距离 $z$ 分别取 1m、2m 及 4m，可得图 5.15。

光强分布代表光束携带信息的能力强弱。图 5.15 所示为光束随传输距离变化的衍射光强分布。分别对比图 5.15(a)~(c) 和图 5.15(d)~(f) 可以发现，随着传输距离的增加光强分布逐渐成为环状且横向分布变小，光强能量一般集中在主环上，而 BG 光束的光强分布在距离较小时，除了主环，还有二次、三次等多次谐波分量分散光强能量。随着传输距离增加，这些谐波分量依次减弱，光强分布与 LG 光束无异。

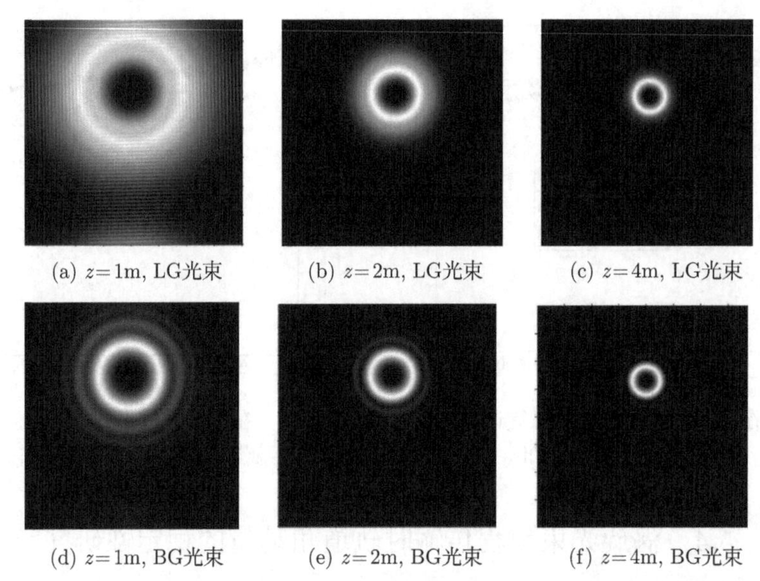

(a) $z=1$m, LG光束　(b) $z=2$m, LG光束　(c) $z=4$m, LG光束

(d) $z=1$m, BG光束　(e) $z=2$m, BG光束　(f) $z=4$m, BG光束

图 5.15　LG 光束与 BG 光束随传输距离变化的衍射光强分布

取光波波长 $\lambda$=632nm，束腰半径 $w_0$=1cm，传输距离 $z$=1m，入射光 OAM 指数分别取 2、4、8，可得图 5.16。

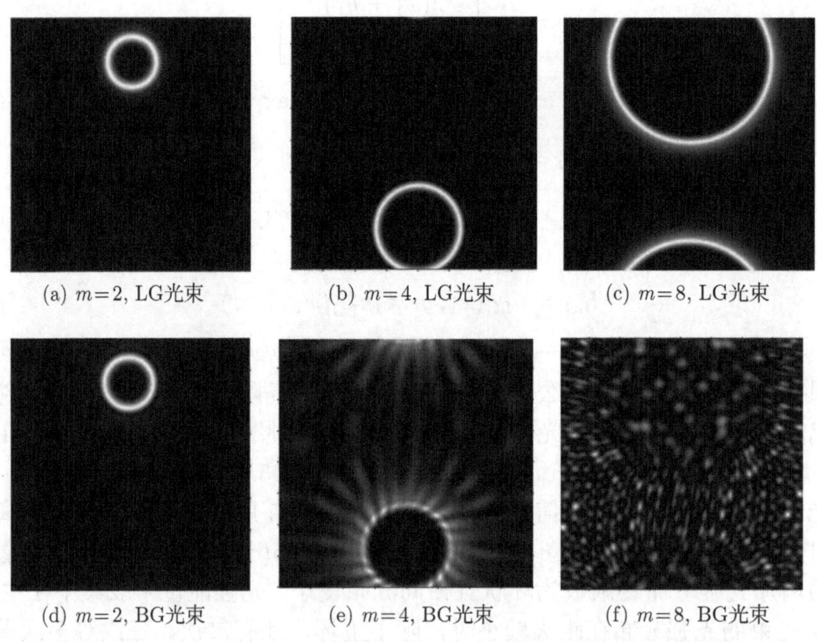

(a) $m=2$, LG光束　(b) $m=4$, LG光束　(c) $m=8$, LG光束

(d) $m=2$, BG光束　(e) $m=4$, BG光束　(f) $m=8$, BG光束

图 5.16　LG 光束与 BG 光束随 OAM 指数变化的衍射光强分布

图 5.16 所示为光束随 OAM 指数变化的衍射光强分布。分别对比图 5.16(a)~(c)

和图 5.16(d)~(f) 发现，随着 OAM 指数的增加，光强圆环越来越大，光强圆环表示光束传输的信息，其中光强分布越不集中，表示传输信息的能力越弱。从图 5.16 可以看到，BG 光束的光强分布随着 OAM 指数的增加弥散较为严重：当 $m = 4$ 时，光强分布圆环出现弥散，当 $m = 8$ 时, 光强分布已经看不清了，此时传输信息的能力很弱。因此，对比图 5.15 和图 5.16，可以得到 BG 光束在自由空间中的轨道角动量光强分布弥散较 LG 光束更强烈。

### 5.4.2　涡旋光束的各谐波分量对比

入射 LG 光束、BG 光束的 OAM 指数 $m$=4 和径向指数 $p$=0，光波波长 $\lambda$=632nm，入射光束束腰半径 $w_0$=1cm，接收孔径 $R$=1cm，天顶角 $\alpha = \pi/6$，传输距离 $z$ 为 10000m。

图 5.17 表示不同大气湍流近地面折射率结构常数取值下，LG 光束和高阶 BG 光束随着 $z$ 的增加各螺旋谐波的对比关系。图 5.17 表明，LG 光束与 BG 光束的螺旋谱 $P$ 首先均随着传输距离 $z$ 的增加而减小，即光束发生弥散。当 $C_n^2(0)$ 数量级增加后，用于信息传递的螺旋谐波主分量 $l = m$ 呈递减趋势，$C_n^2(0)$ 取值越大，可以看出 BG 光束较 LG 光束主分量曲线下降斜率越小，而当其取值在 14 个数量级及以上时，虽然 BG 光束较 LG 光束主分量曲线下降斜率小的程度相对取值在 13 个数量级时较小，但还是能看出 BG 光束在大气湍流传输中螺旋主分量较 LG 光束更稳定。对于光束经过大气湍流后发生弥散的分量 $l$=$m$+1 和 $l$=$m$+2, 比较图 5.17(a)~(c) 可以看出，靠近主分量的一谐波分量 $l = m$+1 较二谐波分量 $l$=$m$+2 螺旋分量取值更大，即弥散更严重。只有 $C_n^2(0)$ 取值为 13 个数量级时，BG 光束较 LG 光束的一次谐波 $l = m$+1 逐渐增大到几乎一致。

入射 LG 光束、BG 光束的 OAM 指数 $m$=4 和径向指数 $p$=0，大气湍流近地面折射率结构常数取 $C_n^2(0) = 1 \times 10^{-14}\mathrm{m}^{-2/3}$，入射光束束腰半径 $w_0$=1cm，接收孔径 $R$=1cm，天顶角 $\alpha = \pi/6$，传输距离 $z$ 为 10000m。图 5.18 表示不同光束波长取值下，LG 光束和高阶 BG 光束随着 $z$ 的增加各螺旋谐波的对比关系。

图 5.18 表明，光束波长取 351nm 时，轨道角动量弥散强烈，LG 光束和 BG 光束的主谱分量随着传输距离的增加，弥散差异越明显，而一次谐波分量和二次谐波分量弥散差异较主谱差异较小。当光波波长增加到 850nm 时，LG 光束和 BG 光束的各谐波分量差异极小，此时光束的轨道角动量弥散较波长取 351nm 时平稳。当光波波长取 1068nm 时，光束轨道角动量弥散最小，随着传输距离的增加，用于传输信息的主谱分量与谐波分量趋于重合。对比图 5.18(a)~(c) 可知，BG 光束螺旋主分量随着光束波长的增加较 LG 光束曲线下降斜率呈现先增加后持平再增加的趋势，而 BG 光束和 LG 光束谐波 $l = m$+1 和 $l = m$+2 拟合曲线取值随着波长的增加而接近。

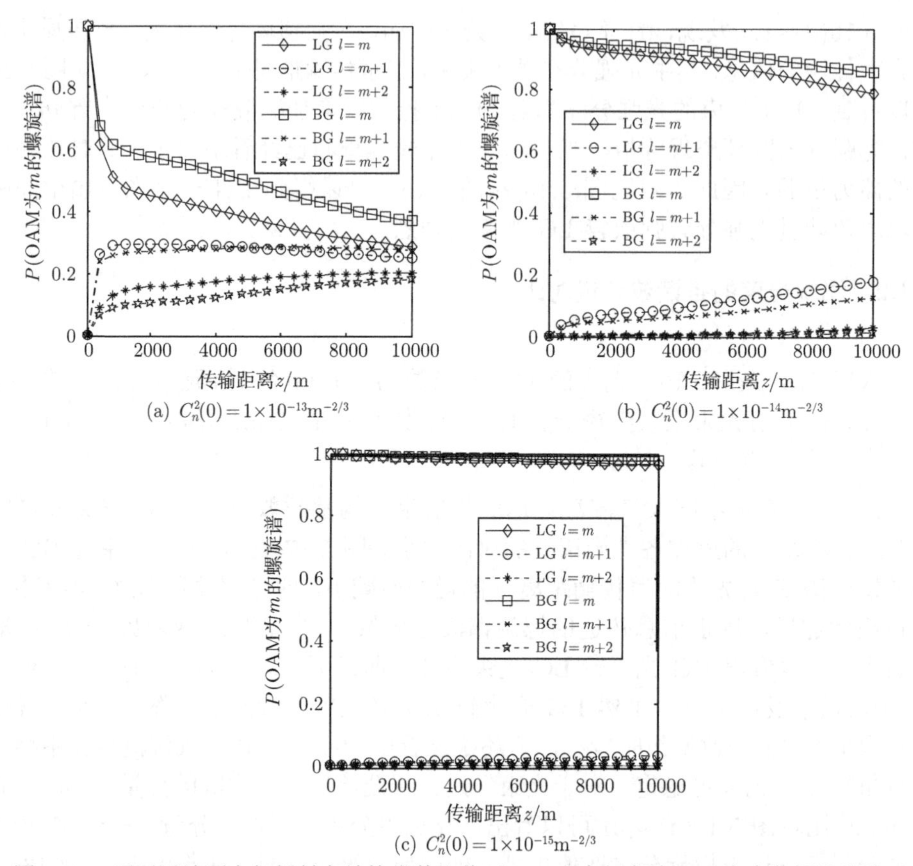


(a) $C_n^2(0)=1\times10^{-13}\text{m}^{-2/3}$　　(b) $C_n^2(0)=1\times10^{-14}\text{m}^{-2/3}$

(c) $C_n^2(0)=1\times10^{-15}\text{m}^{-2/3}$

图 5.17　不同近地面大气折射率结构常数取值下 LG 光束与高阶 BG 光束各螺旋谐波对比关系

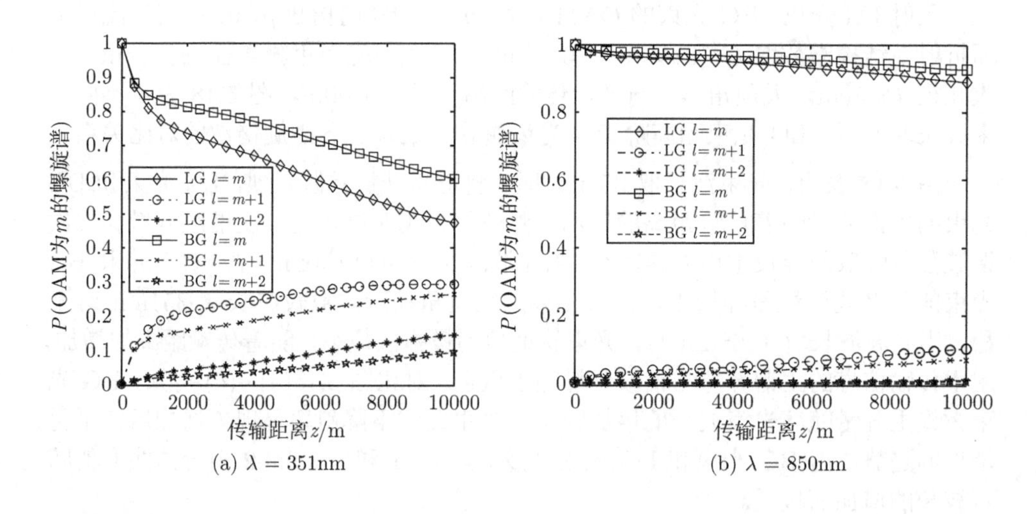


(a) $\lambda = 351\text{nm}$　　(b) $\lambda = 850\text{nm}$

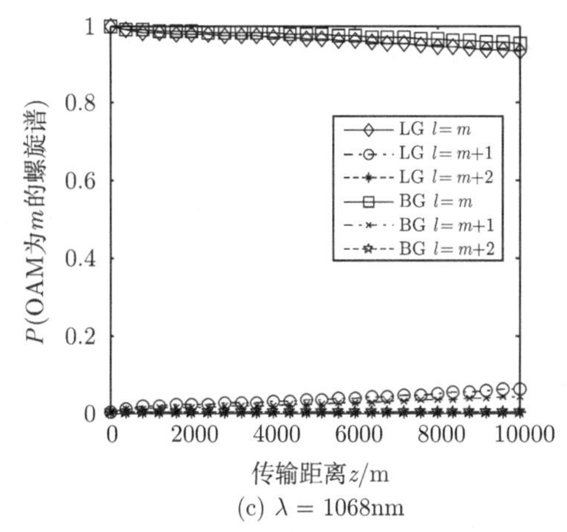


(c) $\lambda = 1068\text{nm}$

图 5.18　不同光束波长取值下 LG 光束与高阶 BG 光束各螺旋谐波对比关系

在入射 LG 光束、BG 光束的 OAM 指数 $m$=4 和径向指数 $p$=0 的条件下，大气湍流近地面折射率结构常数取 $C_n^2(0) = 1\times10^{-14}\text{m}^{-2/3}$，入射光束束腰半径 $w_0$=1cm，接收孔径 $R$=1cm，光束波长 $\lambda$=850nm，传输距离 $z$ 为 10000m。

图 5.19 表示不同天顶角取值下，LG 光束和高阶 BG 光束随着 $z$ 的增加各螺旋谐波的对比关系。图 5.19(a) 和 (b) 表示大气斜程传输时，随着天顶角的增加，BG 光束和 LG 光束主谱分量和其余各谐波拟合曲线变化趋势都相似，且轨道角动量弥散较弱。图 5.19(c) 表示水平传输时，尽管轨道角动量弥散较斜程传输更大，但是 BG 光束依然较 LG 光束弥散程度更小。

在入射 LG 光束、BG 光束径向指数 $p$=0 的条件下，大气湍流近地面折射率结构常数取 $C_n^2(0)$=$1\times10^{-14}\text{m}^{-2/3}$，入射光束束腰半径 $w_0$=1cm，接收孔径 $R$=1cm，光束波长 $\lambda$=850nm，天顶角 $\alpha = \pi/3$，传输距离 $z$ 为 10000m。

图 5.20 表示不同 OAM 指数取值下，LG 光束和高阶 BG 光束随着 $z$ 的增加各螺旋谐波的对比关系。图 5.20 表明，随着入射光束轨道角动量指数增加，轨道角动量弥散变弱，当 OAM 指数取值较小时，OAM 弥散较为严重，BG 光束较 LG 光束螺旋主分量衰减慢，同时 BG 光束较 LG 光束的一次谐波分量、二次谐波分量增加缓慢。

在入射 LG 光束、BG 光束 OAM 指数为 4、径向指数 $p$=0 的条件下，大气湍流近地面折射率结构常数取 $C_n^2(0)$=$1\times10^{-14}\text{m}^{-2/3}$，入射光束束腰半径 $w_0$=1cm，接收孔径 $R$=1cm，光束波长 $\lambda$=850nm，天顶角 $\alpha = \pi/3$，传输距离 $z$ 为 10000m。

图 5.21 表示束腰半径不同时，LG 光束和高阶 BG 光束随着 $z$ 的增加各螺旋谐波的对比关系。图 5.21 表明，改变入射光束的束腰半径，对光束轨道角动量弥散程度的影响较小。然而，从图 5.21(a) 中可以看出，BG 光束与 LG 光束取值有些细微不同，多数取值相同，个别取值不同，说明 LG 光束较 BG 光束 OAM 发散强烈。

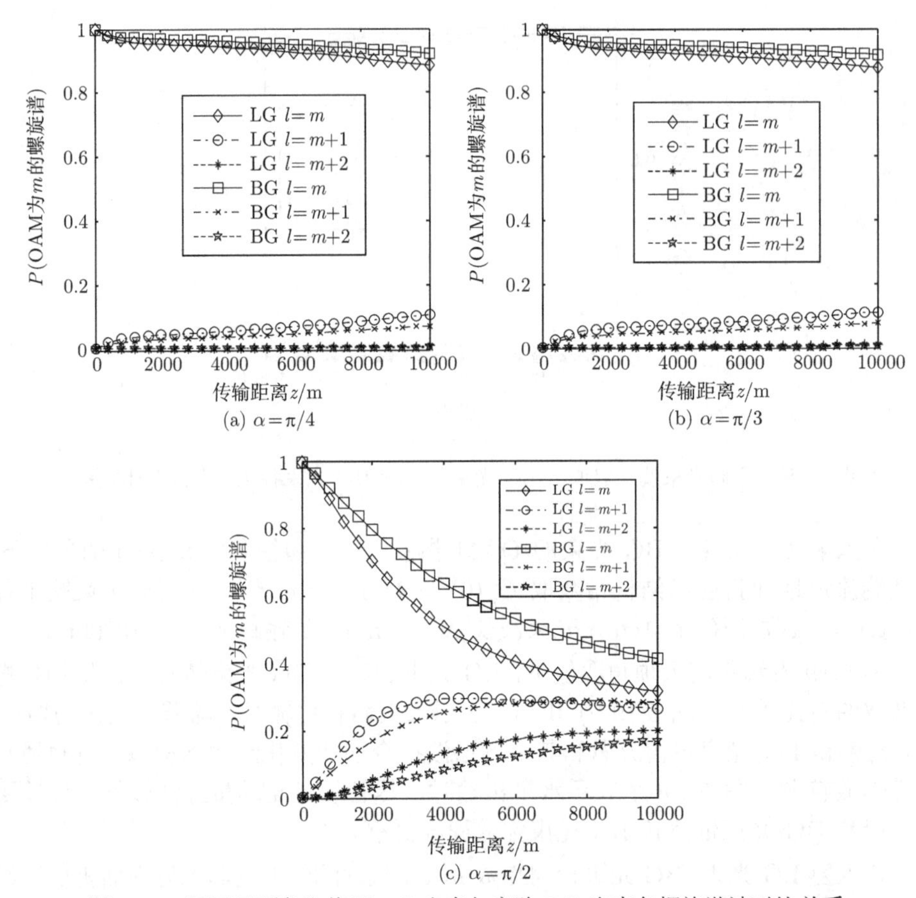


(a) $\alpha=\pi/4$　　(b) $\alpha=\pi/3$

(c) $\alpha=\pi/2$

图 5.19　不同天顶角取值下 LG 光束与高阶 BG 光束各螺旋谐波对比关系

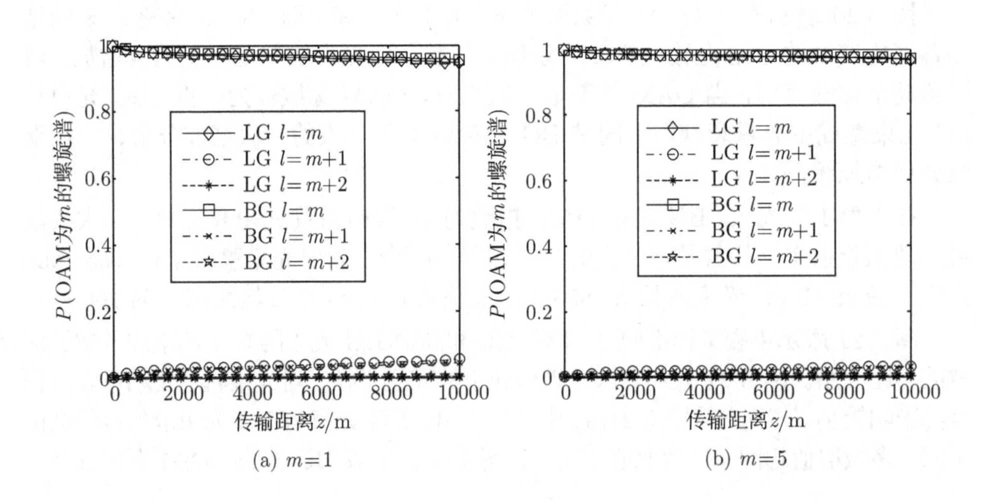


(a) $m=1$　　(b) $m=5$

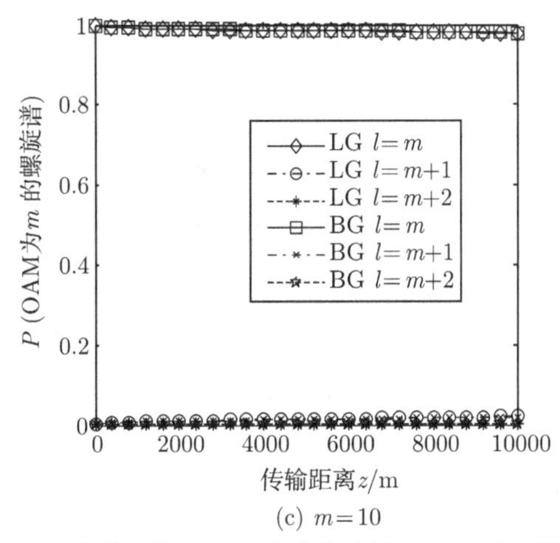


图 5.20　不同 OAM 指数取值下 LG 光束与高阶 BG 光束各螺旋谐波对比关系

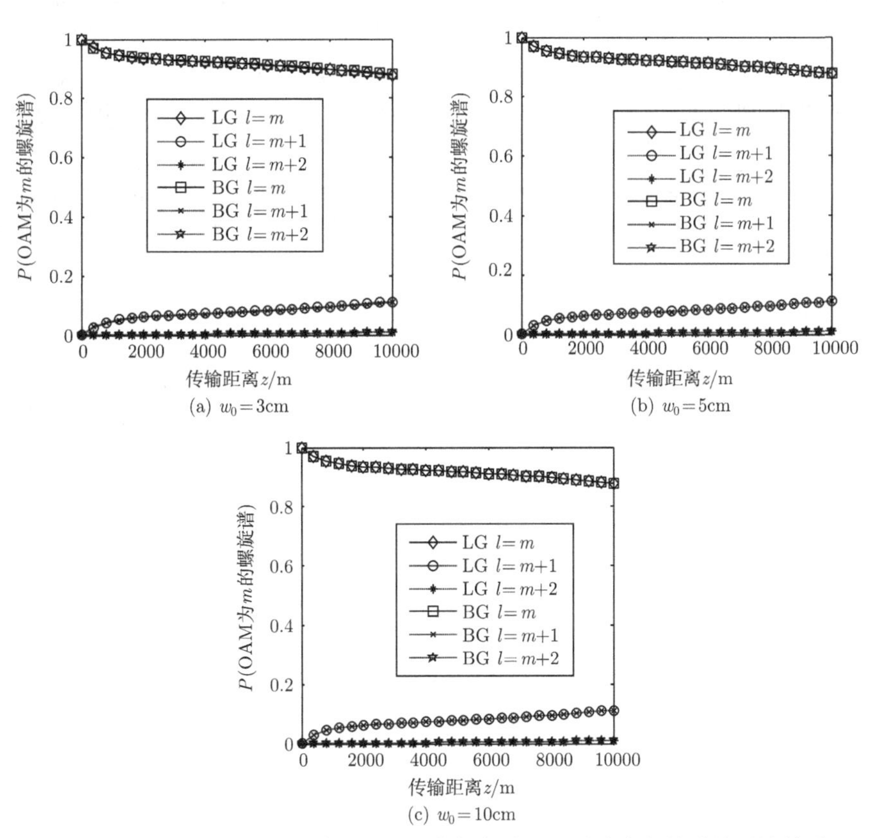


图 5.21　不同束腰半径取值下 LG 光束与高阶 BG 光束各螺旋谐波对比关系

## 参 考 文 献

[1] 马志远, 陈康, 张明明, 等. 拉盖尔–高斯幂指数相位涡旋光束传输特性 [J]. 光学学报, 2022, 42(5): 0526001.

[2] REN Y X, BAO C J, XIE G D, et al. Adaptive-optics-based simultaneous pre- and post-turbulence compensation of multiple orbital-angular-momentum beams in a bidirectional free-space optical link[J]. Optica, 2014, 1(6): 376-382.

[3] 柯熙政, 郭新龙. 大气斜程传输中高阶贝塞尔高斯光束轨道角动量的研究 [J]. 红外与激光工程, 2015, 44(12): 3744-3749.

[4] GABRIEL M T, JUAN P T, LLUIS T. Management of the angular momentum of light: Preparation of photons in multidimensional vector states of angular momentum[J]. Physical Review Letters, 2002, 88(1): 013601.

[5] 李晓庆, 赵琦, 季小玲. Rytov 相位结构函数二次近似和硬边光阑复高斯函数展开近似的验证 [J]. 光学学报, 2011, 31(12): 8-13.

[6] 刘义东, 高春清, 李丰, 等. 部分相干光的轨道角动量及其谱的分析研究 [J]. 应用光学, 2007, 28(4): 462-467.

[7] 柯熙政, 谌娟, 杨一明. 在大气湍流斜程传输中拉盖高斯光束的轨道角动量的研究 [J]. 物理学报, 2014, 63(15): 150301.

[8] 季小玲, 张涛, 陈晓文, 等. 平顶光束通过湍流大气传输的光谱特性 [J]. 光学学报, 2008, 28(1): 12-16.

[9] 郑宇龙, 季小玲. 大气湍流对多色高斯–谢尔模型光束扩展的影响 [J]. 强激光与粒子束, 2012, 24(2): 276-280.

[10] 强世锦, 丁学科, 荣健. 湍流大气中斜程相干长度的修正 [J]. 湖南科技大学学报 (自然科学版), 2009, 24(1): 122-124.

[11] 韦宏艳, 吴振森, 彭辉. 斜程大气湍流中漫射目标的散射特性 [J]. 物理学报, 2008, 57(10): 6666-6672.

[12] IFTEKHARUDDIN K, KARIM M. Heterodyne detection using a diffraction-free beam: Background-noise effects[J]. Applied Optics, 1993, 32(17): 3144-3148.

[13] WEI F S, XU X L, QI J, et al. Irradiated Chinese Rugao ham: Changes in volatile N-nitrosamine, biogenic amine and residual nitrite during ripening and post-ripening[J]. Meat Science, 2009, 81(3): 451-455.

[14] 张前安，吴逢铁，郑维涛，等. 高阶贝塞尔–高斯光束的自重建特性 [J]. 中国科学：物理学 力学 天文学，2011, 41(10): 1131-1137.

# 第 6 章　自适应光学校正技术

涡旋光束经大气湍流传输后会产生波前畸变现象，光强及相位都会发生扭曲、形变，通常利用自适应光学校正技术对涡旋光束实施波前畸变校正，从而尽可能地恢复光束的光强及相位信息。相比于传统的有波前传感器的自适应光学校正系统，无波前传感器的自适应光学校正系统具有硬件实现简单、对光强闪烁等复杂环境的适应性好等优点。本章主要研究基于 GS 算法、SPGD 算法和相位差 (phase diversity, PD) 算法的无波前传感器的自适应光学校正技术原理，并通过仿真及实验验证三种算法对单模及多模复用涡旋光束波前畸变的校正效果。

## 6.1　引　　言

涡旋光束复用通信付诸实用仍存在若干难点：第一，目前研究涡旋光束经大气信道后的光场特性及 OAM 模式变化特性等问题时，多数采用数值仿真方法或者在实验室内进行短距离模拟，需要研究涡旋光束在实际大气环境中传输后的光场特性及 OAM 模式的变化特点。第二，涡旋光束应用于光通信时，主要采用 OAM 复用技术实现信息的复用传输。对于 OAM 复用传输相关问题的研究亦尤为重要，包括如何对多路涡旋光束实现复用，OAM 多路复用的光束经湍流信道传输后 OAM 模式的变化情况，各光束之间由于复用所产生的模式串扰问题。第三，采用自适应光学校正技术缓解大气湍流效应及降低复用涡旋光束的串扰效应。

自由空间光通信以光束作为信息的载体，当光束在大气信道中传输时，由于大气折射率的随机起伏，因此大气信道呈现时变性，这对于通信系统的信息传输是十分不利的。涡旋光束在大气中进行传输时，会发生波前畸变现象，光强分布发生变化，相位发生扭曲变形，复用的 OAM 模式之间产生串扰，模式纯度下降。湍流效应极大地影响着信息的传输，故在接收端对经过大气湍流产生畸变的涡旋光束，利用自适应光学校正技术进行波前畸变校正则显得十分有必要。

## 6.2　自适应光学基本原理

### 6.2.1　自适应光学校正系统

图 6.1 是涡旋光束经大气湍流传输及自适应光学校正系统示意图。初始涡旋光束的环状光强分布非常完整，强度沿环形呈均匀分布，轨道角动量模式所占相对功率为 1。由于大气湍流的影响，光强分布形状逐渐扭曲，强度减弱且不均匀，

轨道角动量模式所占的相对功率下降，转移到了相邻的轨道角动量模式上，这说明轨道角动量也受到大气湍流的影响。经校正涡旋光束光强分布得到改善，轨道角动量信息得到恢复，可见自适应光学校正技术可以恢复涡旋光束的光场信息及轨道角动量信息。

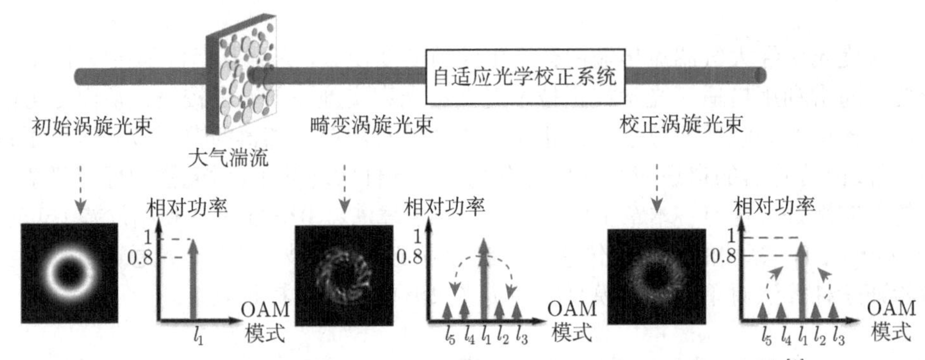


图 6.1　涡旋光束经大气湍流传输及自适应光学校正系统示意图 [1]

自适应光学校正系统主要由三个部分组成：波前传感器、波前控制器、波前校正器。波前传感器的作用是对光束的波前斜率进行探测；波前控制器的作用是利用对波前畸变进行分析计算得到的控制信号来控制波前校正器；波前校正器则是具体实施波前畸变校正的器件，通过改变光波的相位来实现波前畸变校正。一般自适应光学校正系统中，波前校正器通常选取液晶空间光调制器或者变形镜 (deformable mirror, DM)。

按照系统中有无波前传感器来划分，可将自适应校正技术分为两类：有波前传感器和无波前传感器。其中，经典的有波前传感器的方法为夏克–哈特曼 (Shak Hartmann, SH) 算法 [2]；无波前传感器的方法主要包括三种：GS 算法 [3]、SPGD 算法 [4] 和 PD 算法 [5]。

(1) SH 算法借鉴了经典的有夏克–哈特曼波前传感器的自适应光学校正技术，在校正涡旋光时使用波前传感器探测信标光的波前信息，获得波前畸变信息，从而实现涡旋光束的波前畸变校正。这是因为涡旋光束并非平面光，具有螺旋形波前相位，这一特殊光学特性使得如果利用 SH 波前传感器探测涡旋光束的波前斜率，测得的波前斜率结果无法直接用于计算波前校正器的驱动控制信息，因此引入高斯光作为信标光。

(2) GS 算法是一种利用光强信息重构相位信息的方法，通过计算得到湍流的共轭相位，将相位共轭图样加载在校正器上，从而对畸变的涡旋光束进行相位共轭补偿，实现光束的自适应校正。

(3) SPGD 算法实际上是一种基于像清晰化的自适应算法，该算法将象函数作为系统性能的评价指标，计算获得波前校正器控制信号，波前校正器在波前控制器作用下对畸变涡旋光束进行校正。再次测得象函数信息，进行反复迭代，直到系统评价指标满足技术要求，此时便获得了校正后的涡旋光束。

(4) PD 算法是一种由成像系统像面光强信息间接反推波前相位分布的无波前探测技术。该算法要求采集系统焦面和离焦面两个平面的光强信息，并根据两个通道的点扩散函数建立目标函数，最后通过最优化函数求解得到成像系统光瞳面的波前相位分布。

### 6.2.2 夏克–哈特曼算法

夏克–哈特曼算法是一种由波前斜率重构波前相位的方法，系统中探测波前斜率的器件即为夏克–哈特曼波前传感器。采用 SH 算法校正畸变涡旋光方案中借鉴了经典的有波前传感器的自适应光学校正系统，并引入基模高斯光作为信标光。由于信标光与涡旋光经过相同湍流，受到相同的相位扰动，因此光场产生了相同的波前畸变。使用自适应光学校正系统对信标光进行波前畸变校正，得到校正信标光波前畸变的修复模型，再使用同一模型来校正畸变涡旋光束。

SH 算法校正涡旋光束的核心在于引入信标光，一是因为与平面光相比，涡旋光束具有相位奇点，夏克–哈特曼波前传感器无法直接获取涡旋光束的波前斜率信息；二是基模高斯光与涡旋光束的偏振态具有正交性。图 6.2 为利用夏克–哈特曼波前传感器的涡旋光束波前畸变校正原理。利用偏振分光棱镜将涡旋光束与正交偏振高斯光束进行合束，合束后的光束在模拟的大气湍流中传播。在接收端，利用自适应光学校正系统进行波前畸变校正。在该系统中，先利用偏振分光棱镜将畸变的高斯光束与涡旋光束分离，此时基模高斯光束作为探针光束进行波前失真估计并计算取得所需的校正模式，再利用波前控制器对两个波前校正器采用相同的修正模式进行更新，以补偿高斯探针光束相位前沿和畸变的涡旋光束，达到

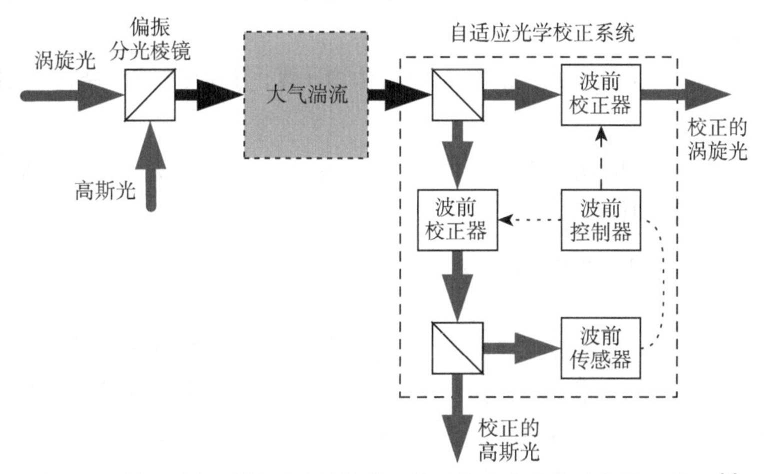


图 6.2　利用夏克–哈特曼波前传感器的涡旋光束波前畸变校正原理 [5]

校正畸变涡旋光束的目的。

SH 算法是一种经典的有波前传感器的校正方法。实验平台复杂、实验难度较大，而且相位校正效果具有滞后性。为了降低实验平台的复杂度并改善校正效果，又发展出了两种无波前传感器的方法：相位恢复 (GS) 算法和随机并行梯度下降 (SPGD) 算法。这两种算法不需要加入信标光，不仅改善了相位校正滞后的缺陷，而且降低了实验平台的复杂度，优化了波前畸变校正过程。因此，本节中分别采用这两种算法对涡旋光束实施了波前畸变校正。

### 6.2.3 相位恢复算法

GS 算法是一种由波前强度重构波前相位的间接测量法，由光场的光强分布反推相位信息。算法思想：由入射平面和输出平面处的光强分布，通过控制起始条件并进行迭代运算得到所需光场的相位分布信息。

GS 算法要求获得两个强度测量值，并假定从第一个平面到第二个平面所经历的变换是线性的，最初被假定为二维傅里叶变换 [6]，也可用于任何能量守恒变换，如菲涅耳衍射、角谱衍射等。以第一个场的估计为起点，以第一次测量的强度分布为基础，将振幅计算为测量强度的平方根。传统的初始相位一般估计为零或任何随机值，后来在对涡旋光束的校正中发现，选择符合涡旋光束相位特点的螺旋相位作为算法初始相位估计条件，能够改善算法缺陷，避免算法迭代结果陷入局部极值。

GS 算法的原理如图 6.3 所示，具体描述如下 [7]：

(1) 选择未发生波前畸变的理想光场幅度 $U_i(x,y)$ 作为输入光场的幅度，选择理想螺旋相位 $\varphi_0$ 作为初始随机相位，两者组成光场 $U_i(x,y)\exp(\mathrm{i}\varphi_0)$，作为衍射传输计算的输入光场；

(2) 对光场 $U_i(x,y)\exp(\mathrm{i}\varphi_0)$ 进行衍射传输计算，得到其变换域幅度谱 $A(k_x,k_y)$ 和相位谱 $\varPhi(k_x，k_y)$；

(3) 用发生畸变的涡旋光束幅度谱 $U_0(x,y)$ 替换 $A(k_x,k_y)$，得到新的光场复振幅 $U_0(x,y)\exp[\mathrm{i}A(k_x, k_y)]$；

(4) 对光场 $U_0(x,y)\exp[\mathrm{i}A(k_x,k_y)]$ 进行衍射逆运算，得到空间域幅度谱 $a(x,y)$ 和相位谱 $H(x,y)$；

(5) 用初始理想光场的幅度谱 $U_i(x,y)$ 替换 $a(x,y)$，得到下次循环迭代的初始光场表达式 $U_i(x,y)\exp[\mathrm{i}H(x,y)]$，当满足一定迭代条件或达到定义的循环迭代次数时，计算终止，便可得到重构的涡旋光束畸变相位 $H(x,y)$；

(6) 相应的模拟大气湍流的扭曲相位 $D(x,y)=H(x,y)-\varphi_0$。

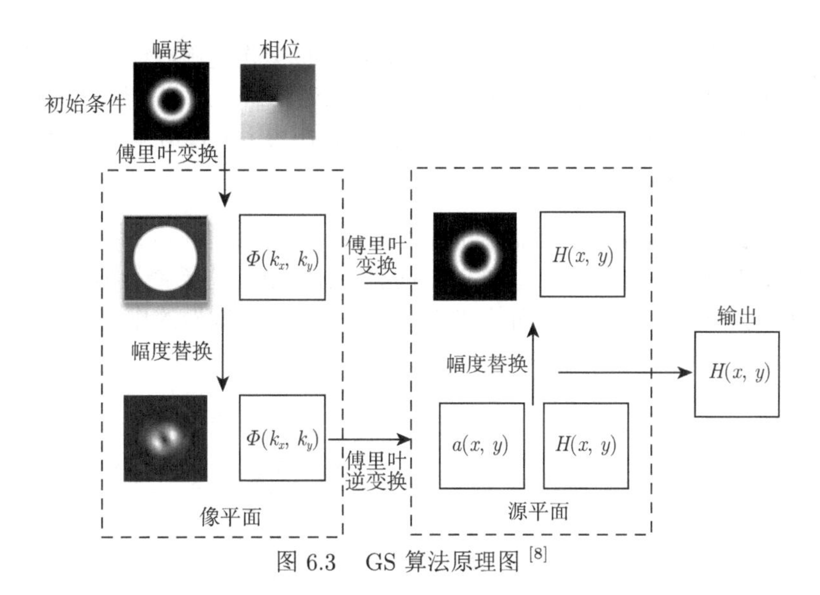


图 6.3 GS 算法原理图 [8]

图 6.4 为 GS 算法校正畸变涡旋光束原理图。首先利用空间光调制器 1 将普通的高斯光束变成所需的涡旋光束，涡旋光束入射到加载了大气湍流相位屏的空间光调制器 2 处发生相位畸变。用电荷耦合器件 (CCD) 采集扭曲形变的涡旋光束图像，经 GS 算法计算后获得大气湍流畸变相位，再在空间光调制器 3 上加载大气湍流畸变相位的共轭图样，从而实现涡旋光束的波前畸变校正。

如图 6.5 所示，$I_{\mathrm{R}}$ 为读入光，$I_0$ 为读出光，$w$ 是写入的控制信号，通过改变写入的控制信号来改变读入光的光学空间参量分布，从而实现对光波的调制。

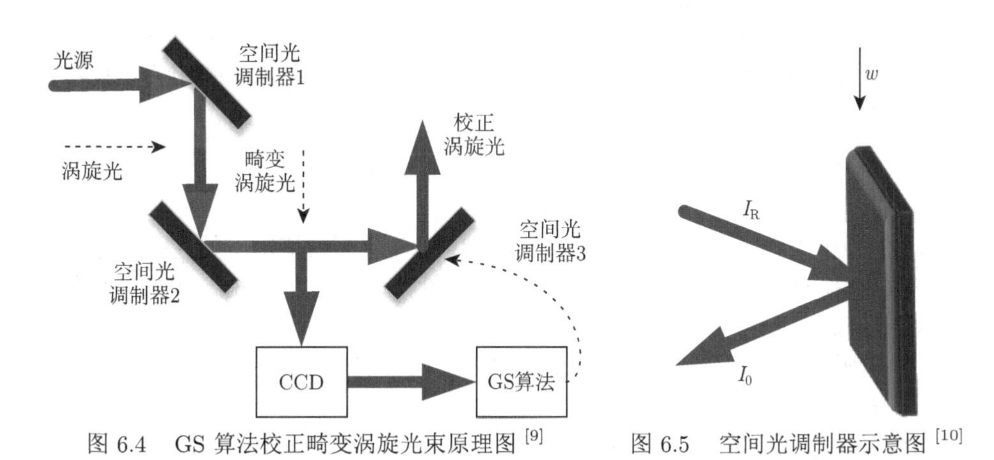


图 6.4 GS 算法校正畸变涡旋光束原理图 [9]　　图 6.5 空间光调制器示意图 [10]

空间光调制器对光的调制作用主要是基于液晶分子具有的旋光偏振特性可以改变介质的有效折射率，进而使得光程差发生变化，最终影响光的强度、相位分布。在自适应光学校正系统中，空间光调制器常被当作实施波前校正的关键器件来使用，并广泛应用在光学的各种领域。空间光调制器一般分为反射式和透射式，不考虑光路折射等细节问题，两者在光波的调制作用上并没有本质差别。

### 6.2.4　随机并行梯度下降算法

图 6.6 是 SPGD 算法校正涡旋光束原理图。畸变涡旋光束首先进行分束，其中一束光用来获取强度分布并通过 SPGD 算法模块计算出系统性能指标，通过反馈回路实现控制信息反馈，从而使波前校正器在波前控制器的作用下对另一束畸变涡旋光束实现波前校正。

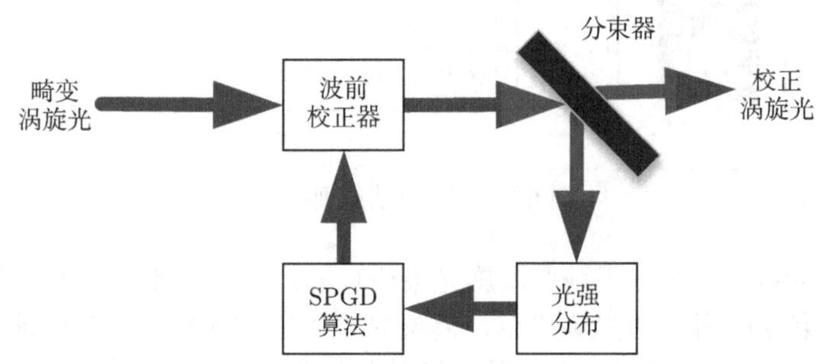


图 6.6　SPGD 算法校正涡旋光束原理图 [12]

在经典的自适应光学校正系统中，光束一般为点目标成像的平面波，针对点目标成像一般选取像清晰度评价函数作为系统目标函数，通常为远场峰值斯特列尔比、远场光斑的环围能量、光斑平均半径等。然而涡旋光束为非平面波，光学性质特殊，因而此类传统的像清晰度评价函数并不适合作为涡旋光束自适应光学校正系统的目标函数。对于涡旋光束，这里选取光强相关系数 $C_k$ 作为校正系统的目标函数，且研究表明涡旋光束的轨道角动量模式纯度与其光强相关系数有关，$C_k$ 定义为 [11]

$$C_k = \int_0^1 \int_{-\pi}^{\pi} I(r,\theta) I_{\mathrm{id}}(r,\theta) \mathrm{d}\theta \mathrm{d}r \tag{6.1}$$

式中，$I(r, \theta)$ 为实际远场光强分布；$I_{\mathrm{id}}(r, \theta)$ 为理想衍射情况下的光强分布。

图 6.7 为 SPGD 算法的第 $k$+1 次迭代框图。SPGD 算法第 $k$+1 次迭代的具体实现步骤如下所述 [13]。

(1) 电压参量初始化。变形镜驱动器的电压控制信号清零，$U_0=[u_1,u_2,\cdots,u_N]$，$u_i=0,\ i=1,2,\cdots,N$。

(2) 算法迭代计算。已知 SPGD 算法当前校正模式，即第 $k$ 次迭代所得的电压信号矩阵为 $U_k=[u_{1,k},\ u_{2,k},\cdots,u_{N,k}]$。产生正向扰动电压，扰动量为 $+\Delta U_k$，通过控制模块将电压 $U_k+\Delta U_k$ 施加给变形镜，变形镜产生新的形变，接着采集新的光斑信息，获得光强分布，计算得到系统目标函数值 $C_{1,k}$；产生反向扰动电压，

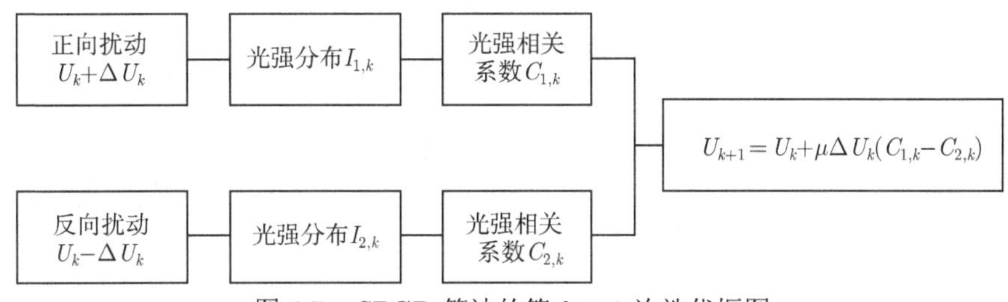


图 6.7　SPGD 算法的第 $k+1$ 次迭代框图

扰动量为 $-\Delta U_k$，通过控制模块将电压 $U_k-\Delta U_k$ 施加给变形镜，重新采集光斑信息，再次获得光强分布，计算得到系统目标函数值 $C_{2,k}$。下一次变形镜上施加的电压参量取值为 $U_{k+1}=U_k+\mu\Delta U_k(C_{1,k}-C_{2,k})$，其中 $\mu$ 为增益系数，$\Delta U_k=[\Delta u_{1,k},\Delta u_{2,k},\cdots,\Delta u_{N,k}]$ 为电压的随机扰动量，$\Delta u_{i,k}$ 满足伯努利分布且相互独立，如式 (6.2) 所示：

$$Pr(\Delta u_{i,k})=\begin{cases}0.5, & \Delta u_i=1\\ 0.5, & \Delta u_i=-1\end{cases} \tag{6.2}$$

(3) 电压参量更新。将当前变形镜所施加的电压值更新为 $U_{k+1}$。

变形镜主要应用于自适应光学系统中校正波前畸变。变形镜主要组成部件为可变形镜面和促动器，促动器在控制信号作用下驱动变形镜的镜面产生形变，因而当光束入射至变形镜再反射出来时，光程发生了变化，进而光波相位也发生变化，基于此原理就可以利用变形镜来实施涡旋光束的波前畸变校正。

选取 69 单元连续表面变形镜作为以随机并行梯度下降算法为核心的校正系统的校正器，图 6.8 就是 69 单元变形镜的促动器分布示意图。

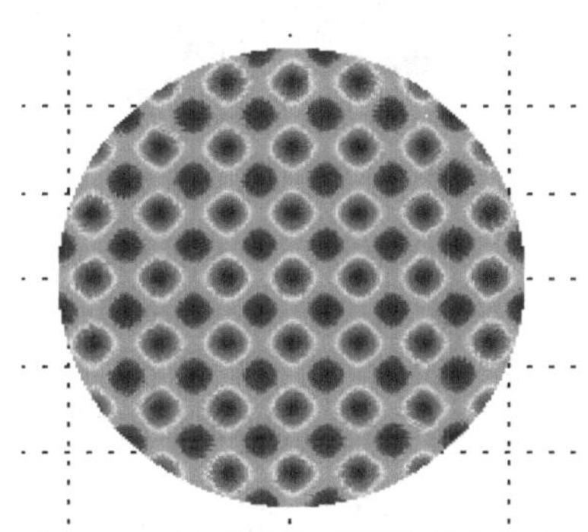

图 6.8　69 单元变形镜的促动器分布示意图

变形镜的镜面形变函数 $P(x,y)$ 的公式为 [14]

$$P(x,y)=\sum_{j=1}^{N}U_jS_j(x,y) \tag{6.3}$$

式中，$U_j$ 为第 $j$ 个促动器上所施加的控制参量；$S_j(x,y)$ 为第 $j$ 个促动器单元的镜面光学影响函数，满足高斯分布。式 (6.3) 说明变形镜的整个镜面形变情况是所有促动器共同作用的结果。$S_j(x,y)$ 的表达式为 [15]

$$S_j(x,y) = \exp\left\{\ln\omega\left[\sqrt{(x-x_j)^2+(y-y_j)^2}/d\right]^a\right\} \tag{6.4}$$

式中，$\omega$ 为促动器之间的交联值，取值范围一般为 0.04~0.12；$x_j$、$y_j$ 分别为第 $j$ 个促动器的横坐标、纵坐标；$d$ =1.5mm 为变形镜各促动器之间的归一化距离；$a$ 为高斯指数。

### 6.2.5 相位差算法

1. 相位差无波前探测原理

相位差算法以离焦作为附加像差，采集畸变涡旋光束光强图样的示意图如图 6.9 所示。涡旋光束经过大气湍流和透镜成像系统后产生波前畸变，经分束镜后其分成两路光束，分别用两个 CCD 相机采集其光强图样。其中，CCD1 置于成像系统的焦平面，CCD2 置于离焦平面，且离焦量值的大小由离焦距离 $\Delta z$ 确定 [16]。

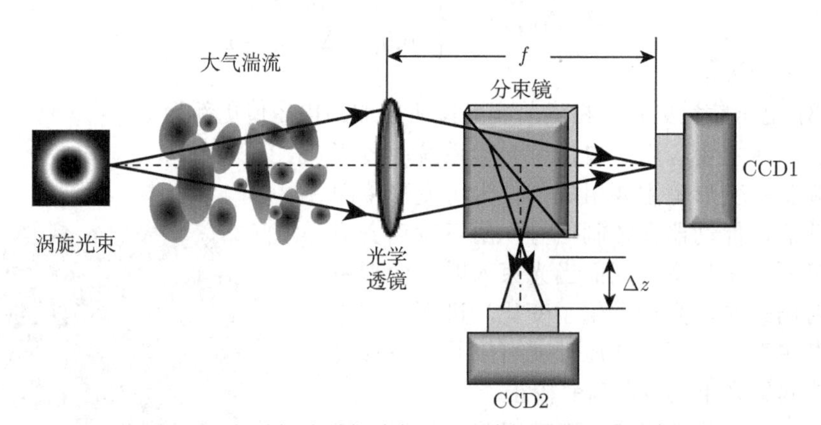


图 6.9 相位差算法采集畸变涡旋光束光强图样的示意图

假设由大气湍流和透镜组成的光学系统是线性空不变系统，入射光源为涡旋光束，根据线性空不变理论的叠加性可知，两个 CCD 相机上采集的光强图样可以表示为

$$i_k(x,y) = o(x,y)^* h_k(x,y) + n_k(x,y), \quad k=1,2 \tag{6.5}$$

式中，$o(x, y)$ 表示初始涡旋光束；$h_k(x,y)$ 和 $n_k(x,y)$ 分别表示图 6.9 中光学成像系统两个不同通道的点扩散函数和探测噪声；* 表示卷积运算。$h_k(x,y)$ 的具体公式为 [17]

$$h_k(x,y) = \left|F^{-1}\left\{A\exp\left[\mathrm{j}\phi_t(u,v)+\Delta\phi_k(u,v)\right]\right\}\right|^2 \tag{6.6}$$

式中，$F^{-1}\{\cdot\}$ 表示傅里叶逆变换函数；$A$ 表示光瞳函数；$\phi_t(u, v)$ 表示 $t$ 时刻的

待测未知波前畸变相位，可用一组泽尼克多项式表示为

$$\phi_t(u,v)=\sum_{j}^{M}a_jz_j(u,v) \tag{6.7}$$

式中，$a_j$ 表示第 $j$ 项泽尼克系数；$M$ 为总阶数；$z_j(u,v)$ 表示第 $j$ 项泽尼克基底；$u$、$v$ 表示透镜平面上的归一化坐标。

$\Delta\phi_k(u,v)$ 为离焦引入的已知像差，其与离焦量的关系可以表示为 [17]

$$\Delta\phi_k(\xi,\eta)=\frac{2\pi}{\lambda}\Delta w\left(\xi^2+\eta^2\right) \tag{6.8}$$

式中，$\Delta w=\Delta z/[8(f/D)^2]$ 表示离焦量，以 $\lambda$ 为单位，$\lambda$ 表示波长，$f$ 和 $D$ 分别表示光学系统中透镜的焦距和口径，$\Delta z$ 表示离焦距离。

从式 (6.5) 和式 (6.6) 可知，采用相位差无波前探测技术估算波前相位信息是一个根据涡旋光束的光强信息逆卷积求解的过程，由于相位是周期函数，因此从点扩散函数求解相位的解存在不唯一的缺陷。采用 PD 算法在两个通道之间引入了一个已知的离焦像差函数，约束了两个点扩散函数的非线性关系，有效地解决了求解过程中解不唯一的问题。

2. *波前恢复算法*

在实际采集涡旋光束光强信息过程中，CCD 相机不可避免地受到探测噪声的影响。假设式 (6.5) 中的探测噪声 $n_k(x,y)$ 满足均值为 0，方差为 $\sigma^2$ 的高斯分布，则采集到的涡旋光束强度满足概率密度分布函数 [18]，可表示为

$$P_k\left[i_k(x,y)\right]=\frac{1}{\sqrt{2\pi\sigma^2}}\exp\left\{-\frac{\left[i_k(x,y)-o(x,y)^*h_k(x,y)\right]^2}{2\sigma^2}\right\},\quad k=1,2 \tag{6.9}$$

对于焦面和离焦面两个平面上的所有像素点求联合概率密度分布函数 [18]：

$$P[i(x,y)]=\prod_{k=1}^{2}\prod_{x,y}\frac{1}{\sqrt{2\pi\sigma^2}}\exp\left\{-\frac{\left[i_k(x,y)-o(x,y)^*h_k(x,y)\right]^2}{2\sigma^2}\right\} \tag{6.10}$$

将式 (6.6)～ 式 (6.8) 代入式 (6.5)，并根据最大似然估计理论 [19] 可知，求解出概率密度分布函数的最大值即可得到待测未知波前畸变相位。对概率密度分布函数进行对数求解后单调性保持不变，忽略常数项后，可得到似然函数为

$$L[i(x,y)]=\sum_{k=1}^{2}\sum_{x,y}\left\{-\frac{1}{2}\ln\left(2\pi\sigma^2\right)-\frac{1}{2\sigma^2}\left[i_k(x,y)-o(x,y)^*h_k(x,y)\right]^2\right\} \tag{6.11}$$

根据时域卷积定理，将式 (6.11) 转化至频域并简化得到：

$$L[I(u,v)] = \sum_{k=1}^{2}\sum_{u,v}\left[I_k(u,v) - O(u,v)\cdot H_k(u,v)\right]^2 \tag{6.12}$$

式中，$I_k(u,v)$、$O(u,v)$、$H_k(u,v)$ 分别是 $i_k(x,y)$、$o(x,y)$、$h_k(x,y)$ 的傅里叶变换。

通过降维，推导出最优化的目标函数 [19]：

$$L(a) = -\sum_{u,v}\frac{\left|I_1(u,v)H_2(u,v) - I_2(u,v)H_1(u,v)\right|^2}{\left|H_1(u,v)\right|^2 + \left|H_2(u,v)\right|^2} \tag{6.13}$$

采用最优化函数求解出使目标函数 $L(a)$ 最小的解 $a$，即泽尼克多项式的系数，代入式 (6.7) 拟合得到畸变涡旋光束的估计波前相位分布 $\phi_t$。相位差算法波前探测的具体流程如图 6.10 所示。

3. 基于目标函数的优化求解

L-BFGS 是一种比较常用的变尺度优化算法。L-BFGS 优化的基本思想利用了牛顿法的迭代形式，但并不直接计算海森矩阵的逆，而是采用一个对称正定矩阵 $H_k$ 近似地代替海森矩阵的逆 $[H(a_k)]^{-1}$。它在迭代过程中不断地改进，最后逼近 $[H(a_k)]^{-1}$，具体步骤如下所述 [20]。

步骤一：取初始值 $a_0$、初始对称正定矩阵 $H_0$，给定收敛误差精度 $\varepsilon>0$，常数 $m>0$，$k=0$；

步骤二：判断是否满足 $g_k \leqslant \varepsilon$，若满足，则整个算法终止；若不满足，则计算得到迭代方向 $d_k = -H_k g_k$；

步骤三：采用 Wolfe-Powell 条件确定搜索步长 $\lambda_k$，使 $f(a_k+\lambda_k d_k)=\min f(a_k+\lambda d_k)$，则得到新迭代点 $a_{k+1} = a_k+\lambda_k d_k$；

步骤四：令 $m_k=\min(k+1,m)$，利用式 (6.14) 更新矩阵 $H_k$ 为 $H_{k+1}$。

$$\begin{aligned}H_{k+1} =& V_k^{\mathrm{T}} H_k V_k + \rho_k s_k s_k^{\mathrm{T}}\\ =& \left[V_k^{\mathrm{T}}\cdots V_{k-m+1}^{\mathrm{T}}\right] H_{k-m+1}\left[V_{k-m+1}^{\mathrm{T}}\cdots V_k^{\mathrm{T}}\right]\\ &+ \rho_{k-m+1}\left[V_{k-1}^{\mathrm{T}}\cdots V_{k-m+2}^{\mathrm{T}}\right] s_{k-m+1}s_{k-m+1}^{\mathrm{T}}\left[V_{k-m+2}^{\mathrm{T}}\cdots V_{k-1}^{\mathrm{T}}\right]\\ &+ \cdots + \rho_k s_k s_k^{\mathrm{T}}\end{aligned} \tag{6.14}$$

式中，$V_k = I-\rho_k y_k s_k^{\mathrm{T}}$；$H_{k-m+1} = H_k$；$\rho_k = 1/(y_k^{\mathrm{T}} s_k)$，$s_k = a_{k+1}-a_k$，$y_k = g_{k+1}-g_k$；$H_k = B_k^{-1}$，$B_k = y_k\ /s_k$。

步骤五：令 $k = k+1$, 转步骤二。

基于上述优化算法进行多次迭代，直到满足设置的收敛误差精度后输出最后一次计算的 $a_k$，代入式 (6.7) 求解得到当前时刻畸变波前相位分布，为采用相位差自适应光学校正技术校正畸变涡旋光束打下基础。

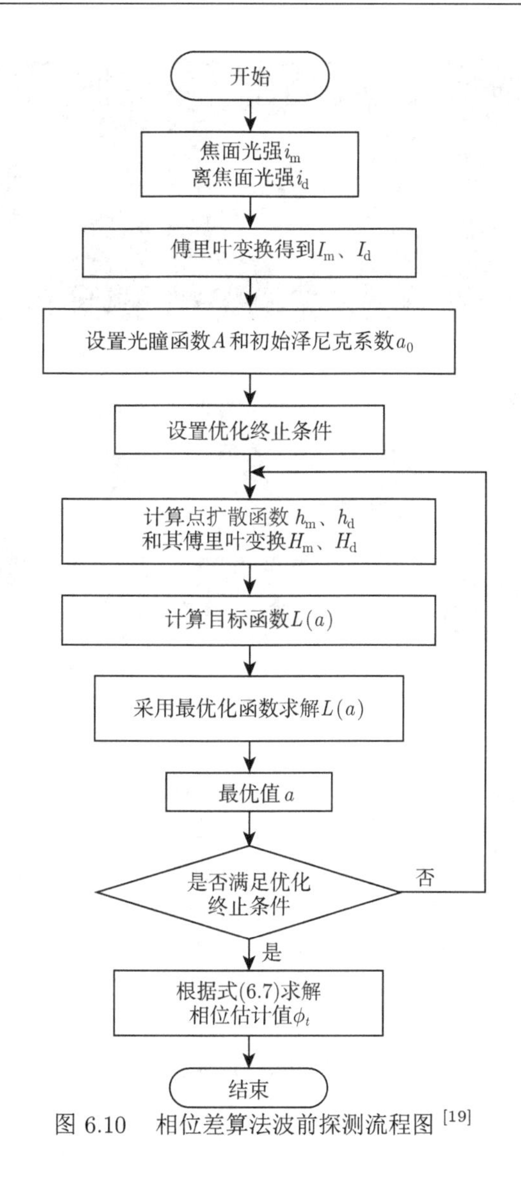

图 6.10　相位差算法波前探测流程图 [19]

# 6.3　OAM 光束通过大气湍流后的波前校正

## 6.3.1　相位恢复算法

图 6.11 是单模涡旋光束利用 GS 算法校正前后光强、相位分布图。其中，图 6.11(a1)、(b1)，图 6.11(a2)、(b2) 和图 6.11(a3)、(b3) 分别为无湍流，有湍流和经校正后的光强、相位分布图。参数选取如下：光波波长 $\lambda$=632.8nm，束腰半径 $w_0$=0.035m，拓扑荷数 $l$=3，传输距离 $z$=1000m，大气折射率结构常数 $C_n^2=5\times10^{-15}\text{m}^{-2/3}$，算法迭代次数 $N$=200。

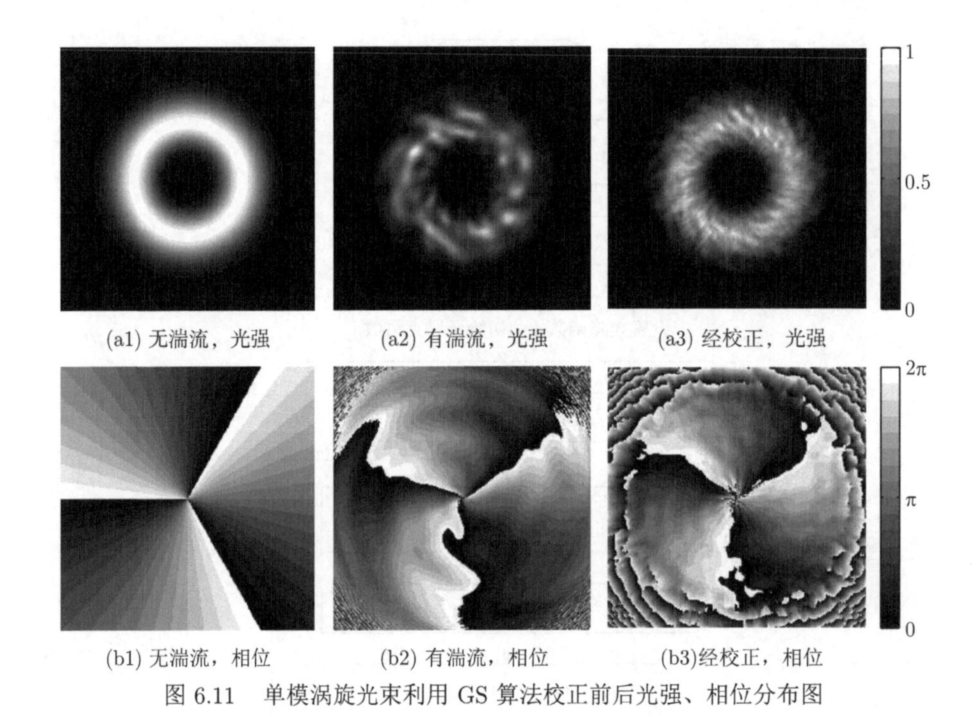


(a1) 无湍流，光强　(a2) 有湍流，光强　(a3) 经校正，光强

(b1) 无湍流，相位　(b2) 有湍流，相位　(b3)经校正，相位

图 6.11　单模涡旋光束利用 GS 算法校正前后光强、相位分布图

由图 6.11(a1)~(a3) 可以看出，在大气湍流中传输后，单模涡旋光束的环形光强分布发生扭曲形变，环内的强度分布不再均匀，经过 GS 算法校正后，光强明显增多，说明强度有所提高且光强分布变得均匀，光斑扭曲形变程度减弱。由图 6.11(b1)~(b3) 可以看出，经过 GS 算法校正后，等相位线扭曲程度得到很大改善，说明光束的相位畸变得到有效补偿。由图 6.11 总体可以看出，经过 GS 算法校正后，单模涡旋光束光强和相位畸变都得到了改善，这说明 GS 算法对于单模涡旋光束的畸变校正是十分有效的。

为进一步评价 GS 算法的校正效果，绘制了单模涡旋光束利用 GS 算法校正前后螺旋谱图，如图 6.12 所示。其中，图 6.12(a) 为图 6.11(a2)、(b2) 对应的螺旋谱，图 6.12(b) 为图 6.11(a3)、(b3) 对应的螺旋谱。一般认为相对功率达到 0.8 以上时，畸变校正的效果就可以满足要求。

由图 6.12(a) 可以看出，校正前，单模涡旋光束在拓扑荷数 $l = 3$ 处的相对功率只有 0.532。由图 6.12(b) 可以看出，利用 GS 算法校正后，单模涡旋光束在拓扑荷数 $l$=3 处的相对功率上升到 0.897，达到 0.8 以上，满足校正要求。经计算发现，相对功率在原来的基础上提升了约 68.6%，这说明 GS 算法可有效补偿单模涡旋光束的波前畸变。

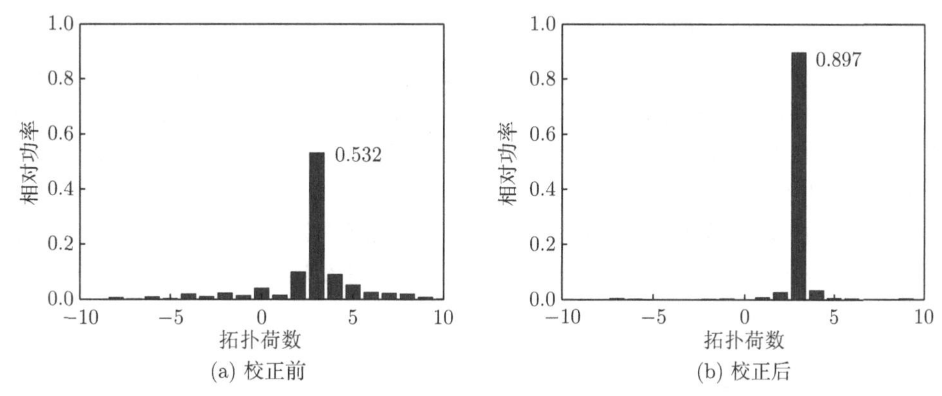


(a) 校正前　(b) 校正后

图 6.12　单模涡旋光束利用 GS 算法校正前后螺旋谱图

图 6.13 为多模复用涡旋光束利用 GS 算法校正前后光强、相位分布图。其中，图 6.13(a1)、(b1)，图 6.13(a2)、(b2) 和图 6.13(a3)、(b3) 分别为无湍流，有湍流和经校正后的光强、相位分布图。参数选取如下：光波波长 $\lambda$=632.8nm，束腰半径 $w_0$=0.035m，拓扑荷数 $\lambda$=−1，2，传输距离 $z$=1000m，大气折射率结构常数 $C_n^2=5\times10^{-15}\text{m}^{-2/3}$，算法迭代次数 $N$=200。

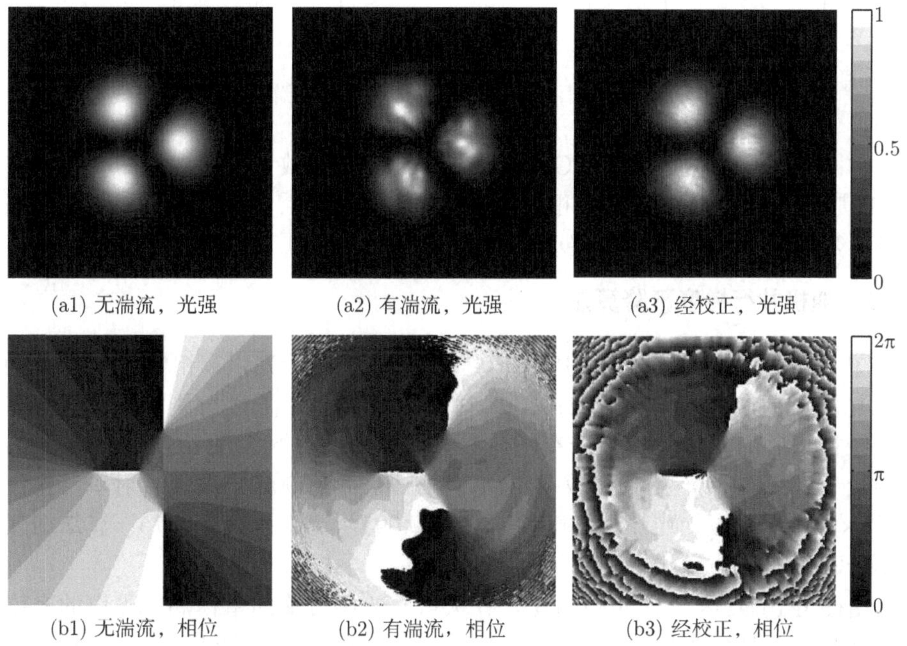


(a1) 无湍流，光强　(a2) 有湍流，光强　(a3) 经校正，光强

(b1) 无湍流，相位　(b2) 有湍流，相位　(b3) 经校正，相位

图 6.13　多模复用涡旋光束利用 GS 算法校正前后光强、相位分布图

由图 6.13(a1)～(a3) 可以看出，在大气湍流中传输后，多模复用涡旋光束的花瓣状光强分布的每一片都发生形变，瓣状中心光强减弱。校正后每一片花瓣的

中心强度显著增强，花瓣状得到很好的恢复。由图 6.13(b1)~(b3) 可以看出，经过 GS 算法校正的等相位线扭曲程度得到很大改善，等相位线变得光滑，多模复用涡旋光束的相位畸变亦得到有效补偿。图 6.13 总体说明了经过 GS 算法校正的多模复用涡旋光束的光强和相位畸变都得到了改善。在此，也通过螺旋谱分析轨道角动量变化情况。

图 6.14 为多模复用涡旋光束利用 GS 算法校正前后螺旋谱图。其中，图 6.14(a) 为图 6.13(a2)、(b2) 相应的螺旋谱，图 6.14(b) 为图 6.13(a3)、(b3) 相应的螺旋谱。

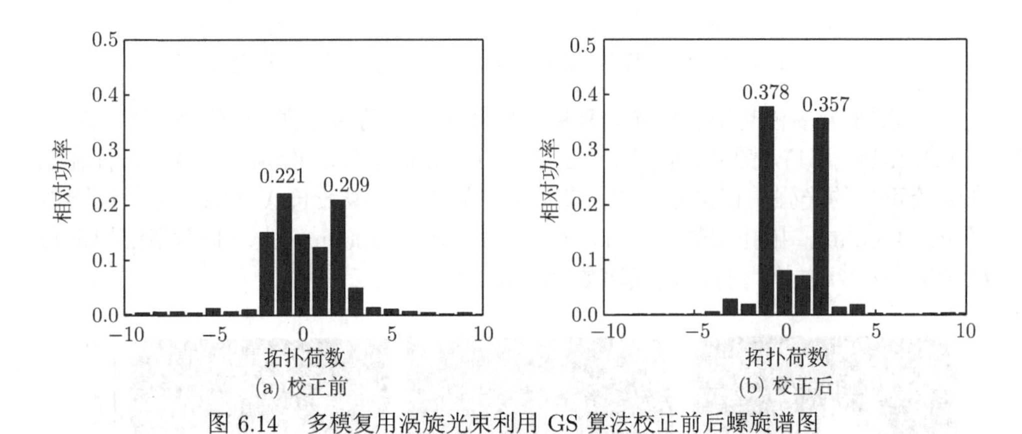


图 6.14 多模复用涡旋光束利用 GS 算法校正前后螺旋谱图

由图 6.14 可以看出，经 GS 算法校正，拓扑荷数 $l = -1$ 处的相对功率由 0.221 提升至 0.378，$l$=2 处的相对功率由 0.209 提升至 0.357。可见，GS 算法对于多模复用涡旋光束依然可以实现有效的波前畸变校正。

### 6.3.2 随机并行梯度下降算法

图 6.15 是单模涡旋光束利用 SPGD 算法校正前后光强、相位分布图。其中，图 6.15(a1)、(b1)，图 6.15(a2)、(b2) 和图 6.15(a3)、(b3) 分别为无湍流，有湍流和经校正后的光强、相位分布图。参数选取如下：光波波长 $\lambda$=632.8nm，束腰半径 $w_0$=0.035m，拓扑荷数 $l$=3，传输距离 $z$=1000m，大气折射率结构常数 $C_n^2=5\times10^{-15}\text{m}^{-2/3}$，电压扰动幅度 $|\Delta U|$=0.005，增益系数$\mu$=0.75，算法迭代次数 $N$=200。

由图 6.15(a1)~(a3) 可以看出，在大气湍流中传输的单模涡旋光束的光强分布整体都减弱且分布变得不均匀，发生扭曲形变。经过 SPGD 算法校正后，环状光强分布得以恢复，环状中心强度变强，光斑扭曲形变程度得到有效改善。由图 6.15(b1)~(b3) 可以看出，经过 SPGD 算法校正后的等相位线扭曲程度减小，波前相位得到补偿，说明 SPGD 算法可以实现单模涡旋光束的波前畸变校正。

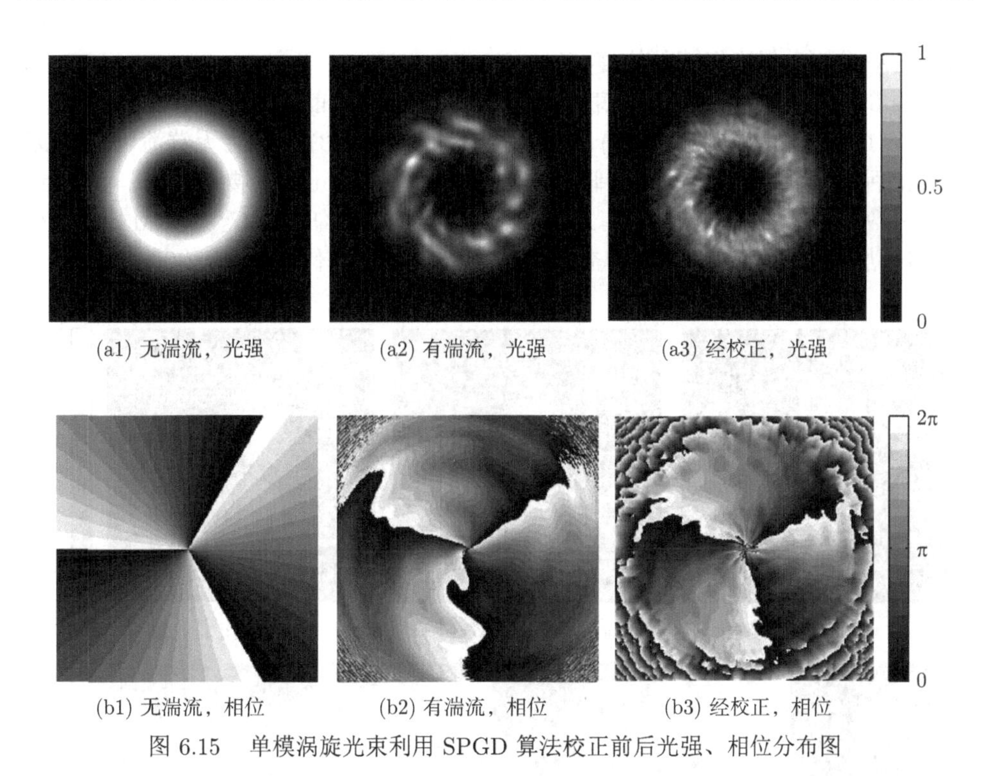


(a1) 无湍流，光强　(a2) 有湍流，光强　(a3) 经校正，光强

(b1) 无湍流，相位　(b2) 有湍流，相位　(b3) 经校正，相位

图 6.15　单模涡旋光束利用 SPGD 算法校正前后光强、相位分布图

图 6.16 为绘制的单模涡旋光束利用 SPGD 算法校正前后螺旋谱图。其中，图 6.16(a) 为图 6.15(a2)、(b2) 对应的螺旋谱，图 6.16(b) 为图 6.15(a3)、(b3) 对应的螺旋谱。



(a) 校正前



(b) 校正后

图 6.16　单模涡旋光束利用 SPGD 算法校正前后螺旋谱图

由图 6.16 可以看出，经 SPGD 算法校正，光束在 $l = 3$ 处的相对功率由 0.532 上升至 0.874，提升了约 64.3%，这说明经 SPGD 算法校正后，单模涡旋光束的轨道角动量信息得到很好的恢复。

图 6.17 是多模复用涡旋光束利用 SPGD 算法校正前后光强、相位分布图。其中，图 6.17(a1)、(b1)，图 6.17(a2)、(b2) 和图 6.17(a3)、(b3) 分别为无湍流，有湍流和经校正后的光强、相位分布图。假定光波波长 $\lambda$=632.8nm，束腰半径 $w_0$=0.035m，拓扑荷数 $l=-1, 2$，传输距离 $z$=1000m，大气折射率结构常数 $C_n^2=5\times10^{-15}\text{m}^{-2/3}$，电压扰动幅度 $|\Delta U|$=0.005，增益系数$\mu$=0.75，算法迭代次数 $N$=200。

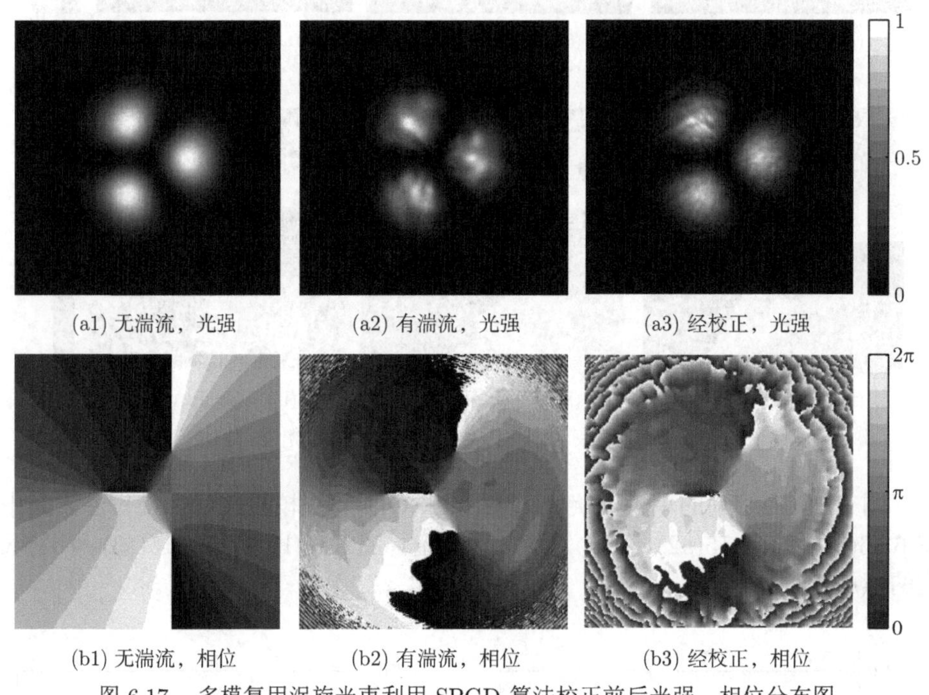

(a1) 无湍流，光强　(a2) 有湍流，光强　(a3) 经校正，光强

(b1) 无湍流，相位　(b2) 有湍流，相位　(b3) 经校正，相位

图 6.17　多模复用涡旋光束利用 SPGD 算法校正前后光强、相位分布图

由图 6.17(a1)~(a3) 可以看出，经过 SPGD 算法校正后，花瓣状光强分布明显得以恢复，而且瓣状中心的亮斑增多，说明中心光强增强。由图 6.17(b1)~(b3) 可以看出，经校正相位分布比校正前有所改善，但是相位“扇形叶片”清晰程度不高，部分等相位线没能有效恢复，光强及相位校正效果不是特别明显。

由图 6.18 可以看出，经 SPGD 算法校正，拓扑荷数 $l=-1$ 处相对功率由 0.221 提升至 0.286，在原来的基础上提升约 29.4%; $l$=2 处相对功率由 0.209 提升至 0.290，在原来的基础上仅提升了 38.8%左右，说明 SPGD 算法一定程度上可以校正多模复用涡旋光束，但是相比于单模光束，显然校正效果并不理想。

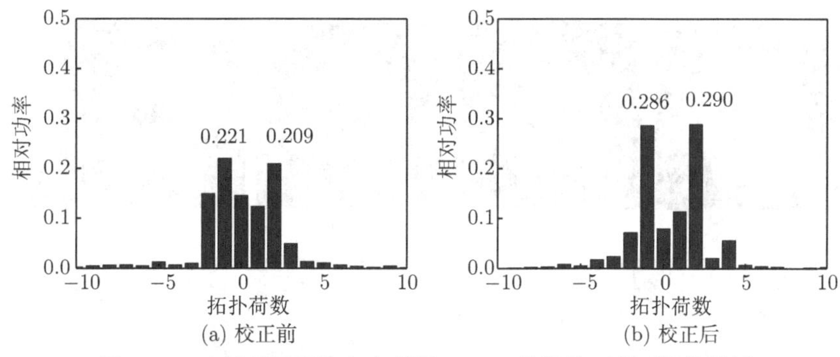

(a) 校正前 (b) 校正后

图 6.18 多模复用涡旋光束利用 SPGD 算法校正前后螺旋谱图

### 6.3.3 相位差算法

1. 相位差算法校正单个涡旋光束的仿真结果

假设激光光源波长 $\lambda$=632.8nm，束腰半径 $w_0$=0.03m，成像透镜的光瞳口径 $D$=25mm，焦距 $f$=200mm，大气折射率结构常数 $C_n^2=1\times10^{-15}\text{m}^{-2/3}$，传输距离 $z$=1000m，离焦量 $\Delta w=1.0\lambda$。不考虑噪声的影响，采用相位差算法校正单个涡旋光束 ($l$=2，4，6) 的光强、相位和螺旋谱分布图如图 6.19~图 6.21 所示。

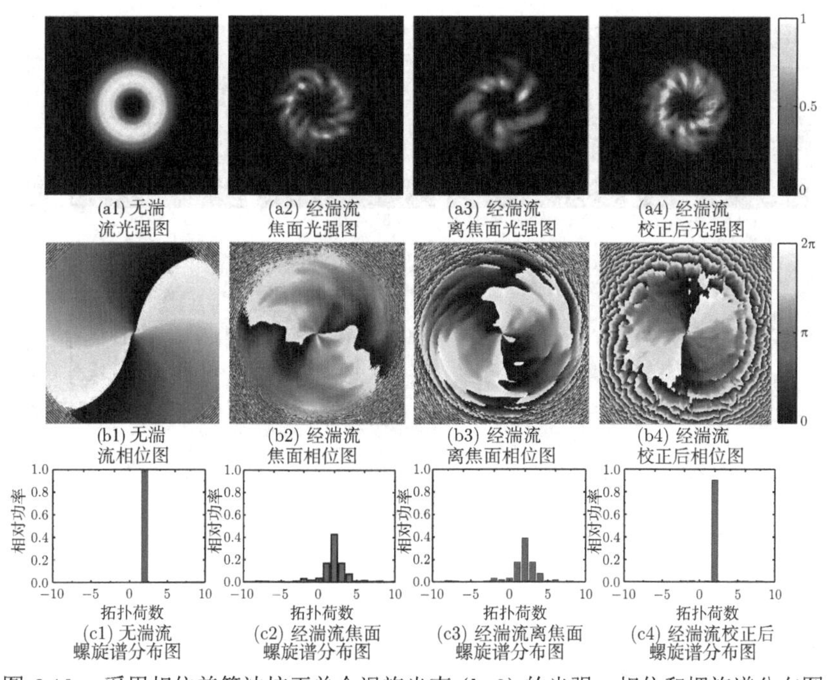


图 6.19 采用相位差算法校正单个涡旋光束 ($l$=2) 的光强、相位和螺旋谱分布图

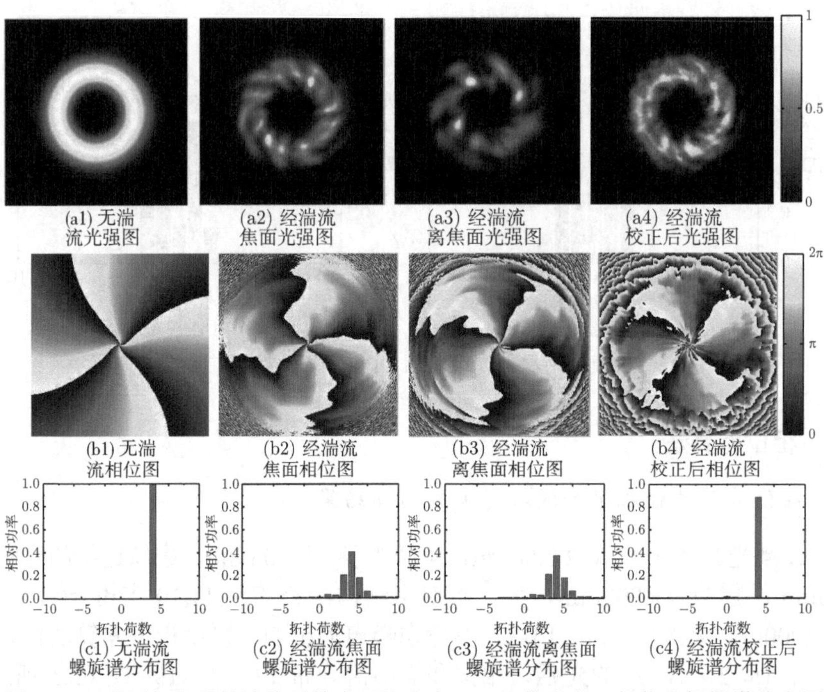


图 6.20　采用相位差算法校正单个涡旋光束 ($l$=4) 的光强、相位和螺旋谱分布图

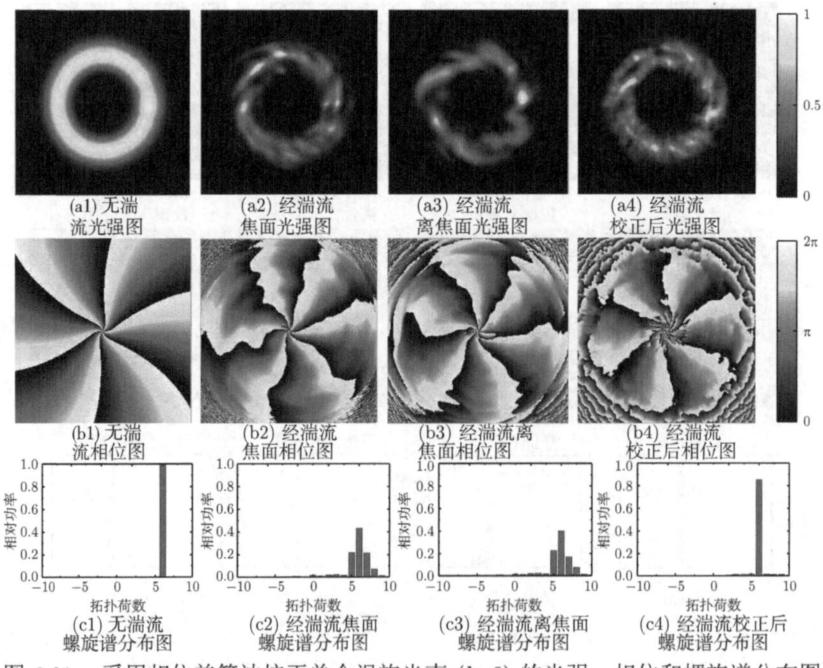


图 6.21　采用相位差算法校正单个涡旋光束 ($l$=6) 的光强、相位和螺旋谱分布图

图 6.19 为 $l$=2 的单个涡旋光束校正前后的光强、相位和螺旋谱分布图。其中，图 6.19(a1)、(b1)、(c1)，图 6.19(a2)、(b2)、(c2)，图 6.19(a3)、(b3)、(c3) 及图 6.19(a4)、(b4)、(c4) 分别为无湍流，经湍流焦面，经湍流离焦面及经湍流校正后的光强、相位和螺旋谱分布图。从图 6.19(a1)~(a4) 可以看出，$l$=2 的单个涡旋光束在无湍流条件下传输 1000m 后的光强分布为一中空环状，环上能量集中且分布均匀，经大气湍流传输后，光强分布发生扭曲变形，环上能量变得分散，分布也不再均匀，经 PD 算法校正补偿后，光强分布的分散程度明显减轻，且环上的能量亮斑明显增多，中心强度有所增强；从图 6.19(b1)~(b4) 可以看出，经大气湍流传输后相位分布的等相位线也发生扭曲变形，不再为顺滑的射线，而采用 PD 算法校正后，相位分布较畸变时刻的扭曲程度减小，畸变相位得到了有效补偿。从图 6.19(c1)~(c4) 也可以看出，经大气湍流传输后涡旋光束在 $l$=2 处的相对功率由 1.0 下降至 0.426，经 PD 算法校正后其相对功率提升至 0.903，提高了 0.477。通过图 6.19 所示的光强、相位和螺旋谱分布图分析结果可知，PD 算法可有效地校正单个涡旋光束的波前畸变，降低模式间的串扰。

图 6.20 和图 6.21 分别为 $l$=4 和 $l$=6 的涡旋光束校正前后的光强、相位和螺旋谱分布图。从图 6.20(a1)~(a4)、(b1)~(b4) 和图 6.21(a1)~(a4)、(b1)~(b4) 同样可以看出，$l$=4 和 $l$=6 的单个畸变涡旋光束经 PD 算法校正后光强分布的环上能量较畸变时刻明显增强，相位分布的等相位线畸变程度明显减弱；从图 6.20(c1)~(c4) 中可看出，经 PD 算法校正后，拓扑荷数 $l$=4 处的相对功率由 0.416 提升至 0.887，提高了 0.471。从图 6.21(c1)~(c4) 中可看出，经 PD 算法校正后，拓扑荷数 $l$=6 处的相对功率由 0.433 提升至 0.853，提高了 0.42。对比分析图 6.19~图 6.21 的相对功率提高幅度大小可以看出，PD 算法不仅可有效地校正单个涡旋光束的波前畸变，降低模式间的串扰，而且涡旋光束的校正效果随着拓扑荷数的减小而提高。

### 2. 相位差算法校正叠加态涡旋光束的仿真结果

采用相位差算法校正叠加态涡旋光束 ($l$=−1、2) 的光强、相位和螺旋谱分布图如图 6.22 所示。其中，图 6.22(a1)、(b1)、(c1)，图 6.22(a2)、(b2)、(c2)，图 6.22(a3)、(b3)、(c3) 及图 6.22(a4)、(b4)、(c4) 分别为 $l$=−1，2 的涡旋光束在无湍流，经湍流焦面，经湍流离焦面及经湍流校正后的光强、相位和螺旋谱分布图。仿真参数：激光光源波长 $\lambda$=632.8nm，束腰半径 $w_0$=0.03m，成像透镜的光瞳口径 $D$=25mm，焦距 $f$=200mm，大气折射率结构常数 $C_n^2=1\times10^{-15}\text{m}^{-2/3}$，传输距离 $z$=1000m，离焦量 $\Delta w$=1.0$\lambda$。

从图 6.22(a1)~(a4) 和图 6.22(b1)~(b4) 可看出，$l=-1,2$ 的叠加态涡旋光束无湍流传输时光强分布为花瓣状，且每片花瓣上的能量较为集中，相位分布为一系列顺滑的等相位线，而经大气湍流扰动后，每片花瓣上的光强分布能量均变得分散，相位分布的等相位线也出现了不同程度的扭曲变形，最后经相位差算法校正后，光强分布的每一片花瓣的中心强度增强，相位分布的等相位线扭曲程度减小；从图 6.22(c1)~(c4) 也可以看出，经相位差算法校正后，拓扑荷数 $l=-1$ 处的相对功率由 0.148 提升至 0.456，拓扑荷数 $l$=2 处的相对功率由 0.081 提升至 0.369。可以说明，相位差算法也可以有效地校正畸变的叠加态涡旋光束，降低模式间的串扰。

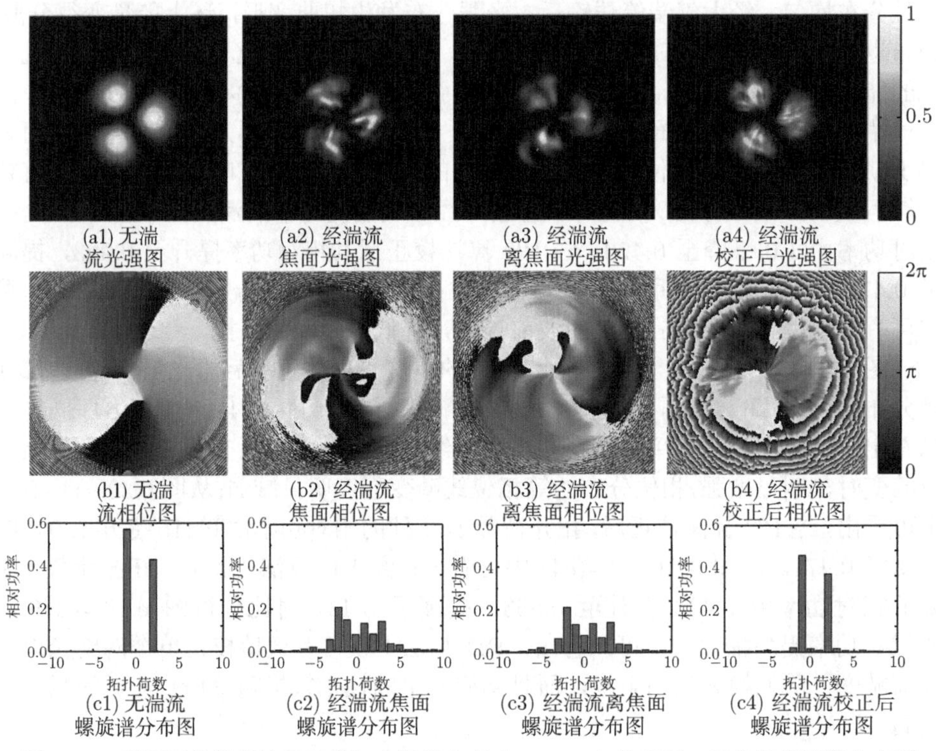


图 6.22　采用相位差算法校正叠加态涡旋光束 ($l$=−1，2) 的光强、相位和螺旋谱分布图

3. 相位差算法的收敛性分析

采用式 (6.15) 定义的相位相关系数作为 PD 算法波前恢复的评价指标，分析相位相关系数随迭代次数的变化关系，其计算公式为

$$R=\frac{\sum\limits_{mn}[\phi(m,n)-\bar{\phi}][\hat{\phi}(m,n)-\overline{\hat{\phi}}]}{\sqrt{\sum\limits_{mn}[\phi(m,n)-\bar{\phi}]^2[\hat{\phi}(m,n)-\overline{\hat{\phi}}]^2}} \tag{6.15}$$

式中，$\phi$ 表示畸变波前相位真实值；$\hat{\phi}$ 表示经 PD 算法迭代计算的估计值。由定义可知，$R$ 越大，两者之间相关性越高，则应用 PD 算法校正畸变涡旋光束的效果越好。

图 6.23 是基于 PD 算法的相位相关系数随迭代次数的变化曲线图。由图可知，对于单个畸变涡旋光束 ($l$=2, 4, 6)，经过约 40 次迭代后相位相关系数趋于稳定，达到 0.95 左右；对于叠加态畸变涡旋光束 ($l = -1$，2)，约 60 次迭代后相位相关系数趋于稳定，达到 0.9 左右，这些数据说明 PD 算法拟合的波前畸变相位值与真实相位值之间的相关性较高。因此，采用基于 PD 算法的自适应光学校正技术对畸变单个和叠加态涡旋光束进行校正补偿时都具有较好的收敛性。

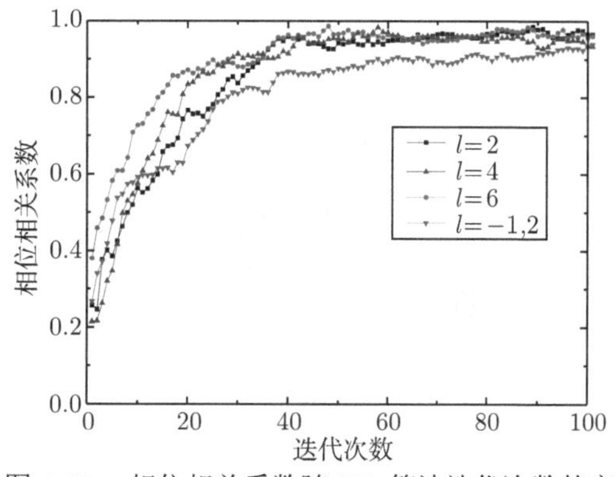


图 6.23　相位相关系数随 PD 算法迭代次数的变化曲线图

## 6.4　实 验 研 究

### 6.4.1　相位恢复算法

利用 GS 算法校正涡旋光束波前畸变实验装置示意图如图 6.24 所示。实验器材主要有 He-Ne 激光器、空间光调制器、光阑、透镜、偏振片、分束镜、光束分析仪。

由图 6.24 可以看出，实验系统可分为三个部分，分别为涡旋光束产生部分、大气湍流模拟部分、波前畸变补偿部分。① 涡旋光束产生: 在空间光调制器 1 上加载涡旋光束的相位灰度图，普通的高斯光束在经过空间光调制器 1 后附加上螺旋相位变成涡旋光束。② 大气湍流模拟：在空间光调制器 2 上加载模拟的大气湍流相位屏，将偏振片 1、偏振片 2 及空间光调制器 2 组合使用，可完成对涡旋光束的纯相位调制。当涡旋光束经过模拟的大气湍流时，就会发生波前畸变。③ 波前畸变补偿：利用分束镜 2 对畸变的涡旋光进行分束，其中一束光入射至空间光调制器 3 处，此时空间光调制器 3 充当波前校正器，另一束光经透镜组实现光束的扩束准直，再用光束分析仪进行光强信息采集，并与空间光调制器 3 形成反馈回路。利用 GS 算法求得大气湍流引起的畸变相位共轭分布，将求得的共轭相位灰度图加载到空间光调制器 3 上完成畸变相位的共轭补偿，从而实现涡旋光束的波前畸变校正。图 6.25 为实际搭建的 GS 算法校正涡旋光束波前畸变实际光路结构图。

图 6.26 是各阶次涡旋光束利用 GS 算法校正前后光强分布图。实验条件：大气折射率结构常数 $C_n^2$=1×10$^{-14}$m$^{-2/3}$，算法迭代次数 $N$=200。

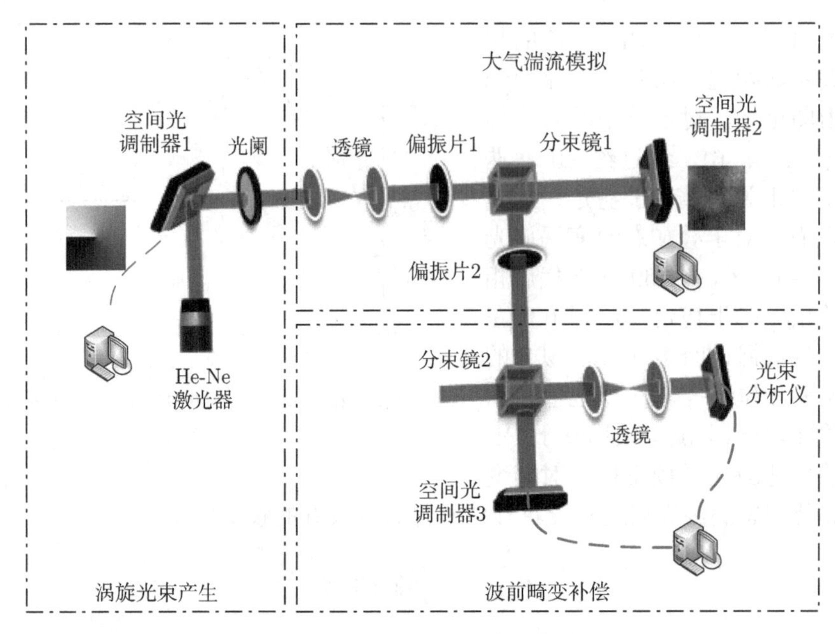


图 6.24 利用 GS 算法校正涡旋光束波前畸变实验装置示意图

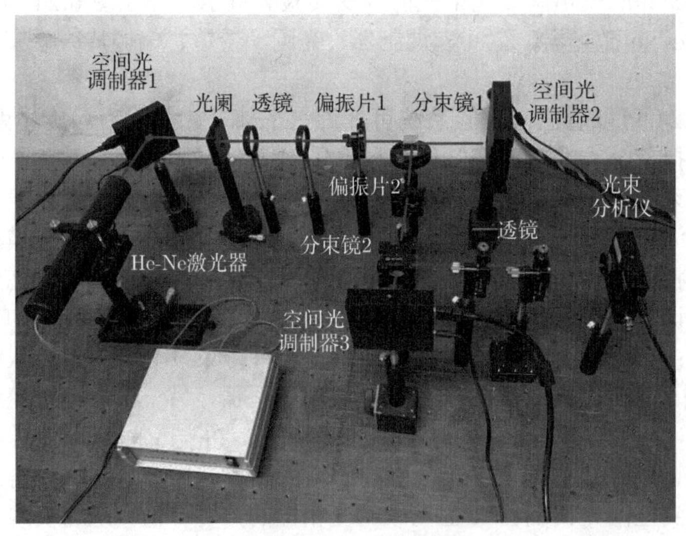


图 6.25 GS 算法校正涡旋光束波前畸变实际光路结构图

由图 6.26(a1)~(a3) 和图 6.26(b1)~(b3) 可以看出，经 GS 算法校正后，单模涡旋光束经湍流后发生扭曲的环状分布得到很大程度恢复，环状光斑上的能量分布变均匀。经计算，$l$=1 和 $l$=2 的光强相关系数分别由 0.520、0.518 上升到 0.865、0.838 左右。由图 6.26(c1)~(c3) 和图 6.26(d1)~(d3) 可以看出，多模复用涡旋光束经湍流传输后，其花瓣状光强分布发生扭曲形变，有一些瓣状光斑畸变严重，甚至一分为二。经 GS 算法校正后，破碎的瓣状光斑变得完整。经计算，$l=-1,2$ 多模复用涡旋光束的光强相关系数由 0.481 上升至 0.831，$l=-3, 2$ 多模复用涡旋光束的光强相关系数由 0.447 上升至 0.824。从图 6.26 总体可以看出，GS 算法对单模及多模复用涡旋光束都可实现有效的波前畸变校正。

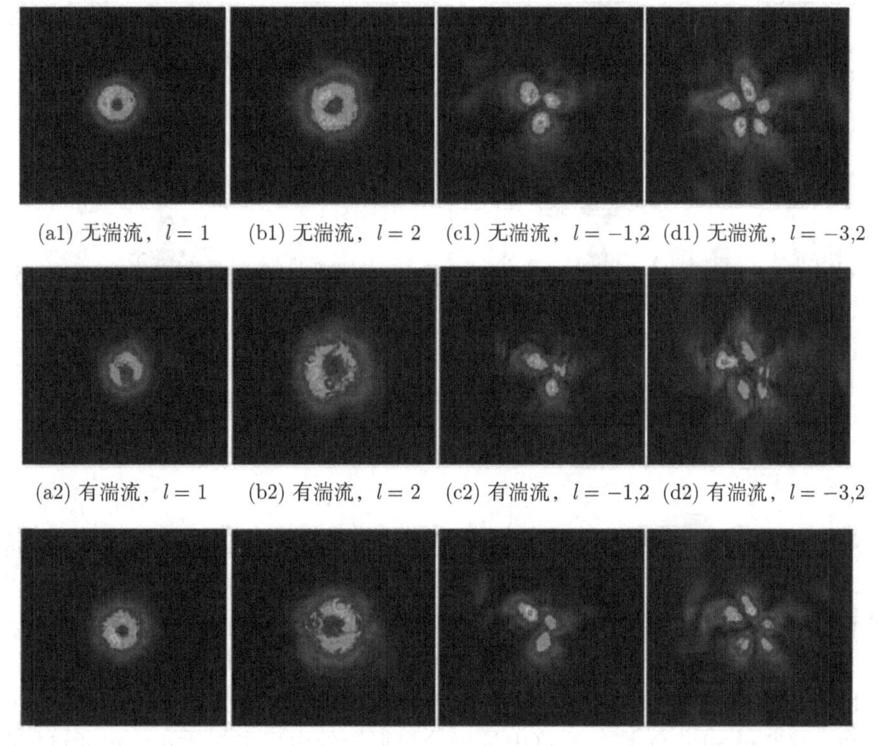

(a1) 无湍流，$l=1$　(b1) 无湍流，$l=2$　(c1) 无湍流，$l=-1,2$　(d1) 无湍流，$l=-3,2$

(a2) 有湍流，$l=1$　(b2) 有湍流，$l=2$　(c2) 有湍流，$l=-1,2$　(d2) 有湍流，$l=-3,2$

(a3) 校正后，$l=1$　(b3) 校正后，$l=2$　(c3) 校正后，$l=-1,2$　(d3) 校正后，$l=-3,2$

图 6.26　各阶次涡旋光束利用 GS 算法校正前后光强分布图

### 6.4.2　随机并行梯度下降算法

SPGD 算法校正涡旋光束波前畸变实验装置图如图 6.27 所示。实验器材主要有 He-Ne 激光器、空间光调制器、光阑、透镜、偏振片、分束镜、工业相机、69 单元连续表面变形镜和反射镜。

对比图 6.27 和图 6.24 可以看出，在利用 GS 算法和 SPGD 算法校正涡旋光束的波前畸变时，光路系统中涡旋光束产生部分和大气湍流模拟部分使用的实验器材是一样的，仅波前畸变补偿部分有所不同。

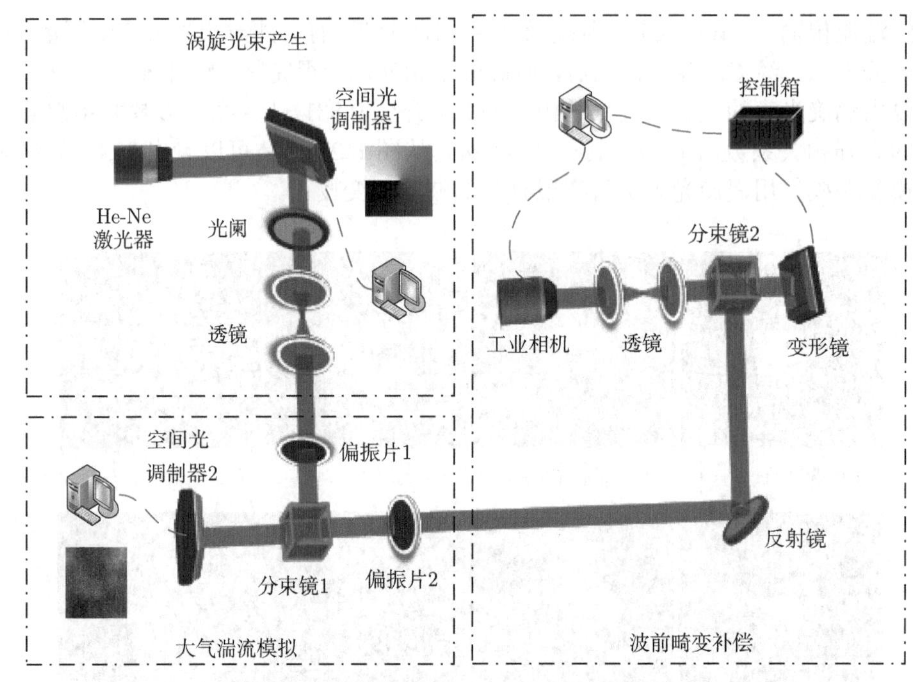


图 6.27　SPGD 算法校正涡旋光束波前畸变实验装置图

SPGD 算法校正畸变涡旋光束时，利用 69 单元连续表面变形镜充当波前校正器，工业相机作为光强信息采集装置。当涡旋光束经过模拟的大气湍流后发生波前畸变，再进入波前畸变补偿系统。首先，利用反射镜使得畸变光束入射到分束镜 2 处实现分束，分束后的其中一束入射至透镜。从透镜反射出的光束入射至工业相机处，利用工业相机实现光斑捕获。利用获得的光强分布信息计算出光强相关系数，并通过 SPGD 算法计算出施加给变形镜的电压参量大小，再通过控制箱控制变形镜产生一定量的镜面形变。再次进行光斑捕获及光强相关系数计算，进行反馈控制，从而对涡旋光束的波前进行闭环校正。图 6.28 为 SPGD 算法校正涡旋光束波前畸变的实际光路结构图。

所用变形镜的主要参数如表 6.1 所示。从表 6.1 可知，此变形镜驱动器数量为 69，镜面直径为 10.5mm，各驱动器之间的归一化距离为 1.5mm，镜面最大形变量为 60μm，该变形镜稳定所需的时间为 800μs 左右，带宽大于 750Hz。

图 6.29 是各阶次涡旋光束利用 SPGD 算法校正前后光强分布图。实验条件：大气折射率结构常数 $C_n^2=1\times10^{-14}\mathrm{m}^{-2/3}$，电压扰动幅度 $|\Delta U|=0.005$，增益系数$\mu=0.75$，算法迭代次数 $N=200$。

由图 6.29 可以看出，经 SPGD 算法校正后，涡旋光强度分布变得均匀且光斑形状也变得比较规整。经计算，拓扑荷数 $l=1$ 和 $l=2$ 单模涡旋光束的光强相

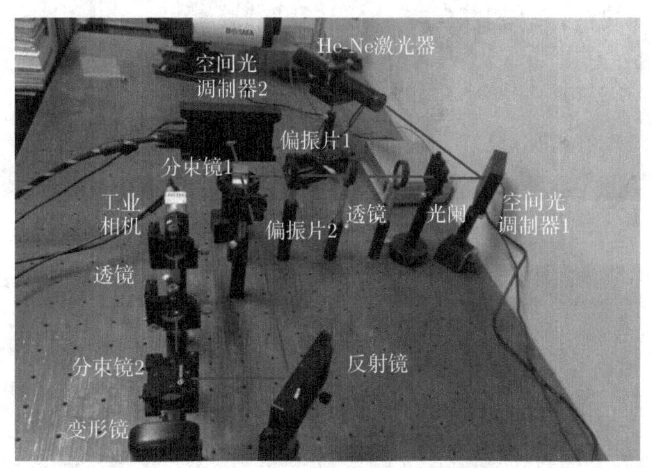


图 6.28　SPGD 算法校正涡旋光束波前畸变的实际光路结构图

**表 6.1　变形镜的主要参数**

| 驱动器数量 | 镜面直径/mm | 归一化距离/mm | 最大形变量/μm | 稳定时间 (+/−10%)/μs | 带宽 /Hz |
|---|---|---|---|---|---|
| 69 | 10.5 | 1.5 | 60 | 800 | >750 |

关系数分别由 0.507、0.483 升高到 0.858、0.845 左右，提升了大约 0.35；拓扑荷数 $l$=−1, 2 的多模复用涡旋光束光强相关系数由 0.473 升高到 0.731；拓扑荷数 $l$=−3, 2 的多模复用涡旋光束光强相关系数从 0.430 升高到 0.726 左右。由图 6.29 总体看出，SPGD 算法对于单模涡旋光束的校正效果要优于对多模复用涡旋光束的校正效果。

图 6.30 为实验得到的单模涡旋光束 ($l$=−2 和 $l$=1) 及多模复用涡旋光束 ($l$=−2,1) 的光强相关系数随 SPGD 算法迭代次数的变化关系图。实验条件如下：大气折射率结构常数 $C_n^2=5\times10^{-14}\text{m}^{-2/3}$，电压扰动幅度 $|\Delta U|=0.005$，增益系数$\mu=0.75$，算法迭代次数 $N=200$。

由图 6.30 可看出，SPGD 算法经 200 次迭代后，拓扑荷数 $l$=1 及 $l$=−2 的单模涡旋光束的光强相关系数由 0.33 左右上升至 0.83 左右，提升了 0.5 左右。拓扑荷数 $l$=−2,1 的多模复用涡旋光束的光强相关系数由 0.3 左右上升至 0.72 左右，升高 0.42 左右，但是没有达到 0.8 以上这一校正要求。图 6.30 依然印证了 SPGD 算法对于单模涡旋光束校正效果优于对多模复用涡旋光束的校正效果这一结论。由图 6.30 还可以观察到，利用 SPGD 算法对畸变涡旋光束校正时，光强相关系数的上升状态并不是严格单调递增的，会出现小幅度波动，但是整体趋势为先上升后趋于平缓。

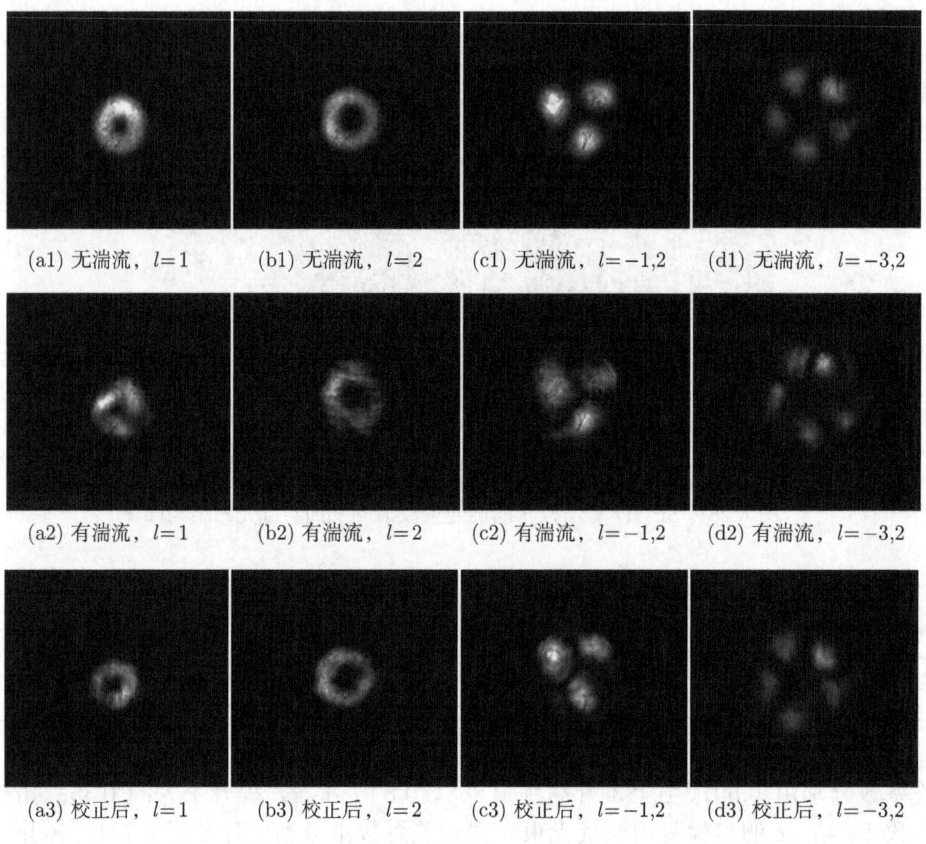

(a1) 无湍流，$l=1$　(b1) 无湍流，$l=2$　(c1) 无湍流，$l=-1,2$　(d1) 无湍流，$l=-3,2$

(a2) 有湍流，$l=1$　(b2) 有湍流，$l=2$　(c2) 有湍流，$l=-1,2$　(d2) 有湍流，$l=-3,2$

(a3) 校正后，$l=1$　(b3) 校正后，$l=2$　(c3) 校正后，$l=-1,2$　(d3) 校正后，$l=-3,2$

图 6.29　各阶次涡旋光束利用 SPGD 算法校正前后光强分布图

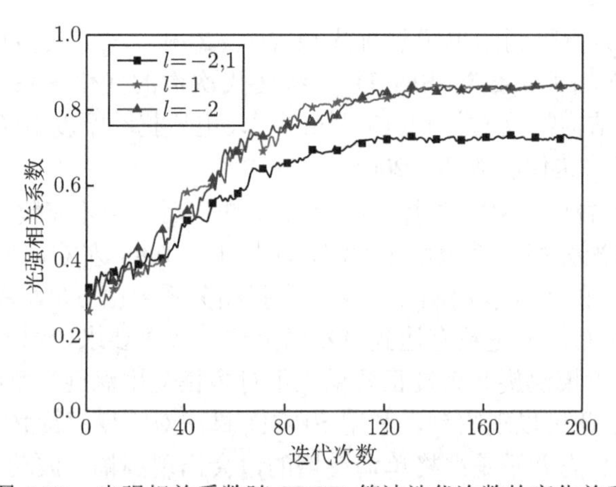


图 6.30　光强相关系数随 SPGD 算法迭代次数的变化关系

SPGD 算法实验校正存在以下问题：

(1) SPGD 算法自身的局限性。因为 SPGD 算法是一种无模型的最优化控制算法，即无法建立准确的数学模型，所以作为系统性能指标的像清晰度评价函数、SPGD 算法梯度估计精度等，都会影响算法的寻优过程及结果。

(2) 实验中不可能完全消除系统误差。背景光及电子器件噪声等因素都会带来系统误差。因此，要想获得更好的实验效果，可以从寻找更加适合涡旋光束的像清晰度评价函数、提高随机并行梯度下降算法的梯度估计精度、减小系统误差等方面着手。

实验结果表明：以 GS 算法为核心的自适应光学校正系统对单模及多模复用涡旋光束波前畸变都具有良好的校正效果；以 SPGD 算法为核心的自适应光学校正系统对单模涡旋光束也可以实现有效的波前畸变校正，但其校正多模复用涡旋光束的效果并不理想，实验结果与仿真结果吻合一致。

### 6.4.3　相位差算法

基于相位差算法设计了校正涡旋光束波前畸变的实验系统，其主要实验器材有 He-Ne 激光器、光阑、空间光调制器、透镜、分束镜、偏振片、光束分析仪。相位差算法无波前涡旋光畸变校正实验装置示意图和实际光路图分别如图 6.31 和图 6.32 所示。从图可知，此实验系统主要包含三个模块，分别为 LG 光束的产生模块、湍流扰动波前畸变模拟模块、无波前校正系统模块。具体的实验过程：激光光束入射到加载叉形光栅图样的空间光调制器 1 上并经光澜后产生单个或叠加态初始 LG 光束；然后经 $4f$ 系统准直后入射到由空间光调制器 2、偏振片 1、偏振片 2 组成的纯相位调制系统，使初始 LG 光束产生波前畸变；最后经分束镜 2 将畸变 LG 光束分为两束光，用光束分析仪在透镜焦面和离焦面采集其中一束光的光强信息，波前控制器即计算机根据测得的畸变光强信息，采用 PD 算法计算得到校正灰度图后加载至空间光调制器 3 上，即可实现对另一束 LG 光束畸变波前的校正补偿。

1. 单个涡旋光束波前校正的实验结果与分析

实验选取激光光源波长 $\lambda$=632.8nm，大气折射率结构常数 $C_n^2=1\times10^{-15}\text{m}^{-2/3}$，光学透镜光瞳直径 $D$=25mm，焦距 $f$=200mm，离焦量 $\Delta w$=1.0$\lambda$，相位差算法校正单个涡旋光束的光强分布和螺旋谱分布分别如图 6.33 和图 6.34 所示。

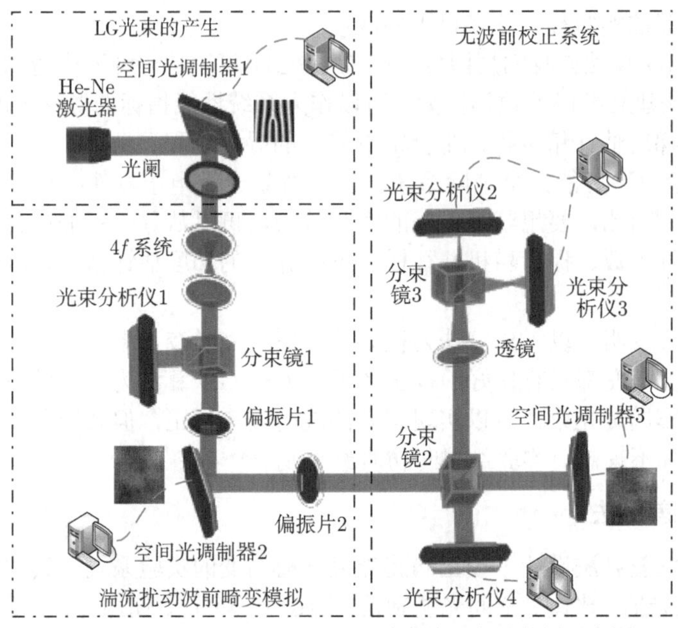


图 6.31　PD 算法无波前涡旋光畸变校正实验装置示意图

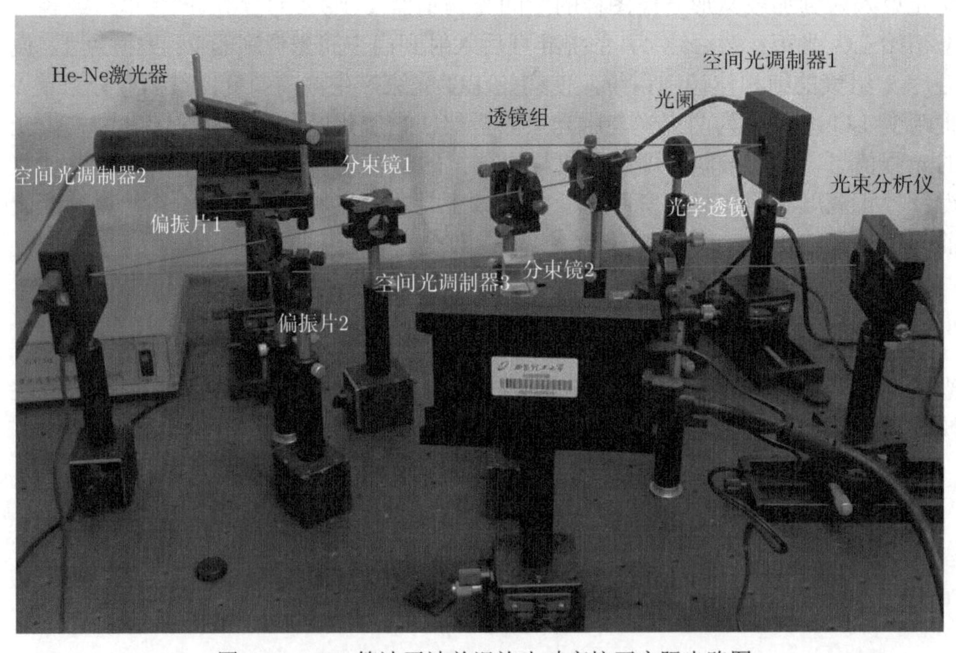


图 6.32　PD 算法无波前涡旋光畸变校正实际光路图

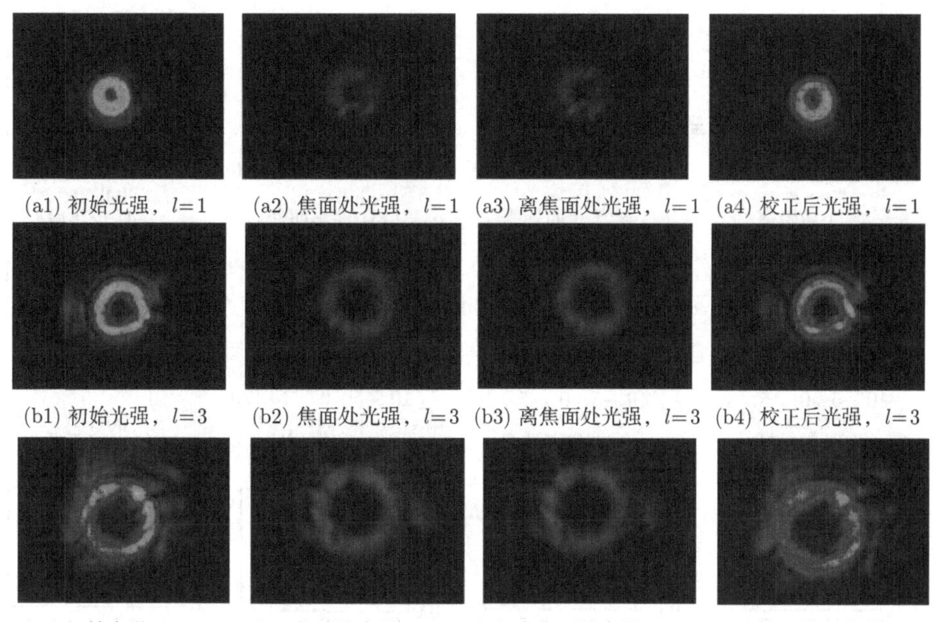

(a1) 初始光强，$l$=1　(a2) 焦面处光强，$l$=1　(a3) 离焦面处光强，$l$=1　(a4) 校正后光强，$l$=1

(b1) 初始光强，$l$=3　(b2) 焦面处光强，$l$=3　(b3) 离焦面处光强，$l$=3　(b4) 校正后光强，$l$=3

(c1) 初始光强，$l$=5　(c2) 焦面处光强，$l$=5　(c3) 离焦面处光强，$l$=5　(c4) 校正后光强，$l$=5

图 6.33　相位差算法校正单个涡旋光束的光强分布

图 6.33 为相位差算法校正单个涡旋光束 ($l$=1，3，5) 的光强分布。由图 6.33(a1) 可知，拓扑荷数 $l$=1 初始涡旋光束的光强为一环状，能量较为集中。经大气湍流扰动后，光束产生畸变，焦面及离焦面的光强分布相比初始状态变得分散，如图 6.33(a2) 和 (a3) 所示，其光强误差分别为 0.833 和 0.817。经相位差算法校正后，光强分布相比畸变时刻更加均匀且环形光斑上的能量增强，光强误差降至 0.3421，如图 6.33(a4) 所示。拓扑荷数 $l$=3 和 $l$=5 的涡旋光束经相位差算法校正后，光强误差分别由焦面的 0.8243 和 0.7387 降至 0.3498 和 0.3733。由此可见，相位差算法对单个涡旋光束的波前畸变可实现有效的校正。

分析图 6.33 对应单个涡旋光束 ($l$=1，3，5) 经相位差算法校正前后的螺旋谱分布，如图 6.34 所示。从图 6.34(a1) 可知，初始涡旋光束的相对功率为 0.904。经大气湍流扰动后，光束的相对功率在透镜焦面及离焦面分别降至 0.423 和 0.417，如图 6.34(a2) 和 (a3) 所示。采用 PD 算法校正后，涡旋光束的相对功率提升至 0.831，提高了 0.408，如图 6.34(a4) 所示。拓扑荷数 $l$ 分别为 3 和 5 时，涡旋光束的相对功率分别由焦面的 0.417 和 0.397 提升至 0.824 和 0.793，分别提高了 0.407 和 0.396。同样可知，对于不同拓扑荷数的单个畸变涡旋光束，相位差算法均可降低模式间的串扰，且涡旋光束的拓扑荷数越小，校正效果越好，这与仿真结果保持一致。

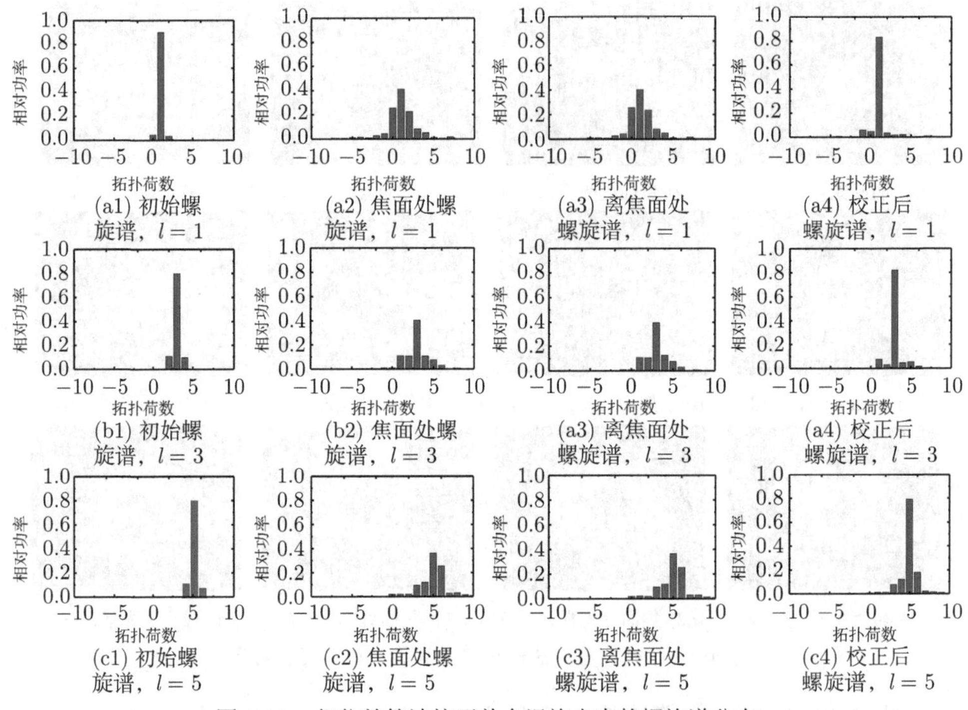


图 6.34　相位差算法校正单个涡旋光束的螺旋谱分布

2. 叠加态涡旋光束波前校正的实验结果与分析

实验同样选择参数：$\lambda$=632.8nm，$C_n^2=1\times10^{-15}\text{m}^{-2/3}$，$D$=25mm，焦距 $f=$ 200mm，离焦量 $\Delta w$=1.0$\lambda$。相位差算法校正叠加态涡旋光束 ($l$=−1,2 和 $l$=−3,2) 的光强、螺旋谱分布图如图 6.35 所示。由图 6.35(a1) 可知，初始涡旋光束的光强为一花瓣状，能量较为集中，模式间串扰较小。$l=-1$ 和 $l$=2 的相对功率分别为 0.497 和 0.408，如图 6.35(b1) 所示。经大气湍流扰动后，光束产生畸变，每一片瓣状光强分布相比初始状态变得分散，相对功率在透镜焦面及离焦面分别降至 0.157、0.181 和 0.142、0.172，模式间的串扰也有所增加，如图 6.35(b2) 和 (b3) 所示。采用相位差算法校正后，光强分布相比畸变时刻更加均匀且每一片花瓣中心的能量增强，相对功率也提升至 0.318 和 0.317，如图 6.35(b4) 所示。从图 6.35(d1)~(d4) 可以看出，拓扑荷数 $l$=−3, 2 的叠加态涡旋光束经 PD 算法校正后，相对功率分别由焦面的 0.167 和 0.166 提升至 0.301 和 0.302。由此说明，PD 算法针对叠加态涡旋光束的波前畸变同样可以达到较好的校正效果，提高相对功率，降低模式间的串扰。

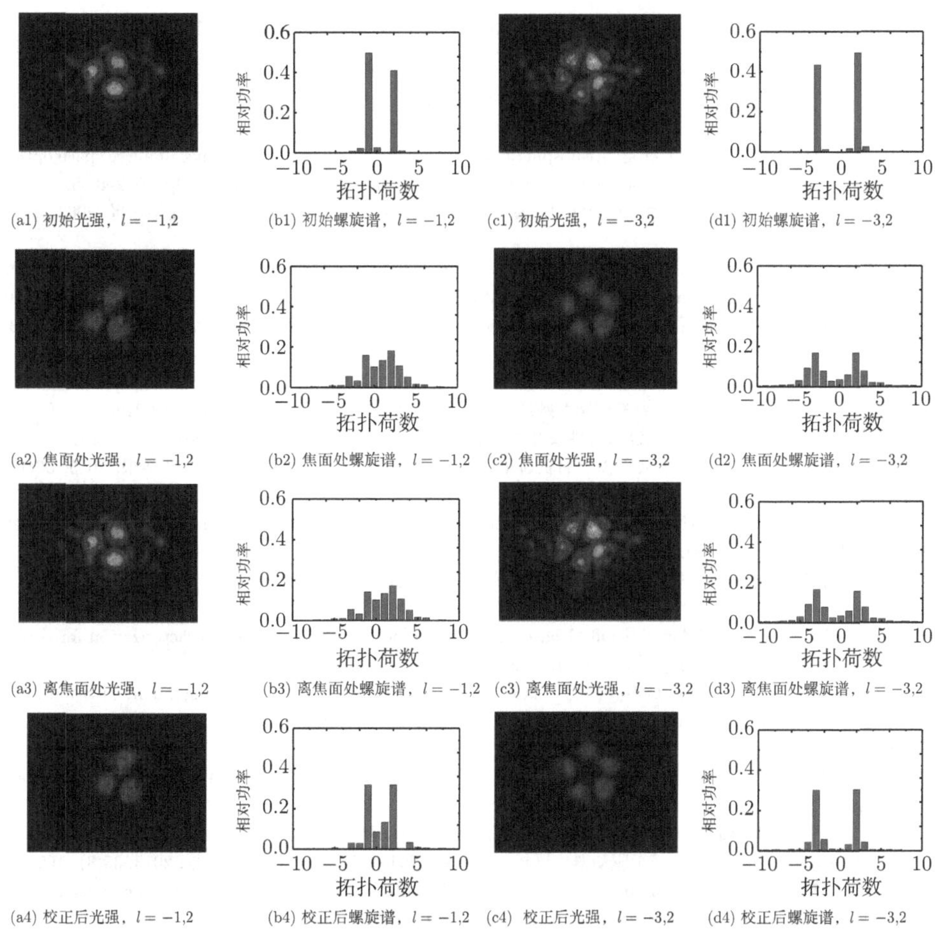


图 6.35　相位差算法校正叠加态涡旋光束的光强、螺旋谱分布图

3. 实验误差分析

结合图 6.33～图 6.35 可知，基于相位差算法的自适应光学校正系统校正涡旋光束的实验结果较仿真结果有所误差的原因如下。

(1) PD 算法自身的原因。PD 算法作为一种无波前探测技术，结合自适应光学校正技术，应用于畸变涡旋光束校正的核心原理就是，根据离焦距离引入已知像差后基于最大似然估计理论确定目标函数，进而通过优化算法计算得到波前畸变误差实现校正。因此，实验过程中 PD 算法选择的离焦距离、优化精度及目标函数等因素均会影响算法的波前误差寻优的结果精度。

(2) 实验光路的系统误差。涡旋光束波前畸变校正的实际光路主要分为三个模块，分别为涡旋光束的产生、畸变波前的模拟和畸变误差的校正，实验中这三个模块均使用了液晶空间光调制器实现其功能。液晶空间光调制器的工作面不平整，光路的准直性、入射角度、实际环境噪声扰动等因素均会影响实验的结果误差。

## 参考文献


[1] REN Y X, HAO H, XIE G D, et al. Atmospheric turbulence effects on the performance of a free space optical link employing orbital angular momentum multiplexing[J]. Optics Letters, 2013, 38(20): 4062-4065.

[2] 段海峰, 李恩得, 王海英, 等. 模式正交性对哈特曼–夏克传感器波前测量等的影响 [J]. 光学学报, 2003, 23(9): 1143-1148.

[3] GAVIN S, JONATHAN L, PAMELA J.Interactive application in holographic optical tweezers of a multi-plane Gerchberg-Saxton algorithm for three-dimensional light shaping[J]. Optics Express, 2004, 12(8): 1665-1670.

[4] 陈波, 李新阳. 基于随机并行梯度下降算法的自适应光学系统带宽 [J]. 激光与光电子学进展, 2013, 50(3): 69-74.

[5] 戴坤健. OAM 光束传输特性及自适应光学波前畸变校正技术研究 [D]. 北京：北京理工大学, 2015.

[6] 刘镇清, 他得安. 用二维傅里叶变换识别兰姆波模式的研究 [J]. 声学技术, 2000, 19(4): 212-219.

[7] 崔倩茹. 大气湍流中涡旋光束的漂移特性及补偿技术研究 [D]. 北京: 北京邮电大学, 2015.

[8] 邹丽, 王乐, 张士兵, 等. 基于波前校正的轨道角动量复用通信系统抗干扰研究 [J]. 通信学报, 2015, 36(10): 76-84.

[9] REN Y X, HUANG H, YANG J Y, et al. Correction of phase distortion of an OAM mode using GS algorithm based phase retrieval[C].Lasers and Electro-Optics , San Jose, USA, 2012: 1-2.

[10] 陈怀新, 隋展, 陈祯培, 等. 采用液晶空间光调制器进行激光光束的空间整形 [J]. 光学学报, 2001, 21(9): 1107-1111.

[11] HUANG H, REN Y X, YAN Y, et al. Phase-shift interference-based wavefront characterization for orbital angular momentum modes[J]. Optics Letters, 2013, 38(13): 2348-2350.

[12] XIE G D, REN Y X, HUANG H, et al. Phase correction for a distorted orbital angular momentum beam using a Zernike polynomials-based stochastic-parallel-gradient-descent algorithm[J]. Optics Letters, 2015, 40(7): 1197-1200.

[13] 宋阳. 基于 SPGD 的无波前探测自适应光学技术研究 [D]. 长春: 中国科学院长春光学精密机械与物理研究所, 2015.

[14] 丁心志, 官春林. 变形镜面形影响函数的有限元仿真 [J]. 光学仪器, 2008, 30(1): 40-44.

[15] 郭爱林, 朱海东, 杨泽平, 等. 基于驱动器位置相位校正的变形镜控制算法 [J]. 光学学报, 2013, 33(3): 109-115.

[16] CAO F, ZHU Y, WU Z. Optical misalignment sensing for optical aperture synthesis telescope by using phase diversity[J]. Astronomical Research and Technology, 2008, 7015(3): 7-8.

[17] CHEVERRI-CHACÓN S, RESTREPO R, CUARTAS-VÉLEZ C, et al. Vortex-enhanced coherent-illumination phase diversity for phase retrieval in coherent imaging systems[J]. Optics Letters, 2016, 41(8): 1817-1820.

[18] 王康. 利用导数研究正态分布的概率密度函数性质 [J]. 河南教育学院学报 (自然科学版), 2012, 21(2): 31-32.

[19] 李强, 沈忙作. 用相位差法测量望远镜像差 [J]. 光学学报, 2007, 27(9): 1553-1557.

[20] AL-BAALI M, GRANDINETTI L, PISACANE O. Damped techniques for the limited memory BFGS method for large-scale optimization[J]. Journal of Optimization Theory and Applications, 2014, 161(2): 688-699.

# 第 7 章　大气湍流下轨道角动量复用系统串扰分析

轨道角动量 (OAM) 复用通信相比时分复用、码分复用等复用通信技术具有信道容量大、传输速率高等优点。OAM 复用通信系统在大气湍流传输过程中，大气湍流效应会对 OAM 复用光束产生影响。本章主要从理论和实验上研究大气湍流对 OAM 复用光束产生的影响，为研究 OAM 复用光束在大气湍流中的传输提供参考。

## 7.1　引　　言

OAM 光束作为信息传输的载体为光波提供了一个新的维度 [1]，使其可以像波长一样进行复用和解复用。2004 年，Bouchal 等 [2] 提出了可以采用 OAM 光束作为信息传输载体的方法。这种方法的主要原理：先使加载了动态信息的平面波光束从不同的入射角度进入相位屏，这时入射光束被转换为 OAM 光束，由于入射角度的不同，产生的 OAM 光束将具有不同的拓扑荷数，最后在接收端将复用的 OAM 光束上加载的信息通过反向相位屏解调出来。2007 年，Lin 等 [3] 在实验中通过将计算全息图加载到空间光调制器上的方法来实现 OAM 光束的复用和解复用。2011 年，Wang 等 [4] 研究了 OAM 复用光束在自由空间中的通信技术，且经过研究发现采用该技术进行通信后频谱效率能达到 25.6(bit/s)/Hz。OAM 光束是一种除频率、时间、波长、偏振等物理量之外的一种新型的可进行复用的自由度。OAM 光束复用技术对通信系统的传输速率将有大幅度的提升作用，这项技术在学术界引起了极大的关注。2012 年，Wang 等 [5] 研究发现将 OAM 复用技术应用到自由空间光通信中可以增大光通信的速率。他们采用计算全息法来产生所需的特定 OAM 光束，然后使用分束器来实现多路 OAM 光束的复用和解复用。2013 年，Huang 等 [6] 以 32 路加载了 20Gbit/s 的 16QAM 信号的 OAM 光束为对象，研究了 OAM 光束的复用传输。2013 年，Yang 等 [7] 将 OAM 复用技术应用到光纤传输中进行了实验研究，该方法的具体思路：将 10 个波长的波分复用和两个 OAM 光束进行复用之后，经过一种涡旋光纤传输了 7.1km，表明 OAM 复用光束可以被应用于光纤通信中，以增加通信系统的信道容量，但光纤信道和自由空间信道有很大不同。2014 年，侯金等 [8] 提出 OAM 光束复用技术在增加系统通信容量和提高频谱利用率方面存在较大的优势且有较好的发展前景，同时指出要实现 OAM 复用和解复用有两种方式：一种是使 OAM 光束充当传输载波加载信息进行传输；另一种是运用码分复用原理，同时对多个 OAM 光束进行编码。

2014 年，杨帆等 [9] 提出一种可以将 OAM 复用光束高效分离的方法，此方法可以有效解决 OAM 复用通信系统中各 OAM 光束信息解调受限问题。2016 年，周斌等 [10] 研究了一种多模 OAM 复用通信系统，采用一种新方法实现了多模 OAM 复用通信技术，使得系统频谱效率与传输速率倍增，进而提高 OAM 模态复用的潜力。2016 年，杨春勇等 [11] 研究了 OAM 复用光束在传输中的拓扑荷数测量问题，为 OAM 复用光束拓扑荷数的测量提供了一种新方法。2017 年，苏明祥 [12] 利用数值仿真分析的方法对双 OAM 模式的传输特性进行了研究，同时在达曼光栅的基础上研究了一种可以均衡 OAM 信道的光栅，并且提出可以采用多值相息图对 OAM 光束进行复用和解复用。

大气中存在的气体分子及气溶胶的吸收和散射等，均会造成光束通信系统接收信噪比的下降及传输误码率的增大，进而对通信系统性能造成影响。当光束在大气湍流中传输时其光强和相位均会受到影响，使得光束光强出现闪烁、相位出现弯曲变形、相邻光束产生弥散等 [13]，这些现象都将对光束在自由空间中传输时的性能产生不可忽视的影响。当 OAM 光束在自由空间中传输时，大气湍流效应将对 OAM 光束产生一定的干扰，造成 OAM 光束产生畸变，从而影响到传输过程中光束的质量。当 OAM 复用光在大气中传输时不可避免地会受到湍流的影响 [14]。

2008 年，Anguita 等 [15] 以 Kolmogorov 大气湍流模型分析了在自由空间中传输的多路 OAM 光通信链路之间产生的串扰问题。2009 年，Tyler 等 [16] 经过研究证明，当 OAM 光束经过湍流传输之后光束参量会发生随机变化，具体表现在 OAM 光束光强出现闪烁、等相位线弯曲和弥散畸变等一系列现象，即大气湍流使 OAM 态发生了变形和失真。2012 年，Rodenburg 等 [17] 和 Malik 等 [18] 分别在 Kolmogorov 大气湍流模型的基础上对 OAM 光束在传输时产生的串扰及湍流对 OAM 光束信道容量产生的影响进行了研究。2013 年，Ren 等 [19] 用实验研究了湍流对 OAM 复用光束的影响，研究结果表明，湍流诱发信号衰落和串扰会显著恶化链路在强湍流的性能，甚至导致链路中断。2014 年，邹丽等 [20] 研究了 OAM 复用光束在 Kolmogorov 大气湍流模型中传输时受到的影响，结果显示当湍流强度增加和系统传输距离增长时，OAM 复用光束系统的归一化接收功率会有所下降。2014 年，张磊等 [21] 对基于 Kolmogorov 模型的大气湍流下 OAM 模式的正交性、光束强度及相位分布的变化进行了研究，证明了 OAM 可以在自由空间光链路中作为新的自由度进行复用。2015 年，柯熙政等 [22] 提出 OAM 光束具有多种形式且均可以进行 OAM 编码和应用于轨道角动量复用通信，并且高阶厄米–高斯光束具有更高的轨道角动量，同时对高阶贝塞尔光束在大气斜程情况下的轨道角动量特性进行了研究，结果显示随着天顶角、波长及折射率的减小，OAM 光束的弥散现象越严重，从而影响通信传输质量。

## 7.2　轨道角动量光束在大气湍流中的传输理论

OAM 复用光束在自由空间中传输时，由于大气湍流的相位扰动，OAM 光束会产生串扰。当携带不同拓扑荷数的 OAM 复用光束经大气湍流传输时，温度和压强的变化会导致大气折射率在空间和时间上发生随机性的变化，进而降低通信系统的性能。

### 7.2.1　多相位屏传输法

为了准确分析 OAM 复用光束在大气传输过程中所受到湍流扰动的影响，首先要了解光束在湍流中的传输机理。目前主要采用多相位屏传输法，该方法的主要原理如图 7.1 所示 [23]。将 OAM 复用光束的传输距离 $z$ 分为 $N$ 等份，则光束每段的传输距离为 $\Delta z = z/N$。光束在传输过程中首先经过 $\Delta z$ 的自由空间进行传输，随后到达第一个大气相位屏，此时大气湍流对 OAM 复用光束造成的影响会叠加到光束的螺旋相位上，再经过 $\Delta z$ 的自由空间传输到达第二个大气相位屏。重复上述过程，直到穿过最后一个大气相位屏，由此来实现 OAM 复用光束在整个大气光路中的传输。

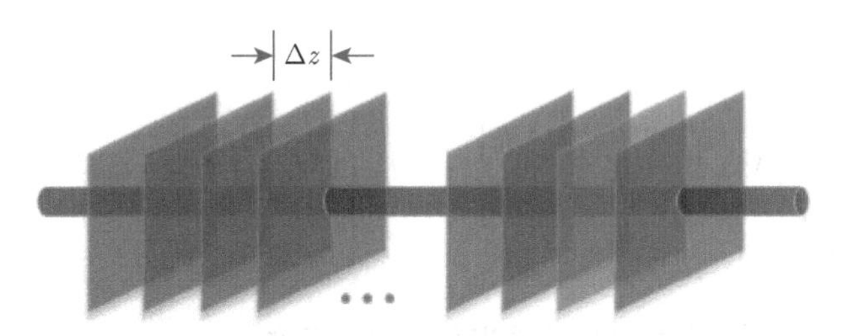


图 7.1　多相位屏传输法原理示意图

光束在大气中从 $z_i$ 平面传输到 $z_{i+1} = z_i + \Delta z$ 平面的解可以通过真空传输和相位屏的相位调制得到，其过程可以用式 (7.1) 表示 [24]：

$$u(r, z_{i+1}) = f^{-1}\left\{f\left[u(z_i)\exp\left(\mathrm{i}S(r, z_i)\right)\right]\exp\left(-\mathrm{i}\frac{\kappa_x^2 + \kappa_y^2}{2\kappa}\Delta z_{i+1}\right)\right\} \tag{7.1}$$

式中，$f$ 为傅里叶变换；$f^{-1}$ 为傅里叶逆变换。

### 7.2.2　随机相位屏的产生

人们主要用两种方法来模拟随机相位屏：第一种是 Zernike 多项式展开法，其原理是利用正交的 Zernike 多项式展开作为展开基函数来模拟相位波前；第二种是功率谱反演法，其原理是利用选取的湍流模型所对应的功率谱密度函数对一个复高斯随机矩阵进行滤波，再通过傅里叶逆变换获得大气湍流随机畸变相位 [25]。

本书选用功率谱反演法来模拟湍流相位屏，这一过程可以表示为 [25]

$$\varphi(x,y)=C\sum_{\kappa_z}\sum_{\kappa_y}a\left(\kappa_x,\kappa_y\right)\sqrt{\varPhi\left(\kappa_x,\kappa_y\right)}\exp\left[\mathrm{i}(\kappa_x x+\kappa_y y)\right] \tag{7.2}$$

式中，在空域内 $x=m\Delta x$，$y=m\Delta y$，$\Delta x$、$\Delta y$ 表示取样间隔，$m$、$n$ 为整数；在波数域内$\kappa_x=m\Delta\kappa_x$，$\kappa_y=n\Delta\kappa_y$，$\Delta\kappa_x$、$\Delta\kappa_y$ 表示取样间隔，$m$、$n$ 为整数；通过对均值为 0，方差为 1 的高斯随机数进行傅里叶变换即可得到 $a(\kappa_x,\kappa_y)$；常数 $C$ 取决于标度因子 $\sqrt{\Delta\kappa_x\Delta\kappa_y}$。式 (7.2) 可以应用于各种大气湍流功率谱。假设大气湍流传输模型为 Von-Karman 湍流谱模型，则有 [25]

$$\begin{aligned}\varphi(m,n)=&\sum_{m\prime}^{N_x}\sum_{n'}^{N_y}a\left(m',n'\right)\frac{2\pi}{\sqrt{L_xL_y}}\sqrt{0.00058}r_0^{-5/6}\\&\times\left(f_x^2+f_y^2+f_0^2\right)^{-11/12}\exp\left[\mathrm{i}2\pi\left(\frac{mm'}{N_x}+\frac{nn'}{N_y}\right)\right]\end{aligned} \tag{7.3}$$

式中，$r_0=0.185\left[\lambda^2/\int_z^{z+\delta z}C_n^2(\zeta)\mathrm{d}\zeta\right]^{3/5}$；$f_0=1/L_0$，$L_0$ 表示湍流外尺度；$N_x\times N_y$ 表示相位屏网格。

### 7.2.3 大气湍流下轨道角动量复用光束串扰的产生

对于 OAM 复用光束，考虑到有多个共同传播的光束，其正交性依赖于螺旋相位前端。大气的温度和压力是不均匀的，会导致传输路径上折射率的不均匀性。这些折射率的不均匀性将直接导致单个 OAM 通道的退化及具有不同 OAM 值的不同数据信道之间的联合串扰。

图 7.2 为 OAM 光束受大气湍流影响示意图，扭曲的 OAM 模式可以分解成多个 OAM 模式。在动态的湍流大气条件下，随着时间的推移，这些退化是缓慢随时间变化的，变化时间通常在毫秒量级以上。这可能会严重限制在自由空间光链路中可以容纳的 OAM 波束的数量和传输的距离。一个单一 OAM 光束系统，在大气湍流中传输时，大气造成的串扰影响会使得该模式产生新的模式。例如，拓扑荷数为 3 的 OAM 光束，在湍流的作用下就会产生 1，2，4，5，$\cdots$ 新的模式，由于接收端系统不具备自动识别和滤除非发射光束模式的功能，所以系统将由此产生串扰。

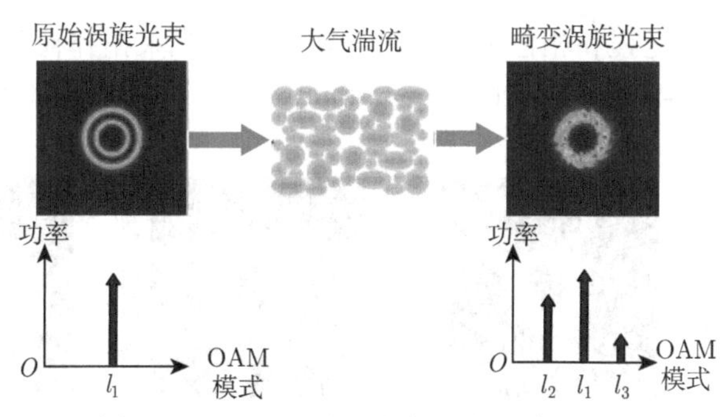


图 7.2　OAM 光束受大气湍流影响示意图

OAM 复用光束在大气湍流中传输时产生的串扰主要来自于两个方面：一方面是湍流对不同模式光束之间正交性的破坏，原始保持正交的 OAM 模式由于引入了湍流冲击响应函数，其正交性遭到破坏；另一方面是原始的光束能量由于受到湍流的影响会发生衰减，且相邻 OAM 模式之间能量会产生弥散现象。

相比于较为常见的单一模式 OAM 光束在大气湍流下传输时受到的串扰，显然对于一个包含多个 OAM 光束的 OAM 复用系统，其串扰将变得更加复杂。这是因为 OAM 复用光束在传输过程中每一个 OAM 模式都会扩展出新的模式，所有这些模式交错会使得 OAM 复用系统的串扰变得更加复杂。

## 7.3　大气湍流中轨道角动量复用光束光强相位分析

当 OAM 光束在大气信道中传输时会受到不同程度的大气湍流的影响。大气湍流强度的改变会导致大气折射率的变化，OAM 光束的轨道角动量就会随之发生一定程度的畸变，信息传输的质量也会因此而改变，同时还会伴随着一系列的光学变化。

### 7.3.1　轨道角动量复用光束的形成

本书选取了拓扑荷数 $l$ 分别为 2、4、6、8 的四路 OAM 光束，这四路不同拓扑荷数的 OAM 光束的光强和相位分布如图 7.3 所示。仿真条件：OAM 光束拓扑荷数 $l$ 分别为 2、4、6、8，束腰半径 $w_0$=5mm，波长 $\lambda$=632.8nm。

图 7.3(a1)~(a4) 对应 OAM 光束二维光强分布。可以明显看出，在其他条件确定的情况下，OAM 环状光束在束腰处的光强半径随着光束拓扑荷数的增大而增大。图 7.3(b1)~(b4) 对应 OAM 光束相位分布，可以看出相位等相位线在横截面上的周期数与对应拓扑荷数相等。

选用 OAM 复用光束强度和相位畸变图来直观地展示大气湍流对 OAM 复用光束的影响。图 7.4 表示无湍流条件下 OAM 复用光束在光源处和在理想情况下传输 1000m 之后的光强和相位分布图。假定 OAM 光束拓扑荷数 $l$ 分别为 2、4、6、8，束腰半径 $w_0$=5mm，波长 $\lambda$=632.8nm，传输距离 $z$=1000m。

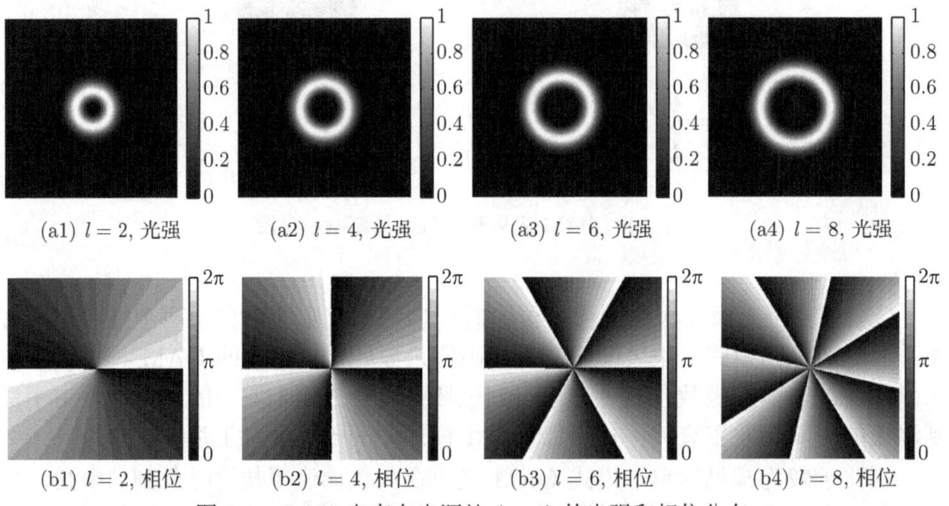


(a1) $l=2$, 光强　(a2) $l=4$, 光强　(a3) $l=6$, 光强　(a4) $l=8$, 光强

(b1) $l=2$, 相位　(b2) $l=4$, 相位　(b3) $l=6$, 相位　(b4) $l=8$, 相位

图 7.3　OAM 光束在光源处 ($z$=0) 的光强和相位分布

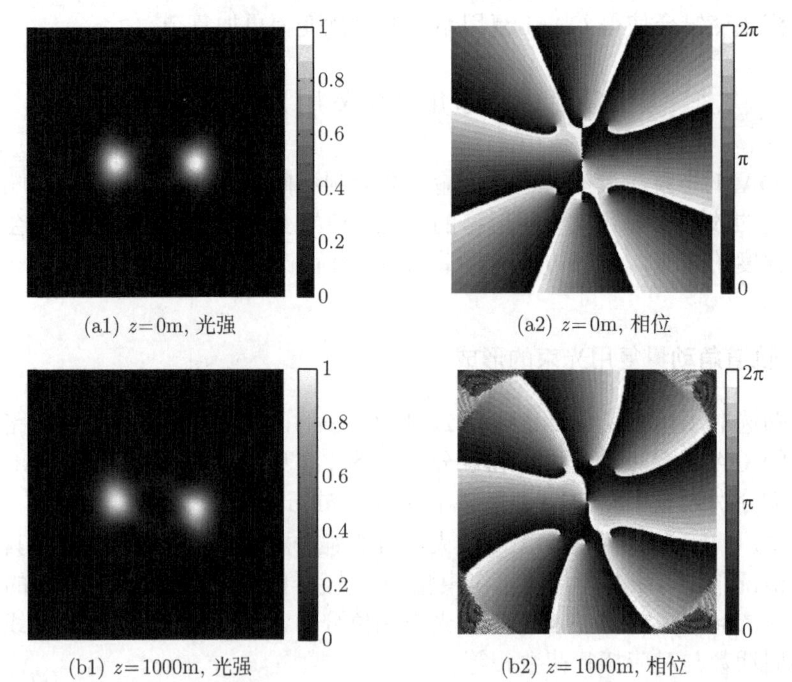


(a1) $z$=0m, 光强　(a2) $z$=0m, 相位

(b1) $z$=1000m, 光强　(b2) $z$=1000m, 相位

图 7.4　无湍流条件下 OAM 复用光束在光源处和在理想情况下传输 1000m 之后的光强和相位分布

图 7.4(a1)、(a2) 分别对应 OAM 复用光束在光源处 ($z$=0) 的光强和相位分布。图 7.4(b1)、(b2) 分别对应 OAM 复用光束在理想条件下传输 1000m 之后的光强和相位分布。通过观察图 7.4(a1) 可以看出，OAM 复用光束光强外围存在 6 个暗斑和 2 个亮斑共 8 个光斑。由图 7.4(a2) 可以看出，OAM 复用光束相位图最外围等相位线条数为 8，光斑数量及等相位线条数均由 OAM 复用光束中最大拓扑荷数决定。分别对比图 7.4(a1)、(b1) 和图 7.4(a2)、(b2) 可以看出，在理想条件下，即无湍流影响时，OAM 复用光束传输 1000m 之后，复用光束光强对比光源处发生了旋转，复用光束相位等相位线对比光源处发生弯曲变形。

### 7.3.2　不同传输条件下的光强和相位影响

图 7.5 表示四路 OAM 复用光束在不同大气折射率结构常数下传输 1000m 后的光强和相位分布。假定 OAM 光束拓扑荷数 $l$ 分别为 2、4、6、8，束腰半径 $w_0=5\text{mm}$，波长 $\lambda=632.8\text{nm}$，大气折射率结构常数 $C_n^2$ 分别为 $1\times10^{-17}\text{m}^{-2/3}$、$1\times10^{-15}\text{m}^{-2/3}$ 和 $1\times10^{-13}\text{m}^{-2/3}$。

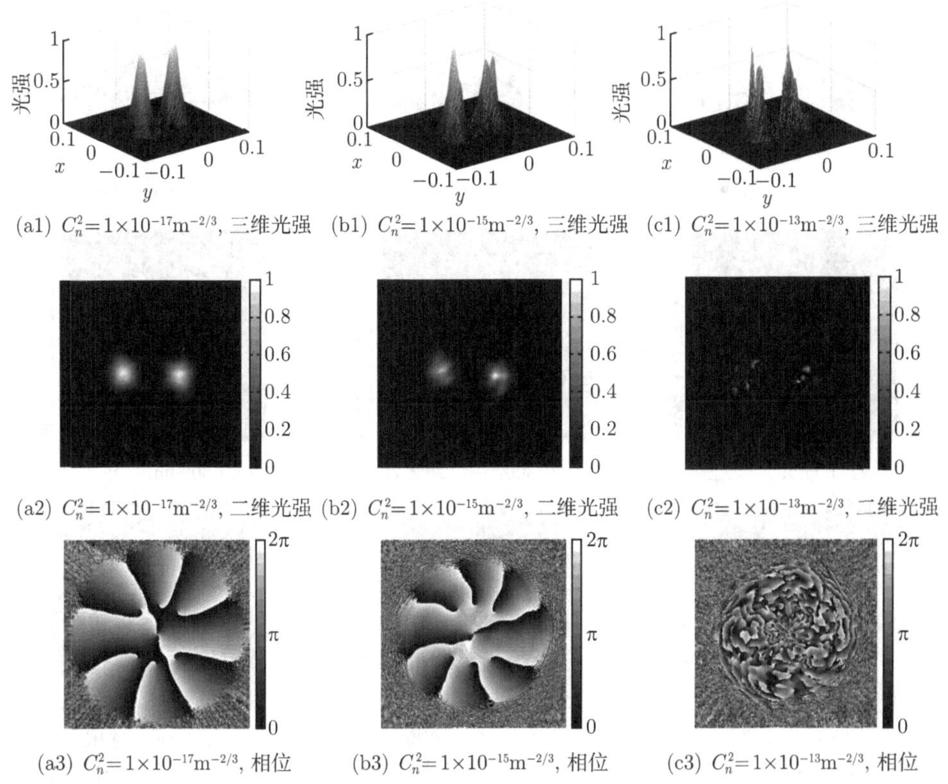

(a1) $C_n^2=1\times10^{-17}\text{m}^{-2/3}$, 三维光强　(b1) $C_n^2=1\times10^{-15}\text{m}^{-2/3}$, 三维光强　(c1) $C_n^2=1\times10^{-13}\text{m}^{-2/3}$, 三维光强

(a2) $C_n^2=1\times10^{-17}\text{m}^{-2/3}$, 二维光强　(b2) $C_n^2=1\times10^{-15}\text{m}^{-2/3}$, 二维光强　(c2) $C_n^2=1\times10^{-13}\text{m}^{-2/3}$, 二维光强

(a3) $C_n^2=1\times10^{-17}\text{m}^{-2/3}$, 相位　(b3) $C_n^2=1\times10^{-15}\text{m}^{-2/3}$, 相位　(c3) $C_n^2=1\times10^{-13}\text{m}^{-2/3}$, 相位

图 7.5　四路 OAM 复用光束在不同大气折射率结构常数下传输 1000m 后的光强和相位分布

图 7.5(a1)、(a2)、(a3) 对应在大气折射率结构常数 $C_n^2=1\times10^{-17}\mathrm{m}^{-2/3}$ 下传输 1000m 之后的 OAM 复用光束光强和相位分布变化。图 7.5(b1)、(b2)、(b3) 对应在大气折射率结构常数 $C_n^2=1\times10^{-15}\mathrm{m}^{-2/3}$ 下传输 1000m 之后的 OAM 复用光束光强和相位分布变化。图 7.5(c1)、(c2)、(c3) 对应大气折射率结构常数 $C_n^2=1\times10^{-13}\mathrm{m}^{-2/3}$ 下传输 1000m 之后的 OAM 复用光束光强和相位分布变化。由图 7.5(a1)、(b1)、(c1) 可以看出，在湍流传输过程中，因为受到湍流效应的影响，光束强度减小且光斑会发生弥散。由图 7.5(a2)、(b2)、(c2) 可以看出，在大气湍流影响下，OAM 复用光束光强会发生明显的闪烁现象，光功率分散，光斑强度随着大气折射率结构常数增大弥散程度逐渐增强。在强湍流条件下光强分布失真严重, 传输后的光束已不能准确判断轨道角动量信息。由图 7.5(a3)、(b3)、(c3) 可以看出，由于大气扰动，OAM 复用光束相位产生不同程度的畸变，在等相位线处逐渐弯曲、模糊变形，且大气折射率结构常数越大，相位畸变越严重。

图 7.6 表示的是四路 OAM 复用光束在大气折射率结构常数 $C_n^2=1\times10^{-15}\mathrm{m}^{-2/3}$

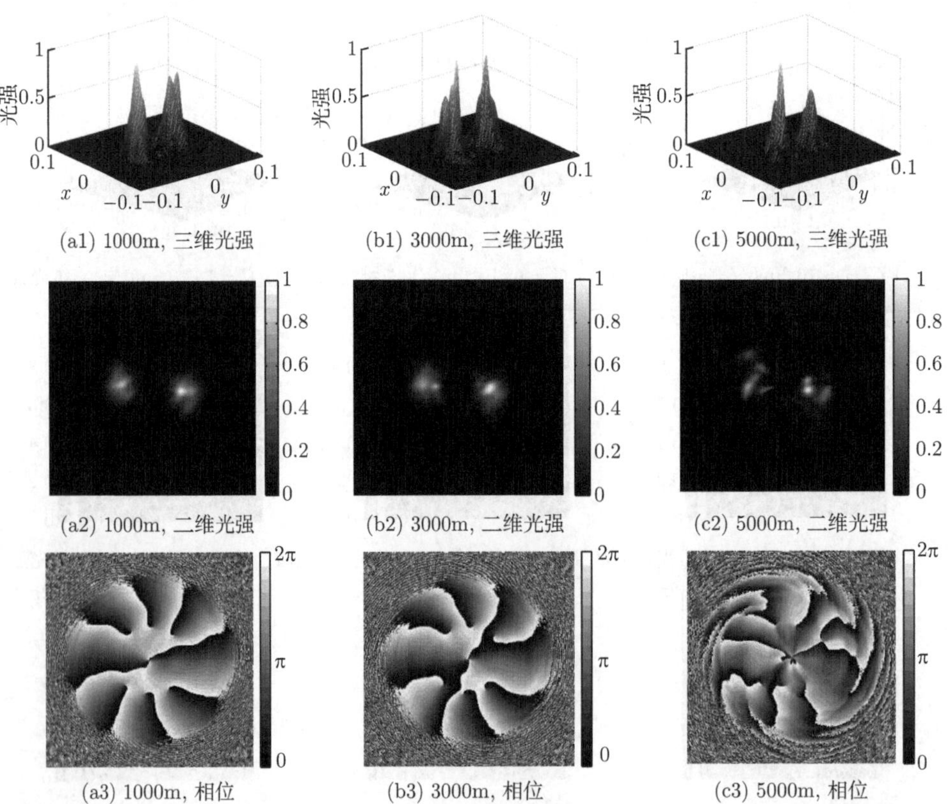


图 7.6　四路 OAM 复用光束在大气折射率结构常数 $C_n^2=1\times10^{-15}\mathrm{m}^{-2/3}$ 时传输不同距离后的光强和相位分布

时传输不同距离之后的光强和相位分布，仿真条件：OAM 光束拓扑荷数 $l$ 分别为 2、4、6、8，束腰半径 $w_0$=5mm，波长 $\lambda$=632.8nm，传输距离 $z$ 分别为 1000m、3000m、5000m。

图 7.6(a1)、(a2)、(a3) 对应在大气折射率结构常数 $C_n^2=1\times10^{-15}\text{m}^{-2/3}$ 时传输 1000m 之后的 OAM 复用光束光强和相位分布变化。图 7.6(b1)、(b2)、(b3) 对应在大气折射率结构常数 $C_n^2=1\times10^{-15}\text{m}^{-2/3}$ 时传输 3000m 之后的 OAM 复用光束光强和相位分布变化。图 7.6(c1)、(c2)、(c3) 对应在大气折射率结构常数 $C_n^2=1\times10^{-15}\text{m}^{-2/3}$ 下传输 5000m 之后的 OAM 复用光束光强和相位分布变化。由图 7.6(a1)、(b1)、(c1) 可以看出，随着光束传输距离的增大，光束光强能量逐渐减少。由图 7.6(a2)、(b2)、(c2) 可以看出，在相同大气折射率结构常数下，OAM 复用光束随着传输距离的增大，光强闪烁现象逐渐增强。由图 7.6(a3)、(b3)、(c3) 可以看出，由于大气扰动，OAM 复用光束的等相位线弯曲程度随着传输距离的增长而增加，变形程度愈加明显。说明在同一大气折射率结构常数下，光束传输距离越长，OAM 复用光束光强和相位畸变越严重。

通过对 OAM 复用系统进行数值仿真，可以证明大气湍流的扰动将引起光斑的闪烁和畸变，这将直接导致光通信系统的通信质量下降甚至通信中断。

## 7.4　大气湍流下轨道角动量复用光束螺旋谱特性

当携带不同拓扑荷数的 OAM 复用光束在大气湍流的信道中传输时，OAM 复用光束的光强就会闪烁弥散，相位会出现弯曲变形。由于受到大气湍流的影响，原有的 OAM 复用光束中各光束不再为纯态，而是产生了弥散。原本只集中于一个光束上的能量会发散到 OAM 复用光束中的其他光束分量上，进而降低 OAM 复用光束通信系统的传输性能。

### 7.4.1　轨道角动量复用光束螺旋谱理论

理论上 OAM 光束的拓扑荷数 $l$ 可以取任意值，并且不同拓扑荷数的 OAM 光束之间相互正交。Torner 等提出，任意一束 OAM 光束均能够分解为一系列螺旋相位因子 $\exp(\mathrm{i}l\phi)$ 的叠加 [26]：

$$u(r,\phi,z)=\frac{1}{\sqrt{2\pi}}\sum_{l=-\infty}^{+\infty}a_l(r,z)\exp(\mathrm{i}l\phi) \tag{7.4}$$

式中，系数 $a_l(r,z)$ 为 [26]

$$a_l(r,z)=\frac{1}{\sqrt{2\pi}}\int_0^{2\pi}u(r,\phi,z)\cdot\exp(-\mathrm{i}l\phi)\mathrm{d}\phi \tag{7.5}$$

对式 (7.5) 进行径向积分 [27]：

$$P_l = \int_0^\infty |a_l(r,z)|^2 r\mathrm{d}r \tag{7.6}$$

式 (7.6) 表示分解得到的单束 OAM 光所占的相对功率。

光束的总功率可由式 (7.7) 得到 [27]：

$$P = \int_0^{2\pi}\int_0^\infty |u(r,\phi,z)| r\mathrm{d}r\mathrm{d}\phi = \sum_l P_l \tag{7.7}$$

由式 (7.6) 和式 (7.7) 可以得到 OAM 复用光束中各 OAM 态所占的相对功率 [27]：

$$R = \frac{P_l}{P} \tag{7.8}$$

式 (7.8) 表示的比例关系即为 OAM 光束的轨道角动量谱 (OAM spectra)，也称为螺旋谱 (spiral spectra)[26]。

### 7.4.2 不同传输条件下的螺旋谱分析

图 7.7 表示 OAM 复用光束在不同大气折射率结构常数下传输 1000m 之后的螺旋谱分布，假定初始条件与图 7.5 相同。

图 7.7(a) 表示的是在无湍流影响情况下，四路 OAM 光束传输 1000m 之后的螺旋谱分布，此时各 OAM 光束相对功率相同。图 7.7(b) 表示的是当大气折射率结构常数 $C_n^2$=$1\times10^{-17}\mathrm{m}^{-2/3}$ 时 OAM 复用光束传输 1000m 受到串扰后的螺旋谱分布。可以看出，当 OAM 复用光束经过大气湍流传输后，OAM 光束的纯态遭到破坏，此时各个 OAM 光束中都不同程度地掺杂进除本身之外的其他不同拓扑荷数的 OAM 态，说明 OAM 复用光束中各 OAM 光束之间不再保持正交特性，这时 OAM 光束相对功率受影响程度较小。图 7.7(c) 表示的是当大气折射率结构常数 $C_n^2$=$1\times10^{-15}\mathrm{m}^{-2/3}$ 时，OAM 复用光束传输 1000m 受到串扰后的螺旋谱分布。通过观察可以看出，此时 OAM 复用光束之间的拓扑荷数弥散程度变大，说明此时 OAM 复用光束之间受的串扰有所增强，各 OAM 光束在相邻模式之间的串扰相对于图 7.7(b) 有所增加。图 7.7(d) 表示的是当大气折射率结构常数 $C_n^2$=$1\times10^{-13}\mathrm{m}^{-2/3}$ 时，OAM 复用光束传输 1000m 受到串扰后的螺旋谱分布。因为模式之间存在较大的串扰，各光束不再保持原有的相对功率分布状态，相邻模式之间弥散严重，拓扑荷数为 1、5、7 的 OAM 光束相对功率所占比例较大，分别为 0.1086、0.2169、0.2931，通过数据分析可以得出结论：已经不能从螺旋谱分布上准确判断光束信息。

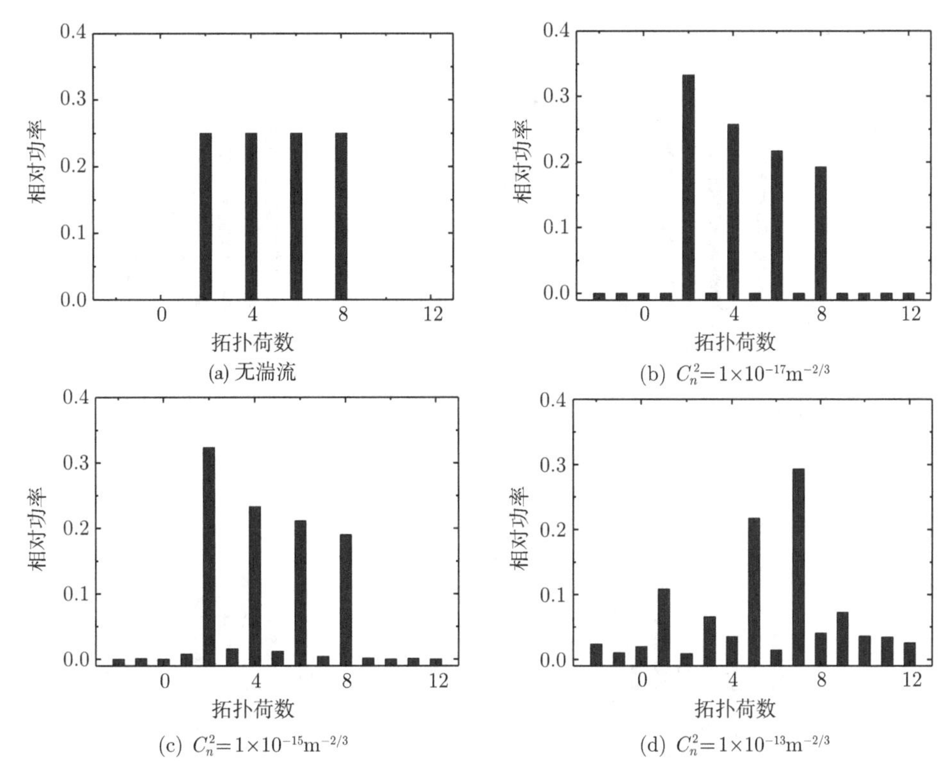


图 7.7　OAM 复用光束在不同大气折射率结构常数下传输 1000m 之后的螺旋谱分布

图 7.8 表示 OAM 复用光束在大气折射率结构常数 $C_n^2=1\times10^{-15}\mathrm{m}^{-2/3}$ 时传输不同距离之后的螺旋谱分布，假设初始条件与图 7.6 相同。图 7.8(a) 表示的是大气折射率结构常数 $C_n^2=1\times10^{-15}\mathrm{m}^{-2/3}$ 时 OAM 复用光束在光源处的螺旋谱分布，此时不同拓扑荷数之间无串扰影响，所以相对功率相等。图 7.8(b) 表示的是大气折射率结构常数 $C_n^2=1\times10^{-15}\mathrm{m}^{-2/3}$ 时 OAM 复用光束传输 1000m 受到串扰后的螺旋谱分布，此时大部分的功率仍然保持在本身发射模式内，泄漏到此范围外的能量非常少，此时发射端光束依旧具备较高的辨识度。图 7.8(c) 表示的是大气折射率结构常数 $C_n^2=1\times10^{-15}\mathrm{m}^{-2/3}$ 时 OAM 复用光束传输 3000m 受到串扰后的螺旋谱分布，通过观察可以明显看出，当 OAM 复用光束系统传输距离增大到 3000m 时，各模式之间串扰较为明显，OAM 复用光束之间受到的湍流影响变大。图 7.8(d) 表示的是大气折射率结构常数 $C_n^2=1\times10^{-15}\mathrm{m}^{-2/3}$ 时 OAM 复用光束传输 5000m 受到串扰后的螺旋谱分布。当大气折射率结构常数一定时，随着传输距离的增加，OAM 复用光束受到的湍流影响也越来越大，此时串扰程度严重，扩展出来的光束模式已覆盖掉原始光束模式本身的功率。

通过对图 7.7 和图 7.8 进行分析对比可知：

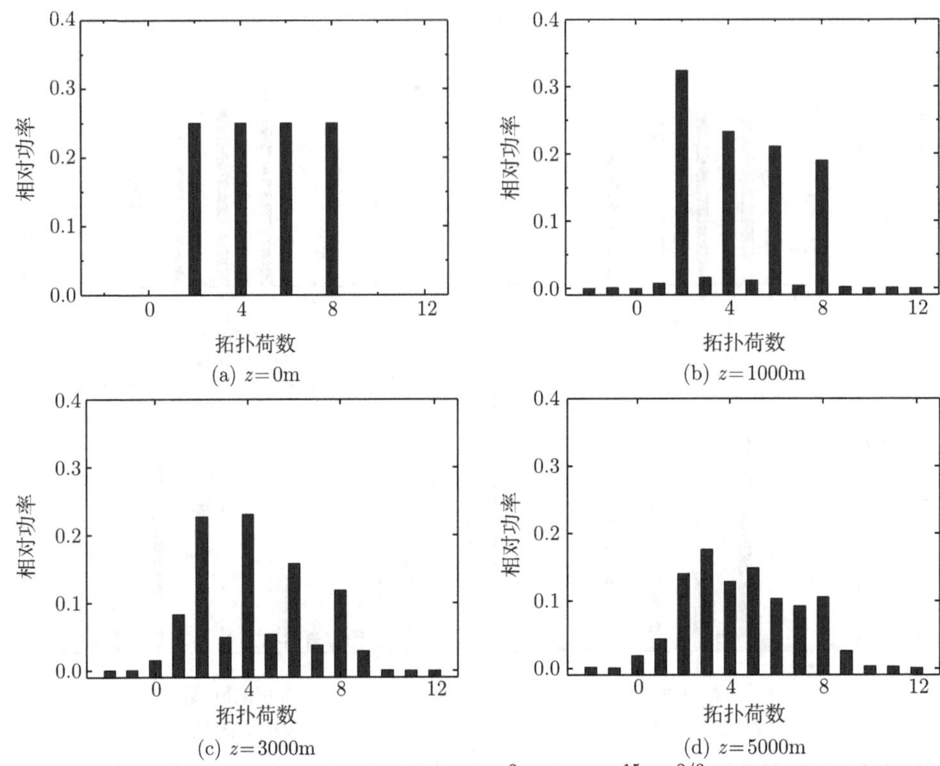


图 7.8 OAM 复用光束在大气折射率结构常数 $C_n^2 = 1\times10^{-15}\text{m}^{-2/3}$ 时传输不同距离之后的螺旋谱分布

(1) OAM 复用光束在湍流的影响下，光束中心会发生偏离，从而与相邻模式之间产生串扰。这种串扰是由于 OAM 光束发生功率迁移，原本光束之间严格的正交性被破坏而产生。

(2) 在同一传输距离条件下，随着大气折射率结构常数的增加，各模式之间弥散程度增大，受到的串扰变大。在同一大气湍流条件下，随着传输距离的增大，系统传输性能变差。

## 7.5 大气湍流下轨道角动量复用光束误码率分析

由于大气湍流系统具有复杂的传播环境，当携带信息的光束在其中传输时，等效于给光通信系统引入一个随机噪声源。当 OAM 复用光束在湍流中传输时，由于噪声的影响光束之间会产生串扰。大气湍流对 OAM 复用系统的影响主要表现在两个方面：一方面是 OAM 光束上携带的信息之间产生码间干扰；另一方面是不同拓扑荷数的 OAM 光束之间产生信道串扰。OAM 复用光束经过大气信道传输之后，会受到大气湍流的影响，且不同湍流强度可以模拟为不同分布模型：中、强湍流下服从 Gamma-Gamma 分布，弱湍流下服从对数正态分布 [28]。

### 7.5.1 轨道角动量复用光束误码率理论

实现 OAM 复用光束的通信传输首先要产生携带信息的 OAM 光束，通过将螺旋相位掩膜附加到高斯光束可以形成 OAM 光束 [7]：

$$U(r,\phi)=U(r)\cdot\exp(\mathrm{i}l\phi) \tag{7.9}$$

式中，$U(r)$ 表示高斯光束；$r$ 表示距高斯光束中心轴的径向距离；$l$ 表示 OAM 光束拓扑荷数；$\phi$ 表示相位角。

当采用数据信息进行编码时，携带信息的 OAM 光束可以表示为 [7]

$$U_s(r,\phi,t)=S(t)\cdot U(r)\cdot\exp(\mathrm{i}l\phi) \tag{7.10}$$

式中，$S(t)$ 表示输入端数据信息。

四路携带信息的 OAM 光束进行复用可以由式 (7.11) 实现 [7]：

$$U_{\mathrm{MUX}}(r,\phi,t)=\sum_{p=1}^{4}S_p(t)\cdot U_p(r)\cdot\exp(\mathrm{i}l_p\phi) \tag{7.11}$$

尽管不同路的 OAM 光束是相互进行叠加的，但是每路光束均承载着独立的数据信息。复用的 OAM 光束经过大气湍流传播之后为 [7]

$$U_{\mathrm{MUX}}^{\mathrm{RX}}(r,\phi,t)=\sum_{p=1}^{4}S_p'(t)\cdot U_p'(r)\cdot\exp(\mathrm{i}l_p\phi) \tag{7.12}$$

式中，$S_p'(t)$ 表示 $S_p(t)$ 受到湍流影响之后的信号；$U_p'(r)$ 表示 $U_p(r)$ 受到湍流影响之后的电场。

在接收端利用反向相位掩膜来实现 OAM 的解复用，得到第 $q$ 路光束信号 [7]：

$$\begin{aligned}x_q(t)=&\int U_{\mathrm{MUX}}^{\mathrm{RX}}(r,\phi,t)\cdot U_q(r)\cdot\exp(-\mathrm{i}l_q\phi)r\mathrm{d}r\mathrm{d}\phi\\=&S_q'(t)\cdot U_p'(r)\cdot U_q(r)+\int\sum_{i=1,i\neq q}^{4}S_i'(t)\\&\cdot U_p'(r)\cdot U_q(r)\exp(\mathrm{i}l_i\phi-\mathrm{i}l_q\phi)\end{aligned} \tag{7.13}$$

### 7.5.2　不同传输条件下的误码率分析

定义误码率 $P_\mathrm{e}$：传输过程中产生的差错码元个数 $N_\mathrm{e}$ 与总码元个数 $N$ 的比值，可表示为 [29]

$$P_\mathrm{e}=\frac{N_\mathrm{e}}{N} \tag{7.14}$$

式中，差错码元个数 $N_\mathrm{e}$ 指的是系统接收端收到的信息码元与输入端发送的信息码元之间的差错个数。

图 7.9 表示的是当大气折射率结构常数 $C_n^2=5\times10^{-14}\mathrm{m}^{-2/3}$ 时，OAM 复用系统接收端信号误码率随传输距离 $z$ 的变化情况。假定 OAM 光束束腰半径 $w_0$=5mm，波长 $\lambda$=632.8nm，OAM 光束拓扑荷数 $l$ 分别取 2、4、6、8，采用 QPSK 方式进行调制。此时系统中大气信道噪声可以等效为加性噪声与 Gamma-Gamma 分布下的乘性噪声之和，同时考虑到传输过程中所受到的大气信道的干扰和 OAM 复用光束多路光束之间的串扰，可以仿真得出系统误码率随传输距离的变化趋势。

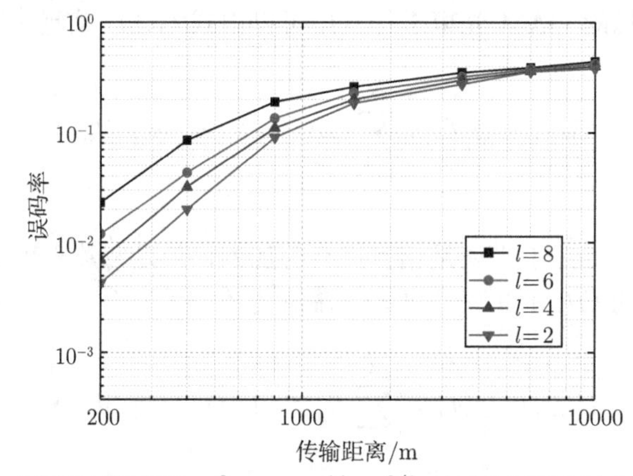


图 7.9　大气折射率结构常数 $C_n^2=5\times10^{-14}\mathrm{m}^{-2/3}$ 时系统误码率随传输距离的变化

通过图 7.9 可以明显看出，随着传输距离的增大，OAM 复用光束在湍流中传输时所受到的噪声影响越大，系统误码率越大。在这种情况下，OAM 模式间的串扰会在光束传输到一定距离后达到饱和，所以误码率在一定传输距离之后趋于平缓，当传输距离达到 10000m 时，系统的误码率会大于 0.4。从 OAM 态拓扑荷数取值方面分析可以看出，在 OAM 复用光束中，拓扑荷数越大的 OAM 光束受到的影响越大。拓扑荷数越大光束扩散越严重，导致越大的光强分布失真，从而误码率越高。

图 7.10 表示的是当大气折射率结构常数 $C_n^2=1\times10^{-17}\mathrm{m}^{-2/3}$ 时，OAM 复用系统接收端信号误码率随传输距离 $z$ 的变化情况。仿真条件：OAM 光束束腰半

径 $w_0$=5mm，波长 $\lambda$=632.8nm，OAM 光束拓扑荷数 $l$ 分别取 2、4、6、8，采用 QPSK 方式进行调制。此时系统中大气信道噪声可以等效为加性噪声与对数正态分布下的乘性噪声之和。同时考虑到传输过程中所受到的大气信道的干扰和 OAM 复用光束多路光束之间的串扰，可以仿真得出 OAM 复用光束在弱湍流传输下系统误码率随传输距离的变化情况。

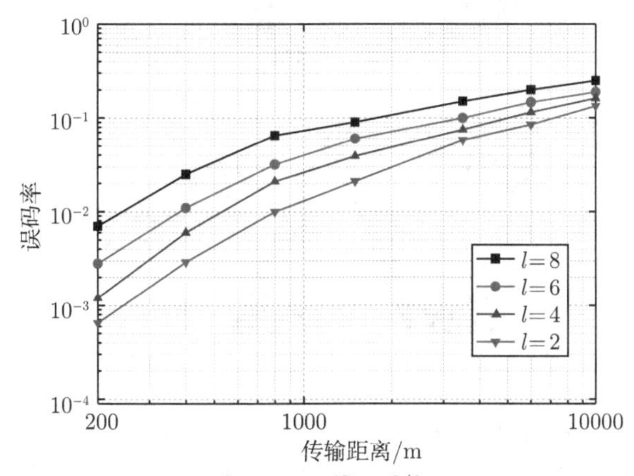


图 7.10　大气折射率结构常数 $C_n^2$=1×$10^{-17}$m$^{-2/3}$ 时系统误码率随传输距离的变化

通过图 7.10 可以看出，当 OAM 复用系统在弱湍流信道中传输时，系统误码率随传输距离的增长而增大，由于此时系统受到的串扰相对较小，所以在一定传输距离之后，系统误码率仍随系统传输距离的增长而增大，在传输距离增长到 10000m 时误码率会增大到 0.2 以上。在大气折射率结构常数相同的情况下，不同拓扑荷数的 OAM 光束所携带信息的误码率不同，具体表现在 OAM 光束的拓扑荷数越大，误码率越大。

通过对 OAM 复用光束误码率进行研究发现：在弱湍流中，传输距离越长系统误码率越大；在中、强湍流中，OAM 模式之间的串扰会在光束传输到一定距离后达到饱和状态。在同一大气折射率结构常数下，拓扑荷数不同的 OAM 光束所携带信息的误码率不同，OAM 光束的拓扑荷数越大，误码率越大。

## 7.6　大气湍流对轨道角动量复用光束影响的实验

本节主要对 OAM 复用光束经大气湍流传输之后受到的影响进行实验验证，证明理论分析的正确性。

### 7.6.1　实验原理

在实验中将计算机仿真得出的复用相位图加载到空间光调制器上，然后使 He-Ne 激光器发射出来的光平行入射到此空间光调制器上，就可以产生实验所需的 OAM 复用光束光源。其中，拓扑荷数 $l$ 分别为 2、4、6、8 的四路 OAM 光束复用相位灰度图如图 7.11 所示。

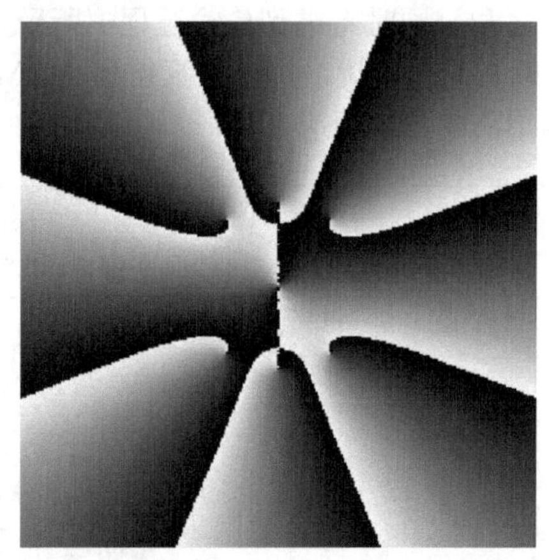

图 7.11　四路 OAM 光束复用相位灰度图

在进行 OAM 复用光束的传输实验之前，还需要解决的主要问题是生成模拟大气湍流的随机相位屏。本书基于式 (7.2) 和式 (7.3) 分别模拟了不同大气折射率结构常数的相位屏灰度图，如图 7.12 所示。仿真条件如下：波长 $\lambda$=632.8nm，湍流外尺度 $L_0$=20m，相位屏网格 $N_x \times N_y$=256×256。图 7.12(a) 对应大气折射率结构常数 $C_n^2$=1×10$^{-17}$m$^{-2/3}$ 时相位屏灰度图。图 7.12(b) 对应大气折射率结构常数 $C_n^2$=1×10$^{-15}$m$^{-2/3}$ 时相位屏灰度图。图 7.12(c) 对应大气折射率结构常数 $C_n^2$=1×10$^{-13}$m$^{-2/3}$ 时相位屏灰度图。通过对比可以明显看出，随着大气折射率结构常数的增加，相位屏起伏变大。

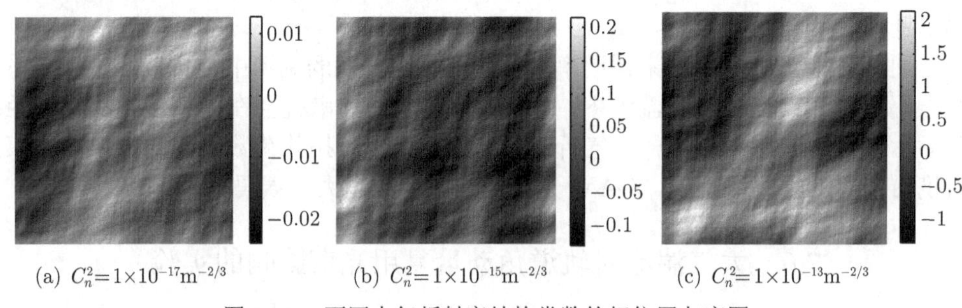


(a) $C_n^2$=1×10$^{-17}$m$^{-2/3}$　(b) $C_n^2$=1×10$^{-15}$m$^{-2/3}$　(c) $C_n^2$=1×10$^{-13}$m$^{-2/3}$

图 7.12　不同大气折射率结构常数的相位屏灰度图

### 7.6.2　实验结果分析

本书绘制了 OAM 复用光束传输实验装置示意图，如图 7.13 所示。在发射端将 He-Ne 激光器发出的波长 $\lambda$=632.8nm 的光源调整为平行光，将此时的平行光束通过偏振片 1 后入射到加载了复用相位屏的 SLM1 上产生 OAM 复用光束。

由 SLM1 反射出来的带有 OAM 的复用光束经过圆孔滤波器后再经过反射镜反射，经过一定距离传输之后再经过偏振片 2，最后入射到加载有大气湍流相位屏的 SLM2 上。将由 SLM2 反射出来的光束经过透镜聚焦后再经过衰减片，此时采用光束分析仪采集光束并将之输入计算机中进行分析。

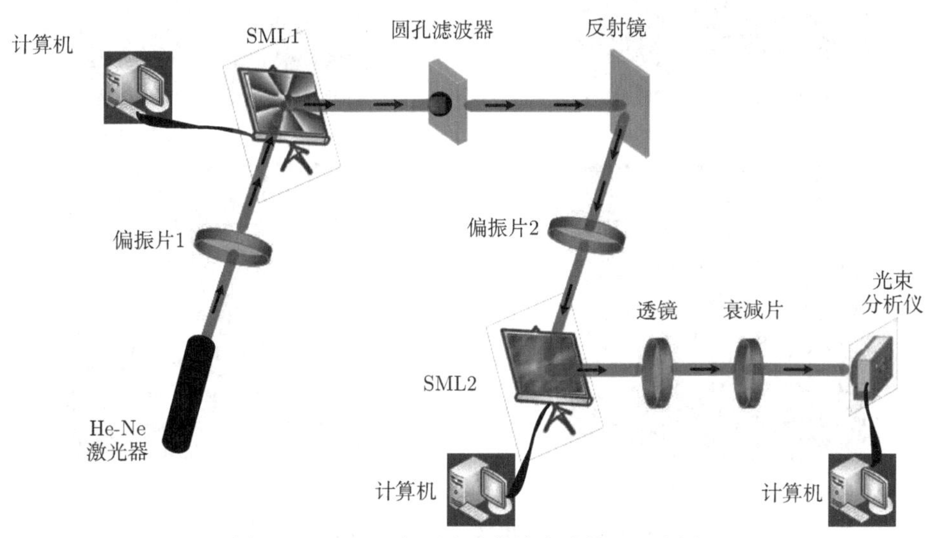


图 7.13　OAM 复用光束传输实验装置示意图

实验的主要思路：将图 7.11 中的复用相位灰度图加载到 SML1 上可以制备出 OAM 复用光束，同时将图 7.12 中的湍流相位屏加载到 SLM2 上，可以实现对光束的相位调制。在上述仿真工作的基础上结合图 7.13 的实验方案，就可以对 OAM 复用光束在大气湍流中传输时受到的影响进行验证。

四路 OAM 复用光束受到不同强度湍流影响的实验结果图如图 7.14 所示。图 7.14(a) 对应在无湍流下四路 OAM 复用光束实验结果图，图 7.14(b) 对应当 $C_n^2=1\times10^{-17}\mathrm{m}^{-2/3}$ 时四路 OAM 复用光束实验结果图，图 7.14(c) 对应当 $C_n^2=1\times10^{-15}\mathrm{m}^{-2/3}$ 时四路 OAM 复用光束实验结果图，图 7.14(d) 对应当 $C_n^2=1\times10^{-13}\mathrm{m}^{-2/3}$ 时四路 OAM 复用光束实验结果图。通过图 7.14 可以明显看出，OAM 复用光束由于受到大气湍流的影响，光强会发生明显光斑闪烁、光功率分散、光斑强度变弱等现象。通过对比可以看出，大气折射率结构常数越大，OAM 复用光束光斑弥散越严重。通过分析可以看出，实验结果与仿真结果一致。

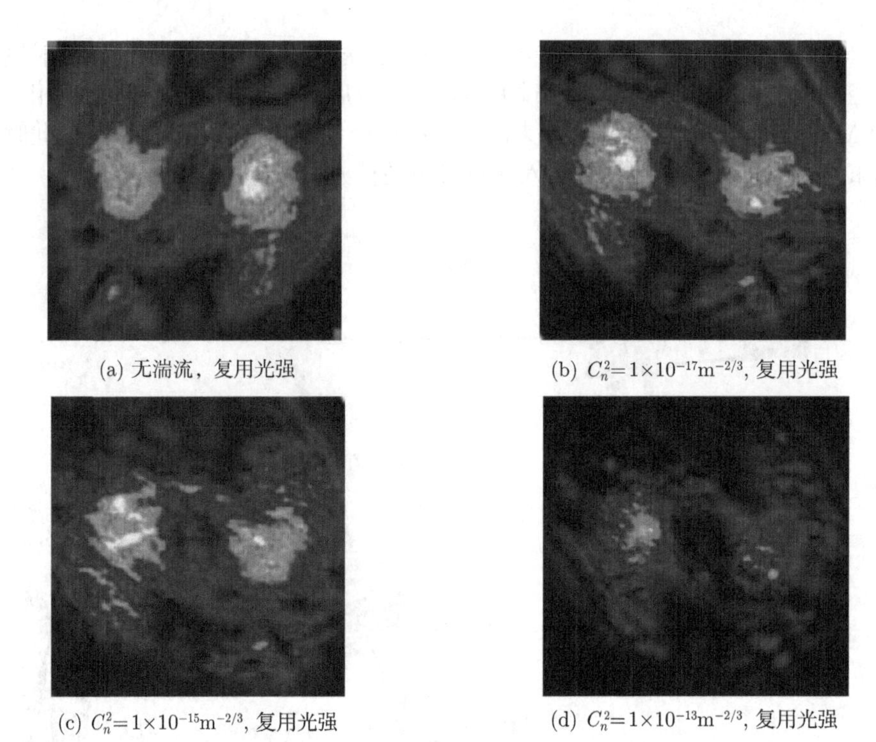

(a) 无湍流，复用光强　(b) $C_n^2=1\times10^{-17}\mathrm{m}^{-2/3}$, 复用光强

(c) $C_n^2=1\times10^{-15}\mathrm{m}^{-2/3}$, 复用光强　(d) $C_n^2=1\times10^{-13}\mathrm{m}^{-2/3}$, 复用光强

图 7.14　四路 OAM 复用光束受到不同强度湍流影响的实验结果图

## 参考文献

[1] ALLEN L, BEIJERSBERGEN M, SPREEUW R. Orbital angular momentum of light and the transformation of Laguerre-Gaussian laser modes[J]. Physical Review A, 1992, 45(11):8185-8189.

[2] BOUCHAL Z, CELECHOVSKÝ R. Mixed vortex states of light as information carriers[J]. New Journal of Physics, 2004, 6(6):1-15.

[3] LIN J W, YUAN X C, TAO S H, et al. Multiplexing free-space optical signals using superimposed collinear orbital angular momentum states[J]. Applied Optics, 2007, 46(21):4680-4685.

[4] WANG J, YANG J Y, FAZAL I M, et al. 25.6-bit/s/Hz spectral efficiency using 16-QAM signals over pol-muxed multiple orbital-angular-momentum modes[C]. IEEE Photonics Conference,Arlington, USA, 2011:587-588.

[5] WANG J, YANG J Y, FAZAL I M, et al. Terabit free-space data transmission employing orbital angular momentum multiplexing[J]. Nature Photonics, 2012, 6(7):488-496.

[6] HUANG H, REN Y X, YAN Y, et al. Performance analysis of spectrally efficient free-space data link using spatially multiplexed orbital angular momentum beams[C]. SPIE Conference on Next-Generation Optical Communication: Components, Subsystems, and Systems, San Francisco, USA, 2013: 864701-864706.

[7] YANG Y, BOZINOVIC N, REN Y X, et al. 1.6-Tbit/s muxing, transmission and demuxing through 1.1-km of vortex fiber carrying 2 OAM beams each with 10 wavelength channels[C]. Optical Fiber Communication Conference and Exposition and the National Fiber Optic Engineers Conference, Anaheim, USA, 2013:1-3.

[8] 侯金, 王林枝, 杨春勇, 等. 轨道角动量光通信研究进展 [J]. 中南民族大学学报 (自然科学版), 2014,33 (1): 67-72.

[9] 杨帆, 王乐, 赵生妹. 基于高效轨道角动量态分离方法的复用系统方案研究 [J]. 中国电子科学研究院学报, 2014, 9(1):22-26.

[10] 周斌, 俞凯, 卜智勇. 一种多模态轨道角动量复用通信系统及方法: CN106130655A[P]. 2016-06-30.
[11] 杨春勇, 丁丽明, 侯金, 等. 拉盖尔–高斯光束拓扑荷复用测量的仿真 [J]. 激光与光电子学进展, 2016, 9:237-242.
[12] 苏明样. 面向光通信的光学涡旋传输特性及复用技术研究 [D]. 深圳: 深圳大学, 2017.
[13] 黄永平, 赵光普. 激光通信在大气湍流中的传输 [J]. 大众科技, 2009, 7:39-41.
[14] 王学. 大气湍流对轨道角动量新型通信复用体制干扰的应对方法研究 [D]. 南京: 南京邮电大学, 2014.
[15] ANGUITA J, NEIFELD M, VASIC B. Turbulence-induced channel crosstalk in an orbital angular momentum-multiplexed free-space optical link[J]. Applied Optics, 2008, 47(13):2414-3429.
[16] TYLER G, BOYD R. Influence of atmospheric turbulence on the propagation of quantum states of light carrying orbital angular momentum[J]. Optics Letters, 2009, 34(2):142-144.
[17] RODENBURG B, MEHUL M, O'SULLIVAN M, et al. Influence of atmospheric turbulence on states of light carrying orbital angular momentum[J]. Optics Letters, 2012, 37(17):3735-3737.
[18] MALIK M, O'SULLIVAN M, RODENBURG B, et al. Influence of atmospheric turbulence on optical communications using orbital angular momentum for encoding[J]. Optics Express, 2012, 20(12):13195-13200.
[19] REN Y X, HUANG H, XIE G D, et al. Atmospheric turbulence effects on the performance of a free space optical link employing orbital angular momentum multiplexing[J]. Optics Letters, 2013, 38(20):4062-4065.
[20] 邹丽, 赵生妹, 王乐. 大气湍流对轨道角动量态复用系统通信性能的影响 [J]. 光子学报, 2014, 43(9):52-57.
[21] 张磊, 宿晓飞, 张霞, 等. 基于 Kolmogorov 模型的大气湍流对于空间光通信轨道角动量模式间串扰影响的研究 [J]. 光学学报, 2014, 34(b12):20-25.
[22] 柯熙政, 郭新龙. 大气斜程传输中高阶贝塞尔高斯光束轨道角动量的研究 [J]. 红外与激光工程, 2015, 44(12): 3744-4749.
[23] 徐光勇. 大气湍流中的激光传输数值模拟及其影响分析 [D]. 成都: 电子科技大学, 2008.
[24] 陈鸣, 高太长, 刘磊, 等. 非 Kolmogorov 湍流相位屏仿真及对光束传输模拟的影响 [J]. 强激光与粒子束, 2017, 29(9): 39-47.
[25] CHENG W, HAUS J, ZHAN Q W. Propagation of vector vortex beams through a turbulent atmosphere[J]. Optics Express, 2009,17(20): 17829-17836.
[26] 江月松, 王帅会, 欧军, 等. 基于拉盖尔–高斯光束的通信系统在非 Kolmogorov 湍流中传输的系统容量 [J]. 物理学报, 2013, 62(21): 214201.
[27] 戴坤健. OAM 光束传输特性及自适应光学波前畸变校正技术研究 [D]. 北京: 北京理工大学, 2015.
[28] 陈牧, 柯熙政. 大气湍流对激光通信系统性能的影响研究 [J]. 红外与激光工程, 2016, 45(8): 108-114.
[29] 王桂莲. 大气湍流模型对 OAM 复用通信系统的串扰及抑制方法研究 [D]. 南京: 南京邮电大学, 2015.

# 第 8 章　涡旋光束叠加态的特性

本章对叠加态涡旋光束的产生与检测进行研究，根据实验结果分析同号及异号拓扑荷数叠加后的光场分布和相位分布规律，在已知一束涡旋光拓扑荷数的前提下可以根据此规律对两束涡旋光进行检测。本章从理论和实验两方面研究叠加态涡旋光束的产生与检测，对轨道角动量复用通信系统的研究起到了一定的参考与推进作用。

## 8.1 引　　言

随着人们对涡旋光束叠加态的研究，如何产生叠加态的复杂涡旋光束，并利用其分布结构检测涡旋光束的拓扑荷数已经引起人们的重视 [1]。2011 年，孙顺红等 [2] 通过单束涡旋公式叠加生成双环状的涡旋光束，研究了这种光束的制备方法、螺旋波前特性及阶数检测。2012 年，方桂娟等 [3] 研究了部分相干双环涡旋光束的传播特性，基于广义惠更斯–菲涅耳原理，推演了部分相干双环涡旋光束在湍流介质中传输时其光强分布变化规律相关理论公式，并结合实验制备出了此类光束，实验结果验证了部分相干双环涡旋光束在大气中是相互独立传输的。2013 年，Huang 等 [4] 利用正交振幅调制数据流实现了 OAM 的复用传输，实现了 32 路独立的数据流 OAM 复用传输，其数据传输速率达到 2.56Tbit/s 的高速通信，证实了高速率的数据传输也可在 OAM 态复用通信系统中实现。2014 年，Anguita[5] 利用涡旋光的干涉研究了相干叠加的 OAM 调制。2014 年，Krenn 等 [6] 运用基于 16 种不同 OAM 叠加态的图像编码及图样检测技术，在维也纳进行了实时的图像传输实验，实验传输距离达到了 1km。该实验从 OAM 涡旋光束传递信息到检测信息，实现了长距离通信，这表明在长距离中涡旋光束轨道角动量是具有潜在使用价值的，未来可以研究用于空间通信的涡旋光束轨道角动量通信。随着人们更深层次对轨道角动量的研究，发现涡旋现象在电磁波频谱内也是广泛存在的，不论是射频波段、毫米波段，还是太赫兹波段，都存在涡旋现象，这些电磁波都携带轨道角动量，涡旋电磁波的复用数据在自由空间和光纤中传输的基本功能已经得到了验证 [7]。

## 8.2　光栅法制备涡旋光束叠加态

### 8.2.1　理论分析

光栅是一种可以对入射光的振幅或相位进行空间周期性调制，也可以同时对光的振幅或相位进行调制的光学器件 [8]。

当拓扑荷数取不同的异号拓扑荷值时，两束 LG 光束相互叠加，光强随着传播方向会产生变化，两束光就会发生叠加现象。两束拓扑荷数异号的涡旋光进行光束叠加时，光强可表示为 $I=E\times E^*$，其中 $E$ 表示电场强度，$E^*$ 表示电场强度的共轭。干涉叠加光栅的相位为 $(l\theta+kx\sin\alpha)\bmod(2\pi)$，其中 $l$ 就是拓扑荷数，也是光栅的位错数。

基模高斯光束通过单个叉形光栅后衍射光束的远场分布为 [9]

$$u_1(\rho,\theta)=\sum_{n=-\infty}^{+\infty}A_nF_2[u_0(\rho,\theta)\exp(\mathrm{i}nl\theta)]\cdot F_2[\exp(\mathrm{i}nkx_1\sin\varphi_1)] \tag{8.1}$$

同理，可以得到干涉叠加光栅的衍射场分布为 [10]

$$u_2(\rho,\theta)=\sum_{n=-\infty}^{+\infty}A_nF_2\left[u_0(\rho,\theta)\exp(\mathrm{i}nl\theta)\right]\cdot F_2\left[\exp\left(\mathrm{i}nkx_1\sin\varphi_1\right)\exp\left(\mathrm{i}nkx_2\sin\varphi_2\right)\right] \tag{8.2}$$

式中，$u_0(\rho,\theta)$ 为基模高斯光束；$(\rho,\theta)$ 为傅里叶变换的坐标；$n$ 为傅里叶展开阶数；$k$ 为波数；$A_n$ 为傅里叶变换系数；$F_2$ 为二维傅里叶变换。可以用数值模拟远场衍射图像。

当两光栅叠加干涉时，干涉光强也可用式 (8.3) 计算 [11]：

$$I=|E_1+E_2|^2=E_1^2+E_2^2+2E_1E_2\cos(l\theta-kx\sin\alpha) \tag{8.3}$$

令 $E_1$、$E_2$ 均为单位振幅，根据式 (8.3) 可以得到干涉叠加光栅，再改变拓扑荷数，就可以得到不同的叠加光栅图样。

### 8.2.2　光栅叠加

在光束干涉的研究基础上，由涡旋光与平面光的干涉得到叉形光栅。将两个单态叉形光栅进行数值模拟可以得到叠加全息图。将高斯光束通过加载了叉形光栅的 SLM 进行衍射实验。图 8.1 为拓扑荷数取 $l=2$ 与 $l=-3, l=3$ 与 $l=-3$ 时光栅叠加的全息图。

由图 8.1 可知，叠加图中不再是叉形的叠加形状，而是出现了较亮的区域，呈均匀的等边分布。本来叉形叠加是不会出现这种图形的，但是通过实验研究发现叠加后的光栅可以制备涡旋光，说明光栅中包含相位信息，所以和其相位分布有关。图 8.2(a) 和 (b) 分别是 $l=2$ 与 $l=-3$，$l=3$ 与 $l=-3$ 经过灰度处理的螺旋相位叠加图, 图 8.2(c) 和 (d) 分别是拓扑荷数 $l=5$ 和 $l=6$ 时对应的螺旋相位图。

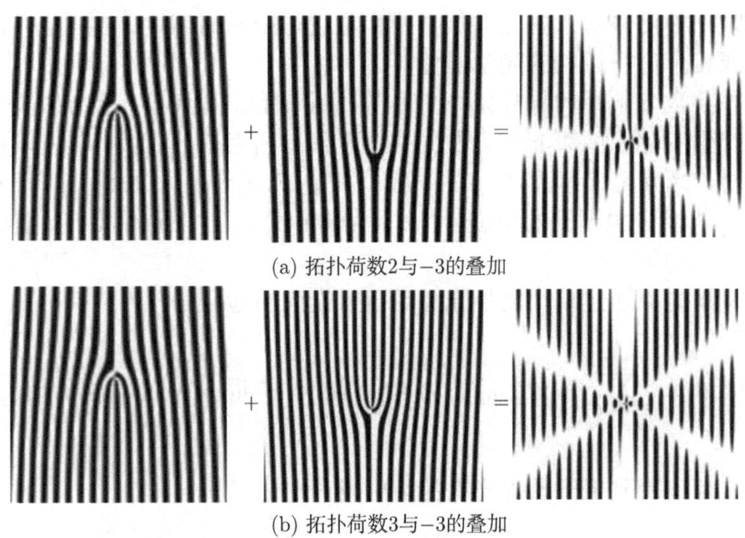

(a) 拓扑荷数2与−3的叠加

(b) 拓扑荷数3与−3的叠加

图 8.1　光栅叠加的全息图

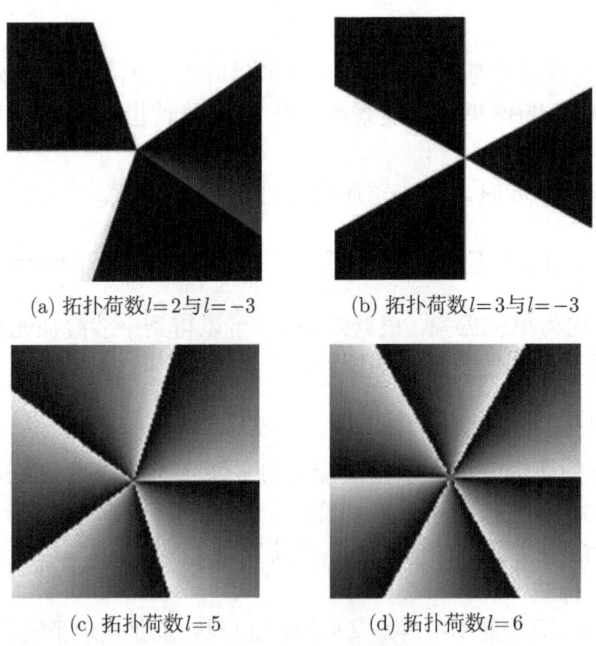

(a) 拓扑荷数$l=2$与$l=-3$　　(b) 拓扑荷数$l=3$与$l=-3$

(c) 拓扑荷数$l=5$　　(d) 拓扑荷数$l=6$

图 8.2　涡旋光螺旋相位图

不难看出，图 8.2(a) 和 (b) 中叠加相位分布的界限形状与图 8.2(c) 和 (d) 中叠加图一致。这说明两个不同拓扑荷数的叉形光栅叠加时，得到的叠加光栅是具有叠加后的相位分布的。通过对叠加图进行衍射实验就可以得到干涉叠加的双 OAM 光，其他拓扑荷数也有同样的特性。

## 8.3　相位法叠加制备双 OAM 光

### 8.3.1　理论分析

拉盖尔–高斯 (LG) 光束是一种含有轨道角动量的涡旋光束，其相位呈螺旋分布结构，光束中心光强为零处称为相位奇点 [12]。拉盖尔–高斯光束的复振幅可以表示为 [13]

$$U^l(r,\theta,z)=\sqrt{\frac{2p!}{\pi(|l|+p)!}}\frac{1}{w(z)}\exp\left[-\frac{r^2}{w^2(z)}\right]\left[\frac{r\sqrt{2}}{w(z)}\right]^{|l|}\mathrm{L}_p^{|l|}\left[\frac{2r^2}{w^2(z)}\right]\exp(\mathrm{i}l\theta) \tag{8.4}$$

式中，$p$ 为径向指数；$l$ 为 LG 光束的拓扑荷数；$w(z)$ 为 LG 光束传输至 $z$ 处的光斑半径；$r$ 为径向距离；$\mathrm{L}_p^{|l|}(\cdot)$ 为缔合拉盖尔多项式；$\theta$ 为方位角。

根据多个 LG 光束的几何关系，在 $p=0$、$z=0$ 处，多个 LG 光束叠加后的复合涡旋光场可表示为

$$u_p^{l_1,l_2,l_3,\cdots,l_N}(r,\theta)=\sum_{n=1}^{N}\sqrt{\frac{2}{\pi}}\sqrt{\frac{1}{|l_n|!}}\frac{1}{w_0}\left(\frac{r\sqrt{2}}{w_0}\right)^{|l_n|}\exp\left(\frac{-r^2}{w_0^2}\right)\exp\left(\mathrm{i}l_n\theta\right) \tag{8.5}$$

(1) 讨论拓扑荷数分别为 $l_1$ 和 $l_2$ 的叠加 LG 光束，复合光场振幅表达式为

$$u_p^{l_1,l_2}(r,\theta)=u_p^{l_1}(r,\theta)+u_p^{l_2}(r,\theta) \tag{8.6}$$

中心光强为零且光波的相位无法确定，考虑两束呈等差数列分布即等差为 $\varDelta$ 的 LG 光束叠加，所以：

$$u_p^{l_1}(r,\theta)+u_p^{l_1+\varDelta}(r,\theta)=0 \tag{8.7}$$

将式 (8.5) 与式 (8.7) 相结合，可得

$$\begin{aligned}&\sqrt{\frac{2}{\pi}}\sqrt{\frac{1}{|l_1|!}}\frac{1}{w_0}\left(\frac{r\sqrt{2}}{w_0}\right)^{|l_1|}\exp\left(\frac{-r^2}{w_0^2}\right)\exp\left(\mathrm{i}l_1\theta\right)\\&+\sqrt{\frac{2}{\pi}}\sqrt{\frac{1}{|l_1+\varDelta|!}}\frac{1}{w_0}\left(\frac{r\sqrt{2}}{w_0}\right)^{|l_1+\varDelta|}\exp\left(\frac{-r^2}{w_0^2}\right)\exp\left[\mathrm{i}\left(l_1+\varDelta\right)\theta\right]=0\end{aligned} \tag{8.8}$$

式 (8.8) 成立时，$\theta_i$ 取值为

$$\theta_i = \frac{2k+\pi}{\Delta} \tag{8.9}$$

式中，$\theta_i$ 表示相位奇点的角向解。

在涡旋光束中，$\theta_i$ 的取值范围为 $0<\theta_i<2\pi$。因此，$k$ 的取值为

$$-\frac{1}{2}<k\leqslant\frac{2(l_2-l_1)-1}{2} \tag{8.10}$$

根据式 (8.9) 和式 (8.10)，当 $l_1=l_2$ 即 $\Delta=0$ 时，$\theta_i$ 无解，只有在 $r=0$ 时式 (8.9) 成立，证明原点处有涡旋存在；当 $l_1<l_2$ 即 $\Delta\neq0$，且 LG 模的拓扑荷数呈等差数列时，式 (8.9) 可得出角向解只与 $\Delta$ 有关，与拓扑荷数没有关系。根据角向解可判断复合涡旋奇点外侧分布个数和位置。

(2) 讨论拓扑荷数分别为 $l_1$ 和 $l_2$ 的叠加 LG 光束，则叠加后的光场表达式为

$$\begin{aligned} U^{l_1,l_2}(r,\theta) &= U^{l_1}(r,\theta)+U^{l_2}(r,\theta) \\ &= A(r)B(r,l_1)\exp(\mathrm{i}l_1\theta)+A(r)B(r,l_2)\exp(\mathrm{i}l_2\theta) \end{aligned} \tag{8.11}$$

式中，$A(r)=(1/\omega_0)\sqrt{2/\pi}\exp(-r^2/\omega_0^2)$；$B(r,l)=\sqrt{1/|l|!}(r\sqrt{2}/w_0)^{|l|}$。为了得到叠加后总的相位，对式 (8.11) 进行变换，可得到总的相位公式为

$$\varPsi_P=\frac{U^{l_1,l_2}(r,\theta)}{A(r)B(r,l_1)}=\exp(\mathrm{i}l_1\theta)+\frac{B(r,l_1)}{B(r,l_2)}\exp(\mathrm{i}l_2\theta) \tag{8.12}$$

式中，$B(r,l_2)/B(r,l_1)\propto\left(r\sqrt{2}/w_0\right)^{|l_2|-|l_1|}$。由理论分析可知，当 $l_2>l_1>0$，$r\to0$ 时，$B(r,l_2)/B(r,l_1)\to0$，叠加光束的相位就近似等于 $\exp(\mathrm{i}l_1\theta)$，因此在 $r$ 趋于小的区域时，叠加光束的相位分布只与 $U^{l_1}(r,\theta)$ 的相位分布有关，即叠加光束的相位分布由拓扑荷数绝对值相对较小的相位分布决定；当 $r$ 趋于大的区域时，$\exp(\mathrm{i}l_1\theta)$ 远远小于 $(B(r,l_2)/B(r,l_1))\exp(\mathrm{i}l_2\theta)$，故叠加光束的相位分布主要与 $U^{l_2}(r,\theta)$ 的相位分布有关，即叠加光束的相位分布由拓扑荷数绝对值相对较大的相位分布决定。

将式 (8.12) 指数项展开，可以得到：

$$\frac{U^{l_1,l_2}(r,\theta)}{A(r)B(r,l_1)}=\cos(l_1\theta)+\zeta(r,l_1,l_2)\cos(l_2\theta)+\mathrm{i}\left[\sin(l_1\theta)+\zeta(r,l_2,l_1)\sin(l_2\theta)\right] \tag{8.13}$$

考虑到 $A(r)B(r,l_1)\in\mathbf{R}$，所以叠加态的总相位角为

$$\Theta_{w_0}^{l_1,l_2}(r,\theta)=\arctan\left[\frac{\sin(l_1\theta)+\sqrt{\dfrac{|l_1|!}{|l_2|!}}\left(\dfrac{r\sqrt{2}}{w_0}\right)^{|l_2|-|l_1|}\sin(l_2\theta)}{\cos(l_1\theta)+\sqrt{\dfrac{|l_1|!}{|l_2|!}}\left(\dfrac{r\sqrt{2}}{w_0}\right)^{|l_2|-|l_1|}\cos(l_2\theta)}\right] \tag{8.14}$$

### 8.3.2　不同拓扑荷数的叠加涡旋光束特性分析

螺旋相位屏的相位表达式为 $\varphi=\exp(\mathrm{i}l\theta)$，使高斯光束经过该相位元件，能够引入一个螺旋相位延迟并在光束中心引起相位奇点。编程产生灰度图，灰度值分布在 $0\sim255$，而加载到空间光调制器上的信息，应从 $0\sim1$ 分布对应的 $0\sim2\pi$ 的相位调制，最后全息图需要进行归一化处理。将模拟生成的螺旋相位图加载到空间光调制器上，可以模拟其相位分布图，进而生成涡旋光束。根据理论分析得到不同拓扑荷数的叠加涡旋光束的相位分布，如图 8.3 所示。

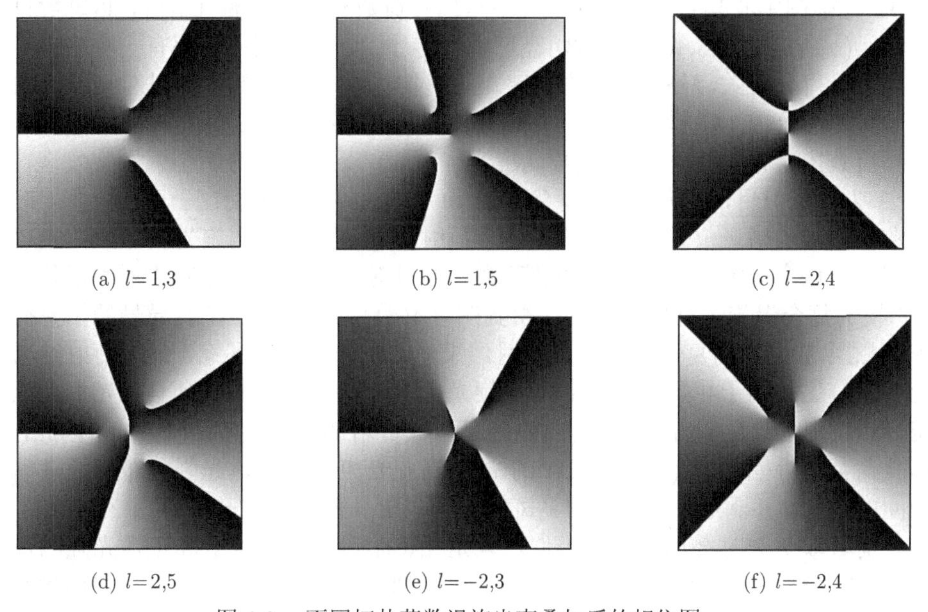

(a) $l$=1,3　(b) $l$=1,5　(c) $l$=2,4

(d) $l$=2,5　(e) $l$=−2,3　(f) $l$=−2,4

图 8.3　不同拓扑荷数涡旋光束叠加后的相位图

图 8.3(a) 是 $l = 1,3$ 对应的相位图，中心分叉数为 1，外围分叉数为 3；图 8.3(b) 为 $l = 1,5$ 对应的相位图，中心分叉数为 1，外围分叉数为 5；图 8.3(c) 是 $l = 2,4$ 对应的相位图，中心分叉数为 2，外围分叉数为 4；图 8.3 (d) 是 $l = 2,5$ 对应的相位图，中心分叉数为 2，外围分叉数为 5；图 8.3 (e) 是 $l = -2,3$ 对应的相位图，中心分叉数为 5，外围分叉数为 3；图 8.3 (f) 是 $l = -2,4$ 对应的相位图，中心分叉数为 6，外围分叉数为 4。由图 8.3(a)~(d) 可以看出，当两个不同拓扑荷数 $l_1$、$l_2$ 分别取正数时，拓扑荷数较大的表示外围的分叉个数，拓扑荷数较小的表示中心的分叉个数；由图 8.3(e) 和图 8.3(f) 对比可以看出，当叠加的两个涡旋光束的拓扑荷数为一正一负时，绝对值大的拓扑荷数表示外围的分叉个数，而中心的分叉个数则由两个拓扑荷数取绝对值后的和决定。可以看出，在已知两束叠加涡旋光束拓扑荷数正负的情况下，可以通过观测叠加光场的相位分布来确定未知光束的拓扑荷数，即当叠加的两束涡旋光束的拓扑荷数 $l_1$、$l_2$ 同号，且 $l_1 < l_2$ 时，相位图外围分叉个数 $N = l_2$，相位图中心的分叉个数 $N = l_1$；当叠加的两个拓扑荷数 $l_1$、$l_2$ 异号，且 $|l_1| < |l_2|$ 时，相位图外围的分叉个数 $N = |l_2|$，而相位图中心的分叉个数 $N = |l_1| + |l_2|$。根据理论分析，得到不同拓扑荷数的叠加涡旋光束的衍射光强分布，如图 8.4 所示。

对拓扑荷数呈等差数列的正数 LG 模的复合涡旋进行仿真，得到图 8.4(a1)~(a3) 和图 8.4(b1)~(b3) 各个正的拓扑荷数依次相距 $\varDelta = 1$ 和 $\varDelta = 2$ 的复合涡旋光强衍射结果，并比较分析衍射图案发现，光强图案呈亮暗斑模式，这是由共轴叠加的两束涡旋光束在等强度处相消干涉形成的，图 8.4(a1)~(a3) 亮斑数目等于 1，光强图中心都有一个暗斑，大小与拓扑荷数有关，外侧有暗斑，暗斑数目等于 $1 \times (n-1)$。图 8.4(b1)~(b3) 亮斑数目等于 2，光强图中心都有一个暗斑，大小与拓扑荷数有关，外侧有暗斑，暗斑数目等于 $2 \times (n-1)$。通过对拓扑荷数呈等差数列的负数 LG 模的复合涡旋进行模拟仿真，得到图 8.4(c1)~(c3) 各个负的拓扑荷数依次相距 $\varDelta = 1$ 的复合涡旋光强衍射结果，比较分析衍射图案发现，公差 $\varDelta$ 为亮斑数目，外环有暗斑，暗斑数为 $1 \times (n-1)$。区别在于，负数叠加时与正数叠加时的暗斑位置相反，这是由于衍射导致负数复合涡旋光斑与正数光斑位置相反，这个现象可判别正负拓扑荷数。通过对拓扑荷数呈等差数列的正负异号 LG 模的复合涡旋进行模拟仿真，得到图 8.4(d1)~(d3) 各个正负异号的拓扑荷数依次相距 $\varDelta = 5$ 的复合涡旋光强衍射结果，比较分析衍射图案发现，衍射结果呈花瓣状，这是由于相反拓扑荷数的涡旋光束共轴叠加形成的复合涡旋光束无相位奇异点，亮斑数目都为 $\varDelta = 5$，外侧的暗斑数目增加并满足 $5 \times (n-1)$。因此，当拓扑荷数呈等差数列 (公差为 $\varDelta$) 的 $n$ 束涡旋光束叠加时，光强分布都是亮暗斑相间的模式，并满足一定规律：亮斑数目等于 $\varDelta$，外侧暗斑数目等于 $\varDelta \times (n-1)$；拓扑荷数取负数时叠加与正数类似，只是亮、暗斑存在的位置和正数光强图像关于 $y$ 轴对称；拓扑荷数取异号时叠加情况类似，只是光强分布不再是圆环状而是花瓣状。

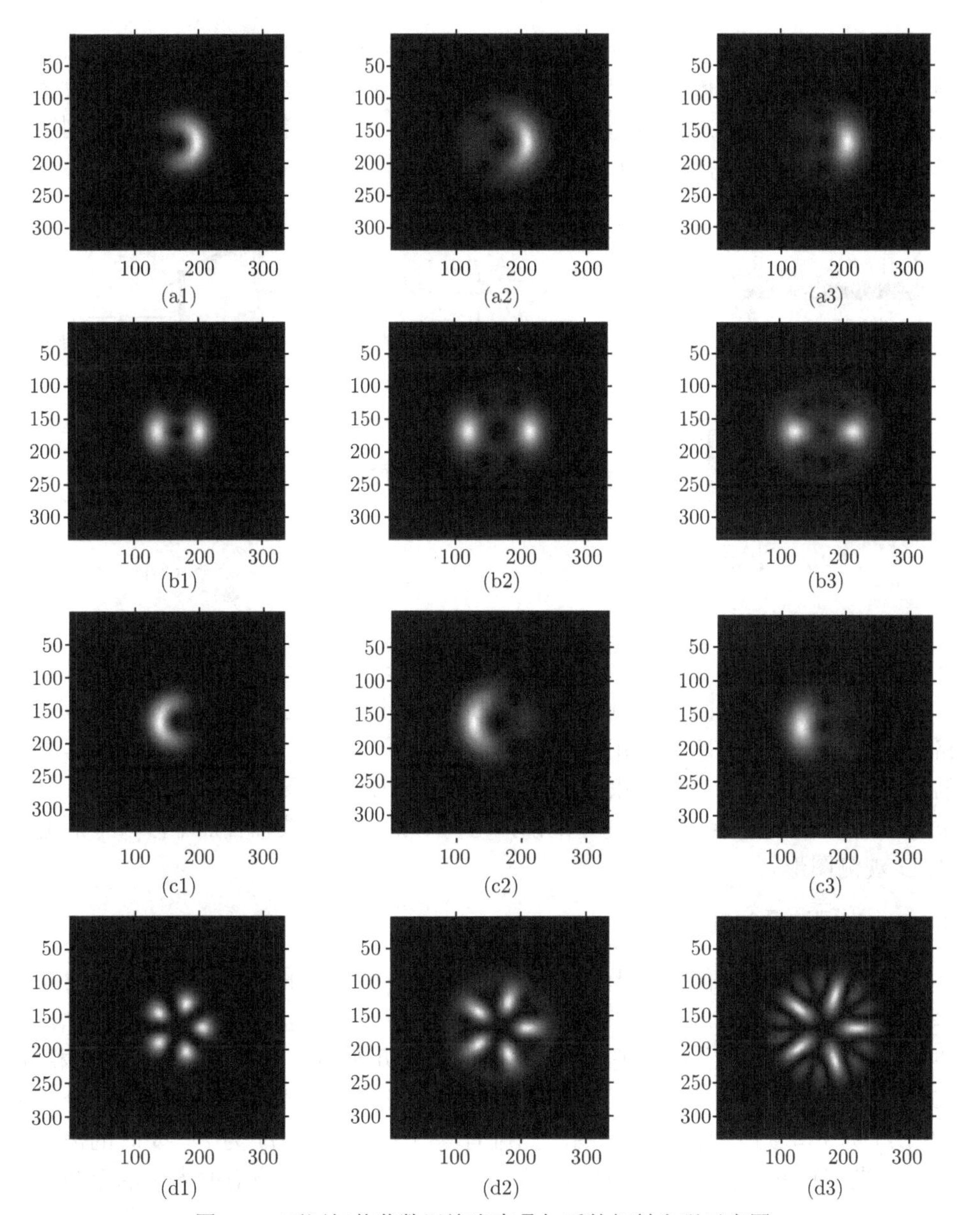


图 8.4　不同拓扑荷数涡旋光束叠加后的衍射光强示意图

## 8.4　涡旋光束叠加干涉实验

### 8.4.1　实验设计

依据两束涡旋光叠加干涉的理论，设计了如图 8.5 所示的实验方案。根据前述理论进行衍射仿真和实验，实验中使用的激光器波长 $\lambda = 632.8\text{nm}$，传输距离

$z = 10\text{m}$，透镜焦距 $f = 200\text{nm}$，光束束腰半径 $\omega_0 = 3\text{mm}$。利用叉形光栅或者螺旋相位图可以制备单个涡旋光束，将不同拓扑荷数的光栅图或者螺旋相位图进行叠加，制备出叠加态涡旋光束。将模拟叠加光栅图或者螺旋相位图加载到空间光调制器上，观测其衍射效果。

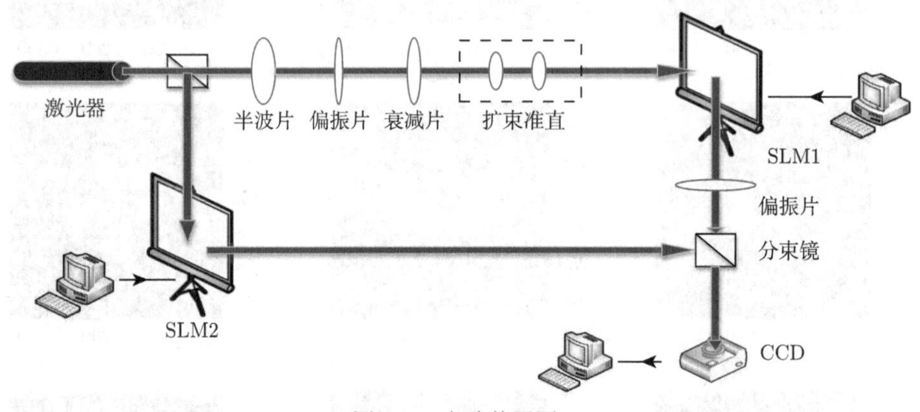


图 8.5　实验装置图

当要通过涡旋光的叠加检测一束光的拓扑荷数时，就需要用到两个 SLM，一路未知拓扑荷数，一路假设拓扑荷数。当用到两个 SLM 时，He-Ne 激光器发出的光通过分束器会被分为两束光，一束光经过 SLM1，反射后经过偏振片；另一束光入射在 SLM2 上，反射到分束镜，与前一束光形成共轴叠加干涉，最后通过 CCD 观测图形。

### 8.4.2　光栅法叠加的实验

将不同拓扑荷数的叉形光栅进行叠加处理，得到相干叠加的结果。图 8.6 是等量异号拓扑荷数涡旋光相干叠加的干涉图形，其中左边均为数值仿真图像，右边均为实验图像，二者可以进行比较，实验结果几乎与计算机数值仿真结果相同。与之前仿真图相比，图 8.6(a1) 为 $l = 1$ 时的衍射仿真图，其光斑有 2 个；图 8.6(b1) 为 $l = 2$ 时的衍射仿真图，光斑有 4 个；图 8.6(c1) 为 $l = 3$ 时的衍射仿真图，光斑有 6 个，与之前结果相同，拓扑荷数的两倍即为衍射光斑的个数，由于其形似花瓣，又称为花瓣状光斑。由图 8.6 所示结果可以得出，正负相反的拓扑荷数干涉叠加时，其衍射图像不再是圆环状的光强，而是呈现花瓣状的光强分布，其原因是两束涡旋光在理想情况下共轴叠加时，形成的全息图使得光束出现明亮的光斑裂纹，但仍是涡旋光束，具有螺旋相位分布，而光斑的个数正是其叠加拓扑荷数的总和，光斑个数 $N = 2 \times l$，花瓣的个数即拓扑荷数的两倍，由花瓣数即可推出等量异号的拓扑荷数。因此，可根据光斑的个数得到拓扑荷数的个数。观察仿真图与实验图，发现随着拓扑荷数的不断增大，衍射光斑也会逐渐变大，向周围发散，实验中眩光也会逐渐增强，这种在实际中发生的现象会严重影响涡旋光束的衍射效果，降低传输质量。

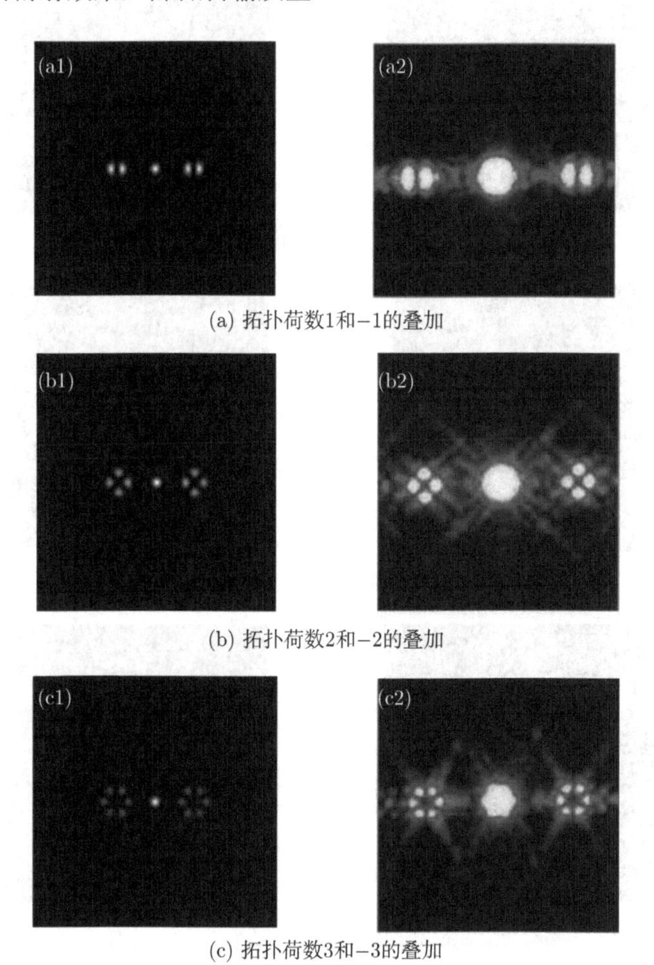


(a) 拓扑荷数1和−1的叠加

(b) 拓扑荷数2和−2的叠加

(c) 拓扑荷数3和−3的叠加

图 8.6　等量异号 $l$ 值涡旋光相干叠加的干涉数值仿真图和实验图

(a1)、(b1)、(cl) 为数值仿真图；(a2)、(b2)、(c2) 为实验图

当拓扑荷数为不同数值时，衍射仿真图和实验图如图 8.7 所示。图 8.7 是不等量异号 $l$ 值涡旋光束叠加的模拟及实验干涉图形，与图 8.6 不同，图 8.7 是非中心对称图形。不同拓扑荷数干涉叠加时，与之前结果类似，也产生了分裂的光斑，并且光强随着拓扑荷数的增大逐渐减弱。图 8.7(a) 为 $l=2$ 与 $l=-3$ 叠加所得图形，光斑个数为 5 个，其花瓣状图形左边单数朝上。图 8.7(b) 为 $l=3$ 与 $l=-2$ 叠加所得图形。图 8.7(a) 的拓扑荷数和图 8.7 (b) 相反，光斑个数也为 5 个，可以得到光斑个数 $N=|l_1|+|l_2|$，不再是之前的 $|2l|$。图 8.7 (c) 和 (d) 则分别是 $l=4,-3$ 和 $l=3,-4$ 叠加干涉图形，总体上符合叠加的规律，两束光的拓扑荷数决定了

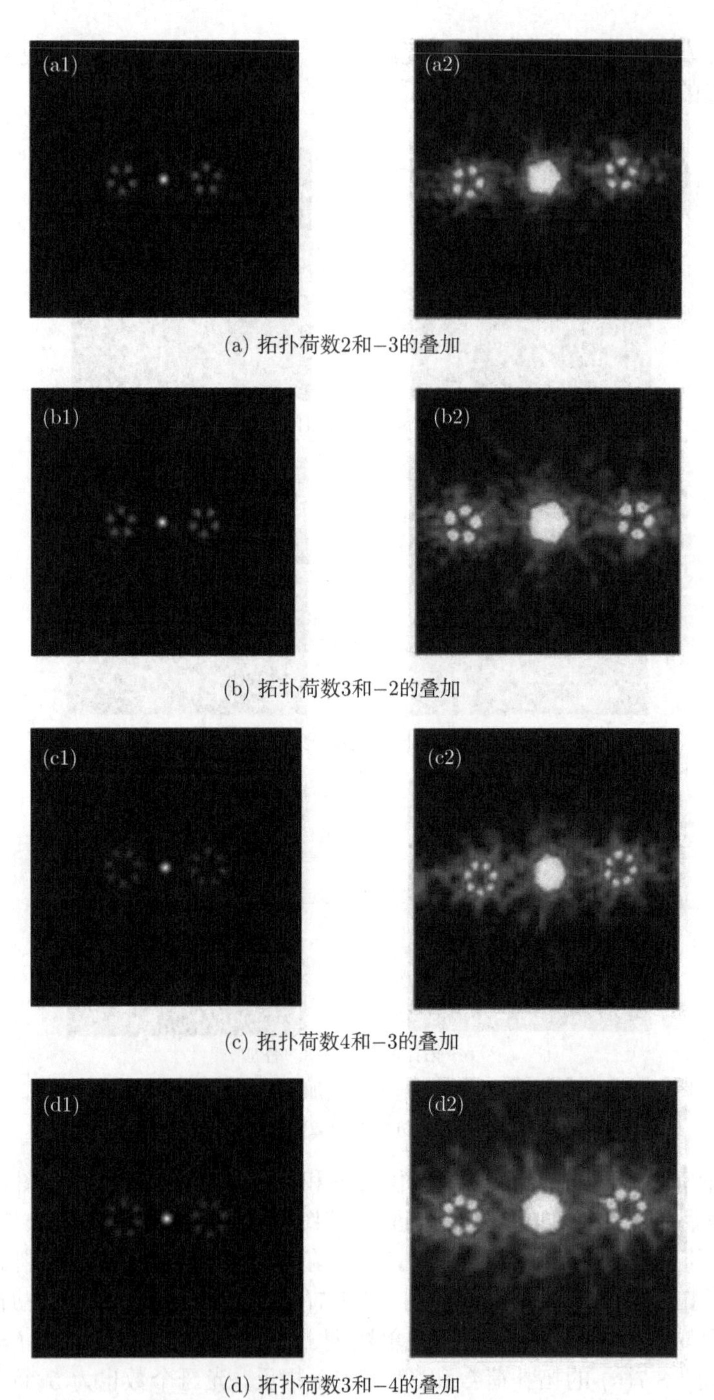


(a) 拓扑荷数2和−3的叠加

(b) 拓扑荷数3和−2的叠加

(c) 拓扑荷数4和−3的叠加

(d) 拓扑荷数3和−4的叠加

图 8.7　不同拓扑荷数叠加时数值仿真图和实验图

(a1)、(b1)、(cl)、(d1) 为仿真图；(a2)、(b2)、(c2)、(d2) 为实验图

叠加后的光斑分裂个数。因此，当叠加干涉时，花瓣数就是两拓扑荷数的相加之和。观察可知，正数拓扑荷数的数值即为左边花瓣状中心轴开口向上的数值，利用叉形光栅叠加的方法准确模拟了两束涡旋光干涉时的情况。图 8.7(a) 和图 8.7(b) 拓扑荷数值相反，其衍射图光斑也相反，呈现轴对称。不难看出，以左边的光斑为标准，当总拓扑荷数为奇数时，产生的光斑图形是奇数边图形，其左边光斑的上半部分就说明了其中正数拓扑荷数的数值。例如，拓扑荷数取 $2,-3$ 时，左边光斑呈倒五边形，正数为 $l=2$，图像朝上；相反，拓扑荷数取 $-2,3$ 时，衍射图像相反，正数为 3，左边光斑三个朝上。

这种判断方法只适用于奇数拓扑荷数，偶数拓扑荷数由于产生的光斑图案是中心对称的，不方便具体判断。如图 8.8 所示，当拓扑荷数为 $4,-3$ 时，其光强有明显的下降，光斑模糊，说明两个叠加拓扑荷数差值较大会使光强变弱，可由此判断具体的拓扑荷数。

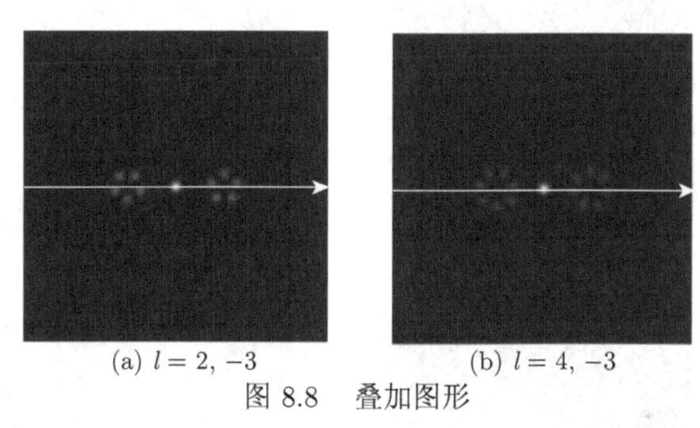

(a) $l=2,\ -3$　(b) $l=4,\ -3$

图 8.8　叠加图形

### 8.4.3　光栅法叠加的结果与分析

可以利用振幅型叉形光栅制备叠加态 OAM 光。根据衍射场公式，得到两个光栅叠加的光强公式，再由计算机数值模拟及 SLM 实验制备叠加态 OAM 涡旋光束，最后详细分析各种情况的干涉叠加现象，根据两束涡旋光束发生的干涉叠加现象可以进行轨道角动量拓扑荷数的检测。当两束不同拓扑荷数的涡旋光束叠加时，会发生干涉现象。数值模拟出 OAM 涡旋光叠加态的衍射图像，即不同拓扑荷数两束 LG 光束干涉的光强分布，由此得到花瓣状的光斑图像。当拓扑荷数取值不同时，干涉结果也会发生改变。当两束 LG 光的 $l$ 值为等量异号时，干涉产生的光斑裂纹个数是拓扑荷数绝对值的两倍，即光斑个数 $N=2|l|$；当两束 LG 光的拓扑荷数取值为不等量异号时，光斑裂纹数量为两个拓扑荷数绝对值之和，即 $N=|l_1|+|l_2|$。根据 OAM 光的干涉叠加现象，可以由光斑裂纹的个数对涡旋光束的拓扑荷数做出判断，即可对单束涡旋光进行拓扑荷数的检测。

### 8.4.4　相位法叠加的实验

图 8.9 所示是拓扑荷数 $l_1$、$l_2$ 为异号的涡旋光束叠加光场数值模拟和实验观测结果。图 8.9(a1) 和 (a2) 分别是 $l=2,-2$ 的衍射仿真图和实验图，观测其光斑数为

4；图 8.9(b1) 和 (b2) 分别是 $l=3,-3$ 的衍射仿真图和实验图，观测其光斑数为 6；图 8.9(c1) 和 (c2) 分别是 $l=-2,3$ 的衍射仿真图和实验图，观测其光斑数为 5。

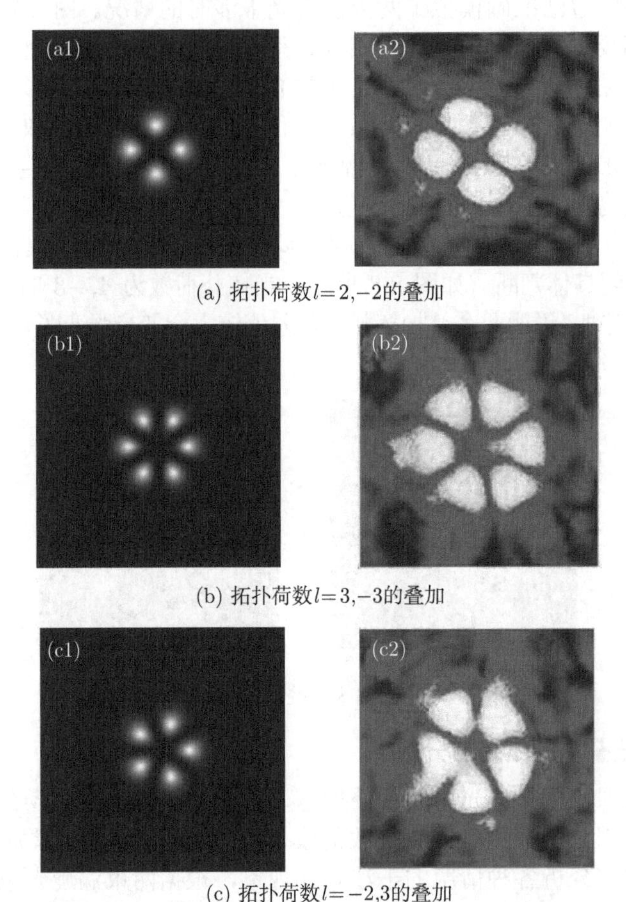


(a) 拓扑荷数$l=2,-2$的叠加

(b) 拓扑荷数$l=3,-3$的叠加

(c) 拓扑荷数$l=-2,3$的叠加

图 8.9　不同异号拓扑荷数涡旋光束叠加光场仿真图和实验图

(a1)、(b1)、(cl) 为仿真图；(a2)、(b2)、(c2) 为实验图

对比图 8.9(a1)、(b1) 和 (cl) 光场仿真图可以看出，当两束涡旋光叠加干涉的拓扑荷数 $l_1$、$l_2$ 为异号时，叠加生成的衍射光场图不再是圆环状的光场分布图，而是呈裂纹状的光斑，可将其称为 “花瓣状”。由图 8.9(a1)、(b1) 和 (cl) 衍射仿真的光亮斑对比可得光亮斑数 $N=|l_1|+|l_2|$，并且由图 8.9(a1)、(b1) 和 (cl) 对比可知，当 $|l_1|=|l_2|$ 时，叠加所生成的衍射光场图呈中心对称，且根据衍射光场图的裂纹亮斑数 $N$ 可以推导出初始叠加相位的拓扑荷数分别为 $N/2$ 和 $-N/2$；$|l_1|\neq|l_2|$ 时，叠加生成的衍射光场图不是中心对称的，光斑只是简单地呈分裂状，且裂纹亮斑数等于两束涡旋光拓扑荷数的绝对值之和。观察可知，随着叠加光斑数 $N$ 的增大，光强是逐渐减弱的，当 $N$ 达到一定数值时，光强会非常微弱以致

接收端很难检测。

图 8.9(a2)、(b2)、(c2) 所示实验图与图 8.9(a1)、(b1)、(cl) 所示仿真图相吻合，当两束叠加涡旋光的拓扑荷数为异号时，生成的衍射光场图呈花瓣状，且具有上述讨论的规律性。这也证实了理论叠加光场公式的正确性，同时验证了利用仿真异号叠加态相位图生成叠加态涡旋光束的可行性。

图 8.10 是不同同号拓扑荷数 $l_1$、$l_2$ 涡旋光束叠加光场的数值仿真和实验结果。其中，图 8.10(a1) 和图 8.10(a2) 分别是 $l = 1, 4$ 的衍射仿真图和实验图，观测其光亮斑数为 3；图 8.10(b1) 和图 8.10(b2) 分别是 $l = 1, 5$ 的衍射仿真图和实验图，观测其光亮斑数为 4；图 8.10(c1) 和图 8.10(c2) 分别是 $l = 1, 3$ 的衍射仿真图和实验图，观测其光亮斑数为 2；图 8.10(d1) 和图 8.10(d2) 分别是 $l = 2, 4$ 的衍射仿真图和实验图，观测其光亮斑数为 2。

对比图 8.10(a1)、(b1)、(c1) 和 (d1) 光场仿真图可以看出，当两束涡旋光束叠加干涉的拓扑荷数 $l_1$、$l_2$ 为同号时，叠加生成的衍射光场图不再是前面讨论的简单的裂纹状，而是整体是一个圆形的分裂光斑。由图 8.10(a1)、(b1)、(c1) 和 (d1) 衍射仿真的光亮斑对比分析可以得出，光亮斑的个数 $N = |l_1 - l_2|$。由图 8.10(c1) 和 (d1) 对比可以看出，当两个叠加拓扑荷数的差值 $|l_1 - l_2|$ 相等时，光亮斑的形状大致相同，并且随着 $|l_1 + l_2|$ 值的不断增大，光亮斑会变得越来越窄，且光斑中心的暗圈会越来越大，当 $|l_1 + l_2|$ 的值足够大时，光斑趋向于一条亮线，这时在接收端检测就非常困难。两路拓扑荷数都为负数的情况与上面分析结果相同。

图 8.10(a2)、(b2)、(c2) 和 (d2) 所示实验图与图 8.10(a1)、(b1)、(c1) 和 (d1) 所示数值模拟仿真图相吻合，与上述仿真结果所得到的规律相符，证实了利用模拟仿真生成的同号叠加态相位图产生叠加态涡旋光束的可行性，观察图 8.10(a2)、(b2)、(c2) 和 (d2) 可以看出，同号的两个拓扑荷数叠加生成的衍射光场图带有明显的螺旋特性，这也再一次验证了叠加生成的衍射图形还是涡旋光束，且其具有螺旋相位分布。

### 8.4.5　相位法叠加的结果与分析

根据光场和相位的公式进行数值模拟仿真，可以利用光束叠加后的相位分布特征来判定参与叠加涡旋光束的初始拓扑荷数，将模拟仿真得到的叠加相位图加载到空间光调制器上进行实验。通过观测光场的衍射分布图，仿真和实验得出根据光场衍射图的光斑变换规律也可以判定参与叠加光束的拓扑荷数。结论如下：当两束涡旋光束拓扑荷数 $l_1$、$l_2$ 取同号，且 $l_1 < l_2$ 时，叠加相位图的外围分叉个数为绝对值较大的拓扑荷数，即 $N = l_2$，叠加相位图中心的分叉个数为绝对值较小的拓扑荷数，即 $N = l_1$，叠加后的光场衍射图整体为圆形，且其衍射的光斑裂纹数 $N$ 为两个拓扑荷数差的绝对值，即 $N = |l_1 - l_2|$。当两束涡旋光束拓扑荷数 $l_1$、$l_2$ 取异号，且 $|l_1| < |l_2|$ 时，叠加相位图外围的分叉个数为绝对值较大的拓扑荷数，即 $N = l_2$，而叠加相位图中心的分叉个数为两束光拓扑荷数绝对值的和，

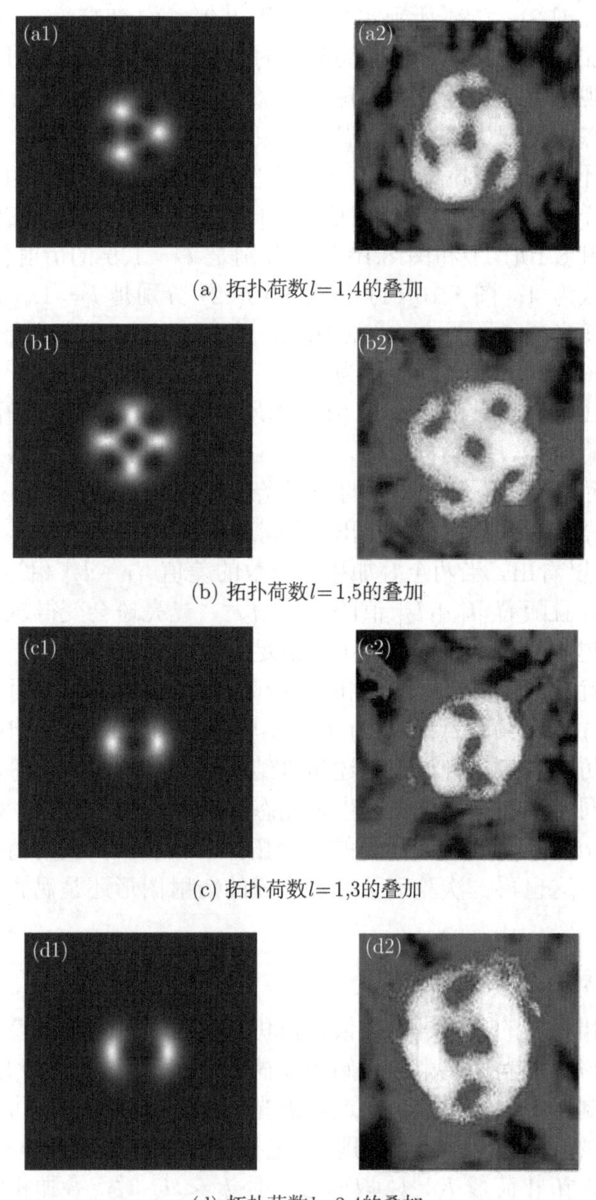


(a) 拓扑荷数$l=1,4$的叠加

(b) 拓扑荷数$l=1,5$的叠加

(c) 拓扑荷数$l=1,3$的叠加

(d) 拓扑荷数$l=2,4$的叠加

图 8.10　不同同号拓扑荷数涡旋光束叠加光场仿真图和实验图

(a1)、(b1)、(c1)、(d1) 为仿真图，(a2)、(b2)、(c2)、(d2) 为实验图

即 $N=|l_1|+|l_2|$，叠加后衍射产生的光斑不再为普通的圆环状，而是呈分裂的花瓣状，当两束光拓扑荷数为等量异号时，呈中心对称分布，光斑的裂纹数为两个

拓扑荷数的绝对值之和，即 $N = |l_1| + |l_2|$。当两束涡旋光束拓扑荷数差值 $|l_1 - l_2|$ 相等时，光亮斑的形状大致相同，光斑中心会出现暗圈，并且随着 $|l_1 + l_2|$ 值的不断增大，光亮斑变得越来越窄，且光斑中心的暗圈越来越大，当 $|l_1 + l_2|$ 值足够大时，光斑会趋向于一条亮线。

## 参 考 文 献


[1] 晏庆玉. 光学微腔产生涡旋光束的特性分析及其研究进展[J]. Laser and Optoelectronics Progress, 2022, 59(1): 24-38.

[2] 孙顺红, 蒲继雄. 双涡旋光束的产生与传输 [J]. 光学学报, 2011, 31(6): 37-39.

[3] 方桂娟, 孙顺红, 蒲继雄. 分束阶双涡旋光束的实验研究 [J]. 物理学报, 2012, 61(6):266-272.

[4] HUANG H, REN Y X, YAN Y, et al. Performance analysis of spectrally efficient free-space data link using spatially multiplexed orbital angular momentum beams[C]. Proceedings of SPIE - The International Society for Optical Engineering, San Francisco, USA, 2013: 8647-8653.

[5] ANGUITA J, JOAQUIN H, DJORDJEVIC I. Coherent multimode OAM superositions for multidimensional modulation[J]. IEEE Photonics Journal, 2014, 6(2): 875-894.

[6] KRENN M, FICKLER R, FINK M, et al. Communication with spatially modulated light through turbulent air across Vienna[J]. New Journal of Physics, 2014, 11(16): 113028-113039.

[7] GABRIEL M T, JOAO P T. Management of the angular momentum of light: Preparation of photons in multidimensional vector states of angular momentum[J]. Physical Review Letters, 2002, 88(1):1-4.

[8] LI F, GAO C Q, LIU Y D, et al. Experimental study of the generation of Laguerre-Gaussian beam using a computer-generated amplitude grating[J]. Acta Physica Sinica, 2008, 57(2): 860-865.

[9] 柯熙政, 李亚星. 分数阶拉盖尔高斯光束轨道角动量的实验研究 [J]. 激光与光电子学进展, 2015, 52(8):82-88.

[10] ZHOU H L, SHI L, ZHANG X L, et al. Dynamic interferometry measurement of orbital angular momentum of light[J]. Optics Letters, 2014, 39(20):6058-6061.

[11] 王文磊. 多涡旋光场干涉的分布传输特性分析 [D]. 济南: 山东师范大学, 2013.

[12] HE H, FRIESE M E J, HECKENBERG N R, et al. Direct observation of transfer of angular momentum to absorptive particles from a laser beam with a phase singularity[J]. Physical Review Letters, 1995, 75(5):826-828.

[13] ZHANG Y X, JI C. Effects of turbulent aberrations on probability distribution of orbital angular momentum for optical communication[J]. Chinese Physics Letters, 2009, 26(7): 184-187.

# 第 9 章　涡旋光束的检测

OAM 复用技术可增加通信带宽容量、提高频谱效率，而在复用的接收端需要对解复用得到的涡旋光进行检测，这样才能确保整个复用系统工作的正确性。本章就涡旋光束轨道角动量的检测进行研究。

## 9.1　引　　言

自从 Allen 等 [1] 在 1992 年提出轨道角动量，涡旋光 OAM 的研究就引起国内外学者的日益关注，尤其是 OAM 的检测。初期人们主要研究单一 OAM 态的检测。2000 年，高春清等 [2] 提出二阶强度矩测量法，根据光束的 OAM 和光束的二阶强度矩满足的关系，测量光束总的 OAM。

2003 年，叶芳伟等 [3] 利用叉形光栅检测光子轨道角动量双叠加态，根据输出光中各模比重来判断两束涡旋光的拓扑荷数大小和正负，但只能得到两种阶数相差为 1 的拉盖尔–高斯模态。2006 年，Sztul 等 [4] 利用涡旋光束进行了双缝干涉实验，实验发现涡旋光束通过双缝进行干涉后，干涉条纹的移动方向及大小与轨道角动量的取值呈一定的规律分布，通过观察条纹移动的变化就可以得到涡旋光束的轨道角动量。2009 年，Ghai 等 [5] 实验研究了涡旋光束经过单缝后的光强衍射情况，发现涡旋光束经过单缝后的衍射条纹会一定程度地发生断层和弯曲，并且条纹弯曲的方向及程度和涡旋光束的轨道角动量大小及正负都具有一定的关系，根据条纹的改变规律就可以实现对不同轨道角动量的检测。2014 年，柯熙政等 [6,7] 对涡旋光束经过光阑衍射进行了系统的研究，详细地分析与总结了光束经过单缝、圆孔及方孔衍射后的光强分布情况和螺旋谱的变化规律，并进行了实验验证。研究发现，涡旋光束经过光阑衍射后的光场会进行有规律的变化，并能根据此规律对涡旋光束的轨道角动量进行测量。2015 年，Wang 等 [8] 提出一种新型光栅——周期渐变光栅，利用该光栅可以对入射涡旋光进行检测，通过判断类厄米–高斯光束的衍射图案中黑色条纹数量及朝向来判断拓扑荷数大小及方向。2017 年，Zheng 等 [9] 利用环形相位光栅对不同阶数涡旋光进行检测，最高拓扑荷数可达 $\pm 25$，同时分析了光栅的最优周期参数及入射涡旋光与光栅的最优中心距离。

2002 年，Leach 等 [10] 提出了基于马赫–曾德尔干涉仪的轨道角动量奇偶叠加态校验检测方法。该方法中，在干涉的两支路各添加一个 Dove 棱镜。若 Dove 棱镜的放置角度改变 $\alpha$，则在接收端由于光路的干涉现象和 Dove 棱镜的放置角

度改变量 $\alpha$ 综合影响，可测得涡旋光束轨道角动量态的拓扑荷数值。在此检测方法的基础上，将干涉光路进行简单的级联就能实现对任意涡旋光束轨道角动量态的检测。2010 年，Lavery 等 [11] 提出了一种能够实现高效分离检测 OAM 态的方法，首先利用坐标转换将携带螺旋相位的涡旋光束转为横向分布的光束，然后经由傅里叶透镜进行傅里叶变换，不同拓扑荷数的涡旋光束在透镜焦面上会呈不同的水平分布，根据光束在水平分布的位置就能够区分出初始叠加涡旋光束的轨道角动量。2013 年，Mohammad 等 [12] 为了使叠加态 OAM 光束分离效果更加明显、效率更高，在坐标转换高效分离的基础上结合了“复制技术”，实验效果大为提升。2016 年，Fu 等 [13] 通过将 5×5 达曼光栅与 +12 和 −12 阶螺旋相位图合成，扩大了达曼光栅的检测范围 (−24 ∼ +24)，且可以检测叠加态 OAM。

## 9.2 利用坐标转换法分离检测 OAM 态

### 9.2.1 理论基础

当径向指数 $p=0$ 时，携带 OAM 的 LG 光束在 $z=0$ 处归一化振幅可以表示为 [14]

$$U^{-1}(r,\theta)=\sqrt{\frac{2}{\pi}}\frac{1}{w_0}\exp\left(-\frac{r^2}{w_0^2}\right)\sqrt{\frac{1}{|l!|}}\left(\frac{r\sqrt{2}}{w_0}\right)^{|l|}\exp(\mathrm{i}l\theta)\tag{9.1}$$

讨论拓扑荷数分别为 $l_1$ 和 $l_2$ 的叠加 LG 光束，则叠加后的光场表达式可以表示为

$$\begin{aligned}U^{l_1,l_2}(r,\theta)&=U^{l_1}(r,\theta)+U^{l_2}(r,\theta)\\&=A(r)B(r,l_1)\exp(\mathrm{i}l_1\theta)+A(r)B(r,l_2)\exp(\mathrm{i}l_2\theta)\end{aligned}\tag{9.2}$$

式中，$A(r)=\sqrt{\frac{2}{\pi}}\frac{1}{\omega_0}\exp\left(-\frac{r^2}{\omega_0^2}\right)$；$B(r,l)=\sqrt{\frac{1}{|l|!}}\left(\frac{r\sqrt{2}}{\omega_0}\right)^{|l|}$。叠加的光场 $U^{l_1,l_2}(r,\theta)$ 用平面坐标表示为 $U^{l_1,l_2}(x,y)$，将接收到的叠加光场通过加载有 $\exp[\mathrm{i}\varphi_1(x,y)]$ 相位膜片的空间光调制器，然后通过透镜进行傅里叶变换后的光场表达式为

$$U^{l_1,l_2}(u,v)=\iint U^{l_1,l_2}(x,y)\exp[\mathrm{i}\varphi_1(x,y)]\times\exp[-\mathrm{i}2\pi(f_x x+f_y y)]\mathrm{d}x\mathrm{d}y\tag{9.3}$$

式中，加载到空间光调制器上的相位为 [12]

$$\varphi_1(x,y)=\frac{2\pi a}{\lambda f}\left(y\arctan\frac{y}{x}-x\ln\frac{\sqrt{x^2+y^2}}{b}+x\right)\tag{9.4}$$

式中，$\lambda$ 是激光器所发出光的波长；$f$ 是傅里叶透镜的焦距；$2\pi a$ 是光场坐标转换后的横向尺寸；$b$ 是独立于 $a$ 存在的参数，可以进行调节。为了将涡旋光束随着方位角变化的相位转化为横向变换的相位，需要实现如下的坐标转换 [12]：

$$u = -a\ln\frac{\sqrt{x^2+y^2}}{b}, \quad v = -\arctan\frac{y}{x} \tag{9.5}$$

变换后的复振幅相位部分除涡旋光束随着相位角变换的相位之外，还存在坐标转换时各个坐标点光程差导致的相位分布变化。为了校正这个相位变化，通过一个加载相位为 $\exp[\varphi_2(u,v)]$ 的空间光调制器，随后经过透镜聚焦到 CCD 上，观测衍射后的光场分布为

$$U^{l_1,l_2}(u,v) = \iint U^{l_1,l_2}(u,v)\exp[\varphi_2(u,v)] \times \exp[-\mathrm{i}2\pi(f_x u + f_y v)]\mathrm{d}u\mathrm{d}v \tag{9.6}$$

式中，相位 $\varphi_2(u,v)$ 的表达式 [13] 为

$$\varphi_2(u,v) = -\frac{2\pi ab}{\lambda f}\exp\left(-\frac{u}{a}\right)\cos\frac{v}{a} \tag{9.7}$$

根据式 (9.4)、式 (9.7) 仿真出加载到两个空间光调制器上的相位掩膜图，图 9.1(a) 是相位掩膜图对叠加涡旋光场图进行坐标变换，图 9.1(b) 是对坐标转换后的相位进行校正。

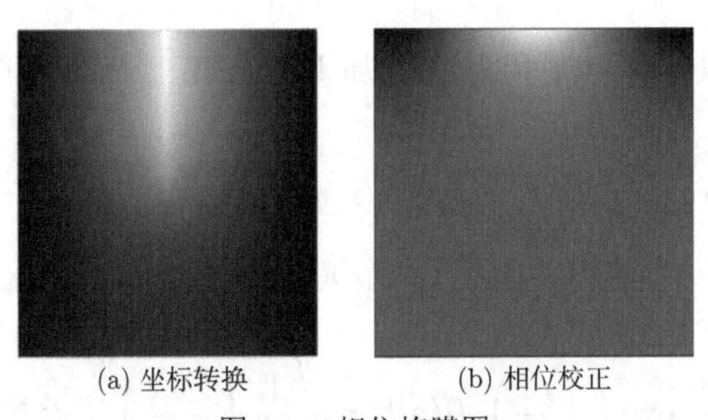

(a) 坐标转换　　(b) 相位校正

图 9.1　相位掩膜图

在 CCD 端接收到的横向的亮光斑呈一定的规律分布，而且在探测器上的水平横坐标满足 [15]：

$$H = [(\lambda f)/(2\pi a)]l \tag{9.8}$$

从式 (9.8) 可以看到，不同的拓扑荷数对应不同的横坐标，所以可以根据横坐标的分布位置来对涡旋光束的拓扑荷数进行分离检测 [16]。

### 9.2.2　不同拓扑荷数的叠加光场分布

如图 9.2 所示，由 He-Ne 激光器出来的波长为 632.8nm 的光经过扩束准直系统后，通过加载了叠加相位图的 SLM1, 产生的叠加态涡旋光束通过 SLM2 进

行光场坐标变换，将具有螺旋相位的涡旋光束转变为具有相位梯度的横向分布的光，紧接着经过透镜 L1 进行傅里叶变换，然后经过 SLM3 来校正光学坐标变换带来的相位扭曲，最后通过透镜 L2 进行聚焦，在焦平面上用 CCD 进行采集，观测接收到的横向涡旋光束，对不同的 OAM 态进行分离检测。

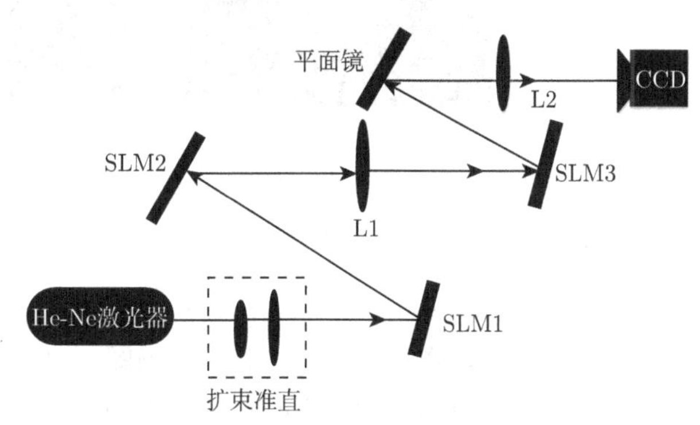


图 9.2　坐标转换法分离 OAM 叠加态原理图

假定波长 $\lambda = 632.8\text{nm}$，透镜焦距 $f = 200\text{nm}$，光束束腰半径 $w_0 = 3\text{mm}$，横向尺寸 $2\pi a = 8\text{mm}$，$b = 4.5\text{mm}$。在 SLM1 上加载不同拓扑荷数的轨道角动量态涡旋光束时，也可以根据 CCD 检测到的影像不同位置将其分离。在这里只讨论叠加轨道角动量态情况，图 9.3(a) 是拓扑荷数为 1 和 3 的两束涡旋光叠加的光场图及 CCD 端接收到的光强度分离图；图 9.3(b) 是拓扑荷数为 1 和 5 的两束涡旋光叠加的光场图及 CCD 端接收到的光强度分离图；图 9.3(c) 是拓扑荷数为 1 和 7 的两束涡旋光叠加的光场图及 CCD 端接收到的光强度分离图。

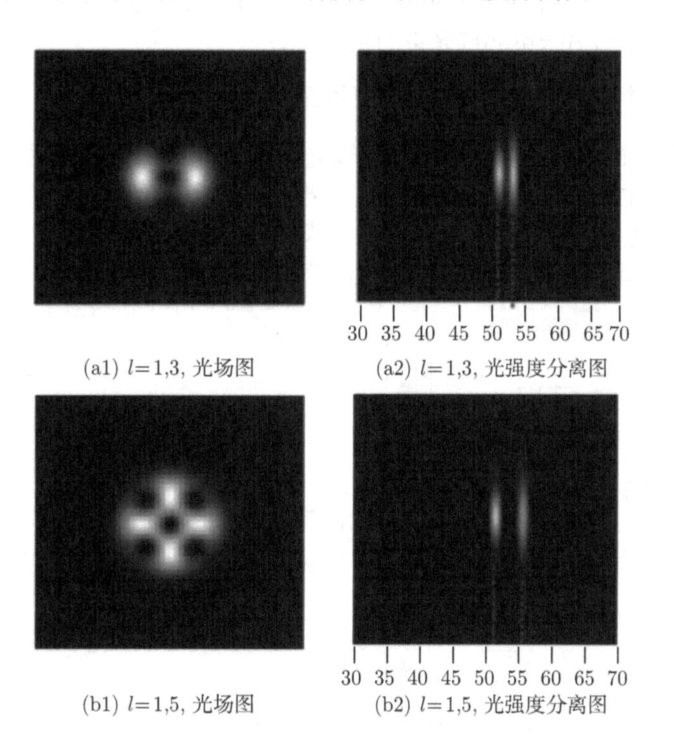


(a1) $l$=1,3, 光场图　(a2) $l$=1,3, 光强度分离图

(b1) $l$=1,5, 光场图　(b2) $l$=1,5, 光强度分离图

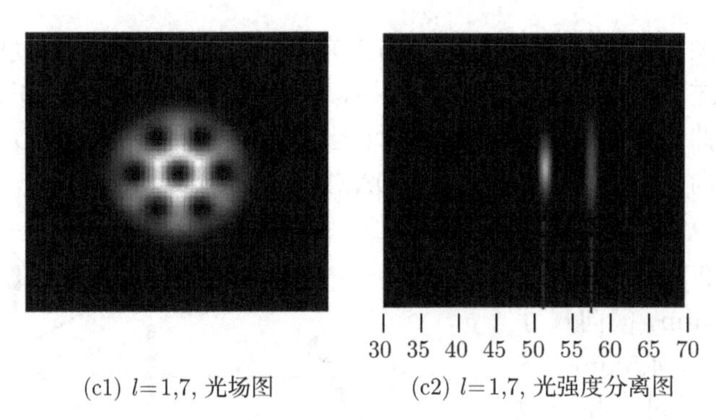


(c1) $l=1,7$, 光场图　　(c2) $l=1,7$, 光强度分离图

图 9.3　不同拓扑荷数涡旋光束叠加的光场图及接收端接收到的光强度分离图

由图 9.3 可以看出，不同拓扑荷数涡旋光束进行叠加的光场图经过坐标转换法分离检测之后，在接收端观测到的光场图不再是简单的单 OAM 态圆环状，而是横向分布的亮斑纹。图 9.3(a2) 中出现的两处亮斑就是拓扑荷数为 1 和 3 的情况。观察发现，图 9.3(b2) 左侧的亮斑与图 9.3(a2) 左侧的亮斑对齐，则图 9.3(b2) 左侧是拓扑荷数为 1 的情况，根据图下方坐标尺距离的估算，可以得出右侧是拓扑荷数为 5 的情况。同理，可以得出图 9.3(c2) 中出现的两处亮斑是拓扑荷数为 1 和 7 叠加的情况。当已知两束叠加涡旋光束的拓扑荷数时，根据此方法可以准确地分离检测两束不同拓扑荷数的涡旋光；当已知一束涡旋光束的拓扑荷数时，根据此方法可以推出另一束涡旋光束的拓扑荷数。

### 9.2.3 基于坐标转换法的 OAM 态复用系统

图 9.4 给出了基于坐标转换法高效分离涡旋光束的轨道角动量复用系统方案。激光器产生的基模高斯光束通过扩束准直系统入射到空间光调制器上生成涡旋光束，通过达曼光栅对涡旋光束进行分束，然后通过调制器调制、加载信息，多路光束经过光耦合器合成一路，在自由空间信道传输一段距离后，进入坐标转换

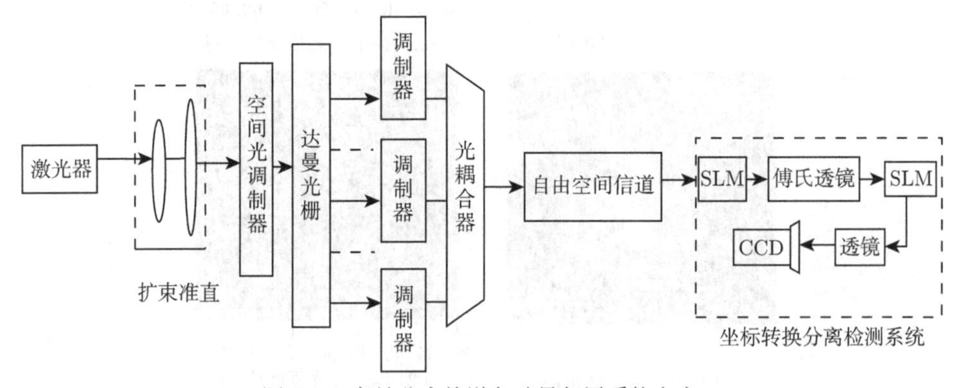


图 9.4　高效分离轨道角动量复用系统方案

分离检测系统，不同轨道角动量的涡旋光束会分布在不同的横向位置上。

## 9.3 利用光栅检测涡旋光轨道角动量

### 9.3.1 光栅的传输函数及其表示

一般光栅按对入射光的调制方式可分为两类：振幅型光栅和相位型光栅。这里使用周期渐变光栅和环形光栅这两种形式对涡旋光进行检测。周期渐变光栅的传输函数表达式 [17] 如下：

$$t_1(x,y)=\begin{cases}1, & \cos[2\pi x/(T+nx)]\geqslant 0\\ 0, & \cos[2\pi x/(T+nx)]<0\end{cases} \tag{9.9}$$

$$t_2(x,y)=\begin{cases}1, & \cos[2\pi x/(T+ny)]\geqslant 0\\ 0, & \cos[2\pi x/(T+ny)]<0\end{cases} \tag{9.10}$$

$$t_3(x,y)=\begin{cases}\exp(i*\pi), & \cos[2\pi x/(T+nx)]\geqslant 0\\ \exp(i*0), & \cos[2\pi x/(T+nx)]<0\end{cases} \tag{9.11}$$

$$t_4(x,y)=\begin{cases}\exp(i*\pi), & \cos[2\pi x/(T+ny)]\geqslant 0\\ \exp(i*0), & \cos[2\pi x/(T+ny)]<0\end{cases} \tag{9.12}$$

式中，$T$ 是光栅的周期；$n$ 是渐变因子，表示光栅周期的变化速度。图 9.5(a) 和 (b) 所示分别是 a 型和 b 型周期渐变振幅光栅，图 9.5(c) 和 (d) 所示分别是 a 型和 b 型周期渐变相位光栅。

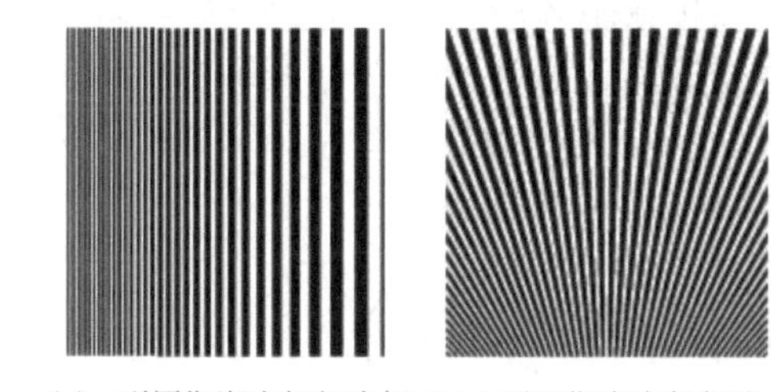

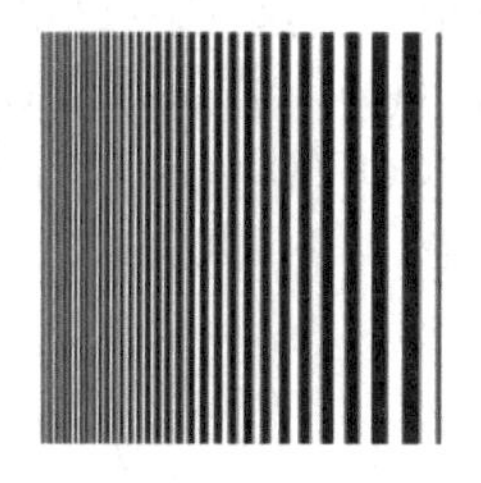

(a) a型周期渐变振幅光栅 (b) b型周期渐变振幅光栅 (c) a型周期渐变相位光栅 (d) b型周期渐变相位光栅

图 9.5 四种周期渐变光栅

环形光栅的传输函数表达式 [9] 如下:

$$t_1(r)=\begin{cases}1, & \cos(2\pi r/T)\geqslant 0\\ 0, & \cos(2\pi r/T)<0\end{cases} \tag{9.13}$$

$$t_2(r)=\exp(\mathrm{i}2\pi r/T) \tag{9.14}$$

式中，$r=\sqrt{x^2+y^2}$ 是径向坐标；$T$ 是沿着径向坐标 $r$ 变化的环形光栅周期。式 (9.13) 为环形振幅光栅，如图 9.6(a) 所示；式 (9.14) 为环形相位光栅，如图 9.6(b) 所示。

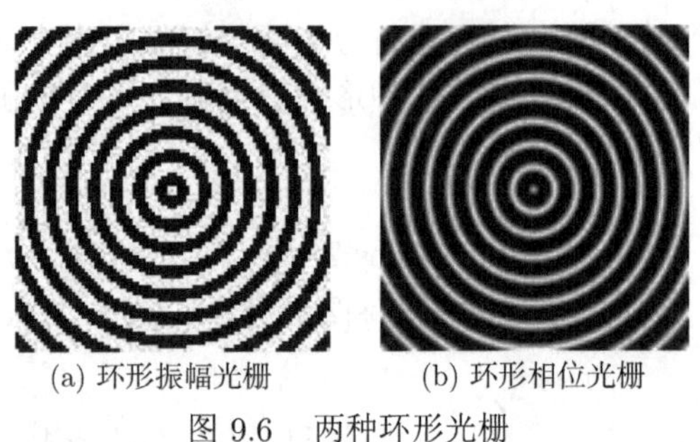

(a) 环形振幅光栅　　(b) 环形相位光栅

图 9.6　两种环形光栅

### 9.3.2　涡旋光光场及其衍射

涡旋光束的常见形式有贝塞尔光束、拉盖尔–高斯光束、厄米–高斯光束。拉盖尔–高斯光束可以通过激光腔直接产生，它沿 $z$ 轴的光场复振幅表达式 [18] 为

$$\begin{aligned}u_p^l(r,\phi,z)&=\frac{\sqrt{2p!/\pi(|l|+p)!}}{w(z)}\left[\frac{\sqrt{2}}{w(z)}\right]^{|l|}\exp\left[\frac{-r^2}{w^2(z)}\right]\mathrm{L}_p^{|l|}\left[\frac{2r^2}{w^2(z)}\right]\\&=\exp(-\mathrm{i}l\phi)\exp\left[\frac{\mathrm{i}kr^2z}{2(z^2+z_\mathrm{R}^2)}\right]\exp\left[-\mathrm{i}(2p+|l|+1)\tan^{-1}\left(\frac{z}{z_\mathrm{R}}\right)\right]\end{aligned} \tag{9.15}$$

式中，$r$ 是传输轴的辐射距离；$\phi$ 是方位角；$z$ 是传输距离；$z_\mathrm{R}$ 是瑞利距离；$k=2\pi/\lambda$ 是波矢量，$\lambda$ 是波长；$w(z)$ 是涡旋光中心到束腰的光斑半径；$\mathrm{L}_p^l(\cdot)$ 是缔合拉盖尔多项式；$(2p+|l|+1)\tan^{-1}(z/z_\mathrm{R})$ 是古伊相移；$p$ 和 $l$ 分别是径向指数和拓扑荷数。当 $p=0$ 时，$\mathrm{L}_p^{|l|}(\cdot)=1$，此时，式 (19.15) 可简化为

$$u(r,\phi,z)=\left(\sqrt{2}\frac{r}{w}\right)^l\exp(\mathrm{i}l\phi)\exp\left(-\frac{r^2}{w^2}-\mathrm{i}kz\right) \tag{9.16}$$

涡旋光的衍射过程如图 9.7 所示，它的远场衍射图案的复振幅表达式为 [8]

$$U(x,y)=\frac{\exp(\mathrm{i}kz)}{\mathrm{i}\lambda z}\exp\left[\mathrm{i}\frac{k}{2z}(x^2+y^2)\right]\times F[u(\xi,\eta)\times t(\xi,\eta)] \tag{9.17}$$

式中，$(\xi,\eta)$ 是光栅坐标；$(x,y)$ 是远场坐标；$F$ 代表快速傅里叶变换。

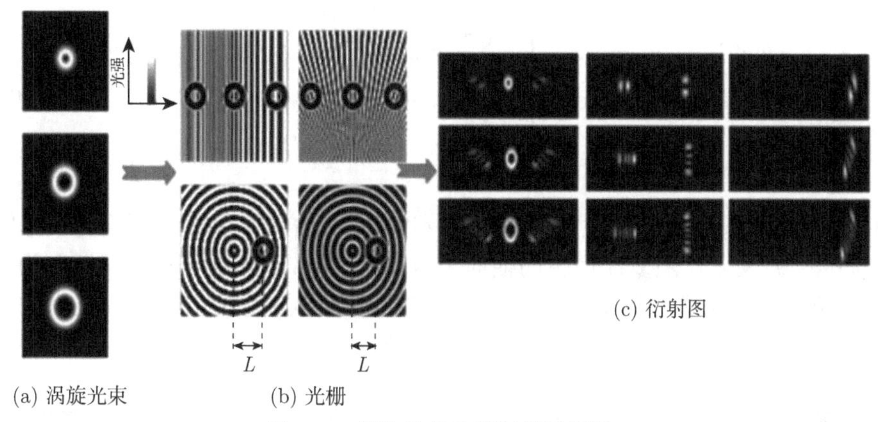


(a) 涡旋光束　(b) 光栅　(c) 衍射图

图 9.7　涡旋光经光栅衍射示意图

图 9.7(a) 是一列载有不同拓扑荷数的涡旋光束，照射到如图 9.7(b) 所示的不同光栅上后，经过衍射得到图 9.7(c) 中的各种类型衍射条纹，但都可以通过判断衍射级上条纹的方向和暗条纹的个数得出入射涡旋光的拓扑荷数正负和大小，最终实现对涡旋光的检测。注意，图 9.7(b) 中的黑色圆环为可实现涡旋光检测的合适入射位置。

### 9.3.3 相位校正与 fan-out 技术

当用涡旋光照射到光栅上时，可以通过衍射条纹来判断涡旋光的拓扑荷数状态。随着入射涡旋光的阶数升高，得到的衍射图中条纹会变得模糊不清，导致无法进行检测。这时可以通过再添加相位图来对前面得到的衍射图进行优化，使模糊不清的衍射条纹变得清晰。这里就可以通过相位校正技术或者 fan-out 技术提升检测精度。

当涡旋光经过检测光栅时，不同光路间存在光程差，从而引入了相位失真，相位校正函数可由稳定位相近似法计算得出 [19]，它可以减轻衍射图案的弱化效果，其表达式如下：

$$\phi = -\frac{2\pi ab}{\lambda f}\exp\left(\ln\frac{\sqrt{x^2+y^2}}{b}\right)\cos\left(\arctan\frac{y}{x}\right) \tag{9.18}$$

式中，$\lambda$ 是入射光波长；$f$ 是傅里叶变换面焦距；参数 $a$ 表示转变后图像大小；参数 $b$ 独立于 $a$ 存在来调整图像方向。图 9.8 为该相位校正函数的相位图。

fan-out 技术又称为光束的“复制技术”，通过增加光束的相位梯度来使衍射条纹更加精细，同时减少条纹间干扰，最终实现检测效果的提升。

这里使用周期相位全息图作为 fan-out 元件来对衍射光斑进行多次复制，这种元件的相位结构可以描述为 [20]

$$\Psi_{2N+1}(x)=\tan^{-1}\left(\frac{\sum\limits_{m=-N}^{N}\gamma_m\sin[(2\pi s/\lambda)mx+\alpha_m]}{\sum\limits_{m=-N}^{N}\gamma_m\cos[(2\pi s/\lambda)mx+\alpha_m]}\right)\tag{9.19}$$

式中，$2N+1$ 表示复制的次数，即相位梯度增加的倍数；$s$ 表示不同光束之间的角度间隔；$x$ 表示伴随复制产生的横向维数；$\gamma_m$ 和 $\alpha_m$ 分别表示不同衍射阶下的相关相位和场强系数。图 9.9 是采用复制 7 次和复制 9 次的 fan-out 技术时的周期相位图。

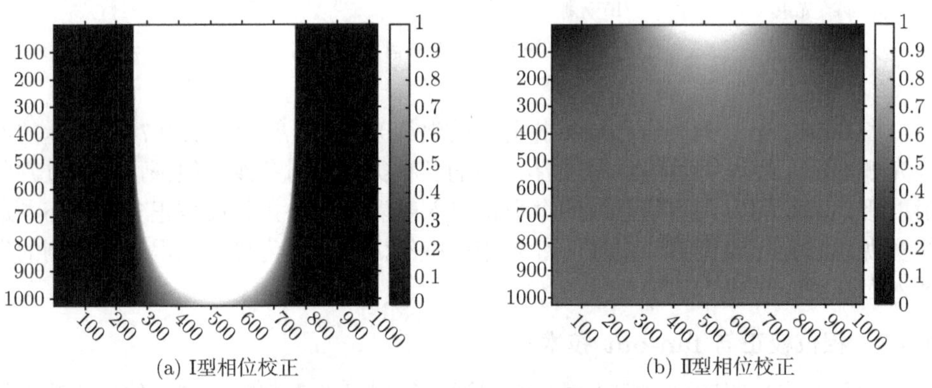


(a) I型相位校正　　(b) II型相位校正

图 9.8　相位校正函数的相位图

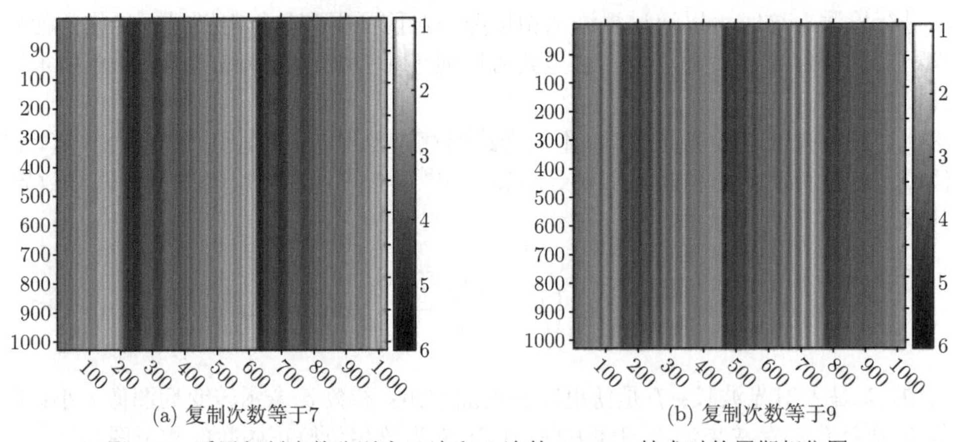


(a) 复制次数等于7　　(b) 复制次数等于9

图 9.9　采用复制次数分别为 7 次和 9 次的 fan-out 技术时的周期相位图

### 9.3.4　周期渐变光栅

假定波长 $\lambda=632.8\text{nm}$，径向指数 $p=0$，束腰半径 $w_0=3\text{mm}$，环形光栅中周期 $T=7\text{mm}$，周期渐变光栅中渐变因子 $n=0.04$，周期 $T=0.022\text{mm}$。

图 9.10 所示是 a 型周期渐变振幅光栅的仿真结果，可以从类厄米–高斯光斑中直接得到涡旋光束拓扑荷数的数值大小和正负。图 9.10(a) 为当涡旋光束的拓扑荷数 $l=\pm3$ 时，经过图中光栅时的强度分布，通过判断 $-1$ 阶衍射级暗条纹的数量和方向可以对入射涡旋光进行检测。为了方便判断，对衍射图进行标注，图中虚线表示暗条纹数量即拓扑荷数大小，虚线与 $x$ 轴正方向的夹角表示拓扑荷数正负。当所成夹角为锐角时表示拓扑荷数为正，为钝角时为负。图 9.10(b) 和 (c) 分别为 $l=5$ 时的衍射图和其通过校正后的衍射图。可以看出 $l=5$ 时类厄米–高斯光斑已经变得模糊不清难以进行检测，通过相位校正技术或者 fan-out 技术可以对图 9.10(b) 进行校正，从而得到图 9.10(c) 所示校正后的条纹，图 9.10(c) 中各阶衍射级条纹清晰可见，其中零阶衍射级条纹光强度最强最易辨别。图 9.10(d) 所示为 $l=20$ 时经校正后的衍射图，这是在两种技术校正下最高可检测拓扑荷数，从图中可以直接判断暗条纹数量和朝向。

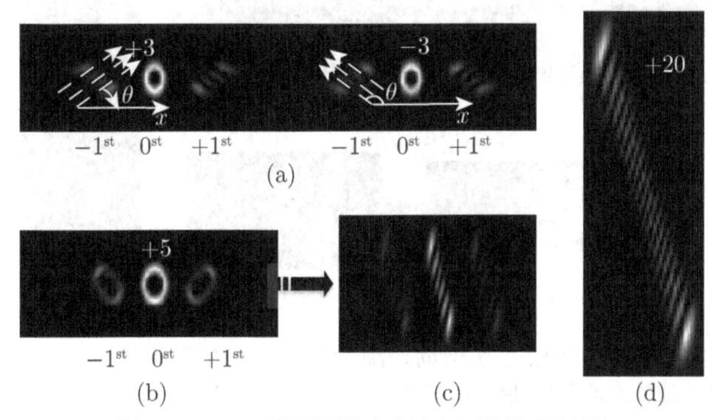


图 9.10　a 型周期渐变振幅光栅仿真结果

(a) $l=\pm3$ 的 OAM 光通过光栅后的衍射图；(b) 和 (c) 经过两种技术校正前后的衍射图；(d) 经过校正后最高可检测 OAM 态衍射图 ($l=20$)

图 9.11～ 图 9.13 分别是 a 型周期渐变相位光栅、b 型周期渐变振幅光栅、b 型周期渐变相位光栅的仿真结果，根据上述判断方法从图 9.11(a)、图 9.12(a)、图 9.13(a) 中也可以检测入射涡旋光。图 9.11(b)、(c)，图 9.12(b)、(c)，图 9.13(b)、(c) 均为经两种技术校正前后的衍射图，同样也可证明这两种校正技术可以进行校正。图 9.11(d)、图 9.12(d)、图 9.13(d) 均为校正技术最高可校正到 20 阶拓扑荷数时的光斑。

从图 9.12 中可以看出，振幅光栅的衍射条纹会出现三阶衍射级，但光强却集中在零阶衍射级，这会使 $\pm1$ 阶衍射级光强下降，导致检测效果不佳。相位光栅的衍射图没有零阶衍射级，这时能量会分配到两侧衍射级，从而提高检测效果。经 b 型光栅衍射后图案的光强要明显高于 a 型。最终通过仿真可得出 b 型周期渐变相位光栅的检测效果最佳。

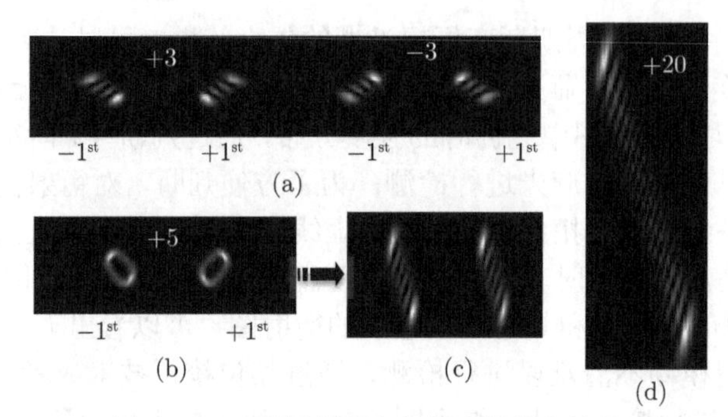


图 9.11　a 型周期渐变相位光栅仿真结果

(a) $l=\pm 3$ 的 OAM 光通过光栅后的衍射图；(b) 和 (c) 经过两种技术校正前后的衍射图；(d) 经过校正后最高可检测 OAM 态衍射图 ($l=20$)

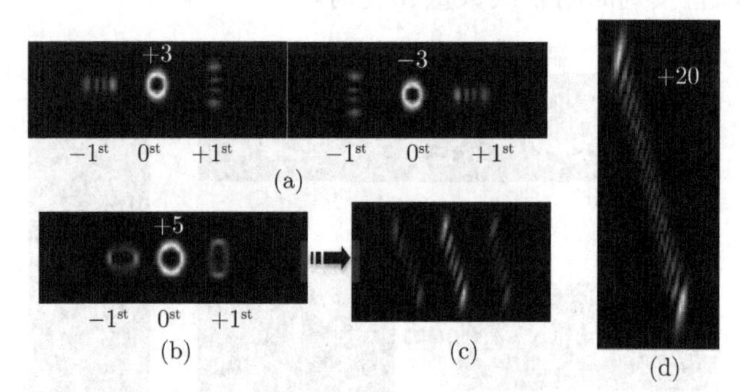


图 9.12　b 型周期渐变振幅光栅仿真结果

(a) $l=\pm 3$ 的 OAM 光通过光栅后的衍射图；(b) 和 (c) 经过两种技术校正前后的衍射图；(d) 经过校正后最高可检测 OAM 态衍射图 ($l=20$)

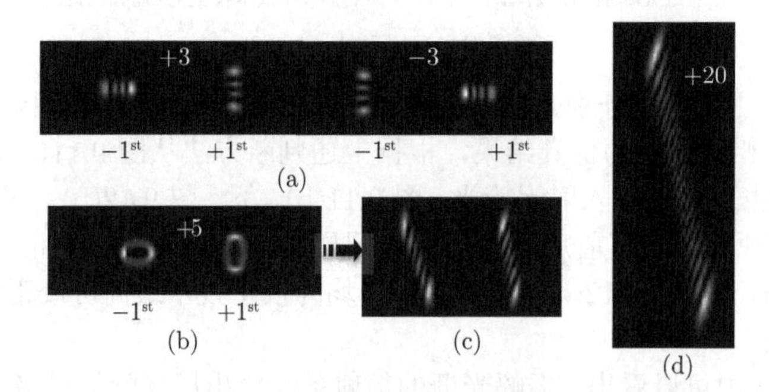


图 9.13　b 型周期渐变相位光栅仿真结果

(a) $l=\pm 3$ 的 OAM 光通过光栅后的衍射图；(b) 和 (c) 经过两种技术校正前后的衍射图；(d) 经过校正后最高可检测 OAM 态衍射图 ($l=20$)

图 9.14 和图 9.15 分别是环形振幅光栅和环形相位光栅仿真结果，判断拓扑荷数大小与正负的方法和图 9.10(a) 一样。同时，图 9.14(b)、(c)，图 9.15(b)、(c)

说明两种校正技术对环形光栅的衍射结果也可以进行校正。从图中可看出，环形相位光栅的衍射图将光强集中在 +1 阶衍射级上，最终提升检测效果。从校正图中也可以看出，经过环形相位光栅衍射后校正的光斑最清晰可见，最高可检测 30 阶的涡旋光。

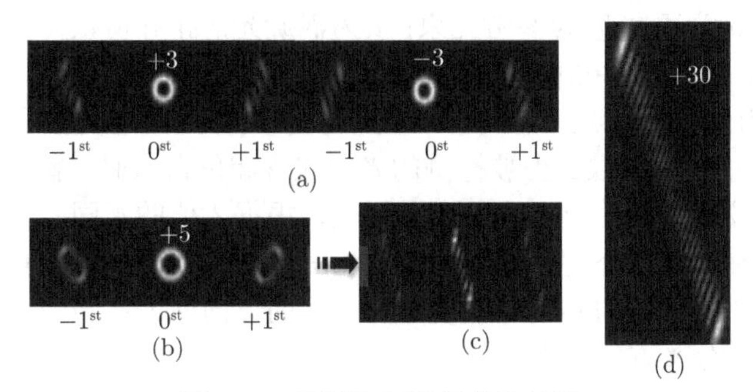


图 9.14　环形振幅光栅仿真结果

(a) $l = \pm 3$ 的 OAM 光通过光栅后的衍射图；(b) 和 (c) 经过两种技术校正前后的衍射图；(d) 经过校正后最高可检测 OAM 态衍射图 ($l = 30$)

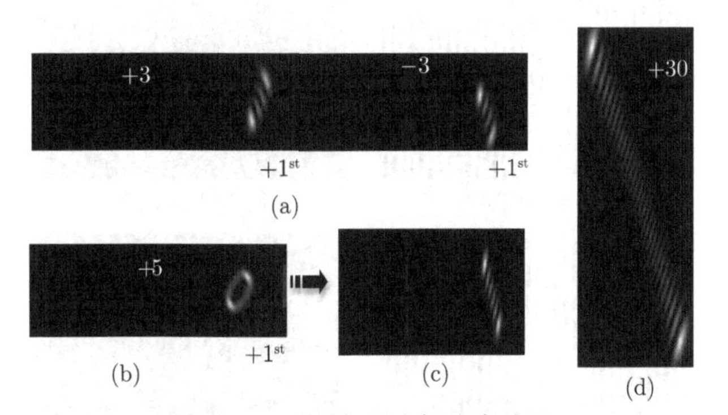


图 9.15　环形相位光栅仿真结果

(a) $l = \pm 3$ 的 OAM 光通过光栅后的衍射图；(b) 和 (c) 经过两种技术校正前后的衍射图；(d) 经过校正后最高可检测 OAM 态衍射图 ($l = 30$)

## 9.4　干涉法检测涡旋光相位

### 9.4.1　涡旋光自身干涉检测法

涡旋光与自身干涉是通过分束将其中一束涡旋光作为参考光，通过分析两束光叠加生成的干涉条纹检测涡旋光的拓扑荷数。

当涡旋光自身干涉时，光场叠加，干涉条纹的强度分布可以表示为 [21]

$$
\begin{aligned}
I(x,y) &= |I_1(x,y)+I_2(x,y)|^2 \\
&= I_1^2+I_2^2+|I_1I_2|\exp[\mathrm{i}(l\varphi-kx)]+|I_1I_2|\exp[\mathrm{i}(kx-l\varphi)] \\
&= I_1^2+I_2^2+|I_1I_2|\cos(l\varphi-kx)
\end{aligned} \tag{9.20}
$$

式中，$I_1$ 为涡旋光束；$I_2$ 为参考光束；$l$ 为涡旋光的拓扑荷数；$\varphi$ 为涡旋光的相位；$k$ 为波数；$x$ 为参考光束的相位。

图 9.16 为两束涡旋光干涉时形成的干涉条纹仿真图与实验图。当 $\cos(l\varphi - kx) = -1$ 时，出现暗条纹。当被检测的光中包含相位奇点时，就会形成明暗相间的条纹。在条纹的中心会出现分叉或者错位，根据 $l$ 值的不同，条纹中心的分叉数也不同。涡旋光的拓扑荷数 $l$ 与分叉数相等，分叉的方向与拓扑荷数的正负有关。当两束正拓扑荷数的涡旋光干涉时，分叉的方向向上；当两束负拓扑荷数的涡旋光干涉时，分叉方向朝下。

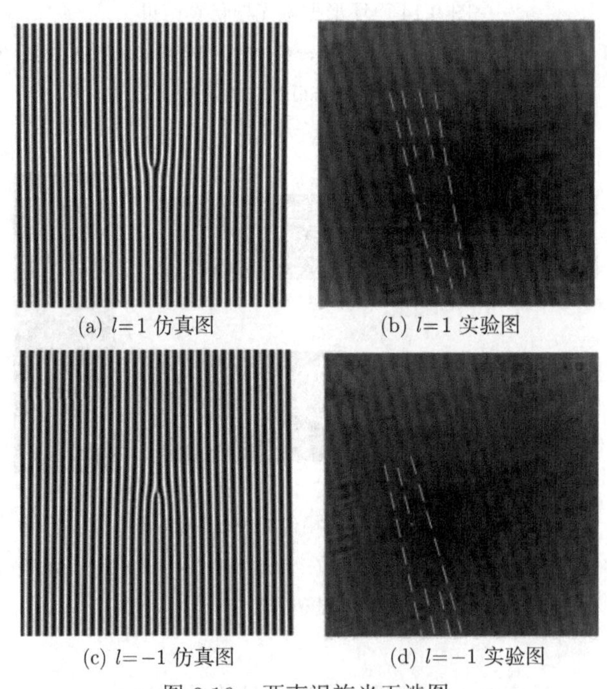

(a) $l$=1 仿真图　(b) $l$=1 实验图

(c) $l$=−1 仿真图　(d) $l$=−1 实验图

图 9.16　两束涡旋光干涉图

因为在干涉时涡旋光经过光学器件使得涡旋光的相位有所偏移，所以在实验中分叉并不是正向朝上或者朝下的。由图 9.16(a) 可以看出，当 $l = 1$ 的两束涡旋光干涉时在条纹的中心处有一个分叉且分叉方向朝上。由图 9.16(c) 仿真图可以看出，当 $l = -1$ 时，两束涡旋光干涉时在条纹的中心处有一个分叉且分叉方向朝下。在图 9.16(b) 实验图中，从下往上条纹数多了一条，也就是说在干涉条纹中有分叉，可以看出分叉口是朝上的，与仿真结果一致。在图 9.16(d) 实验图中，在白色虚线处从上向下条纹数多了一条，也就是说在干涉条纹中有分叉，可以看出分叉口是朝下的，与仿真结果一致。

### 9.4.2　双缝干涉检测法

当一束涡旋光照射在标准的杨氏双缝上时，双缝干涉图样会受到涡旋光螺旋波前的影响，从而形成条纹状的分布。假设涡旋光的奇点刚好落在双缝的中心处。由于涡旋光的相位呈现螺旋波前，所以在双缝之间会有一个相位差 [22]：

$$\Delta\phi(y) = \phi_2(y) - \phi_1(y) \tag{9.21}$$

式中，$\phi_2(y)$、$\phi_1(y)$ 表示两个双缝的相位。涡旋光经过双缝干涉后的光强分布表示为 [22]

$$I(x,y) \Rightarrow \cos^2\left[\frac{\delta}{2} + \frac{\Delta\phi(y)}{2}\right] \Rightarrow \cos^2\left[\frac{\pi 2ax}{\lambda d} + \frac{\Delta\phi(y)}{2}\right] \tag{9.22}$$

通过式 (9.22) 可看出，双缝干涉的条纹明暗与光波长 $\lambda$、双缝宽度 $a$、双缝与观察屏之间的距离 $d$、拓扑荷数 $l$ 有关。在固定的光波长 $\lambda$、双缝宽度 $a$、双缝与观察屏之间的距离 $d$ 下，其干涉条纹在 $y$ 方向上观察时会向 $x$ 方向移动，拓扑荷数的大小与条纹向 $x$ 方向移动的距离有关。双缝干涉时，不同拓扑荷数大小干涉条纹的变化如图 9.17 所示。

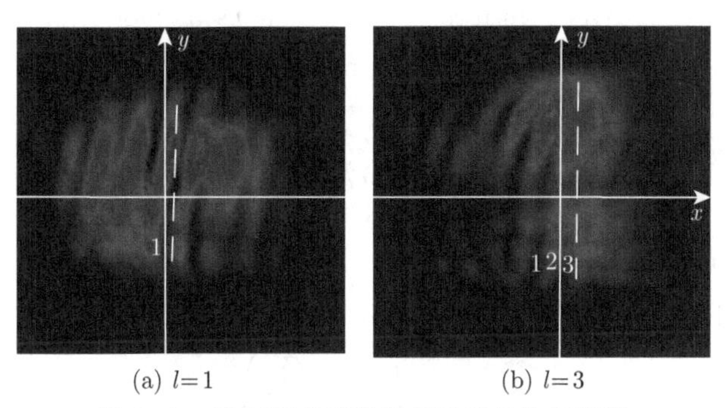


(a) $l=1$　(b) $l=3$

图 9.17　不同拓扑荷数双缝干涉条纹实验图

由图 9.17 可以看出，当涡旋光束的拓扑荷数增大时，干涉条纹从 $y$ 方向看，向 $x$ 方向移动得较快。在做涡旋光的检测时，可以通过测量 $x$ 方向的移动条纹数推算出该涡旋光的拓扑荷数。移动条纹宽度为 $n$ 时，拓扑荷数大小也为 $n$。由图 9.17(a) 可以看出，涡旋光移动了 1 个条纹宽度，拓扑荷数为 1。由图 9.17(b) 可以看出，涡旋光移动了 3 个条纹宽度，拓扑荷数为 3。当涡旋光的拓扑荷数为负时，条纹的倾斜方向会发生改变，如图 9.18 所示。

由图 9.18(a) 可以看出，当涡旋光的拓扑荷数为正时，条纹的倾斜方向向右，实验结果如图 9.18(b) 所示，与仿真结果一致。由图 9.18(c) 可以看出，当涡旋光的拓扑荷数为负时，条纹的倾斜方向向左，实验结果如图 9.18(d) 所示，与仿真结果一致。由涡旋光的双缝干涉实验可以看出，利用双缝干涉实验可以直观地得出涡旋光拓扑荷数的正负和大小。

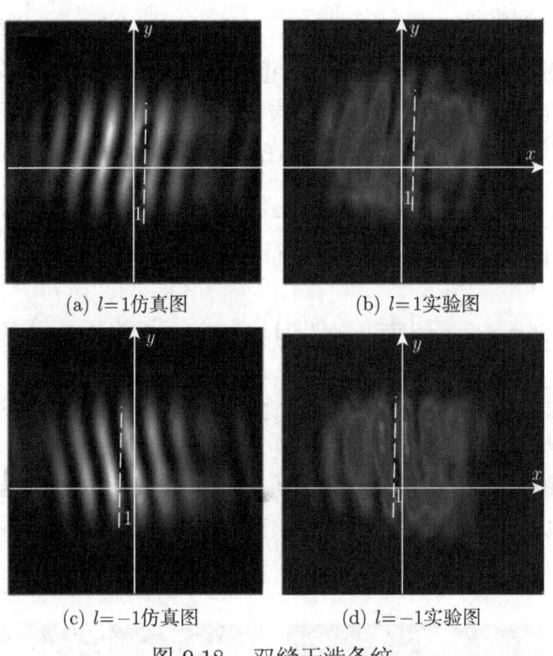


(a) $l$=1仿真图　(b) $l$=1实验图

(c) $l$=−1仿真图　(d) $l$=−1实验图

图 9.18　双缝干涉条纹

## 9.5　衍射法检测涡旋光相位

### 9.5.1　三角形衍射检测法

三角形孔的每条边的透过率可以表示为 [23]

$$\tau = \delta\left(x - \frac{\sqrt{3}}{6}a\right) \tag{9.23}$$

式中，$\delta$ 为狄拉克函数。涡旋光经过三角形孔的一条边时，光场可以表示为 [24]

$$E = F\left[A\delta\left(x - \frac{\sqrt{3}}{6}a\right)\exp\left(\mathrm{i}l\frac{2\sqrt{3}}{a}y\right)\right] \tag{9.24}$$

三角形衍射形成的光斑为三边光场的叠加：

$$E = EE^{*} = (E_1 + E_2 + E_3) \cdot (E_1 + E_2 + E_3)^{*} \tag{9.25}$$

三角形衍射形成的光斑为阵列斑点分布，且拓扑荷数为三角形外边光斑数减 1，三角形光斑由竖直方向的边和边所对应的三角形顶点组成。三角形的顶点在边的左边时拓扑荷数为正，在边的右边时拓扑荷数为负。三角形衍射检测涡旋光的仿真图与实验图如图 9.19 所示。

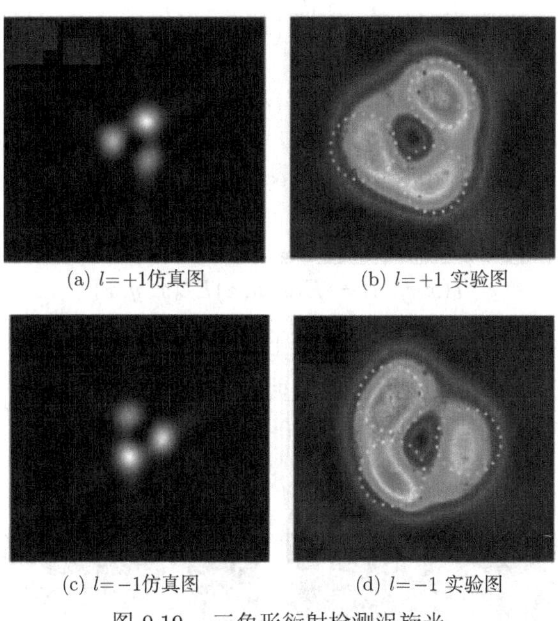

(a) $l=+1$仿真图　(b) $l=+1$ 实验图

(c) $l=-1$仿真图　(d) $l=-1$ 实验图

图 9.19　三角形衍射检测涡旋光

从图 9.19(a) 可以看出，三角形的边由 2 个光斑组成，涡旋光的拓扑荷数是组成三角形边的光斑数减 1，可以推出图 9.19(a) 中光斑的拓扑荷数大小为 1。因为三角形衍射光斑由竖直边与顶点组成，三角形的顶点在左，所以图 9.19(a) 中光斑的拓扑荷数为正值。通过三角形衍射可以确定图 9.19(a) 中光斑的拓扑荷数 $l=+1$。实验结果与仿真结果一致。

从图 9.19(c) 可以看出，三角形的边由 2 个光斑组成，涡旋光的拓扑荷数是组成三角形边的光斑数减 1，可以推出图 9.19(c) 中光斑的拓扑荷数大小为 1。因为三角形的顶点在右，所以图 9.19(c) 中光斑的拓扑荷数为负值。通过三角形衍射可以确定，图 9.19(c) 中光斑的拓扑荷数 $l=-1$。实验结果如图 9.19(d) 所示，与仿真结果中涡旋光的拓扑荷数方向与大小一致。

### 9.5.2　方孔衍射检测法

方孔的窗函数为

$$T(x,y)=\begin{cases}1, & |x|\leqslant \dfrac{b}{2},|y|\leqslant \dfrac{b}{2}\\ 0, & \text{其他}\end{cases} \tag{9.26}$$

式中，$b$ 为正方向方孔的边长。假定涡旋光的相位奇点落在正方向方孔的中心，光束经过方孔后，光场的分布为 [24]

$$E(x,y,z) = -\mathrm{i}\lambda z\exp(\mathrm{i}kz)\exp\left[\frac{\mathrm{i}k}{2z}\left(x^2+y^2\right)\right] \times F\left\{T(\lambda z\varepsilon,\lambda z\eta,0)u_0^m(\lambda z\varepsilon,\lambda z\eta,0)\left[\mathrm{i}\pi\lambda z\left(\varepsilon^2+\eta^2\right)\right]\right\} \tag{9.27}$$

式中，$k$ 为波数；$\varepsilon=\dfrac{x}{\lambda z}$；$\eta=\dfrac{y}{\lambda z}$；$F$ 表示傅里叶变换。在光束传播方向上距衍射孔 $z$ 处的衍射屏上的光强分布为

$$I(x,y,z)=E(x,y,z)E^*(x,y,z) \tag{9.28}$$

利用方孔检测涡旋光的相位波前，其衍射条纹会发生弯曲。在 $x$ 方向的相位差 $\Delta\phi(x)$ 决定了 $x$ 方向条纹边缘的弯曲程度，在 $y$ 方向的相位差 $\Delta\phi(y)$ 决定了 $y$ 方向条纹边缘的弯曲程度。图 9.20 为涡旋光经过方孔衍射后的仿真图与实验图。

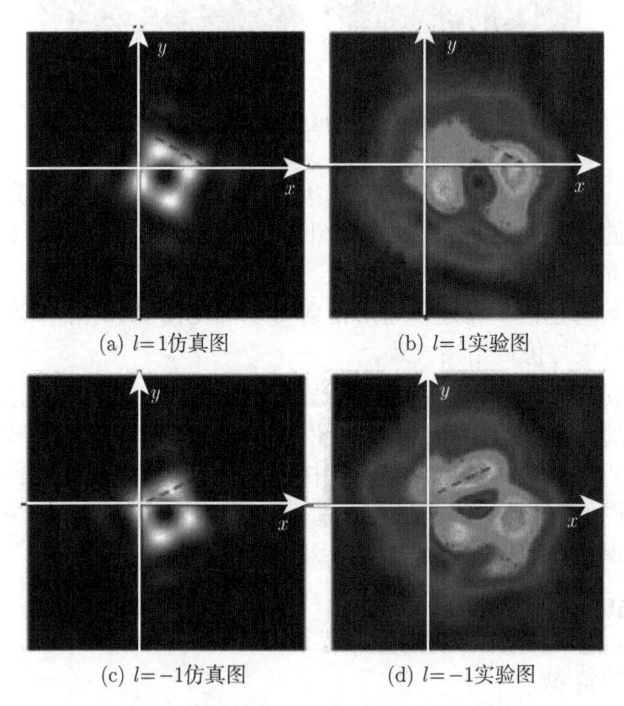


(a) $l=1$仿真图　(b) $l=1$实验图

(c) $l=-1$仿真图　(d) $l=-1$实验图

图 9.20　涡旋光经方孔衍射的仿真图与实验图

由图 9.20(a) 可以看出，当拓扑荷数 $l=1$ 时，衍射的图样不是一个正方形孔，而是正方形边发生了弯曲。衍射条纹随着 $x$ 方向的增大，$y$ 方向在向上倾斜，

也就是说 $y$ 方向在增大。由图 9.20(c) 可以看出，当拓扑荷数 $l=-1$ 时，衍射条纹随着 $x$ 方向的增大，$y$ 方向在向下倾斜，也就是说 $y$ 方向在减小。由图 9.20(b) 可以看出，当拓扑荷数 $l=1$ 时，衍射条纹随着 $x$ 方向的增大，$y$ 方向在增大，与仿真图 9.20(a) 一致。由图 9.20(d) 可以看出，当拓扑荷数 $l=-1$ 时，衍射条纹随着 $x$ 方向的增大，$y$ 方向在减小，与仿真图 9.20(c) 一致。

可以看出，方孔衍射条纹中黑色虚线与 $x$ 轴正方向成锐角时拓扑荷数为正值；方孔衍射条纹中黑色虚线与 $x$ 轴正方向成钝角时拓扑荷数为负值。如果需要得到涡旋光拓扑荷数的大小，需要进行计算，反推出涡旋光拓扑荷数 $l$ 的大小。

### 9.5.3　单缝衍射检测法

单缝的窗函数为 [23]

$$T(x,y)=\begin{cases}1, & |x|\leqslant \dfrac{a}{2}\\ 0, & |x|>\dfrac{a}{2}\end{cases}\tag{9.29}$$

式中，$a$ 为单缝的宽度。涡旋光束的中心落在单缝上，经过单缝后，光场的分布为 [22]

$$\begin{aligned}E(x,y,z)=&-\mathrm{i}\lambda z\exp(\mathrm{i}kz)\exp\left[\frac{\mathrm{i}k}{2z}\left(x^2+y^2\right)\right]\\&\times F\left\{T(\lambda z\varepsilon,\lambda z\eta)u_0^m(\lambda z\varepsilon,\lambda z\eta,0)\exp\left[\mathrm{i}\pi\lambda z\left(\varepsilon^2+\eta^2\right)\right]\right\}\end{aligned}\tag{9.30}$$

根据式 (9.29) 和式 (9.30)，可以算出 $z$ 处衍射屏上的光强分布为

$$I(x,y,z)=E(x,y,z)E^{*}(x,y,z)\tag{9.31}$$

因为涡旋光的螺旋波前会形成单缝衍射图样的弯曲，所以单缝衍射后的光斑分布在 $x$ 方向和 $y$ 方向上。假设涡旋光在 $x$ 方向的相位差为 $\Delta\phi(x)$，在 $y$ 方向的相位差为 $\Delta\phi(y)$，在观察屏上的光强为 [23]

$$\frac{\sin^2\{[\Delta\phi(x)+\Delta\phi(y)]/2\}}{\{[\Delta\phi(x)+\Delta\phi(y)]/2\}^2}\tag{9.32}$$

由式 (9.32) 可以得出 $\sin^2\{[\Delta\phi(x)+\Delta\phi(y)]/2\}$ 决定单缝衍射后图样条纹的弯曲程度。涡旋光的拓扑荷数越大，在 $x$ 方向和 $y$ 方向的相位差越大，条纹弯曲的程度就越大。根据条纹的弯曲程度可以测量出 $x$ 方向和 $y$ 方向的相位差，推算出涡旋光的拓扑荷数。图 9.21 为涡旋光经过单缝衍射后的仿真图与实验图。

由图 9.21(a) 可以看出，当拓扑荷数 $l=1$ 时，衍射的图样分为两块。衍射条纹随着 $x$ 方向的增大，$y$ 方向在向上倾斜，也就是说 $y$ 方向在增大。由图 9.21(c) 可以看出，当拓扑荷数 $l=-1$ 时，衍射条纹随着 $x$ 方向的增大，$y$ 方向在向下倾

斜，也就是说 $y$ 方向在减小。由图 9.21(b) 可以看出，当拓扑荷数 $l=1$ 时，衍射条纹随着 $x$ 方向的增大，$y$ 方向在增大，与仿真图 9.21(a) 一致。由图 9.21(d) 可以看出，当拓扑荷数 $l=-1$ 时，衍射条纹随着 $x$ 方向的增大，$y$ 方向在减小，与仿真图 9.21(c) 一致。

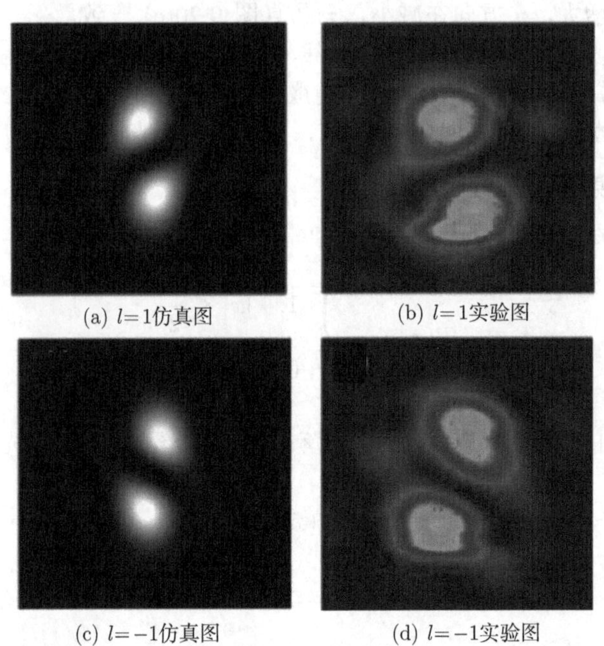
(a) $l=1$仿真图　(b) $l=1$实验图

(c) $l=-1$仿真图　(d) $l=-1$实验图

图 9.21　涡旋光经单缝衍射后的仿真图与实验图

可以看出，单缝衍射条纹随着 $x$ 方向的增大，$y$ 方向向上倾斜时拓扑荷数为正值；单缝衍射条纹随着 $x$ 方向的增大，$y$ 方向向下倾斜时拓扑荷数为负值。如果需要通过单缝衍射得到涡旋光拓扑荷数的大小，需要进行计算，反推出涡旋光拓扑荷数 $l$ 的大小。

### 9.5.4　圆孔衍射检测法

圆孔的窗函数可表示为 [24]

$$T(x,y)=\begin{cases}1, & (x^2+y^2)^{1/2}\leqslant r_0\\ 0, & (x^2+y^2)^{1/2}>r_0\end{cases} \tag{9.33}$$

式中，$r_0$ 为圆孔半径。令 $\varepsilon=\dfrac{x}{\lambda z},\eta=\dfrac{y}{\lambda z}$，引入傅里叶变换 $F\{\cdot\}$，光场的分布为 [23]

$$\begin{aligned}E(x_1,y_1,z)=&-\frac{\mathrm{i}}{\lambda z}\exp(\mathrm{i}kz)\exp\left[\frac{\mathrm{i}k}{2z}(x_1^2+y_1^2)\right]\\&\times F\{T_1(\lambda Z\varepsilon,\lambda Z\eta)u_0^m(\lambda Z\varepsilon,\lambda Z\eta,0)\exp[\mathrm{i}\pi\lambda z(\varepsilon^2+\eta^2)]\}\end{aligned} \tag{9.34}$$

距衍射孔 $z$ 处的衍射屏上的光强分布为

$$I(x_1, y_1, z) = E(x_1, y_1, z)E^*(x_1, y_1, z) \tag{9.35}$$

涡旋光经过圆孔后，由于螺旋相位的影响，会在光斑的外层形成外圈，且外圈的个数与涡旋光的拓扑荷数相等。由于圆孔衍射外圈与内圈距离近，因此在实验效果上并不是很理想。涡旋光经过圆孔衍射后的仿真图与实验图如图 9.22 所示。

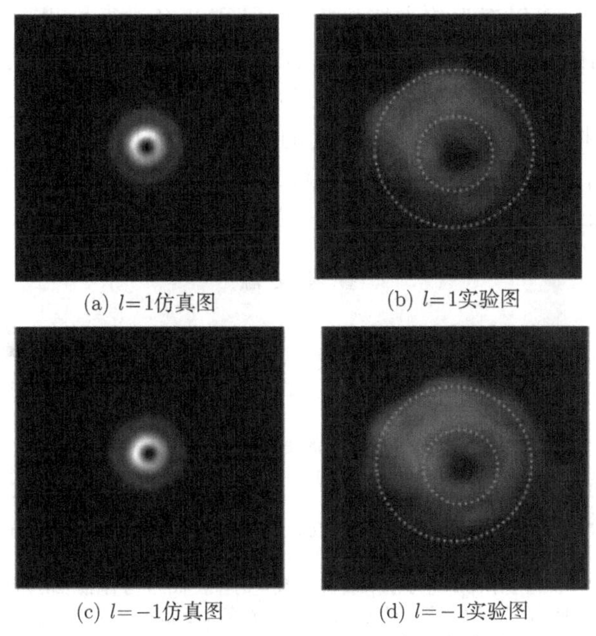

(a) $l=1$仿真图 (b) $l=1$实验图

(c) $l=-1$仿真图 (d) $l=-1$实验图

图 9.22 涡旋光经圆孔衍射后仿真图与实验图

由图 9.22(a) 可以看出，涡旋光的拓扑荷数 $l = 1$ 时，衍射光斑发生了径向扩展，边缘会有一个扩散的光圈，且拓扑荷数大小等于光斑外光圈的圈数。由图 9.22(c) 可以看出，当拓扑荷数 $l = -1$ 时，衍射光斑与 $l = 1$ 光斑类似，只能直观地看出光斑发生径向扩散，不能判断拓扑荷数的正负。由图 9.22(b) 和 (d) 也可以看出，圆孔衍射的效果并不是很理想。可以得出一个结论：用圆孔衍射进行涡旋光相位检测时，只能检测到涡旋光拓扑荷数的数量，而不能确定拓扑荷数的正负。

本章分析了坐标转换法、光栅检测法、干涉法、光阑衍射法对涡旋光进行检测的结果。可得出如下结论：

(1) 利用坐标转换法进行分离检测时，可以根据水平坐标下光斑所处的位置和光斑间的间隔距离来对单一 OAM 态和叠加 OAM 态进行检测。

(2) 利用光栅检测法对入射涡旋光进行检测时发现，相位光栅的检测效果优于振幅光栅，而 b 型周期渐变光栅的检测效果优于 a 型周期渐变光栅，故 b 型周期渐变相位光栅的检测效果最佳，且通过相位校正与 fan-out 技术可以使检测的最高阶数提升到 20；环形光栅将光强聚集于 1 阶衍射级，从而它的检测精度优于 b 型周期渐变相位光栅，且通过相位校正与 fan-out 技术可以使检测的最高阶数提升到 30。

(3) 利用干涉法进行检测时，当涡旋光与平面波干涉后，从衍射条纹中分叉的朝向及数量可以检测 OAM 态；当涡旋光经过双缝干涉后，通过观察和计算条纹的朝向和移动距离可以对涡旋光拓扑荷数大小及正负进行检测。

(4) 利用光阑衍射法进行检测时，当涡旋光通过三角形孔光阑时，可从三角状衍射图中三角形外边光斑和顶点朝向判断拓扑荷数大小和正负；当涡旋光通过方孔、单缝时，根据衍射条纹随 $x$、$y$ 方向的增减情况可以判断拓扑荷数正负，且经过计算可推出拓扑荷数大小；当涡旋光经过圆孔时，通过观察光斑外光圈圈数可以判断拓扑荷数大小，拓扑荷数正负无法判断。

## 参考文献


[1] ALLEN L, MARCO B, ROBERT S, et al. Orbital angular momentum of light and the transformation of Laguerre-Gaussian laser modes[J]. Physical Review A, 1992, 45(11):8185-8189.

[2] 高春清, 魏光辉, WEBER H. 光束的轨道角动量及其与光强二阶矩的关系 [J]. 中国科学: 数学, 2000, 30(9):823-827.

[3] 叶芳伟, 李永平. 用叉形光栅实现光子轨道角动量的叠加态的测量 [J]. 物理学报, 2003,52(2):328-331.

[4] SZTUL H I, ALFANO R R. Double-slit interference with Laguerre-Gaussian beams[J]. Optics Letters, 2006, 31(7): 999-1003.

[5] GHAI D P, SENTHILKUMARAN P, SIROHI R S. Single-slit diffraction of an optical beam with phase singularity[J]. Optics and Lasers in Engineering, 2009, 35(23): 123-126.

[6] 谌娟, 柯熙政, 杨一明. 拉盖尔高斯光的衍射和轨道角动量的弥散 [J]. 光学学报, 2014, 34(4): 246-252.

[7] 柯熙政, 谌娟, 杨一明. 在大气湍流斜程传输中拉盖高斯光束轨道角动量的研究 [J]. 物理学报, 2014, 63(15): 7-8.

[8] WANG Q, DAI K J, GAO C Q, et al. Measuring OAM states of light beams with gradually-changing-period gratings[J]. Optics Letters, 2015, 40(4): 562-565.

[9] ZHENG S, WANG J. Measuring orbital angular momentum (OAM) states of vortex beams with annular gratings[J]. Scientific Reports, 2017, 7: 40781.

[10] LEACH J, MILES J P, BARNETT S M, et al. Measuring the orbital angular momentum of a single photo[J]. Physical Review Letter, 2002, 88(25): 257901-1-257901-4.

[11] LAVERY M, JOHANNES C, MARCO B, et al. Efficient sorting of orbital angular momentum states of light[J]. Physical Review Letter, 2010, 105(15): 153601-1-153601-5.

[12] MOHAMMAD M ,MEHUL M , SHI Z M, et al. Efficient separation of the orbital angular momentum eigenstates of light[J]. Nature Communications, 2013, 4(7): 2781-2783.

[13] FU S Y, WANG T L, ZHANG S K, et al. Integrating 5×5 Dammann gratings to detect orbital angular momentum states of beams with the range of −24 to +24[J]. Applied Optics, 2016, 55(7): 1514-1516.

[14] ZHANG Y X, CANG J. Effects of turbulent aberrations on probability distribution of orbital angular momentum for optical communication[J]. Chinese Physics Letters, 2009, 26(7): 184-187.

[15] 杨帆, 王乐, 赵生妹. 基于高效轨道角动量态分离方法的复用系统方案研究 [J]. 中国电子科学研究院学报, 2014, 9(1): 22-26.

[16] 万震松, 王朝阳, 柳强, 等. 涡旋光束的几何坐标变换技术及应用研究进展 [J]. 红外与激光工程, 2021, 50(9): 46-61.

[17] LI Y J, DENG J, LI J P, et al. Sensitive orbital angular momentum (OAM) monitoring by using gradually changing-period phase grating in OAM-multiplexing optical communication systems[J]. IEEE Photonics Journal, 2016, 8(2): 1-6.
[18] YAO A M, PADGETT M J. Orbital angular momentum: Origins, behavior and applications[J].Advances in Optics and Photonics, 2011, 3(2): 161-204.
[19] HOSSACK W J, DARLING A M, DAHDOUH A. Coordinate transformations with multiple computer-generated optical elements[J]. Journal of Modern Optics, 1987, 34(9): 1235-1250.
[20] 李成, 蒋蕊, 王乐, 等. 轨道角动量的高效精细分离的仿真实现 [J]. 南京邮电大学学报 (自然科学版), 2016, 36(3): 47-52.
[21] 李阳月, 陈子阳, 刘辉, 等. 涡旋光束的产生与干涉 [J]. 物理学报, 2010, 59(3): 1740-1748.
[22] 陈子阳, 张国文, 饶连周, 等. 杨氏双缝干涉实验测量涡旋光束的轨道角动量 [J]. 中国激光, 2008, 35(7): 1063-1067.
[23] BRANDÃO P A, SOLANGE B C. Topological charge identification of partially coherent light diffracted by a triangular aperture[J]. Physics Letters A, 2016, 380(47):4013-4017.
[24] 何贤飞. 涡旋光束的拓扑数检测方法研究及转换设计 [D]. 广东: 广东工业大学, 2015.

# 第 10 章　涡旋光束经光学系统的衍射特性

本章着重分析了涡旋光束通过马卡天线系统和孔径光阑后的衍射特性。从涡旋光束的表达式出发，当相干长度趋近于无穷大时部分相干涡旋光束为涡旋光束，故本章主要以相干长度为无穷大的部分相干涡旋光束为研究对象。从对马卡天线结构进行简单的描述引出研究涡旋光束通过马卡天线系统后衍射特性的意义。利用 Collins 衍射公式和 $ABCD$ 传输矩阵，建立了涡旋光束经过马卡天线系统后的理论模型，研究了马卡天线遮拦比不同的情况下拓扑荷数和径向指数对涡旋光束通过马卡天线后衍射特性的影响，分析了马卡天线的遮拦比对涡旋光束衍射特性和螺旋谱分布的影响，证明了涡旋光束可提高马卡天线的发射效率。分别从理论和实验两方面对比分析了涡旋光束经各类光阑衍射后的光强分布对检测涡旋光束拓扑荷数的效果。

## 10.1　涡旋光束经马卡天线的衍射模型

### 10.1.1　马卡天线结构

在远距离自由空间光通信 (free space optical communication, FSO) 系统中，光学天线系统是整个 FSO 系统的重要组成部分，其性能的优劣直接影响通信系统的通信距离和可靠性。光学天线系统主要包括发射天线系统和接收天线系统。其中，发射天线系统的主要功能是对光束的发散角进行压缩，并进一步实现对光束的扩束和准直；接收天线系统的主要功能是对接收视场进行压缩，尽可能多地接收经自由空间传输后携带信息的微弱光辐射 [1]。目前，因为卡塞格林天线系统具有多方面的优点，普遍受到研究人员的青睐。卡塞格林光学天线系统是一种典型的双反射式望远镜光学天线，主要由抛物面主镜、双曲面次镜及支架系统构成。马卡天线 [2] 是苏托夫–卡塞格林望远镜的简称，是在卡塞格林系统的基础上进行改进的光学天线系统，以球面反射镜为基础，加入用于校正像差的折射元件，变成折返式结构。图 10.1 为马卡天线系统示意图，主要由遮拦 2(也称 “锥形遮拦”)、遮拦 1、主反射镜、次反射镜及弯月校正镜等组成。

马卡天线作为发射天线时的工作原理：次反射镜将光源发出的光束进行第一次反射，反射后的光束入射到主反射镜表面上，被主反射镜反射后的光束经校正镜进行校正并透射出马卡天线系统，实现定向发射。马卡天线由于具有尺寸小、孔径大及焦距长等优点，被广泛应用于 FSO 和激光雷达系统中 [3]。但研究发现，对于均匀分布的光源，因马卡天线次反射镜的遮挡会造成能量的损失 [4]，且对于能量集中的高斯光束来说，能量损失得更为严重，这对于无线光通信来说是严重的问题 [5]。涡旋光束属于环状光束，可利用涡旋光束的环状特性实现马卡天线盲区的规避，达到提高发射效率的目的。

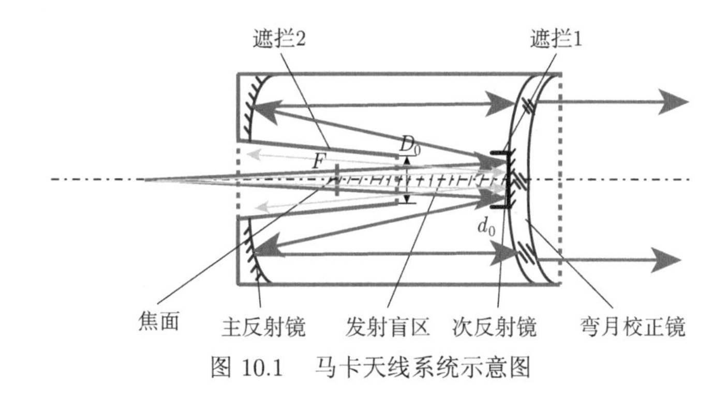


图 10.1　马卡天线系统示意图

### 10.1.2　马卡天线衍射模型

LG 光束在 $z=0$ 处的场分布表达式为 [6]

$$U_0(r,\theta,0)=\left(\frac{\sqrt{2}\boldsymbol{r}}{w_0}\right)^l \exp\left(-\frac{r^2}{w_0^2}\right)\mathrm{L}_p^l\left(\frac{2r^2}{w_0^2}\right)\exp(-\mathrm{i}l\theta) \tag{10.1}$$

式中，$\boldsymbol{r}=(r,\theta)$ 表示在柱坐标系下 $z=0$ 处垂直于传播方向的平面上的二维矢量；$w_0$ 表示 LG 光束的束腰半径；$l$ 和 $p$ 分别表示 LG 光束的角向指数 (拓扑荷数) 和径向指数；$\mathrm{L}_p^l(\cdot)$ 表示缔合拉盖尔多项式。LG 光束通过马卡天线系统的示意图如图 10.2 所示。

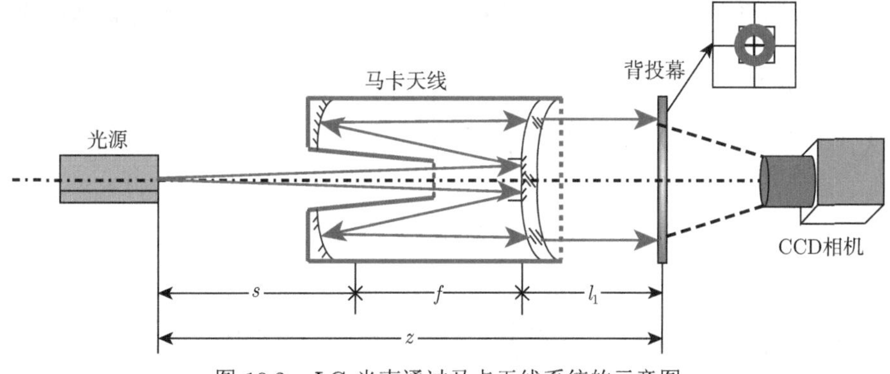


图 10.2　LG 光束通过马卡天线系统的示意图

$s$：光源到主反射镜的距离；$f$：焦距；$l_1$：次反射镜到背投幕的距离；$z$：光源到背投幕的距离

由 Collins 公式 [7] 可知，LG 光束经马卡天线系统后，观测平面上的衍射光场为

$$
\begin{aligned}
U(\rho,\varphi,z)=&\frac{\mathrm{i}k}{2\pi B}\exp(-\mathrm{i}kz)\\
&\times\int_0^{2\pi}\int_0^{\infty}U_0(r,\theta,0)H(r)\\
&\times\exp\left\{-\frac{\mathrm{i}k}{2B}\left[Ar^2-2\rho r\cos(\theta-\varphi)+D\rho^2\right]\right\}r\mathrm{d}r\mathrm{d}\theta
\end{aligned}
\tag{10.2}
$$

式中，$z$ 为传输距离；$H(r)$ 为马卡天线系统的透射率函数；$\boldsymbol{\rho}=(\rho,\varphi)$ 为在柱坐标系下 $z>0$ 处平面上的二维矢量；参数 $A$、$B$、$C$、$D$ 为马卡天线光学系统的 $ABCD$ 传输矩阵。

将式 (10.1) 代入式 (10.2) 中，可得

$$
\begin{aligned}
U(\rho,\varphi,z)=\frac{\mathrm{i}k}{2\pi B}\exp(-\mathrm{i}k)\int_0^{2\pi}\int_0^{\infty}\left(\frac{\sqrt{2}r}{w_0}\right)^l\exp\left(-\frac{r^2}{w_0^2}\right)\mathrm{L}_p^l\left(\frac{2r^2}{w_0^2}\right)\exp(-\mathrm{i}l\theta)\\
\times H(r)\exp\left\{-\frac{\mathrm{i}k}{2B}\left[Ar^2-2\rho r\cos(\theta-\varphi)+D\rho^2\right]\right\}r\mathrm{d}r\mathrm{d}\theta
\end{aligned}
\tag{10.3}
$$

在研究光束通过马卡天线系统时，一般都将其等效为透镜系统 [8]。由于马卡天线次反射镜的遮挡，将其等效为透镜系统时必须考虑次反射镜遮拦比的存在，则可将马卡天线系统等效为长焦单透镜系统，如图 10.3 所示。其入射孔径平面为具有一定遮拦比的环形结构，定义遮拦比为 $b=d_0/D_0$，图 10.3 中 $d_0$ 为次反射镜直径，$D_0$ 为弯月校正镜直径，$F$ 为等效透镜的焦点，$f$ 为等效透镜的焦距，$z$ 为等效透镜到观测平面的距离。此光学系统的 $ABCD$ 传输矩阵和透射率函数分别为

$$
\begin{pmatrix} A & B \\ C & D \end{pmatrix}=\begin{pmatrix} 1 & z \\ 0 & 1 \end{pmatrix}\begin{pmatrix} 1 & 0 \\ -\dfrac{1}{f} & 1 \end{pmatrix}=\begin{pmatrix} -\Delta z & (1+\Delta z)*f \\ -\dfrac{1}{f} & 1 \end{pmatrix}
\tag{10.4}
$$

$$
H(r)=H_1(r)-H_2(r)
\tag{10.5}
$$

$$
H_1(r)=\sum_{\alpha=1}^{M}A_\alpha\exp\left(-\frac{4B_\alpha}{D_0^2}r^2\right),\quad H_2(r)=\sum_{\alpha=1}^{M}A_\alpha\exp\left(-\frac{4B_\alpha}{d_0^2}r^2\right)
\tag{10.6}
$$

式中，$\Delta z=(z-f)/f$；$A_\alpha$、$B_\alpha$ 为系数，可依照参考文献 [9]；$M=10$。

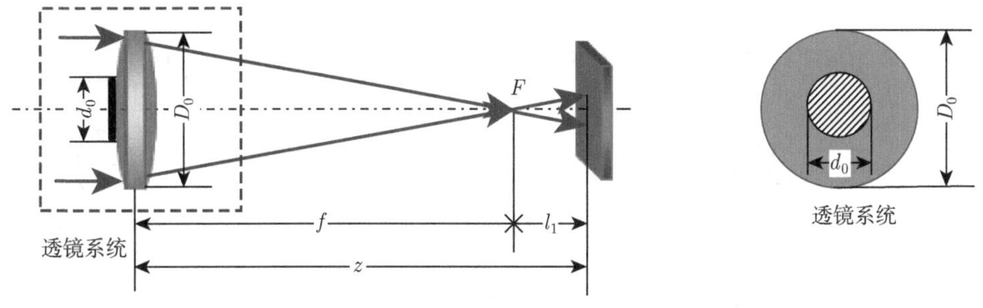


图 10.3　马卡天线系统等效透镜系统示意图

## 10.2　涡旋光束经马卡天线光学系统的衍射特性分析

### 10.2.1　衍射光场模型

利用马卡天线等效透镜系统原理，将式 (10.5) 和式 (10.6) 代入式 (10.3) 中，可等效为

$$
\begin{aligned}
U(\rho,\varphi,z)=&\frac{\mathrm{i}k}{2\pi B}\exp(-\mathrm{i}kz)\left(\frac{\sqrt{2}}{w_0}\right)^l\exp\left(-\frac{\mathrm{i}kD}{2B}\rho^2\right)\\
&\times\left\{\sum_{\alpha=1}^{M}A_\alpha\int_0^\infty r^{l+1}\exp\left[-\left(\frac{1}{w_0^2}+\frac{\mathrm{i}kA}{2B}+\frac{4B_\alpha}{D_0^2}\right)r^2\right]\mathrm{L}_p^l\left(\frac{2r^2}{w_0^2}\right)\mathrm{d}r\right.\\
&\left.-\sum_{\alpha=1}^{M}A_\alpha\int_0^\infty r^{l+1}\exp\left[-\left(\frac{1}{w_0^2}+\frac{\mathrm{i}kA}{2B}+\frac{4B_\alpha}{d_0^2}\right)r^2\right]\mathrm{L}_p^l\left(\frac{2r^2}{w_0^2}\right)\mathrm{d}r\right\}\\
&\times\int_0^{2\pi}\exp(-\mathrm{i}l\theta)\exp\left[\frac{\mathrm{i}kr\rho}{B}\cos(\theta-\varphi)\right]\mathrm{d}\theta
\end{aligned}
\tag{10.7}
$$

借助积分公式 [7]：

$$
\exp\left[\frac{\mathrm{i}kr\rho}{B}\cos(\theta-\varphi)\right]=\sum_{n=-\infty}^{+\infty}\mathrm{i}^n\mathrm{J}_n\left(\frac{kr\rho}{B}\right)\exp[\mathrm{i}n(\theta-\varphi)]
\tag{10.8}
$$

$$
\int_0^{2\pi}\exp(\mathrm{i}m\varphi)\mathrm{d}\varphi=\begin{cases}2\pi, & m=0\\ 0, & m\neq 0\end{cases}
\tag{10.9}
$$

可对式 (10.7) 中的 $\theta$ 进行积分，将其简化为

$$
U(\rho,\varphi,z)=\frac{\mathrm{i}k}{B}\exp(-\mathrm{i}kz)\left(\frac{\mathrm{i}\sqrt{2}}{w_0}\right)^l\exp(-\mathrm{i}l\varphi)\exp\left(-\frac{\mathrm{i}kD}{2B}\rho^2\right)\mathrm{J}_l\left(\frac{k\rho}{B}r\right)
$$

$$\times\left\{\sum_{\alpha=1}^{M}A_{\alpha}\int_{0}^{\infty}r^{l+1}\exp\left[-\left(\frac{1}{w_0^2}+\frac{\mathrm{i}kA}{2B}+\frac{4B_{\alpha}}{D_0^2}\right)r^2\right]\mathrm{L}_p^l\left(\frac{2r^2}{w_0^2}\right)\mathrm{d}r\right.$$
$$\left.-\sum_{\alpha=1}^{M}A_{\alpha}\int_{0}^{\infty}r^{l+1}\exp\left[-\left(\frac{1}{w_0^2}+\frac{\mathrm{i}kA}{2B}+\frac{4B_{\alpha}}{d_0^2}\right)r^2\right]\mathrm{L}_p^l\left(\frac{2r^2}{w_0^2}\right)\mathrm{d}r\right\} \tag{10.10}$$

式中，$\mathrm{J}_l(\cdot)$ 是第一类 $l$ 阶贝塞尔函数。利用积分公式 [10]：

$$\int_{0}^{\infty}x^{l+1}\exp\left(-\beta x^2\right)\mathrm{L}_p^l\left(\alpha x^2\right)\mathrm{J}_l\left(xy\right)\mathrm{d}x=2^{-l-1}\beta^{-l-p-1}(\beta-\alpha)^p y^l$$
$$\times\exp\left(-\frac{y^2}{4\beta}\right)\mathrm{L}_p^l\left[\frac{\alpha y^2}{4\beta\left(\alpha-\beta\right)}\right] \tag{10.11}$$

对式 (10.10) 中的变量 $r$ 进行积分，可得 LG 光束经马卡天线系统后的衍射光场表达式为

$$U\left(\rho,\varphi,z\right)=\frac{\mathrm{i}k}{B}\cdot\left(\frac{\mathrm{i}k\rho}{\sqrt{2}Bw_0}\right)\exp\left(-\mathrm{i}k\right)\exp\left(-\mathrm{i}l\varphi\right)\exp\left(-\frac{\mathrm{i}kD}{2B}\rho^2\right)$$
$$\times\sum_{\alpha=1}^{M}\left\{A_{\alpha}G^{-i-p-1}\left(G-\frac{2}{w_0^2}\right)^p\right.$$
$$\times\exp\left(-\frac{k^2}{4BG}\rho^2\right)\mathrm{L}_p^l\left[\frac{k^2\rho^2}{2w_0^2B^2G\left(2/w_0^2-G\right)}\right] \tag{10.12}$$
$$-A_{\alpha}g^{-i-p-1}\left(g-\frac{2}{w_0^2}\right)^p$$
$$\left.\times\exp\left(-\frac{k^2}{4Bg}\rho^2\right)\mathrm{L}_p^l\left[\frac{k^2\rho^2}{2w_0^2B^2g\left(2/w_0^2-g\right)}\right]\right\}$$

式中，

$$G=\frac{1}{w_0^2}+\frac{\mathrm{i}kA}{2B}+\frac{4B_{\alpha}}{D_0^2},\quad g=\frac{1}{w_0^2}+\frac{\mathrm{i}kA}{2B}+\frac{4B_{\alpha}}{d_0^2} \tag{10.13}$$

### 10.2.2　衍射光斑和相位分布

数值计算分析 LG 光束经马卡天线的衍射特性。取参数：波长 $\lambda=1.06\mu\mathrm{m}$，束腰半径 $w_0=5\mathrm{mm}$，传输距离 $z=1\mathrm{m}$，等效透镜直径 $D_0=0.02\mathrm{m}$，等效透镜

焦距 $f = 0.5\text{m}$。根据式 (10.12) 对 LG 光束通过马卡天线系统衍射后的光强和相位分布进行分析，如图 10.4~ 图 10.8 所示。

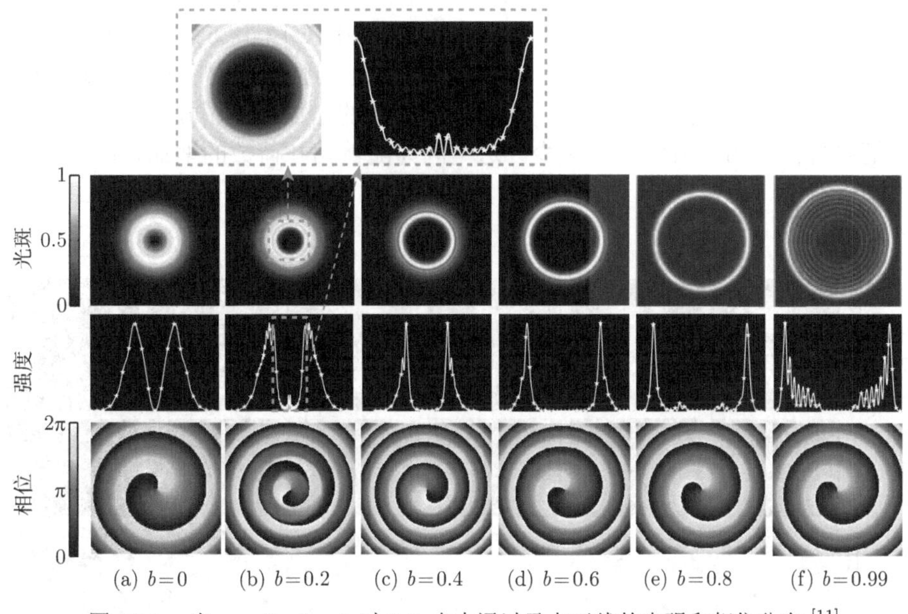


图 10.4　当 $p = 0$，$l = 1$ 时 LG 光束通过马卡天线的光强和相位分布 [11]

图 10.4 为当拓扑荷数 $l = 1$ 和径向指数 $p = 0$ 时 LG 光束经马卡天线的衍射光强和相位分布，马卡天线系统的遮拦比为 $0 \sim 0.99$。当遮拦比 $b = 0$ 时，马卡天线次反射镜直径为 0，整个系统等效为一个透镜，LG 光束经马卡天线系统之后的衍射光斑如图 10.4(a) 所示，光束的强度分布仍是标准涡旋光束的强度分布，相位分布呈旋转状。此时的相位可解释为 LG 光束在自由空间传输 $z$ 距离后的相位分布。当遮拦比接近于 0.2 时，马卡天线可看作一个圆孔衍射系统，涡旋光束的中心暗斑出现了衍射圆环，相位发生了逆时针旋转，如图 10.4(b) 所示。虽然相位发生了裂变，但并没有新的相位奇点产生。随着遮拦比再次增大，如图 10.4(c) 和 (d) 所示，衍射光斑越来越标准，中心暗斑的衍射特性减弱，相当于对初始涡旋光束进行了整形，也就是说，当遮拦比接近 0.6 时，马卡天线系统对涡旋光束起到整形作用。当遮拦比接近于 1 时，衍射光斑的中心暗斑出现衍射圆环，如图 10.4(e) 和 (f) 所示。这是因为遮拦比接近于 1 时，整个光学系统可看作一个环状细缝，即为一个衍射设备。

图 10.5 和图 10.6 分别是当拓扑荷数 $l = 2$、3 和径向指数 $p = 0$ 时 LG 光束经马卡天线系统的衍射光强和相位分布情况，马卡天线系统的遮拦比为 0~0.99。当 LG 光束的拓扑荷数越大，衍射光斑的中心暗斑变大，相位变成了 $2\pi l$，即由 $l$ 个拖尾的旋转花瓣组成。这与传统的涡旋光束经自由空间传输后光强和相位分布

情况是一致的。从图 10.5 和图 10.6 已发现，随着马卡天线遮拦比的增加，拓扑荷数 $l=2$ 和 $l=3$ 的 LG 光束经过马卡天线系统的衍射特性与图 10.4 的变化规律是类似的，但当遮拦比接近 0.8 时，马卡天线系统才对 LG 光束起到整形作用，使光束成为携带轨道角动量的环状光束。对比图 10.4、图 10.5 和图 10.6 可发现，随着拓扑荷数的增加，马卡天线系统对 LG 光束起到整形作用所对应的遮拦比越大；同时，当遮拦比接近于 1 时，随着拓扑荷数的增加，LG 光束经马卡天线系统的衍射特性减弱，衍射圆环减少。这是因为随着拓扑荷数的增加，LG 光束的中心暗斑变大。

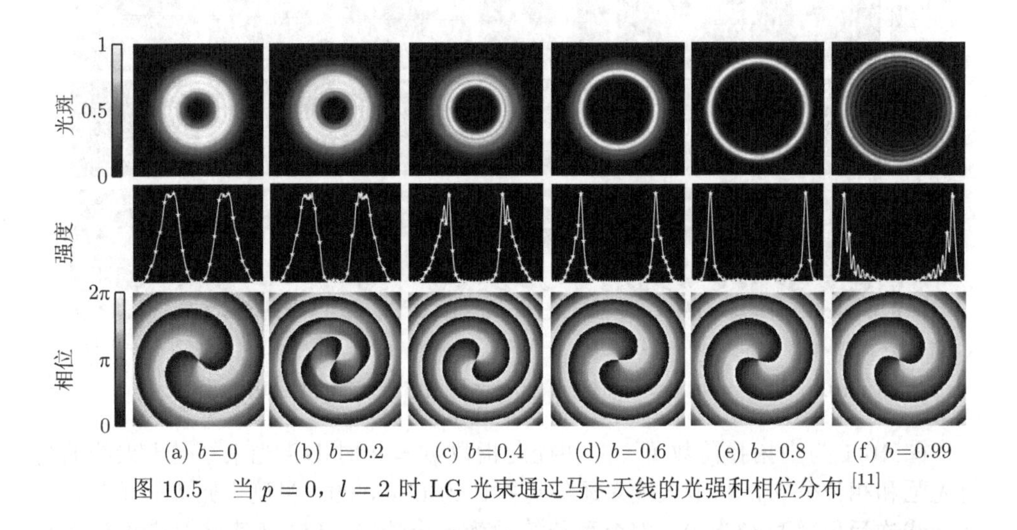


图 10.5 当 $p=0$，$l=2$ 时 LG 光束通过马卡天线的光强和相位分布 [11]

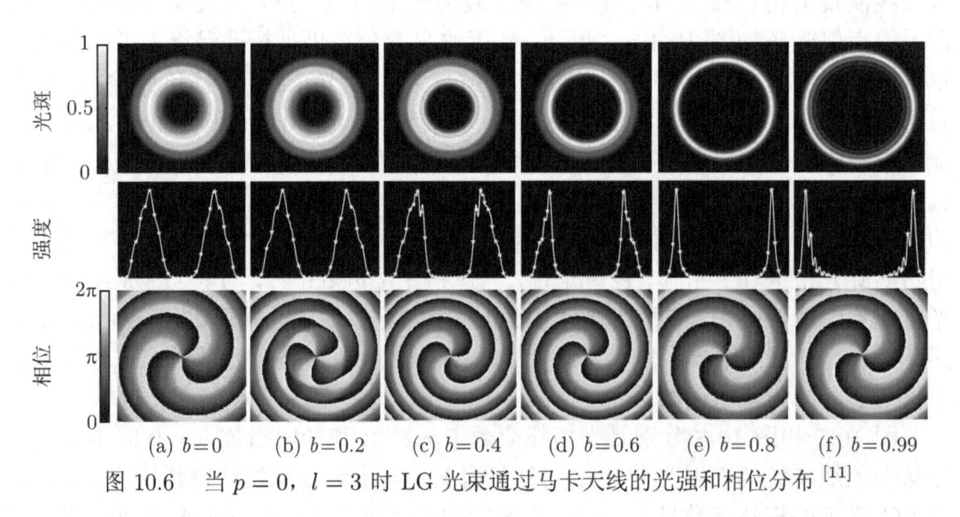


图 10.6 当 $p=0$，$l=3$ 时 LG 光束通过马卡天线的光强和相位分布 [11]

图 10.7 为拓扑荷数 $l=1$ 和径向指数 $p=1$ 时 LG 光束经马卡天线的衍射光

强和相位分布情况，马卡天线系统的遮拦比为 0~0.99。从图 10.7 中可发现，当 $p = 1$ 时，光斑分布为两个圆环，相位分布呈螺旋状，在 $b = 0$ 时，衍射光斑和相位分布与标准涡旋光束传输一段距离后的光斑和相位分布是一致的。但随着马卡天线遮拦比的增加，衍射光斑从两个圆环逐渐演变成一个圆环，可认为径向指数从 1 变成了 0。此过程也可看作是马卡天线对 LG 光束的衍射光斑起到整形作用。另外，因 LG 光束的拓扑荷数 $l = 1$，则其相位仍是 2π。

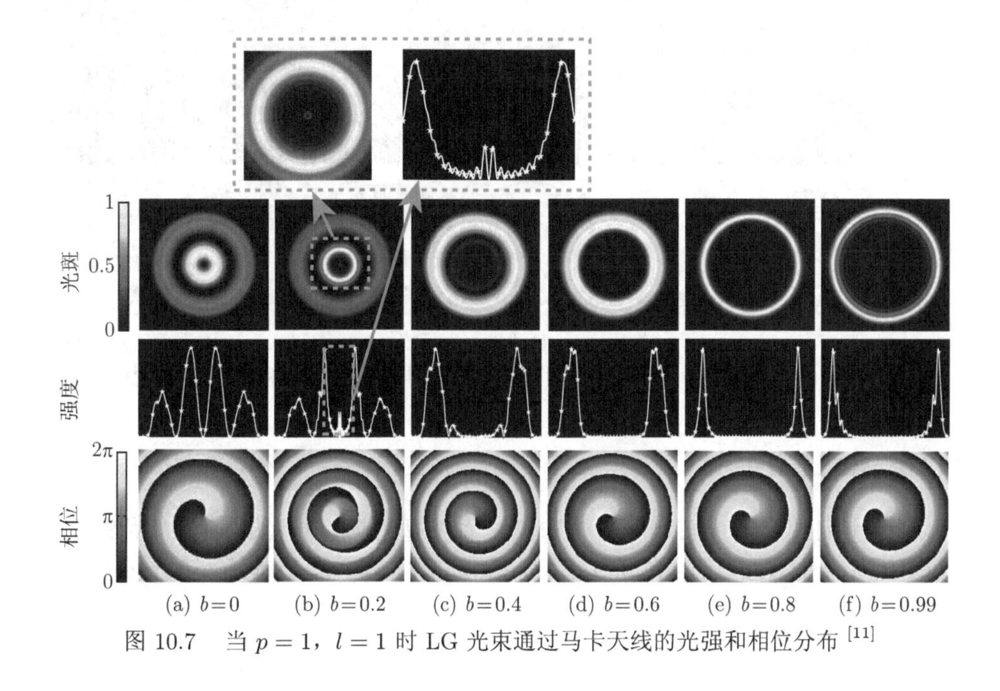


图 10.7　当 $p = 1$，$l = 1$ 时 LG 光束通过马卡天线的光强和相位分布 [11]

图 10.8 为拓扑荷数 $l = 1$ 和径向指数 $p = 2$ 时 LG 光束经马卡天线的衍射光强和相位分布情况，遮拦比为 0~0.99。从图 10.8 中可发现，当 $p = 2$ 时，光斑分布为三个圆环，在遮拦比 $b = 0$ 时，衍射光斑和相位分布与标准涡旋光束传输一段距离后的光斑和相位分布一致。但随着遮拦比增加，衍射光斑从三个圆环演变成两个圆环，最终为一个圆环，此过程可看成是马卡天线系统对 LG 光束的整形作用。对比图 10.4 与图 10.7、图 10.8 可看出，当拓扑荷数不变，径向指数增大时，马卡天线遮拦比接近于 0.2 时，衍射圆环越来越明显，而当遮拦比接近于 1 时，衍射圆环越不明显。这是因为当径向指数越大时，LG 光束中心暗斑越小，则当遮拦比接近于 0.2 时衍射特性越明显，但 LG 光束外圈圆环半径越大，宽度越小，则当遮拦比接近于 1 时衍射特性越不明显。

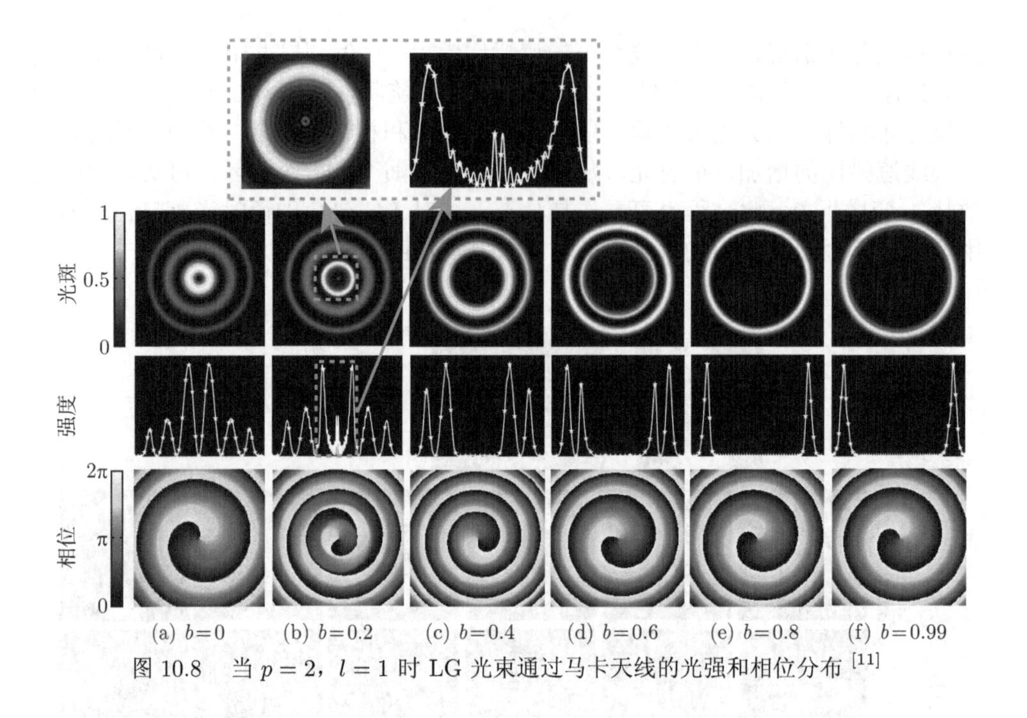


图 10.8 当 $p=2$，$l=1$ 时 LG 光束通过马卡天线的光强和相位分布 [11]

### 10.2.3 螺旋谱分布

利用空间螺旋谱分布可分析马卡天线系统是否会引起 OAM 态的弥散。LG 光束经马卡天线衍射后的光场 $U(\rho,\varphi,z)$ 可用螺旋谐波函数 $\exp(-\mathrm{i}m\varphi)$ 展开，即为

$$U(\rho,\varphi,z)=\frac{1}{\sqrt{2\pi}}\sum_{m=-\infty}^{\infty}a_m(\rho,z)\exp(-\mathrm{i}m\varphi) \tag{10.14}$$

式中，

$$a_m(\rho,z)=\frac{1}{\sqrt{2\pi}}\int_0^{2\pi}U(\rho,\varphi,z)\exp(\mathrm{i}m\varphi)\,\mathrm{d}\varphi \tag{10.15}$$

螺旋谱谐波分量为

$$C_m=\int_0^{\infty}|a_m(\rho,z)|^2\rho\mathrm{d}\rho \tag{10.16}$$

因此，拓扑荷数为 $l$ 的 LG 光束的螺旋谱为

$$P_l=\frac{C_l}{\sum C_m} \tag{10.17}$$

将式 (10.13) 代入式 (10.16) 中，可得

$$
\begin{aligned}
a_m(\rho,z)=&\frac{\mathrm{i}k}{\sqrt{2\pi}B}\cdot\left(\frac{\mathrm{i}k\rho}{\sqrt{2}Bw_0}\right)^l\exp(-\mathrm{i}kz)\exp\left(-\frac{\mathrm{i}kD}{2B}\rho^2\right)\\
&\times\sum_{\alpha=1}^{M}\left\{A_\alpha G^{-l-p-1}\left(G-\frac{2}{w_0^2}\right)^p\exp\left(-\frac{k^2}{4BG}\rho^2\right)\right.\\
&\times\mathrm{L}_p^l\left[\frac{k^2\rho^2}{2w_0^2B^2G\left(2/w_0^2-G\right)}\right]\\
&\left.-A_\alpha g^{-l-p-1}\left(g-\frac{2}{w_0^2}\right)^p\exp\left(-\frac{k^2}{4Bg}\rho^2\right)\mathrm{L}_p^l\left[\frac{k^2\rho^2}{2w_0^2B^2g\left(2/w_0^2-g\right)}\right]\right\}\\
&\times\int_0^{2\pi}\exp\left[\mathrm{i}(m-l)\varphi\right]\mathrm{d}\varphi
\end{aligned}
\tag{10.18}
$$

对式 (10.18) 进行积分，即可发现，当 $m=l$ 时，有

$$
\begin{aligned}
a_l(\rho,z)=&\frac{\mathrm{i}k\sqrt{2\pi}}{B}\cdot\left(\frac{\mathrm{i}k\rho}{\sqrt{2}Bw_0}\right)^l\exp(-\mathrm{i}kz)\exp\left(-\frac{\mathrm{i}kD}{2B}\rho^2\right)\\
&\times\sum_{\alpha=1}^{M}\left\{A_\alpha G^{-l-p-1}\left(G-\frac{2}{w_0^2}\right)^p\exp\left(-\frac{k^2}{4BG}\rho^2\right)\right.\\
&\times\mathrm{L}_p^l\left[\frac{k^2\rho^2}{2w_0^2B^2G\left(2/w_0^2-G\right)}\right]\\
&\left.-A_\alpha g^{-l-p-1}\left(g-\frac{2}{w_0^2}\right)^p\exp\left(-\frac{k^2}{4Bg}\rho^2\right)\mathrm{L}_p^l\left[\frac{k^2\rho^2}{2w_0^2B^2g\left(2/w_0^2-g\right)}\right]\right\}
\end{aligned}
\tag{10.19}
$$

其他都为零。因此，根据式 (10.17)～ 式 (10.19) 可得到拓扑荷数为 $l$ 的 LG 光束经马卡天线衍射后的螺旋谱分布为

$$
P_l=\frac{C_l}{\sum C_m}=\begin{cases}1, & m=l\\ 0, & m\neq l\end{cases}
\tag{10.20}
$$

根据螺旋谱公式的推导，图 10.9 描述了拓扑荷数 $l=1$、2、3、4 时不同遮拦比下 LG 光束经过马卡天线后的螺旋谱分布情况。设 $\lambda=1060\text{nm}$，$w_0=5\text{mm}$，$z=1\text{m}$，$D_0=0.02\text{m}$，$f=0.5\text{m}$。从图 10.9 中可看出，LG 光束的螺旋谱分布在不同遮拦比下都是不变的。因此，LG 光束经过马卡天线系统后的相位奇点仍然落在圆孔的中心，衍射光斑的 OAM 不会发生弥散。这也解释了图 10.4～ 图 10.8 中为什么没有产生新相位奇点。

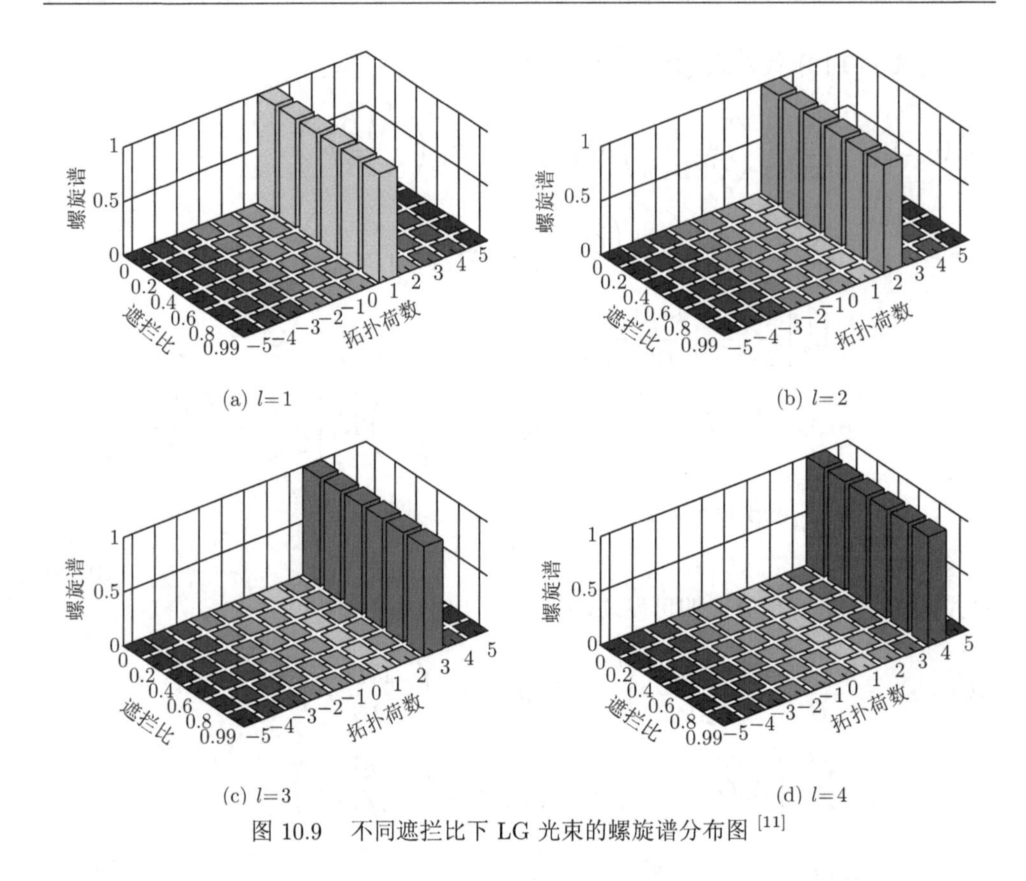


图 10.9 不同遮拦比下 LG 光束的螺旋谱分布图 [11]

### 10.2.4 马卡天线的发射效率

通过对 LG 光束经马卡天线系统衍射特性的研究，在此分析 LG 光束经马卡天线系统的发射效率。根据几何光学的分析方法，定义马卡天线的发射效率 [1] 为

$$\eta_{\text{M- C}} = \frac{P}{P_0} = \frac{\displaystyle\int_{-\infty}^{\infty}\int_{-\infty}^{\infty} I(x,y,z)\,\mathrm{d}x\mathrm{d}y}{\displaystyle\int_{-D_0/2}^{D_0/2}\int_{-D_0/2}^{D_0/2} I_0(x_0,y_0,0)\,\mathrm{d}x_0\mathrm{d}y_0} \tag{10.21}$$

式中，$P_0$ 为入射到马卡天线端面总的光功率；$P$ 为探测平面上总的光功率；$I_0(x_0, y_0, 0) = \langle U_0 \cdot U_0^*\rangle$ 为初始 LG 光束的光强；$I(x,y,z) = \langle U \cdot U^*\rangle$ 为衍射光场的光强。图 10.10 为高斯光束和 LG 光束经马卡天线后的发射效率随遮拦比的变化曲线。设 $\lambda = 1.06\mu\text{m}$，$w_0 = 5\text{mm}$，$z = 1\text{m}$，$D_0 = 0.02\text{m}$，$f = 0.5\text{m}$。

从图 10.10 中可看出，在一定遮拦比时，涡旋光束经马卡天线的发射效率远大于高斯光束，即在相同条件下，涡旋光束的确可提升马卡天线的发射效率。从图 10.10(a) 可发现，当径向指数 $p$ 不变时，遮拦比较大时，随着拓扑荷数 $l$ 的增大，马卡天线的发射效率越大。这是因为拓扑荷数越大，LG 光束中心暗斑越大，从物理上来说可规避马卡天线次反射镜的半径就越大 (对应遮拦比越大)。同时可看出，当选择涡旋光束作为参考光时，在较宽的遮拦比范围内发射效率可达 80% 以上。从图 10.10(b) 可发现，当拓扑荷数不变，径向指数增大时，马卡天线的发射效率随遮拦比的变化曲线越来越平缓，并存在阶跃蜕变，阶跃的阶数与 LG 光束径向指数有关，这也印证了图 10.7 和图 10.8 中径向指数的蜕变过程。

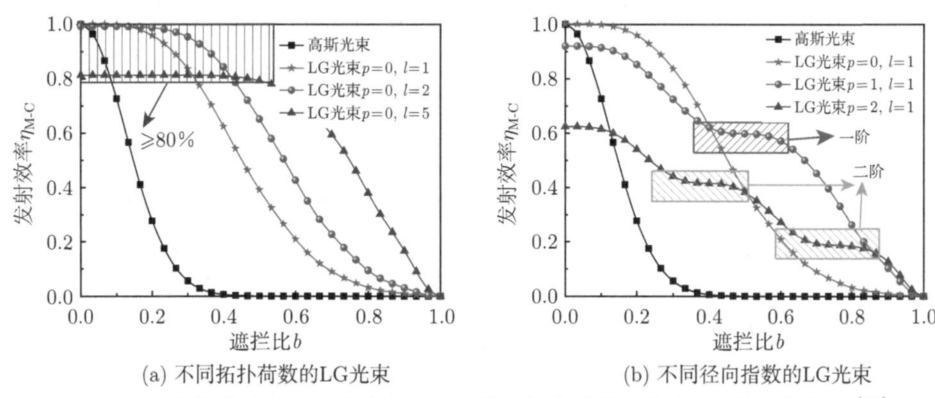


图 10.10　高斯光束和 LG 光束经马卡天线后的发射效率随遮拦比的变化曲线 [11]

## 10.3　涡旋光束经孔径光阑的衍射特性分析

携带 OAM 的涡旋光束传输后是否能高效地检测到对应的 OAM 模式是 OAM 复用通信的关键问题之一。目前，OAM 模式的检测方式主要有以下四种：

(1) 利用叉形衍射光阑将涡旋光束在衍射方向上转换为高斯光束；

(2) 利用涡旋光束与高斯光束进行干涉后的图样区分 OAM 模式；

(3) 利用涡旋光束经狭缝或者各类光阑等后生成的衍射图样来区分 OAM 模式；

(4) 利用光学元件重构携带 OAM 模式的涡旋光束的波前，使之易于区分。

涡旋光束经圆孔光阑、方孔光阑、三角形光阑、单缝和双缝后的衍射图样也可用于检测 OAM 模式，则从理论和实验两方面分析孔径光阑对涡旋光束衍射特性的影响。

### 10.3.1　孔径光阑衍射理论模型

在直角坐标系下，径向指数 $p=0$ 的 LG 光束的光场表达式为

$$U_0\left(x_0,y_0,0\right)=\left[\frac{2\left(x_0^2+y_0^2\right)}{w_0^2}\right]^{\frac{l}{2}}\exp\left(-\frac{x_0^2+y_0^2}{w_0^2}\right)\exp\left[-il\arctan\left(\frac{y_0}{x_0}\right)\right] \tag{10.22}$$

式中，$w_0$ 为光束束腰半径；$l$ 为拓扑荷数。当光阑透射率函数为 $H(x_0,y_0)$ 时，在直角坐标系下涡旋光束通过光阑后，利用菲涅耳衍射积分可得，观测平面 $z>0$

上的光场表达式为

$$U(x,y,z)=\frac{-\mathrm{i}}{\lambda z}\exp\left[\mathrm{i}k\left(z+\frac{x_0^2+y_0^2}{2z}\right)\right]$$
$$\times\iint E_0(x_0,y_0,0)\,H(x_0,y_0)\exp\left\{\frac{\mathrm{i}k}{2z}\left[\left(x^2+y^2\right)-2\left(xx_0+yy_0\right)\right]\right\}\mathrm{d}x_0\mathrm{d}y_0 \tag{10.23}$$

当光阑是直径为 $a$ 的圆孔时 (如图 10.11(a) 所示)，其透射率函数为

$$H(x_0,y_0)=\begin{cases}1, & \sqrt{x_0^2+y_0^2}\leqslant\dfrac{a}{2}\\ 0, & 其他\end{cases} \tag{10.24}$$

当光阑是边长为 $a$ 的方孔时 (如图 10.11(b) 所示)，其透射率函数为

$$H(x_0,y_0)=\begin{cases}1, & -\dfrac{a}{3}\leqslant x_0\leqslant\dfrac{a}{3},-\tan\beta\left(\dfrac{a}{3}-|x_0|\right)\leqslant y_0\leqslant\dfrac{\sqrt{3}}{6}a\\ 1, & \dfrac{a}{3}\leqslant|x_0|\leqslant\dfrac{a}{2},-\tan\beta\left(\dfrac{a}{3}-|x_0|\right)\leqslant y_0\leqslant\dfrac{\sqrt{3}}{6}a\\ 0, & 其他\end{cases} \tag{10.25}$$

当光阑是边长为 $a$ 的三角形时 (如图 10.11(c) 所示)，其透射率函数为

$$H(x_0,y_0)=\begin{cases}1, & -\dfrac{a}{2}\leqslant x_0,y_0\leqslant\dfrac{a}{2}\\ 0, & 其他\end{cases} \tag{10.26}$$

当涡旋光束经缝宽为 $a$ 的单缝时 (如图 10.11(d) 所示)，其单缝透射率函数为

$$H(x_0,y_0)=\begin{cases}1, & -\dfrac{a}{2}\leqslant x_0\leqslant\dfrac{a}{2}\\ 0, & 其他\end{cases} \tag{10.27}$$

当涡旋光束经间距为 $d$、缝宽为 $a$ 的双缝时 (如图 10.11(e) 所示)，其双缝透射率函数为

$$H(x_0,y_0)=\begin{cases}1, & \dfrac{d}{2}\leqslant|x_0|\leqslant\dfrac{d}{2}+a\\ 0, & 其他\end{cases} \tag{10.28}$$

令 $u=x_0/\lambda z$，$v=y_0/\lambda z$，由傅里叶变换可将式 (10.23) 转化为

$$U(x,y,z)=-\mathrm{i}\lambda z\exp(\mathrm{i}kz)\exp\left[\frac{\mathrm{i}k}{2z}\left(x^2+y^2\right)\right]$$
$$\times\mathcal{F}\left\{E_0(u\lambda z,v\lambda z,0)\,H(u\lambda z,v\lambda z)\exp\left[\mathrm{i}\pi\lambda z\left(u^2+v^2\right)\right]\right\} \tag{10.29}$$

式中，$\mathcal{F}\{\cdot\}$ 为傅里叶变换。

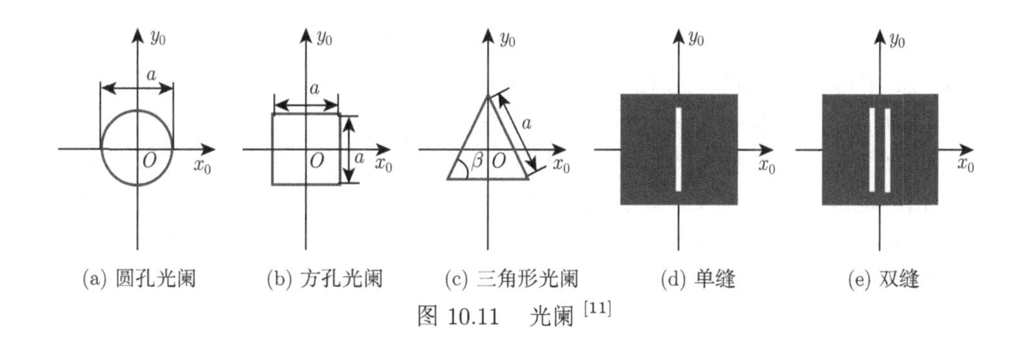


(a) 圆孔光阑　(b) 方孔光阑　(c) 三角形光阑　(d) 单缝　(e) 双缝

图 10.11　光阑 [11]

### 10.3.2　涡旋光束经孔径光阑的理论衍射分析

根据式 (10.29) 和各种孔径光阑的透射率函数，可得 LG 光束经光阑后的衍射光场。取参数：波长 $\lambda = 632.8\text{nm}$，束腰半径 $w_0 = 5\text{mm}$，传输距离 $z = 1\text{km}$。图 10.12～ 图 10.17 分别为不同拓扑荷数的涡旋光束经五种光阑后的衍射图样。

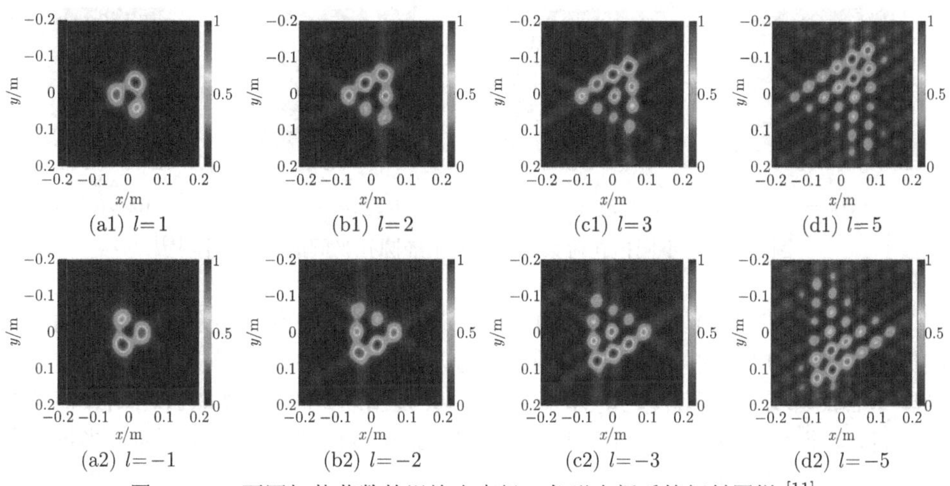


(a1) $l=1$　(b1) $l=2$　(c1) $l=3$　(d1) $l=5$

(a2) $l=-1$　(b2) $l=-2$　(c2) $l=-3$　(d2) $l=-5$

图 10.12　不同拓扑荷数的涡旋光束经三角形光阑后的衍射图样 [11]

图 10.12 演示了不同拓扑荷数的涡旋光束经过三角形光阑后的衍射图样。从图 10.12 中可看出，涡旋光束经过三角形光阑的衍射图样呈三角形阵列光斑分布，携带正负相反拓扑荷数的涡旋光束经过三角形光阑的衍射图样呈 180° 旋转。当拓扑荷数 $l = \pm1$ 的涡旋光束经三角形光阑后衍射图样中的光斑分别在三角形的三个定点上，构成一个三角形，如图 10.12(a1) 和 (a2) 所示。随着拓扑荷数的增大，衍射图样仍为三角形图样，但其光斑的个数增加，三角形边上的光斑个数为 $|l| + 1$，而衍射图样中总的光斑个数为 $(|l|^2 + 3|l|)/2 + 1$。因此可知，通过三角形

光阑的衍射图样中的光斑个数和衍射图样三角形阵列光斑的方向可判断涡旋光束拓扑荷数的大小和正负。

图 10.13 演示了不同拓扑荷数的涡旋光束经过圆孔光阑后的衍射图样。从图 10.13 中可看出，涡旋光束经圆孔光阑的衍射图样呈明暗交替的环形条纹，且中心均为暗斑。随着拓扑荷数的增大，衍射图样的环形条纹也增加，其衍射条纹的个数为 $|l|+1$。但将图 10.13(a1)、(b1)、(c1)、(d1) 与图 10.13(a2)、(b2)、(c2)、(d2) 相应地进行对比可发现，涡旋光束经圆孔光阑后的衍射图样只与拓扑荷数的大小有关，与拓扑荷数的正负无关。也就是说，通过圆孔光阑的衍射图样中环形条纹的个数可判断涡旋光束拓扑荷数的大小，但不能判断其正负 [12]。

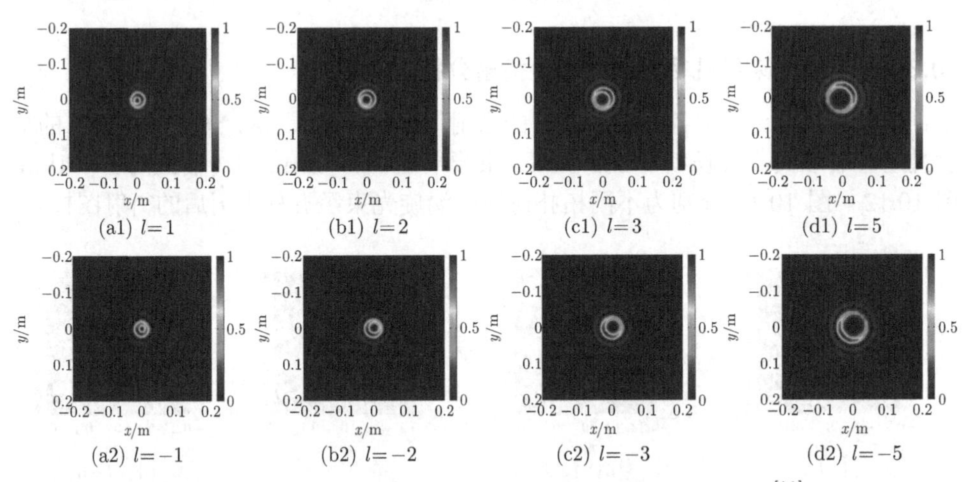


图 10.13　不同拓扑荷数的涡旋光束经圆孔光阑的衍射图样 [11]

图 10.14 和图 10.15 演示了不同拓扑荷数的涡旋光束经过方孔光阑后的衍射图样。从图 10.14 和图 10.15 都可看出，衍射图样为多个矩阵阵列光斑的重叠，在光斑重合的部分光斑比较亮，且“十”字交叉处出现“拖尾”现象。当拓扑荷数为奇数时，其衍射图样中最外围亮斑的个数为 $2(|l|+1)$，如图 10.14 所示。当拓扑荷数为偶数时，其衍射图样中光斑呈正方矩阵分布，且亮斑的总个数为 $(|l|/2+1)^2$，如图 10.15 所示。对比图 10.14(a1)、(b1)、(c1)、(d1) 和图 10.14(a2)、(b2)、(c2)、(d2) 可发现，衍射图样中“拖尾”的方向与涡旋光束拓扑荷数的符号有关，当拓扑荷数的符号为正号时，从 $y$ 轴正方向看衍射图样的拖尾向 $x$ 轴正方向扭曲，如图 10.14(a1)、(b1)、(c1)、(d1) 所示，当拓扑荷数的符号为负号时，情况反之，如图 10.14(a2)、(b2)、(c2)、(d2) 所示。同样地，对比图 10.15(a1)、(b1)、(c1)、(d1) 和图 10.15(a2)、(b2)、(c2)、(d2) 也可得出相同的结论。因此，通过方孔光阑的衍射图样中矩阵阵列亮斑的分布形式和个数，以及拖尾的方向可判断涡旋光束拓扑荷数的大小和符号。

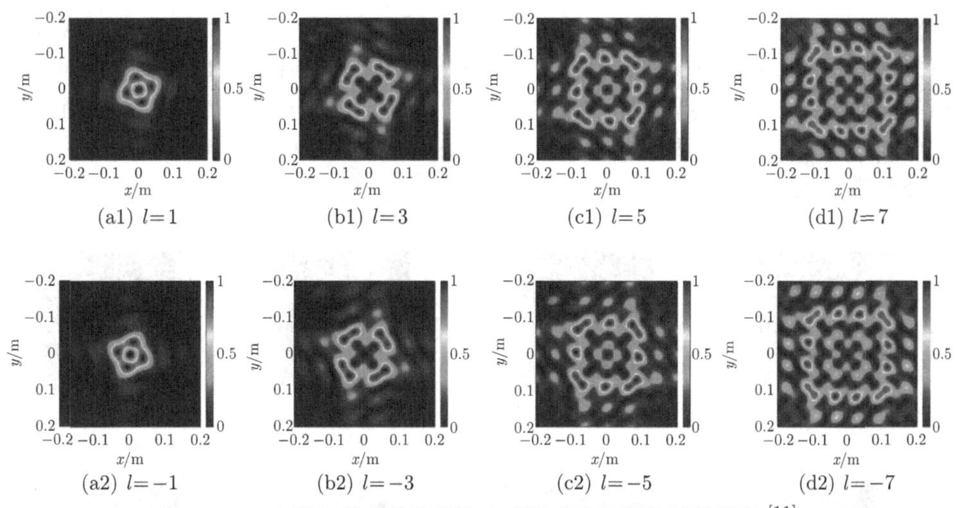


图 10.14 奇数拓扑荷数的涡旋光束经方孔光阑的衍射图样 [11]

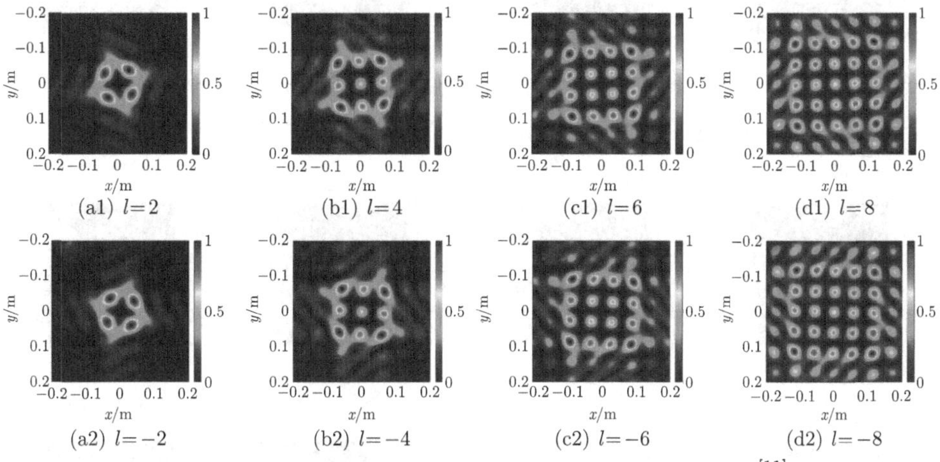


图 10.15 偶数拓扑荷数的涡旋光束经方孔光阑的衍射图样 [11]

图 10.16 演示了不同拓扑荷数的涡旋光束经单缝后的衍射图样。从图 10.16 中可看出，经单缝衍射后的衍射图样中出现两个比较明亮的衍射条纹。随着拓扑荷数的增大，两个衍射条纹间的间距增大，即条纹的扭曲程度增大，且中间不明显的衍射条纹的个数为 $|l|-1$。当拓扑荷数的符号为正号时，从 $y$ 轴正方向看衍射条纹向 $x$ 轴正方向扭曲，如图 10.16(a1)、(b1)、(c1)、(d1) 所示。当拓扑荷数的符号为负号时，情况反之。因此，通过单缝的衍射图样中两个明亮衍射条纹的间距和扭曲方向可判断涡旋光束拓扑荷数的大小和正负。

图 10.17 演示了不同拓扑荷数的涡旋光束经双缝后的衍射图样。从图 10.17 中可看出，经双缝衍射后的衍射图样出现与双缝方向一致的明亮相间的条纹。随

着拓扑荷数的增大，条纹的扭曲程度增大。当拓扑荷数的符号为正号时，从 $y$ 轴正方向看去条纹向 $x$ 轴正方向扭曲，如图 10.17(a1)、(b1)、(c1)、(d1) 所示，当拓扑荷数的符号为负号时，情况反之，如图 10.17(a2)、(b2)、(c2)、(d2) 所示。因此可知，通过双缝的衍射图样中明亮相间条纹的扭曲程度和方向可判断涡旋光束拓扑荷数的大小和正负。

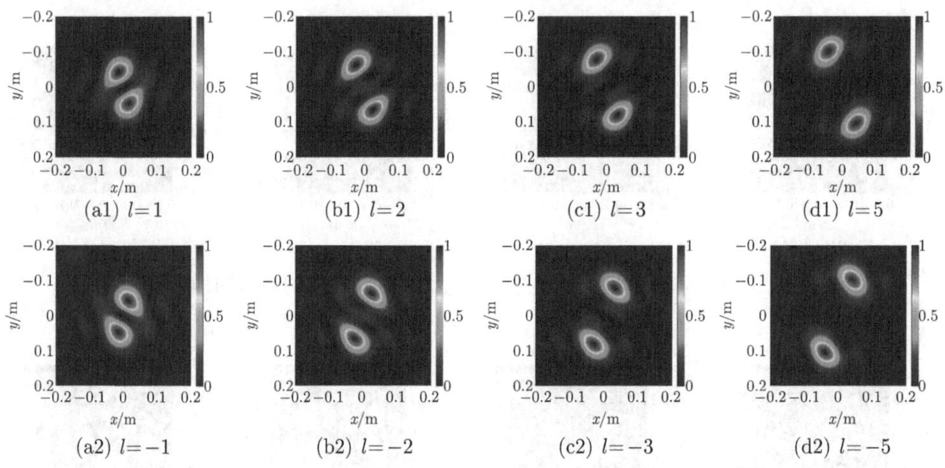


图 10.16　不同拓扑荷数的涡旋光束经单缝的衍射图样 [11]

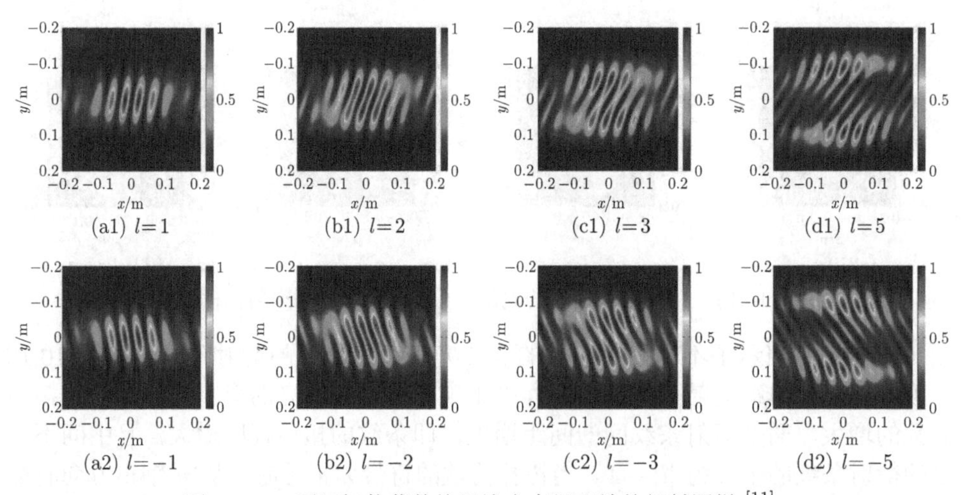


图 10.17　不同拓扑荷数的涡旋光束经双缝的衍射图样 [11]

### 10.3.3　涡旋光束经孔径光阑的实验衍射图样分析

本实验主要研究涡旋光束经光阑衍射后的衍射图样，所设计的实验方案如图 10.18 所示。其中，利用空间光调制器 (SLM) 来实现涡旋光束的制备。

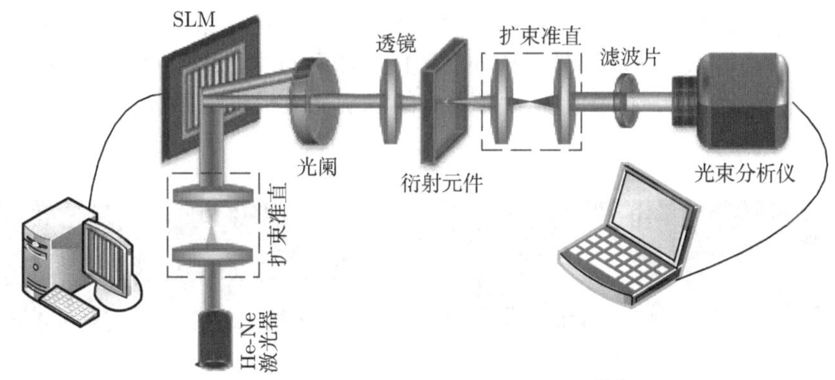


图 10.18　涡旋光束的衍射实验方案 [11]

由 He-Ne 激光器 (波长为 632.8nm) 发出的激光，经扩束准直系统后，入射到 SLM 上，通过改变加载在 SLM 上的叉形光栅 (见图 10.19) 产生不同拓扑荷数的涡旋光束。由于利用光栅 SLM 产生三路涡旋光束 [13]，0 阶衍射上为高斯光束，1 阶衍射上才是需要的涡旋光束，因此需要对光束进行筛选。将筛选出的涡旋光束 (见图 10.20) 经过透镜进行聚焦，之后通过衍射元件实现衍射，对衍射后的光束进行扩束准直，并经滤波后由光束分析仪观测衍射图样。

(a) 1阶的叉形光栅

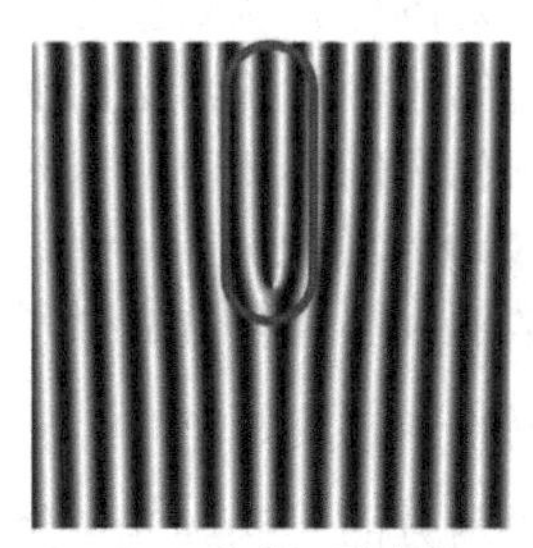

(b) −1阶的叉形光栅

图 10.19　叉形光栅 [11]

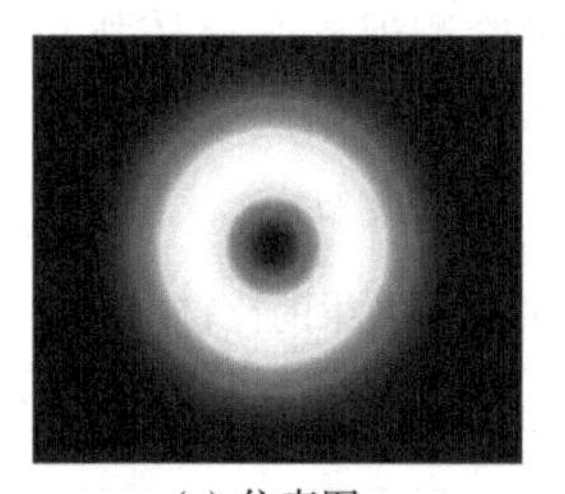

(a) 仿真图

(b) 实验图

图 10.20　拓扑荷数 $l = 1$ 涡旋光束的光强分布 [11]

按照实验方案实现涡旋光束经各类光阑的衍射实验，其衍射元件主要包括圆孔光阑、三角形光阑、方孔光阑、单缝及双缝。利用将叉形光栅加载到 SLM 上来制备单个拓扑荷数的涡旋光束，主要从实验方面验证根据涡旋光束经光阑后的衍射图样的确可以判断涡旋光束拓扑荷数的大小和符号，所以只制备了拓扑荷数 $l = \pm 1$ 的涡旋光束。拓扑荷数 $l = \pm 1$ 的涡旋光束经过五种光阑的衍射图样如图 10.21 所示。

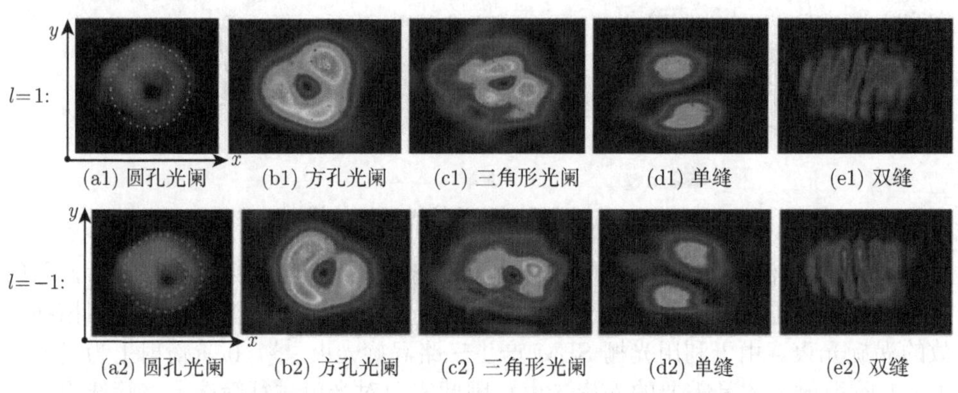


图 10.21　拓扑荷数 $l = 1$ 和 $l = -1$ 的涡旋光束经过五种光阑的衍射图样 [11]

图 10.21 为拓扑荷数 $l = \pm 1$ 时涡旋光束经圆孔光阑、方孔光阑、三角形光阑、单缝及双缝后的衍射图样。从实验方面验证了根据涡旋光束经过光阑后的衍射图样可检测涡旋光束的拓扑荷数，除了涡旋光束通过圆孔光阑后的衍射图样，其他的都可以通过衍射光斑的扭曲方向来判断涡旋光束拓扑荷数的正负。该实验结果与 10.3.2 小节中的理论结果完全一致。因此，涡旋光束通过不同光阑的衍射特性为检测其拓扑荷数的大小和符号提供了一种简易方法。

### 10.3.4　孔径光阑检测效果对比

从理论和实验两方面对涡旋光束经过衍射元件后的衍射图样进行了研究，也验证了利用该衍射图样可检测涡旋光束拓扑荷数的大小和符号，但并不是经过每一种衍射元件都可同时检测拓扑荷数的大小和符号。因此，对五种衍射元件的检测效果进行对比，如表 10.1 所示。可同时检测涡旋光束拓扑荷数大小和符号的衍射元件有三角形光阑、方孔光阑、单缝和双缝，当涡旋光束经过圆孔光阑时，仅可检测涡旋光束拓扑荷数的大小，不能区分其符号。

**表 10.1　五种衍射元件检测效果的比较** [11]

| 拓扑荷数 | 圆孔光阑 | 三角形光阑 | 方孔光阑 | 单缝 | 双缝 |
|---|---|---|---|---|---|
| 大小判断 | 是 | 是 | 是 | 是 | 是 |
| 大小 (衍射条纹或亮斑个数) | $\|l\|+1$ | $(\|l\|^2+3\|l\|)/2+1$ | 奇数：$2(\|l\|+1)$<br>偶数：$(\|l\|/2+1)^2$ | $\|l\|-1$ | 条纹扭曲程度 |
| 符号判断 | 否 | 是 | 是 | 是 | 是 |
| 符号 (三角形方向或扭曲方向) | — | 左正右负 | 左正右负 | 左正右负 | 左正右负 |

根据表 10.1 对五种衍射元件检测涡旋光束拓扑荷数的效果对比可知，利用涡旋光束经衍射元件的衍射图样来检测拓扑荷数时，若只判断涡旋光束拓扑荷数的大小，可选择的衍射元件包括圆孔光阑、三角形光阑、方孔光阑、单缝及双缝；若需要同时判断涡旋光束拓扑荷数的大小和符号，可考虑的衍射元件有三角形光阑、方孔光阑、单缝和双缝 [14]。

本章主要实现了涡旋光束经光学系统的衍射特性研究，包括：

(1) 利用 Collins 衍射公式和 $ABCD$ 传输矩阵推导了 LG 光束经马卡天线光学系统后的场分布解析表达式，进而分析了 LG 光束通过该光学系统后的衍射特性。其研究结果可证明：在远距离 FSO 系统中，由涡旋光束取代高斯光束可规避马卡天线次反射镜的遮挡问题，可提高马卡天线的发射效率。相比于高斯光束，遮拦比在一定范围内涡旋光束的发射效率高达 80%。此外，LG 光束经过马卡天线光学系统后衍射光场的 OAM 不会发生弥散。

(2) 从理论和实验两方面研究了 LG 光束经五种衍射元件后的衍射图样，并验证了利用该衍射图样可对涡旋光束拓扑荷数进行检测。其研究结果表明：利用三角形光阑、方孔光阑、单缝和双缝可同时检测涡旋光束拓扑荷数的大小和符号，利用圆孔光阑仅能检测涡旋光束拓扑荷数的大小，不能判断其符号。

## 参 考 文 献


[1] 柯熙政, 邓莉君. 无线光通信 [M]. 北京: 科学出版社, 2017.

[2] ZHANG J C, WANG X F, MO J, et al. The tsinghua university-ma huateng telescopes for survey: Overview and performance of the system[J]. Publications of the Astronomical Society of the Pacific, 2020, 132(1018): 1-17.

[3] WIENS R C, MAURICE S, ROBINSON S H, et al. The supercam instrument suite on the NASA mars 2020 rover: Body unit and combined system tests[J]. Space Science Reviews, 2021, 217(1): 1-87.

[4] 陈雪. 大口径卡塞格伦光学天线结构优化与光传输特性研究 [D]. 成都：电子科技大学, 2017.

[5] 柯熙政, 王姣. 涡旋光束的产生、传输、检测及应用 [M]. 北京: 科学出版社, 2018.

[6] NABIL H, BALHAMRI A, BELAFHAL A. Propagation of the Laguerre-Gaussian correlated Shell-model beams through a turbulent jet engine exhaust[J]. Optical and Quantum Electronics, 2022, 54(4): 1-19.

[7] COLLINS S A. Lens-system diffraction integral written in terms of matrix optics[J]. JOSA, 1970, 60(9): 1168-1177.

[8] KE X Z, LEI S C. Spatial light coupled into a single-mode fiber by a Maksutov-Cassegrain antenna through atmospheric turbulence[J]. Applied Optics, 2016, 55(15): 3897-3902.

[9] HRICHA Z, YAALOU M, BELAFHAL A. Propagation properties of vortex cosine-hyperbolic-Gaussian beams in strongly nonlocal nonlinear media[J]. Journal of Quantitative Spectroscopy and Radiative Transfer, 2021, 265: 1-6.

[10] RASHID S, HAMMOUCH Z, AYDI H, et al. Novel computations of the time-fractional Fisher's model via generalized fractional integral operators by means of the Elzaki transform[J]. Fractal and Fractional, 2021, 5(3):89-94.

[11] 王姣. 大气湍流中部分相干涡旋光束的传输及衍射特性研究 [D]. 西安：西安理工大学，2020.

[12] 梁静远, 亢维龙, 董壮, 等. 自由空间光通信系统光学天线技术研究进展 [J]. 光通信技术, 2022, 46(4): 1-10.

[13] 王孝艳, 王志远, 陈子阳, 等. 基于深度学习技术从散斑场中识别多涡旋结构的轨道角动量 [J]. 量子电子学报, 2022, 39(6): 955-961.

[14] 孙汝生, 刘通, 王琛, 等. 基于级联涡旋半波片的高阶柱矢量光束产生及其偏振检测 [J]. 光学学报, 2022, 42(13): 190-197.

# 第 11 章　大气湍流中部分相干涡旋光束阵列的传输特性

本章研究部分相干涡旋光束阵列在 Non-Kolmogorov 湍流中的传输特性。从四瓣高斯 (four-petal Gauss，FPG) 光束引出了光束阵列的形式，以径向阵列形式为例，给出了径向部分相干涡旋光束的数学模型，并推导其经 Non-Kolmogorov 湍流传输后的光强表达式，探讨光源参数和 Non-Kolmogorov 湍流参数对其传输特性的影响，总结径向部分相干涡旋光束阵列在 Non-Kolmogorov 湍流中传输时光强分布的变化规律，这为后续利用部分相干涡旋光束实现信息传输提供了技术支持。

## 11.1　光束阵列的概述

光束阵列是获得高功率激光束的有效途径，在高能激光合成、无线光通信等领域得到了广泛的应用和研究 [1,2]。2006 年，Duan 等 [2] 和 Gao 等 [3] 描述了一种新形式的激光束，称为 FPG 光束，发现当 FPG 光束在自由空间传输一段距离之后会合并为高斯光束。FPG 光束的光场表达式为

$$U_n\left(x_0,y_0,0\right)=\left(\frac{x_0y_0}{w_0^2}\right)^{2n}\exp\left(-\frac{x_0^2+y_0^2}{w_0^2}\right),\quad n=0,\ 1,\ 2,\cdots \tag{11.1}$$

式中，$n$ 代表 FPG 光束的阶数，当 $n=0$ 时，式 (11.1) 可退化为束腰半径为 $w_0$ 的标准高斯光束。图 11.1 展示了不同阶数时束腰半径 $w_0=1\text{mm}$ 的 FPG 光束在 $z=0$ 处的光强分布。

从图 11.1 中可看出，当阶数 $n\neq 0$ 时，FPG 光束的光强分布由四等瓣组成，且分布的位置离 $x$、$y$ 轴的距离为 $2n^{1/2}w_0$。随着阶数 $n$ 的增大，FPG 光束的四等瓣光强分布之间的距离增大。

人们对部分相干 FPG 光束在不同大气湍流模型中的传输特性进行了研究 [4]，发现不同大气湍流条件下，FPG 光束合成高斯光束所对应的传输距离是不同的。有人考虑对 FPG 光束进行螺旋相位调制以获得四瓣高斯涡旋 (four-petal Gauss vortex, FPGV) 光束 [5−9]。Liu 等 [5−7] 介绍了部分相干 FPGV 光束并结合 Huygens-Fresnel 原理推导了其在大气湍流中的传输表达式，研究了光源参数及大气湍流对部分相干 FPGV 光束传输特性的影响。Wu 等 [8] 分析了部分相干四瓣椭圆高斯涡旋光束在大气湍流中的传输特性，相比于部分相干 FPGV 光束，

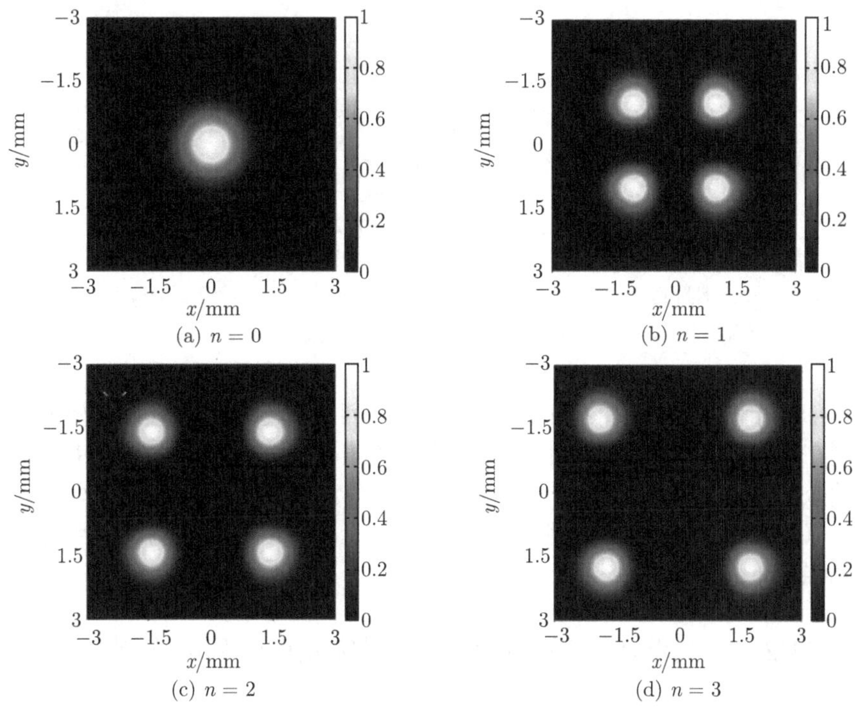


图 11.1　不同阶数 $n$ 时 FPG 光束在 $z=0$ 处的光强分布

部分相干四瓣椭圆高斯涡旋光束可将其花瓣个数变为六个。无论是 FPG 光束、部分相干 FPG 光束、FPGV 光束，还是部分相干 FPGV 光束，经过一段距离的传输之后都将演化为高斯光束，只是不同光源和不同传输介质情况下演化成高斯光束时所对应的传输距离不同而已。Zuo 等 [10] 基于 Collins 衍射积分原理研究了 FPGV 光束经 $ABCD$ 光学系统的传输特性。

FPG 光束可以看成是一个阵列光束，但并非严格意义上的光束阵列。在现有的研究中，光束阵列主要有三种形式，分别是线性阵列 [11]、矩形阵列和径向阵列，如图 11.2 所示。在图 11.2(a) 中，光束以相邻两个光束中心之间的距离为 $d$ 进行线性排列；在图 11.2(b) 中，$M\times M$ 个光束组成了矩形阵列光束，其中 $x$ 和 $y$ 方向上相邻两个光束之间的距离分别为 $x_0$ 和 $y_0$；在图 11.2(c) 中，光束均匀分布在以坐标原点为中心、半径为 $r_n$ 的圆周上，假设光束径向阵列由 $N$ 个光束均匀分布组成，则每一个光束的中心位置矢量 $\boldsymbol{r}_n$ 在极坐标系和直角坐标系下可表示为

$$\boldsymbol{r}_n=(r_n,\theta_n)=(r_n\cos\theta_n,r_n\cos\theta_n)\,,\quad \theta_n=\frac{2\pi n}{N}\tag{11.2}$$

式中，$\theta_n$ 为第 $n$ 个光束所在位置矢量与 $x$ 轴的夹角。

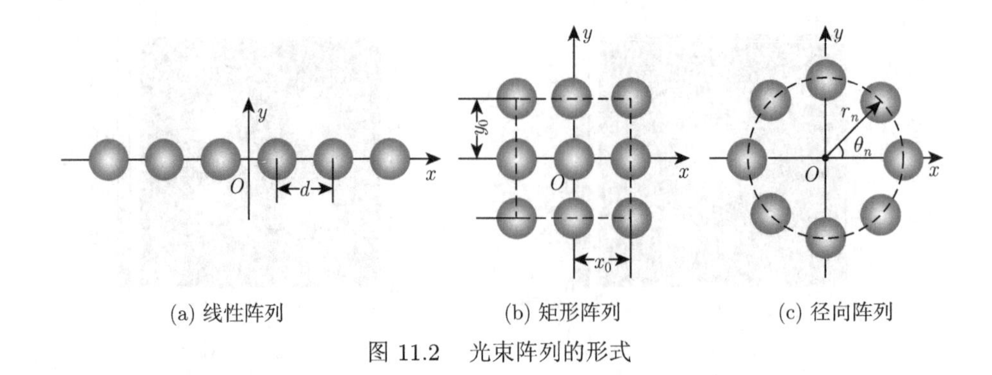


(a) 线性阵列　　(b) 矩形阵列　　(c) 径向阵列

图 11.2　光束阵列的形式

在部分相干涡旋光束的基础上，以径向阵列分布为前提，对部分相干涡旋光束阵列在大气湍流中的传输特性进行研究。给出径向部分相干涡旋光束阵列在光源处的数学表达式，结合 Huygens-Fresnel 原理，推导径向部分相干涡旋光束阵列在大气湍流中传输之后的光强表达式，讨论光源参数及大气湍流参数对观测平面上光强分布的影响。

## 11.2　大气湍流中径向部分相干涡旋光束阵列的光强分布

### 11.2.1　径向部分相干涡旋光束阵列的数学模型

部分相干涡旋光束在直角坐标系下的交叉谱密度函数 (cross spectral density function, CSDF) 表达式为

$$\begin{aligned}W_0\left(\boldsymbol{r}_1,\boldsymbol{r}_2,0\right)=&\exp\left[-\left(\frac{\boldsymbol{r}_1^2+\boldsymbol{r}_2^2}{4w_0^2}\right)\right]\exp\left(-\frac{\left|\boldsymbol{r}_1-\boldsymbol{r}_2\right|^2}{2\delta^2}\right)\left[r_{1x}-\mathrm{isgn}\left(l\right)r_{1y}\right]^{|l|}\\&\times\left[r_{2x}+\mathrm{isgn}\left(l\right)r_{2y}\right]^{|l|}\end{aligned}\tag{11.3}$$

根据单个部分相干涡旋光束的 CSDF 表达式 (11.3) 和径向阵列的模型图 11.2(c)，径向部分相干涡旋光束阵列的 CSDF 表达式为

$$\begin{aligned}W_0\left(\boldsymbol{r}_1,\boldsymbol{r}_2,0\right)=&\sum_{n=1}^{N}\exp\left[-\frac{\left(\boldsymbol{r}_1-\boldsymbol{r}_n\right)^2+\left(\boldsymbol{r}_2-\boldsymbol{r}_n\right)^2}{4w_0^2}\right]\exp\left(-\frac{\left|\boldsymbol{r}_1-\boldsymbol{r}_2\right|^2}{2\delta^2}\right)\\&\times\left[\left(r_{1x}-r_{nx}\right)-\mathrm{isgn}\left(l\right)\left(r_{1y}-r_{ny}\right)\right]^{|l|}\\&\times\left[\left(r_{2x}-r_{nx}\right)+\mathrm{isgn}\left(l\right)\left(r_{2y}-r_{ny}\right)\right]^{|l|}\end{aligned}\tag{11.4}$$

式中，$N$ 表示此阵列中部分相干涡旋光束的个数；$\boldsymbol{r}_n = (r_{nx}, r_{ny})$ 表示第 $n$ 个部分相干涡旋光束中心的位置矢量；$w_0$ 和 $\delta$ 分别表示单个部分相干涡旋光束的束腰半径和相干长度。图 11.3 展示了径向阵列个数 $N = 8$ 的径向部分相干涡旋光束阵列的光斑分布示意图。其中，每一个部分相干涡旋光束的束腰半径 $w_0 = 0.5\text{mm}$，相干长度 $\delta = 10w_0$，拓扑荷数 $l = 1$，径向分布的半径 $r_n = 10w_0$。在此声明，图 11.3 仅仅为了说明径向部分相干涡旋光束阵列的分布形式，具体光束尺寸不做要求，仅供参考。

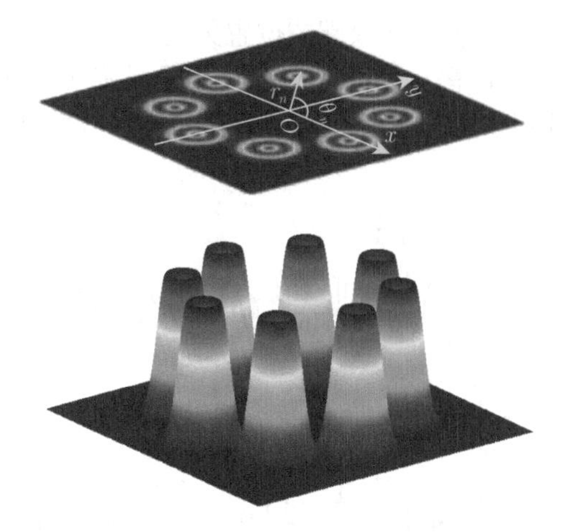


图 11.3　径向阵列个数 $N = 8$ 的径向部分相干涡旋光束阵列的光斑分布示意图 [11]

### 11.2.2 观测平面上的交叉谱密度函数

因为将式 (11.4) 中的螺旋因子项展开时，后续无法积分且不能给出一个确定的表达式，所以这里主要研究拓扑荷数 $l = 1$ 时径向部分相干涡旋光束阵列在大气湍流中的传输特性。对式 (11.4) 中的螺旋因子项展开，可得

$$\begin{aligned}W_0(\boldsymbol{r}_1, \boldsymbol{r}_2, 0) = &\sum_{n=1}^{N} \exp\left[-\frac{(\boldsymbol{r}_1 - \boldsymbol{r}_n)^2 + (\boldsymbol{r}_2 - \boldsymbol{r}_n)^2}{4w_0^2}\right] \exp\left(-\frac{|\boldsymbol{r}_1 - \boldsymbol{r}_2|^2}{2\delta^2}\right) \\ &\times \left\{r_{1x}r_{2x} + r_{1y}r_{2y} - (r_{1x} + r_{2x})\, r_{nx} - (r_{1y} + r_{2y})\, r_{ny} + r_{nx}^2 + r_{ny}^2\right. \\ &\left. + \mathrm{i}\left[r_{1x}r_{2y} - r_{2x}r_{1y} + (r_{1y} - r_{2y})\, r_{nx} - (r_{1x} - r_{2x})\, r_{ny}\right]\right\}\end{aligned} \tag{11.5}$$

径向部分相干涡旋光束阵列在大气湍流中传输到观测平面时的 CSDF 表达式为

$$\begin{aligned}&W(\boldsymbol{\rho}_1, \boldsymbol{\rho}_2, z) \\ &= \left(\frac{k}{2\pi z}\right)^2 \iint \sum_{n=1}^{N} \exp\left[-\frac{(\boldsymbol{r}_1 - \boldsymbol{r}_n)^2 + (\boldsymbol{r}_2 - \boldsymbol{r}_n)^2}{4w_0^2}\right] \exp\left(-\frac{|\boldsymbol{r}_1 - \boldsymbol{r}_2|^2}{2\delta^2}\right) \\ &\times \left\{r_{1x}r_{2x} + r_{1y}r_{2y} - (r_{1x} + r_{2x})\, r_{nx} - (r_{1y} + r_{2y})\, r_{ny} + r_{nx}^2 + r_{ny}^2\right. \\ &\left. + \mathrm{i}\left[r_{1x}r_{2y} - r_{2x}r_{1y} + (r_{1y} - r_{2y})\, r_{nx} - (r_{1x} - r_{2x})\, r_{ny}\right]\right\} \\ &\times \exp\left[-\frac{\mathrm{i}k}{2z}\left(|\boldsymbol{\rho}_1 - \boldsymbol{r}_1|^2 - |\boldsymbol{\rho}_2 - \boldsymbol{r}_2|^2\right)\right] \left\{\exp\left[\psi(\boldsymbol{\rho}_1, \boldsymbol{r}_1) + \psi^*(\boldsymbol{\rho}_2, \boldsymbol{r}_2)\right]\right\} \mathrm{d}\boldsymbol{r}_1 \mathrm{d}\boldsymbol{r}_2\end{aligned} \tag{11.6}$$

式中，$\boldsymbol{\rho}$ 为接收端的位置矢量；$k = 2\pi/\lambda$ 为自由空间光波波数，$\lambda$ 为波长；$z$ 为传输距离。研究径向部分相干涡旋光束阵列在大气湍流中传输特性时选择 Non-Kolmogorov 谱，式 (11.6) 可简化并整理为

$$\begin{aligned}
&W\left(\boldsymbol{\rho}_1, \boldsymbol{\rho}_2, z\right) \\
&= \left(\frac{k}{2\pi z}\right)^2 \exp\left[-\frac{\mathrm{i}k}{2z}\left(\boldsymbol{\rho}_1^2 - \boldsymbol{\rho}_2^2\right)\right] \sum_{n=1}^{N} \exp\left(-\frac{1}{2w_0^2}\boldsymbol{r}_n^2\right) \\
&\quad \times \int \exp\left(-E\boldsymbol{r}_{\mathrm{d}}^2\right) \exp\left[\frac{\mathrm{i}k}{2z}\left(\boldsymbol{\rho}_1 + \boldsymbol{\rho}_2\right)\cdot \boldsymbol{r}_{\mathrm{d}}\right] \exp\left(-\frac{\mathrm{i}k}{z}\boldsymbol{r}_{\mathrm{d}}\cdot\boldsymbol{r}_{\mathrm{c}}\right) \mathrm{d}\boldsymbol{r}_{\mathrm{d}} \\
&\quad \times \int \exp\left(-\frac{1}{2w_0^2}\boldsymbol{r}_{\mathrm{c}}^2\right) \exp\left(\frac{1}{w_0^2}\boldsymbol{r}_n\cdot\boldsymbol{r}_{\mathrm{c}}\right) \exp\left[\frac{\mathrm{i}k}{z}\left(\boldsymbol{\rho}_1 - \boldsymbol{\rho}_2\right)\cdot\boldsymbol{r}_{\mathrm{c}}\right] \mathrm{d}\boldsymbol{r}_{\mathrm{c}} \\
&\quad \times \left[\left(\boldsymbol{r}_{\mathrm{c}}^2 - 2r_{\mathrm{c}x}r_{nx} - 2r_{\mathrm{c}y}r_{ny} + \boldsymbol{r}_n^2\right) + \left(-\frac{1}{4}\boldsymbol{r}_{\mathrm{d}}^2 + \mathrm{i}r_{\mathrm{d}y}r_{nx} - ir_{\mathrm{d}x}r_{ny}\right) + \mathrm{i}r_{\mathrm{c}y}r_{\mathrm{d}x} - \mathrm{i}r_{\mathrm{c}x}r_{\mathrm{d}y}\right]
\end{aligned} \tag{11.7}$$

式中，

$$E = \frac{1}{8w_0^2} + \frac{1}{2\delta^2} + \frac{M}{2} \tag{11.8}$$

$$\begin{cases}
\boldsymbol{r}_{\mathrm{c}} = \dfrac{1}{2}\left(\boldsymbol{r}_1 + \boldsymbol{r}_2\right) \\
\boldsymbol{r}_{\mathrm{d}} = \boldsymbol{r}_1 - \boldsymbol{r}_2
\end{cases} \tag{11.9}$$

式 (11.8) 中，$M = 1/3\pi^2 k^2 z \int_0^\infty k^3 \Phi_n(k)\mathrm{d}k$。式 (11.7) 由九项组合而成，所以必须对每一项进行单独积分求解。在这里，主要以第一项、第二项、第四项及第八项为例，剩余项的积分求解与这四项求解类似。首先，仅有第一项的表达式为

$$\begin{aligned}
W_1\left(\boldsymbol{\rho}_1, \boldsymbol{\rho}_2, z\right) = &\left(\frac{k}{2\pi z}\right)^2 \exp\left[-\frac{\mathrm{i}k}{2z}\left(\boldsymbol{\rho}_1^2 - \boldsymbol{\rho}_2^2\right)\right] \sum_{n=1}^{N} \exp\left(-\frac{1}{2w_0^2}\boldsymbol{r}_n^2\right) \\
&\times \int \boldsymbol{r}_{\mathrm{c}}^2 \exp\left(-\frac{1}{2w_0^2}\boldsymbol{r}_{\mathrm{c}}^2\right) \exp\left(\frac{1}{w_0^2}\boldsymbol{r}_n\cdot\boldsymbol{r}_{\mathrm{c}}\right) \exp\left[\frac{\mathrm{i}k}{z}\left(\boldsymbol{\rho}_1 - \boldsymbol{\rho}_2\right)\cdot\boldsymbol{r}_{\mathrm{c}}\right] \mathrm{d}\boldsymbol{r}_{\mathrm{c}} \\
&\times \int \exp\left(-E\boldsymbol{r}_{\mathrm{d}}^2\right) \exp\left[\frac{\mathrm{i}k}{2z}\left(\boldsymbol{\rho}_1 + \boldsymbol{\rho}_2\right)\cdot\boldsymbol{r}_{\mathrm{d}}\right] \exp\left(-\frac{\mathrm{i}k}{z}\boldsymbol{r}_{\mathrm{d}}\cdot\boldsymbol{r}_{\mathrm{c}}\right) \mathrm{d}\boldsymbol{r}_{\mathrm{d}}
\end{aligned} \tag{11.10}$$

根据文献 [11] 中的式 (3-17) 对本书式 (11.10) 中的变量 $\boldsymbol{r}_{\mathrm{d}}$ 进行积分，可得

$$
\begin{aligned}
&W_1(\boldsymbol{\rho}_1,\boldsymbol{\rho}_2,z)\\
&=\frac{\pi}{E}\left(\frac{k}{2\pi z}\right)^2\exp\left[-\frac{\mathrm{i}k}{2z}\left(\boldsymbol{\rho}_1^2-\boldsymbol{\rho}_2^2\right)\right]\exp\left[-\frac{k^2}{16Ez^2}\left(\boldsymbol{\rho}_1+\boldsymbol{\rho}_2\right)^2\right]\\
&\quad\times\sum_{n=1}^{N}\exp\left(-\frac{1}{2w_0^2}\boldsymbol{r}_n^2\right)\int\boldsymbol{r}_{\mathrm{c}}^2\exp\left(-D\boldsymbol{r}_{\mathrm{c}}^2\right)\exp\left(\frac{1}{w_0^2}\boldsymbol{r}_n\cdot\boldsymbol{r}_{\mathrm{c}}\right)\\
&\quad\times\exp\left[\left(F_1\boldsymbol{\rho}_1+F_2\boldsymbol{\rho}_2\right)\cdot\boldsymbol{r}_{\mathrm{c}}\right]\mathrm{d}\boldsymbol{r}_{\mathrm{c}}
\end{aligned}
\tag{11.11}
$$

式中，

$$
D=\frac{1}{2w_0^2}+\frac{k^2}{4Ez^2},\quad F_1=\frac{k^2}{4Ez^2}+\frac{\mathrm{i}k}{z},\quad F_2=\frac{k^2}{4Ez^2}-\frac{\mathrm{i}k}{z}\tag{11.12}
$$

将式 (11.11) 中的位置矢量 $\boldsymbol{r}_{\mathrm{c}}$ 在直角坐标系下进行展开，即

$$
\begin{aligned}
&W_1(\boldsymbol{\rho}_1,\boldsymbol{\rho}_2,z)\\
&=\frac{\pi}{E}\left(\frac{k}{2\pi z}\right)^2\exp\left[-\frac{\mathrm{i}k}{2z}\left(\boldsymbol{\rho}_1^2-\boldsymbol{\rho}_2^2\right)\right]\exp\left[-\frac{k^2}{16Ez^2}\left(\boldsymbol{\rho}_1+\boldsymbol{\rho}_2\right)^2\right]\\
&\quad\times\sum_{n=1}^{N}\exp\left(-\frac{\boldsymbol{r}_n^2}{2w_0^2}\right)\\
&\quad\times\left\{\int r_{\mathrm{c}x}^2\exp\left(-Dr_{\mathrm{c}x}^2\right)\exp\left(\frac{1}{w_0^2}r_{nx}r_{\mathrm{c}x}\right)\exp\left[\left(F_1\rho_{1x}+F_2\rho_{2x}\right)r_{\mathrm{c}x}\right]\mathrm{d}r_{\mathrm{c}x}\right.\\
&\quad\times\int\exp\left(-Dr_{\mathrm{c}y}^2\right)\exp\left(\frac{1}{w_0^2}r_{ny}r_{\mathrm{c}y}\right)\exp\left[\left(F_1\rho_{1y}+F_2\rho_{2y}\right)r_{\mathrm{c}y}\right]\mathrm{d}r_{\mathrm{c}y}\\
&\quad+\int\exp\left(-Dr_{\mathrm{c}x}^2\right)\exp\left(\frac{1}{w_0^2}r_{nx}r_{\mathrm{c}x}\right)\exp\left[\left(F_1\rho_{1x}+F_2\rho_{2x}\right)r_{\mathrm{c}x}\right]\mathrm{d}r_{\mathrm{c}x}\\
&\quad\left.\times\int r_{\mathrm{c}y}^2\exp\left(-Dr_{\mathrm{c}y}^2\right)\exp\left(\frac{1}{w_0^2}r_{ny}r_{\mathrm{c}y}\right)\exp\left[\left(F_1\rho_{1y}+F_2\rho_{2y}\right)r_{\mathrm{c}y}\right]\mathrm{d}r_{\mathrm{c}y}\right\}
\end{aligned}
\tag{11.13}
$$

利用积分公式 [11]：

$$
\int_{-\infty}^{\infty}\exp\left(-px^2\pm qx\right)\mathrm{d}x=\sqrt{\frac{\pi}{p}}\exp\left(\frac{q^2}{4p}\right),\quad p>0\tag{11.14}
$$

对式 (11.13) 中变量 $r_{cx}$ 和 $r_{cy}$ 依次进行积分，可得

$$\begin{aligned}
&W_1(\boldsymbol{\rho}_1,\boldsymbol{\rho}_2,z)\\
&=-\frac{\pi^2}{4ED^2}\left(\frac{k}{2\pi z}\right)^2\exp\left[-\frac{\mathrm{i}k}{2z}\left(\boldsymbol{\rho}_1^2-\boldsymbol{\rho}_2^2\right)\right]\exp\left[-\frac{k^2}{16Ez^2}\left(\boldsymbol{\rho}_1+\boldsymbol{\rho}_2\right)^2\right]\\
&\quad\times\exp\left[\frac{1}{4D}\left(F_1\boldsymbol{\rho}_1+F_2\boldsymbol{\rho}_2\right)^2\right]\sum_{n=1}^{N}\exp\left[-\left(\frac{1}{2w_0^2}-\frac{1}{4Dw_0^4}\right)\boldsymbol{r}_n^2\right]\\
&\quad\times\exp\left[\frac{1}{2Dw_0^2}\boldsymbol{r}_n\cdot\left(F_1\boldsymbol{\rho}_1+F_2\boldsymbol{\rho}_2\right)\right]\left\{H_2\left[\frac{\mathrm{i}}{2\sqrt{D}w_0^2}r_{nx}+\frac{\mathrm{i}}{2\sqrt{D}}\left(F_1\rho_{1x}+F_2\rho_{2x}\right)\right]\right.\\
&\quad\left.+H_2\left[\frac{\mathrm{i}}{2\sqrt{D}w_0^2}r_{ny}+\frac{\mathrm{i}}{2\sqrt{D}}\left(F_1\rho_{1y}+F_2\rho_{2y}\right)\right]\right\}
\end{aligned}\tag{11.15}$$

仅有第二项的表达式为

$$\begin{aligned}
W_2(\boldsymbol{\rho}_1,\boldsymbol{\rho}_2,z)=&-2\left(\frac{k}{2\pi z}\right)^2\exp\left[-\frac{\mathrm{i}k}{2z}\left(\boldsymbol{\rho}_1^2-\boldsymbol{\rho}_2^2\right)\right]\sum_{n=1}^{N}r_{nx}\exp\left(-\frac{1}{2w_0^2}\boldsymbol{r}_n^2\right)\\
&\times\int r_{cx}\exp\left(-\frac{1}{2w_0^2}\boldsymbol{r}_{\mathrm{c}}^2\right)\exp\left(\frac{1}{w_0^2}\boldsymbol{r}_n\cdot\boldsymbol{r}_{\mathrm{c}}\right)\exp\left[\frac{\mathrm{i}k}{z}\left(\boldsymbol{\rho}_1-\boldsymbol{\rho}_2\right)\cdot\boldsymbol{r}_{\mathrm{c}}\right]\mathrm{d}\boldsymbol{r}_{\mathrm{c}}\\
&\times\int\exp\left(-E\boldsymbol{r}_{\mathrm{d}}^2\right)\exp\left[\frac{\mathrm{i}k}{2z}\left(\boldsymbol{\rho}_1+\boldsymbol{\rho}_2\right)\cdot\boldsymbol{r}_{\mathrm{d}}\right]\exp\left(-\frac{\mathrm{i}k}{z}\boldsymbol{r}_{\mathrm{d}}\cdot\boldsymbol{r}_{\mathrm{c}}\right)\mathrm{d}\boldsymbol{r}_{\mathrm{d}}
\end{aligned}\tag{11.16}$$

对式 (11.16) 中 $\boldsymbol{r}_{\mathrm{d}}$ 进行积分，可得

$$\begin{aligned}
W_2(\boldsymbol{\rho}_1,\boldsymbol{\rho}_2,z)=&-\frac{2\pi}{E}\left(\frac{k}{2\pi z}\right)^2\exp\left[-\frac{\mathrm{i}k}{2z}\left(\boldsymbol{\rho}_1^2-\boldsymbol{\rho}_2^2\right)\right]\exp\left[-\frac{k^2}{16Ez^2}\left(\boldsymbol{\rho}_1+\boldsymbol{\rho}_2\right)^2\right]\\
&\times\sum_{n=1}^{N}r_{nx}\exp\left(-\frac{1}{2w_0^2}\boldsymbol{r}_n^2\right)\\
&\times\int r_{cx}\exp\left(-D\boldsymbol{r}_{\mathrm{c}}^2\right)\exp\left(\frac{1}{w_0^2}\boldsymbol{r}_n\cdot\boldsymbol{r}_{\mathrm{c}}\right)\exp\left[\left(F_1\boldsymbol{\rho}_1+F_2\boldsymbol{\rho}_2\right)\cdot\boldsymbol{r}_{\mathrm{c}}\right]\mathrm{d}\boldsymbol{r}_{\mathrm{c}}
\end{aligned}\tag{11.17}$$

式中，参数 $D$、$F_1$、$F_2$ 如式 (11.12) 所示。结合式 (11.13) 求解方式，对式 (11.17) 进行积分可得

$$
\begin{aligned}
&W_2(\boldsymbol{\rho}_1,\boldsymbol{\rho}_2,z)\\
&=\frac{\mathrm{i}\pi^2}{ED^{3/2}}\left(\frac{k}{2\pi z}\right)^2\exp\left[-\frac{\mathrm{i}k}{2z}\left(\boldsymbol{\rho}_1^2-\boldsymbol{\rho}_2^2\right)\right]\exp\left[-\frac{k^2}{16Ez^2}\left(\boldsymbol{\rho}_1+\boldsymbol{\rho}_2\right)^2\right]\\
&\quad\times\exp\left[\frac{1}{4D}\left(F_1\boldsymbol{\rho}_1+F_2\boldsymbol{\rho}_2\right)^2\right]\sum_{n=1}^{N}r_{nx}\exp\left[-\left(\frac{1}{2w_0^2}-\frac{1}{4Dw_0^4}\right)\boldsymbol{r}_n^2\right]\\
&\quad\times\exp\left[\frac{1}{2Dw_0^2}\boldsymbol{r}_n\cdot\left(F_1\boldsymbol{\rho}_1+F_2\boldsymbol{\rho}_2\right)\right]H_1\left[\frac{\mathrm{i}}{2\sqrt{D}w_0^2}r_{nx}+\frac{\mathrm{i}}{2\sqrt{D}}\left(F_1\rho_{1x}+F_2\rho_{2x}\right)\right]
\end{aligned}
\tag{11.18}
$$

仅有第四项的表达式为

$$
\begin{aligned}
W_4(\boldsymbol{\rho}_1,\boldsymbol{\rho}_2,z)=&\left(\frac{k}{2\pi z}\right)^2\exp\left[-\frac{\mathrm{i}k}{2z}\left(\boldsymbol{\rho}_1^2-\boldsymbol{\rho}_2^2\right)\right]\sum_{n=1}^{N}\boldsymbol{r}_n^2\exp\left(-\frac{1}{2w_0^2}\boldsymbol{r}_n^2\right)\\
&\times\int\exp\left(-\frac{1}{2w_0^2}\boldsymbol{r}_\mathrm{c}^2\right)\exp\left(\frac{1}{w_0^2}\boldsymbol{r}_n\cdot\boldsymbol{r}_\mathrm{c}\right)\exp\left[\frac{\mathrm{i}k}{z}\left(\boldsymbol{\rho}_1-\boldsymbol{\rho}_2\right)\cdot\boldsymbol{r}_\mathrm{c}\right]\mathrm{d}\boldsymbol{r}_\mathrm{c}\\
&\times\int\exp\left(-E\boldsymbol{r}_\mathrm{d}^2\right)\exp\left[\frac{\mathrm{i}k}{2z}\left(\boldsymbol{\rho}_1+\boldsymbol{\rho}_2\right)\cdot\boldsymbol{r}_\mathrm{d}\right]\exp\left(-\frac{\mathrm{i}k}{z}\boldsymbol{r}_\mathrm{d}\cdot\boldsymbol{r}_\mathrm{c}\right)\mathrm{d}\boldsymbol{r}_\mathrm{d}
\end{aligned}
\tag{11.19}
$$

对式 (11.19) 中 $\boldsymbol{r}_\mathrm{d}$ 和 $\boldsymbol{r}_\mathrm{c}$ 依次进行积分，可得

$$
\begin{aligned}
W_4(\boldsymbol{\rho}_1,\boldsymbol{\rho}_2,z)=&\frac{\pi^2}{DE}\left(\frac{k}{2\pi z}\right)^2\exp\left[-\frac{\mathrm{i}k}{2z}\left(\boldsymbol{\rho}_1^2-\boldsymbol{\rho}_2^2\right)\right]\exp\left[-\frac{k^2}{16Ez^2}\left(\boldsymbol{\rho}_1+\boldsymbol{\rho}_2\right)^2\right]\\
&\times\exp\left[\frac{1}{4D}\left(F_1\boldsymbol{\rho}_1+F_2\boldsymbol{\rho}_2\right)^2\right]\sum_{n=1}^{N}\boldsymbol{r}_n^2\exp\left[-\left(\frac{1}{2w_0^2}-\frac{1}{4Dw_0^4}\right)\boldsymbol{r}_n^2\right]\\
&\times\exp\left[\frac{1}{2Dw_0^2}\boldsymbol{r}_n\cdot\left(F_1\boldsymbol{\rho}_1+F_2\boldsymbol{\rho}_2\right)\right]
\end{aligned}
\tag{11.20}
$$

仅有第八项的表达式为

$$
\begin{aligned}
W_8(\boldsymbol{\rho}_1,\boldsymbol{\rho}_2,z)=&\,\mathrm{i}\left(\frac{k}{2\pi z}\right)^2\exp\left[-\frac{\mathrm{i}k}{2z}\left(\boldsymbol{\rho}_1^2-\boldsymbol{\rho}_2^2\right)\right]\sum_{n=1}^{N}\exp\left(-\frac{1}{2w_0^2}\boldsymbol{r}_n^2\right)\\
&\times\int r_{\mathrm{d}x}\exp\left(-E\boldsymbol{r}_\mathrm{d}^2\right)\exp\left[\frac{\mathrm{i}k}{2z}\left(\boldsymbol{\rho}_1+\boldsymbol{\rho}_2\right)\cdot\boldsymbol{r}_\mathrm{d}\right]\exp\left(-\frac{\mathrm{i}k}{z}\boldsymbol{r}_\mathrm{d}\cdot\boldsymbol{r}_\mathrm{c}\right)\mathrm{d}\boldsymbol{r}_\mathrm{d}\\
&\times\int r_{\mathrm{c}y}\exp\left(-\frac{1}{2w_0^2}\boldsymbol{r}_\mathrm{c}^2\right)\exp\left(\frac{1}{w_0^2}\boldsymbol{r}_n\cdot\boldsymbol{r}_\mathrm{c}\right)\exp\left[\frac{\mathrm{i}k}{z}\left(\boldsymbol{\rho}_1-\boldsymbol{\rho}_2\right)\cdot\boldsymbol{r}_\mathrm{c}\right]\mathrm{d}\boldsymbol{r}_\mathrm{c}
\end{aligned}
\tag{11.21}
$$

将式 (11.21) 中的位置矢量 $\boldsymbol{r}_\mathrm{c}$ 和 $\boldsymbol{r}_\mathrm{d}$ 在直角坐标系下进行展开，可得

$$\begin{aligned}
&W_8(\boldsymbol{\rho}_1,\boldsymbol{\rho}_2,z)\\
&=\mathrm{i}\left(\frac{k}{2\pi z}\right)^2\exp\left[-\frac{\mathrm{i}k}{2z}\left(\boldsymbol{\rho}_1^2-\boldsymbol{\rho}_2^2\right)\right]\sum_{n=1}^{N}\exp\left(-\frac{1}{2w_0^2}\boldsymbol{r}_n^2\right)\\
&\quad\times\int\exp\left(-\frac{1}{2w_0^2}r_{\mathrm{c}x}^2\right)\exp\left(\frac{1}{w_0^2}r_{nx}r_{\mathrm{c}x}\right)\exp\left[\frac{\mathrm{i}k}{z}(\rho_{1x}-\rho_{2x})r_{\mathrm{c}x}\right]\mathrm{d}r_{\mathrm{c}x}\\
&\quad\times\int r_{\mathrm{c}y}\exp\left(-\frac{1}{2w_0^2}r_{\mathrm{c}y}^2\right)\exp\left(\frac{1}{w_0^2}r_{ny}r_{\mathrm{c}y}\right)\exp\left[\frac{\mathrm{i}k}{z}(\rho_{1y}-\rho_{2y})r_{\mathrm{c}y}\right]\mathrm{d}r_{\mathrm{c}y}\\
&\quad\times\int r_{\mathrm{d}x}\exp\left(-Er_{\mathrm{d}x}^2\right)\exp\left[\frac{\mathrm{i}k}{2z}(\rho_{1x}+\rho_{2x})r_{\mathrm{d}x}\right]\exp\left(-\frac{\mathrm{i}k}{z}r_{\mathrm{d}x}r_{\mathrm{c}x}\right)\mathrm{d}r_{\mathrm{d}x}\\
&\quad\times\int\exp\left(-Er_{\mathrm{d}y}^2\right)\exp\left[\frac{\mathrm{i}k}{2z}(\rho_{1y}+\rho_{2y})r_{\mathrm{d}y}\right]\exp\left(-\frac{\mathrm{i}k}{z}r_{\mathrm{d}y}r_{\mathrm{c}y}\right)\mathrm{d}r_{\mathrm{d}y}
\end{aligned}\tag{11.22}$$

对式 (11.22) 中的四个变量 $r_{\mathrm{c}x}$、$r_{\mathrm{d}y}$、$r_{\mathrm{d}x}$ 及 $r_{\mathrm{c}y}$ 依次进行积分求解可得

$$\begin{aligned}
&W_8(\boldsymbol{\rho}_1,\boldsymbol{\rho}_2,z)\\
&=-\frac{\mathrm{i}\pi^2w_0}{2\sqrt{2E}CD}\left(\frac{k}{2\pi z}\right)^2\exp\left[-\frac{\mathrm{i}k}{2z}\left(\boldsymbol{\rho}_1^2-\boldsymbol{\rho}_2^2\right)\right]\exp\left[-\frac{w_0^2k^2}{2z^2}(\rho_{1x}-\rho_{2x})^2\right]\\
&\quad\times\exp\left[-\frac{k^2}{16Ez^2}(\rho_{1y}+\rho_{2y})^2\right]\exp\left[\frac{1}{4C}(G_1\rho_{1x}+G_2\rho_{2x})^2\right]\\
&\quad\times\exp\left[\frac{1}{4D}(F_1\rho_{1y}+F_2\rho_{2y})^2\right]\sum_{n=1}^{N}\exp\left(-\frac{1}{2w_0^2}\boldsymbol{r}_n^2\right)\\
&\quad\times\exp\left[\left(\frac{1}{2w_0^2}-\frac{k^2}{4Cz^2}\right)r_{nx}^2\right]\exp\left(\frac{1}{4Dw_0^4}r_{ny}^2\right)\exp\left[\frac{\mathrm{i}k}{z}r_{nx}(\rho_{1x}-\rho_{2x})\right]\\
&\quad\times\exp\left[-\frac{\mathrm{i}k}{2Cz}r_{nx}(G_1\rho_{1x}+G_2\rho_{2x})\right]\exp\left[\frac{1}{2Dw_0^2}r_{ny}(F_1\rho_{1y}+F_2\rho_{2y})\right]\\
&\quad\times H_1\left[\frac{k}{2\sqrt{C}z}r_{nx}+\frac{\mathrm{i}}{2\sqrt{C}}(G_1\rho_{1x}+G_2\rho_{2x})\right]\\
&\quad\times H_1\left[\frac{\mathrm{i}}{2\sqrt{D}w_0^2}r_{ny}+\frac{\mathrm{i}}{2\sqrt{D}}(F_1\rho_{1y}+F_2\rho_{2y})\right]
\end{aligned}\tag{11.23}$$

式中，

$$C=E+\frac{k^2w_0^2}{2z^2},\quad G_1=\frac{\mathrm{i}k}{2z}+\frac{k^2w_0^2}{z^2},\quad G_2=\frac{\mathrm{i}k}{2z}-\frac{k^2w_0^2}{z^2}\tag{11.24}$$

根据 $W_1$、$W_2$、$W_4$ 及 $W_8$ 的求解过程，可以对剩下的五项 $W_3$、$W_5$、$W_6$、$W_7$ 及 $W_9$ 进行积分求解，分别可得

$$\begin{aligned}
&W_3(\boldsymbol{\rho}_1,\boldsymbol{\rho}_2,z)\\
&=\frac{\mathrm{i}\pi^2}{ED^{3/2}}\left(\frac{k}{2\pi z}\right)^2\exp\left[-\frac{\mathrm{i}k}{2z}\left(\boldsymbol{\rho}_1^2-\boldsymbol{\rho}_2^2\right)\right]\exp\left[-\frac{k^2}{16Ez^2}\left(\boldsymbol{\rho}_1+\boldsymbol{\rho}_2\right)^2\right]\\
&\quad\times\exp\left[\frac{1}{4D}\left(F_1\boldsymbol{\rho}_1+F_2\boldsymbol{\rho}_2\right)^2\right]\sum_{n=1}^{N}\exp\left[-\left(\frac{1}{2w_0^2}-\frac{1}{4Dw_0^4}\right)\boldsymbol{r}_n^2\right]r_{ny}\\
&\quad\times\exp\left[\frac{1}{2Dw_0^2}\boldsymbol{r}_n\cdot\left(F_1\boldsymbol{\rho}_1+F_2\boldsymbol{\rho}_2\right)\right]H_1\left[\frac{\mathrm{i}}{2\sqrt{D}w_0^2}r_{ny}+\frac{\mathrm{i}}{2\sqrt{D}}\left(F_1\rho_{1y}+F_2\rho_{2y}\right)\right]
\end{aligned}\tag{11.25}$$

$$\begin{aligned}
W_5(\boldsymbol{\rho}_1,\boldsymbol{\rho}_2,z)=&\frac{\pi^2w_0^2}{8C^2}\left(\frac{k}{2\pi z}\right)^2\exp\left[-\frac{\mathrm{i}k}{2z}\left(\boldsymbol{\rho}_1^2-\boldsymbol{\rho}_2^2\right)\right]\exp\left[-\frac{k^2w_0^2}{2z^2}\left(\boldsymbol{\rho}_1-\boldsymbol{\rho}_2\right)^2\right]\\
&\times\exp\left[\frac{1}{4C}\left(G_1\boldsymbol{\rho}_1+G_2\boldsymbol{\rho}_2\right)^2\right]\sum_{n=1}^{N}\exp\left[-\left(\frac{k^2}{4Cz^2}\right)\boldsymbol{r}_n^2\right]\\
&\times\exp\left[\frac{\mathrm{i}k}{z}\boldsymbol{r}_n\cdot\left(\boldsymbol{\rho}_1-\boldsymbol{\rho}_2\right)\right]\exp\left[-\frac{\mathrm{i}k}{2Cz}\boldsymbol{r}_n\cdot\left(G_1\boldsymbol{\rho}_1+G_2\boldsymbol{\rho}_2\right)\right]\\
&\times\left\{H_2\left[\frac{k}{2z\sqrt{C}}r_{nx}+\frac{\mathrm{i}}{2\sqrt{C}}\left(G_1\rho_{1x}+G_2\rho_{2x}\right)\right]\right.\\
&\left.+H_2\left[\frac{k}{2z\sqrt{C}}r_{ny}+\frac{\mathrm{i}}{2\sqrt{C}}\left(G_1\rho_{1y}+G_2\rho_{2y}\right)\right]\right\}
\end{aligned}\tag{11.26}$$

$$\begin{aligned}
W_6(\boldsymbol{\rho}_1,\boldsymbol{\rho}_2,z)=&\frac{\pi^2w_0^2}{C^{3/2}}\left(\frac{k}{2\pi z}\right)^2\exp\left[-\frac{\mathrm{i}k}{2z}\left(\boldsymbol{\rho}_1^2-\boldsymbol{\rho}_2^2\right)\right]\exp\left[-\frac{k^2w_0^2}{2z^2}\left(\boldsymbol{\rho}_1-\boldsymbol{\rho}_2\right)^2\right]\\
&\times\exp\left[\frac{1}{4C}\left(G_1\boldsymbol{\rho}_1+G_2\boldsymbol{\rho}_2\right)^2\right]\sum_{n=1}^{N}r_{nx}\exp\left[-\left(\frac{k^2}{4Cz^2}\right)\boldsymbol{r}_n^2\right]\\
&\times\exp\left[\frac{\mathrm{i}k}{z}\boldsymbol{r}_n\cdot\left(\boldsymbol{\rho}_1-\boldsymbol{\rho}_2\right)\right]\exp\left[-\frac{\mathrm{i}k}{2Cz}\boldsymbol{r}_n\cdot\left(G_1\boldsymbol{\rho}_1+G_2\boldsymbol{\rho}_2\right)\right]\\
&\times H_1\left[\frac{k}{2z\sqrt{C}}r_{ny}+\frac{\mathrm{i}}{2\sqrt{C}}\left(G_1\rho_{1y}+G_2\rho_{2y}\right)\right]
\end{aligned}\tag{11.27}$$

$$
\begin{aligned}
W_7(\boldsymbol{\rho}_1,\boldsymbol{\rho}_2,z)=&-\frac{\pi^2 w_0^2}{C^{3/2}}\left(\frac{k}{2\pi z}\right)^2\exp\left[-\frac{\mathrm{i}k}{2z}\left(\boldsymbol{\rho}_1^2-\boldsymbol{\rho}_2^2\right)\right]\exp\left[-\frac{k^2w_0^2}{2z^2}\left(\boldsymbol{\rho}_1-\boldsymbol{\rho}_2\right)^2\right]\\
&\times\exp\left[\frac{1}{4C}\left(G_1\boldsymbol{\rho}_1+G_2\boldsymbol{\rho}_2\right)^2\right]\sum_{n=1}^{N}r_{ny}\exp\left[-\left(\frac{k^2}{4Cz^2}\right)\boldsymbol{r}_n^2\right]\\
&\times\exp\left[\frac{\mathrm{i}k}{z}\boldsymbol{r}_n\cdot\left(\boldsymbol{\rho}_1-\boldsymbol{\rho}_2\right)\right]\exp\left[-\frac{\mathrm{i}k}{2Cz}\boldsymbol{r}_n\cdot\left(G_1\boldsymbol{\rho}_1+G_2\boldsymbol{\rho}_2\right)\right]\\
&\times H_1\left[\frac{k}{2z\sqrt{C}}r_{nx}+\frac{\mathrm{i}}{2\sqrt{C}}\left(G_1\rho_{1x}+G_2\rho_{2x}\right)\right]
\end{aligned}
\tag{11.28}
$$

$$
\begin{aligned}
&W_9(\boldsymbol{\rho}_1,\boldsymbol{\rho}_2,z)\\
=&\frac{\mathrm{i}\pi^2w_0}{2\sqrt{2E}CD}\left(\frac{k}{2\pi z}\right)^2\exp\left[-\frac{\mathrm{i}k}{2z}\left(\boldsymbol{\rho}_1^2-\boldsymbol{\rho}_2^2\right)\right]\exp\left[-\frac{w_0^2k^2}{2z^2}\left(\rho_{1y}-\rho_{2y}\right)^2\right]\\
&\times\exp\left[-\frac{k^2}{16Ez^2}\left(\rho_{1x}+\rho_{2x}\right)^2\right]\exp\left[\frac{1}{4C}\left(G_1\rho_{1y}+G_2\rho_{2y}\right)^2\right]\\
&\times\exp\left[\frac{1}{4D}\left(F_1\rho_{1x}+F_2\rho_{2x}\right)^2\right]\sum_{n=1}^{N}\exp\left(-\frac{1}{2w_0^2}\boldsymbol{r}_n^2\right)\\
&\times\exp\left(\frac{1}{2w_0^2}r_{ny}^2-\frac{k^2}{4Cz^2}r_{ny}^2\right)\exp\left(\frac{1}{4Dw_0^4}r_{nx}^2\right)\exp\left[\frac{\mathrm{i}k}{z}r_{ny}\left(\rho_{1y}-\rho_{2y}\right)\right]\\
&\times\exp\left[-\frac{\mathrm{i}k}{2Cz}r_{ny}\left(G_1\rho_{1y}+G_2\rho_{2y}\right)\right]\exp\left[\frac{1}{2Dw_0^2}r_{nx}\left(F_1\rho_{1x}+F_2\rho_{2x}\right)\right]\\
&\times H_1\left[\frac{k}{2\sqrt{C}z}r_{ny}+\frac{\mathrm{i}}{2\sqrt{C}}\left(G_1\rho_{1y}+G_2\rho_{2y}\right)\right]\\
&\times H_1\left[\frac{\mathrm{i}}{2\sqrt{D}w_0^2}r_{nx}+\frac{\mathrm{i}}{2\sqrt{D}}\left(F_1\rho_{1x}+F_2\rho_{2x}\right)\right]
\end{aligned}
\tag{11.29}
$$

将 $W_1\sim W_9$ 代入式 (11.7) 中并对这九项进行整理合并，即可得到径向部分相干涡旋光束阵列在观测平面上任意两点位置 $\boldsymbol{\rho}_1$ 和 $\boldsymbol{\rho}_2$ 处的 CSDF 表达式。

### 11.2.3　观测平面上的光强表达式

令 $\boldsymbol{\rho}_1=\boldsymbol{\rho}_2=\boldsymbol{\rho}$，则径向部分相干涡旋光束阵列在观测平面上任一点 $\boldsymbol{\rho}$ 处的光强表达式为

$$
I(\boldsymbol{\rho},z)=I_1(\boldsymbol{\rho},z)+I_2(\boldsymbol{\rho},z)+I_3(\boldsymbol{\rho},z)+I_4(\boldsymbol{\rho},z)
\tag{11.30}
$$

式中，

$$
\begin{aligned}
I_1(\boldsymbol{\rho},z)&=W_1(\boldsymbol{\rho},\boldsymbol{\rho},z)+W_2(\boldsymbol{\rho},\boldsymbol{\rho},z)+W_3(\boldsymbol{\rho},\boldsymbol{\rho},z)+W_4(\boldsymbol{\rho},\boldsymbol{\rho},z)\\
&=-\frac{\pi^2}{4ED^2}\left(\frac{k}{2\pi z}\right)^2\exp\left[-\frac{k^2}{4Ez^2}\boldsymbol{\rho}^2\right]\exp\left[\frac{(F_1+F_2)^2}{4D}\boldsymbol{\rho}^2\right]\\
&\quad\times\sum_{n=1}^{N}\exp\left[-\left(\frac{1}{2w_0^2}-\frac{1}{4Dw_0^4}\right)\boldsymbol{r}_n^2\right]\exp\left[\frac{F_1+F_2}{2Dw_0^2}\boldsymbol{r}_n\cdot\boldsymbol{\rho}\right]\\
&\quad\times\left\{H_2\left[\frac{\mathrm{i}}{2\sqrt{D}w_0^2}r_{nx}+\frac{\mathrm{i}(F_1+F_2)}{2\sqrt{D}}\rho_x\right]+H_2\left[\frac{\mathrm{i}}{2\sqrt{D}w_0^2}r_{ny}+\frac{\mathrm{i}(F_1+F_2)}{2\sqrt{D}}\rho_y\right]\right.\\
&\quad+4\mathrm{i}r_{nx}\sqrt{D}H_1\left[\frac{\mathrm{i}}{2\sqrt{D}w_0^2}r_{nx}+\frac{\mathrm{i}(F_1+F_2)}{2\sqrt{D}}\rho_x\right]\\
&\quad\left.+4\mathrm{i}r_{ny}\sqrt{D}H_1\left[\frac{\mathrm{i}}{2\sqrt{D}w_0^2}r_{ny}+\frac{\mathrm{i}(F_1+F_2)}{2\sqrt{D}}\rho_y\right]+\boldsymbol{r}_n^2\right\}
\end{aligned}
\tag{11.31}
$$

$$
\begin{aligned}
I_2(\boldsymbol{\rho},z)&=W_5(\boldsymbol{\rho},\boldsymbol{\rho},z)+W_6(\boldsymbol{\rho},\boldsymbol{\rho},z)+W_7(\boldsymbol{\rho},\boldsymbol{\rho},z)\\
&=\frac{\pi^2w_0^2}{8C^2}\left(\frac{k}{2\pi z}\right)^2\exp\left[\frac{(G_1+G_2)^2}{4C}\boldsymbol{\rho}^2\right]\sum_{n=1}^{N}\exp\left[-\left(\frac{k^2}{4Cz^2}\right)\boldsymbol{r}_n^2\right]\\
&\quad\times\exp\left[-\frac{\mathrm{i}k(G_1+G_2)}{2Cz}\boldsymbol{r}_n\cdot\boldsymbol{\rho}\right]\left\{H_2\left[\frac{k}{2z\sqrt{C}}r_{nx}+\frac{\mathrm{i}(G_1+G_2)}{2\sqrt{C}}\rho_x\right]\right.\\
&\quad+H_2\left[\frac{k}{2z\sqrt{C}}r_{ny}+\frac{\mathrm{i}(G_1+G_2)}{2\sqrt{C}}\rho_y\right]+8\sqrt{C}r_{nx}\\
&\quad\times H_1\left[\frac{k}{2z\sqrt{C}}r_{ny}+\frac{\mathrm{i}(G_1+G_2)}{2\sqrt{C}}\rho_y\right]\\
&\quad\left.-8\sqrt{C}r_{ny}H_1\left[\frac{k}{2z\sqrt{C}}r_{nx}+\frac{\mathrm{i}(G_1+G_2)}{2\sqrt{C}}\rho_x\right]\right\}
\end{aligned}
\tag{11.32}
$$

$$
\begin{aligned}
I_3(\boldsymbol{\rho},z)&=W_8(\boldsymbol{\rho},\boldsymbol{\rho},z)\\
&=-\frac{\mathrm{i}\pi^2w_0}{2\sqrt{2E}CD}\left(\frac{k}{2\pi z}\right)^2\exp\left[-\frac{k^2}{4Ez^2}\rho_y^2+\frac{(F_1+F_2)^2}{4D}\rho_y^2\right]\\
&\quad\times\exp\left[\frac{(G_1+G_2)^2}{4C}\rho_x^2\right]\sum_{n=1}^{N}\exp\left(-\frac{1}{2w_0^2}\boldsymbol{r}_n^2\right)\exp\left[\left(\frac{1}{2w_0^2}-\frac{k^2}{4Cz^2}\right)r_{nx}^2\right]\\
&\quad\times\exp\left(\frac{1}{4Dw_0^4}r_{ny}^2\right)\exp\left[-\frac{\mathrm{i}k(G_1+G_2)}{2Cz}r_{nx}\rho_x\right]\exp\left[\frac{F_1+F_2}{2Dw_0^2}r_{ny}\rho_y\right]
\end{aligned}
$$

$$
\times H_1\left[\frac{k}{2\sqrt{C}z}r_{nx}+\frac{\mathrm{i}\left(G_1+G_2\right)}{2\sqrt{C}}\rho_x\right]H_1\left[\frac{\mathrm{i}}{2\sqrt{D}w_0^2}r_{ny}+\frac{\mathrm{i}\left(F_1+F_2\right)}{2\sqrt{D}}\rho_y\right] \tag{11.33}
$$

$$
\begin{aligned}
I_4(\boldsymbol{\rho},z)=&W_9(\boldsymbol{\rho},\boldsymbol{\rho},z)\\
=&\frac{\mathrm{i}\pi^2w_0}{2\sqrt{2E}CD}\left(\frac{k}{2\pi z}\right)^2\exp\left[-\frac{k^2}{4Ez^2}\rho_x^2+\frac{\left(F_1+F_2\right)^2}{4D}\rho_x^2\right]\\
&\times\exp\left[\frac{\left(G_1+G_2\right)^2}{4C}\rho_y^2\right]\sum_{n=1}^{N}\exp\left(-\frac{1}{2w_0^2}\boldsymbol{r}_n^2\right)\exp\left[\left(\frac{1}{2w_0^2}-\frac{k^2}{4Cz^2}\right)r_{ny}^2\right]\\
&\times\exp\left(\frac{1}{4Dw_0^4}r_{nx}^2\right)\exp\left[-\frac{\mathrm{i}k\left(G_1+G_2\right)}{2Cz}r_{ny}\rho_y\right]\exp\left[\frac{F_1+F_2}{2Dw_0^2}r_{nx}\rho_x\right]\\
&\times H_1\left[\frac{k}{2\sqrt{C}z}r_{ny}+\frac{\mathrm{i}\left(G_1+G_2\right)}{2\sqrt{C}}\rho_y\right]H_1\left[\frac{\mathrm{i}}{2\sqrt{D}w_0^2}r_{nx}+\frac{\mathrm{i}\left(F_1+F_2\right)}{2\sqrt{D}}\rho_x\right]
\end{aligned} \tag{11.34}
$$

式中，参数 $E$、$D$、$F_1$、$F_2$、$C$、$G_1$、$G_2$ 分别如式 (11.8)、式 (11.12) 和式 (11.24) 所示。将式 (11.31)~ 式 (11.34) 代入式 (11.30) 中即可求得径向部分相干涡旋光束在观测平面 $z>0$ 上的光强表达式。

## 11.3　Non-Kolmogorov 湍流中光源参数对光强特性的影响

根据拓扑荷数 $l=1$ 的径向部分相干涡旋光束阵列在 Non-Kolmogorov 湍流中传输后光强表达式的理论推导，计算径向部分相干涡旋光束阵列在观测平面 $z>0$ 上的光强分布。

### 11.3.1　径向阵列参数影响分析

利用式 (11.30)~ 式 (11.34) 数值计算不同径向半径 $r_n$ 的情况下阵列个数 $N=8$ 的径向部分相干涡旋光束阵列在 Non-Kolmogorov 湍流中传输不同距离时的光强分布，如图 11.4~ 图 11.6 所示。计算中取参数：波长 $\lambda=632.8\text{nm}$，束腰半径 $w_0=10\text{mm}$，相干长度 $\delta=2w_0$，Non-Kolmogorov 湍流的广义指数因子 $\alpha=3.5$，大气折射率结构常数 $C_0=1.7\times10^{-14}\text{m}^{3-\alpha}$，大气湍流内尺度 $l_0=0.01\text{m}$，大气湍流外尺度 $L_0=100\text{m}$。

图 11.4、图 11.5 和图 11.6 分别展示了径向半径 $r_n=5w_0$、$r_n=7w_0$ 及 $r_n=10w_0$ 时径向部分相干涡旋光束在 Non-Kolmogorov 湍流中传输不同距离后的光强分布图。在图 11.4 中，当组成径向阵列的光束半径较小 ($r_n=5w_0$) 时，径向部分相干涡旋光束在 Non-Kolmogorov 湍流中传输较小一段距离后的光强分布形状为八角花瓣状，且因传输距离较小，八个部分相干涡旋光束部分叠加之后光

强分布中心有暗黑区域，如图 11.4(a) 所示。当传输距离增加时，光强分布呈八角螺丝状，这是因为八个空心的部分相干涡旋光束随着传输距离的增加空心逐渐消失，如图 11.4(b) 所示。另外，随着传输距离的增加，径向部分相干涡旋光束阵列光强分布中心的暗黑区域逐渐消失，即轴上点的光强从零增加到最大值，当传输距离达到一定值时，光强分布为标准的高斯分布形式，如图 11.4(e) 和 (f) 所示。

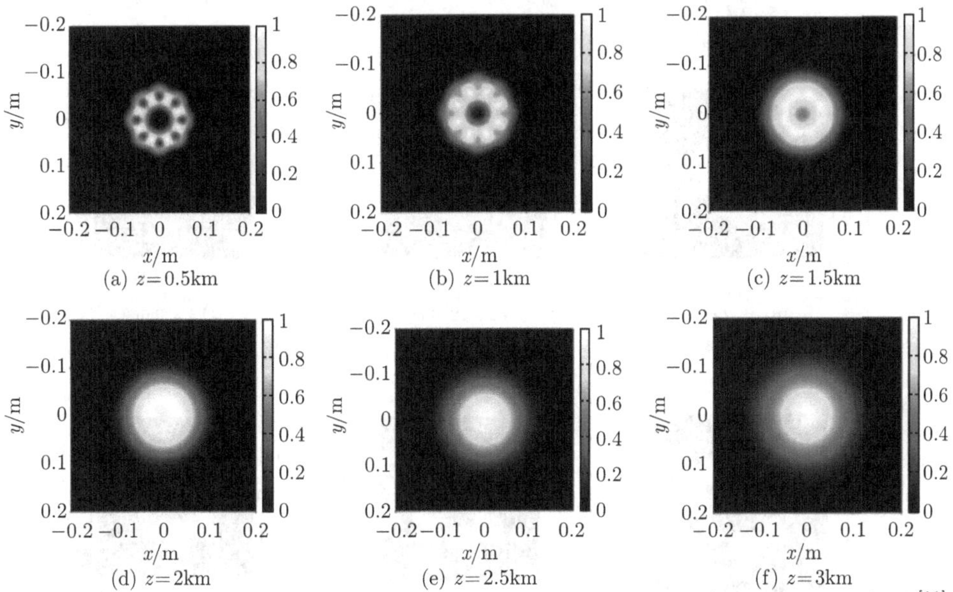


图 11.4　不同传输距离时径向半径 $r_n = 5w_0$ 的径向部分相干涡旋光束阵列的光强分布图 [11]

在图 11.5 中，组成径向阵列的半径 $r_n = 7w_0$，当传输距离 $z = 0.5\text{km}$ 时，可清晰地看出径向部分相干涡旋光束阵列在 Non-Kolmogorov 湍流中传输后的光强分布由八个部分相干涡旋光束紧紧相邻组成，如图 11.5(a) 所示。当传输距离 $z = 1\text{km}$ 和 $z = 1.5\text{km}$ 时，光强分布为不同形状的花环状，且中心的强度仍为零，如图 11.5(b) 和 (c) 所示。当传输距离再次增加时，光强分布逐渐从标准的环状分布转换成高斯分布，如图 11.5(d)~(f) 所示。

在图 11.6 中，组成径向阵列的半径 $r_n = 10w_0$。从图 11.6(a) 中可清晰地发现，当传输距离较小时，每一个部分相干涡旋光束互不重叠，这是因为径向半径相比每一个光束的束腰半径较大时，大气湍流的影响还不足以使每一个部分相干涡旋光束的光强分布展宽到两两重叠，在 Non-Kolmogorov 湍流信道中传输时互不影响。从图 11.6(b) 和 (c) 可看出，随着传输距离的增加，每一个部分相干涡旋光束的光强分布转化为单独的高斯分布，并且开始出现叠加，即在 Non-Kolmogorov 湍流信道中传输时相邻的部分相干涡旋光束之间产生影响，但整体径向部分相干涡旋光束光强分布的中心仍存在暗黑区域。同理，传输距离再增加时，径向部分相干涡旋光束光强分布的中心光强逐渐增大，如图 11.6(e) 和 (f) 所示。

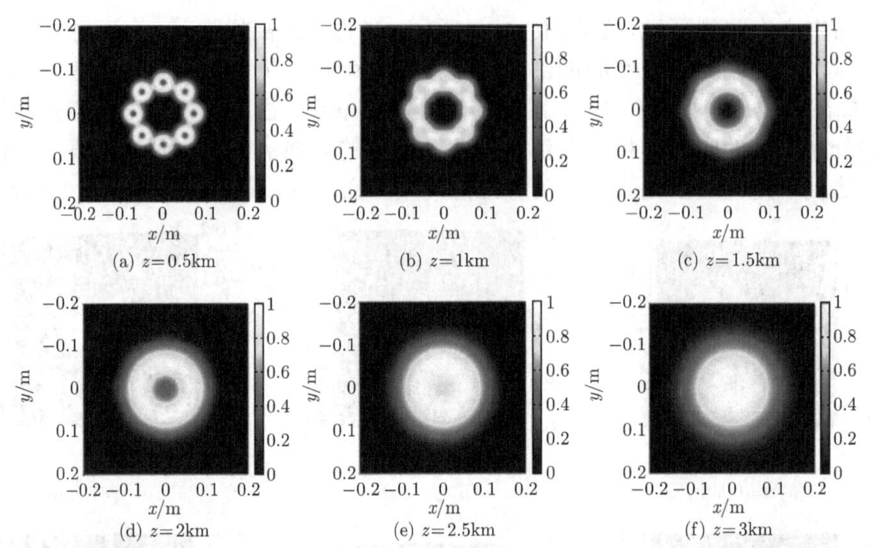


图 11.5　不同传输距离时径向半径 $r_n = 7w_0$ 的径向部分相干涡旋光束阵列的光强分布 [11]

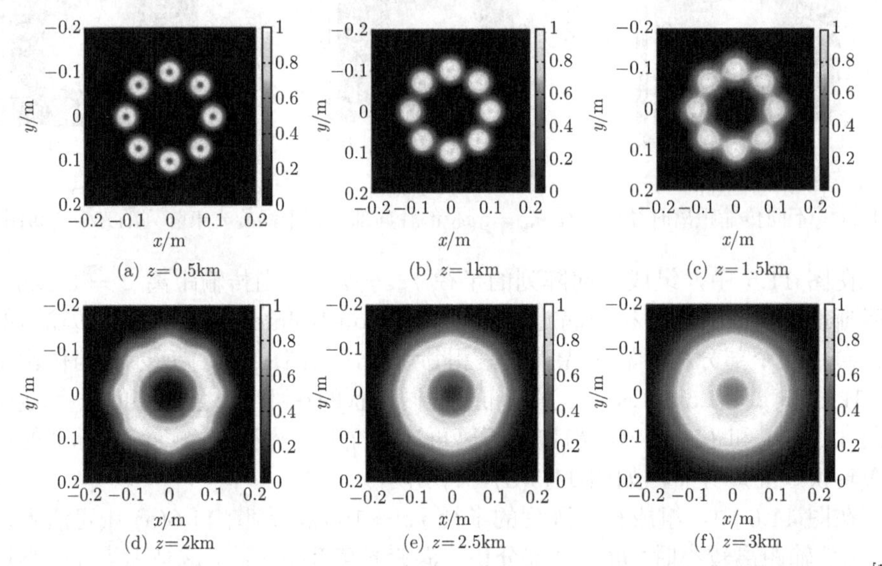


图 11.6　不同传输距离时径向半径 $r_n = 10w_0$ 的径向部分相干涡旋光束阵列的光强分布 [11]

结合图 11.4～ 图 11.6，可清晰地发现径向部分相干涡旋光束阵列光强分布随传输距离增加的变化规律。其光强分布形成的过程：随着传输距离的增加，每一个部分相干涡旋光束中心的暗斑逐渐消失且光强分布展宽，则重叠区域增大，之后整体径向部分相干涡旋光束阵列的光强分布呈现环形分布，最终变成标准的高斯分布。轴上点的光强随着传输距离的增加逐渐从零变成最大值。对比图 11.4～图 11.6 可发现，随着径向半径的增大，光强分布转化为标准高斯分布时所需要的传输距离增大，当然同样的大气湍流环境下，当传输距离增加到一定值时光强分布转化成高斯分布的半径越大，光束展宽越严重。

为了更好地说明通过图 11.4~图 11.6 发现的径向部分相干涡旋光束阵列光强分布随传输距离增加的变化规律，以径向半径 $r_n = 10w_0$、径向阵列个数 $N = 8$ 为例，图 11.7 给出了不同传输距离时径向部分相干涡旋光束阵列经 Non-Kolmogorov 湍流传输后的光强分布曲线。从图 11.7 中可显著地看出，当传输距离达到一定值时，径向部分相干涡旋光束阵列的光强分布呈高斯分布。

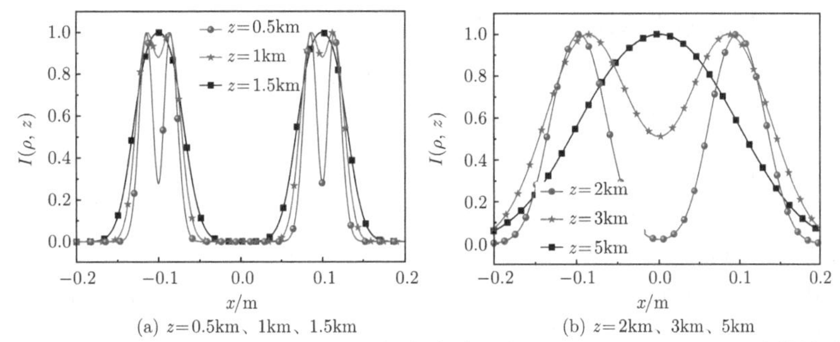


图 11.7　不同传输距离时径向部分相干涡旋光束阵列经 Non-Kolmogorov 湍流传输后的光强分布曲线 [11]

图 11.8 描述了径向阵列个数 $N$ 对径向部分相干涡旋光束阵列在 Non-Kolmogorov 湍流中传输后光强分布的影响，以径向阵列半径 $r_n = 5w_0$、传输距离 $z = 1\text{km}$ 为例。

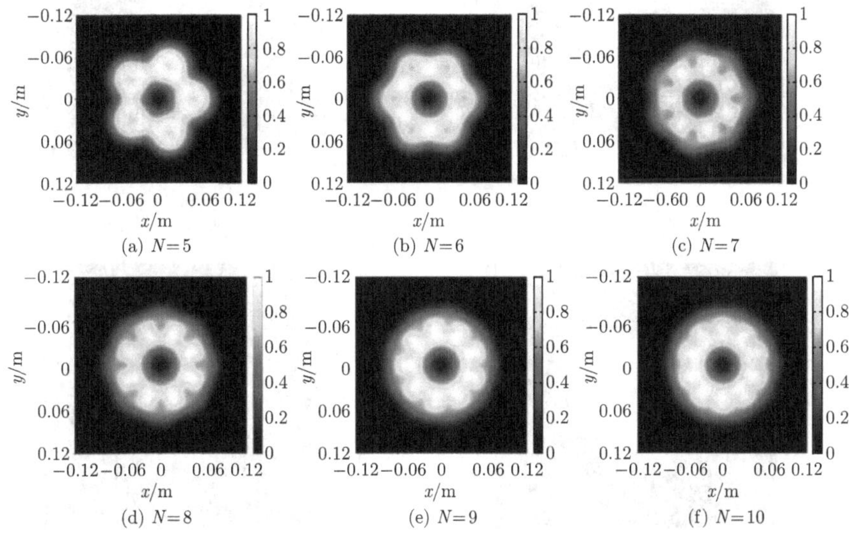


图 11.8　不同径向阵列个数 $N$ 时径向部分相干涡旋光束阵列经 Non-Kolmogorov 湍流传输后的光强分布图 [11]

从图 11.8 中可看出，在其他条件相同的情况下，径向阵列个数 $N$ 越大，径向部分相干涡旋光束阵列经 Non-Kolmogorov 湍流传输后的光强分布越接近环形分布。这是因为同等条件下，径向阵列个数越大，相邻光束的重叠区域越大，则径向部分相干涡旋光束阵列的光强分布越接近环形分布。另外，当径向阵列个数 $N$ 逐渐增大时，其光强分布中心的暗黑区域从 $N$ 边形逐渐变成圆形。通过上述分析可预测，当径向阵列个数越大时，径向部分相干涡旋光束在 Non-Kolmogorov 湍流中传输后的光强分布最终转换成高斯分布所需要的传输距离越短。

### 11.3.2　单个部分相干涡旋光束参数影响分析

除径向阵列半径和个数对径向部分相干涡旋光束阵列在 Non-Kolmogorov 湍流中传输特性的影响外，组成径向阵列的每一个部分相干涡旋光束的光源参数也是重要的影响因素，如光源波长、束腰半径及相干长度。仿真计算了不同光源参数时径向部分相干涡旋光束阵列在 Non-Kolmogorov 湍流中传输后的光强分布。取参数：波长 $\lambda = 632.8\text{nm}$，束腰半径 $w_0 = 10\text{mm}$，相干长度 $\delta = 2w_0$，径向阵列半径 $r_n = 10w_0$，径向阵列个数 $N = 8$，传输距离 $z = 2\text{km}$，Non-Kolmogorov 湍流的广义指数因子 $\alpha = 3.5$，大气折射率结构常数 $C_0 = 1.7\times10^{-14}\text{m}^{3-\alpha}$，大气湍流内尺度 $l_0 = 0.01\text{m}$，大气湍流外尺度 $L_0 = 100\text{m}$。图 11.9～ 图 11.11 分别探讨了光

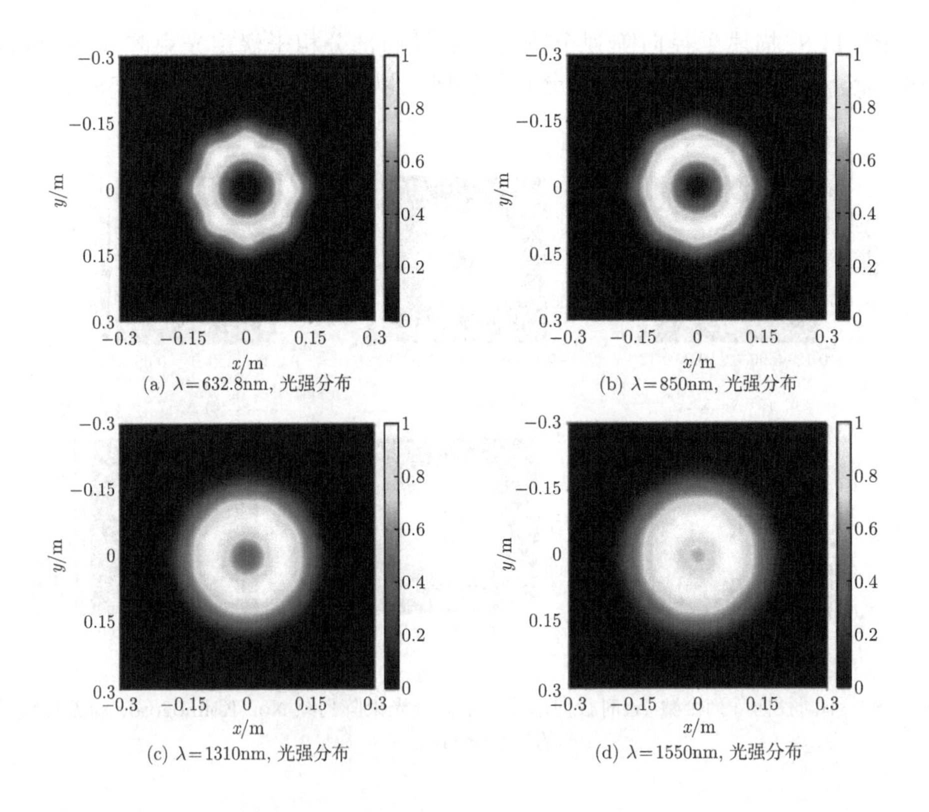

(a) $\lambda$=632.8nm, 光强分布　(b) $\lambda$=850nm, 光强分布

(c) $\lambda$=1310nm, 光强分布　(d) $\lambda$=1550nm, 光强分布

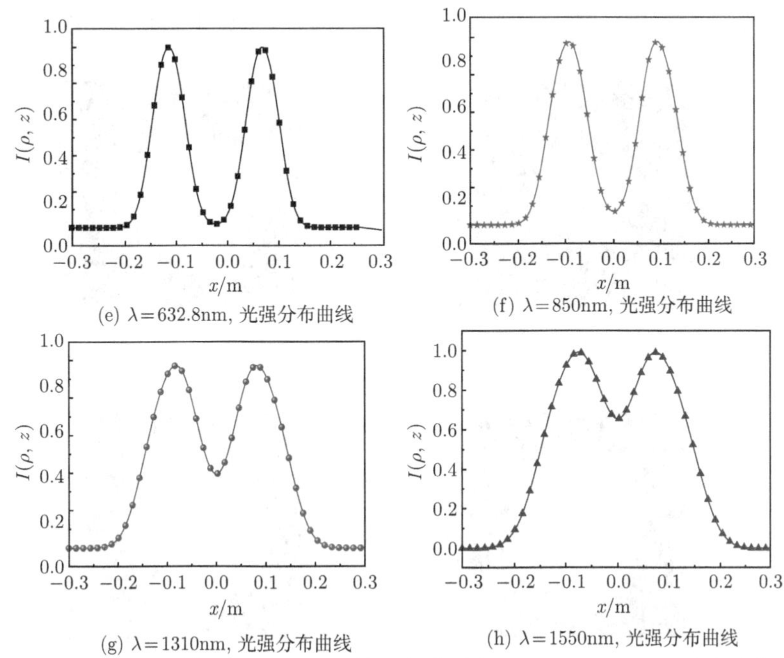

(e) λ=632.8nm, 光强分布曲线

(f) λ=850nm, 光强分布曲线

(g) λ=1310nm, 光强分布曲线

(h) λ=1550nm, 光强分布曲线

图 11.9　不同光源波长时径向部分相干涡旋光束阵列在 Non-Kolmogorov 湍流中传输后的光强分布图和光强分布曲线

源波长、束腰半径和相干长度对径向部分相干涡旋光束阵列在 Non-Kolmogorov 湍流中传输后光强分布的影响。

图 11.9 描述了不同光源波长时径向部分相干涡旋光束阵列在 Non-Kolmogorov 湍流中传输后的光强分布。从图 11.9(a)~(d) 可看出，随着波长增大，其光强分布中心暗黑区域变小并逐渐消失，图 11.9(e)~(h) 更直观表明，随着波长的增大，其轴上点光强变大。因此，结合上述研究分析可知，当波长越大时，径向部分相干涡旋光束阵列在 Non-Kolmogorov 湍流中传输后的光强分布转化成高斯分布所需要的传输距离越短。也就是说，波长越长时，大气湍流对径向部分相干涡旋光束阵列的光强分布影响越大。

图 11.10 描述了不同束腰半径时径向部分相干涡旋光束阵列在 Non-Kolmogorov 湍流中传输后的光强分布，此时相干长度 $\delta = 2\text{cm}$，径向阵列半径 $r_n = 10\text{cm}$。显然从图 11.10(a)~(d) 可看出，束腰半径越大，其光强分布中心暗黑区域越小并逐渐消失，且光束展宽，图 11.10(e)~(h) 更直观表明，随着束腰半径的增大，其轴上点光强增大。因此，当束腰半径越大时，径向部分相干涡旋光束阵列在 Non-Kolmogorov 湍流中传输后的光强分布转化成高斯分布所需要的传输距离越短，即束腰半径越大时，径向部分相干涡旋光束阵列受 Non-Kolmogorov 湍流的影响越大。另外，单个部分相干涡旋光束的束腰半径增大时，同等条件下，相

邻光束的光强重叠部分增加，这也是其光强分布快速接近于高斯分布的一个原因。

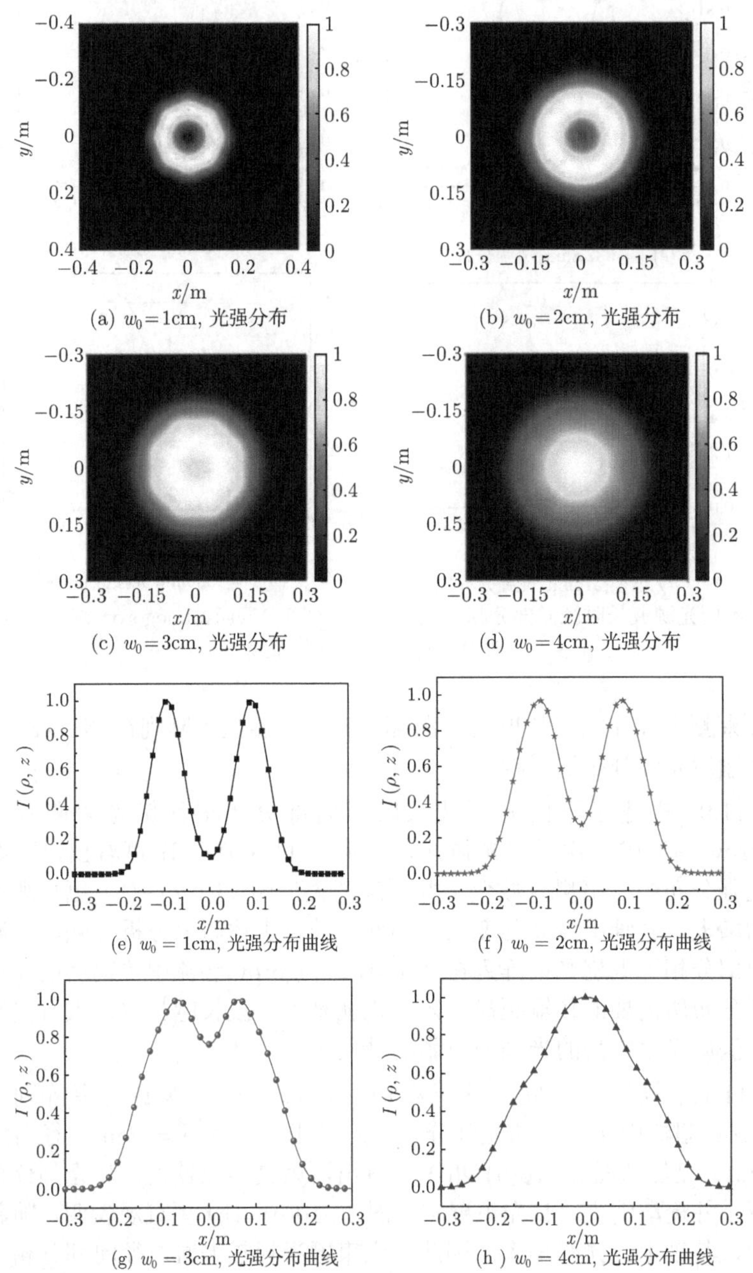


图 11.10　不同束腰半径时径向部分相干涡旋光束阵列在 Non-Kolmogorov 湍流中传输后的光强分布图和光强分布曲线

相干长度是径向部分相干涡旋光束阵列的一个重要参数。图 11.11 为径向部分相干涡旋光束阵列在 Non-Kolmogorov 湍流中传输后光强分布随着相干长度的演化图。图 11.12 给出了图 11.11 中特殊相干长度 $\delta = 0.1w_0$、$0.2w_0$、$0.5w_0$、$0.8w_0$ 时的光强分布图和光强分布曲线。结合图 11.11 和图 11.12 可以看出，相干长度越小，径向部分相干涡旋光束阵列在 Non-Kolmogorov 湍流中传输后光强分布越接近于高斯分布。对于较小的相干长度来说，其光强分布转换为高斯分布后出现明显扩展，如图 11.12(a) 所示。也就是说，在同等条件下，相干长度越小时，径向部分相干涡旋光束阵列受 Non-Kolmogorov 湍流的影响越大。当相干长度增大时，径向部分相干涡旋光束阵列在 Non-Kolmogorov 湍流中传输后光强分布的变化越小，换句话说，相干长度增大时其对光强分布的影响减小。从图 11.12(e)~(h) 中可看出，随着相干长度的增大，轴上点的光强逐渐减小。

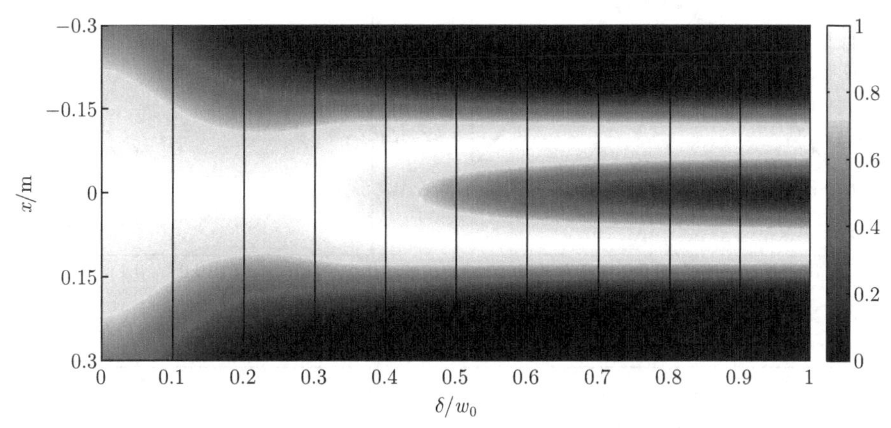


图 11.11 径向部分相干涡旋光束阵列经 Non-Kolmogorov 湍流传输后光强分布随相干长度 $\delta$ 的演化图

(a) $\delta = 0.1w_0$, 光强分布

(b) $\delta = 0.2w_0$, 光强分布

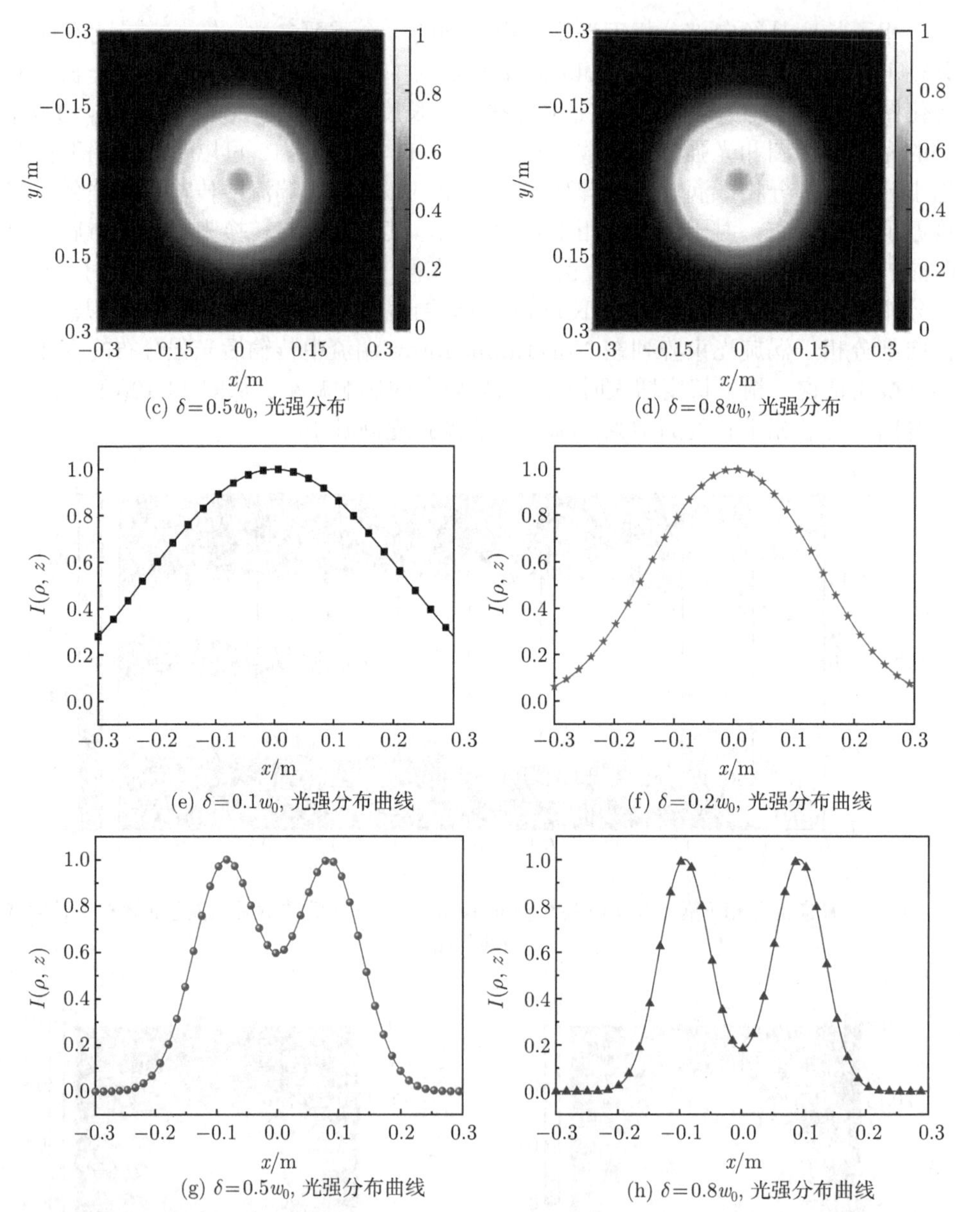


(c) $\delta=0.5w_0$, 光强分布　　(d) $\delta=0.8w_0$, 光强分布

(e) $\delta=0.1w_0$, 光强分布曲线　　(f) $\delta=0.2w_0$, 光强分布曲线

(g) $\delta=0.5w_0$, 光强分布曲线　　(h) $\delta=0.8w_0$, 光强分布曲线

图 11.12　不同相干长度时径向部分相干涡旋光束阵列在 Non-Kolmogorov 湍流中传输后的光强分布图和光强分布曲线

## 11.4　Non-Kolmogorov 湍流参数对光强特性的影响

根据径向部分相干涡旋光束阵列在 Non-Kolmogorov 湍流中传输后光强表达式的推导结果，讨论大气折射率结构常数、Non-Kolmogorov 湍流的广义指数因子及大气湍流内外尺度对其传输特性的影响，并给出物理解释。

### 11.4.1　Non-Kolmogorov 湍流强度影响分析

在 Non-Kolmogorov 谱模型中表征大气湍流强度的参数包括广义指数因子 $\alpha$ 和大气折射率结构常数 $C_0$，不同传输距离下径向部分相干涡旋光束阵列经 Non-Kolmogorov 湍流传输后光强分布随广义指数因子的演化图样如图 11.13 所示。

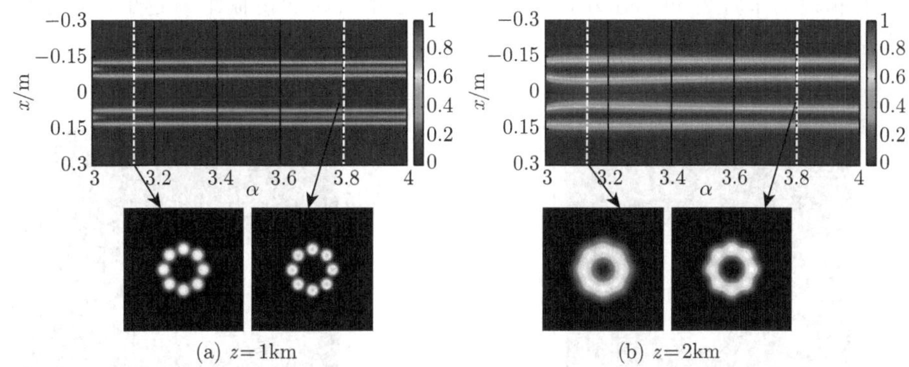


(a) $z=1$km　(b) $z=2$km

图 11.13　不同传输距离下径向部分相干涡旋光束阵列经 Non-Kolmogorov 湍流传输后光强分布随广义指数因子$\alpha$ 的演化图样

大气折射率结构常数 $C_0$ 分别为 $1.7\times10^{-15}\text{m}^{3-\alpha}$、$1.7\times10^{-14}\text{m}^{3-\alpha}$、$4.7\times10^{-14}\text{m}^{3-\alpha}$、$1.7\times10^{-13}\text{m}^{3-\alpha}$ 情况下拉盖尔-高斯-谢尔模型涡旋 (Laguerre-Gaussian-Schell model vortex, LGSMV) 光束经 Non-Kolmogorov 湍流传输后的光强分布图及一维分布曲线如图 11.14 所示。取参数：波长 $\lambda=632.8$nm，束腰半径 $w_0=10$mm，相干长度 $\delta=2w_0$，径向阵列半径 $r_n=10w_0$，径向阵列个数 $N=8$，大气湍流内尺度 $l_0=0.01$m，大气湍流外尺度 $L_0=100$m，大气折射率结构常数 $C_0=1.7\times10^{-14}\text{m}^{3-\alpha}$。

在图 11.13 中两组光强分布图对应的广义指数因子分别为 $\alpha=3.15$ 和 $\alpha=3.8$。从图 11.13 可看出，当广义指数因子 $\alpha=3.15$ 时，径向部分相干涡旋光束阵列受 Non-Kolmogorov 湍流的影响最大，这是因为广义指数因子 $\alpha=3.15$ 时大气湍流的强度最大。当 $3<\alpha<3.15$ 时，径向部分相干涡旋光束阵列受 Non-Kolmogorov 湍流的影响随着 $\alpha$ 的增加而增大；当 $3.15<\alpha<4$ 时，径向部分相干涡旋光束阵列受 Non-Kolmogorov 湍流的影响随着 $\alpha$ 的增加而减弱。另外，从图 11.13(a) 中可发现，当传输距离 $z=1$km 时，即使在 Non Kolmogorov 湍流强

度最大的情况下，其光强分布仍可清晰地划分为八个部分相干涡旋光束，且轴上点的光强始终为零。在图 11.13(b) 中，当传输距离 $z = 2\text{km}$ 时，其光强分布呈现为花环状，且在 Non-Kolmogorov 湍流强度最大时轴上点的光强已不再是零。结合图 11.13(a) 和 (b) 可知，当传输距离越大时，广义指数因子对径向部分相干涡旋光束阵列经 Non-Kolmogorov 湍流传输后光强分布的影响相对越明显。

图 11.14 和图 11.15 分别展示了广义指数因子 $\alpha = 3.15$ 和 $\alpha = 3.5$ 时不同大气折射率结构常数 $C_0$ 情况下径向部分相干涡旋光束阵列经 Non-Kolmogorov 湍流传输后的光强分布图和一维分布曲线。从图 11.14 和图 11.15 都可看出，当大气折射率结构常数越大时，径向部分相干涡旋光束阵列经 Non-Kolmogorov 湍流传输后的光强分布扩展越严重。这也验证了当大气折射率结构常数越大时，径向部分相干涡旋光束阵列的光强分布转换成高斯分布所需的传输距离越小。产生此现象的原因是，当大气折射率结构常数越大时，大气湍流越强，大气湍流对其传输特

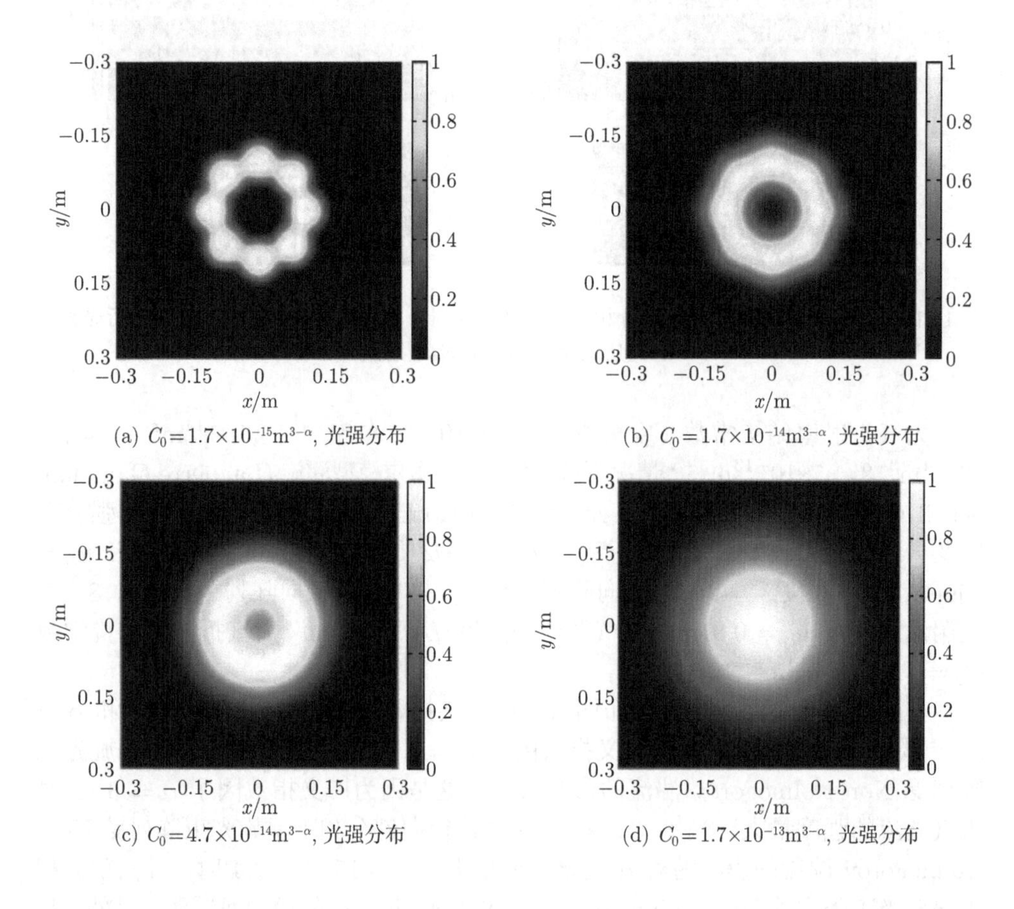


(a) $C_0 = 1.7\times10^{-15}\text{m}^{3-\alpha}$, 光强分布　(b) $C_0 = 1.7\times10^{-14}\text{m}^{3-\alpha}$, 光强分布

(c) $C_0 = 4.7\times10^{-14}\text{m}^{3-\alpha}$, 光强分布　(d) $C_0 = 1.7\times10^{-13}\text{m}^{3-\alpha}$, 光强分布

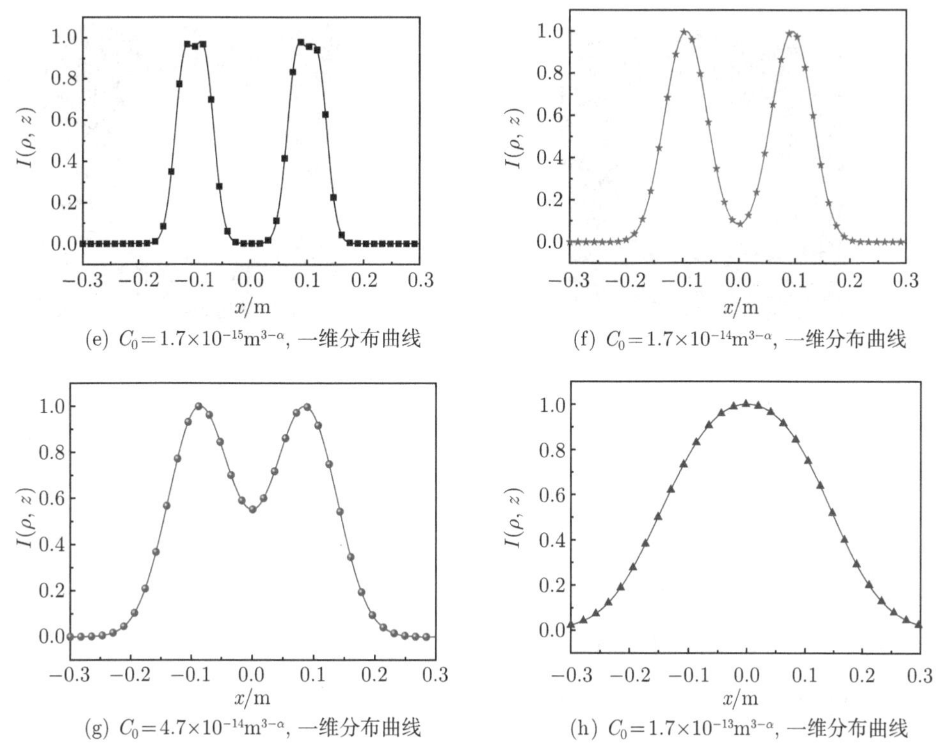


(e) $C_0=1.7\times10^{-15}\mathrm{m}^{3-\alpha}$, 一维分布曲线

(f) $C_0=1.7\times10^{-14}\mathrm{m}^{3-\alpha}$, 一维分布曲线

(g) $C_0=4.7\times10^{-14}\mathrm{m}^{3-\alpha}$, 一维分布曲线

(h) $C_0=1.7\times10^{-13}\mathrm{m}^{3-\alpha}$, 一维分布曲线

图 11.14　$\alpha = 3.15$ 时不同 $C_0$ 情况下径向部分相干涡旋光束阵列经 Non-Kolmogorov 湍流传输后的光强分布图和一维分布曲线

性的影响越大，则展宽越严重。对比图 11.14 和图 11.15 可知，在同一大气折射率结构常数情况下，当 $\alpha = 3.15$ 时，径向部分相干涡旋光束阵列受 Non-Kolmogorov 湍流的影响较大，图 11.13 可以体现产生此现象的原因。

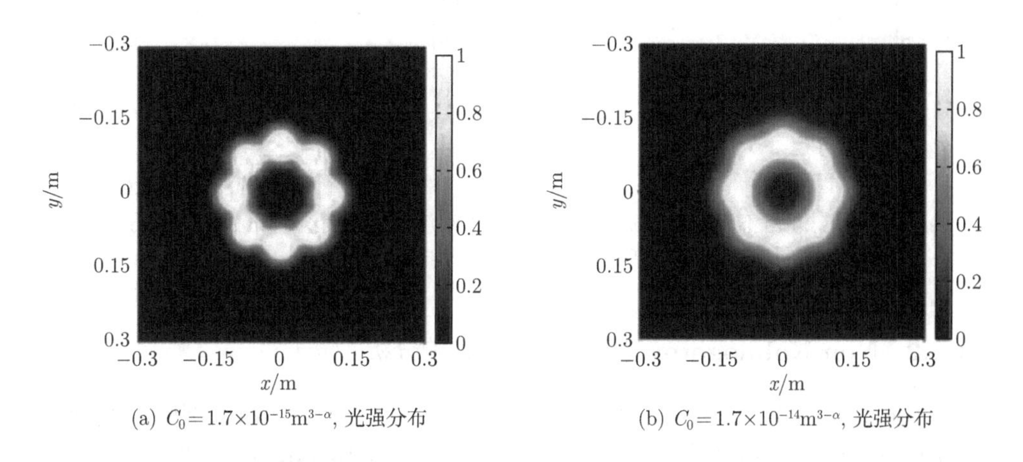


(a) $C_0=1.7\times10^{-15}\mathrm{m}^{3-\alpha}$, 光强分布

(b) $C_0=1.7\times10^{-14}\mathrm{m}^{3-\alpha}$, 光强分布

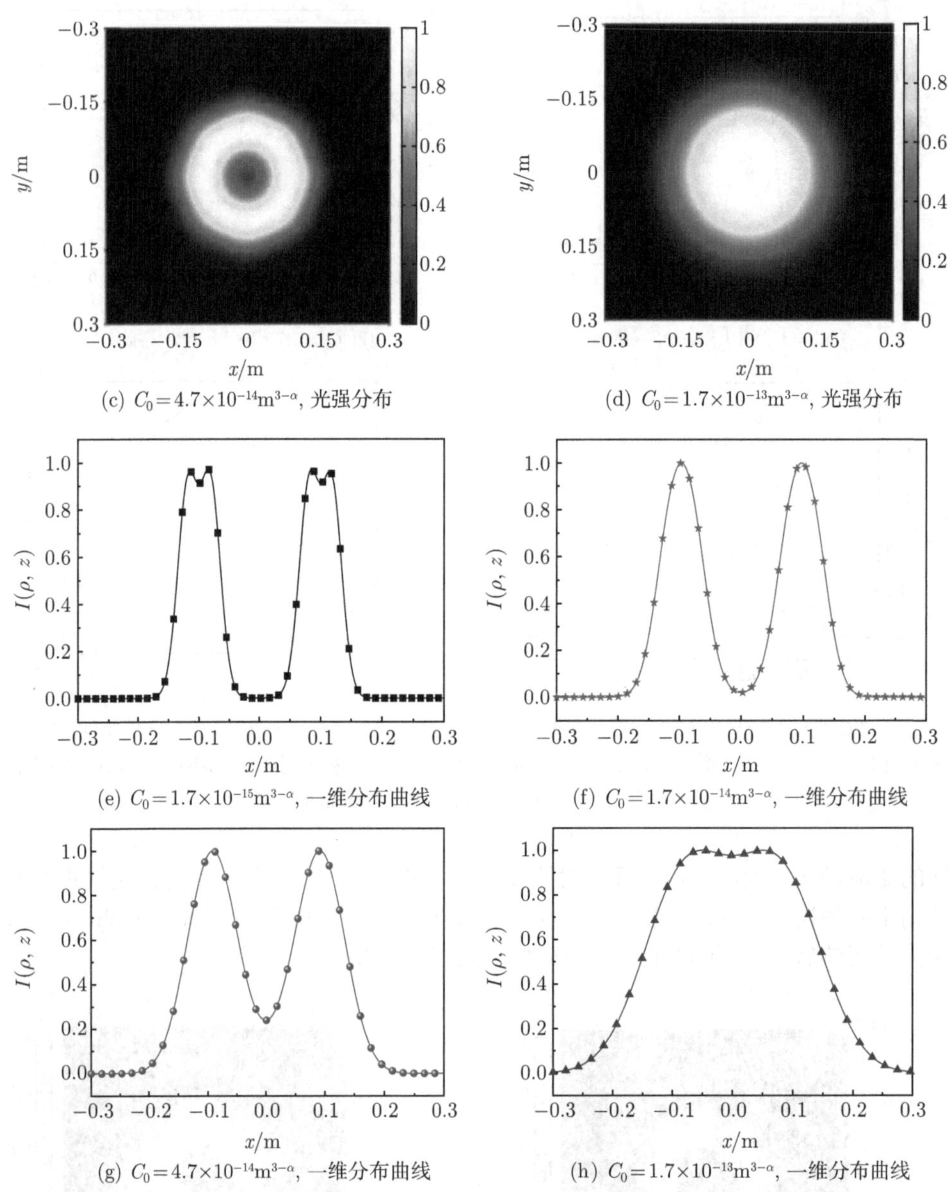


图 11.15　$\alpha = 3.5$ 时不同 $C_0$ 情况下径向部分相干涡旋光束阵列经 Non-Kolmogorov 湍流传输后的光强分布图和一维分布曲线

### 11.4.2　Non-Kolmogorov 湍流内外尺度影响分析

不同大气湍流外尺度 $L_0$ 和内尺度 $l_0$ 情况下径向部分相干涡旋光束阵列经 Non-Kolmogorov 湍流传输后的光强分布分别如图 11.16 和图 11.17 所示。取参数:

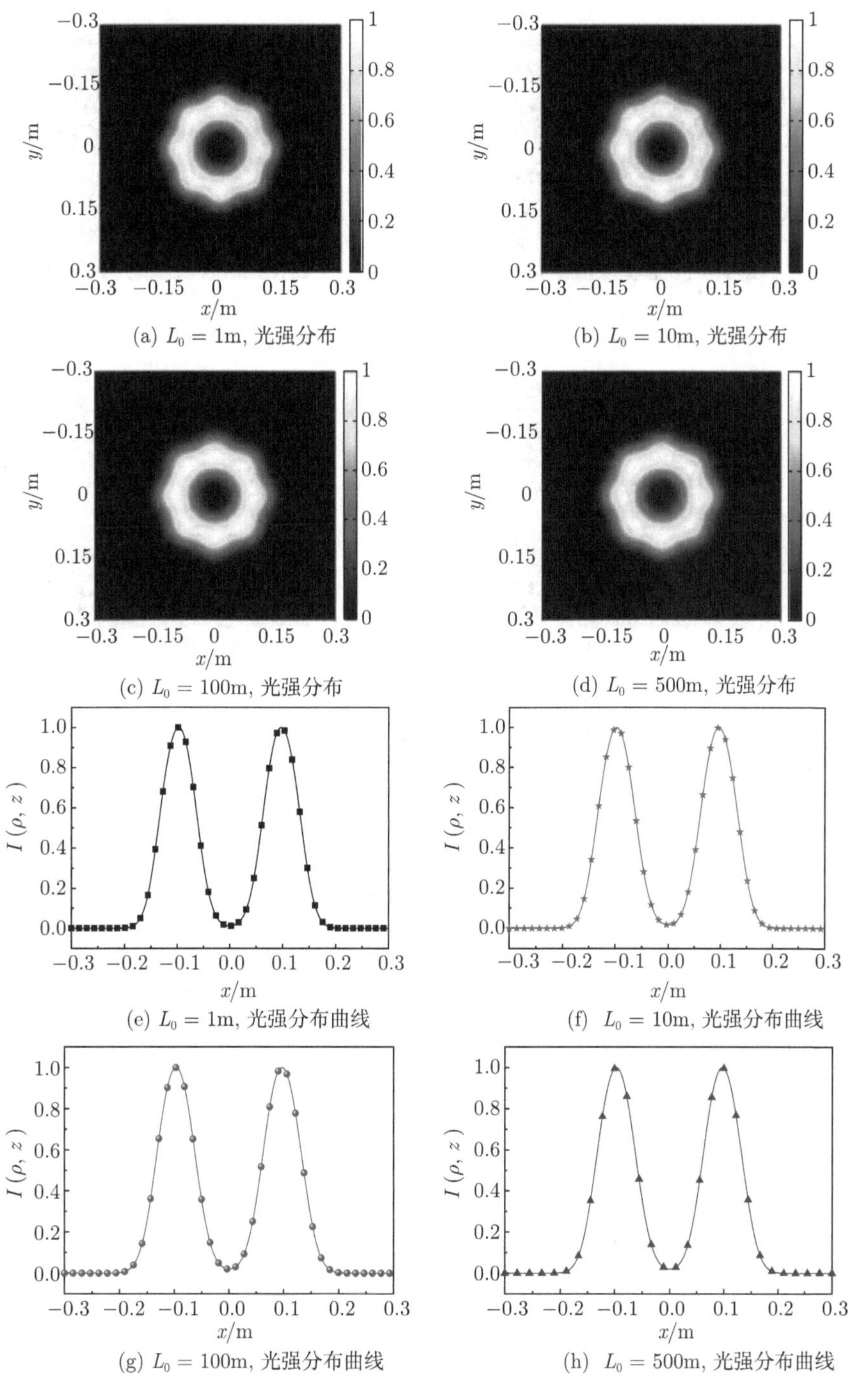

(a) $L_0 = 1\text{m}$, 光强分布　(b) $L_0 = 10\text{m}$, 光强分布

(c) $L_0 = 100\text{m}$, 光强分布　(d) $L_0 = 500\text{m}$, 光强分布

(e) $L_0 = 1\text{m}$, 光强分布曲线　(f) $L_0 = 10\text{m}$, 光强分布曲线

(g) $L_0 = 100\text{m}$, 光强分布曲线　(h) $L_0 = 500\text{m}$, 光强分布曲线

图 11.16　不同外尺度下径向部分相干涡旋光束阵列经 Non-Kolmogorov 湍流传输后的光强分布图和光强分布曲线

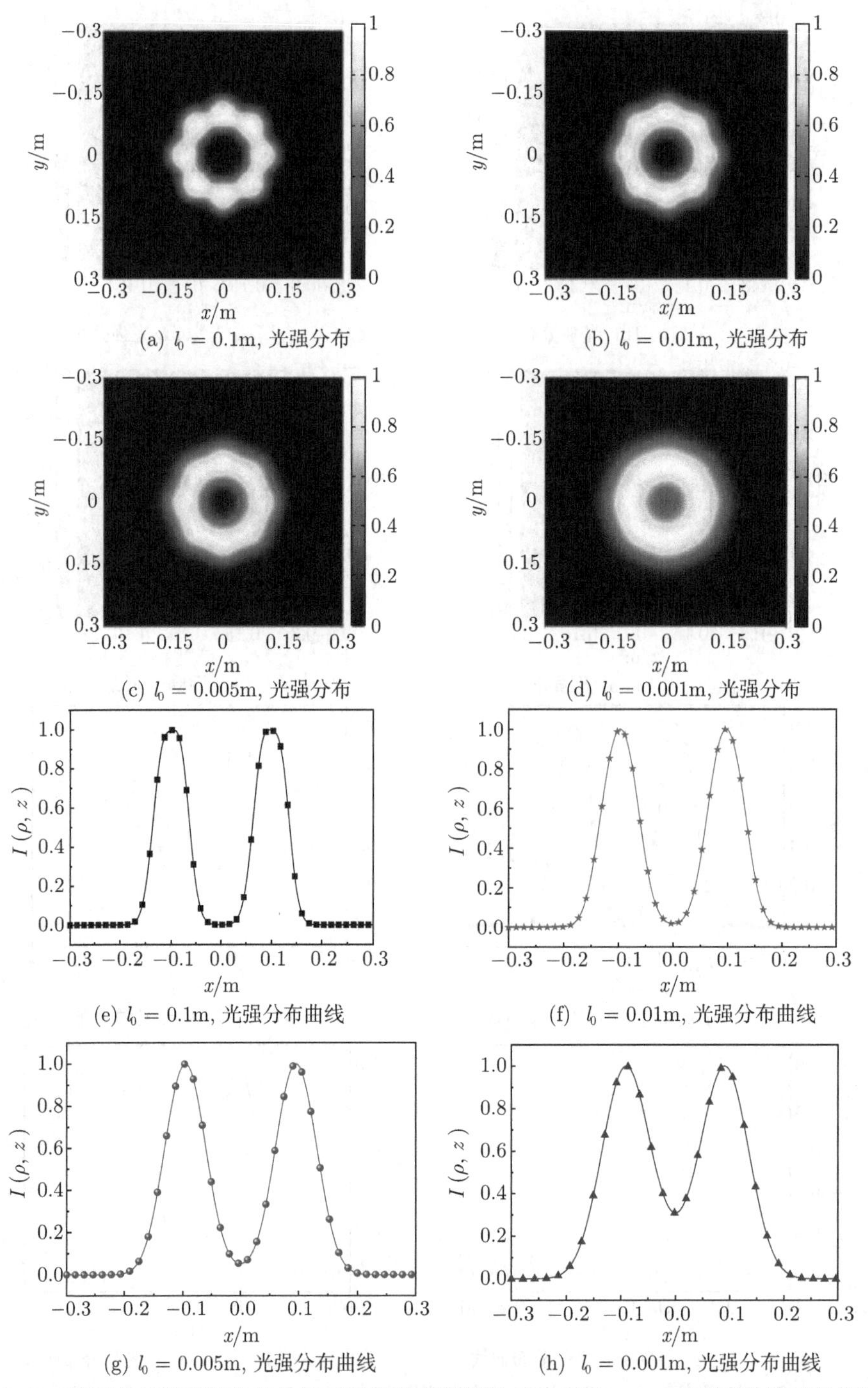


图 11.17　不同内尺度下径向部分相干涡旋光束阵列经 Non-Kolmogorov 湍流传输后的光强分布图和光强分布曲线

波长 $\lambda = 632.8\text{nm}$，束腰半径 $w_0 = 10\text{mm}$，相干长度 $\delta = 5w_0$，径向阵列半径 $r_n = 10w_0$，径向阵列个数 $N = 8$，传输距离 $z = 2\text{km}$，Non-Kolmogorov 湍流的广义指数因子 $\alpha = 3.5$，大气湍流内尺度 $l_0 = 0.01\text{m}$，大气湍流外尺度 $L_0 = 100\text{m}$，大气折射率结构常数 $C_0 = 1.7 \times 10^{-14}\text{m}^{3-\alpha}$。

图 11.16 展示了 Non-Kolmogorov 湍流的外尺度 $L_0$ 对径向部分相干涡旋光束阵列光强特性的影响。从图 11.16 中可发现，外尺度对径向部分相干涡旋光束阵列在 Non-Kolmogorov 湍流中传输后的光强分布几乎没有影响。从图 11.16(e) 中也可看出，其轴上点的光强未受到外尺度的影响。这说明了外尺度对径向部分相干涡旋光束阵列的影响和单个涡旋光束是一致的。

图 11.17 展示了 Non-Kolmogorov 湍流的内尺度 $l_0$ 对径向部分相干涡旋光束阵列光强特性的影响。从图 11.17 中可看出，随着内尺度的减小，径向部分相干涡旋光束阵列光强分布从花瓣状逐渐变成环状，且中心暗斑区域减小并逐渐消失，说明了内尺度越小，其光强分布展宽越严重。主要原因是，内尺度越小，光束在大气湍流中的衍射越严重，则光束在时间和空间上随机分布，导致光强分布相对比较分散。另外，从图 11.17(e)~(h) 中可发现，其轴上点的光强随内尺度的减小而增大。当研究 Non-Kolmogorov 湍流的内外尺度对径向部分相干涡旋光束阵列光强特性的影响时，其外尺度 $L_0$ 可忽略不计，而内尺度 $l_0$ 越大，Non-Kolmogorov 湍流的影响越小。这与单个涡旋光束受 Non-Kolmogorov 湍流内外尺度的影响效果是一致的。

## 参 考 文 献


[1] WEI H , ZHI H J , CHAO Y , et al. Multibeam antenna technologies for 5G wireless communications[J]. IEEE Transactions on Antennas and Propagation, 2017, 65(12): 6231-6249.

[2] DUAN K, LÜ B. Four-petal Gaussian beams and their propagation[J]. Optics Communications, 2006, 261(2): 327-331.

[3] GAO Z, LÜ B. Vectorial nonparaxial four-petal Gaussian beams and their propagation in free space[J]. Chinese Physics Letters, 2006, 23(8): 2070-2073.

[4] LI H , TONG J , DING W , et al. Transmission characteristics of terahertz Bessel vortex beams through a multi-layered anisotropic magnetized plasma slab[J]. Plasma Science and Technology, 2022, 4(3): 24-36.

[5] LIU D, WANG Y, YIN H. Propagation properties of partially coherent four-petal Gaussian vortex beam in turbulent atmosphere[J]. Optics and Laser Technology, 2016, 78(4): 95-100.

[6] LIU D, CHEN L, WANG Y, et al. Intensity properties of four-petal Gaussian vortex beams propagating through atmospheric turbulence[J]. Optik, 2016, 127(9): 3905-3911.

[7] LIU D, ZHONG H, WANG G, et al. Nonparaxial propagation of a partially coherent four-petal Gaussian vortex beam [J]. Optik, 2018, 158(3): 451-459.

[8] WU K, HUAI Y, ZHAO T, et al. Propagation of partially coherent four-petal elliptic Gaussian vortex beams in atmospheric turbulence[J]. Optics Express, 2018, 26(23): 30061-30075.

[9] WANG G X, LI Y, SHAN X Z, et al. Hermite-Gaussian beams with sinusoidal vortex phase modulation[J]. Chinese Optics Letters, 2020, 18(4): 80-84.

[10] ZUO J , ZOU F , ZHOU X , et al. Coherent combining of a large-scale fiber laser array over 2.1km in turbulence based on a beam conformal projection system[J]. Optics Letters, 2022, 5(2): 47-67.

[11] 王姣. 大气湍流中部分相干涡旋光束的传输及衍射特性研究 [D]. 西安：西安理工大学，2020.

# 第 12 章　大气湍流中标量部分相干涡旋光束的传输特性

本章从拉盖尔–高斯–谢尔模型 (Laguerre-Gaussian-Schell model，LGSM) 光束引出了一种标量部分相干涡旋光束：拉盖尔–高斯–谢尔模型涡旋 (Laguerre-Gaussian-Schell model vortex, LGSMV) 光束；给出了部分相干 LGSMV 光束的模型和光强分布情况，证明了 LGSMV 光束远场光强分布的相位奇点与拓扑荷数之间密不可分的关系，推导了 LGSMV 光束在大气湍流中传输时的光强表达式，并分析了拓扑荷数、相干长度、传输距离、大气折射率结构常数及大气湍流内外尺度等参数对远场光强分布和光束扩展的影响。

## 12.1　拉盖尔–高斯–谢尔涡旋光束基本理论

2013 年，Mei 和 Korotkova 介绍了两种标量统计光源的数学模型：LGSM 光束和贝塞尔–高斯–谢尔模型 (Bassel-Gaussian-Shell model, BGSM) 光束 [1]。2019 年，Tian 等 [2] 设计了产生 LGSM 光束的实验方案，对 LGSM 光束数学模型及远场光强分布的详细描述为 12.1.2 小节中介绍 LGSMV 光束打下了基础。

### 12.1.1　拉盖尔–高斯–谢尔光束

源平面上任意两点位置矢量 $\boldsymbol{r}_1$ 和 $\boldsymbol{r}_2$ 的光场相关特性可用 CSDF 表示，其表达式为 [3]

$$W\left(\boldsymbol{r}_1,\boldsymbol{r}_2,0\right)=\int p\left(\boldsymbol{v}\right)H^*\left(\boldsymbol{r}_1,\boldsymbol{v}\right)H\left(\boldsymbol{r}_2,\boldsymbol{v}\right)\mathrm{d}\boldsymbol{v} \tag{12.1}$$

式中，$p(\boldsymbol{v})$ 表示非负的 Fourier 函数；$H(\boldsymbol{r},\boldsymbol{v})$ 表示一个任意函数，对于典型的谢尔模型来说可表示为

$$H\left(\boldsymbol{r},\boldsymbol{v}\right)=\tau\left(\boldsymbol{r}\right)\exp\left(-2\pi\mathrm{i}\boldsymbol{v}\cdot\boldsymbol{r}\right) \tag{12.2}$$

式中，$\tau(\boldsymbol{r})$ 表示光强截面函数，若 $\tau(\boldsymbol{r})$ 是束腰半径为 $w_0$ 的高斯轮廓函数，则其表达式为

$$\tau\left(\boldsymbol{r}\right)=\exp\left(-\frac{\boldsymbol{r}^2}{4w_0^2}\right) \tag{12.3}$$

将式 (12.2) 代入式 (12.1) 可得 CSDF 的一般形式为

$$W\left(\boldsymbol{r}_1,\boldsymbol{r}_2,0\right)=\tau^*\left(\boldsymbol{r}_1\right)\tau\left(\boldsymbol{r}_2\right)\tilde{p}\left(\boldsymbol{r}_1-\boldsymbol{r}_2\right) \tag{12.4}$$

式中，$\sim$ 表示 Fourier 变换。$p(\boldsymbol{v})$ 的不同代表了光源形式的不同。位置矢量 $\boldsymbol{r}$ 和对应的 Fourier 空间矢量 $\boldsymbol{v}$ 在极坐标系下可分别表示为 $\boldsymbol{r}=(r,\theta)$ 和 $\boldsymbol{v}=(v,\phi)$。假设 $p(\boldsymbol{v})$ 为

$$p(\boldsymbol{v})=(-\mathrm{i})^n p(v)\exp(\mathrm{i}n\phi) \tag{12.5}$$

式中，$n$ 是方位模式阶数；$(-\mathrm{i})^n$ 是转换系数。

假设 $p(\boldsymbol{v})$ 的形式为 [1]

$$p(\boldsymbol{v})=\frac{2^{n+1}\pi^{2n+1}\delta^{2n+2}}{n!}v^{2n}\exp\left(-2\pi^2\delta^2v^2\right) \tag{12.6}$$

式中，$\delta$ 为相干长度。对式 (12.5) 进行逆 Fourier 变换，可得到 LGSM 光束的空间复相干度函数：

$$\mu(\boldsymbol{r}_1,\boldsymbol{r}_2)=\mathrm{L}_n\left(\frac{|\boldsymbol{r}_1-\boldsymbol{r}_2|^2}{2\delta^2}\right)\exp\left(-\frac{|\boldsymbol{r}_1-\boldsymbol{r}_2|^2}{2\delta^2}\right) \tag{12.7}$$

式中，$\mathrm{L}_n(\cdot)$ 表示拉盖尔多项式，其表达式为

$$\mathrm{L}_n(x)=\sum_{p=0}^{n}\begin{pmatrix} n \\ p \end{pmatrix}\frac{(-1)^p}{p!}(x)^p \tag{12.8}$$

利用式 (12.7) 仿真计算 LGSM 光束的空间复相干度函数随位置矢量之间距离的变化曲线，如图 12.1 所示，取相干长度 $\delta=0.05\text{mm}$。

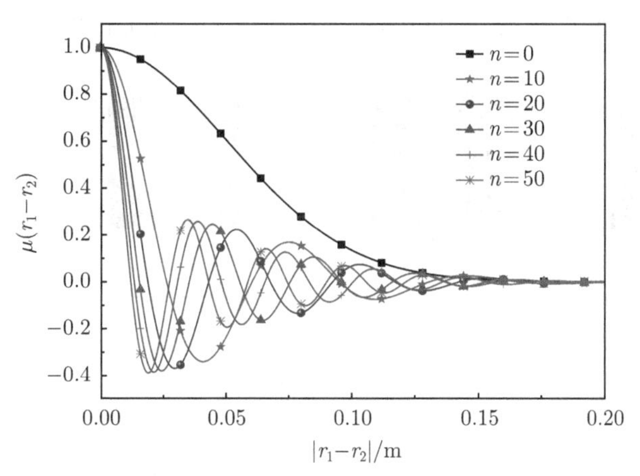


图 12.1　LGSM 光束的空间复相干度函数随两点之间距离的变化曲线

图 12.1 展示了不同阶数 $n$ 的情况下 LGSM 光束的空间复相干度函数随两点之间距离的变化曲线。当 $n=0$ 时，LGSM 光束退化为部分相干光源高斯–谢尔模型 (Gaussian-Shell model, GSM) 光束，GSM 光束被广泛应用到自由空间光通

信领域。另外，随着阶数 $n$ 的增大，LGSM 光束的空间复相干度的波动现象越严重。

将式 (12.3) 和式 (12.7) 代入式 (12.4) 可得 [3]

$$W\left(\boldsymbol{r}_1, \boldsymbol{r}_2, 0\right)=\exp \left(-\frac{\boldsymbol{r}_1^2+\boldsymbol{r}_2^2}{4 w_0^2}\right) \mathrm{L}_n\left(\frac{\left|\boldsymbol{r}_1-\boldsymbol{r}_2\right|^2}{2 \delta^2}\right) \exp \left(-\frac{\left|\boldsymbol{r}_1-\boldsymbol{r}_2\right|^2}{2 \delta^2}\right) \tag{12.9}$$

式 (12.9) 为 LGSM 光束在源平面上位置矢量 $\boldsymbol{r}_1$ 和 $\boldsymbol{r}_2$ 之间的 CSDF。将 LGSM 光束作为光源，可利用式 (12.9) 研究计算 LGSM 光束在自由空间及大气湍流环境下的传输特性。

利用式 (12.9)，并结合 Huygens-Fresnel 原理可获得 LGSM 光束在远场平面 $(z>0)$ 上的光强表达式为 [4]

$$I(\boldsymbol{\rho}, z)=\frac{k^2 w_0^2}{z^2} \frac{\left(2 A \delta^2-1\right)^n}{(2 A)^{n+1} \delta^{2 n}} \exp \left(-\frac{k^2 \boldsymbol{\rho}^2}{4 A z^2}\right) \mathrm{L}_n\left[\frac{k^2 \boldsymbol{\rho}^2}{4 A z^2\left(1-2 A \delta^2\right)}\right] \tag{12.10}$$

式中，

$$A=\frac{1}{8 w_0^2}+\frac{1}{2 \delta^2}+\frac{k^2 w_0^2}{2 z^2} \tag{12.11}$$

根据式 (12.10) 和式 (12.11) 可仿真计算不同阶数 $n$ 的情况下 LGSM 光束在远场平面上的光强分布情况，如图 12.2 所示。若没有特殊说明，取参数：波长 $\lambda=632.8\mathrm{nm}$，束腰半径 $w_0=0.001\mathrm{m}$，传输距离 $z=300\mathrm{m}$，相干长度 $\delta=0.005\mathrm{m}$。

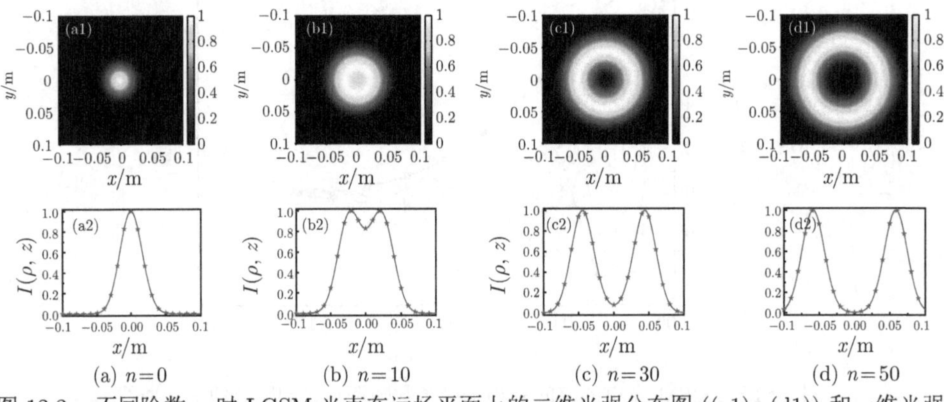

(a) $n=0$　(b) $n=10$　(c) $n=30$　(d) $n=50$

图 12.2　不同阶数 $n$ 时 LGSM 光束在远场平面上的二维光强分布图 ((a1)~(d1)) 和一维光强分布曲线 ((a2)~(d2))

图 12.2 描述了不同阶数 $n$ 的情况下 LGSM 光束在远场平面上的二维光强分布图及一维光强分布曲线。从图 12.2 可以看出，当阶数 $n=0$ 时，LGSM 光束

可退化为 GSM 光束，与图 12.1 中空间复相干度的描述结果是一致的。随着阶数 $n$ 的增大，光强分布中心的暗中空越明显，LGSM 光束的环形特质越显著。综上所述，LGSM 光束为不含拓扑荷数的环形光源。

涡旋光束因具有特殊的螺旋相位结构被广泛地应用于光学操控、量子信息传输、无线光通信等领域。携带螺旋相位因子 $\exp(-\mathrm{i}l\theta)$ 的涡旋光束具有 $lh$ 的 OAM。早期研究表明：相同大气湍流条件下，部分相干光束抗大气湍流的能力比完全相干光束强 [5,6]。因此，部分相干涡旋光束因同时拥有部分相干光束的强抗大气湍流能力和涡旋光束的螺旋相位结构被广泛关注。可对 LGSM 光束进行螺旋相位调制获得部分相干涡旋光源——LGSMV 光束，推导 LGSMV 光束在 Non-Kolmogorov 湍流中传输后的光强表达式，可用于后续分析拓扑荷数、相干长度、传输距离、大气折射率结构常数、Non-Kolmogorov 湍流的广义指数因子及大气湍流内外尺度等参数对远场光强分布的影响。

### 12.1.2　拉盖尔–高斯–谢尔涡旋光束模型

假设环形光源 LGSM 光束通过传递函数为 $\exp(-\mathrm{i}l\theta)$ 的螺旋相位板，则可获得携带螺旋相位信息的 LGSM 光束，即 LGSMV 光束。根据式 (12.9)，LGSMV 光束的 CSDF 可表示为

$$W(\boldsymbol{r}_1,\boldsymbol{r}_2,0)=\exp\left(-\frac{\boldsymbol{r}_1^2+\boldsymbol{r}_2^2}{4w_0^2}\right)\mathrm{L}_n\left(\frac{|\boldsymbol{r}_1-\boldsymbol{r}_2|^2}{2\delta^2}\right)\times\exp\left(-\frac{|\boldsymbol{r}_1-\boldsymbol{r}_2|^2}{2\delta^2}\right)\exp\left[-\mathrm{i}l(\theta_1-\theta_2)\right] \tag{12.12}$$

式 (12.12) 是对环形光源 LGSM 光束进行螺旋相位调制而得，但这并不影响 LGSMV 光束的空间复相干度。因此，式 (12.7) 仍为 LGSMV 光束的空间复相干度函数表达式。

### 12.1.3　大气湍流中拉盖尔–高斯–谢尔涡旋光束传输理论

LGSMV 光束在大气湍流中传输到观测平面时的 CSDF 为

$$\begin{aligned}&W(\boldsymbol{\rho}_1,\boldsymbol{\rho}_2,z)\\&=\left(\frac{k}{2\pi z}\right)^2\iint\exp\left(-\frac{\boldsymbol{r}_1^2+\boldsymbol{r}_2^2}{4w_0^2}\right)\mathrm{L}_n\left(\frac{|\boldsymbol{r}_1-\boldsymbol{r}_2|^2}{2\delta^2}\right)\exp\left(-\frac{|\boldsymbol{r}_1-\boldsymbol{r}_2|^2}{2\delta^2}\right)\\&\quad\times\exp\left[-\mathrm{i}l(\theta_1-\theta_2)\right]\exp\left[-\frac{\mathrm{i}k}{2z}\left(|\boldsymbol{\rho}_1-\boldsymbol{r}_1|^2-|\boldsymbol{\rho}_2-\boldsymbol{r}_2|^2\right)\right]\\&\quad\times\langle\exp\left[\psi(\boldsymbol{\rho}_1,\boldsymbol{r}_1)+\psi^*(\boldsymbol{\rho}_2,\boldsymbol{r}_2)\right]\rangle\mathrm{d}\boldsymbol{r}_1\mathrm{d}\boldsymbol{r}_2\end{aligned} \tag{12.13}$$

式中，$k=2\pi/\lambda$ 为自由空间光波波数，$\lambda$ 为波长；$z$ 为传输距离；$\psi(\boldsymbol{\rho},\boldsymbol{r})$ 为源平面上点 $(\boldsymbol{r},0)$ 和观测平面上点 $(\boldsymbol{\rho},z)$ 之间大气湍流介质的复相位随机扰动；$\langle\exp[\psi(\boldsymbol{\rho}_1,\boldsymbol{r}_1)+\psi^*(\boldsymbol{\rho}_2,\boldsymbol{r}_2)]\rangle$ 为大气湍流的系统平均。式 (12.13) 可简化为

$$
\begin{aligned}
W\left(\boldsymbol{\rho}_{\mathrm{c}},\boldsymbol{\rho}_{\mathrm{d}},z\right)=&\left(\frac{k}{2\pi z}\right)^2\exp\left(-\frac{\mathrm{i}k}{z}\boldsymbol{\rho}_{\mathrm{c}}\cdot\boldsymbol{\rho}_{\mathrm{d}}\right)\iint\exp\left(-\frac{4\boldsymbol{r}_{\mathrm{c}}^2+\boldsymbol{r}_{\mathrm{d}}^2}{8w_0^2}\right)\mathrm{L}_n\left(\frac{\boldsymbol{r}_{\mathrm{d}}^2}{2\delta^2}\right)\\
&\times\exp\left(-\frac{\boldsymbol{r}_{\mathrm{d}}^2}{2\delta^2}\right)\exp\left(-\mathrm{i}l\theta_{\mathrm{d}}\right)\exp\left(-\frac{M}{2}\boldsymbol{r}_{\mathrm{d}}^2\right)\\
&\times\exp\left[-\frac{\mathrm{i}k}{z}\left(\boldsymbol{r}_{\mathrm{c}}\cdot\boldsymbol{r}_{\mathrm{d}}-\boldsymbol{\rho}_{\mathrm{c}}\cdot\boldsymbol{r}_{\mathrm{d}}-\boldsymbol{\rho}_{\mathrm{d}}\cdot\boldsymbol{r}_{\mathrm{c}}\right)\right]\mathrm{d}\boldsymbol{r}_{\mathrm{c}}\mathrm{d}\boldsymbol{r}_{\mathrm{d}}
\end{aligned}
\tag{12.14}
$$

式中，$M$ 的表达式如文献 [7] 中式 (2.40) 所示；并且：

$$
\left\{\begin{array}{l}
\boldsymbol{r}_{\mathrm{c}}=\dfrac{1}{2}\left(\boldsymbol{r}_1+\boldsymbol{r}_2\right)\\
\boldsymbol{r}_{\mathrm{d}}=\boldsymbol{r}_1-\boldsymbol{r}_2
\end{array}\right.,\quad
\left\{\begin{array}{l}
\boldsymbol{\rho}_{\mathrm{c}}=\dfrac{1}{2}\left(\boldsymbol{\rho}_1+\boldsymbol{\rho}_2\right)\\
\boldsymbol{\rho}_{\mathrm{d}}=\boldsymbol{\rho}_1-\boldsymbol{\rho}_2
\end{array}\right.
\tag{12.15}
$$

将式 (12.14) 进行整理可得

$$
\begin{aligned}
W\left(\boldsymbol{\rho}_{\mathrm{c}},\boldsymbol{\rho}_{\mathrm{d}},z\right)=&\left(\frac{k}{2\pi z}\right)^2\exp\left(-\frac{\mathrm{i}k}{z}\boldsymbol{\rho}_{\mathrm{c}}\cdot\boldsymbol{\rho}_{\mathrm{d}}\right)\int\exp\left[-\left(\frac{1}{8w_0^2}+\frac{1}{2\delta^2}+\frac{M}{2}\right)\boldsymbol{r}_{\mathrm{d}}^2\right]\\
&\times\exp\left(\frac{\mathrm{i}k}{z}\boldsymbol{\rho}_{\mathrm{c}}\cdot\boldsymbol{r}_{\mathrm{d}}\right)\mathrm{L}_n\left(\frac{\boldsymbol{r}_{\mathrm{d}}^2}{2\delta^2}\right)\exp\left(-\mathrm{i}l\theta_{\mathrm{d}}\right)\mathrm{d}\boldsymbol{r}_{\mathrm{d}}\\
&\times\int\exp\left(-\frac{1}{2w_0^2}\boldsymbol{r}_{\mathrm{c}}^2\right)\exp\left[-\frac{\mathrm{i}k}{z}\left(\boldsymbol{r}_{\mathrm{d}}-\boldsymbol{\rho}_{\mathrm{d}}\right)\cdot\boldsymbol{r}_{\mathrm{c}}\right]\mathrm{d}\boldsymbol{r}_{\mathrm{c}}
\end{aligned}
\tag{12.16}
$$

利用积分表达式：

$$
\int_{-\infty}^{\infty}\left[\mathrm{e}^{-ax^2}\right]\mathrm{e}^{-\mathrm{i}2\pi w_x x}\mathrm{d}x\cdot\int_{-\infty}^{\infty}\left[\mathrm{e}^{-ay^2}\right]\mathrm{e}^{-\mathrm{i}2\pi w_y y}\mathrm{d}y=\frac{\pi}{a}\cdot\mathrm{e}^{-\frac{\pi^2w^2}{a}}
\tag{12.17}
$$

先对式 (12.16) 中的变量 $\boldsymbol{r}_{\mathrm{c}}$ 进行积分，可得

$$
\begin{aligned}
W\left(\boldsymbol{\rho}_{\mathrm{c}},\boldsymbol{\rho}_{\mathrm{d}},z\right)=&\frac{k^2w_0^2}{2\pi z^2}\exp\left(-\frac{\mathrm{i}k}{z}\boldsymbol{\rho}_{\mathrm{c}}\cdot\boldsymbol{\rho}_{\mathrm{d}}\right)\exp\left(-\frac{k^2w_0^2}{2z^2}\boldsymbol{\rho}_{\mathrm{d}}^2\right)\\
&\times\int\exp\left[-\left(\frac{1}{8w_0^2}+\frac{1}{2\delta^2}+\frac{M}{2}+\frac{k^2w_0^2}{2z^2}\right)\boldsymbol{r}_{\mathrm{d}}^2\right]\\
&\times\exp\left[\left(\frac{\mathrm{i}k}{z}\boldsymbol{\rho}_{\mathrm{c}}+\frac{k^2w_0^2}{z^2}\boldsymbol{\rho}_{\mathrm{d}}\right)\cdot\boldsymbol{r}_{\mathrm{d}}\right]\mathrm{L}_n\left(\frac{\boldsymbol{r}_{\mathrm{d}}^2}{2\delta^2}\right)\exp\left(-\mathrm{i}l\theta_{\mathrm{d}}\right)\mathrm{d}\boldsymbol{r}_{\mathrm{d}}
\end{aligned}
\tag{12.18}
$$

令

$$A=\frac{1}{8w_0^2}+\frac{1}{2\delta^2}+\frac{k^2w_0^2}{2z^2}+\frac{M}{2},\quad B=\frac{\mathrm{i}k}{z},\quad C=\frac{k^2w_0^2}{z^2} \tag{12.19}$$

则式 (12.18) 可简化为

$$W\left(\boldsymbol{\rho}_{\mathrm{c}},\boldsymbol{\rho}_{\mathrm{d}},z\right)=\frac{k^2w_0^2}{2\pi z^2}\exp\left(-\frac{\mathrm{i}k}{z}\boldsymbol{\rho}_{\mathrm{c}}\cdot\boldsymbol{\rho}_{\mathrm{d}}\right)\exp\left(-\frac{k^2w_0^2}{2z^2}\boldsymbol{\rho}_{\mathrm{d}}^2\right)\int\exp\left(-A\boldsymbol{r}_{\mathrm{d}}^2\right)$$
$$\times\exp\left[\left(B\boldsymbol{\rho}_{\mathrm{c}}+C\boldsymbol{\rho}_{\mathrm{d}}\right)\cdot\boldsymbol{r}_{\mathrm{d}}\right]\mathrm{L}_p\left(\frac{\boldsymbol{r}_{\mathrm{d}}^2}{2\delta^2}\right)\exp\left(-\mathrm{i}l\theta_{\mathrm{d}}\right)\mathrm{d}\boldsymbol{r}_{\mathrm{d}} \tag{12.20}$$

螺旋相位因子 $\exp(-\mathrm{i}l\theta_{\mathrm{d}})$ 在直角坐标系下可表示为

$$\exp\left(-\mathrm{i}l\theta_{\mathrm{d}}\right)=r_{\mathrm{d}}^{-|l|}\left[r_{\mathrm{d}x}-\mathrm{isgn}\left(l\right)r_{\mathrm{d}y}\right]^{|l|} \tag{12.21}$$

式中，$\mathrm{sgn}(\cdot)$ 代表符号函数。因式 (12.21) 等号左边的螺旋相位因子只影响涡旋光束的相位信息，而式 (12.21) 等号右边的 $r_{\mathrm{d}}^{-|l|}$ 对相位信息没有贡献，所以为了计算简便，将系数 $r_{\mathrm{d}}^{-|l|}$ 忽略 [7,8]。

结合等式：

$$\left(x^2+y^2\right)^n=\sum_{m=0}^{n}\begin{pmatrix}n\\m\end{pmatrix}x^{2(n-m)}y^{2m} \tag{12.22}$$

得到：

$$\begin{aligned}\left[r_{\mathrm{d}x}-\mathrm{i}\,\mathrm{sgn}\left(l\right)r_{\mathrm{d}y}\right]^{|l|}&=\sum_{s=0}^{|l|}\begin{pmatrix}|l|\\s\end{pmatrix}r_{\mathrm{d}x}^{(|l|-s)}\left[-\mathrm{i}\,\mathrm{sgn}\left(l\right)r_{\mathrm{d}y}\right]^{s}\\&=\sum_{s=0}^{|l|}\begin{pmatrix}|l|\\s\end{pmatrix}\left[-\mathrm{i}\,\mathrm{sgn}\left(l\right)\right]^{s}r_{\mathrm{d}x}^{(|l|-s)}r_{\mathrm{d}y}^{s}\end{aligned} \tag{12.23}$$

则式 (12.20) 中的拉盖尔多项式可等价为

$$\mathrm{L}_n\left(\frac{\boldsymbol{r}_{\mathrm{d}}^2}{2\delta^2}\right)=\sum_{p=0}^{n}\sum_{m=0}^{p}\begin{pmatrix}n\\p\end{pmatrix}\begin{pmatrix}p\\m\end{pmatrix}\frac{(-1)^p}{2^p\delta^{2p}n!}r_{\mathrm{d}x}^{2(p-m)}r_{\mathrm{d}y}^{2m} \tag{12.24}$$

将式 (12.21)、式 (12.23) 和式 (12.24) 代入式 (12.20) 中，并将式 (12.20) 中被积函数中的位置矢量 $\boldsymbol{\rho}_{\mathrm{c}}$、$\boldsymbol{\rho}_{\mathrm{d}}$ 和 $\boldsymbol{r}_{\mathrm{d}}$ 在直角坐标系下展开，即 $\boldsymbol{\rho}_{\mathrm{c}}=(\rho_{\mathrm{c}x},\rho_{\mathrm{c}y})$、$\boldsymbol{\rho}_{\mathrm{d}}=(\rho_{\mathrm{d}x},\rho_{\mathrm{d}y})$ 和 $\boldsymbol{r}_{\mathrm{d}}=(r_{\mathrm{d}x},r_{\mathrm{d}y})$，则式 (12.20) 可等价为

$$W\left(\boldsymbol{\rho}_{\mathrm{c}},\boldsymbol{\rho}_{\mathrm{d}},z\right)=\frac{k^2w_0^2}{2\pi z^2}\exp\left(-\frac{\mathrm{i}k}{z}\boldsymbol{\rho}_{\mathrm{c}}\cdot\boldsymbol{\rho}_{\mathrm{d}}\right)\exp\left(-\frac{k^2w_0^2}{2z^2}\boldsymbol{\rho}_{\mathrm{d}}^2\right)$$

$$\times \sum_{p=0}^{n}\sum_{m=0}^{p}\sum_{s=0}^{|l|}\begin{pmatrix} n \\ p \end{pmatrix}\begin{pmatrix} p \\ m \end{pmatrix}\begin{pmatrix} |l| \\ s \end{pmatrix}\frac{(-1)^p}{2^p\delta^{2p}n!}\left[-\mathrm{i}\,\mathrm{sgn}\,(l)\right]^s$$

$$\times \int r_{\mathrm{d}x}^{2(p-m)+(|l|-s)}\exp\left(-Ar_{\mathrm{d}x}^2\right)\exp\left[\left(B\rho_{\mathrm{c}x}+C\rho_{\mathrm{d}x}\right)r_{\mathrm{d}x}\right]\mathrm{d}r_{\mathrm{d}x}$$

$$\times \int r_{\mathrm{d}y}^{2m+s}\exp\left(-Ar_{\mathrm{d}y}^2\right)\exp\left[\left(B\rho_{\mathrm{c}y}+C\rho_{\mathrm{d}y}\right)r_{\mathrm{d}y}\right]\mathrm{d}r_{\mathrm{d}y} \qquad (12.25)$$

利用积分公式 [9]：

$$\int_{-\infty}^{\infty} x^n\exp\left(-px^2+2qx\right)\mathrm{d}x=(2\mathrm{i})^{-n}\frac{\sqrt{\pi}}{\left(\sqrt{p}\right)^{n+1}}\exp\left(\frac{q^2}{p}\right)\mathrm{H}_n\left[\mathrm{i}\left(\frac{q}{\sqrt{p}}\right)\right],\quad p>0 \qquad (12.26)$$

式中，$\mathrm{H}_n(\cdot)$ 表示 $n$ 阶厄米多项式。对式 (12.25) 中变量 $r_{\mathrm{d}x}$ 和 $r_{\mathrm{d}y}$ 依次进行积分，可得观测平面上 LGSMV 光束的 CSDF 为

$$W\left(\boldsymbol{\rho}_{\mathrm{c}},\boldsymbol{\rho}_{\mathrm{d}},z\right)=\frac{k^2w_0^2}{2z^2}\exp\left[-\left(\frac{k^2w_0^2}{2z^2}-\frac{C^2}{4A}\right)\boldsymbol{\rho}_{\mathrm{d}}^2\right]\exp\left(\frac{B^2}{4A}\boldsymbol{\rho}_{\mathrm{c}}^2\right)$$

$$\times\exp\left[-\left(\frac{\mathrm{i}k}{z}-\frac{BC}{2A}\right)\boldsymbol{\rho}_{\mathrm{c}}\cdot\boldsymbol{\rho}_{\mathrm{d}}\right]$$

$$\times\sum_{n=0}^{p}\sum_{m=0}^{n}\sum_{s=0}^{|l|}\begin{pmatrix} p \\ n \end{pmatrix}\begin{pmatrix} n \\ m \end{pmatrix}\begin{pmatrix} |l| \\ s \end{pmatrix}\frac{(-\mathrm{i})^{s+|l|}\,\mathrm{sgn}^s\,(l)}{2^{3n+|l|}\delta^{2n}n!A^{n+\frac{|l|}{2}+1}}$$

$$\times\mathrm{H}_{2m+s}\left[\mathrm{i}\left(\frac{B\rho_{\mathrm{c}y}+C\rho_{\mathrm{d}y}}{2\sqrt{A}}\right)\right]\mathrm{H}_{|l|+2n-2m-s}\left[\mathrm{i}\left(\frac{B\rho_{\mathrm{c}x}+C\rho_{\mathrm{d}x}}{2\sqrt{A}}\right)\right] \qquad (12.27)$$

式中，参数 $A$、$B$、$C$ 如式 (12.19) 所示。

将式 (12.15) 代入式 (12.27) 中可得到 LGAMV 光束在观测平面上任意两点 $\boldsymbol{\rho}_1$ 和 $\boldsymbol{\rho}_2$ 处的 CSDF 为

$$W\left(\boldsymbol{\rho}_1,\boldsymbol{\rho}_2,z\right)=\frac{k^2w_0^2}{2z^2}\exp\left\{-\left[\frac{\mathrm{i}k}{2z}+\frac{k^2w_0^2}{2z^2}-\frac{(B+2C)^2}{16A}\right]\boldsymbol{\rho}_1^2\right\}$$

$$\times\exp\left\{\left[\frac{\mathrm{i}k}{2z}-\frac{k^2w_0^2}{2z^2}+\frac{(B-2C)^2}{16A}\right]\boldsymbol{\rho}_2^2\right\}$$

$$\times\exp\left[\left(\frac{k^2w_0^2}{z^2}+\frac{B^2-4C^2}{8A}\right)\boldsymbol{\rho}_1\cdot\boldsymbol{\rho}_2\right]$$

$$\times\sum_{n=0}^{p}\sum_{m=0}^{n}\sum_{s=0}^{|l|}\begin{pmatrix}p\\n\end{pmatrix}\begin{pmatrix}n\\m\end{pmatrix}\begin{pmatrix}|l|\\s\end{pmatrix}\frac{(-\mathrm{i})^{s+|l|}\operatorname{sgn}^{s}(l)}{2^{3n+|l|}\delta^{2n}n!A^{n+\frac{|l|}{2}+1}}$$
$$\times \mathrm{H}_{2n-2m+(|l|-s)}\left\{\mathrm{i}\left[\frac{(B+2C)\,\rho_{1x}+(B-2C)\,\rho_{2x}}{4\sqrt{A}}\right]\right\}$$
$$\times \mathrm{H}_{2m+s}\left\{\mathrm{i}\left[\frac{(B+2C)\,\rho_{1y}+(B-2C)\,\rho_{2y}}{4\sqrt{A}}\right]\right\} \tag{12.28}$$

令 $\boldsymbol{\rho}_1=\boldsymbol{\rho}_2=\boldsymbol{\rho}$，则 LGSMV 光束在观测平面上任一点的光强表达式为

$$I(\boldsymbol{\rho},z)=W(\boldsymbol{\rho},\boldsymbol{\rho},z)=\frac{k^2w_0^2}{2z^2}$$
$$\times\exp\left(\frac{B^2\boldsymbol{\rho}^2}{4A}\right)\sum_{n=0}^{p}\sum_{m=0}^{n}\sum_{s=0}^{|l|}\begin{pmatrix}p\\n\end{pmatrix}\begin{pmatrix}n\\m\end{pmatrix}\begin{pmatrix}|l|\\s\end{pmatrix}\frac{(-\mathrm{i})^{s+|l|}\operatorname{sgn}^{s}(l)}{2^{3n+|l|}\delta^{2n}n!A^{n+\frac{|l|}{2}+1}}$$
$$\times \mathrm{H}_{|l|+2n-2m-s}\left[\mathrm{i}\left(\frac{B\rho_x}{2\sqrt{A}}\right)\right]\mathrm{H}_{2m+s}\left[\mathrm{i}\left(\frac{B\rho_y}{2\sqrt{A}}\right)\right] \tag{12.29}$$

式中，当 LGSMV 光束在大气湍流中传输时，参数 $A$、$B$ 如式 (12.19) 所示。当 LGSMV 光束在自由空间 (无大气湍流介质) 传输时，参数 $A$、$B$ 为

$$A=\frac{1}{Sw_0^2}+\frac{1}{2\delta^2}+\frac{k^2w_0^2}{2z^2},\quad B=\frac{\mathrm{i}k}{z} \tag{12.30}$$

## 12.2 远场拉盖尔–高斯–谢尔涡旋光束相位奇点演化

1974 年，Nye 和 Berry 首次提出了相位奇点的概念，表明相位具有不确定性 [10]，且振幅为零的点称为相位奇点。因此，在之后涡旋光束的研究中可根据光场的实部和虚部同时为零找到相位奇点的位置 [11]，换句话说，远场 LGSMV 光束的光强为零处即为相位奇点的位置。根据此判断准则，可讨论远场 LGSMV 光束相位奇点的演变规律，并探讨远场 LGSMV 光束的相位奇点个数是否与拓扑荷数 $l$ 之间有密切的联系。

### 12.2.1 相位奇点与拓扑荷数的关系

利用式 (12.29) 和式 (12.30) 数值计算不同拓扑荷数和阶数情况下 LGSMV 光束在远场平面上的光强分布情况，如图 12.3 所示。这里主要研究远场 LGSMV 光束光强分布的演化规律，LGSMV 光束在光源平面上的参数取值：波长 $\lambda=632.8\mathrm{nm}$，束腰半径 $w_0=1\mathrm{mm}$，相干长度 $\delta-5w_0$，传输距离 $z=10\mathrm{m}$。

图 12.3 描述了拓扑荷数 $l=1$、2、3、5 的 LGSMV 光束在远场平面上的光强分布随着阶数 $n$ 改变的演化过程。从图 12.3 可以看出，当阶数 $n=0$ 时，远场 LGSMV 光束的光强分布为环状，无论拓扑荷数如何变化，在光强分布的中心有且仅有一个相位奇点；随着拓扑荷数的增大，LGSMV 光束的光强分布中心暗斑半径增大，这与最典型的 LG 光束的光强分布随拓扑荷数的变化情况是一致的 [12]。然而，随着阶数 $n$ 的增大，远场 LGSMV 光束光强分布中心的暗斑发生

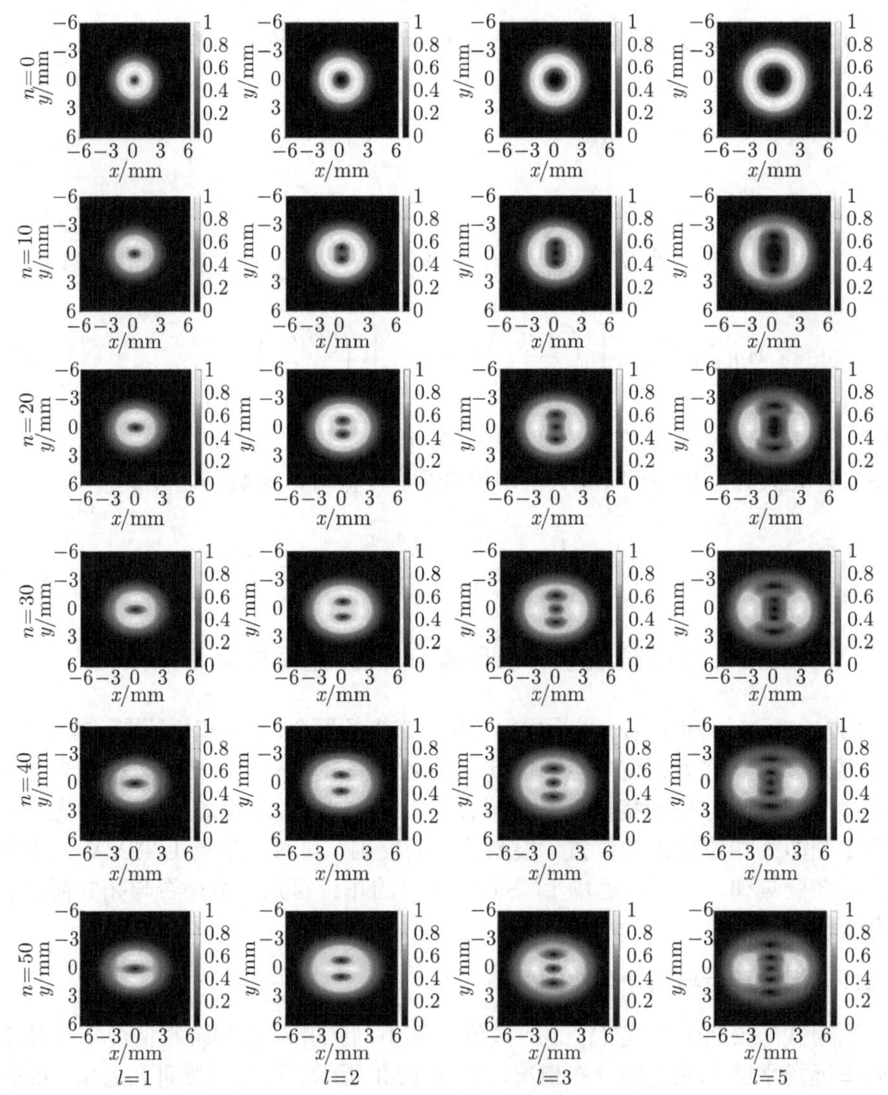


图 12.3　在不同拓扑荷数 ($l=1$、2、3、5) 和不同阶数 ($n=0$、10、20、30、40、50) 下 LGSMV 光束的光强分布 [13]

分裂，并且分裂的程度越来越明显，如图 12.3 中的每一列所示。当拓扑荷数 $l=1$ 时，无论阶数 $n$ 如何改变，远场 LGSMV 光束有且仅有一个相位奇点，并位于光强分布的中心位置；当拓扑荷数 $l=2$ 时，随着阶数 $n$ 的增大，远场 LGSMV 光束从最初的一个相位奇点裂变为两个相位奇点；当拓扑荷数 $l=3$ 时，随着阶数 $n$ 的增大，远场 LGSMV 光束从最初的一个相位奇点裂变为三个相位奇点，以此类推可发现，当拓扑荷数 $l=5$ 时，随着阶数 $n$ 的增大，远场 LGSMV 光束从最初的一个相位奇点逐渐裂变为五个相位奇点。另外，对比图 12.3 中不同拓扑荷数的 LGSMV 光束在远场平面上相位奇点裂变的过程可发现，拓扑荷数越大，相位奇点出现明显裂变时所对应的阶数 $n$ 越大。这样裂变的主要原因是，若阶数 $n$ 不同，则缔合拉盖尔多项式 $\mathrm{L}_n(\cdot)$ 的表达式不同，最直接的影响是 LGSMV 光束的相干度随空间两点之间距离的分布不同，如图 12.1 所示。基于以上的分析，可以推测当阶数 $n$ 增加到一定程度时，远场 LGSMV 光束的相位奇点的个数等于拓扑荷数的数值。因此，根据图 12.3 的描述，可利用 LGSMV 光束在远场平面上光强分布的相位奇点个数来检测 LGSMV 光束拓扑荷数的大小。

### 12.2.2　传输距离对相位奇点演化的影响

利用式 (12.29) 和式 (12.30) 数值计算不同拓扑荷数和不同阶数时 LGSMV 光束在远场平面上的光强分布随传输距离 $z$ 的演化规律，如图 12.4 所示。参数取值：波长 $\lambda=632.8\mathrm{nm}$，束腰半径 $w_0=1\mathrm{mm}$，相干长度 $\delta=5w_0$。

图 12.4 展示了拓扑荷数 $l=1$、2、3、5 和阶数 $n=0$、10、20、30、40、50 时 LGSMV 光束在远场平面上的光强分布随着传输距离 $z$ 变化的演化图样。从图 12.4 可以看出，无论拓扑荷数 $l$ 和阶数 $n$ 如何变化，在近场平面 $(z\to0)$ 上 LGSMV 光束有且仅有一个相位奇点，但随着传输距离的增加，LGSMV 光束的光强出现了扩展现象，并且中心暗斑区域出现了裂变趋势，随着传输距离的增加裂变现象越显著。当 $l=1$ 时，无论传输距离 $z$ 和阶数 $n$ 如何改变，远场 LGSMV 光束有且仅有一个相位奇点，并位于光强分布的中心位置；当 $l=2$ 时，随着传输距离 $z$ 的增加，光强分布中心的暗斑裂变为两个暗斑，即两个相位奇点，随着阶数 $n$ 的增大，远场 LGSMV 光束光强分布图样随传输距离变化的裂变现象更明显；当 $l=3$ 时，随着传输距离 $z$ 的增加，光强分布中心的暗斑裂变为三个暗斑，即为三个相位奇点；同理，当 $l=5$ 时，随着传输距离 $z$ 的增加，光强分布中心的暗斑裂变为五个暗斑，即为五个相位奇点。综上所述，类似于图 12.3 的结论，LGSMV 光束在远场平面上相位奇点的个数与光源拓扑荷数的大小相等。另外，当拓扑荷数越大，远场 LGSMV 光束开始裂变时所需要的传输距离越大。对于同一拓扑荷数的 LGSMV 光束，随着阶数 $n$ 的增大，裂变的程度也越来越显著，且当阶数 $n$ 越大时，远场平面上 LGSMV 光束的光强随着传输距离的增加围绕着相位奇点的分布越均匀。产生图 12.4 所呈现效果的物理原因与图 12.3 是一致的，都与拉盖尔多项式随阶数 $n$ 的变化曲线相关。

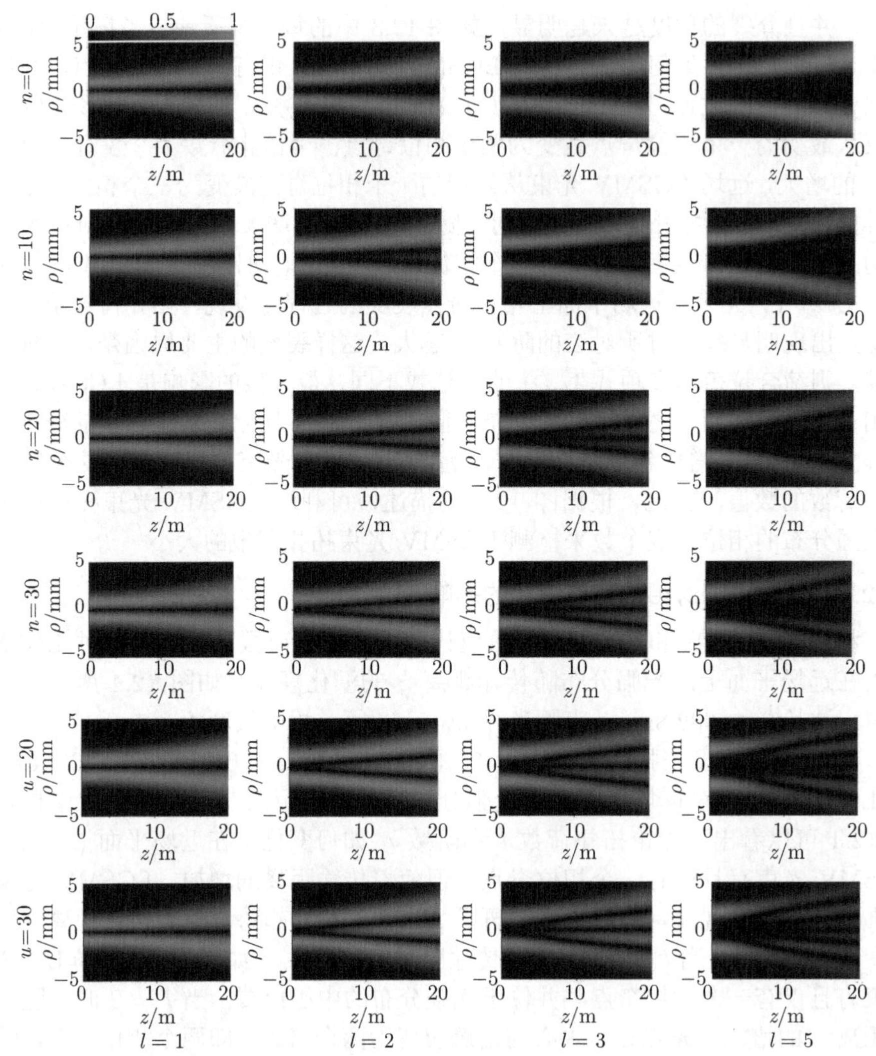


图 12.4　在不同拓扑荷数 ($l$ = 1、2、3、5) 和不同阶数 ($n$ = 0、10、20、30、40、50) 下 LGSMV 光束的光强分布随着传输距离 $z$ 的演化过程 [12]

### 12.2.3　相关长度对相位奇点演化的影响

相干长度是部分相干光束一个重要的参数。结合式 (12.29) 和式 (12.30) 研究相干长度对远场平面上 LGSMV 光束光强分布的影响。因为在 12.2.2 小节已分析了拓扑荷数 $l$ 和阶数 $n$ 的影响，所以选择一种结构 ($l = 3$ 和 $n = 30$) 的 LGSMV 光束来讨论相干长度对其远场平面上光强分布的影响。LGSMV 光束在远场平面上的光强分布随着相干长度的演化过程如图 12.5 所示。图 12.6 展示了在图 12.5 中特殊相干长度情况下，远场 LGSMV 光束的光强分布三维图和二维图。仿真参

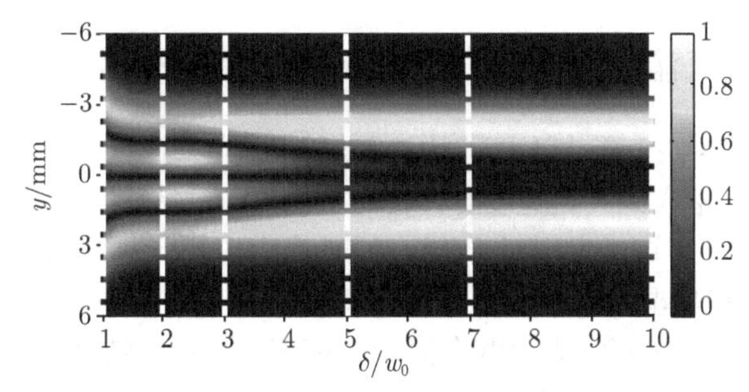


图 12.5　远场 LGSMV 光束 ($l$ = 3，$n$ = 30) 的光强分布随相干长度 $\delta$ 的演化过程 [12]

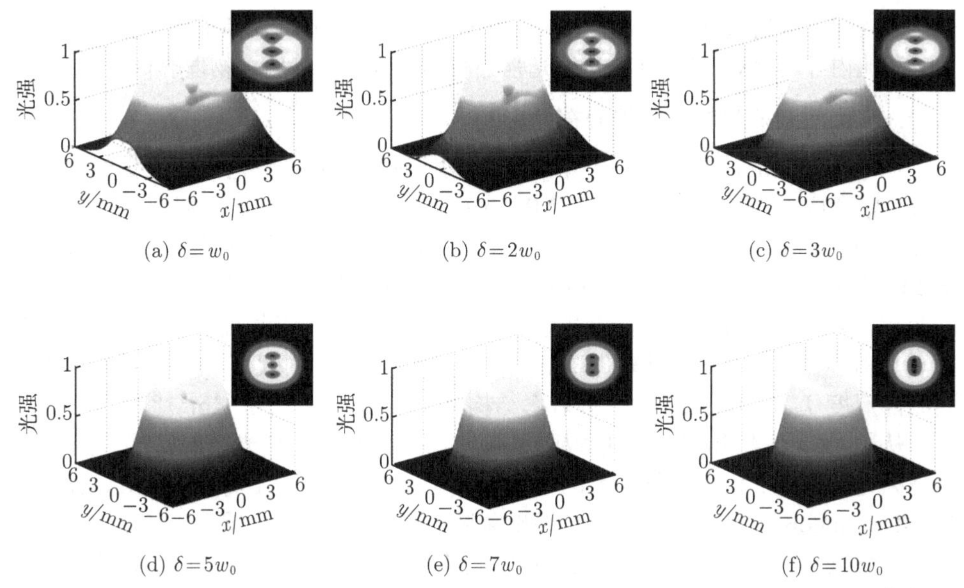


图 12.6　特殊相干长度 $\delta$ 情况下远场 LGSMV 光束 ($l$ = 3，$n$ = 30) 的光强分布 [12]

数取值：波长 $\lambda = 632.8\text{nm}$，束腰半径 $w_0 = 1\text{mm}$，传输距离 $z = 10\text{m}$。

结合图 12.5 和图 12.6 可以看出，对于较小的相干长度来说，远场 LGSMV 光束的相位奇点可以明显地被区分，其相位奇点的个数等于 LGSMV 光束原始拓扑荷数的大小，如图 12.6(a)~(c) 所示。当相干长度较大时，远场 LGSMV 光束的相位奇点的区别逐渐模糊，如图 12.6(f) 所示。另外，随着相干长度的增加，远场 LGSMV 光束的光强分布围绕相位奇点越均匀。

综上所述，由于 LGSMV 光束相位奇点具有上述特殊性质，可用其远场相位奇点的个数来检测 LGSMV 光束拓扑荷数的大小。因此，LGSMV 光束在自由空间光通信和光学操纵等领域中具有重要的应用价值，未来 LGSMV 光束在不同介质中的传输特性及在各个领域的实用价值也是值得探讨的。

## 12.3 大气湍流中拉盖尔-高斯-谢尔涡旋光束的光强分布

在 12.2 节中详细讨论了自由空间中 LGSMV 光束在远场平面上的光强分布情况，发现当阶数 $n$ 增大到一定程度时，远场 LGSMV 光束的相位奇点个数与其拓扑荷数的大小是相等的，这一发现对于 LGSMV 光束拓扑荷数的检测具有重要的意义。同时，LG 光束是最典型的涡旋光束，而 LGSMV 光束是 LG 光束的演化，且属于部分相干光束，因此 LGSMV 光束既有涡旋光束螺旋相位的特性，又具有部分相干光束的相干性，结合了涡旋光束和部分相干光束的优点。根据 12.1.3 小节对 LGSMV 光束在大气湍流中传输后光强表达式的推导结果，研究 LGSMV 光束在大气湍流中的传输规律，分析大气折射率结构常数、Non-Kolmogorov 湍流的广义指数因子及大气湍流内外尺度对 LGSMV 光束光强分布的影响，并给出了物理解释。

### 12.3.1 大气湍流强度对光强分布的影响

在 Non-Kolmogorov 谱模型中表征大气湍流强度的参数包括大气折射率结构常数 $C_0$ 和广义指数因子 $\alpha$。LGSMV 光束经 Non-Kolmogorov 湍流传输后的光强分布随广义指数因子的演化图样如图 12.7 所示。不同大气折射率结构常数情况下 LGSMV 光束经 Non-Kolmogorov 湍流传输后的光强分布曲线如图 12.8 所示。取参数：波长 $\lambda = 632.8\text{nm}$，束腰半径 $w_0 = 10\text{mm}$，相干长度 $\delta = 5w_0$，拓扑荷数 $l = 3$，阶数 $n = 30$，传输距离 $z = 1\text{km}$，大气湍流内尺度 $l_0 = 0.01\text{m}$，大气湍流外尺度 $L_0 = 100\text{m}$，大气折射率结构常数 $C_0 = 1.7\times10^{-14}\text{m}^{3-\alpha}$。

从图 12.7 可看出，当广义指数因子 $\alpha \approx 3.1$ 时，LGSMV 光束的扩展最为严重，这是因为 $\alpha \approx 3.1$ 代表大气湍流的强度最大。当 $3 < \alpha < 3.1$ 时，LGSMV 光束经 Non-Kolmogorov 湍流传输后的扩展现象随着 $\alpha$ 的增加越严重；当 $3.1 < \alpha < 4$ 时，LGSMV 光束经 Non-Kolmogorov 湍流传输后的扩展现象随着 $\alpha$ 的增加而减弱。

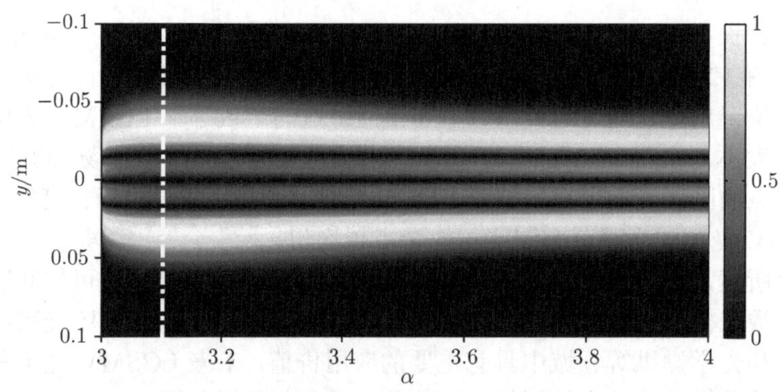


图 12.7 LGSMV 光束经 Non-Kolmogorov 湍流后的光强分布随广义指数因子 $\alpha$ 的演化图样 [12]

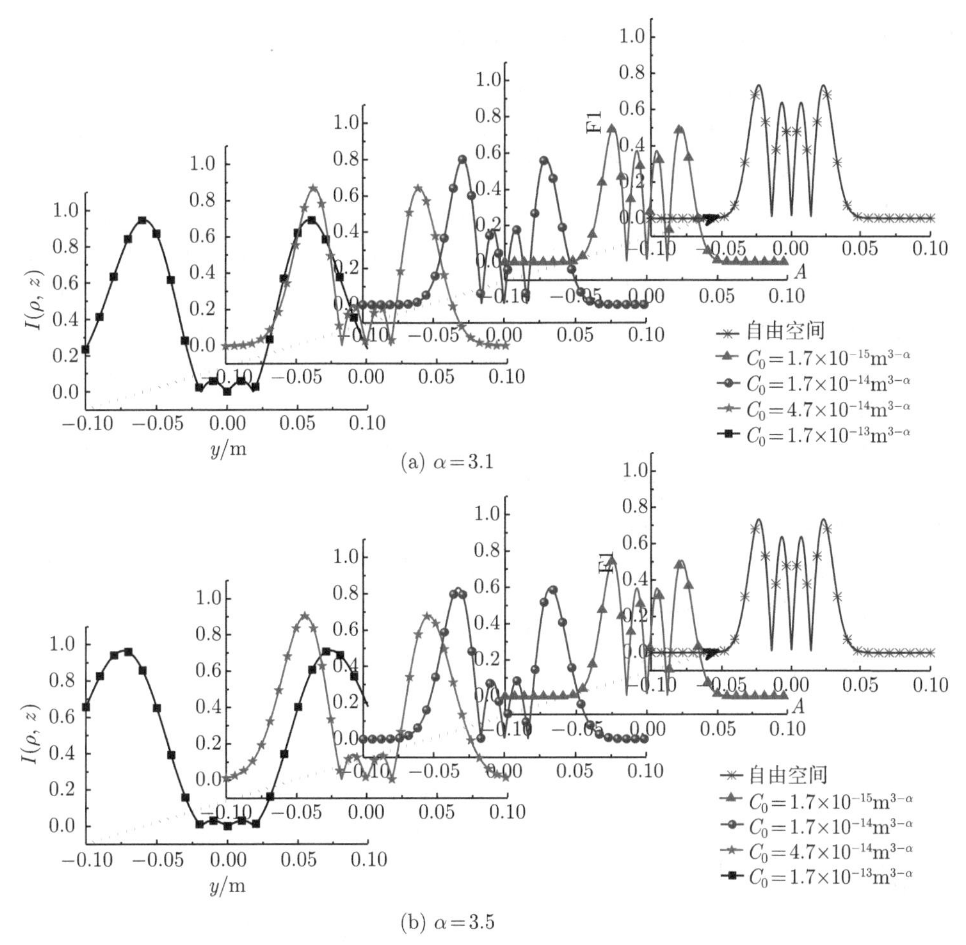


图 12.8　不同 $C_0$ 下 LGSMV 光束经 Non-Kolmogorov 湍流传输后的光强分布曲线

从图 12.8 可以看出，对比自由空间中 LGSMV 光束的光强分布曲线可知，当大气折射率结构常数越大时，LGSMV 光束经 Non-Kolmogorov 湍流传输后的光强分布扩展越严重。这是因为大气折射率结构常数越大时，大气湍流越强，大气湍流对 LGSMV 光束传输特性的影响越大，则 LGSMV 光束扩展越严重。结合图 12.3 的结论可知，大气折射率结构常数越小，LGSMV 光束的相位奇点越明显，围绕在相位奇点周围的光强分布越均匀，且相位奇点的个数与拓扑荷数大小是相等的。对比图 12.8(a) 和 (b) 可知，验证了广义指数因子 $\alpha$ 的大小代表大气湍流强度的说法。在同一大气折射率结构常数情况下，当 $\alpha=3.1$ 时，LGSMV 光束扩展越严重。同时，当大气折射率结构常数越大时，由广义指数因子不同而带来的 LGSMV 光束扩展越明显。此外，自由空间中 LGAMV 光束的光强分布不受广义指数因子的影响。

### 12.3.2 大气湍流内外尺度对光强分布的影响

除大气折射率结构常数 $C_0$ 和 Non-Kolmogorov 湍流模型中的广义指数因子 $\alpha$ 外，大气湍流的内外尺度也是反映 Non-Kolmogorov 湍流情况的关键参数。结合式 (12.29) 和式 (12.19)，可理论仿真计算 Non-Kolmogorov 湍流内外尺度对 LGSMV 光束传输后光强分布的影响。不同大气湍流外尺度 $L_0$ 和内尺度 $l_0$ 情况下 LGSMV 光束经 Non-Kolmogorov 湍流传输后的光强分布曲线分别如图 12.9 和图 12.10 所示。若没有特殊说明，取参数：波长 $\lambda = 632.8\text{nm}$，束腰半径 $w_0 = 10\text{mm}$，相干长度 $\delta = 5w_0$，拓扑荷数 $l = 3$，阶数 $n = 30$，传输距离 $z = 13\text{km}$，大气湍流内尺度 $l_0 = 0.01\text{m}$，大气湍流外尺度 $L_0 = 100\text{m}$，大气折射率结构常数 $C_0 = 1.7\times10^{-14}\text{m}^{3-\alpha}$。

图 12.9 展示了不同广义指数因子 $\alpha$ 时 Non-Kolmogorov 湍流的外尺度 $L_0$ 对 LGSMV 光束的光强特性的影响。从图 12.9(a) 中可发现，当 Non-Kolmogorov 湍流强度最大时，外尺度对 LGSMV 光束的光强分布几乎没有影响。从图 12.9(b) 中可发现，当广义指数因子增大时，外尺度的改变对 LGSMV 光束光强分布的影响非常小，几乎可以忽略不计。

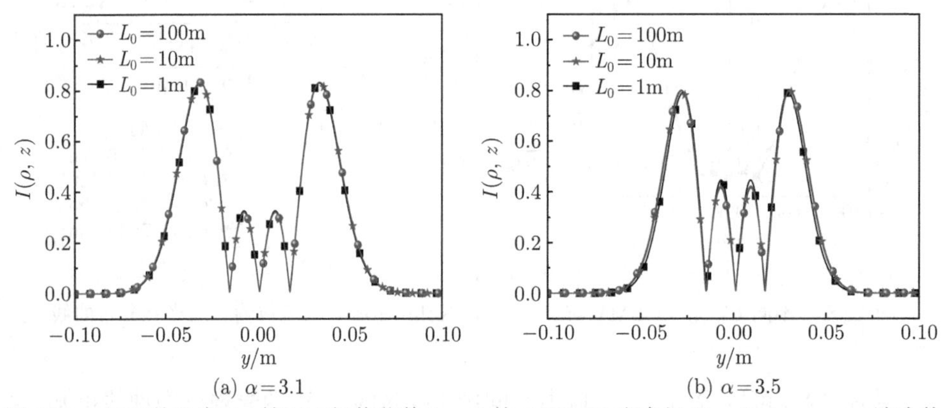


图 12.9　不同外尺度 $L_0$ 情况下拓扑荷数 $l = 3$ 的 LGSMV 光束经 Non-Kolmogorov 湍流传输后的光强分布曲线 [12]

图 12.10 展示了不同广义指数因子 $\alpha$ 时 Non-Kolmogorov 湍流的内尺度 $l_0$ 对 LGSMV 光束的光强特性的影响。从图 12.10 中可看出，随着内尺度的减小，LGSMV 光束的光强分布展宽。其主要物理机制是内尺度越小，光束在大气湍流中的衍射越严重，因此光束在时间和空间上随机分布，导致光强分布相对比较分散。另外，从图 12.10(a) 中可发现，当 Non-Kolmogorov 湍流强度最大时，内尺度的改变对 LGSMV 光束的光强分布影响较大。在图 12.10(b) 中，当 Non-Kolmogorov 湍流强度减小时，内尺度的改变对 LGSMV 光束光强分布的影响减小。因此，当研究 Non-Kolmogorov 湍流的内外尺度对 LGSMV 光束光强特性的影响时，其外

尺度 $L_0$ 完全可以忽略不计，而内尺度 $l_0$ 越大，LGSMV 光束受 Non-Kolmogorov 湍流影响越小。

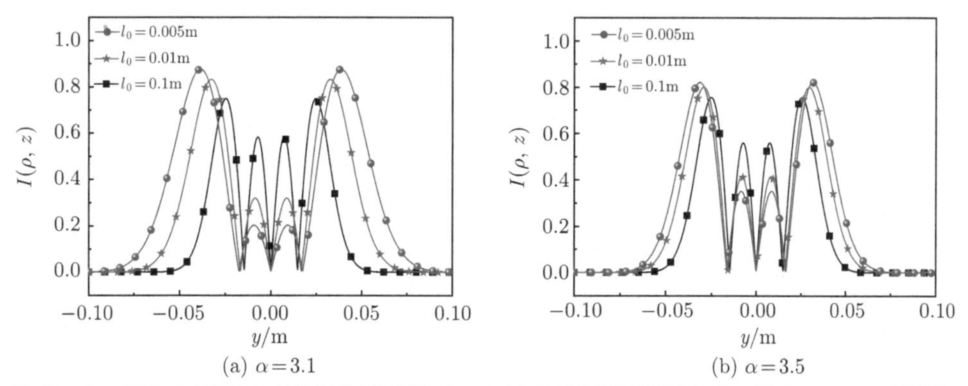


图 12.10　不同内尺度 $l_0$ 情况下拓扑荷数 $l=3$ 的 LGSMV 光束经 Non-Kolmogorov 湍流传输后的光强分布曲线 [12]

## 12.4　大气湍流中拉盖尔–高斯–谢尔涡旋光束的光束扩展

根据光束的均方根束宽 [11] 的定义，LGSMV 光束经过大气湍流后的均方根束宽可表示为

$$w(z)_{\text{turb}}=\sqrt{\frac{\iint \boldsymbol{\rho}^2 I(\boldsymbol{\rho},z)\,\mathrm{d}\boldsymbol{\rho}}{\iint I(\boldsymbol{\rho},z)\,\mathrm{d}\boldsymbol{\rho}}}\tag{12.31}$$

式中，观测平面上的位置矢量 $\boldsymbol{\rho}=(\rho,\varphi)$；$I(\boldsymbol{\rho},z)$ 是观测平面上 LGSMV 光束的光强。将式 (12.29) 代入式 (12.31) 可求得观测平面上 LGSMV 光束的均方根束宽。为了更直观地描述大气湍流对光束扩展的影响，引入相对束宽的概念，定义为光束在大气湍流中传输后的均方根束宽与同一光束在自由空间传输后的均方根束宽的比值，即

$$w_r(z)=\frac{w(z)_{\text{turb}}}{w(z)_{\text{free}}}\tag{12.32}$$

从式 (12.32) 的物理含义可知，$w_r(z)$ 越小，大气湍流引起的光束扩展越小。结合式 (12.29)、式 (12.30) 及式 (12.32) 可数值分析 LGSMV 光束经大气湍流传输后的扩展情况。

### 12.4.1　光束扩展随光源参数变化分析

除波长、束腰半径及相干长度外，对于部分相干光源 LGSMV 光束来说，拓扑荷数 $l$ 和阶数 $n$ 是重要的光源参数。图 12.11 展示了不同拓扑荷数 $l$ 和阶数 $n$

情况下，LGSMV 光束经 Non-Kolmogorov 湍流后相对束宽随传输距离的变化曲线。计算中取参数：波长 $\lambda = 632.8\text{nm}$，束腰半径 $w_0 = 10\text{mm}$，相干长度 $\delta = 5w_0$，Non-Kolmogorov 湍流的广义指数因子 $\alpha = 3.5$，大气折射率结构常数 $C_0 = 1.7\times10^{-14}\text{m}^{3-\alpha}$，大气湍流内尺度 $l_0 = 0.01\text{m}$，大气湍流外尺度 $L_0 = 100\text{m}$。

图 12.11 给出了拓扑荷数 $l$ 和阶数 $n$ 对 LGSMV 光束在 Non-Kolmogorov 湍流中传输后光束扩展的影响。从图 12.11(a) 可以看出，随着阶数 $n$ 的增大，LGSMV 光束在 Non-Kolmogorov 湍流中传输后的相对束宽减小，即大气湍流引起 LGSMV 光束的光束扩展减小。阶数 $n = 0$ 代表 LGSMV 光束退化为标准部分相干涡旋光束，说明了携带拉盖尔多项式的部分相干涡旋光源 LGSMV 光束抵抗大气湍流的能力要强于标准部分相干涡旋光束。从图 12.11(b) 可以看出，拓扑荷数越大，相对束宽越大，即拓扑荷数越大的 LGSMV 光束在大气湍流中传输时的光束扩展越严重。

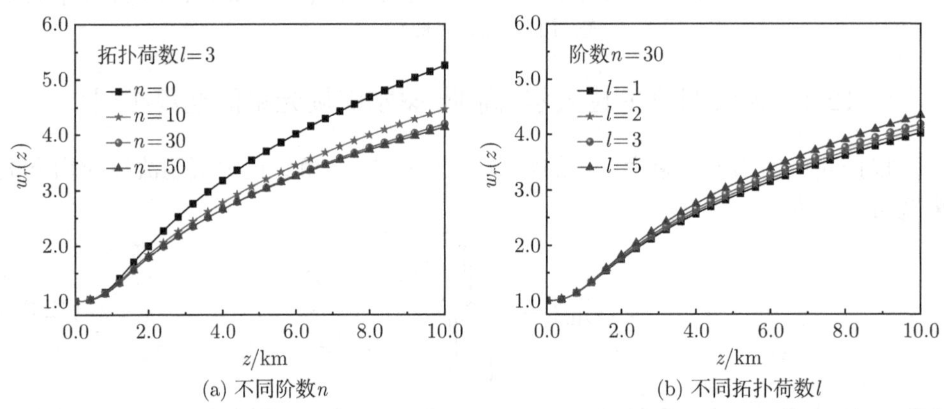

(a) 不同阶数$n$ (b) 不同拓扑荷数$l$

图 12.11 LGSMV 光束经 Non-Kolmogorov 湍流传输后相对束宽随传输距离的变化曲线 [12]

图 12.12 展示了不同光源波长情况下，LGSMV 光束经 Non-Kolmogorov 湍流传输后相对束宽随传输距离的变化曲线。参数取值：拓扑荷数 $l=3$，阶数 $n=30$，束腰半径 $w_0 = 10\text{mm}$，相干长度 $\delta = 5w_0$，Non-Kolmogorov 湍流的广义指数因子 $\alpha = 3.5$，大气折射率结构常数 $C_0 = 1.7\times10^{-14}\text{m}^{3-\alpha}$，大气湍流内尺度 $l_0 = 0.01\text{m}$，大气湍流外尺度 $L_0 = 100\text{m}$。

图 12.12 给出了不同光源波长时 LGSMV 光束在 Non-Kolmogorov 湍流中传输后的光束扩展情况。从图 12.12 可看出，无论是在自由空间中传输，还是在大气湍流中传输，随着波长的增加，LGSMV 光束的均方根束宽随着传输距离增加而增大得越快，但相对束宽随着传输距离增加而增大得越慢，这就说明了大气湍流引起的光束扩展越小。因此，波长越长，大气湍流对光束扩展的影响越小。

图 12.13 展示了不同传输距离时 LGSMV 光束经 Non-Kolmogorov 湍流传输后相对束宽随光源束腰半径 $w_0$ 的变化曲线。参数取值：拓扑荷数 $l = 3$，阶数

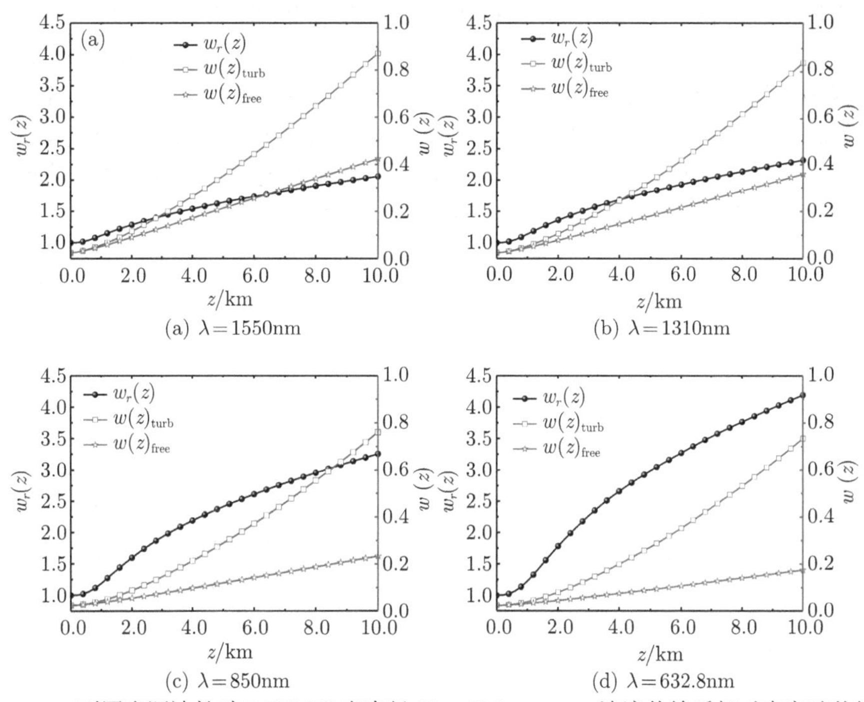


图 12.12 不同光源波长时 LGSMV 光束经 Non-Kolmogorov 湍流传输后相对束宽随传输距离的变化曲线 [12]

$n = 30$，波长 $\lambda = 632.8\text{nm}$，相干长度 $\delta = 5w_0$，Non-Kolmogorov 湍流的广义指数因子 $\alpha = 3.5$，大气折射率结构常数 $C_0 = 1.7\times10^{-14}\text{m}^{3-\alpha}$，大气湍流内尺度 $l_0 = 0.01\text{m}$，大气湍流外尺度 $L_0 = 100\text{m}$。从图 12.13 可以看出，LGSMV 光束经大气湍流传输后的相对束宽随束腰半径的增大先增大后减小，且减小的速度随着束腰半径的增大越缓慢。LGSMV 光束的均方根束宽随着束腰半径的增大先减小后增大，且随着束腰半径的增大，LGSMV 光束在大气湍流中传输后的均方根束宽与自由空间中传输后的均方根束宽之间的差值越来越小，这也是相对束宽随束腰半径的增大而减小得越缓慢的原因。对比图 12.13(a)~(d) 可知，随着传输距离的增大，LGSMV 光束的相对束宽的最大值增大，且出现最大值时所对应的束腰半径越大。

图 12.14 展示了不同传输距离时 LGSMV 光束经 Non-Kolmogorov 湍流传输后相对束宽随光源相干长度 $\delta$ 的变化曲线。计算中取参数：拓扑荷数 $l = 3$，阶数 $n = 30$，波长 $\lambda = 632.8\text{nm}$，束腰半径 $w_0 = 10\text{mm}$，Non-Kolmogorov 湍流的广义指数因子 $\alpha = 3.5$，大气折射率结构常数 $C_0 = 1.7\times10^{-14}\text{m}^{3-\alpha}$，大气湍流内尺度 $l_0 = 0.01\text{m}$，大气湍流外尺度 $L_0 = 100\text{m}$。从图 12.14 可看出，LGSMV 光束经大气湍流传输后的相对束宽随相干长度的增大而增加，且较长相干长度时相对

束宽增加得越缓慢。另外，LGSMV 光束的均方根束宽随着相干长度的增大而减小，在较短相干长度范围内均方根束宽急剧减小，随着相干长度的增加，均方根束宽减小得越缓慢。对比图 12.14(a)~(d) 可知，随着传输距离的增大，LGSMV 光束的相对束宽增大，且 LGSMV 光束在大气湍流中传输后的均方根束宽与在自由空间中传输后的均方根束宽之间的差值增大，这都说明了传输距离越大时相干长度对 LGSMV 光束扩展的影响越严重。

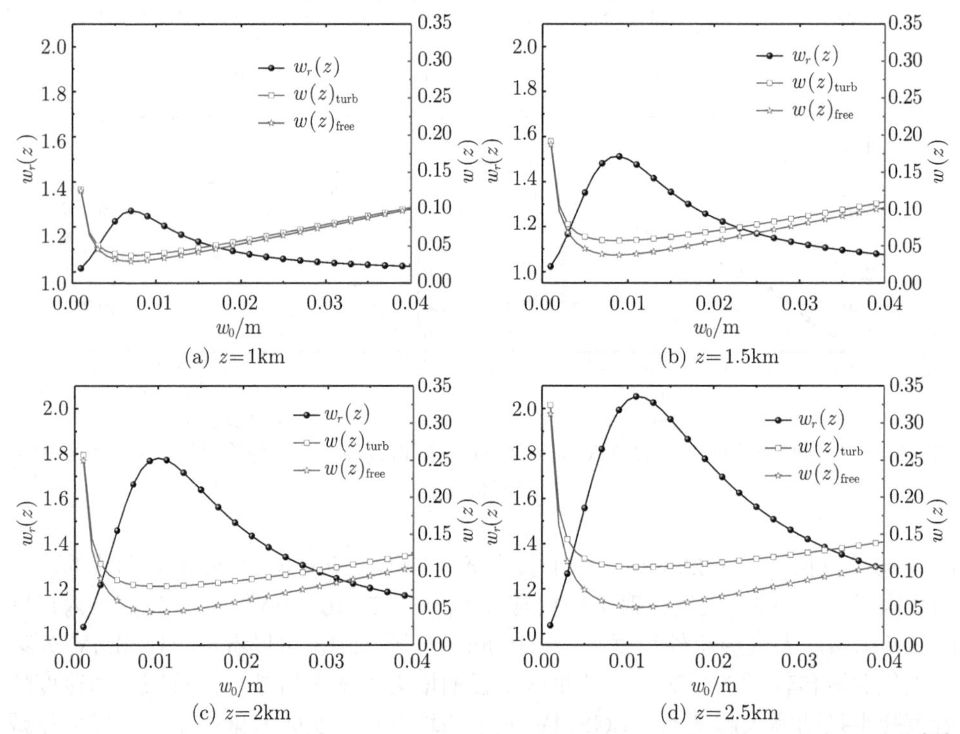


(a) $z$=1km　(b) $z$=1.5km

(c) $z$=2km　(d) $z$=2.5km

图 12.13　LGSMV 光束经 Non-Kolmogorov 湍流传输后相对束宽随束腰半径的变化曲线 [12]

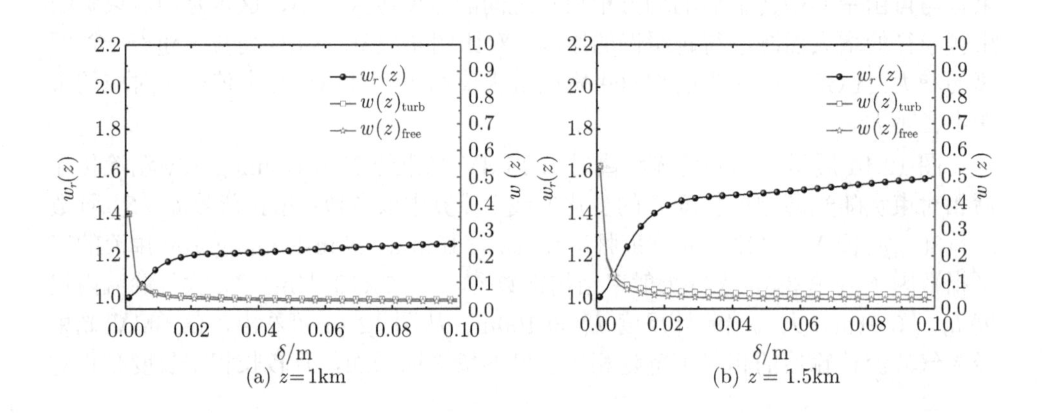


(a) $z$=1km　(b) $z$ = 1.5km

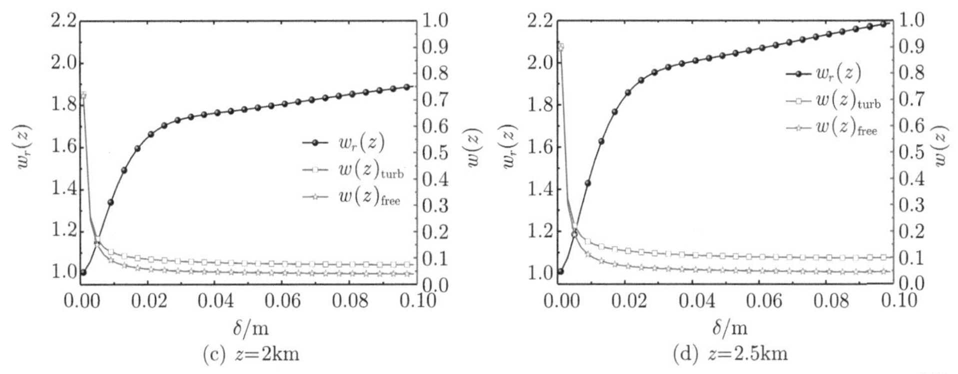


图 12.14　LGSMV 光束经 Non-Kolmogorov 湍流传输后相对束宽随相干长度的变化曲线 [12]

当 LGSMV 光束作为参考光时，选择合适的光源参数可有效降低大气湍流对光束扩展的影响。

### 12.4.2　光束扩展随大气湍流强度变化分析

大气湍流强度也是影响光束扩展的重要因素，故 Non-Kolmogorov 湍流的广义指数因子和大气折射率结构常数对光束扩展的影响也是值得讨论的。计算中取参数：拓扑荷数 $l=3$，阶数 $n=30$，波长 $\lambda=632.8\text{nm}$，束腰半径 $w_0=10\text{mm}$，相干长度 $\delta=5w_0$，大气湍流内尺度 $l_0=0.01\text{m}$，大气湍流外尺度 $L_0=100\text{m}$。

图 12.15 展示了不同大气湍流强度时 LGSMV 光束经 Non-Kolmogorov 湍流传输后相对束宽随广义指数因子 $\alpha$ 的变化曲线。从图 12.15 可看出，LGSMV 光束经大气湍流传输后的相对束宽随广义指数因子 $\alpha$ 的增加先增大后减小。当大气折射率结构常数 $C_0$ 越大时，大气湍流强度越大，则 LGSMV 光束经 Non-Kolmogorov 湍流传输后的相对束宽随广义指数因子的增加而增加得越快，且最大相对束宽所对应的广义指数因子随着大气湍流强度的增大而增加。另外，从图也可看出，当大气湍流强度近似为弱湍流时，相对束宽变化的程度微乎其微，则湍流强度越小，大气湍流对 LGSMV 光束扩展的影响越小 [11]。

综合本章内容可得出：① 当阶数 $n$ 较大时，远场 LGSMV 光束的相位奇点个数与拓扑荷数的大小是相等的，可利用远场 LGSMV 光束的相位奇点来检测其拓扑荷数，且对于任意相干长度的光源都是适用的；② 拓扑荷数越大，远场 LGSMV 光束相位奇点裂变所需的阶数 $n$ 和传输距离越大；③ 当广义指数因子 $\alpha\approx 3.1$ 时，LGSMV 光束受大气湍流的影响最大，且大气折射率结构常数越小，相位奇点裂变越明显；④ 内尺度 $l_0$ 越大，LGSMV 光束受 Non-Kolmogorov 湍流影响越小，外尺度 $L_0$ 可忽略不计；⑤ 阶数 $n$ 越大、拓扑荷数越小及波长越长时，相对束宽受大气湍流的影响越小。

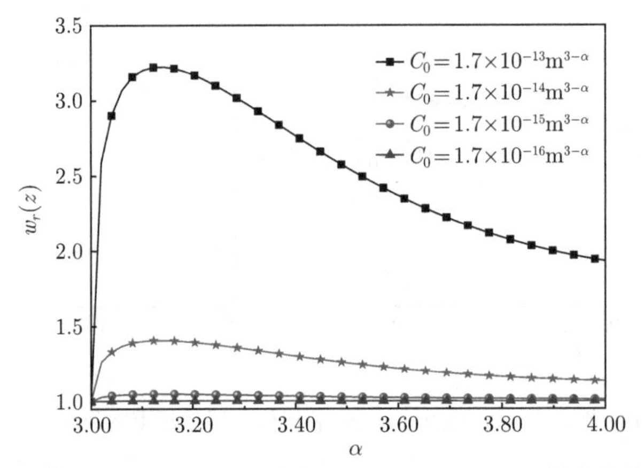


图 12.15　不同大气湍流强度时 LGSMV 光束经 Non-Kolmogorov 湍流传输后相对束宽随广义指数因子 $\alpha$ 的变化曲线 [12]

## 参考文献


[1] ZHANG G B, CHEN M, LUO J, et al. Acceleration of on-axis and ring-shaped electron beams in wakefields driven by Laguerre-Gaussian pulses[J]. Journal of Applied Physics, 2016, 119(10): 267-361.

[2] TIAN H H, XU Y G, ZHANG B L, et al. Coupling characteristics and kurtosis parameter of partially coherent beams in turbulent atmosphere[J]. Journal of Modern Optics, 2019, 66(9): 1-8.

[3] KHULBE M, PARTHASARATHY H. Orbital angular momentum wave generation and multiplexing: Experiments and analysis using classical and quantum optics[J]. Wireless Communications and Mobile Computing, 2022, 53(2): 1-24.

[4] FERLIC N A, VAN I M, PAULSON D A, et al. Propagation of Laguerre-Gaussian and I-m Bessel beams through atmospheric turbulence: A computational study[J]. Laser Communication and Propagation Through the Atmosphere and Oceans IX, 2020, 115(6): 1-16.

[5] WU Y Q, ZHANG Y X, YE L, et al. Beam wander of Gaussian-Schell model beams propagating through oceanic turbulence[J]. Optics Communications, 2016, 41(3): 1-8.

[6] 任程程, 杜玉军, 吕宏, 等. 弱湍流大气中部分相干涡旋光束的轨道角动量特性 [J]. 激光与红外, 2019, 49(11): 1311-1316.

[7] WANG X, YAO M, YI X, et al. Spreading and evolution behavior of coherent vortices of multi-Gaussian Schell-model vortex beams propagating through non-Kolmogorov turbulence[J]. Optics and Laser Technology, 2017, 87(25): 99-107.

[8] GRADSHTEYN I S, RYZHIK I M. Table of Integrals, Series, and Products[M]. 7th ed. Amsterdam: Elsevier Academic Press, 2007.

[9] KIREZCI C, BABANIN A V, CHALIKOV D V. Modelling rogue waves in 1D wave trains with the JONSWAP spectrum, by means of the high order spectral method and a fully nonlinear numerical model[J]. Ocean Engineering, 2021, 231(1): 108715.

[10] ZHANG R F, LIU N. Existence of the positive composite optical vortices[J]. Mathematical Methods in the Applied Sciences, 2017, 40(1): 5068-5078.

[11] 王姣. 大气湍流中部分相干涡旋光束的传输及衍射特性研究 [D]. 西安：西安理工大学，2020.

[12] 柯熙政, 吴加丽, 杨尚君. 面向无线光通信的大气湍流研究进展与展望 [J]. 电波科学学报, 2021, 36(3): 323-339.

[13] KOTLYAR V, KOVALEV A, PORFIREV A. Orbital angular momentum of an astigmatic Hermite-Gaussian beam[J]. Computer Optics, 2018, 42(1):13-21.

# 第 13 章　大气湍流中矢量部分相干涡旋光束的传输特性

本章通过对电磁高斯–谢尔模型 (electromagnetic Gaussian-Schell model, EGSM) 光束进行螺旋相位调制获得了电磁高斯–谢尔模型涡旋 (electromagnetic Gaussian-Schell model vortex, EGSMV) 光束，推导了 EGSMV 光束在大气湍流中传输时的光强、偏振度 (degree of polarization, DoP) 和偏振方向角 (orientation angle of polarization, OAoP) 表达式，并分析了拓扑荷数、相干长度、波长、束腰半径、振幅、传输距离、大气折射率结构常数及大气湍流内外尺度等参数对 DoP 和 OAoP 的影响，验证了通过部分相干涡旋光束的 OAoP 分布可判断其拓扑荷数大小和符号的猜想。

## 13.1　矢量部分相干涡旋光束的偏振理论

偏振态 (state of polarization, SoP) 是描述电磁光场矢量特性的重要属性之一，且被广泛应用于偏振控制、自由空间光通信、粒子捕获及目标探测与识别等领域 [1–3]。目前，对矢量部分相干光束偏振态的理论研究主要基于交叉谱密度矩阵 (cross spectral density matrix, CSDM)，这使得理论计算结果简化许多。

1990 年，Wu 等提出了部分相干光束相比于完全相干光束受大气湍流的影响较小 [4,5]，利用 Wolf 提出的相干–偏振统一理论 [6–8]，将矢量部分相干光束偏振特性的研究推上了热潮。另外，因涡旋光束具有螺旋相位因子 $\exp(-\mathrm{i}l\theta)$，故标量和矢量涡旋光束在大气湍流中的传输特性也是重要的研究方向。本节结合部分相干光束的优点和涡旋光束的空间特性，对矢量部分相干涡旋光源 EGSMV 光束在大气湍流中的偏振特性进行理论研究，分析光源参数和大气湍流对部分相干涡旋光束 DoP 和 OAoP 的影响，同时演示了远场部分相干涡旋光束的 OAoP 分布，发现通过部分相干涡旋光束的偏振方向角分布可判断其拓扑荷数的大小和符号。

根据相干–偏振统一理论可知，EGSMV 光束在观测平面上的 CSDM 为 [6]

$$\begin{aligned}\overrightarrow{W}(\boldsymbol{\rho}_1,\boldsymbol{\rho}_2,z) &\equiv W_{ij}(\boldsymbol{\rho}_1,\boldsymbol{\rho}_2,z)\\ &=\begin{bmatrix} W_{xx}(\boldsymbol{\rho}_1,\boldsymbol{\rho}_2,z) & W_{xy}(\boldsymbol{\rho}_1,\boldsymbol{\rho}_2,z)\\ W_{yx}(\boldsymbol{\rho}_1,\boldsymbol{\rho}_2,z) & W_{yy}(\boldsymbol{\rho}_1,\boldsymbol{\rho}_2,z)\end{bmatrix}\end{aligned}\tag{13.1}$$

式中，$W_{ij}(\boldsymbol{\rho}_1,\ \boldsymbol{\rho}_2,z) = \langle E_i(\boldsymbol{\rho}_1,z)E_j^*(\boldsymbol{\rho}_2,z)\rangle$ $(i,\ j = x,y)$, $E_i$ 和 $E_j$ 分别是垂直于传输方向的横截面上 $x$ 和 $y$ 方向上的相互正交场, $E_j^*$ 表示 $E_j$ 的复共轭, $\boldsymbol{\rho}_1 = (\rho_1,\varphi_1)$ 和 $\boldsymbol{\rho}_2 = (\rho_2,\ \varphi_2)$ 是在柱坐标系下 $z>0$ 处垂直于传播方向的横截面上一对位置矢量，$\langle\ \rangle$ 表示统计平均值。

## 13.2　大气湍流中矢量部分相干涡旋光束的交叉谱密度矩阵

源平面上的一对位置矢量 $\boldsymbol{r}_1 = (r_1,\theta_1)$ 和 $\boldsymbol{r}_2 = (r_2,\theta_2)$ 的 CSDM 可表示部分相干光束的空间相干统计特性。源平面上 EGSM 光束的 CSDM 在极坐标系下可表示为

$$W_{ij}\left(\boldsymbol{r}_1,\boldsymbol{r}_2,0\right) = A_iA_j\exp\left[-\left(\frac{\boldsymbol{r}_1^2}{4w_{0i}^2}+\frac{\boldsymbol{r}_2^2}{4w_{0j}^2}\right)\right]\mu_{ij}\left(\boldsymbol{r}_1-\boldsymbol{r}_2\right) \tag{13.2}$$

式中，$A_i$ 和 $A_j$ 分别为 EGSM 光束在 $x$ 和 $y$ 方向上的振幅；$w_{0i}$ 和 $w_{0j}$ 分别为高斯光束在 $x$ 和 $y$ 方向上的束腰半径；$\mu_{ij}(\boldsymbol{r}_1-\boldsymbol{r}_2)$ 为 $\boldsymbol{r}_1$ 和 $\boldsymbol{r}_2$ 两点上的空间相干度，可表示为

$$\mu_{ij}\left(\boldsymbol{r}_1-\boldsymbol{r}_2\right) = B_{ij}\exp\left(-\frac{\left|\boldsymbol{r}_1-\boldsymbol{r}_2\right|^2}{2\delta_{ij}^2}\right) \tag{13.3}$$

式中，$\delta_{ij}$ 为相干长度，且 $\delta_{ij}=\delta_{ji}$；参数 $B_{ij}$ 和相干长度 $\delta_{ij}$ 满足条件 [9]：

$$B_{ij}=1,\quad i=j;\quad |B_{ij}|\leqslant 1,\quad i\neq j;\quad B_{ij}=B_{ji}^* \tag{13.4}$$

$$\max\left\{\delta_{ii},\delta_{jj}\right\}\leqslant\delta_{ij}\leqslant\min\left\{\delta_{ii}/\left|B_{ij}\right|^{0.5},\delta_{jj}/\left|B_{ij}\right|^{0.5}\right\} \tag{13.5}$$

将 EGSM 光束通过螺旋相位调制 $\exp(-\mathrm{i}l\theta)$ 可得部分相干涡旋光源 EGSMV 光束。在极坐标系下，源平面上 EGSMV 光束的 CSDM 表达式为

$$\begin{aligned}W_{ij}\left(\boldsymbol{r}_1,\boldsymbol{r}_2,0\right) =& A_iA_jB_{ij}\exp\left[-\left(\frac{\boldsymbol{r}_1^2}{4w_{0i}^2}+\frac{\boldsymbol{r}_2^2}{4w_{0j}^2}\right)\right]\\ &\times\exp\left(-\frac{\left|\boldsymbol{r}_1-\boldsymbol{r}_2\right|^2}{2\delta_{ij}^2}\right)\exp\left[-\mathrm{i}l\left(\theta_1-\theta_2\right)\right]\end{aligned} \tag{13.6}$$

式 (13.6) 是通过对 EGSM 光束进行螺旋相位调制而得，但并没有影响 EGSMV 光束的相干度。因此，式 (13.3) 仍为 EGSMV 光束的空间相干度表达式。

部分相干 EGSMV 光束从源平面 $z=0$ 处经大气湍流传输到观测平面 $z>0$ 处的示意图如图 13.1 所示。根据广义 Huygens-Fresnel 原理 [10]，观测平面上 EGSMV 光束的 CSDM 为

$$W_{ij}\left(\boldsymbol{\rho}_1,\boldsymbol{\rho}_2,z\right)$$

$$
\begin{aligned}
&= A_i A_j B_{ij} \left(\frac{k}{2\pi z}\right)^2 \iint \exp\left[-\left(\frac{\boldsymbol{r}_1^2}{4w_{0i}^2}+\frac{\boldsymbol{r}_2^2}{4w_{0j}^2}\right)\right] \exp\left(-\frac{|\boldsymbol{r}_1-\boldsymbol{r}_2|^2}{2\delta_{ij}^2}\right) \\
&\quad \times \exp\left[-\mathrm{i}l\left(\theta_1-\theta_2\right)\right] \exp\left[-\frac{\mathrm{i}k}{2z}\left(|\boldsymbol{\rho}_1-\boldsymbol{r}_1|^2-|\boldsymbol{\rho}_2-\boldsymbol{r}_2|^2\right)\right] \\
&\quad \times \langle \exp\left[\psi\left(\boldsymbol{\rho}_1,\boldsymbol{r}_1\right)+\psi^*\left(\boldsymbol{\rho}_2,\boldsymbol{r}_2\right)\right]\rangle \mathrm{d}\boldsymbol{r}_1\mathrm{d}\boldsymbol{r}_2
\end{aligned} \tag{13.7}
$$

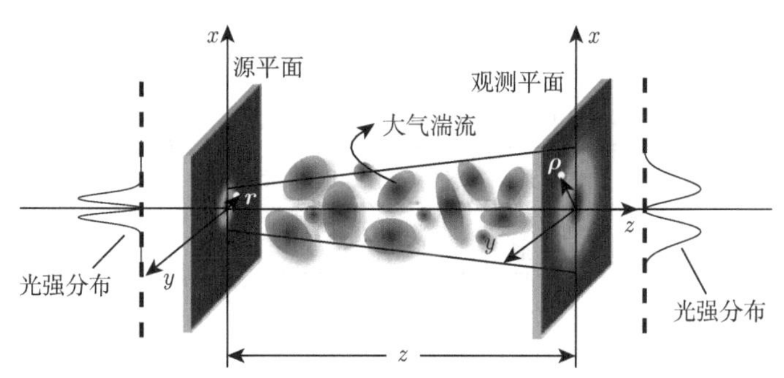


图 13.1　部分相干 EGSMV 光束传输过程示意图

大气湍流折射率谱密度模型采用的是修正的 Von-Karman 谱，通过对大气湍流系综平均 $\langle\exp[\psi(\boldsymbol{\rho}_1,\boldsymbol{r}_1)+\psi^*(\boldsymbol{\rho}_2,\boldsymbol{r}_2)]\rangle$ 的化简，式 (13.7) 可简化为

$$
\begin{aligned}
&W_{ij}\left(\boldsymbol{\rho}_\mathrm{c},\boldsymbol{\rho}_\mathrm{d},z\right) \\
&= A_i A_j B_{ij}\left(\frac{k}{2\pi z}\right)^2 \exp\left(-\frac{\mathrm{i}k}{z}\boldsymbol{\rho}_\mathrm{c}\cdot\boldsymbol{\rho}_\mathrm{d}\right) \\
&\quad \times \iint \exp\left[-\left(\frac{1}{\alpha_{ij}^2}\boldsymbol{r}_\mathrm{c}^2+\frac{1}{\beta_{ij}}\boldsymbol{r}_\mathrm{c}\boldsymbol{r}_\mathrm{d}+\frac{1}{4\alpha_{ij}^2}\boldsymbol{r}_\mathrm{d}^2\right)\right] \exp\left(-\frac{\boldsymbol{r}_\mathrm{d}^2}{2\delta_{ij}^2}\right) \exp\left(-\mathrm{i}l\theta_\mathrm{d}\right) \\
&\quad \times \exp\left(-\frac{M}{2}\boldsymbol{r}_\mathrm{d}^2\right) \exp\left[-\frac{\mathrm{i}k}{z}\left(\boldsymbol{r}_\mathrm{c}\cdot\boldsymbol{r}_\mathrm{d}-\boldsymbol{\rho}_\mathrm{c}\cdot\boldsymbol{r}_\mathrm{d}-\boldsymbol{\rho}_\mathrm{d}\cdot\boldsymbol{r}_\mathrm{c}\right)\right] \mathrm{d}\boldsymbol{r}_\mathrm{c}\mathrm{d}\boldsymbol{r}_\mathrm{d}
\end{aligned} \tag{13.8}
$$

式中，

$$
\left\{\begin{array}{l}
\boldsymbol{r}_\mathrm{c}=\dfrac{1}{2}\left(\boldsymbol{r}_1+\boldsymbol{r}_2\right) \\
\boldsymbol{r}_\mathrm{d}=\boldsymbol{r}_1-\boldsymbol{r}_2
\end{array}\right., \quad
\left\{\begin{array}{l}
\boldsymbol{\rho}_\mathrm{c}=\dfrac{1}{2}\left(\boldsymbol{\rho}_1+\boldsymbol{\rho}_2\right) \\
\boldsymbol{\rho}_\mathrm{d}=\boldsymbol{\rho}_1-\boldsymbol{\rho}_2
\end{array}\right. \tag{13.9}
$$

$$
\frac{1}{\alpha_{ij}^2}=\frac{1}{4w_{0i}^2}+\frac{1}{4w_{0j}^2}, \quad \frac{1}{\beta_{ij}}=\frac{1}{4w_{0i}^2}-\frac{1}{4w_{0j}^2} \tag{13.10}
$$

利用文献 [11] 中式 (3.17)、式 (3.23) 及式 (3.26) 对本书式 (13.8) 中变量 $\boldsymbol{r}_\mathrm{c}$

和 $\boldsymbol{r}_{\mathrm{d}}$ 依次进行积分，可得观测平面上 EGSMV 光束的 CSDM 为

$$W_{ij}\left(\boldsymbol{\rho}_{\mathrm{c}},\boldsymbol{\rho}_{\mathrm{d}},z\right)=\frac{A_iA_jB_{ij}}{\varDelta_{ij}}\exp\left(H_{ij}\boldsymbol{\rho}_{\mathrm{d}}^2+F_{ij}^2\boldsymbol{\rho}_{\mathrm{c}}^2-V_{ij}\boldsymbol{\rho}_{\mathrm{c}}\cdot\boldsymbol{\rho}_{\mathrm{d}}\right)$$
$$\times\sum_{s=0}^{|l|}\nabla_sH_s\left[\mathrm{i}\left(F_{ij}\rho_{\mathrm{c}y}-G_{ij}\rho_{\mathrm{d}y}\right)\right]H_{(|l|-s)}\left[\mathrm{i}\left(F_{ij}\rho_{\mathrm{c}x}-G_{ij}\rho_{\mathrm{d}x}\right)\right] \tag{13.11}$$

式中，

$$F_{ij}=\frac{\mathrm{i}k}{2z\sqrt{E_{ij}}},\quad E_{ij}=\frac{1}{4\alpha_{ij}^2}+\frac{1}{2\delta_{ij}^2}+\frac{M}{2}-\frac{\alpha_{ij}^2C_{ij}^2}{4},\quad C_{ij}=\frac{1}{\beta_{ij}}+\frac{\mathrm{i}k}{z} \tag{13.12}$$

$$H_{ij}=\frac{\alpha_{ij}^2D^2}{4}+G_{ij}^2,\quad V_{ij}=\frac{\mathrm{i}k}{z}\left(1+\frac{\alpha_{ij}^2C_{ij}D}{4E_{ij}}\right),\quad G_{ij}=\frac{\alpha_{ij}^2C_{ij}D}{4\sqrt{E_{ij}}},\quad D=\frac{\mathrm{i}k}{z} \tag{13.13}$$

$$\frac{1}{\varDelta_{ij}}=\frac{k^2\alpha_{ij}^2\left(2\mathrm{i}\right)^{-|l|}}{4z^2E_{ij}^{(|l|+2)/2}},\quad \nabla_s=\begin{pmatrix}|l|\\ s\end{pmatrix}\left[-\mathrm{i}\,\mathrm{sgn}\left(l\right)\right]^s \tag{13.14}$$

令 $\boldsymbol{\rho}_1=\boldsymbol{\rho}_2=\boldsymbol{\rho}$，$\boldsymbol{\rho}_{\mathrm{c}}=\boldsymbol{\rho}$，$\boldsymbol{\rho}_{\mathrm{d}}=0$，则 EGSMV 光束在观测平面上任一点的 CSDM 为

$$W_{ij}\left(\boldsymbol{\rho},\boldsymbol{\rho};z\right)=\frac{A_iA_jB_{ij}}{\varDelta_{ij}}\exp\left(F_{ij}^2\boldsymbol{\rho}^2\right)\sum_{s=0}^{|l|}\nabla_sH_s\left[\mathrm{i}F_{ij}\rho_y\right]H_{(|l|-s)}\left[\mathrm{i}F_{ij}\rho_x\right] \tag{13.15}$$

### 13.2.1　强度和偏振度

利用斯托克斯 (Stokes) 参数 [12] 可描述 DoP，则观测平面上 EGSMV 光束的 DoP 为

$$P\left(\boldsymbol{\rho},z\right)=\sqrt{S_1^2+S_2^2+S_3^2}/S_0 \tag{13.16}$$

式中，Stokes 参数 $S_0$、$S_1$、$S_2$ 和 $S_3$ 可由观测平面上的 CSDM 获得，即

$$\begin{aligned}&S_0=W_{xx}\left(\boldsymbol{\rho},\boldsymbol{\rho},z\right)+W_{yy}\left(\boldsymbol{\rho},\boldsymbol{\rho},z\right),\quad S_1=W_{xx}\left(\boldsymbol{\rho},\boldsymbol{\rho},z\right)-W_{yy}\left(\boldsymbol{\rho},\boldsymbol{\rho},z\right),\\&S_2=W_{xy}\left(\boldsymbol{\rho},\boldsymbol{\rho},z\right)+W_{yx}\left(\boldsymbol{\rho},\boldsymbol{\rho},z\right),\quad S_3=\mathrm{i}\left[W_{yx}\left(\boldsymbol{\rho},\boldsymbol{\rho},z\right)-W_{xy}\left(\boldsymbol{\rho},\boldsymbol{\rho},z\right)\right]\end{aligned} \tag{13.17}$$

对全偏振光来说，有 $S_1+S_2+S_3=S_0=1$，则在 Stokes 空间引入邦加球 [13]，如图 13.2 所示。图 13.2 中，$\theta_0$ 表示偏振方向角，$\varepsilon$ 表示椭圆率，且球面上任一

点都对应一种偏振态，$A$ 点和 $D$ 点分别表示左、右旋圆偏振涡旋光束，$B$ 点和 $E$ 点分别表示左、右旋椭圆偏振涡旋光束，$C$ 点表示径向偏振涡旋光束，$F$ 点表示角向偏振涡旋光束。

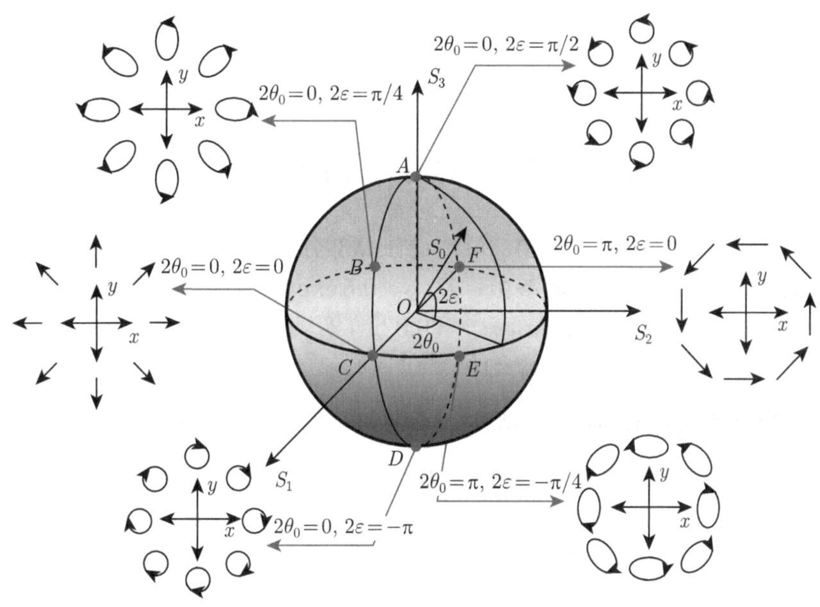


图 13.2　邦加球表示的矢量涡旋光束的偏振态

部分相干 EGSMV 光束的强度表达式为

$$I(\boldsymbol{\rho}, z) = S_0 = W_{xx}(\boldsymbol{\rho}, \boldsymbol{\rho}, z) + W_{yy}(\boldsymbol{\rho}, \boldsymbol{\rho}, z) \tag{13.18}$$

### 13.2.2　偏振方向角

偏振方向角 $\theta_0(\boldsymbol{\rho}, z)$ 是指椭圆偏振主轴和光振 $x$ 方向的夹角，光束两相互正交的振动方向 ($x$ 和 $y$ 方向) 相对于 EGSMV 光束在大气湍流中的传输方向 $z$ 为逆时针旋转，如图 13.3 所示，则偏振方向角的公式 [7] 为

$$\theta_0(\boldsymbol{\rho}, z) = \frac{1}{2}\arctan\left\{\frac{2\mathrm{Re}\left[W_{xy}(\boldsymbol{\rho}, \boldsymbol{\rho}, z)\right]}{W_{xx}(\boldsymbol{\rho}, \boldsymbol{\rho}, z) - W_{yy}(\boldsymbol{\rho}, \boldsymbol{\rho}, z)}\right\} \tag{13.19}$$

式中，$\theta_0(\boldsymbol{\rho}, z)$ 的范围是从 $-\pi/2$ 到 $\pi/2$。

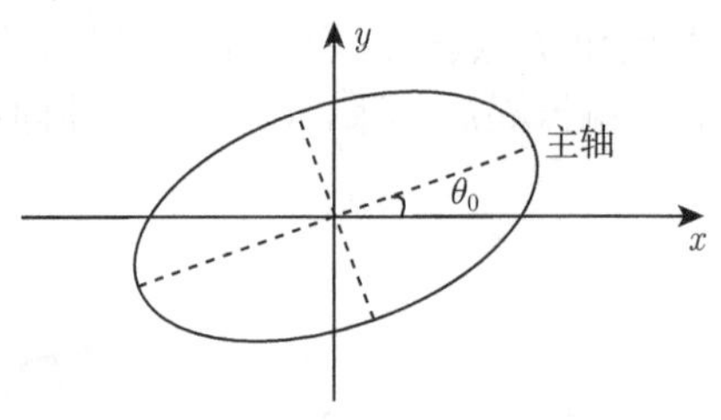


图 13.3 偏振方向角示意图

## 13.3 大气湍流中矢量部分相干涡旋光束的偏振度分布

结合式 (13.15)~ 式 (13.18)，可理论计算部分相干 EGSMV 光束经大气湍流传输后的 DoP 分布情况。取参数：$B_{ij}=0.5\exp(\mathrm{i}\pi/4)$，$\lambda=632.8\mathrm{nm}$，$w_{0x}=0.01\mathrm{m}$，$w_{0y}=0.02\mathrm{m}$，$z=1\mathrm{km}$，$\delta_{xx}=0.02\mathrm{m}$，$\delta_{yy}=0.01\mathrm{m}$，$\delta_{xy}=\delta_{yx}=0.025\mathrm{m}$，$A_x=A_y=1$，$l=1$，$C_0=1.7\times10^{-14}\mathrm{m}^{-2/3}$。

### 13.3.1 光源参数对偏振度的影响

不同拓扑荷数情况下 EGSMV 光束经大气湍流传输后的光强分布和 DoP 分布情况如图 13.4 所示。另外，仿真计算了光源其他参数，如相干长度、波长、束腰半径及振幅对 EGSMV 光束经大气湍流传输后轴上点 DoP 的影响。

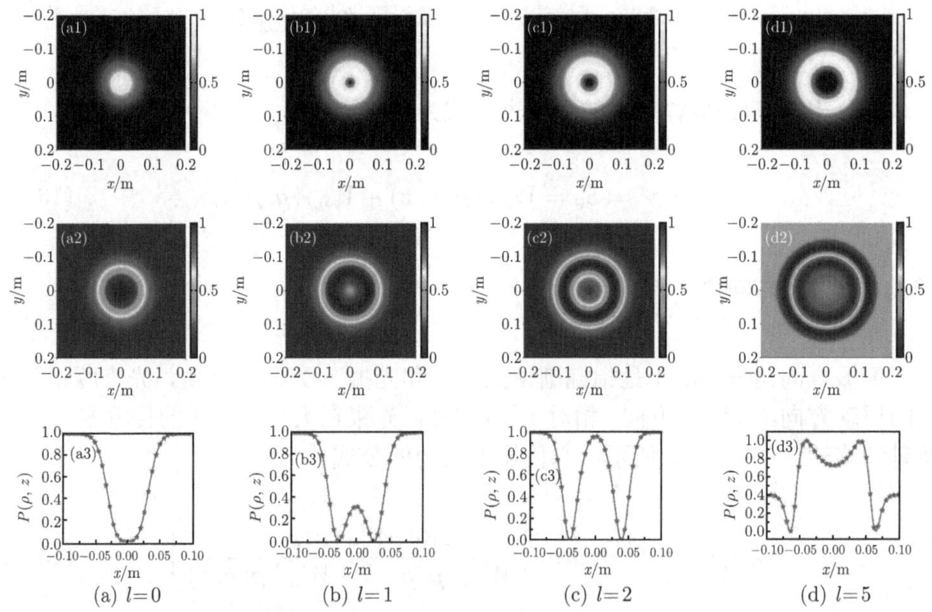


图 13.4 不同拓扑荷数下 EGSMV 光束经大气湍流传输后的光强分布 ((a1)、(b1)、(c1)、(d1))、二维 DoP 分布 ((a2)、(b2)、(c2)、(d2)) 和 DoP 分布曲线 ((a3)、(b3)、(c3)、(d3))[11]

从图 13.4 中可看出，随着拓扑荷数的增大，部分相干涡旋光源 EGSMV 光束的光强中心暗斑越大，这与典型涡旋光束的光强分布是一致的。当拓扑荷数 $l=0$ 时，EGSMV 光束可退化为部分相干光源 EGSM 光束，结合图 13.4(a3) 可知，DoP 随着偏离轴向距离 $x$ 的增大而逐渐增大，最终趋近于 1。此结果与早期对部分相干光源 EGSM 光束偏振特性的研究结果是一致的 [14]。从图 13.4(b) 和 (c) 可看出，当拓扑荷数 $l=1$，2 时，部分相干 EGSMV 光束的 DoP 随着偏离轴向距离 $x$ 的增大先减小后增大，最终也是趋近于 1。拓扑荷数 $l=5$ 的部分相干 EGSMV 光束的 DoP 随着偏离轴向距离 $x$ 的增大先增大于 1，再减小为 0，最终趋近于某一个值但并非为 1，如图 13.4(d) 所示。对比图 13.4(a)~(d) 可知，随着拓扑荷数的增大，EGSMV 光束轴上点的 DoP 先增大后减小，且随着偏离轴向距离的增大 DoP 趋近于的最终值越小，即 EGSMV 光束经大气湍流传输后的 DoP 分布越分散。出现这个结果的原因为拓扑荷数越大，部分相干涡旋光束受大气湍流的影响越大，则 DoP 分布越分散。

图 13.5 展示了不同相干长度情况下拓扑荷数 $l=1$ 的 EGSMV 光束经大气湍流传输后的 DoP 分布曲线。从图 13.5(a) 可看出，当相干长度 $\delta_{xx}=\delta_{yy}$ 时，EGSMV 光束经大气湍流传输后的 DoP 分布随着相干长度的增加而越分散，且轴上点的 DoP 随着相干长度的增加而增大，最终趋于 1。当相干长度 $\delta_{xx}\neq\delta_{yy}$ 时，EGSMV 光束经大气湍流传输后的 DoP 分布随相干长度的增加而越集中，且轴上点的 DoP 随着相干长度的增加而减小，如图 13.5(b) 所示。结合图 13.5(a) 和 (b)

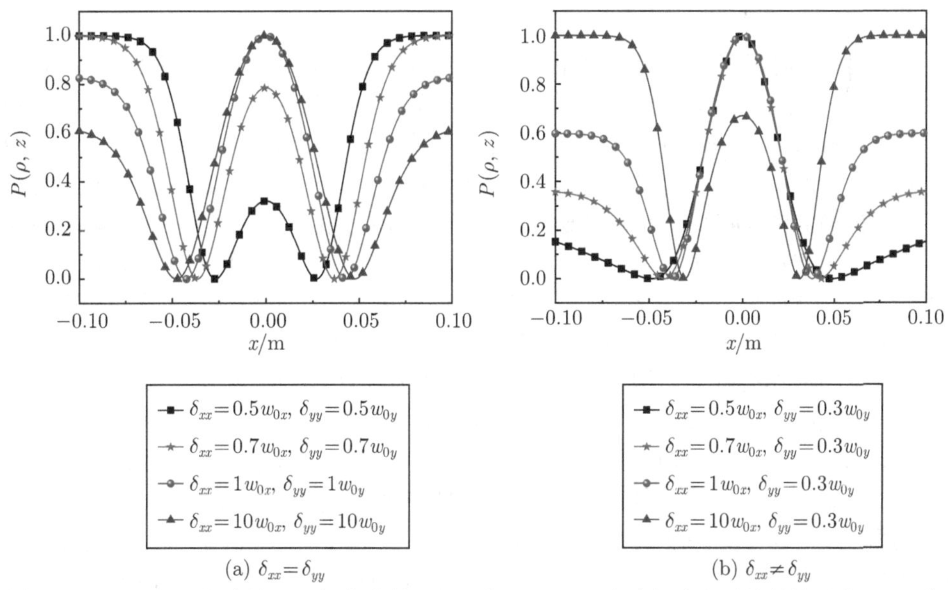

(a) $\delta_{xx}=\delta_{yy}$　(b) $\delta_{xx}\neq\delta_{yy}$

图 13.5　不同相干长度情况下拓扑荷数 $l=1$ 的 EGSMV 光束经大气湍流传输后的 DoP 分布曲线 [11]

可发现，无论相干长度如何变化，EGSMV 光束经大气湍流传输后的 DoP 都是随着偏离轴向距离的增大先减小后增大，最终趋于某一定值。当相干长度 $\delta_{xx}=\delta_{yy}$ 时，此定值会随着相干长度的增加而减小，当相干长度 $\delta_{xx}\neq\delta_{yy}$ 时，情况反之。

图 13.6 展示了不同波长情况下拓扑荷数 $l=1$ 的 EGSMV 光束经大气湍流传输后的 DoP 分布曲线。从图 13.6 可看出，当波长越长时，EGSMV 光束经大气湍流传输后的 DoP 分布越分散。然而，无论波长如何变化，DoP 都是随着偏离轴向距离的增大先减小后增大，最终趋于某一定值，此定值会随着波长的增加而减小。

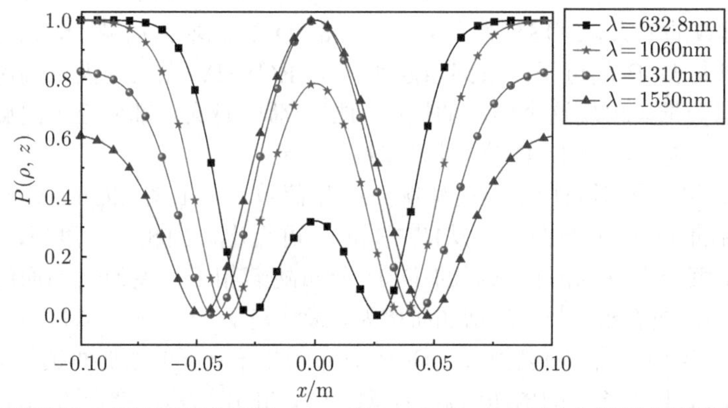


图 13.6　不同波长 $\lambda$ 情况下拓扑荷数 $l=1$ 的 EGSMV 光束经大气湍流传输后的 DoP 分布曲线 [11]

图 13.7 展示了不同束腰半径分量 $w_{0x}$ 和 $w_{0y}$ 情况下拓扑荷数 $l=1$ 的 EGSMV 光束经大气湍流传输后的 DoP 分布曲线。从图 13.7(a) 可看出，当束腰半径分量 $w_{0x}=w_{0y}$ 时，EGSMV 光束经大气湍流传输后的 DoP 分布随着束腰半径分量的增加而越分散。当束腰半径分量 $w_{0x}\neq w_{0y}$ 时，EGSMV 光束经大气湍流传输后的 DoP 分布随束腰半径的增加而越分散，且轴上点 DoP 随着束腰半径分量的增加而增大，如图 13.7(b) 所示。结合图 13.7(a) 和 (b) 可发现，无论束腰半径分量如何变化，部分相干 EGSMV 光束经大气湍流传输后的 DoP 都是随着偏离轴向距离的增大先减小后增大，最终趋于某一定值，此定值会随着束腰半径分量的增加而减小。综上所述，无论束腰半径分量 $w_{0x}$ 和 $w_{0y}$ 是否相等，对部分相干 EGSMV 光束经大气湍流传输后 DoP 分布的影响是一致的。

图 13.8 展示了不同振幅分量 $A_x$ 和 $A_y$ 情况下拓扑荷数 $l=1$ 的 EGSMV 光束经大气湍流传输后的 DoP 分布曲线。从图 13.8(c) 可看出，当振幅分量 $A_x=A_y$ 时，振幅分量同比例增加时，对部分相干光源 EGSMV 光束经大气湍流传输后的 DoP 分布几乎没有影响。当振幅分量 $A_x<A_y$，即振幅比 $A_x/A_y<1$ 时，EGSMV 光束经大气湍流传输后的 DoP 分布随振幅比减小而有集中的趋势，且 DoP 分布

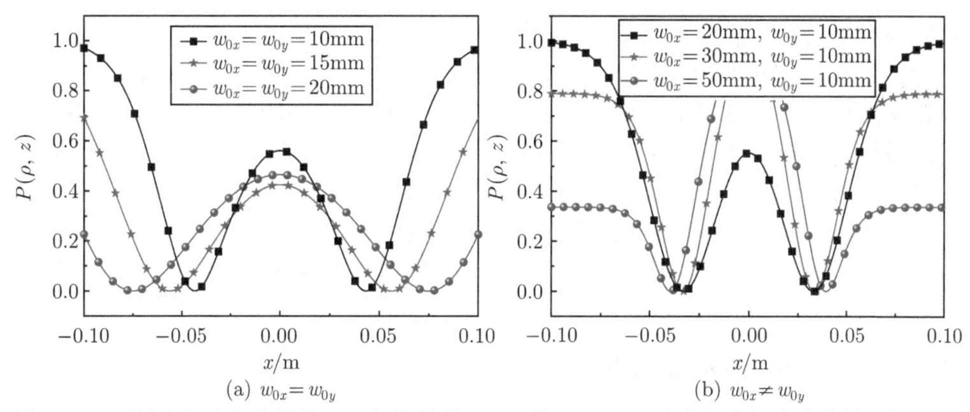


(a) $w_{0x}=w_{0y}$　　(b) $w_{0x}\neq w_{0y}$

图 13.7　不同束腰半径分量情况下拓扑荷数 $l=1$ 的 EGSMV 光束经大气湍流传输后的 DoP 分布曲线 [11]

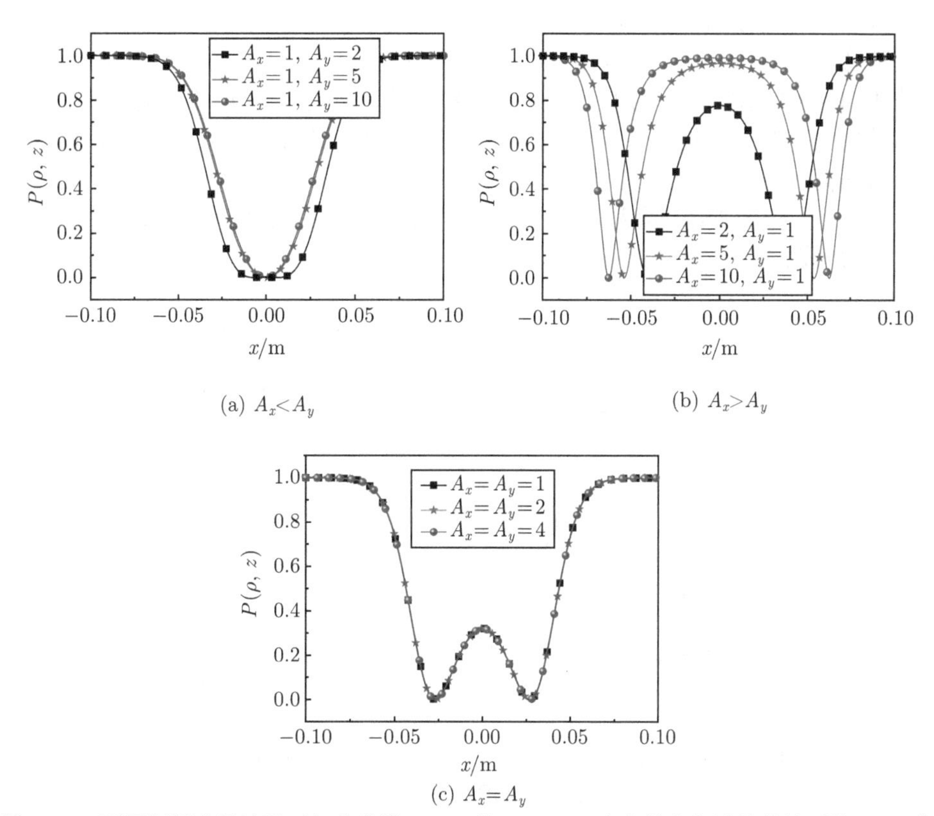


(a) $A_x<A_y$　　(b) $A_x>A_y$　　(c) $A_x=A_y$

图 13.8　不同振幅分量情况下拓扑荷数 $l=1$ 的 EGSMV 光束经大气湍流传输后的 DoP 分布曲线 [11]

随着偏离轴向距离的增大而增大，最终趋于定值 1，如图 13.8(a) 所示。当振幅分量 $A_x > A_y$，即振幅比 $A_x/A_y > 1$ 时，EGSMV 光束经大气湍流传输后的 DoP 分布随振幅比增加而越分散，且 DoP 分布随着偏离轴向距离的增大先减小后增大，最终趋于定值 1，同时 EGSMV 光束经大气湍流传输后轴上点的 DoP 随着振幅比的增加而增大，如图 13.8(b) 所示。结合图 13.8(a)~(c) 对比可知，部分相干光源 EGSMV 光束经大气湍流传输后的 DoP 分布与振幅比 $A_x/A_y$ 有关，而与单独的振幅 $A_x$ 或 $A_y$ 无关，这与振幅对部分相干光源 EGSM 光束经大气湍流传输后的 DoP 分布的影响类似。

### 13.3.2 大气湍流对偏振度的影响

大气折射率结构常数和大气湍流内外尺度是代表大气湍流介质的重要参量。图 13.9 展示了大气折射率结构常数 $C_0$ 对 EGSMV 光束经大气湍流传输后 DoP 分布的影响；图 13.10 展示了不同大气湍流内尺度 $l_0$ 和外尺度 $L_0$ 对 EGSMV 光束经大气湍流传输后 DoP 分布的影响。

从图 13.9 可看出，大气折射率结构常数越小，EGSMV 光束经大气湍流传输后的 DoP 分布越集中。当大气折射率结构常数较小时，DoP 都是随着偏离轴向距离的增大先减小后增大，最终趋于 1。当大气折射率结构常数较大时，DoP 都是随着偏离轴向距离的增大而增大，最终趋于 1。另外，当大气折射率结构常数越小时，轴上点的 DoP 越大，这是因为大气折射率结构常数越小时，大气湍流越弱，则大气湍流对 EGSMV 光束的影响越小。

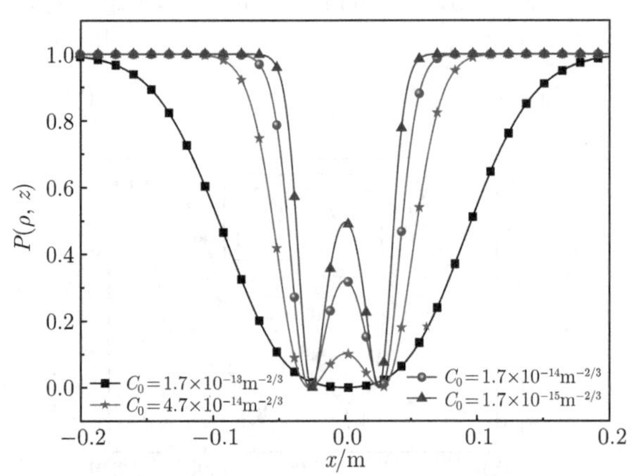


图 13.9　不同大气折射率结构常数 $C_0$ 情况下拓扑荷数 $l=1$ 的 EGSMV 光束经大气湍流传输后的 DoP 分布曲线 [11]

除大气折射率结构常数 $C_0$ 外，大气湍流的内外尺度也是反映大气湍流情况的重要参数。图 13.10 展示了不同内尺度 $l_0$ 和外尺度 $L_0$ 的情况下拓扑荷数

$l=1$ 的 EGSMV 光束经大气湍流传输后的 DoP 分布曲线。从图 13.10 可看出，对同一外尺度，内尺度越大，DoP 越集中，且轴上点的 DoP 越大。结合图 13.10(a)~(d) 可发现，大气湍流的外尺度对 DoP 的分布几乎没有影响。这个结果与高斯光束偏振度的结果是一致的。其主要物理机制是内尺度越小，光束在大气湍流中的衍射越严重，因此光束在时间和空间上随机分布，且 DoP 分布比较分散。

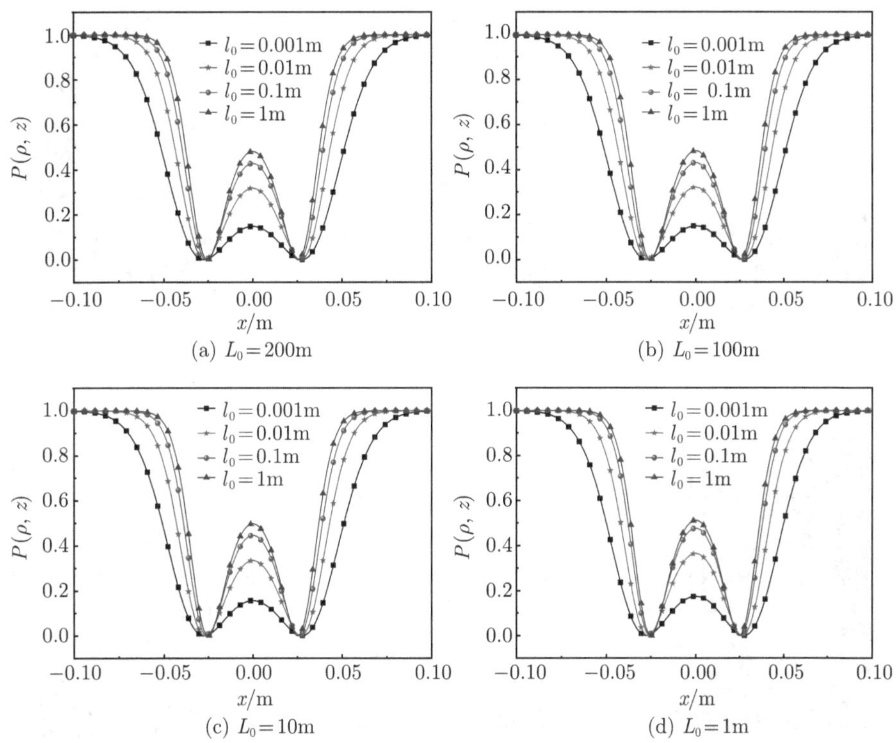


图 13.10　不同内外尺度情况下拓扑荷数 $l=1$ 的 EGSMV 光束经大气湍流传输后的 DoP 分布曲线 [11]

### 13.3.3　偏振度随传输距离的变化

EGSMV 光束在大气湍流中传输时，不同的传输距离 $z$ 对其 DoP 分布的影响如图 13.11 所示。EGSMV 光束轴上点的 DoP 随传输距离 $z$ 的变化曲线如图 13.12 所示。

图 13.11 展示了大气湍流中拓扑荷数 $l$ 分别为 0、1、2、3、4、5 的 EGSMV 光束在传输距离 $z$ 内的 DoP 分布。从图 13.11 中可清晰地看到 EGSMV 光束在大气湍流中传输时 DoP 分布随传输距离的变化情况，DoP 随着传输距离的增大

趋向于一个定值，此定值随着拓扑荷数的增大先减小后增大。当拓扑荷数 $l=0$ 时，EGSMV 光束退化为部分相干光源 EGSM 光束，轴上点的 DoP 随着传输距离的增大逐渐增大为定值，如图 13.11(a) 所示。当拓扑荷数 $l>0$ 时，EGSMV 光束携带螺旋相位信息，此时轴上点的 DoP 随着传输距离的增大呈现一个减小的趋势。

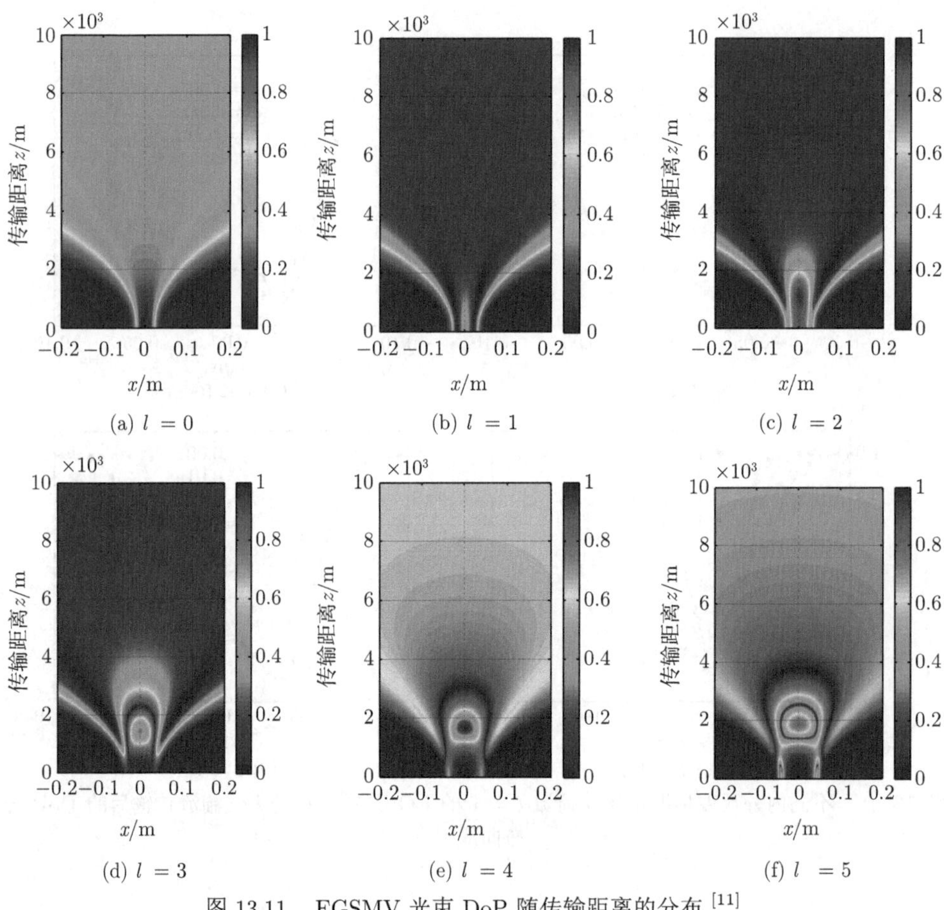


(a) $l=0$　(b) $l=1$　(c) $l=2$

(d) $l=3$　(e) $l=4$　(f) $l=5$

图 13.11　EGSMV 光束 DoP 随传输距离的分布 [11]

图 13.12 是大气湍流中拓扑荷数 $l$ 分别为 0、1、2、3、4、5 的 EGSMV 光束轴上点的 DoP 随传输距离的变化。从图 13.12 可看出，拓扑荷数越大，EGSMV 光束的初始 DoP 越大。结合图 13.11 和图 13.12 分析可知，随着传输距离的增大，DoP 的波动变得越来越严重，但拓扑荷数越大时，DoP 达到定值时所对应的传输距离也越大。这个结果揭示了当拓扑荷数越大时，在接收端可探测到的信息越多。

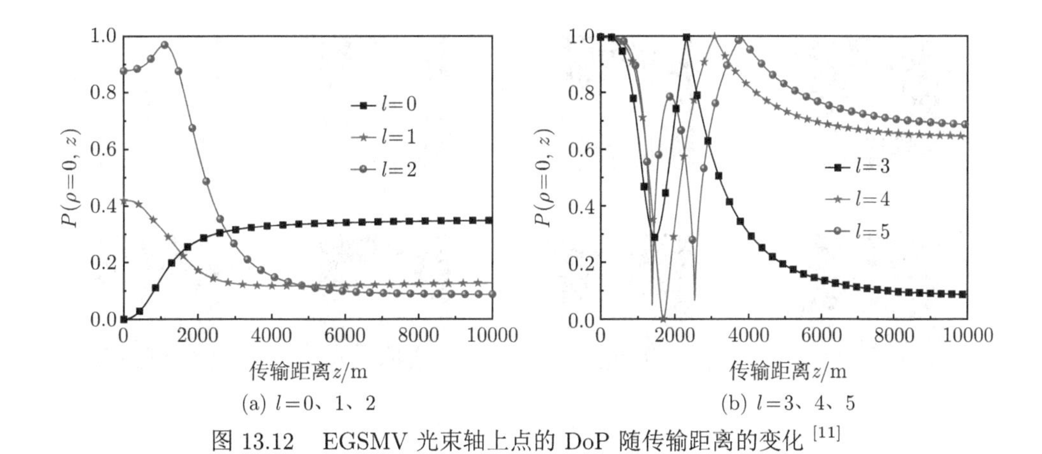


(a) $l=0$、1、2　　(b) $l=3$、4、5

图 13.12　EGSMV 光束轴上点的 DoP 随传输距离的变化 [11]

## 13.4　大气湍流中矢量部分相干涡旋光束的偏振方向角分布

结合式 (13.15) 和式 (13.19)，可仿真计算 EGSMV 光束经大气湍流传输后的 OAoP 分布。参数取值：$B_{ij}=0.5\exp(\mathrm{i}\pi/4)$，$\lambda=632.8\mathrm{nm}$，$w_{0x}=0.01\mathrm{m}$，$w_{0y}=0.02\mathrm{m}$，$z=1\mathrm{km}$，$\delta_{xx}=0.02\mathrm{m}$，$\delta_{yy}=0.01\mathrm{m}$，$\delta_{xy}=\delta_{yx}=0.025\mathrm{m}$，$A_x=A_y=1$，$l=1$，$C_0=1.7\times10^{-14}\mathrm{m}^{-2/3}$。下面讨论与大气湍流介质相关的参数对 EGSMV 光束在大气湍流中传输后 OAoP 分布的影响。

### 13.4.1　大气湍流对偏振方向角的影响

EGSMV 光束在大气湍流中传输后的 OAoP 分布不可避免地会受到大气湍流的影响，这里主要分析不同大气折射率结构常数情况下 EGSMV 光束经大气湍流传输后的 OAoP 分布。图 13.13 展示了不同大气折射率结构常数的情况下拓扑荷数 $l=3$ 的 EGSMV 光束经大气湍流传输后的光强分布和 OAoP 分布。从图 13.13(a1)、(b1)、(c1)、(d1) 可看出，大气折射率结构常数越大，EGSMV 光束经大气湍流传输后的光强分布扩展越严重。大气折射率结构常数对 EGSMV 光束传输后光强分布的影响与传统涡旋光束类似。类似标量涡旋光束的相位分布，EGSMV 光束经大气湍流传输后的 OAoP 分布出现了花瓣位错分布，从图 13.13(a2)、(b2)、(c2)、(d2) 中可看出，花瓣的个数与拓扑荷数的大小相关，即 EGSMV 光束的 OAoP 分布花瓣个数等于拓扑荷数大小的两倍。另外，EGSMV 光束经大气湍流传输后的 OAoP 分布随着大气折射率结构常数的增大而扩展，这是因为大气折射率结构常数越大时，大气湍流越强，则大气湍流对 EGSMV 光束传输的影响越大。但无论大气折射率结构常数如何变化，部分相干光源 EGSMV 光束经大气湍流传输后的 OAoP 分布仍为花瓣错位分布，也就是说，任何大气湍流强度情况下，通过部分相干涡旋光束 OAoP 分布情况都可检测其拓扑荷数的大小和符号。

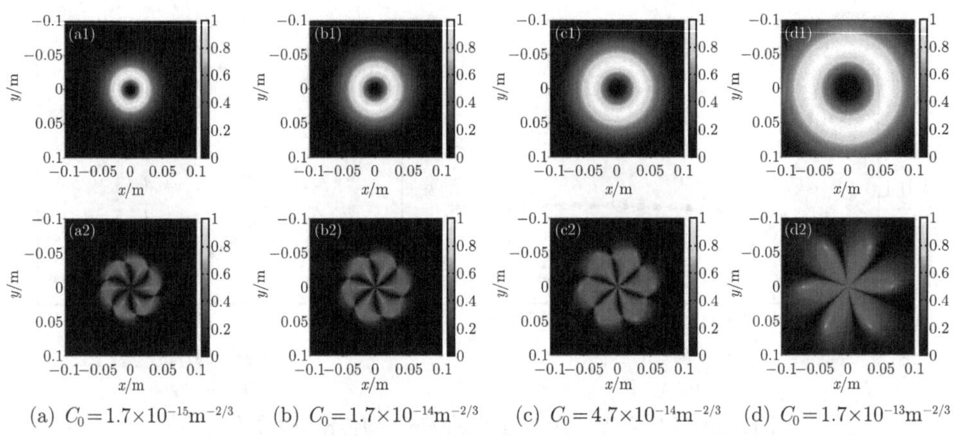


图 13.13　不同大气折射率结构常数 $C_0$ 时拓扑荷数 $l=3$ 的 EGSMV 光束经大气湍流传输后的光强分布 ((a1)、(b1)、(c1)、(d1)) 和 OAoP 分布 ((a2)、(b2)、(c2)、(d2))[11]

### 13.4.2　传输距离对偏振方向角的影响

图 13.14 展示了不同传输距离情况下拓扑荷数 $l=3$ 的部分相干涡旋光源 EGSMV 光束经大气湍流传输后的光强分布和 OAoP 分布。从图 13.14(a1)、(b1)、(c1)、(d1) 可看出，当传输距离越大时，EGSMV 光束经大气湍流传输后的光强分布扩展越严重。从图 13.14(a2)、(b2)、(c2)、(d2) 中可以看出，EGSMV 光束经大气湍流传输后的 OAoP 分布随着传输距离的增大而扩展，且花瓣状分布的“拖尾”现象越明显。这是因为 EGSMV 光束在大气湍流中传输时受到大气折射和自由空间的衍射，产生的相位波前畸变随着传输距离的增加而增大，因此大气湍流对光束的影响越大。

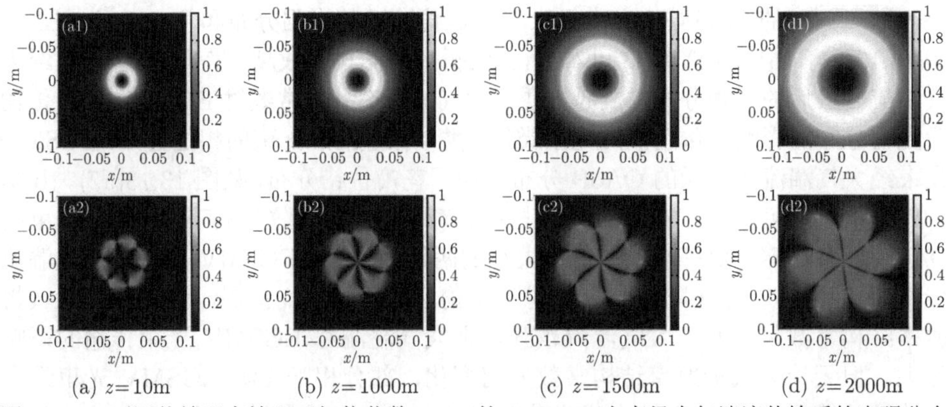


图 13.14　不同传输距离情况下拓扑荷数 $l=3$ 的 EGSMV 光束经大气湍流传输后的光强分布 ((a1)、(b1)、(c1)、(d1)) 和 OAoP 分布 ((a2)、(b2)、(c2)、(d2))[11]

## 13.5　偏振方向角检测拓扑荷数

在轨道角动量复用通信中，如何有效地检测拓扑荷数的信息已成为国内外研究人员关注的问题。对矢量光束来说，偏振是描述矢量光场的一个基本物理量。标量部分相干涡旋光束的拓扑荷数与其互相关函数 (cross-correlation function, CCF) 的关系被理论和实验研究，并用于检测拓扑荷数的大小和符号。受此启发，人们开始思考是否可用部分相干涡旋光束的偏振特性对其拓扑荷数进行检测。2014 年，Luo 等提出了一种利用交叉偏振度 (degree of cross-polarization, DoCP) 检测矢量涡旋光束拓扑荷数的方法 [15]。CCF 表征的是标量场内两个对称点之间的关联特性，DoCP 表征的是矢量场内两个对称点强度涨落的关联特性 [16,17]。另外，标量涡旋光束的相位分布可反映其拓扑荷数的大小和符号，那么表征矢量涡旋光束偏振方向的 OAoP 是否也可反映拓扑荷数的大小和符号？

为此，本节探讨了 EGSMV 光束的拓扑荷数和 OAoP 之间的关系，提出了检测部分相干涡旋光束拓扑荷数的方法，并分析了光源参数相干长度、波长、束腰半径及振幅对检测效果的影响。

### 13.5.1　远场衍射光场的偏振方向角模型

式 (13.6) 是 EGSMV 光束在近场平面 $z=0$ 上的 CSDM 表达式，根据广义 Huygens-Fresnel 原理，EGSMV 光束经自由空间传输后在远场平面 $z>0$ 上的 CSDM 表达式为

$$\begin{aligned}&W_{ij}\left(\boldsymbol{\rho}_1,\boldsymbol{\rho}_2;z\right)\\&=A_iA_jB_{ij}\left(\frac{k}{2\pi z}\right)^2\iint\exp\left[-\left(\frac{\boldsymbol{r}_1^2}{4w_{0i}^2}+\frac{\boldsymbol{r}_2^2}{4w_{0j}^2}\right)\right]\exp\left(-\frac{\left|\boldsymbol{r}_1-\boldsymbol{r}_2\right|^2}{2\delta_{ij}^2}\right)\\&\quad\times\exp\left[-\mathrm{i}l\left(\theta_1-\theta_2\right)\right]\exp\left[-\frac{\mathrm{i}k}{2z}\left(\left|\boldsymbol{\rho}_1-\boldsymbol{r}_1\right|^2-\left|\boldsymbol{\rho}_2-\boldsymbol{r}_2\right|^2\right)\right]\mathrm{d}\boldsymbol{r}_1\mathrm{d}\boldsymbol{r}_2\end{aligned}\tag{13.20}$$

对式 (13.20) 进行积分公式推导可得

$$\begin{aligned}W_{ij}\left(\boldsymbol{\rho},\boldsymbol{\rho};z\right)=&A_iA_iB_{ij}\frac{k^2\alpha_{ij}^2\left(2\mathrm{i}\right)^{-|l|}}{4z^2E_{ij}^{(|l|+2)/2}}\exp\left(-\frac{k^2}{4z^2E_{ij}}\boldsymbol{\rho}^2\right)\\&\times\sum_{s=0}^{|l|}\binom{|l|}{s}\left[-\mathrm{i}\,\mathrm{sgn}\left(l\right)\right]^sH_s\\&\times\left[-\left(\frac{k}{2z\sqrt{E_{ij}}}\rho_y\right)\right]H_{(|l|-s)}\left[-\left(\frac{k}{2z\sqrt{E_{ij}}}\rho_x\right)\right]\end{aligned}\tag{13.21}$$

式中，

$$E_{ij}=\frac{1}{4\alpha_{ij}^2}+\frac{1}{2\delta_{ij}^2}-\frac{\alpha_{ij}^2C_{ij}^2}{4},\quad C_{ij}=\frac{1}{\beta_{ij}}+\frac{\mathrm{i}k}{z} \tag{13.22}$$

将式 (13.21) 代入式 (13.19) 可得到远场平面上 EGSMV 光束的 OAoP 表达式。将式 (13.21) 代入式 (13.18) 可得到远场平面上 EGSMV 光束的光强表达式。利用式 (13.18)、式 (13.19) 及式 (13.21)，可仿真计算远场平面上 EGSMV 光束的光强分布和 OAoP 分布。

### 13.5.2 偏振方向角检测拓扑荷数的结果

为了计算方便，取参数：$B_{ij}=0.5\exp(\mathrm{i}\pi/4)$，$\lambda=632.8\mathrm{nm}$，$w_{0x}=0.01\mathrm{m}$，$w_{0y}=0.02\mathrm{m}$，$z=1\mathrm{km}$，$\delta_{xx}=0.02\mathrm{m}$，$\delta_{yy}=0.01\mathrm{m}$，$\delta_{xy}=\delta_{yx}=0.025\mathrm{m}$，$A_x=A_y=1$。图 13.15 展示了不同拓扑荷数情况下远场 EGSMV 光束的光强分布和 OAoP 分布情况。

为了更准确地展示 EGSMV 光束在远场平面上 OAoP 与拓扑荷数的关系，图 13.15 选择了拓扑荷数 $l=\pm1$、$\pm2$、$\pm3$、$\pm4$、$\pm10$。从图 13.15(a1)~(j1) 中可以看出，远场 EGSMV 光束的光强分布呈环形分布，且随着拓扑荷数的增大，环形半径越大，这个特性与传统的涡旋光束一致。类似标量涡旋光束的相位分布，EGSMV 光束的 OAoP 分布出现了花瓣位错分布，从图 13.15(a2)~(j2) 中可以看出，花

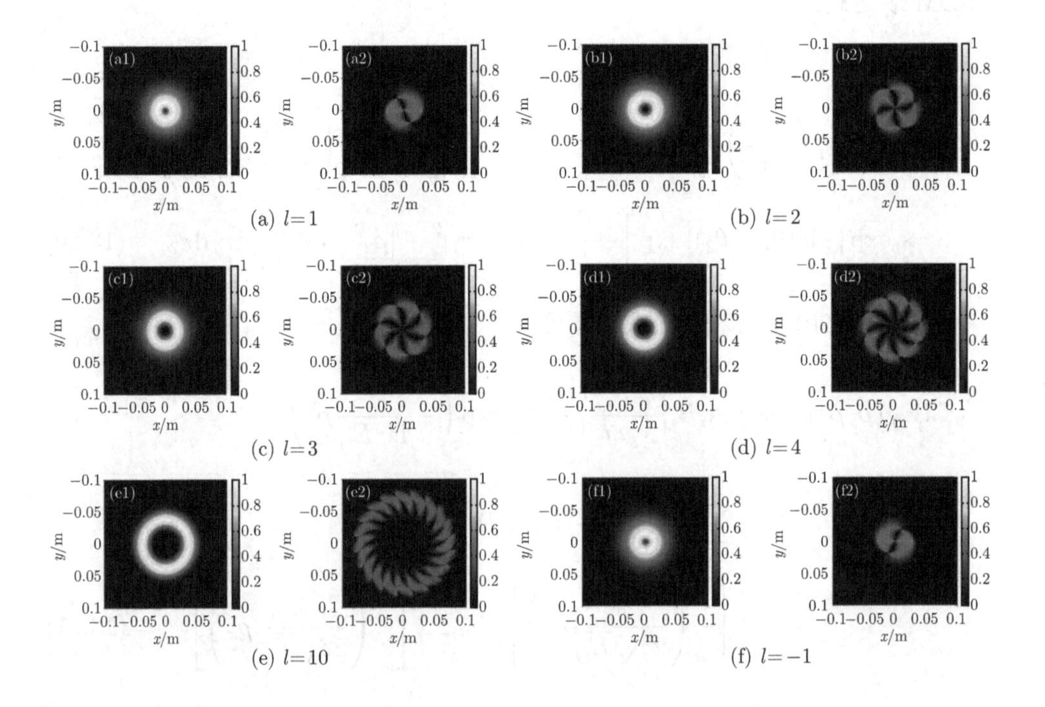

(a) $l=1$　(b) $l=2$

(c) $l=3$　(d) $l=4$

(e) $l=10$　(f) $l=-1$

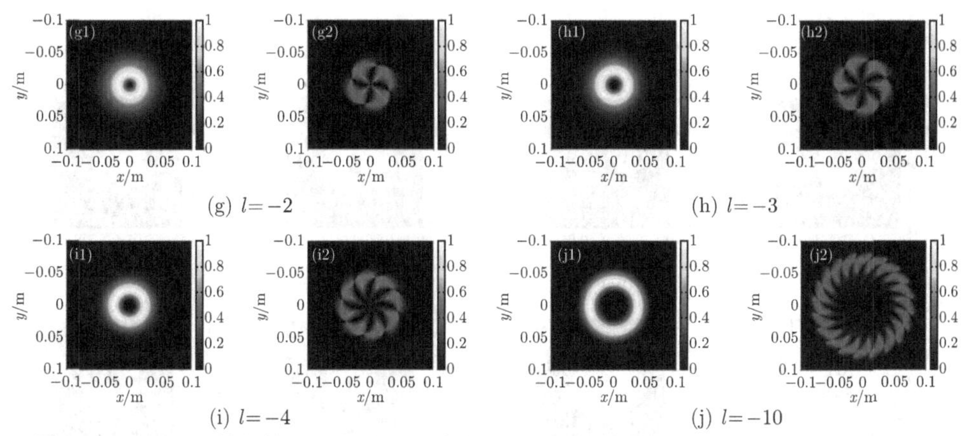


图 13.15　不同拓扑荷数下 EGSMV 光束在远场平面上的光强分布 ((a1)~(j1)) 和 OAoP 分布 ((a2)~(j2))[11]

瓣的个数与拓扑荷数的大小相关，即 EGSMV 光束 OAoP 分布的花瓣个数等于拓扑荷数大小的两倍。OAoP 分布中花瓣的旋转方向与拓扑荷数的符号有关，当拓扑荷数的符号为负时，花瓣的旋转方向为顺时针旋转，如图 13.15(f2)~(j2) 所示。当拓扑荷数的符号为正时，花瓣的旋转方向反之，如图 13.15(a2)~(e2) 所示。因此，经上述分析可提出一种利用部分相干涡旋光束的 OAoP 来测量拓扑荷数大小和符号的方法。另外，从图 13.15 中还可看出，拓扑荷数越大，EGSMV 光束的 OAoP 分布越宽。

### 13.5.3　光源参数对检测效果影响分析

选择光源参数：波长、束腰半径及振幅等对此检测效果的影响。取参数：$B_{ij}=0.5\exp(\mathrm{i}\pi/4)$，波长 $\lambda=632.8\mathrm{nm}$，$x$ 和 $y$ 方向上的束腰半径 $w_{0x}=0.01\mathrm{m}$ 和 $w_{0y}=0.02\mathrm{m}$，传输距离 $z=1\mathrm{km}$，相干长度 $\delta_{xx}=0.02\mathrm{m}$，$\delta_{yy}=0.01\mathrm{m}$，$\delta_{xy}=\delta_{yx}=0.025\mathrm{m}$，振幅 $A_x=A_y=1$。因图 13.15 已描述了不同拓扑荷数情况下 EGSMV 光束的远场光强分布和 OAoP 分布，则这里只取拓扑荷数 $l=3$ 的 EGSMV 光束作为研究对象分析光源参数对检测效果的影响。

空间相干长度对部分相干电磁光场的偏振特性也是有影响的 [11]。图 13.16 展示的是不同相干长度 $\delta_{xx}$、$\delta_{yy}$ 时拓扑荷数 $l=3$ 的部分相干涡旋光源 EGSMV 光束在远场平面上的光强分布和 OAoP 分布情况。图 13.16(a1)~(f1) 为相干长度对 EGSMV 光束光强分布的影响，可发现相干长度越小，光强分布越扩展。图 13.16(a2)~(f2) 为相干长度对 EGSMV 光束 OAoP 分布的影响，可以看出从高相干长度到低相干长度的情况下，OAoP 分布中的花瓣错位现象都是存在的，且花瓣的数量仍为拓扑荷数 $l=3$ 的两倍。综上所述，图 13.16 验证了从高相干长度到低相干长度情况下利用 OAoP 分布检测部分相干涡旋光束拓扑荷数的方法都是成立的。

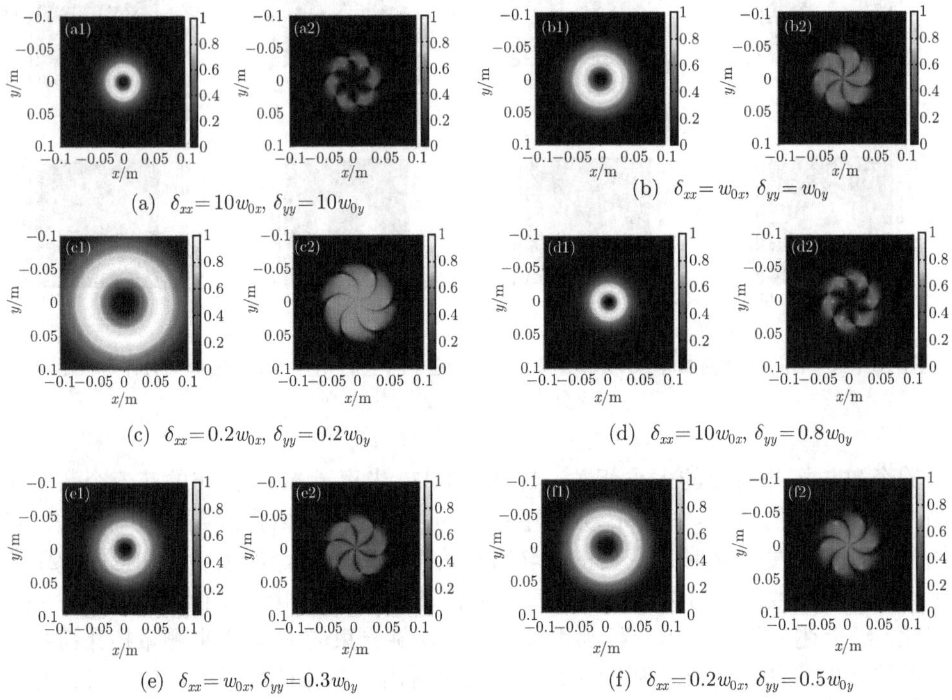


(a) $\delta_{xx}=10w_{0x}$, $\delta_{yy}=10w_{0y}$

(b) $\delta_{xx}=w_{0x}$, $\delta_{yy}=w_{0y}$

(c) $\delta_{xx}=0.2w_{0x}$, $\delta_{yy}=0.2w_{0y}$

(d) $\delta_{xx}=10w_{0x}$, $\delta_{yy}=0.8w_{0y}$

(e) $\delta_{xx}=w_{0x}$, $\delta_{yy}=0.3w_{0y}$

(f) $\delta_{xx}=0.2w_{0x}$, $\delta_{yy}=0.5w_{0y}$

图 13.16　不同相干长度情况下拓扑荷数 $l=3$ 的 EGSMV 光束在远场平面上的光强分布 ((a1)~(f1)) 和 OAoP 分布 ((a2)~(f2))[11]

图 13.17 描述了不同束腰半径 $w_{0x}$、$w_{0y}$ 时拓扑荷数 $l=3$ 的部分相干涡旋光源 EGSMV 光束在远场平面上的光强分布和 OAoP 分布情况。从图 13.17(a2)~(f2) 可看出，当束腰半径 $w_{0x}$ 不变、束腰半径 $w_{0y}$ 增大，或者束腰半径 $w_{0y}$ 不变、束腰半径 $w_{0x}$ 增大时，拓扑荷数 $l=3$ 的 EGSMV 光束在远场平面上的 OAoP 分布展宽，但 OAoP 分布仍为花瓣错位分布。无论束腰半径 $w_{0x}$、$w_{0y}$ 如何变化，都不影响利用 OAoP 分布检测部分相干涡旋光束拓扑荷数的效果。另外，从图 13.17 中可看出，花瓣的旋转方向与束腰半径比值 $w_{0x}/w_{0y}$ 有关，对拓扑荷数的符号为正号的光束来说，当 $w_{0x}/w_{0y}>1$ 时，OAoP 分布中花瓣的旋转方向为顺时针方向，如图 13.17(a2)~(c2) 所示；当 $w_{0x}/w_{0y}<1$ 时，情况相反，如图 13.17(d2)~(f2) 所示。结合图 13.15 和图 13.17 可知，对于拓扑荷数的符号为负号的光束来说，EGSMV 光束在远场平面上的 OAoP 分布中花瓣旋转方向与束腰半径比值 $w_{0x}/w_{0y}$ 的关系和拓扑荷数的符号为正号时的情况相反。因此，当检测部分相干涡旋光束拓扑荷数符号时，考虑束腰半径的比值 $w_{0x}/w_{0y}$ 是很有必要的。

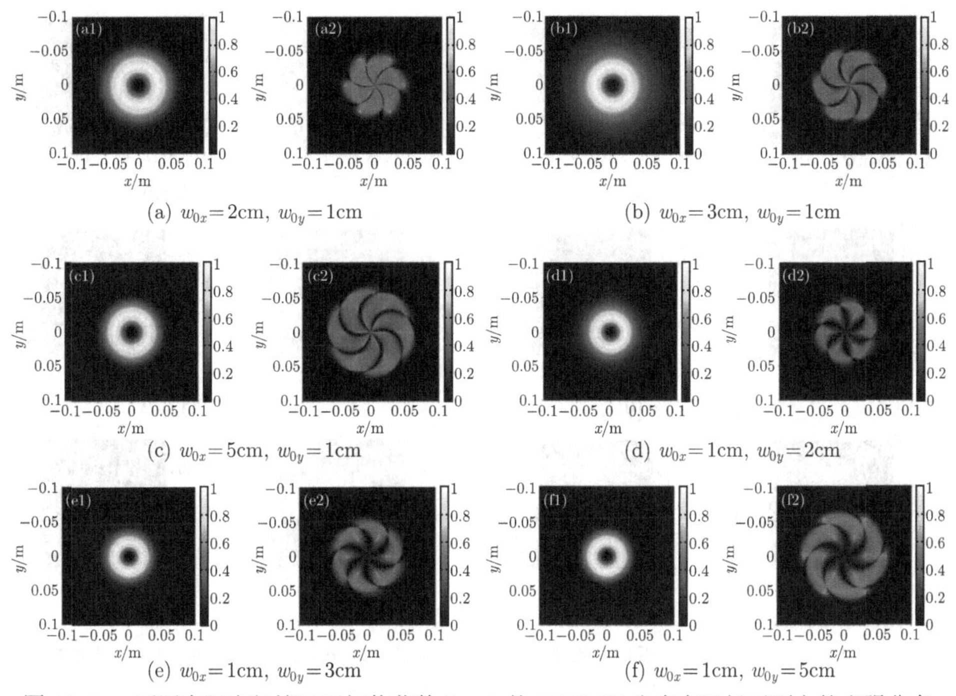


(a) $w_{0x}=2\text{cm}$, $w_{0y}=1\text{cm}$　(b) $w_{0x}=3\text{cm}$, $w_{0y}=1\text{cm}$

(c) $w_{0x}=5\text{cm}$, $w_{0y}=1\text{cm}$　(d) $w_{0x}=1\text{cm}$, $w_{0y}=2\text{cm}$

(e) $w_{0x}=1\text{cm}$, $w_{0y}=3\text{cm}$　(f) $w_{0x}=1\text{cm}$, $w_{0y}=5\text{cm}$

图 13.17　不同束腰半径情况下拓扑荷数 $l=3$ 的 EGSMV 光束在远场平面上的光强分布 ((a1)~(f1)) 和 OAoP 分布 ((a2)~(f2))[11]

图 13.18 描述了不同振幅 $A_x$、$A_y$ 时拓扑荷数 $l=3$ 的部分相干涡旋光源 EGSMV 光束在远场平面上的光强分布和 OAoP 分布情况。从图 13.18 可看出，当振幅 $A_x$ 不变、振幅 $A_y$ 增大时，拓扑荷数 $l=3$ 的 EGSMV 光束在远场平面上的光强分布逐渐扩展，但 OAoP 分布逐渐收缩，分别对比图 13.18(a) 与 (d)、图 13.18(b) 与 (e) 及图 13.18(c) 与 (f) 可知，当振幅 $A_y$ 不变、振幅 $A_x$ 增大时，拓扑荷数 $l=3$ 的 EGSMV 光束在远场平面上的光强分布逐渐收缩，OAoP 分布逐渐扩展。但无论振幅 $A_x$、$A_y$ 如何变化，OAoP 分布仍为花瓣错位分布，都不影响利用 OAoP 分布检测部分相干涡旋光束拓扑荷数的效果。因此，图 13.18 验证了不论振幅 $A_x$、$A_y$ 取何值时，EGSMV 光束在远场平面上的 OAoP 分布都可用于检测其拓扑荷数的大小和符号。

图 13.19 描述了不同波长时拓扑荷数 $l=3$ 的 EGSMV 光束在远场平面上的光强分布和 OAoP 分布情况。从图 13.19 可看出，随着波长的增大，拓扑荷数 $l=3$ 的 EGSMV 光束在远场平面上的光强分布逐渐扩展，OAoP 分布也逐渐扩展，但无论波长如何变化，OAoP 分布仍为花瓣错位分布，都不影响利用 OAoP 分布检测部分相干涡旋光束拓扑荷数的效果。综上所述，图 13.19 验证了无论波长取何值的情况下利用 OAoP 分布检测部分相干涡旋光束拓扑荷数的方法都是成立的。

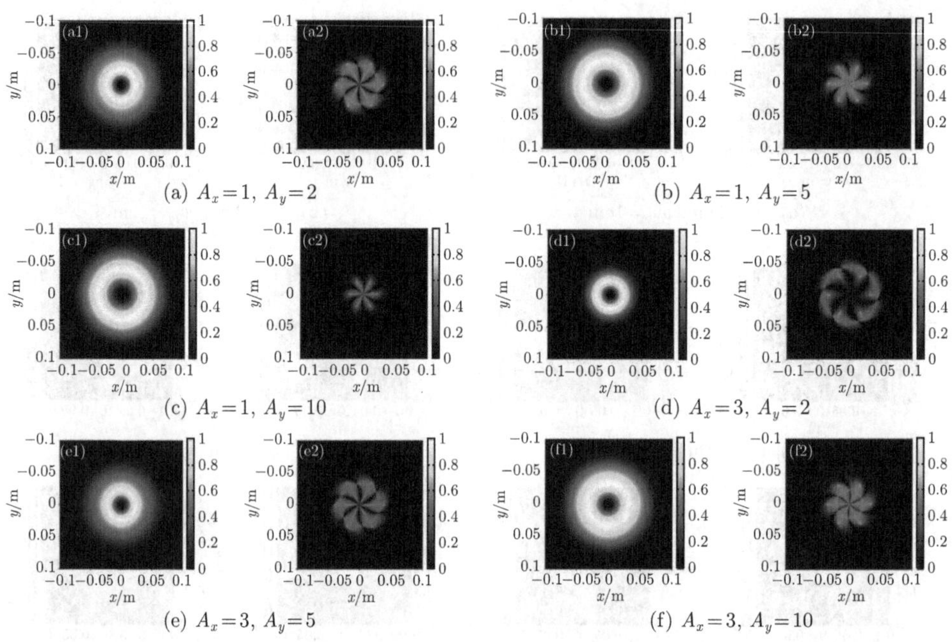


(a) $A_x=1$, $A_y=2$　(b) $A_x=1$, $A_y=5$

(c) $A_x=1$, $A_y=10$　(d) $A_x=3$, $A_y=2$

(e) $A_x=3$, $A_y=5$　(f) $A_x=3$, $A_y=10$

图 13.18　不同振幅情况下拓扑荷数 $l=3$ 的 EGSMV 光束在远场平面上的光强分布 ((a1)~(f1)) 和 OAoP 分布 ((a2)~(f2))[11]

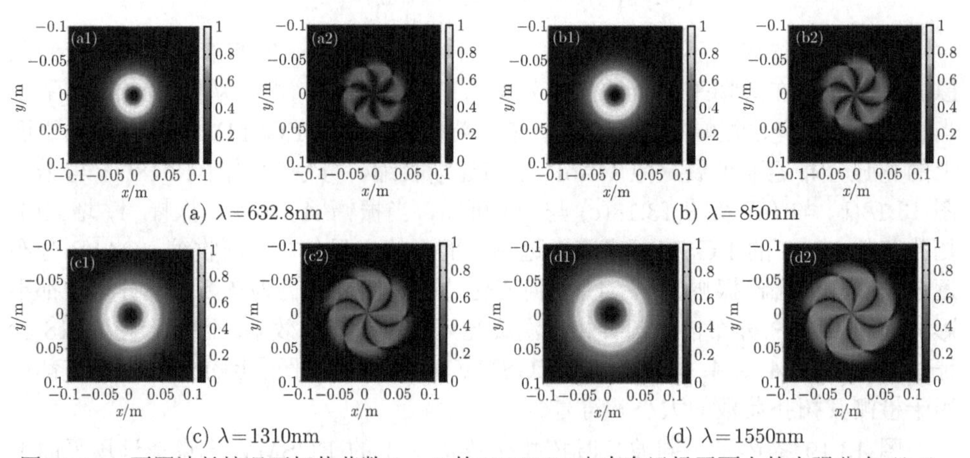


(a) $\lambda=632.8$nm　(b) $\lambda=850$nm

(c) $\lambda=1310$nm　(d) $\lambda=1550$nm

图 13.19　不同波长情况下拓扑荷数 $l=3$ 的 EGSMV 光束在远场平面上的光强分布 ((a1)、(b1)、(c1)、(d1)) 和 OAoP 分布 ((a2)、(b2)、(c2)、(d2))[11]

综合本章内容可以得出：① 拓扑荷数越大时，EGSMV 光束的光强分布中心暗斑越大、DoP 分布越分散及 OAoP 分布越宽；② 波长越短、大气折射率结构常数越小及大气湍流内尺度越大时，DoP 分布越集中，而大气湍流的外尺度对 EGSMV 光束偏振特性的影响几乎可以忽略；③ OAoP 分布呈花瓣错位分布，且花瓣的个数等于拓扑荷数大小的两倍，同时证明了无论光源参数如何改变，OAoP 分布中花瓣的个数仍为拓扑荷数大小的两倍，因此利用 EGSMV 光束 OAoP 分布中花瓣的个数和旋转方向可以检测拓扑荷数的大小和符号。所得结果对进一步使用部分相干涡旋光束传输信息具有参考价值，对部分相干涡旋光束拓扑荷数的检测提供了一种有效的途径。

## 参考文献


[1] SETHURAJ K R, KANSERI B. Optical coherence engineering in the polarization and spatial degrees of freedom[J]. Journal of Modern Optics, 2019, 66(19): 1896-1903.

[2] SONNTAG J, REICHARDT S, BESCHOTEN B, et al. Electrical control over phonon polarization in strained graphene[J]. Nano letters, 2021, 21(7): 2898-2904.

[3] NGA T, MINH Q, HIEN T, et al. Performance enhancement of HAP-based relaying VW-PPM FSO system using spatial diversity and heterodyne detection receiver [J]. Journal of Optical Communications, 2021, 42(1): 111-120.

[4] ZHAO T G, YANG Z H, WU G H. Propagation of a Gaussian-Schell model beam Array through atmospheric turbulence in a slanted path [J]. International Journal of Laser Science: Fundamental Theory and Analytical Methods, 2018, 1(2): 153-168.

[5] ZHOU M Y, FAN W C, WU G F. Evolution properties of the orbital angular momentum spectrum of twisted Gaussian Schell-model beams in turbulent atmosphere[J]. Journal of the Optical Society of America, A. Optics, Image Science, and Vision, 2020, 37(1): 142-148.

[6] WANG Y Y, YAN S G, LI X F, et al. Fraunhofer diffraction and the state of polarization of partially coherent electromagnetic beams [J]. Optics Letters, 2019, 44(13): 3330-3333.

[7] GUO L N, CHEN Y Z, LIU X L, et al. Statistical properties of a partially coherent radially polarized vortex beam propagating in a uniaxial crystal[J]. Journal of the Optical Society of America A, 2020, 37(11): 1806-1813.

[8] LI J H, ZHAO K Y, LAI Y Z. Changes in the states of polarization of random electromagnetic beams in atmospheric turbulence[J]. Optica Applicata, 2017, 47(1): 51-62.

[9] MA H J, LI J S, SUN P J. Effective tensor approach for simulating the propagation of partially coherent Hermite-sinh-Gaussian beams through an ABCD optical system in turbulent atmosphere[J]. Journal of the Optical Society of America A, 2019, 36(12): 2011-2016.

[10] LI Y, GAO M, LV H, et al. Statistical properties of a return wave generated from an arbitrary rough target in atmospheric turbulence by a partially coherent beam with radial polarization[J]. Journal of Modern Optics, 2021, 68(1/3): 72-86.

[11] 王姣. 大气湍流中部分相干涡旋光束的传输及衍射特性研究 [D]. 西安：西安理工大学，2020.

[12] 柯熙政, 王姣. 大气湍流中部分相干光束上行和下行传输偏振特性的比较 [J]. 物理学报, 2015, 64(22): 224204.

[13] 常雪峰, 黄斌, 张黎杰, 等. 基于互补斯托克斯向量实现偏振态旋转的追踪和预测 [J]. 激光与光电子学进展, 2020, 57(21): 93-99.

[14] YUAN R, LIU Y, TAN Q G, et al. An all-liquid-crystal strategy for fast orbital angular momentum encoding and optical vortex steering[J]. IEEE Journal of Selected Topics in Quantum Electronics: A Publication of the IEEE Lasers and Electro-Optics Society, 2022, 28(5): 1-6.

[15] LIU H Y, WANG Y, WANG J Q, et al. Electromagnetic vortex enhanced imaging using fractional OAM beams[J]. IEEE Antennas and Wireless Propagation Letters, 2021, 20(6): 948-952.

[16] HALBA E M, HENNANI S, BALHAMRI A, et al. Focus shaping of linearly polarized Bessel-Gaussian beam modulated by Bessel gratings using a radial shift and a large numerical aperture[J]. Optical and Quantum Electronics, 2022, 54(9): 580-593.

[17] WULFF M, HILLEBRECHT T, WANG L, et al. Multiconductor transmission lines for orbital angular momentum (OAM) communication links[J]. IEEE Transactions on Components, Packaging and Manufacturing Technology, 2022, 12(2): 329-340.

# 第 14 章　涡旋光束信息交换

人们常采用偏振复用 (polarization division multiplexing, PDM)、波分复用 (wavelength division multiplexing, WDM)、时分复用 (time division multiplexing, TDM) 和空分复用 (space division multiplexing, SDM) 等复用技术提高系统容量 [1,2]。复用技术几乎到达极限，逼近通信系统容量已成为亟待解决的难题 [3−8]。模分复用 (mode division multiplexing, MDM) 在光通信系统中引起了人们越来越多的关注 [9]。涡旋光束就是一种包含独特螺旋相位因子和新颖拓扑特性的特殊光场 [10,11]。针对这种情况，Willner 提出 OAM 模式复用 [12]。

## 14.1　OAM 涡旋光束拓扑荷数的灵活性

拓扑荷数不同的 OAM 光束,在发射端进行复用,在接收端进行解复用,可以显著提高频谱效率和系统容量 [13−16]。据报道,日本电报电话公司 (Nippon Telegraph and Telephone Corporation, NTT) 利用 OAM 多路复用方法成功实现了码率达 100Gbit/s 的大容量无线传输 [17]。在模分复用系统中将不同的数据流调制到不同的 OAM 模式时，交换不同 OAM 模式所携带的数据信息可以增加通信链路中数据处理和管理的灵活性 [18]。OAM 复用的研究重点就包括这种端到端信号传输的路由技术 [19,20]，伴随着 OAM 光束信息交换的出现 [12]，通过对不同 OAM 光束的拓扑荷数进行交换和转换，实现基于 OAM 的可重构光网络 [21]。

### 14.1.1　单束 OAM 光束的转换

拉盖尔–高斯光束的公式为 [22]

$$U_{pl}(r,\theta,z)=\frac{C}{\left(1+\dfrac{z^2}{z_R^2}\right)^{1/2}}\left[\frac{r\sqrt{2}}{w(z)}\right]^{|l|}\mathrm{L}_p^{|l|}\left[\frac{2r^2}{w^2(z)}\right]\exp\left[\frac{-r^2}{w^2(z)}\right]$$
$$\times\exp\frac{-\mathrm{i}kr^2z}{2(z^2+z_R^2)}\exp(-\mathrm{i}l\theta)\exp\left[\mathrm{i}(2p+|l|+1)\tan^{-1}\frac{z}{z_R}\right]\quad(14.1)$$

OAM 光束的特殊性质是由螺旋相位因子 $\exp(-\mathrm{i}l\theta)$ 引起的，若要对 OAM 光束的拓扑荷数进行改变，就需要携带指定螺旋相位因子 $\exp(-\mathrm{i}l_x\theta)$ 的相位图来改变 OAM 光束中的相位因子 [12]：

$$U_{pl}(r,z,\theta)\cdot\exp(-\mathrm{i}l_x\theta)=U(r)\cdot\exp[-\mathrm{i}(l+l_x)\theta]\quad(14.2)$$

式中，用符号 $U(r)$ 表示式 (14.1) 中除了 $\exp(-\mathrm{i}l\theta)$ 的其他部分；通过定义 $l_x$ 的值可对 OAM 光束的拓扑荷数进行改变，$l_x$ 可取正值或负值，在式 (14.2) 中当 $l_x=-l$ 时，螺旋相位因子 $l+(-l)=0$ 会被抵消，此时 OAM 光束会逆转换恢复为高斯光束。

利用式 (14.1)、式 (14.2) 进行数值仿真，如图 14.1 所示。图 14.1(a) 所示为 $l=5$ 的 OAM 光束，通过图 14.1(b) 所示 $l=-5$ 的螺旋相位图，可以将其恢复为图 14.1(c) 所示 $l=0$ 的高斯光束，这就是 OAM 光束拓扑荷数的灵活性，高斯光束可以转换为 OAM 光束，同样 OAM 光束也可以逆转换为高斯光束；图 14.1(d) 所示 $l=5$ 的 OAM 光束，通过图 14.1(e) 所示 $l=+5$ 的螺旋相位图，可以将其转换为图 14.1(f) 所示 $l=10$ 的 OAM 光束，这就是 OAM 光束拓扑荷数的灵活性，通过对 OAM 光束施加拓扑荷数不同的螺旋相位图，其拓扑荷数 $l$ 可以转换为 $l_1$、$l_2$、$l_3$、$\cdots$ 任意数值。

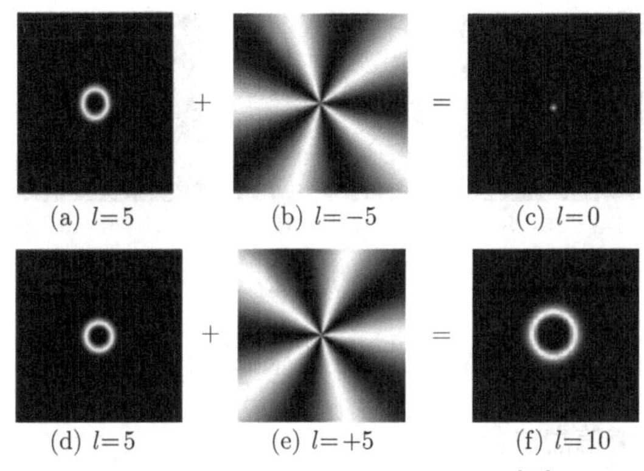


图 14.1　单 OAM 光束转换仿真 [23]

### 14.1.2　OAM 复用光束的转换

由式 (14.2) 知：

$$U_{pl}(r,z,\theta)\cdot\exp(-\mathrm{i}l_x\theta)=U(r)\cdot\exp[-\mathrm{i}(l+l_x)\theta] \tag{14.3}$$

式 (14.3) 表示单束 OAM 光束拓扑荷数任意转换，那么对三束复用 OAM 光束的拓扑荷数进行转换即可以表示为

$$\begin{aligned}&[U_{pl_1}(r,\theta,z)+U_{pl_2}(r,\theta,z)+U_{pl_3}(r,\theta,z)]\cdot\exp(-\mathrm{i}l_x\theta)\\=&U_1(r)\cdot\exp[-\mathrm{i}(l_1+l_x)\theta]+U_2(r)\cdot\exp[-\mathrm{i}(l_2+l_x)\theta]+U_3(r)\cdot\exp[-\mathrm{i}(l_3+l_x)\theta]\end{aligned} \tag{14.4}$$

通过定义 $l_x$ 的值可对 OAM 光束的拓扑荷数进行改变，$l_x$ 可取正值或负值。在式 (14.4) 中通过设置 $l_x$ 的值，拓扑荷数 $l_1$、$l_2$、$l_3$ 的值会改变，OAM 复用光束

也会随之转换。由式 (14.1)、式 (14.4) 进行数值仿真，如图 14.2 所示。图 14.2(a) 所示为 $l=10$、8、5 的 OAM 复用光束，通过图 14.2(b) 所示 $l=-5$ 的螺旋相位图，可以将其转换为图 14.2(c) 所示 $l=5$、3、0 的 OAM 复用光束；单束 OAM 光束拓扑荷数的灵活性同样适用于 OAM 复用光束，OAM 复用光束的拓扑荷数可以像单束 OAM 光束一样任意改变，这里注意，虽然 OAM 复用光束拓扑荷数可以任意发生改变，但是三束复用光束的转换是“整体”变换的，即同时增加 $l_x$ 或同时减小 $l_x$。

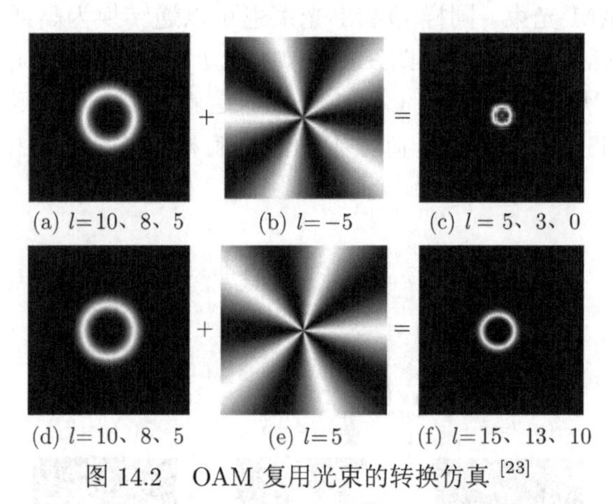


图 14.2　OAM 复用光束的转换仿真 [23]

## 14.2　OAM 涡旋光束信道重构原理

### 14.2.1　OAM 光束信息交换

单束 OAM 光束的表达式为 [22]

$$U_{pl}(r,\theta,z)=\frac{C}{\left(1+\dfrac{z^2}{z_R^2}\right)^{1/2}}\left[\frac{r\sqrt{2}}{w(z)}\right]^{|l|}\mathrm{L}_p^{|l|}\left[\frac{2r^2}{w^2(z)}\right]\exp\left[\frac{-r^2}{w^2(z)}\right]$$
$$\times\exp\frac{-\mathrm{i}kr^2z}{2(z^2+z_R^2)}\exp(-\mathrm{i}l\theta)\exp\left[\mathrm{i}(2p+|l|+1)\tan^{-1}\frac{z}{z_R}\right] \quad (14.5)$$

则两束 OAM 光束交换的方法 [12] 可以表示为

$$U_{pl_1}(r,\theta,z)=S_1(t)\cdot U_1(r)\cdot\exp(-\mathrm{i}l_1\theta) \quad (14.6)$$

$$U_{pl_2}(r,\theta,z)=S_2(t)\cdot U_2(r)\cdot\exp(-\mathrm{i}l_2\theta) \quad (14.7)$$

式中，$S(t)$ 表示输入端数据信息；用符号 $U(r)$ 表示式 (14.5) 中除了 $\exp(-\mathrm{i}l\theta)$ 的其他部分；$\exp(-\mathrm{i}l\theta)$ 表示螺旋相位因子。通过携带螺旋相位因子 $\exp\{-\mathrm{i}[-(l_1+l_2)]\theta\}$

的相位图，拓扑荷数为 $l_1$ 的 OAM 光束 (式 (14.6)) 就会转换为 [12]

$$U_{pl_1}(r,\theta,z)\exp\{-\mathrm{i}[-(l_1+l_2)]\theta\}=S_1(t)\cdot U_1(r)\cdot\exp[-\mathrm{i}(-l_2)\theta] \tag{14.8}$$

拓扑荷数为 $l_2$ 的 OAM 光束 (式 (14.7)) 就会转换为

$$U_{pl_2}(r,\theta,z)\exp\{-\mathrm{i}[-(l_1+l_2)]\theta\}=S_2(t)\cdot U_2(r)\cdot\exp[-\mathrm{i}(-l_1)\theta] \tag{14.9}$$

反射式空间光调制器的反射导致拓扑荷数符号发生翻转，则式 (14.8) 转换为

$$S_1(t)\cdot U_1(r)\cdot\exp[-\mathrm{i}(-l_2)\theta]\rightarrow S_1(t)\cdot U_1(r)\cdot\exp(-\mathrm{i}l_2\theta) \tag{14.10}$$

式 (14.9) 转换为

$$S_2(t)\cdot U_2(r)\cdot\exp[-\mathrm{i}(-l_1)\theta]\rightarrow S_2(t)\cdot U_2(r)\cdot\exp(-\mathrm{i}l_1\theta) \tag{14.11}$$

通过对比式 (14.10) 与式 (14.6)、式 (14.11) 与式 (14.7) 发现，两束携带不同信息的 OAM 光束发生了交换。

OAM 光束发生交换后，可以通过观察 OAM 光束与球面波的干涉条纹来验证其是否交换成功，其方法如下所述。

理想球面波的电场表达式为 [23]

$$E_s(x,y,z)=A_s\exp\left[-\mathrm{i}kz\left(1+\frac{x^2}{2z^2}+\frac{y^2}{2z^2}\right)\right] \tag{14.12}$$

式中，$A_s$ 为常数。

将式 (14.5) 与式 (14.12) 相加取绝对值的平方，即得 OAM 光束与球面波的干涉条纹光强 [23]：

$$I=|U_{pl}(r,\theta,z)+E_s(x,y,z)|^2 \tag{14.13}$$

通过理论分析，进行数值仿真。参数设置：束腰半径设置为 $w_{01}=w_{02}=0.004$；拓扑荷数为 $l_1=+4$，$l_2=+6$；相位图的拓扑荷数为 $l=-10$；$p=0$；$z=50$；$\lambda=6.328\times10^{-7}\mathrm{m}$。仿真得到的 OAM 交换如图 14.3 所示。图 14.3 (a1) 为 OAM 光束 (图 14.3(a)) 与球面波的干涉仿真图，依据干涉仿真图的螺纹旋转方向为顺时针时拓扑荷数符号为正，旋转螺纹数等于拓扑荷数 [24] 可知，图 14.3(a) 中拓扑荷数 $l_1=+4$；同理，依据图 14.3(b1) 判断图 14.3(b) 中拓扑荷数 $l_2=+6$；图 14.3(c) 为图 14.3(a) 与图 14.3(b) 复用的 OAM 光束；通过携带拓扑荷数为 $-10$ 的螺旋相位图发生交换，交换后拓扑荷数 $l_1'=+4-10=-6$，如图 14.3(e) 所示；拓扑荷数 $l_2'=+6-10=-4$，如图 14.3(d) 所示，可以判断 OAM 交换成功；图 14.3(f) 为交换后的 OAM 复用光束。

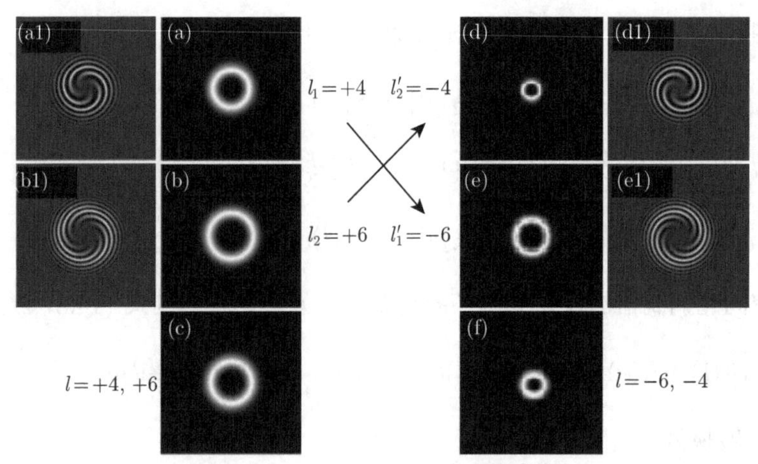


图 14.3　OAM 交换数值仿真 [23]

### 14.2.2 OAM 光束模式切换

1. 三束 OAM 复用光束中两束信息交换

图 14.4 为三束 OAM 复用涡旋光束中任意两束信息交换的原理图，不同的颜色代表它们所携带的信息不同。首先通过对三路复用的 OAM 光束加载相应的相位图，使其中一路光束的拓扑荷数转换为 0。其次将拓扑荷数为 0 的高斯光束与另外两束复用的 OAM 光束分离，两束 OAM 光束的拓扑荷数发生交换，将高斯光束重新导入 OAM 光束使其同轴传输。最后通过空间光调制器将三束光转换回初始拓扑荷数状态，可以看出此类 OAM 信道重构可以在不影响其中 1 路光束 (拓扑荷数为 $l_1$) 的情况下实现另外两路光束 (拓扑荷数为 $l_2$ 和 $l_3$) 的交换。这里注意，只要有反射拓扑荷数的符号就会发生翻转，SLM、反光镜、分束器都会导致这种情况出现。

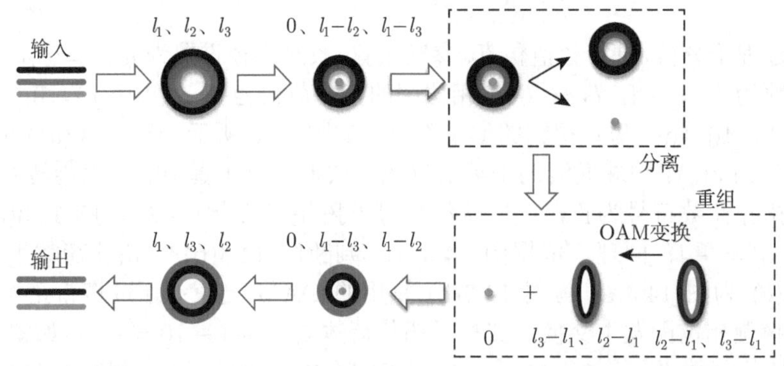


图 14.4　三束 OAM 复用涡旋光束中任意两束信息交换原理 [23]

三束 OAM 复用涡旋光束中任意两束信息交换方法如下，每束 OAM 光束可以表示为

$$U_{pl_1}(r,\theta,z)=S_1(t)\cdot U_1(r)\cdot\exp(-\mathrm{i}l_1\theta) \tag{14.14}$$

$$U_{pl_2}(r,\theta,z)=S_2(t)\cdot U_2(r)\cdot\exp(-\mathrm{i}l_2\theta) \tag{14.15}$$

$$U_{pl_3}(r,\theta,z)=S_3(t)\cdot U_3(r)\cdot\exp(-\mathrm{i}l_3\theta) \tag{14.16}$$

式中，$S(t)$ 表示输入端数据信息；用符号 $U(r)$ 表示式 (14.5) 中除了 $\exp(-\mathrm{i}l\theta)$ 的其他部分；$\exp(-\mathrm{i}l\theta)$ 表示螺旋相位因子。三束 OAM 复用光束表示为

$$\begin{aligned}&[U_{pl_1}(r,\theta,z)+U_{pl_2}(r,\theta,z)+U_{pl_3}(r,\theta,z)]\\=&S_1(t)\cdot U_1(r)\cdot\exp(-\mathrm{i}l_1\theta)+S_2(t)\cdot U_2(r)\cdot\exp(-\mathrm{i}l_2\theta)+S_3(t)\cdot U_3(r)\\&\times\exp(-\mathrm{i}l_3\theta)\end{aligned} \tag{14.17}$$

三束 OAM 复用光束的拓扑荷数进行下转换可以表示为 [25]

$$\begin{aligned}&[U_{pl_1}(r,\theta,z)+U_{pl_2}(r,\theta,z)+U_{pl_3}(r,\theta,z)]\cdot\exp(-\mathrm{i}l_x\theta)\\=&S_1(t)\cdot U_1(r)\cdot\exp[-\mathrm{i}(l_1+l_x)\theta]+S_2(t)\cdot U_2(r)\cdot\exp[-\mathrm{i}(l_2+l_x)\theta]\\&+S_3(t)\cdot U_3(r)\cdot\exp[-\mathrm{i}(l_3+l_x)\theta]\end{aligned} \tag{14.18}$$

此时通过给定 $l_x=-l_1$ 的值将其中一束 OAM 光束转换为拓扑荷数等于 0 的高斯光束并将其分离：

$$U_{pl_1}(r,\theta,z)\cdot\exp(-\mathrm{i}l_x\theta)=S_1(t)\cdot U_1(r)\cdot\exp[-\mathrm{i}(l_1-l_1)\theta]=S_1(t)\cdot U_1(r) \tag{14.19}$$

则另外两束 OAM 光束的拓扑荷数虽改变但依旧携带 OAM 态：

$$U_{pl_2}(r,\theta,z)\cdot\exp(-\mathrm{i}l_x\theta)=S_2(t)\cdot U_2(r)\cdot\exp[-\mathrm{i}(l_2-l_1)\theta] \tag{14.20}$$

$$U_{pl_3}(r,\theta,z)\cdot\exp(-\mathrm{i}l_x\theta)=S_3(t)\cdot U_3(r)\cdot\exp[-\mathrm{i}(l_3-l_1)\theta] \tag{14.21}$$

通过在空间光调制器上加载 $l_R=-(l_2-l_1+l_3-l_1)$ 的相位图，式 (14.20) 转换为

$$\begin{aligned}&U_{pl_2}(r,\theta,z)\cdot\exp(-\mathrm{i}l_x\theta)\cdot\exp\{-\mathrm{i}[-(l_2-l_1+l_3-l_1)]\theta\}\\=&S_2(t)\cdot U_2(r)\cdot\exp[-\mathrm{i}(l_1-l_3)\theta]\end{aligned} \tag{14.22}$$

式 (14.21) 转换为

$$
\begin{aligned}
&U_{pl_3}(r,\theta,z)\cdot\exp(-\mathrm{i}l_x\theta)\cdot\exp\{-\mathrm{i}[-(l_2+l_x+l_3+l_x)]\theta\}\\
&=S_3(t)\cdot U_3(r)\cdot\exp[-\mathrm{i}(l_1-l_2)\theta]
\end{aligned}
\tag{14.23}
$$

反射式空间光调制器的反射导致拓扑荷数符号发生翻转,则式 (14.22) 与式 (14.23) 转换为

$$
S_2(t)\cdot U_2(r)\cdot\exp\{-\mathrm{i}[-(l_3+l_x)]\theta\}\rightarrow S_2(t)\cdot U_2(r)\cdot\exp[-\mathrm{i}(l_3-l_1)\theta] \tag{14.24}
$$

$$
S_3(t)\cdot U_3(r)\cdot\exp\{-\mathrm{i}[-(l_2+l_x)]\theta\}\rightarrow S_3(t)\cdot U_3(r)\cdot\exp[-\mathrm{i}(l_2-l_1)\theta] \tag{14.25}
$$

通过对比发现，式 (14.20) 与式 (14.24) 所携带的信息都为 $S_2(t)$，式 (14.21) 与式 (14.25) 所携带的信息都为 $S_3(t)$，式 (14.20) 与式 (14.21) 所携带信息未发生改变，OAM 光束模式发生了交换，将交换后的 OAM 复用光束再与高斯光束同轴传输：

$$
S_1(t)\cdot U_1(r)+S_2(t)\cdot U_2(r)\cdot\exp[-\mathrm{i}(l_3-l_1)\theta]+S_3(t)\cdot U_3(r)\cdot\exp[-\mathrm{i}(l_2-l_1)\theta] \tag{14.26}
$$

依据式 (14.19) 对同轴传输的 OAM 光束与高斯光束进行拓扑荷数恢复，此时给定 $l_x=l_1$：

$$
\begin{aligned}
&\{S_1(t)\cdot U_1(r)+S_2(t)\cdot U_2(r)\cdot\exp[-\mathrm{i}(l_3-l_1)\theta]\\
&\quad+S_3(t)\cdot U_3(r)\cdot\exp[-\mathrm{i}(l_2-l_1)\theta]\}\cdot\exp(-\mathrm{i}l_x\theta)\\
&=S_1(t)\cdot U_1(r)\cdot\exp(-\mathrm{i}l_1\theta)+S_2(t)\cdot U_2(r)\\
&\quad\times\exp(-\mathrm{i}l_3\theta)+S_3(t)\cdot U_3(r)\cdot\exp(-\mathrm{i}l_2\theta)
\end{aligned}
\tag{14.27}
$$

通过对比式 (14.27) 与式 (14.18) 可以看出，在不影响 $l_1$ 光束的情况下，$l_2$ 光束与 $l_3$ 光束发生交换，至此，此种类型 OAM 信道重构的过程完成。根据上述理论分析，进行仿真计算，仿真参数设置：束腰半径设置为 $w_{01}=w_{02}=w_{03}=0.01$；拓扑荷数为 $l_1=+2$，$l_2=+6$，$l_3=+10$；相位图的拓扑荷数 $l=-2$；$p=0$；$z=50$；$\lambda=6.328\times10^{-7}\mathrm{m}$。仿真得到的 OAM 信道重构过程如图 14.5 所示，图 14.5(d) 为图 14.5(a)、(b)、(c) 三束 OAM 光束复用；图 14.5(e) 为将其中一束转换为高斯光束进行分离；图 14.5(f)、(g) 为 OAM 交换前，图 14.5(f1)、(g1) 为 OAM 交换后；图 14.5(h) 为重新导入高斯光束；图 14.5(i) 为三束 OAM 光束恢复为初始拓扑荷数。

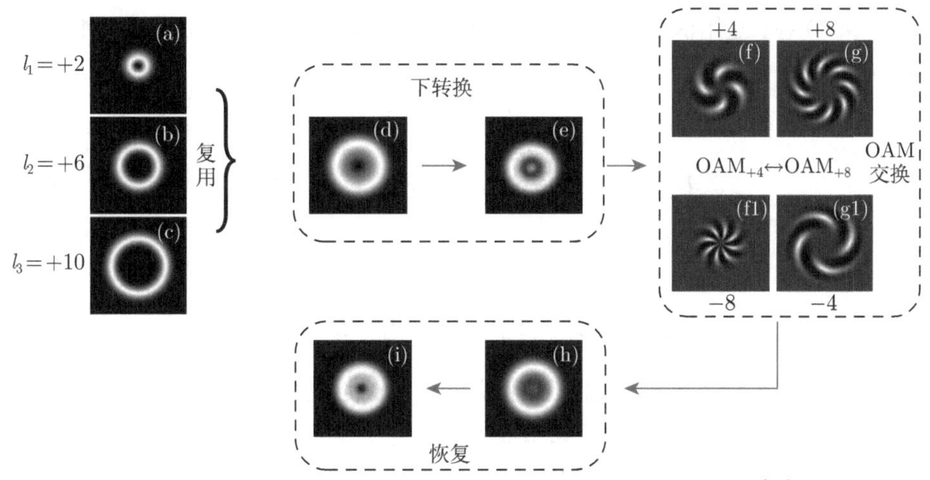


图 14.5　三束 OAM 复用涡旋光束中任意两束信息交换仿真 [23]

2. 多束 OAM 复用光束中一束模式转换

图 14.6 为多束 OAM 复用涡旋光束中任意一束进行模式转换的原理图，不同的颜色代表它们所携带的信息不同。首先通过对多路复用的 OAM 光束加载相应的相位图，使其中一路光束的拓扑荷数转换为 0。其次将拓扑荷数为 0 的高斯光束与另外几束 OAM 复用光束分离。拓扑荷数为 0 的高斯光束转换为任意拓扑荷数。将拓扑荷数为 $l_x$ 的 OAM 光束重新导入 OAM 复用光束使其同轴传输。最后通过空间光调制器将多束 OAM 复用光束转换回初始拓扑荷数状态。可以看出，此类 OAM 信道重构可以在不影响其他几束 OAM 复用涡旋光束的情况下选择任意一束进行模式转换，并且此种转换对 OAM 复用光束的数量没有限制，理论上可取无限多束。

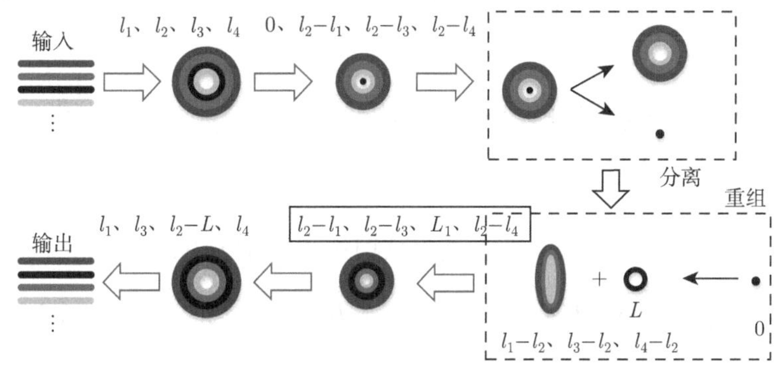


图 14.6　多束 OAM 复用涡旋光束中任意一束进行模式转换的原理 [23]

$L$：光场的轨道角动量

多束 OAM 复用涡旋光束中任意一束模式转换方法如下，每束 OAM 光束可以表示为

$$U_{pl_1}(r,\theta,z)=S_1(t)\cdot U_1(r)\cdot\exp(-\mathrm{i}l_1\theta)\tag{14.28}$$

$$U_{pl_2}(r,\theta,z)=S_2(t)\cdot U_2(r)\cdot\exp(-\mathrm{i}l_2\theta)\tag{14.29}$$

$$\vdots$$

$$U_{pl_n}(r,\theta,z)=S_n(t)\cdot U_n(r)\cdot\exp(-\mathrm{i}l_n\theta)\tag{14.30}$$

式中，$S(t)$ 表示输入端数据信息；用符号 $U(r)$ 表示式 (14.5) 中除了 $\exp(-\mathrm{i}l\theta)$ 的其他部分；$\exp(-\mathrm{i}l\theta)$ 表示螺旋相位因子。

多束 OAM 复用光束表示为

$$\begin{aligned}&[U_{pl_1}(r,\theta,z)+U_{pl_2}(r,\theta,z)+\cdots+U_{pl_n}(r,\theta,z)]\\=&S_1(t)\cdot U_1(r)\cdot\exp(-\mathrm{i}l_1\theta)+S_2(t)\cdot U_2(r)\\&\times\exp(-\mathrm{i}l_2\theta)+\cdots+S_n(t)\cdot U_n(r)\cdot\exp(-\mathrm{i}l_n\theta)\end{aligned}\tag{14.31}$$

对 OAM 复用光束的拓扑荷数进行下转换可以表示为

$$\begin{aligned}&[U_{pl_1}(r,\theta,z)+U_{pl_2}(r,\theta,z)+\cdots+U_{pl_n}(r,\theta,z)]\cdot\exp(-\mathrm{i}l_x\theta)\\=&S_1(t)\cdot U_1(r)\cdot\exp[-\mathrm{i}(l_1+l_x)\theta]+S_2(t)\cdot U_2(r)\cdot\exp[-\mathrm{i}(l_2+l_x)\theta]\\&+\cdots+S_n(t)\cdot U_n(r)\cdot\exp[-\mathrm{i}(l_n+l_x)\theta]\end{aligned}\tag{14.32}$$

此时通过给定 $l_x=-l_2$ 的值将 OAM 光束转换为拓扑荷数等于 0 的高斯光束并将其分离：

$$\begin{aligned}U_{pl_2}(r,\theta,z)\cdot\exp(-\mathrm{i}l_x\theta)&=S_2(t)\cdot U_2(r)\cdot\exp[-\mathrm{i}(l_2-l_2)\theta]\\&=S_2(t)\cdot U_2(r)\end{aligned}\tag{14.33}$$

另外多束 OAM 光束拓扑荷数虽改变但依旧携带 OAM 态：

$$\begin{aligned}&[U_{pl_1}(r,\theta,z)+U_{pl_3}(r,\theta,z)+\cdots+U_{pl_n}(r,\theta,z)]\cdot\exp[-\mathrm{i}(-l_2)\theta]\\=&S_1(t)\cdot U_1(r)\cdot\exp[-\mathrm{i}(l_1-l_2)\theta]+S_3(t)\cdot U_3(r)\cdot\exp[-\mathrm{i}(l_3-l_2)\theta]\\&+\cdots+S_n(t)\cdot U_n(r)\cdot\exp[-\mathrm{i}(l_n-l_2)\theta]\end{aligned}\tag{14.34}$$

将被分离的高斯光束转换为任意拓扑荷数的 OAM 光束：

$$U'_{pl_2}(r,\theta,z)=S_2(t)\cdot U_2(r)\cdot\exp(-\mathrm{i}L\theta) \tag{14.35}$$

将式 (14.35) 的光束重新导入 OAM 复用光束使其同轴传输：

$$\begin{aligned}&[U_{pl_1}(r,\theta,z)+U_{pl_3}(r,\theta,z)+\cdots+U_{pl_n}(r,\theta,z)]\cdot\exp[-\mathrm{i}(-l_2)\theta]\\&+S_2(t)\cdot U_2(r)\cdot\exp(-\mathrm{i}L\theta)\\=&S_1(t)\cdot U_1(r)\cdot\exp[-\mathrm{i}(l_1-l_2)\theta]+S_2(t)\cdot U_2(r)\cdot\exp(-\mathrm{i}L\theta)\\&+S_3(t)\cdot U_3(r)\cdot\exp[-\mathrm{i}(l_3-l_2)\theta]+\cdots\\&+S_n(t)\cdot U_n(r)\cdot\exp[-\mathrm{i}(l_n-l_2)\theta]\end{aligned} \tag{14.36}$$

依照式 (14.32) 对同轴传输的 OAM 复用光束进行拓扑荷数恢复，此时给定 $l_x=l_2$，式 (14.36) 乘 $\exp(-\mathrm{i}l_2\theta)$ 得

$$\begin{aligned}&\{[U_{pl_1}(r,\theta,z)+U_{pl_3}(r,\theta,z)+\cdots+U_{pl_n}(r,\theta,z)]\cdot\exp(-\mathrm{i}l_2\theta)\\&+S_2(t)\cdot U_2(r)\cdot\exp(-\mathrm{i}L\theta)\}\cdot\exp(-\mathrm{i}l_2\theta)\\=&S_1(t)\cdot U_1(r)\cdot\exp(-\mathrm{i}l_1\theta)+S_2(t)\cdot U_2(r)\cdot\exp[-\mathrm{i}(L+l_2)\theta]\\&+S_3(t)\cdot U_3(r)\cdot\exp(-\mathrm{i}l_3\theta)+\cdots+S_n(t)\cdot U_n(r)\cdot\exp(-\mathrm{i}l_n\theta)\end{aligned} \tag{14.37}$$

通过对比式 (14.37) 与式 (14.31) 可以看出，在不影响 $l_1,l_3,\cdots,l_n$ 光束的情况下，对 $l_2$ 光束进行模式转换，至此，此类 OAM 信道重构完成。根据上述理论分析，进行仿真计算，此处仅使用三束 OAM 复用光束进行数值仿真。仿真参数设置：束腰半径设置为 $w_{01}=w_{02}=w_{03}=0.004$；拓扑荷数为 $l_1=+2$，$l_2=+6$，$l_3=+10$；相位图的拓扑荷数 $l=-2$；$p=0$；$z=50$；$\lambda=6.328\times10^{-7}\mathrm{m}$。仿真得到的多束 OAM 复用光束中任意一束模式转换过程如图 14.7 所示，图 14.7(d) 为图 14.7(a)、(b)、(c) 三束 OAM 光束复用；图 14.7(e) 为将其中一束转换为高斯光束进行分离；图 14.7(f)、(g) 为 OAM 光束与高斯光束分离；图 14.7(h) 为被分离的高斯光束转换后的 OAM 光束，由图 14.7(h1) 可以看出拓扑荷数为 +2；将图 14.7(h) 与 (f1) 合束使其同轴传输；图 14.7(i) 为三束 OAM 光束共轴后状态；图 14.7(j) 为三束 OAM 光束恢复为初始拓扑荷数状态。

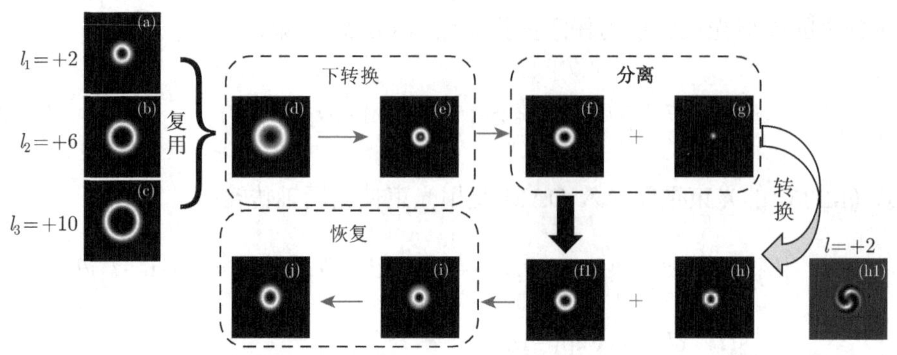


图 14.7　多束 OAM 复用光束中任意一束模式转换仿真图 [23]

### 3. 交换两路多束 OAM 复用光束中一束模式相同信息不同的 OAM 光束

图 14.8 为交换两路多束 OAM 复用光束中任意一束模式相同但携带信息不同的 OAM 光束原理图，不同的颜色代表它们所携带的信息不同。对 A 路 OAM 复用光束加载相应的相位图，使其中一路光束的拓扑荷数转换为 0，再将拓扑荷数为 0 的高斯光束与另外几束 OAM 复用光束分离。对 B 路 OAM 复用光束加载相应的相位图 (此处必须与 A 路分离光束的拓扑荷数相同)，再将拓扑荷数为 0 的高斯光束与另外几束 OAM 复用光束分离。将 A 路分离出的高斯光束重新导入 B 路 OAM 复用光束中，使其同轴传输；将 B 路分离出的高斯光束重新导入 A 路 OAM 复用光束中，使其同轴传输。此时 A、B 两路中携带信息不同的光束发生了交换，最后通过空间光调制器将 A 路和 B 路 OAM 复用光束转换回初始拓扑荷数状态，此类 OAM 信道重构完成。

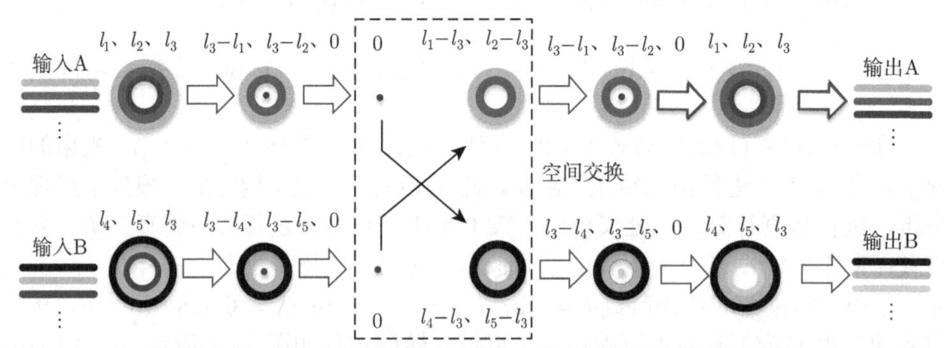


图 14.8　交换两路多束 OAM 复用光束中任意一束模式相同但携带信息不同的 OAM 光束原理 [23]

可以看出，此类 OAM 信道重构可以在不影响其他几束 OAM 复用涡旋光束的情况下选择任意一束进行分离，然后与另一路携带信息不同的 OAM 光束进行交换，对两路 OAM 复用光束的数量没有限制，且输入的 OAM 复用光束路数越多、复用的光束数量越多，交换的选择越多，交换越灵活，越容易构建灵活的拓扑网络，如图 14.9 所示。

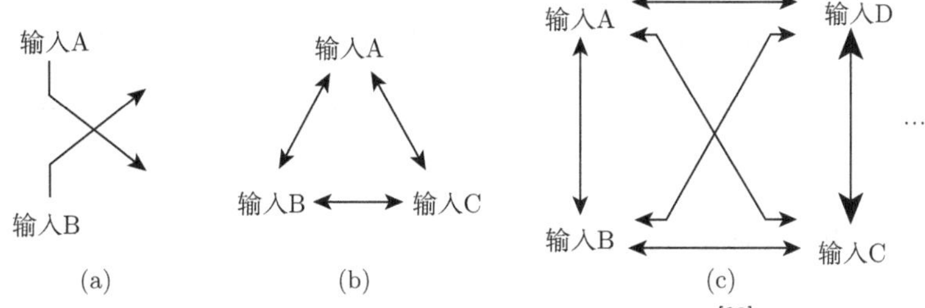


图 14.9　不同输入路数下的空间交换选择 [23]

交换多路多束 OAM 复用涡旋光束中任意一束模式相同携带信息不同的 OAM 涡旋光束的方法如下所述，A 路输入中每束 OAM 光束可以表示为

$$U_{pl_1}(r,\theta,z)=S_1(t)\cdot U_1(r)\cdot\exp(-\mathrm{i}l_1\theta) \tag{14.38}$$

$$U_{pl_2}(r,\theta,z)=S_2(t)\cdot U_2(r)\cdot\exp(-\mathrm{i}l_2\theta) \tag{14.39}$$

$$U_{pl_3}(r,\theta,z)=S_3(t)\cdot U_3(r)\cdot\exp(-\mathrm{i}l_3\theta) \tag{14.40}$$

$$\vdots$$

$$U_{pl_n}(r,\theta,z)=S_n(t)\cdot U_n(r)\cdot\exp(-\mathrm{i}l_n\theta) \tag{14.41}$$

多束 OAM 复用光束可以表示为

$$\begin{aligned}&[U_{pl_1}(r,\theta,z)+U_{pl_2}(r,\theta,z)+\cdots+U_{pl_n}(r,\theta,z)]\\=&S_1(t)\cdot U_1(r)\cdot\exp(-\mathrm{i}l_1\theta)+S_2(t)\cdot U_2(r)\\&\times\exp(-\mathrm{i}l_2\theta)+\cdots+S_n(t)\cdot U_n(r)\cdot\exp(-\mathrm{i}l_n\theta)\end{aligned} \tag{14.42}$$

对 OAM 复用光束的拓扑荷数进行下转换可以表示为

$$\begin{aligned}&[U_{pl_1}(r,\theta,z)+U_{pl_2}(r,\theta,z)+\cdots+U_{pl_n}(r,\theta,z)]\cdot\exp(-\mathrm{i}l_x\theta)\\=&S_1(t)\cdot U_1(r)\cdot\exp[-\mathrm{i}(l_1+l_x)\theta]+S_2(t)\cdot U_2(r)\cdot\exp[-\mathrm{i}(l_2+l_x)\theta]\\&+\cdots+S_n(t)\cdot U_n(r)\cdot\exp[-\mathrm{i}(l_n+l_x)\theta]\end{aligned} \tag{14.43}$$

此时通过给定 $l_x=-l_3$ 的值将 OAM 光束 $l_2$ 转换为拓扑荷数等于 0 的高斯光束并将其分离：

$$U_{pl_3}(r,\theta,z)\cdot\exp(-\mathrm{i}l_x\theta)=S_3(t)\cdot U_3(r)\cdot\exp[-\mathrm{i}(l_3-l_3)\theta]=S_3(t)\cdot U_3(r) \tag{14.44}$$

另外多束 OAM 光束拓扑荷数虽改变但依旧携带 OAM 态：

$$
\begin{aligned}
&[U_{pl_1}(r,\theta,z)+U_{pl_2}(r,\theta,z)+U_{pl_4}(r,\theta,z)+\cdots+U_{pl_n}(r,\theta,z)]\cdot\exp[-\mathrm{i}(-l_3)\theta]\\
&=S_1(t)\cdot U_1(r)\cdot\exp[-\mathrm{i}(l_1-l_3)\theta]+S_2(t)\cdot U_2(r)\cdot\exp[-\mathrm{i}(l_2-l_3)\theta]\\
&\quad+S_4(t)\cdot U_4(r)\cdot\exp[-\mathrm{i}(l_4-l_3)\theta]+\cdots+S_n(t)\cdot U_n(r)\cdot\exp[-\mathrm{i}(l_n-l_3)\theta]
\end{aligned}
\tag{14.45}
$$

B 路输入中每束 OAM 光束可以表示为

$$U_{pl_4}(r,\theta,z)=S_4(t)\cdot U_4(r)\cdot\exp(-\mathrm{i}l_4\theta) \tag{14.46}$$

$$U_{pl_5}(r,\theta,z)=S_5(t)\cdot U_5(r)\cdot\exp(-\mathrm{i}l_5\theta) \tag{14.47}$$

$$U_{pl_3}(r,\theta,z)=S_3(t)\cdot U_3(r)\cdot\exp(-\mathrm{i}l_3\theta) \tag{14.48}$$

$$\vdots$$

$$U_{pl_n}(r,\theta,z)=S_n(t)\cdot U_n(r)\cdot\exp(-\mathrm{i}l_n\theta) \tag{14.49}$$

多束 OAM 复用光束可以表示为

$$
\begin{aligned}
&[U_{pl_4}(r,\theta,z)+U_{pl_5}(r,\theta,z)+\cdots+U_{pl_n}(r,\theta,z)]\\
&=S_4(t)\cdot U_4(r)\cdot\exp(-\mathrm{i}l_4\theta)+S_5(t)\cdot U_5(r)\times\exp(-\mathrm{i}l_5\theta)+\cdots+S_n(t)\cdot U_n(r)\\
&\quad\times\exp(-\mathrm{i}l_n\theta)
\end{aligned}
\tag{14.50}
$$

对 OAM 复用光束的拓扑荷数进行下转换可以表示为

$$
\begin{aligned}
&[U_{pl_4}(r,\theta,z)+U_{pl_5}(r,\theta,z)+\cdots+U_{pl_n}(r,\theta,z)]\cdot\exp(-\mathrm{i}l_x\theta)\\
&=S_4(t)\cdot U_4(r)\cdot\exp[-\mathrm{i}(l_4+l_x)\theta]+S_5(t)\cdot U_5(r)\cdot\exp[-\mathrm{i}(l_5+l_x)\theta]\\
&\quad+\cdots+S_n(t)\cdot U_n(r)\cdot\exp[-\mathrm{i}(l_n+l_x)\theta]
\end{aligned}
\tag{14.51}
$$

此时通过给定 $l_x=-l_3$ 的值将 OAM 光束 $l_2$ 转换为拓扑荷数等于 0 的高斯光束并将其分离：

$$U_{pl_3}(r,\theta,z)\cdot\exp(-\mathrm{i}l_x\theta)=S_3(t)\cdot U_3(r)\cdot\exp[-\mathrm{i}(l_3-l_3)\theta]=S_3(t)\cdot U_3(r) \tag{14.52}$$

另外多束 OAM 光束拓扑荷数虽改变但依旧携带 OAM 态：

$$[U_{pl_4}(r,\theta,z)+U_{pl_5}(r,\theta,z)+U_{pl_7}(r,\theta,z)+\cdots+U_{pl_n}(r,\theta,z)]\cdot\exp[-\mathrm{i}(-l_3)\theta]$$

$$= S_4(t)\cdot U_4(r)\cdot \exp[-\mathrm{i}(l_4-l_3)\theta]+S_5(t)\cdot U_5(r)\cdot \exp[-\mathrm{i}(l_5-l_3)\theta]$$
$$+S_7(t)\cdot U_7(r)\cdot \exp[-\mathrm{i}(l_7-l_3)\theta]+\cdots+S_n(t)\cdot U_n(r)\cdot \exp[-\mathrm{i}(l_n-l_3)\theta] \tag{14.53}$$

若空间交换两束携带信息不同的高斯光束 (式 (14.44) 中 $S_3(t)U_3(r)$ 与式 (14.52) 中 $S_3(t)U_3(r)$)，则 A 路高斯光束 (式 (14.44)) 与 B 路 OAM 复用光束 (式 (14.53)) 同轴传输：

$$[U_{pl_4}(r,\theta,z)+U_{pl_5}(r,\theta,z)+\cdots+U_{pl_n}(r,\theta,z)]\cdot\exp[-\mathrm{i}(-l_3)\theta]+S_3(t)\cdot U_3(r)$$
$$=S_4(t)\cdot U_4(r)\cdot\exp[-\mathrm{i}(l_4-l_3)\theta]+S_5(t)\cdot U_5(r)\cdot\exp[-\mathrm{i}(l_5-l_3)\theta]+S_3(t)\cdot U_3(r)$$
$$+\cdots+S_n(t)\cdot U_n(r)\cdot\exp[-\mathrm{i}(l_n-l_3)\theta] \tag{14.54}$$

B 路高斯光束 (式 (14.52)) 与 A 路 OAM 复用光束 (式 (14.45)) 同轴传输：

$$[U_{pl_1}(r,\theta,z)+U_{pl_2}(r,\theta,z)+\cdots+U_{pl_n}(r,\theta,z)]\cdot\exp[-\mathrm{i}(-l_3)\theta]+S_3(t)\cdot U_3(r)$$
$$=S_1(t)\cdot U_1(r)\cdot\exp[-\mathrm{i}(l_1-l_3)\theta]+S_2(t)\cdot U_2(r)\cdot\exp[-\mathrm{i}(l_2-l_3)\theta]$$
$$+S_3(t)\cdot U_3(r)+\cdots+S_n(t)\cdot U_n(r)\cdot\exp[-\mathrm{i}(l_n-l_3)\theta] \tag{14.55}$$

依照式 (14.51) 对 OAM 复用光束进行拓扑荷数恢复，此时给定 $l_x=l_3$，对式 (14.54) 乘 $\exp(-\mathrm{i}l_3\theta)$：

$$\{[U_{pl_4}(r,\theta,z)+U_{pl_5}(r,\theta,z)+\cdots+U_{pl_n}(r,\theta,z)]\cdot\exp[-\mathrm{i}(-l_3)\theta]$$
$$+S_3(t)\cdot U_3(r)\}\cdot\exp(-\mathrm{i}l_3\theta)$$
$$=S_4(t)\cdot U_4(r)\cdot\exp(-\mathrm{i}l_4\theta)+S_5(t)\cdot U_5(r)\cdot\exp(-\mathrm{i}l_5\theta)$$
$$+S_3(t)\cdot U_3(r)\cdot\exp(-\mathrm{i}l_3\theta)+\cdots+S_n(t)\cdot U_n(r)\cdot\exp(-\mathrm{i}l_n\theta) \tag{14.56}$$

对式 (14.55) 乘 $\exp(-\mathrm{i}l_3\theta)$ 进行拓扑荷数恢复：

$$\{[U_{pl_1}(r,\theta,z)+U_{pl_2}(r,\theta,z)+\cdots+U_{pl_n}(r,\theta,z)]\cdot\exp[-\mathrm{i}(-l_3)\theta]$$
$$+S_3(t)\cdot U_3(r)\}\cdot\exp(-\mathrm{i}l_3\theta)$$
$$=S_1(t)\cdot U_1(r)\cdot\exp(-\mathrm{i}l_1\theta)+S_2(t)\cdot U_2(r)\cdot\exp(-\mathrm{i}l_2\theta)$$
$$+S_3(t)\cdot U_3(r)\cdot\exp(-\mathrm{i}l_3\theta)+\cdots+S_n(t)\cdot U_n(r)\cdot\exp(-\mathrm{i}l_n\theta) \tag{14.57}$$

通过对比式 (14.56) 和式 (14.57) 可以看出，A 路输入不影响 $l_1,l_2,\cdots,l_n$ 光束，B 路输入不影响 $l_4,l_5,\cdots,l_n$ 光束，对携带信息不同的 $l_3$ 光束进行交换。对其进行数值仿真，此处仅使用两束 OAM 复用光束进行仿真。仿真参数设置：束腰半径设置为 $w_{01}=w_{02}=w_{03}=0.004$；A 路两束 OAM 复用光束拓扑荷数分别为 $l_1=+2$，$l_2=+6$；B 路两束 OAM 复用光束拓扑荷数分别为 $l_3=+2$，$l_4=+8$；相位图的拓扑荷数 $l=-2$；$p=0$；$z=50$；$\lambda=6.328\times10^{-7}\text{m}$。仿真得到的 OAM 信道重构过程如图 14.10 所示，图 14.10(c) 为 A 路 (a)、(b) 两束 OAM 复用光束，图 14.10(c1) 为 B 路 (a1)、(b1) 两束 OAM 复用光束；图 14.10(d) 为 A 路下转换然后将高斯光束与 OAM 光束进行分离，图 14.10(d1) 为 B 路下转换然后将高斯光束与 OAM 光束进行分离；图 14.10(e)、(f) 为 A 路分离后的高斯光束与 OAM 光束，图 14.10(e1)、(f1) 为 B 路分离后的高斯光束与 OAM 光束；图 14.10(g) 为交换后 (e1) 与 (f) 同轴传输的复用光束，图 14.10(g1) 为交换后 (e) 与 (f1) 同轴传输的复用光束；图 14.10(h) 为 A 路两束 OAM 光束恢复为初始拓扑荷数状态，图 14.10(h1) 为 B 路两束 OAM 光束恢复为初始拓扑荷数状态。

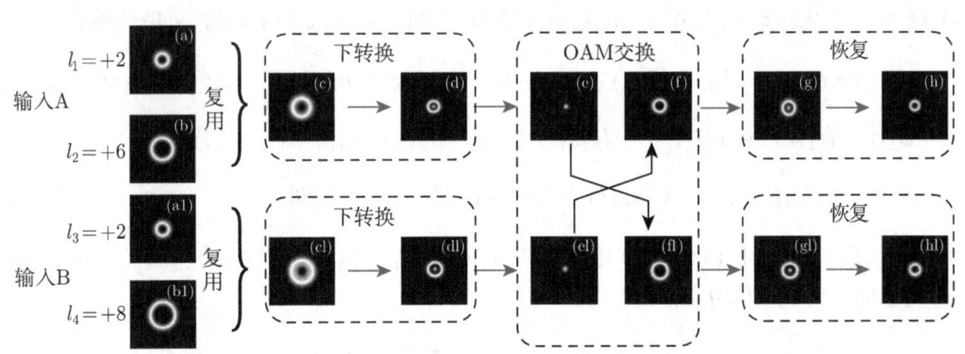


图 14.10　交换两路多束 OAM 复用光束中任意一束模式相同携带信息不同的 OAM 光束仿真 [23]

4. 多束 OAM 复用光束中一束模式删除/添加

图 14.11 为多束 OAM 复用光束中任意一束进行模式删除/添加原理图，不同的颜色代表它们所携带的信息不同。首先通过对 OAM 复用光束加载相应的相位图，使其中一路光束的拓扑荷数转换为 0。其次将拓扑荷数为 0 的高斯光束与另外几束 OAM 复用光束分离并删除，新产生并添加一束携带不同信息的高斯光束。最后通过空间光调制器将同轴传输的 OAM 复用光束与高斯光束转换回初始拓扑荷数状态。

多束 OAM 复用光束中任意一束进行模式删除/添加的方法如下，每束 OAM 光束可以表示为

$$U_{pl_1}(r,\theta,z)=S_1(t)\cdot U_1(r)\cdot\exp(-\mathrm{i}l_1\theta) \tag{14.58}$$

$$U_{pl_2}(r,\theta,z)=S_2(t)\cdot U_2(r)\cdot\exp(-\mathrm{i}l_2\theta) \tag{14.59}$$

$$\vdots$$

$$U_{pl_n}(r,\theta,z) = S_n(t)\cdot U_n(r)\cdot \exp(-\mathrm{i}l_n\theta) \tag{14.60}$$

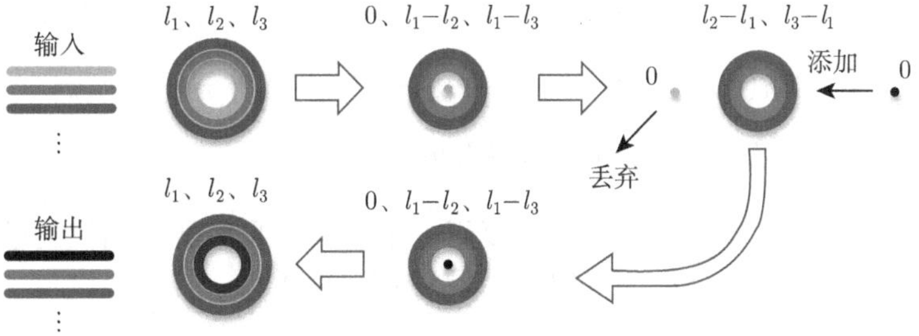

图 14.11　多束 OAM 复用光束中任意一束进行模式删除/添加原理 [23]

式中，$S(t)$ 表示输入端数据信息；用符号 $U(r)$ 表示式 (14.5) 中除了 $\exp(-\mathrm{i}l\theta)$ 的其他部分；$\exp(-\mathrm{i}l\theta)$ 表示螺旋相位因子。多束 OAM 复用光束可以表示为

$$\begin{aligned}&[U_{pl_1}(r,\theta,z)+U_{pl_2}(r,\theta,z)+\cdots+U_{pl_n}(r,\theta,z)]\\&=S_1(t)\cdot U_1(r)\cdot\exp(-\mathrm{i}l_1\theta)+S_2(t)\cdot U_2(r)\cdot\exp(-\mathrm{i}l_2\theta)+\cdots\\&\quad+S_n(t)\cdot U_n(r)\cdot\exp(-\mathrm{i}l_n\theta)\end{aligned} \tag{14.61}$$

对 OAM 复用光束的拓扑荷数进行下转换可以表示为

$$\begin{aligned}&[U_{pl_1}(r,\theta,z)+U_{pl_2}(r,\theta,z)+\cdots+U_{pl_n}(r,\theta,z)]\cdot\exp(-\mathrm{i}l_x\theta)\\&=S_1(t)\cdot U_1(r)\cdot\exp[-\mathrm{i}(l_1+l_x)\theta]+S_2(t)\cdot U_2(r)\cdot\exp[-\mathrm{i}(l_2+l_x)\theta]\\&\quad+\cdots+S_n(t)\cdot U_n(r)\cdot\exp[-\mathrm{i}(l_n+l_x)\theta]\end{aligned} \tag{14.62}$$

此时通过给定 $l_x=-l_1$ 的值将 OAM 光束转换为拓扑荷数等于 0 的高斯光束并将其分离：

$$U_{pl_1}(r,\theta,z)\cdot\exp(-\mathrm{i}l_x\theta)=S_1(t)\cdot U_1(r)\cdot\exp[-\mathrm{i}(l_1-l_1)\theta]=S_1(t)\cdot U_1(r) \tag{14.63}$$

另外多束 OAM 光束拓扑荷数虽改变但依旧携带 OAM 态：

$$\begin{aligned}&[U_{pl_2}(r,\theta,z)+\cdots+U_{pl_n}(r,\theta,z)]\cdot\exp[-\mathrm{i}(-l_1)\theta]\\&=S_2(t)\cdot U_2(r)\cdot\exp[-\mathrm{i}(l_2-l_1)\theta]+\cdots\\&\quad+S_n(t)\cdot U_n(r)\cdot\exp[-\mathrm{i}(l_n-l_1)\theta]\end{aligned} \tag{14.64}$$

此时添加一束携带不同信息的高斯光束：

$$U'_{pl_1}(r,\theta,z)=S_4(t)\cdot U_1(r) \tag{14.65}$$

将新添加的高斯光束导入 OAM 复用光束中使其同轴传输：

$$\begin{aligned}&[U_{pl_2}(r,\theta,z)+\cdots+U_{pl_n}(r,\theta,z)]\cdot\exp[-\mathrm{i}(-l_1)\theta]+S_4(t)\cdot U_1(r)\\=&S_4(t)\cdot U_1(r)+S_2(t)\cdot U_2(r)\cdot\exp[-\mathrm{i}(l_2-l_1)\theta]+\cdots\\&+S_n(t)\cdot U_n(r)\cdot\exp[-\mathrm{i}(l_n-l_1)\theta]\end{aligned}\tag{14.66}$$

依照式 (14.62) 对同轴传输的 OAM 复用光束与高斯光束加载相位图进行拓扑荷数恢复，此时给定 $l_x=l_1$，式 (14.66) 乘 $\exp(-\mathrm{i}l_1\theta)$ 得

$$\begin{aligned}&\{[U_{pl_2}(r,\theta,z)+\cdots+U_{pl_n}(r,\theta,z)]\cdot\exp[-\mathrm{i}(-l_1)\theta]+S_4(t)\cdot U_1(r)\}\cdot\exp(-\mathrm{i}l_1\theta)\\=&S_4(t)\cdot U_1(r)\cdot\exp(-\mathrm{i}l_1\theta)+S_2(t)\cdot U_2(r)\cdot\exp(-\mathrm{i}l_2\theta)+\cdots\\&+S_n(t)\cdot U_n(r)\cdot\exp(-\mathrm{i}l_n\theta)\end{aligned}\tag{14.67}$$

通过对比式 (14.67) 与式 (14.61) 可以看出，在不影响 $l_2,l_3,\cdots,l_n$ 光束的情况下，对 $l_1$ 光束上携带的信息进行了改变，至此，此类 OAM 信道重构的过程完成。根据上述理论分析，进行仿真计算，此处仅使用两束 OAM 复用光束进行仿真。仿真参数设置：束腰半径设置为 $w_{01}=w_{02}=0.004$；拓扑荷数为 $l_1=+2$，$l_2=+6$；相位图的拓扑荷数 $l=-2$；$p=0$；$z=50$；$\lambda=6.328\times10^{-7}\mathrm{m}$。仿真得到的 OAM 信道重构过程如图 14.12 所示，图 14.12(c) 为图 14.12(a)、(b) 两束 OAM 复用光束；图 14.12(d) 为将其中一束转换为高斯光束进行分离；图 14.12(e) 为被分离删除的高斯光束；图 14.12(f) 为被分离的 OAM 光束；图 14.12(g) 为重新添加的携带不同信息的高斯光束；图 14.12(h) 为图 14.12(g) 与 (f) 同轴传输后的光强图；图 14.12(i) 为同轴的 OAM 复用光束与高斯光束恢复为初始拓扑荷数状态。

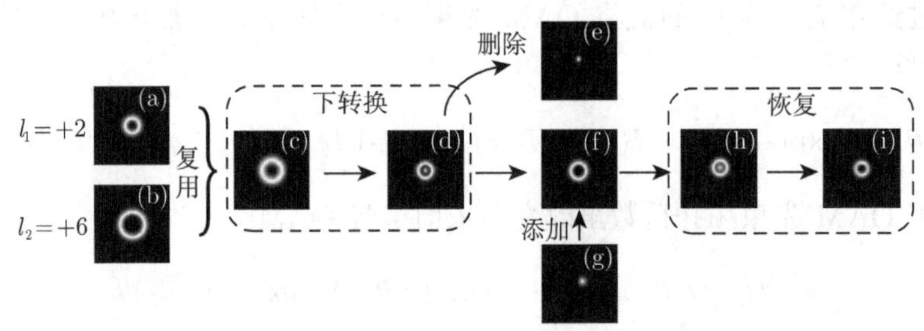


图 14.12 多束 OAM 复用光束中任意一束进行模式删除/添加仿真 [23]

## 14.3 OAM 复用涡旋光束解复用

OAM 光束和高斯光束可以在空间进行分离，且 OAM 光束与高斯光束复用传输时高斯光束总会位于 OAM 光束中心位置，总结并提出一种新的方法：双区

域反光镜解复用方法。图 14.13 所示为本书所设计的新型光学元器件——双区域反光镜 (dual area mirror, DAM)[26]。从图 14.13(b) 可知，双区域反光镜的原理是将内圆区域 A 从反光镜整体分割出来与外环区域 B 彼此独立，这样就可以实现内圆区域 A 以 $x$ 为轴上下倾斜，以 $y$ 为轴左右倾斜，自由控制照射在内圆区域的光束出射方向。

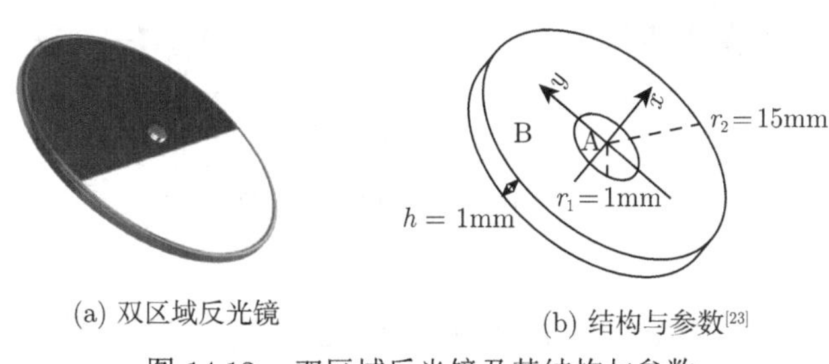


(a) 双区域反光镜　(b) 结构与参数[23]

图 14.13　双区域反光镜及其结构与参数

图 14.14(a) 为双区域反光镜分离复用光束原理图，由于 OAM 光束具有环形强度分布的特点，所以不同 OAM 复用模式在空间上会位于同一位置。高斯光束由于其强度分布，在与 OAM 光束复用传输时位于中心位置，因此将反光镜划分为内圆和外环区域，这样就可以让 OAM 光束分布在外环区域，高斯光束分布在内圆区域。当复用的 OAM 光束与高斯光束照射在双区域反光镜时，通过调节内圆区域的角度，高斯光束就可以以不同角度与 OAM 光束分离。图 14.14(b) 为内圆区域的光程图，很容易得出：当复用光束入射方向与水平方向的夹角为 $\beta$，内部反光镜与水平方向的夹角为 $\alpha$ 时，OAM 光束出射角为 $\beta$，高斯光束出射角为 $\beta-2\alpha$。

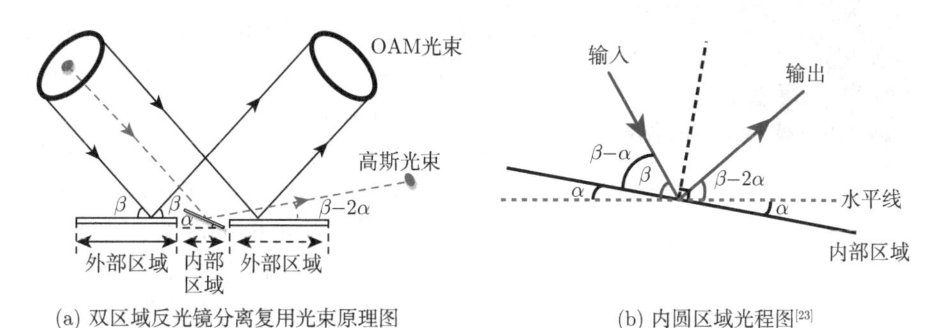


(a) 双区域反光镜分离复用光束原理图　(b) 内圆区域光程图[23]

图 14.14　双区域反光镜分离复用光束原理图及内圆区域光程图

如图 14.15 所示，利用双区域反光镜将同轴传输的 OAM 光束与高斯光束分离，同样达到了解复用的作用。从实验采集到的光强图可以看出，分离后的高斯光斑非常完整，与 OAM 光束分离彻底。双区域反光镜相较于 SLM 成本更低、更容易实现、更易于集成，被分离光束方向可以自由控制，并且通过实验测量光束通过反光镜后的接收光功率可知：双区域反光镜可以极大地减少光功率的损耗，有益于降低通信链路的误码率。

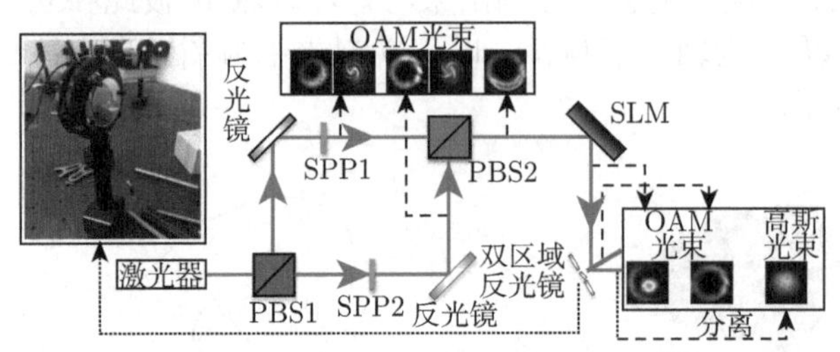


图 14.15　利用双区域反光镜解复用 [23]

PBS：偏振分束器

## 14.4　OAM 涡旋光束信道重构实验研究

### 14.4.1　OAM 信息交换实验研究

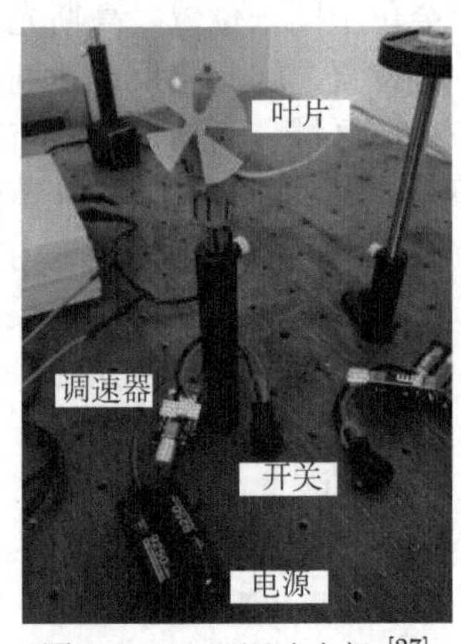


图 14.16　可调速电机 [27]

图 14.16 为一个可调速电机实物图，由电源、开关、调速器、电机、叶片构成。电机上装有空隙均匀的叶片，当电机启动时带动叶片旋转。将可调速电机放置于光路中，当打开电源叶片开始转动，高斯光束通过叶片部分时，光束被阻拦，探测器无法探测到光强，此时产生低电平信号；高斯光束通过叶片空隙部分，光束通过，探测器探测到光强，产生高电平信号，这样就可以在示波器上形成一个 0/1 周期的脉冲信号，以此模拟二进制启闭键控 (on-off keying, OOK) 调制方式对光载波进行调制。

图 14.17 所示为 OAM 信息交换前实验光路。光源采用波长为 632.8nm 的 He-Ne 激光器，通过分束器 1 将产生的高斯光束分为两路，第一路通过电机 1 进入 SLM1。将电机 1 的转速调节至较高为载波 1 加载频率为 $f_1$ 的信号，通过 SLM1 后载波 1 由高斯光束转换为拓扑荷数 $l_1 = +2$ 的 OAM 光束；同理，第二路高斯光束通过电机 2 进入 SLM2，为了区分载波 1 与载波 2 所加载的信号，将电机 2 转速调节至较慢为载波 2 加载频率为 $f_2$ 的信号，通过 SLM2 后载波 2 由高斯光束转换为拓扑荷数 $l_2 = +4$ 的 OAM 光束，通过分束器 2 进行 OAM 复用。为了将两路信号在示波器上同时显示，利用分束器 3 将 OAM 复用光束分为两路，一路利用偏振器滤除载波 2，通过多踪示波器采集探测器 1 输出的信号波形；另一路利用偏振器滤除载波 1，通过多踪示波器采集探测器 2 输出的信号波形。

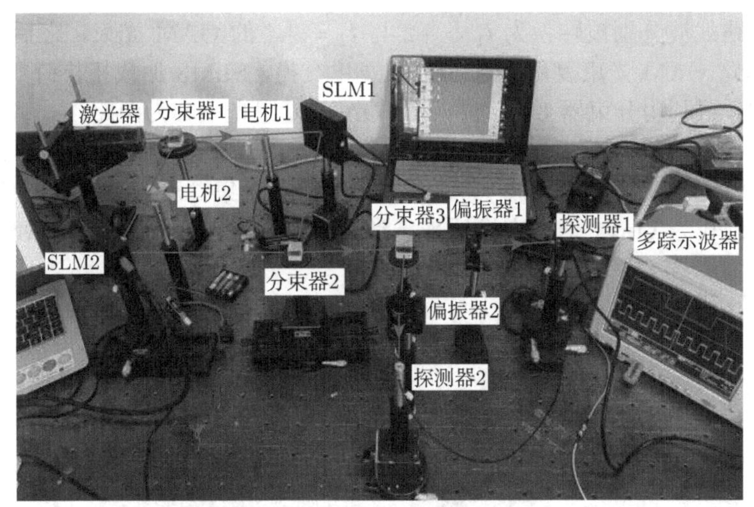


图 14.17　OAM 信息交换前实验光路 [27]

图 14.18 为 OAM 信息交换前所采集到的两路信号波形及其所对应的载波，由干涉图 14.18(a1) 可以看出发生交换前图 14.18(a) 为拓扑荷数 $l_1 = +2$ 的 OAM 光束，其上所加载的信号波形如 (1) 所示；由干涉图 14.18(b1) 可以看出发生交换前图 14.18(b) 为拓扑荷数 $l_2 = +4$ 的 OAM 光束，其上所加载的信号波形如 (2) 所示。图 14.18(c) 为交换前两路 OAM 复用光束。

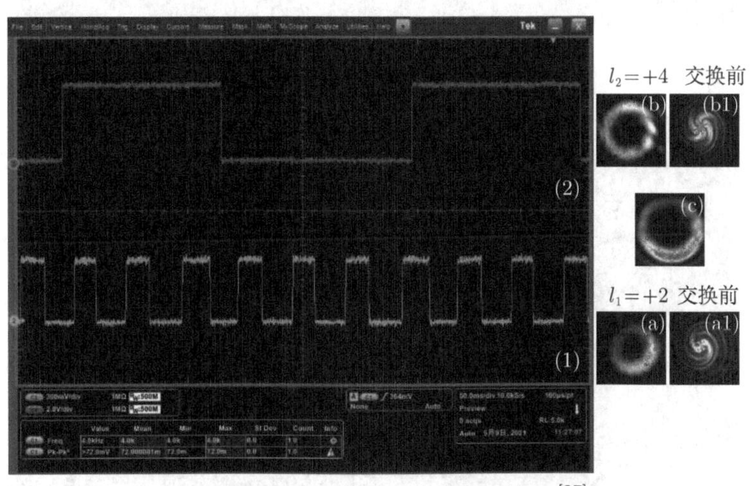


图 14.18　OAM 信息交换前实验结果 [27]

图 14.19 所示为 OAM 信息交换后实验光路。在 OAM 信息交换前的实验基础上添加 SLM3 使两路 OAM 复用光束进行 OAM 信息交换。通过分束器 1 将高斯光束分为两路，进行调制后载波 1 与载波 2 分别携带频率为 $f_1$ 与 $f_2$ 的方波

信号，两路载波分别被转换为 $l_1=+2$ 与 $l_2=+4$ 的 OAM 光束，之后利用分束器 2 将两路 OAM 光束复用进入 SLM3 发生交换，SLM3 加载拓扑荷数 $l_R=-6$ 的相位图，再利用分束器 3 将交换后的 OAM 复用光束分为两路，一路利用偏振器滤除交换后的载波 2，通过多踪示波器采集探测器 1 输出的信号波形；另一路利用偏振器滤除交换后的载波 1，通过多踪示波器采集探测器 2 输出的信号波形。

图 14.20 为 OAM 信息交换后采集到的两路信号波形及其各自的载波，由于

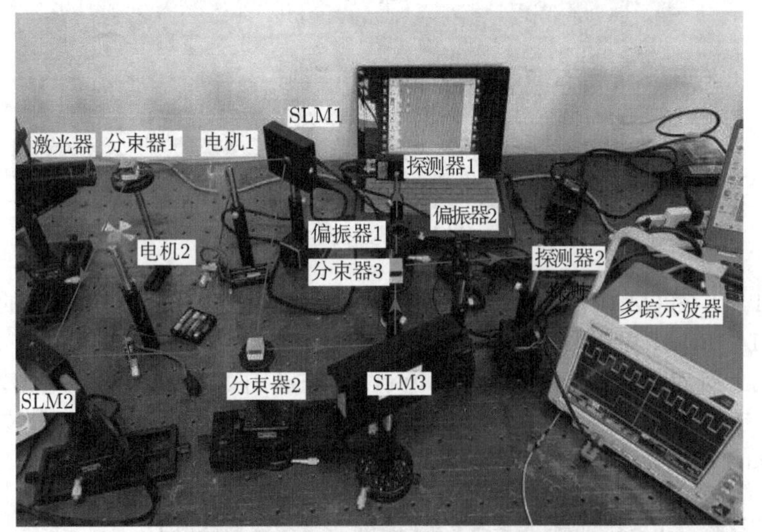


图 14.19　OAM 信息交换后实验光路 [27]

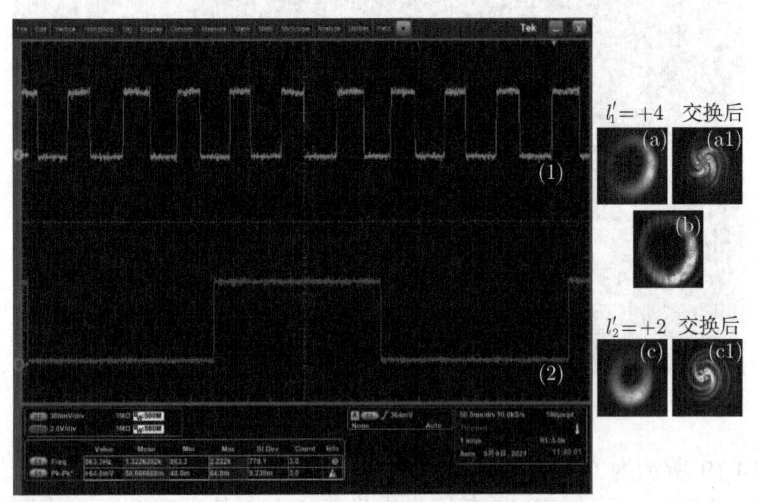


图 14.20　OAM 信息交换后实验结果 [27]

涉图 14.20(a1) 可以看出发生交换后图 14.20(a) 为拓扑荷数 $l_1' = +4$ 的 OAM 光束，其上所加载信号波形如 (1) 所示；由干涉图 14.20(c1) 可以看出发生交换后图 14.20(c) 为拓扑荷数 $l_2' = +2$ 的 OAM 光束，其上所加载信号波形如 (2) 所示。图 14.20(b) 为交换后两路 OAM 复用光束。通过对比图 14.18 与图 14.20 可以看出，交换前载波 $l_1 = +2$ 与交换后载波 $l_2' = +2$ 相比信号波形由 (1)→(2)，交换前载波 $l_2 = +4$ 与交换后载波 $l_1' = +4$ 相比信号波形由 (2)→(1)，两束 OAM 光束信息发生了交换。

### 14.4.2　三束 OAM 复用光束中两束信息交换实验研究

图 14.21 为第一类 OAM 信道重构实验光路。一束波长为 632.8nm 的高斯光束，使用 PBS1 和 PBS2 将其分为三路，由 SPP1 产生 $l_1 = +2$ 的 OAM 光束，光强如图 14.21(a) 所示；SPP2 产生 $l_2 = +6$ 的 OAM 光束，光强如图 14.21(b) 所示；SPP3 产生 $l_3 = +10$ 的 OAM 光束，光强如图 14.21(c) 所示。再由 PBS3、PBS4 将三路 OAM 光束合束形成三束 OAM 复用光束，如图 14.21(d) 所示。SLM1 (实验设置 $l = -2$) 将 $l_1 = +2$ 的 OAM 光束转换为高斯光束，另外两束依旧为携带 OAM 态的涡旋光束，如图 14.21(e) 所示，OAM 光束 $l_2 = +6 - 2 = +4$，$l_3 = +10 - 2 = +8$，由于反射式 SLM 会使拓扑荷数符号发生翻转，因此 $l_2 \to -4$，$l_3 \to -8$，如图 14.21(e1)、(e2) 所示。图 14.21(f) 为通过双区域反光镜分离光束，为了将分离后的高斯光束与 OAM 光束一起放入 CCD 相机中，高斯光束与 OAM 光束间隔较近。高斯光束通过双区域反光镜的内圆区域进入 PBS5，如图 14.21(i) 所示。通过双区域反光镜外环区域的 OAM 光束 (图 14.21(g)) 进入 SLM2 ($l = -12$)

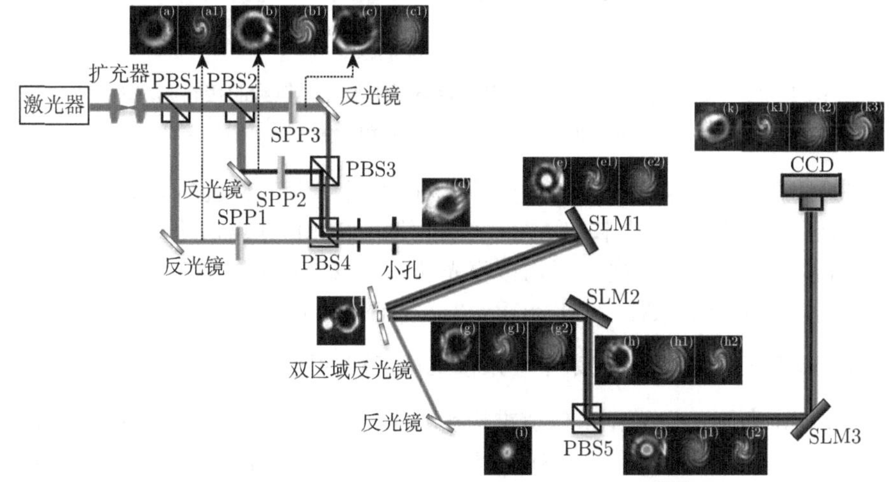


图 14.21　第一类 OAM 信道重构实验光路 [27]

SPP：螺旋相位板；PBS：偏振分束器；CCD：电荷耦合器件

进行拓扑荷数交换，$l_2 = -(+4-12) = +8$，$l_3 = -(+8-12) = +4$，交换后的复用光束如图 14.21(h) 所示，为了验证其交换成功，首先遮挡 SPP3，观察 SPP2 产生的 OAM 光束通过 SLM2 前与通过 SLM2 后的干涉图，如图 14.21(g1)、(h1) 所示；再遮挡 SPP2 打开 SPP3，观察 SPP3 产生的 OAM 光束通过 SLM3 前与通过 SLM3 后的干涉图，如图 14.21(g2)、(h2) 所示。在 PBS5 中交换后的 OAM 光束与高斯光束合束并同轴传输，如图 14.21(j) 所示，OAM 光束在 PBS5 中被反射拓扑荷数符号再次翻转 ($l_2 \to -8$，$l_3 \to -4$)。最后由 SLM3 ($l = -2$) 将三路光束的拓扑荷数恢复到初始状态 ($l_1 = +2$，$l_2 = +6$，$l_3 = +10$)，如图 14.21(k) 所示。这里只要有反射就会发生拓扑荷数符号翻转，SLM、反光镜、PBS 的反射面都会导致拓扑荷数的符号发生翻转。对比图 14.21(a1)、(b1)、(c1) 与 (k1)、(k2)、(k3) 可以看出，在不影响光束 $l_1$ 的情况下将 $l_2$ 与 $l_3$ 两束光的模式进行了交换。

图 14.22 为第一类 OAM 信道重构实验不同实验组采集到的接收光功率对比。由于光路其他部分相同，所以此处只展示了 OAM 信道重构实验的光分离部分。

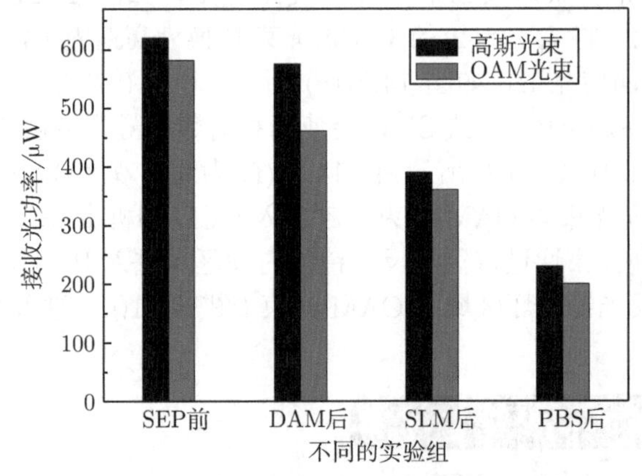


图 14.22　第一类 OAM 信道重构实验不同实验组采集到的接收光功率 [23]

SEP：分离；DAM：双区域反光镜

实验测得高斯光束在分离前的平均接收光功率为 620.2μW，使用双区域反光镜分离后平均接收光功率为 576.7μW，使用 SLM 分离后平均接收光功率为 390.3μW，使用分束器分离后平均接收光功率为 230.6μW。OAM 光束的平均接收光功率分别为 582.9μW、461.8μW、361.3μW、200.3μW。

### 14.4.3　多束 OAM 复用光束中一束模式切换实验研究

图 14.23 为第二类 OAM 信道重构实验光路。He-Ne 激光器产生一束波长为 632.8nm 的高斯光束，使用 PBS1 将该束光分为两路，由 SPP1 产生 $l_1 = +2$ 的 OAM 光束，光强如图 14.23(a) 所示；SPP2 产生 $l_2 = +6$ 的 OAM 光束，光强如图 14.23(b) 所示。再由 PBS2 将两路 OAM 光束合束使其形成两束 OAM 复

用光束，如图 14.23(c) 所示。SLM1 (实验设置 $l=-2$) 将 $l_1=+2$ 的 OAM 光束转换为高斯光束，另外一束依旧为携带 OAM 态的涡旋光束，如图 14.23(d) 所示，OAM 光束 $l_2=+6-2=+4$，由于反射式 SLM 会使拓扑荷数符号发生翻转，因此 $l_2\to-4$，如图 14.23(d1) 所示。利用双区域反光镜将 OAM 光束与高斯光束进行分离，如图 14.23(e) 所示。高斯光束 (图 14.23(f)) 通过双区域反光镜的内圆区域进入 SLM2 将拓扑荷数 $l=0$ 的高斯光束转换为 $l=-2$ (可任意取值) 的 OAM 光束，如图 14.23(g) 所示，接着进入 PBS3。通过双区域反光镜外环区域的 OAM 光束 (图 14.23(h)) 被反射，导致其拓扑荷数符号翻转 $l_2\to+4$，进入 PBS3 中与被转换后的 OAM 光束同轴传输，如图 14.23(i) 所示，OAM 光束在 PBS3 中再次被反射拓扑荷数符号再次翻转 ($l_2\to-4$)，如图 14.23(i2) 所示。最后由 SLM3 ($l=-2$) 将两路光束的拓扑荷数恢复到初始状态 ($l_1=+2$，$l_2=+6$)，如图 14.23(j) 所示。

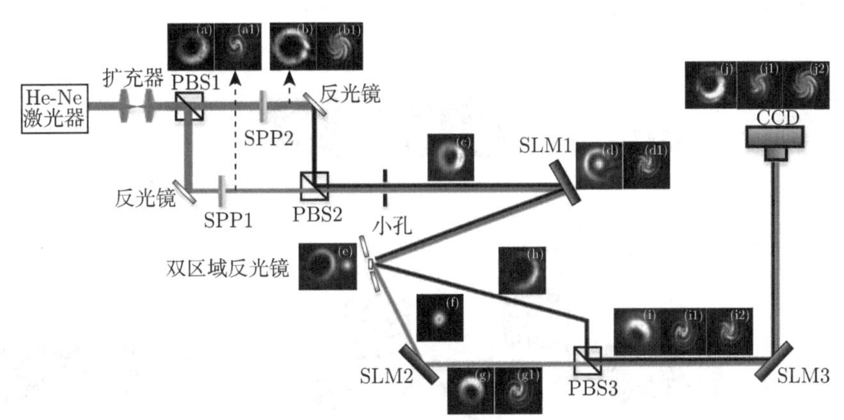


图 14.23　第二类 OAM 信道重构实验光路 [23]

图 14.24 为第二类 OAM 信道重构实验不同实验组采集到的接收光功率对比。

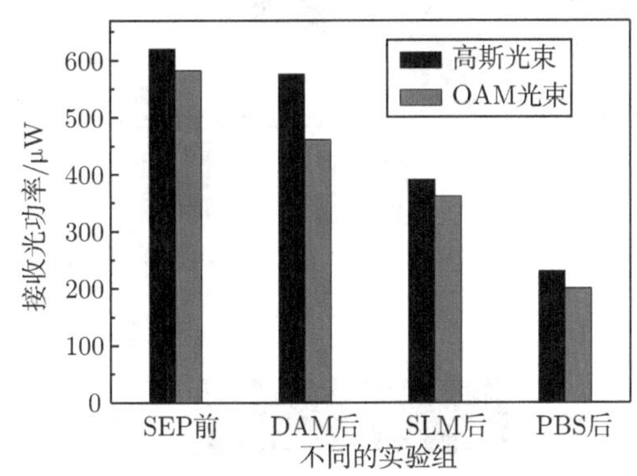


图 14.24　第二类 OAM 信道重构实验不同实验组采集到的接收光功率 [23]

实验测得高斯光束在分离前的平均接收光功率为 619.6μW，使用双区域反光镜分离后平均接收光功率为 582.4μW，使用 SLM 分离后平均接收光功率为 391.3μW，使用分束器分离后平均接收光功率为 228.6μW。OAM 光束的平均接收光功率分别为 583.91μW、462.8μW、360.9μW、199.1μW。

### 14.4.4 交换两路多束 OAM 复用光束中一束模式相同信息不同的 OAM 光束实验研究

图 14.25 为第三类 OAM 信道重构实验光路。A 路输入产生一束波长为 632.8nm 高斯光束，PBS1 将一束光分为两路，SPP1 产生 $l_1 = +2$ 的 OAM 光束，如图 14.25(a) 所示；SPP2 产生 $l_2 = +6$ 的 OAM 光束，如图 14.25(b) 所示。再由 PBS2 将两路 OAM 光束合束使其同轴传输，如图 14.25(c) 所示。之后通过 SLM1 进行下转换将 $l_1 = +2$ 的 OAM 光束转换为高斯光束，$l_2 = +6 - 2 = +4$，反射式 SLM 会使拓扑荷数符号发生翻转 $l_2 \to -4$，如图 14.25(d1) 所示。B 路

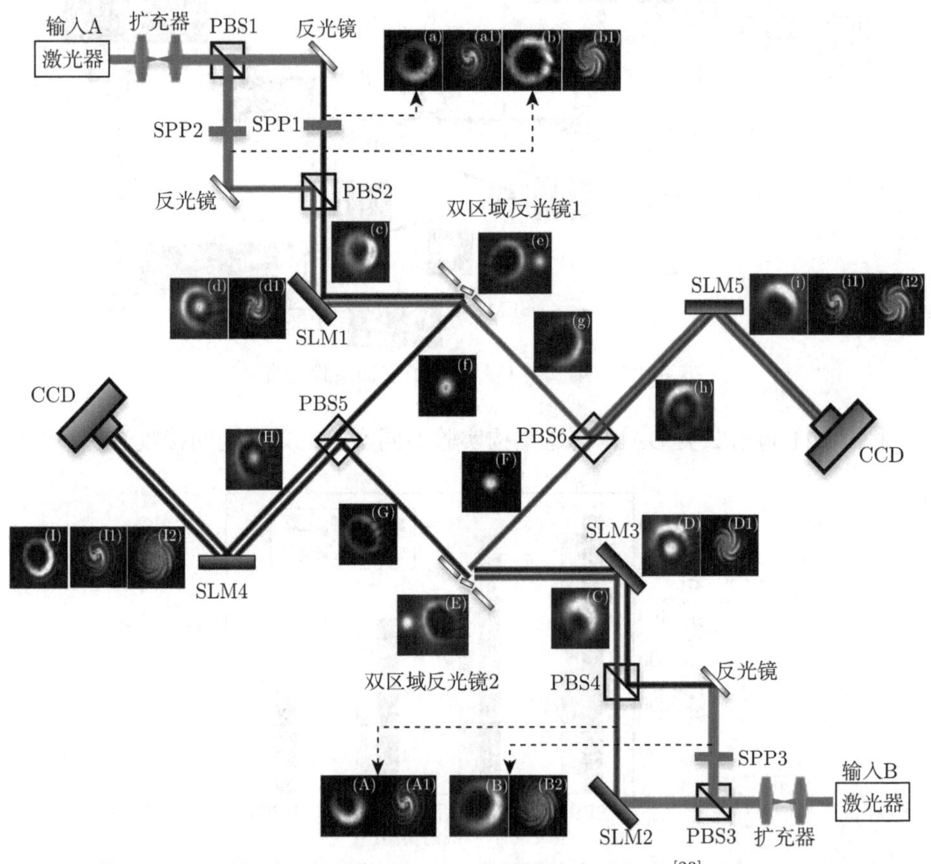


图 14.25 第三类 OAM 信道重构实验光路 [23]

输入使用 PBS3 将一束光分为两路，由 SLM2 产生 $l_3=+2$ 的 OAM 光束，如图 14.25(A) 所示；SPP3 产生 $l_4=+8$ 的 OAM 光束，如图 14.25(B) 所示。再由 PBS4 将两路 OAM 光束合束使其同轴传输，如图 14.25(C) 所示。之后通过 SLM3 进行下转换将 $l_3=+2$ 的 OAM 光束转换为高斯光束，$l_4=+8-2=+6$，反射式 SLM 使拓扑荷数 $l_4$ 符号翻转为 $-6$，如图 14.25(D1) 所示。两个双区域反光镜分别分离 A 路与 B 路同轴传输的高斯光束与 OAM 光束，如图 14.25(e) 和 (E) 所示。通过双区域反光镜 1 外环区域的 OAM 光束 (图 14.25(g))，反射导致 $l_2\to+4$，进入 PBS6 与 B 路中分离出的高斯光束 (图 14.25(F)) 合束并同轴传输，如图 14.25(h) 所示，OAM 光束在 PBS6 中被反射导致 $l_2\to-4$，最后由 SLM5 ($l=-2$) 将两路光束的拓扑荷数恢复到初始状态 ($l_3=+2$，$l_2=+6$)，如图 14.25(i) 所示。通过双区域反光镜 2 外环区域的 OAM 光束 (图 14.25(G))，反射导致 $l_4\to+6$，进入 PBS5 与 A 路中分离出的高斯光束 (图 14.25(f)) 合束并同轴传输，如图 14.25(H) 所示，OAM 光束在 PBS5 中被反射导致 $l_4\to-6$，最后由 SLM4 ($l=-2$) 将两路光束的拓扑荷数恢复到初始状态 ($l_1=+2$，$l_4=+8$)，如图 14.25(I) 所示。

图 14.26 为第三类 OAM 信道重构实验不同实验组采集到的接收光功率对比。实验测得 A 路高斯光束在分离前的平均接收光功率为 1230.6μW，使用双区域反光镜分离后平均接收光功率为 1159μW，使用 SLM 分离后平均接收光功率为 777.2μW，使用分束器分离后平均接收光功率为 451.6μW；B 路高斯光束在分离前的平均接收光功率为 1232.4μW，使用双区域反光镜分离后平均接收光功率为 1160.2μW，使用 SLM 分离后平均接收光功率为 778.6μW，使用分束器分离后平均接收光功率为 452.4μW。A 路 OAM 光束的平均接收光功率分别为 1163.8μW、921.2μW、717.4μW、394.4μW；B 路 OAM 光束的平均接收光功率分别为 1165.2μW、923μW、719.8μW、397.8μW。

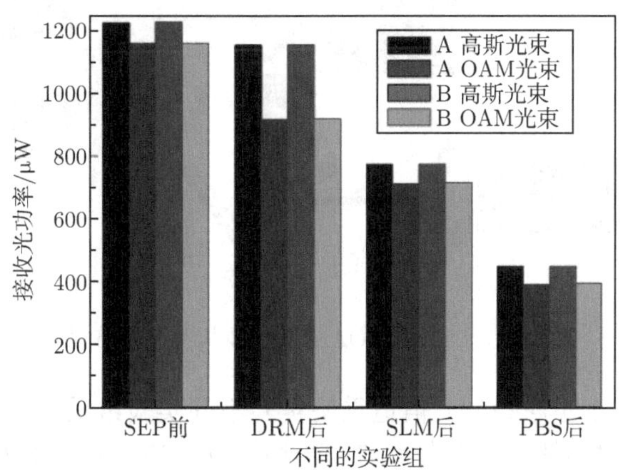


图 14.26 第三类 OAM 信道重构实验不同实验组采集到的接收光功率 [23]

### 14.4.5 多束 OAM 复用光束中一束模式删除/添加实验研究

图 14.27 为第四类 OAM 信道重构实验光路。He-Ne 激光器产生一束波长为 632.8nm 的高斯光束，使用 PBS1 将该束光分为两路，由 SPP1 产生 $l_1 = +2$ 的 OAM 光束，如图 14.27(a) 所示；由 SPP2 产生 $l_2 = +6$ 的 OAM 光束，如图 14.27(b) 所示。再由 PBS2 将两路 OAM 光束合束使其同轴传输，如图 14.27(c) 所示。SLM1(实验设置 $l = -2$) 将 $l_1 = +2$ 的 OAM 光束转换为高斯光束，OAM 光束 $l_2 = +6 - 2 = +4$，由于反射式 SLM 会使拓扑荷数符号发生翻转，因此 $l_2 \to -4$，如图 14.27(d1) 所示。利用双区域反光镜分离 OAM 光束与高斯光束，如图 14.27(e) 所示。高斯光束通过双区域反光镜的内圆区域被分离删除，如图 14.27(f) 所示。通过双区域反光镜外环区域的 OAM 光束被反射导致拓扑荷数符号翻转 $l_2 \to +4$，同时通过控制入射角度添加一束新的高斯光束 $l_3$ (图 14.27(g))，并使其和通过双区域反光镜外环区域的 OAM 光束同轴传输 ($l_2 = +4$, $l_3 = 0$)，如图 14.27(h) 所示。为了使同轴传输的 OAM 光束与高斯光束的拓扑荷数可以恢复至初始状态，利用一个反光镜将复用光束的拓扑荷数符号翻转 ($l_2 \to -4$, $l_3 = 0$)。最后由 SLM2 ($l = -2$) 将两路光束的拓扑荷数恢复到初始状态 ($l_2 = +6$, $l_1 = +2$)，如图 14.27(i) 所示。

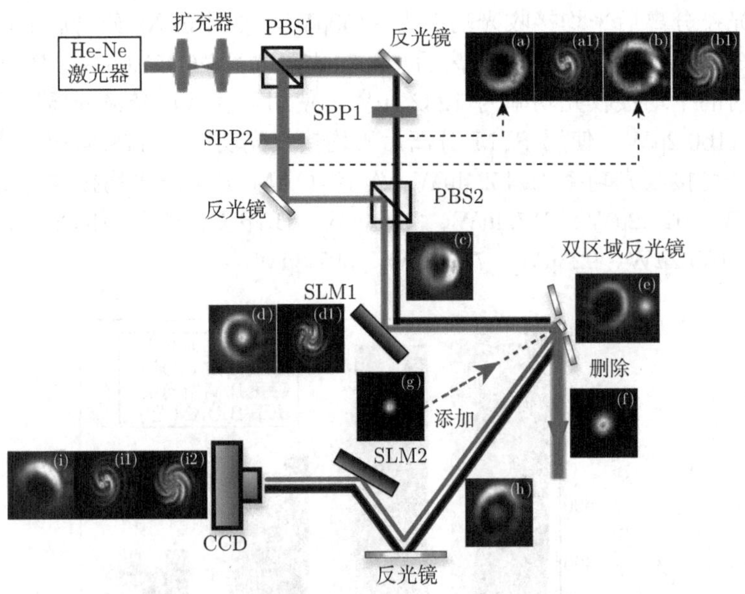


图 14.27 第四类 OAM 信道重构实验光路 [23]

图 14.28 为第四类 OAM 信道重构实验不同实验组采集到的接收光功率对比。实验测得入射高斯光束在分离前的平均接收光功率为 953.23μW，使用双区域反光镜分离后平均接收光功率为 883.6μW，使用 SLM 分离后平均接收光功率

为 599.58μW，使用分束器分离后平均接收光功率为 354.6μW。OAM 光束的平均接收光功率分别为 1170.4μW、932.8μW、724.5μW、402.6μW。

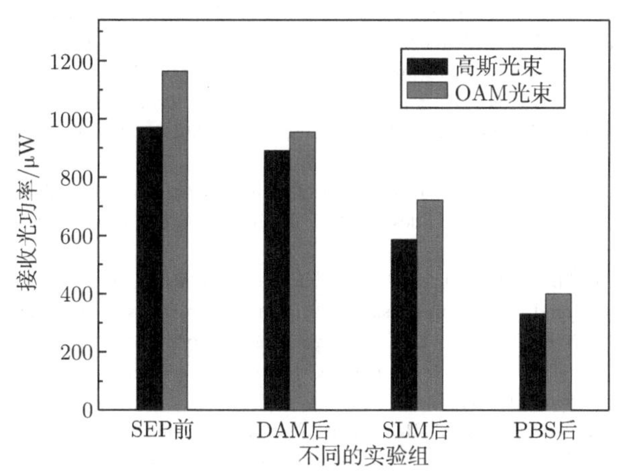


图 14.28　第四类 OAM 信道重构实验不同实验组采集到的接收光功率 [23]

## 参 考 文 献


[1] PUTTNAM B J, RADEMACHER G, LUÍS R S. Space-division multiplexing for optical fiber communications[J]. Optica, 2021, 8(9): 1186-1203.

[2] JUNG Y, WADA M, SHIBAHARA K, et al. High spatial density 6-mode 7-core fiber amplifier for L-band operation[J]. Journal of Lightwave Technology, 2020, 38(11): 2938-2943.

[3] MOKHTAR A, AZIZOGLU M. Adaptive wavelength routing in all-optical networks[J]. IEEE/ACM Transactions on Networking, 1998, 6(2): 197-206.

[4] WILLNER A E, PANG K, SONG H, et al. Orbital angular momentum of light for communications[J]. Applied Physics Reviews, 2021, 8(4): 1-7.

[5] GE Y, WU L, ZHANG C, et al. Orbital angular momentum multiplexing communication system over atmospheric turbulence with K-best detection[J]. Science China Information Sciences, 2021, 64(9): 1-12.

[6] HA I, LEE J, PARK J, et al. Single wavelength simultaneous optical intensity-polarization-phase modulation for multi-dimensional optical transmission[J]. Journal of Lightwave Technology, 2022, 40(16): 5605-5614.

[7] KONG M, WANG K, DING J, et al. 640-Gbps/carrier WDM transmission over 6,400 km based on PS-16QAM at 106 Gbaud employing advanced DSP[J]. Journal of Lightwave Technology, 2020, 39(1): 55-63.

[8] GIBSION G, COURTIAL J, PADGETT M J, et al. Free-space information transfer using light beams carrying orbital angular momentum[J]. Optics Express, 2004, 12(22): 5448-5456.

[9] GUPTA R, KALER R S. Optical multi-input multi output signal processing with linearly polarized mode groups to enhance mode division multiplexing[J]. Optoelectronics and Advanced Materials-Rapid Communications, 2020, 14(1): 154-162.

[10] ALLEN L, PADGETT M, BABIKER M. The orbital angular momentum of light[J]. Progress in Optics, 1999, 39: 291-372.

[11] ALLEN L, BARNETT S M, PADGETT M. Optical Angular Momentum[M]. London: Intitute of Physics Publishing, 2003.

[12] ZHANG K, YUAN Y, DING X, et al. Polarization-engineered noninterleaved metasurface for integer and fractional orbital angular momentum multiplexing[J]. Laser and Photonics Reviews, 2021, 15(1): 1-11.

[13] ALAN E W, WANG J, HUANG H. A different angle on light communications[J]. Science, 2012, 337(6095): 655-656.

[14] LIU Y, RISHØJ L S, GALILI M, et al. Orbital angular momentum data transmission using a silicon photonic mode multiplexer[J]. Journal of Lightwave Technology, 2022, 1558(65): 1-9.

[15] IRFAN M F, NISAR A, WANG J, et al. 2Tbit/s free-space data transmission on two orthogonal orbital-angular-momentum beams each carrying 25 WDM channels[J]. Optics Letters, 2012, 37(22): 4751-5155.

[16] HUANG H, XIE G D, YAN Y, et al. 100Tbit/s free-space data link enabled by three-dimensional multiplexing of orbital angular momentum, polarization, and wavelength[J]. Optics Letters, 2014, 39(2): 197-200.

[17] SASAKI H, YAGI Y, YAMADA T, et al. Hybrid OAM multiplexing using Butler matrices toward over 100Gbit/s wireless transmission[C]. 2020 IEEE Globecom Workshops (GC Wkshps), Taipei, China, 2020: 1-5.

[18] WANG J, YANG J Y, FAZAL I M, et al. Experimental demonstration of 100-Gbit/s DQPSK data exchange between orbital-angular-momentum modes[C]. Optical Fiber Communication Conference, Los Angeles, USA, 2012: 1-3.

[19] CASELLAS R, MARTÍNEZ R, VILALTA R, et al. Control, management, and orchestration of optical networks: Evolution, trends, and challenges[J]. Journal of Lightwave Technology, 2018, 36(7): 1390-1402.

[20] MAMADOU D, SHEN F, DEDO M I, et al. High-efficiency sorting and measurement of orbital angular momentum modes based on the march-Zehnder interferometer and complex phase gratings[J]. Measurement Science and Technology, 2019, 30(7): 1-15.

[21] NISAR A, HUANG H, REN Y X, et al. Reconfigurable 2×2 orbital-angular-momentum-based optical switching of 50-Gbaud QPSK channels[C]. 39th European Conference and Exhibition on Optical Communication, London, England, 2013: 1-3.

[22] ALLEN L, BEIJERSBERGEN M W, SPREEUW R J C, et al. Orbital angular momentum of light and the transformation of Laguerre-Gaussian laser modes[J]. Physical review A, 1992, 45(11): 8185.

[23] 陈生涛. 涡旋光束信息交换及信道重构研究 [D]. 西安: 西安理工大学, 2021.

[24] 周洋, 李新忠, 王静鸽, 等. 涡旋光束拓扑荷值的干涉测量方法 [J]. 河南科技大学学报 (自然科学版), 2016, 37(3): 95-99.

[25] WILLNER A E, WANG J. Optical communications using light beams carrying orbital angular momentum[C]. 2012 Conference on Lasers and Electro-Optics, San Jose, USA, 2012: 1-2.

[26] MOSHE J W, AHMED N, NISAR A, et al. Reconfigurable orbital angular momentum and polarization manipulation of 100Gbit/s QPSK data channels[J]. Optics Letters, 2013, 38(24): 5240-5243.

[27] KE X Z, CHEN S T. Reconfigurable orbital angular momentum exchange assisted by dual-area mirror[J]. Optics Engineering, 2020, 59(11): 116104.